U0886231

为先書系
湖南教育书店特别策划

徐晔春◎编著

观花观叶植物经典图鉴

NO.2 观花·被子植物

Guanhuaguanyezhiwu Jingdiantujian

吉林出版集团 | 吉林科学技术出版社

图书在版编目（C I P）数据

观花观叶植物经典图鉴 / 徐晔春编著. -- 长春 :
吉林科学技术出版社, 2012.3
ISBN 978-7-5384-5698-1

Ⅰ.①观… Ⅱ.①徐… Ⅲ.园林植物－观赏园艺－
图集 Ⅳ. ①S68-64

中国版本图书馆CIP数据核字（2012）第033068号

观花观叶植物经典图鉴——观花·被子植物❷

编　　著　徐晔春
出 版 人　张瑛林
选题策划　张胜利
责任编辑　张胜利
图片摄影　徐晔春
封面设计　长春美印图文设计有限公司
制　　版　长春美印图文设计有限公司
开　　本　720mm×900mm　1/16
字　　数　832千字
印　　张　64
版　　次　2012年5月第1版
印　　次　2012年5月第1次印刷

出　　版　吉林出版集团
　　　　　吉林科学技术出版社
发　　行　吉林科学技术出版社
地　　址　长春市人民大街4646号
邮　　编　130021
发行部电话　0431-86037641
网　　址　www.jybooks.com.cn
印　　刷　长沙鸿发印务实业有限公司

书　　号　ISBN 978-7-5384-5698-1
定　　价　254.40元（全八册）
如有印装问题可致电0731-84314144联系调换
版权所有　翻印必究　举报电话：0431-85635186

使用说明

ShiyongShuoming

检索功能

JiansuoGongneng

水 分

湿 土壤潮湿，含水量高，用手挤压土壤有水分流出。

喜湿 盆土需要始终处于湿润状态，保持土壤表面湿润。

湿润 土壤含水量较高，可挤压出各种形状，无水分流出。

喜湿润 在生长季节，宜保持土壤湿润，表面1~2厘米干后浇一次透水，浇水掌握间干间湿的原则。

喜干燥 在生长季节（部分植物为春、秋生长，夏、冬休眠，也有春、夏、秋季生长，冬季休眠，也有秋、冬、春三季生长，夏季眠），盆土水分基本干透后浇一次透水，大多数这类植物冬季停止浇水。浇水掌握干透浇透的原则。土壤水分含量低，挤压后不能成形。

生活在水中 土壤水分达到饱和状态，植物叶片浮于水面或挺出水面，植株不能离开水，部分植物整株浮于水面生活。不能离开水。

稍耐旱 土壤上层干燥，底层湿润，上层土壤挤压后不能成形，下层土壤可挤压成形，无水分流出。

耐旱 土壤中上层干燥，底层湿润，中上层土壤挤压后不能成形，下层土壤可挤压成形，无水分流出。

日 照

全日照 在全光照下养护，在室内放在阳光充足的地方，如窗台、阳台等处。

半日照 在春、夏、秋季阳光强烈时，早上晚上接受全光照，中午要遮阴。冬季可接受全光照，当然，我国幅员辽阔，各地需根据具体情况而定。

喜荫 全天不能接受光照，一般这类植物冬季可适当接受阳光。

土 壤

疏松 是指土壤团粒结构要好，疏松通气，有利根系生长发育，如泥炭土、腐叶土就是这个类型。

肥沃 是指土壤富含有机质，这类植物对养分需求较高，要注意补充肥料。

排水良好 是指土壤不能积水，否则对根系生长抑制，影响植株正常生长发育。如一些肉质根类、多肉植物等，基本是需要排水良好的土壤的。

不择土壤 这类植物习性强健，对土壤没有特殊要求，在大多数土壤中均能生长良好。如栽培于田园土、菜园土、腐叶土中，均可良好生长。

繁　殖

播种繁殖 播种繁殖也就是实生苗繁殖，将种子播于苗浅、穴盘等容器或直播于苗床、田地中，从而得到大量苗株的方法。

扦插繁殖 扦插是花卉繁殖的重要手段之一，是用植物的营养器官如根、茎、叶插入基质中，使之生根，抽枝长成完整的植株。

嫁接繁殖 嫁接繁殖是园林植物繁育技术的一种主要方法。是用繁殖体（茎、芽、球体）把两种不同植物结合在一起，使之愈合，形成一个独立的新个体，供嫁接用的繁殖体叫“接穗”，而接受接穗的植株叫“砧木”。

压条繁殖 多用于一些茎节和节间容易发根的木本花卉和一些扦插不容易发根的木本花卉。压条是将未脱离母株的枝条，在适当的部位将枝条环剥、刻伤，并可结合生根促进剂涂抹处理，然后将该部位埋入土中。由于受伤部位易积累上部合成的营养物质和激素，从而易形成根系。然后将它们剪离母体后移苗另栽，从而形成新的苗株。

分生繁殖 分生繁殖是植物营养繁殖方法之一，指人为将植物体上长出来的幼植株体，如萌蘖与母株分离另行栽植而成为独立新植物的繁殖方法。可分为分株法及分球法。前者多用于丛生性强的花灌木和萌蘖力强的多年生草花，后者则用于球根类花卉。

果　实

聚合果 聚合果是由花内的若干离生心皮形成的一个整体。如：海南木莲、腊梅的果实。

聚花果 由一整花序形成的一个整体，每一朵小花形成独立的小果，聚集在花序轴上。 如桑葚、无花果的果实。

单　果

由一花中的一个子房或一个心皮形成的单个果实。又分为干果及浆果，主要有以下几类：

1. 蓇葖果：离生心皮的单个心皮形成的，成熟时或沿背缝线或沿腹缝线一侧开裂。 如：云南含笑、欧耧斗菜的果实。

2. 荚果：单心皮的上位子房形成的，成熟时沿背腹两缝开裂，开裂后的果瓣片叫裂瓣。节荚基本上是荚果，仅在其种子间收缩变狭，成熟时在收缩处断裂成具有一颗种子的断片。 如合欢、蔓花生的果实。

3. 蒴果：由两个以上合生心皮的上位或下位子房形成。如箭叶秋葵、樟叶槿的果实。

4. 角果：由二心皮的复雌蕊发育而成，子房常因假隔膜分成两室，果实成熟后多沿两条腹缝线自下而上地开裂。如沙漠玫瑰、桂竹香的果实。

5. 瘦果：由离生心皮或合生心皮的上位或下位子房形成，其果皮紧包种子，不易分离。如珊瑚藤、棣棠的果实。

6. 胞果：由合生心皮的上位子房形成，其果皮薄而膨胀，疏松地包围种子而与种子极易分离。如地肤、垂鞭绣绒球的果实。

7. 翅果：瘦果状而有翅的干果，由合生心皮的上位子房形成。如星果藤的果实。

8. 坚果：由合生心皮的下位子房形成。如迷迭香、活血丹的果实。

9. 双悬果：由二心皮的子房发育成的果实，成熟后心皮分离成两瓣，并列悬于中央果柄的上端，不开裂。如胡萝卜的果实。

10. 浆果：果皮肉质多浆，外果皮易分离，内中果皮肉质化，内部一至数粒种子。如铃兰、宝莲花的果实。

11. 核果：单心皮或合生心皮组成，种子常一粒，外果皮较薄，肉质或革质，中果皮肉质肥厚，内果皮木质化，包于种子外，构成果核。如梅花、杏的果实。

12. 柑果：复雌蕊形成，外果皮革质，中果皮较疏松，分布有维管束，中轴胎座，每室种子多数。如金橘、四季橘的果实。

13. 瓠果：下位子房发育成的假果花托与外果皮结合成坚硬果壁，中果皮内果皮肉质胎座发达。如南瓜的果实。

14. 梨果：花筒与子房愈合一起发育成假果、果壁、外果皮，中果皮均肉质化，内果皮纸质或革质化。如梨、苹果的果实。

花　序

花在总花柄上有规律的排列方式，称花序。

无限花序 无限花序是指花序的主轴在开花期间，可以继续生长，向上伸长，不断产生苞片和花芽。可以分为以下几种类型：

1.总状花序：花轴单一，自下而上依次着生有柄的花朵，各花的花柄大致长短相等，开花顺序由下而上，如大花老鸦嘴、十大功劳的花序。

2.穗状花序：花轴直立，其上着生许多无柄小花，小花为两性花。如金粟兰、狗尾红的花序。

3.柔荑花序：花轴较软，其上着生多数无柄或具短柄的单性花，花无花被或有花被，花序柔韧，下垂或直立，开花后整个花序常一起脱落。如红尾铁苋的花序。

4.伞房花序：为变形的总状花序，花序上各花花柄长短不一，下部花花柄最长，愈近花轴上部的花花柄愈短，结果使得整个花序上的花几乎排列在一个平面上。如垂枝无忧树、野牡丹的花序。

5.头状花序：花轴极度缩短而膨大，铺展，各苞片叶常集成总苞，花无梗，多数花集生于一花托上，形成状如头的花序。如菊花、非洲菊的花序。

6.隐头花序：花序轴特别膨大而内陷成中空头状，许多无柄小花隐生于凹陷空腔的腔壁上，几乎全部隐没不见，整个花序仅留顶端一小孔与外方相通，为昆虫进出腔内传布花粉的通道。如无花果、薜荔、榕树的花序等。

7.伞形花序：花轴缩短，大多数花着生在花轴的顶端。每朵花有近于等长的花柄，从一个花序梗顶部伸出多个花梗近等长的花，整个花序形如伞，称伞形花序。每一小花梗称为伞梗。如麻叶绣线菊、百子莲的花序。

8.肉穗花序：花轴粗短，肥厚而肉质化，上生多数单性无柄的小花，如海芋、春羽的花序。

以上花序的花轴不分枝，称为简单花序。另有一些花轴具分枝，每一分枝上又呈现上述的一种花序，这类花序称复合花序。常见的有以下几种：

1.圆锥花序：长花轴上分生许多小枝，每个分枝又自成一总状花序，如珍珠梅、倒地铃的花序。

2.复伞形花序：花轴顶端丛生若干长短相等的分枝，各分枝又成为一个伞形花序，一分枝又自成一伞房花序，如茴香的花序。

3.复伞房花序：花序轴的分枝成伞房状排列，每一分枝又自成一伞房花序，如花楸、火棘的花序。

4.复穗状花序：花序轴有1或2次穗状分枝，每一分枝自成一穗状花序，也即小穗，如马唐的花序。

5.复头状花序：单头状花序上具分枝，各分枝又自成一头状花序，如合头菊。

有限花序 有限花序与无限花序相反，花轴顶端或最中心的花先开，因此主轴的生长受到限制，而由侧轴继续生长，但侧轴上也是顶花先开放，故其开花的顺序为由上而下或由内向外。可以分为以下几类：

1.单歧聚伞花序：主轴顶端先生一花，然后在顶花的下面主轴的一侧形成一侧枝，同样在枝端生花，侧枝上有可分枝着生花朵如前，整个花序是一个合轴分枝。如铁筷子的花序。

2.二歧聚伞花序：顶花下的主轴向着两侧各分生一枝，枝的顶端生花，每枝再在两侧分枝，如此反复进行，如络石的花序等。

3.多歧聚伞花序：主轴顶端发育一花后，顶花下的主轴上分出三数以上的分枝，各分枝又自成一小聚伞花序，如楠藤的花序。

目　　录

菊　科

十字花科

五桠果科

杜英科

杜鹃花科

大戟科

龙胆科

牻儿苗科

苦苣苔科

草海桐科

藤黄科

目　录

金缕梅科

七叶树科

鸢尾科

唇形科

玉蕊科

豆　科

狸藻科

百合科

学名| *Achillea millefolium*

西洋蓍草

别名：千叶蓍、多叶蓍
科属：菊科蓍草属

花序特征
头状花序，着生于茎顶

- 原产地：欧洲、亚洲及北美洲。
- 繁 殖：扦插、分株。
- 花果期：花期6~8月。
- 日 照：全日照或半日照。
- 温 度：生长适温15℃~25℃。
- 土 壤：不择土壤，以中性至微碱性土壤为佳。
- 水 分：喜湿润，较耐旱。

形态特征 多年生草本，株高30~60厘米。叶互生，无柄，常1~3回羽状深裂。头状花序，着生于茎顶。花有白色、红色、粉红色等，具香气。

应用 可盆栽用于窗台、阳台、卧室或书房等装饰；适合花坛、岩石园及庭院路边、墙边栽培观赏。

别名：胜红蓟
科属：菊科藿香蓟属

学名 *Ageratum conyzoides*

藿香蓟

- 原产地：美洲热带。
- 繁　殖：播种。
- 花果期：主要花期6~10月，果期秋季。
- 日　照：全日照。
- 温　度：生长适温18℃~28℃。
- 土　壤：不择土壤。
- 水　分：喜湿润。

形态特征 一年生草本，株高30~60厘米。单叶对生，卵形或三角状卵形，叶边缘有粗锯齿，叶脉明显。头状花序呈聚伞状着生枝顶，花色有蓝、淡紫、雪青、粉红、白色。瘦果黑色，有冠毛。

应用 盆栽可用于居室的窗台、卧室或书房点缀，也是庭院绿化的优良材料；常用于布置花坛、花境。

别名：蓝芙蓉
科属：菊科矢车菊属

学名 *Centaurea cyanus*

矢车菊

- 原产地：欧洲。
- 繁　殖：播种。
- 花果期：花期4~6月，果熟期7~8月。
- 日　照：全日照。
- 温　度：生长适温15℃~20℃。
- 土　壤：喜排水良好的壤土。
- 水　分：喜湿润。

形态特征 一、二年生草本花卉，多分枝。叶线形，全缘，茎部常有齿或羽裂。头状花序顶生，边缘舌状花为漏斗状，花瓣边缘带齿状，中央花管状，花有白、红、蓝、紫等色。

应用 花秀丽美观，盆栽适合阳台、窗台或天台点缀，也多用于庭院或公园等处的花坛、花境或路边栽培。

学名| *Ajania pallasiana*

亚菊

科属：菊科亚菊属

- 原产地：我国黑龙江；俄罗斯及朝鲜也有。
- 繁　殖：播种、扦插。
- 花果期：花果期8~9月。
- 日　照：全日照。
- 温　度：生长适温16℃~26℃。
- 土　壤：喜疏松、肥沃的壤土。
- 水　分：喜湿润。

形态特征 多年生常绿草本或亚灌木，高可达30~60厘米。茎直立，单生或少粉茎成簇生。中部茎叶卵形、长椭圆形或菱形，二回掌状或不规则二回掌式羽状分裂，茎上部叶羽状分裂或三裂。头状花序多数，在茎顶排成复伞房状，花黄色。

应用 花叶俱美，观赏性强。盆栽用于窗台、阳台或案几上摆放观赏；园林中常用作地被植物；叶银白色，是优良的切叶材料。

学名| *Arctotis stoechadifoli var. grandis*

蓝目菊

别名：非洲雏菊、大花蓝目菊、非洲万寿菊
科属：菊科蓝目菊属

- 原产地：南非。
- 繁　殖：播种。
- 花果期：花期2~7月，果期夏秋。
- 日　照：全日照。
- 温　度：生长适温18℃~26℃。
- 土　壤：喜疏松肥沃的沙质壤土。
- 水　分：喜湿润。

形态特征 半灌木或多年生宿根草本植物，株高20~50厘米。基生叶丛生，茎生叶互生，羽裂。顶生头状花序，中央为蓝紫色管状花，舌瓣花，花色有白色、紫色、淡色、橘色等。

应用 盆栽适合阳台、窗台、卧室、书房等处装饰，或用于花坛、路边栽培观赏。

别名：茼蒿菊
科属：菊科木茼蒿属

学名| *Argyranthemum gracile 'Double Pink'*

重瓣玛格丽特

- 原产地：栽培种。
- 繁　殖：播种。
- 花果期：花期冬春季，果期春夏季。
- 日　照：全日照。
- 温　度：生长适温18℃~26℃。
- 土　壤：喜疏松、肥沃的沙质壤土。
- 水　分：喜湿润。

形态特征 宿根草本。株高25~40厘米。叶互生，羽状细裂，裂片线形，具缺刻或短突尖。头状花序，粉红色，管状花黄色，有单瓣及重瓣。

应用 盆栽装饰阳台、窗台、卧室、书房、庭院；也可用于花坛、花境栽培。

别名：柳叶菊、纽约紫菀
科属：菊科紫菀属

学名| *Aster novi-belgii*

荷兰菊

- 原产地：北美。
- 繁　殖：播种、分株或扦插。
- 花果期：花期8~10月，果期秋季。
- 日　照：全日照。
- 温　度：生长适温15℃~25℃。
- 土　壤：不择土壤，以疏松、排水良好的沙质壤土为佳。
- 水　分：喜湿润，较耐旱。

形态特征 多年生宿根草本。株高 60 ~ 100 厘米。须根较多，有地下走茎，茎丛生、多分枝，叶长圆形或披针状线形，光滑，暗绿色；头状花序密集或呈伞房状，花红紫、淡蓝至白色。

应用 盆栽适合阳台、窗台摆放，或用于庭院的花坛及路边栽培。

学名| *Bellis perennis*

雏菊

别名：太阳菊、延命菊、春菊
科属：菊科雏菊属

- 原产地：西欧。
- 繁　殖：播种。
- 花果期：花期4～5月，果期夏季。
- 日　照：半日照。
- 温　度：生长适温10℃～25℃。
- 土　壤：喜疏松、肥沃的壤土。
- 水　分：喜湿润。

形态特征 多年生草本。株高15～30厘米。叶基部簇生，倒卵形或匙形；先端钝圆，边缘有圆状钝锯齿。头状花序单生，舌状花多轮呈白、粉、红色；管状花黄色。瘦果倒卵形。

应用 能吸收家居有害气体，还能分解洗涤剂及黏合剂散发出来的三氯乙烯。

学名| *Calendula officinalis*

金盏菊

别名：黄金盏
科属：菊科金盏菊属

- 原产地：欧洲中部及地中海沿岸。
- 繁　殖：播种。
- 花果期：花期4～6月，果熟期5～7月。
- 日　照：全日照。
- 温　度：生长适温15℃～25℃。
- 土　壤：喜疏松、轻质肥沃的土壤为佳。
- 水　分：喜湿润。

形态特征 一年生或多年生草本植物，株高30～70厘米，全株被毛。基生叶长圆状倒卵形或匙形，全缘或具疏细齿，茎生叶长圆状披针形或长圆状倒卵形，无柄。头状花序单生茎枝端，花黄色或橙黄色，具香气。瘦果弯曲。

应用 盆栽适合阳台、窗台、书房或案几上摆放观赏；也适合花坛、花境栽培；可提出芳香油。

别名：江西腊、七月菊、蓝菊
科属：菊科翠菊属

学名 *Callistephus chinensis*

翠菊

- 原产地：我国亚热带至温带地区；日本、朝鲜也有分布。
- 繁　殖：播种。
- 花果期：花期7~10月，果期秋季。
- 日　照：全日照。
- 温　度：生长适温15℃~25℃。
- 土　壤：不择土壤，以疏松、肥沃、排水良好的土壤为佳。
- 水　分：喜湿润，较耐旱。

形态特征 一年生草本植物，株高30~90厘米。单叶互生，上部叶卵形，下部叶匙形，边缘有粗锯齿。头状花序单生枝顶，总苞片多层，苞片叶状。边缘舌状花，呈白、粉、紫或蓝色。中心筒状花黄色。瘦果楔形，浅褐色。

应用 盆栽可用于阳台、窗台等美化，或用于庭院及公园的花坛、路边栽培观赏；花叶均可入药，具有清热冷血之疗效；对氯气、氟化氢等有害气体有一定的抗性及吸收能力。

别名：墨西哥向日葵
科属：菊科肿柄菊属

学名 *Tithonia rotundifolia*

肿柄菊

- 原产地：美洲。
- 繁　殖：播种或分株。
- 花果期：花期6~9月，果熟期8~10月。
- 日　照：全日照。
- 温　度：生长适温20℃~28℃。
- 土　壤：喜疏松、肥沃的壤土。
- 水　分：喜湿润。

形态特征 一年生草本，株高1.5~2米。叶互生，广卵形，叶背沿脉有毛，下部叶3条浅裂。头状花序顶生，花梗顶部膨大，花鲜橙红色。

应用 花美丽，适合公园、庭院及风景区等路边、林缘或山石边栽培观赏，也可用于切花。

学名| *Chrysanthemum coronarium*

茼蒿

别名：艾菜
科属：菊科茼蒿属

- 原产地：原产我国，河北、山东等地有野生。
- 繁　殖：播种。
- 花果期：花期春季，果期秋季。
- 日　照：全日照。
- 温　度：生长适温16℃~26℃。
- 土　壤：喜疏松、肥沃的壤土。
- 水　分：喜湿润。

形态特征 一年生草本植物，高可达1米。叶互生，无叶柄，椭圆形，倒卵状椭圆形，边缘有不规则的深齿裂或羽裂。头状花序，单生于枝顶，总苞干膜质，舌状花黄色或黄白色，雌性；管状花两性。瘦果长三棱形，褐色。

应用 多作蔬菜栽培，也适合用于花坛、草地边缘或林缘外栽培观赏；全株入药，具有清血、养心、降压、润肺、清痰的功效。

学名| *Chrysanthemum frutescens*

蓬蒿菊

别名：木春菊、茼蒿菊
科属：菊科茼蒿属

- 原产地：非洲。
- 繁　殖：扦插。
- 花果期：花期几乎全年，以春季为盛。
- 日　照：全日照。
- 温　度：生长适温18℃~26℃。
- 土　壤：喜疏松、肥沃的壤土。
- 水　分：喜湿润。

形态特征 多年生草本或亚灌木，株高60~100厘米。单叶互生，不规则的二回羽状深裂，裂片线形。头状花序着生于上部叶腋中，舌状花1~3轮，白色或淡黄色，筒状花黄色。

应用 盆栽可用于居室、花坛、路边栽培观赏；适合公园、绿地的路边、花坛栽培观赏。

别名：蓬蒿
科属：菊科茼蒿属

学名| *Chrysanthemum segetum*

南茼蒿

- 原产地：原产地不详，我国南方有栽培。
- 繁　殖：播种。
- 花果期：花期3~6月，果期秋季。
- 日　照：全日照。
- 温　度：生长适温18℃~28℃。
- 土　壤：喜疏松、肥沃的壤土。
- 水　分：喜湿润。

形态特征 草本，株高20~60厘米，茎直立。叶椭圆形、倒卵状披针形或倒卵状椭圆形，边缘有不规则的大锯齿，少有成羽状浅裂的，基部楔形。头状花序单生茎顶或少数生茎枝顶端，舌状花下部黄色，上部黄色，管状花黄色。

应用 多作蔬菜栽培，也适合用于公园、风景区等林缘边或草地一隅栽培观赏；全株入药，具有和胃、利便的功效。

科属：菊科茼蒿属

学名| *Chrysanthemum maximum*

大滨菊

- 原产地：西欧。
- 繁　殖：播种。
- 花果期：花期6~7月，果熟期8~9月。
- 日　照：全日照。
- 温　度：生长适温16℃~28℃。
- 土　壤：喜疏松、排水良好的壤土。
- 水　分：喜湿润。

形态特征 多年生宿根草本植物，株高40~100厘米。基生叶倒披针形具长柄，茎生叶无柄、线形。头状花序单生于茎顶，舌状花白色，有香气，管状花两性，黄色。瘦果。

应用 盆栽可用于阳台或天台点缀；适合花坛、花境或路边栽培观赏。

学名| *Chrysanthemum multicaule*

黄晶菊

别名：春俏菊
科属：菊科茼蒿属

- 原产地：阿尔及利亚。
- 繁　殖：播种。
- 花果期：花期冬末至初夏。5月果熟。
- 日　照：全日照。
- 温　度：生长适温15℃~25℃。
- 土　壤：不择土壤。
- 水　分：喜湿润。

形态特征　二年生草本植物，株高15～20厘米，茎具半匍匐性。叶互生，肉质，叶形长条匙状，羽状裂或深裂。头状花序顶生、盘状，花色金黄，边缘为扁平舌状花，中央为筒状花。瘦果。

应用　盆栽用于阳光充足的阳台、窗台等处栽培，或用于庭院的窗前、路边栽培；适合花坛、花境种植观赏。

学名| *Chrysanthemum paludosum*

白晶菊

别名：晶晶菊
科属：菊科茼蒿属

- 原产地：北非、西班牙。
- 繁　殖：播种。
- 花果期：花期从冬末至初夏。5月下旬成熟。
- 日　照：全日照。
- 温　度：生长适温15℃~25℃。
- 土　壤：不择土壤。
- 水　分：喜湿润，不耐湿涝。

形态特征　二年生草本花卉，株高15~25厘米。叶互生，1~2回羽裂。花顶生，盘状，边缘舌状花银白色，中央筒状花金黄色。瘦果。

应用　花洁白雅致，观赏效果极佳，盆栽可用来装饰窗台、阳台等处，或用于庭院的花坛、墙垣边及路边栽培；园林中多片植或做花境材料。

学名/ *Cosmos bipinnata*

秋英

别名：波斯菊、大波斯菊
科属：菊科秋英属

- **原产地：** 墨西哥。
- **繁　殖：** 播种。
- **花果期：** 花期秋、冬季，果期冬、春季。
- **日　照：** 全日照。
- **温　度：** 生长适温15℃~25℃。
- **土　壤：** 不择土壤。
- **水　分：** 喜湿润，也耐旱。

形态特征 一、二年生草本植物，株高1～2米。叶互生或对生，叶为二回羽状分裂，裂片稀疏叉状，小裂片对生或不对生，线形，全缘。头状花序单生叶腋，花两性，舌状花中性，有白、粉红、红、紫等色，管状花黄色，两性。瘦果线形。

应用 花姿秀雅，是我国常见的大众花卉，多用于庭院花公园的花坛、墙垣边或路边栽培；秋英可用于监测空气中的二氧化硫；对氯气敏感，可作为氯气的指示植物；花入药，具有清热解毒、明目化湿之效。

学名/ *Cosmos sulphureus*

硫华菊

别名：黄波斯菊、黄芙蓉、硫黄菊
科属：菊科秋英属

- **原产地：** 墨西哥、巴西。
- **繁　殖：** 播种。
- **花果期：** 花期秋季。
- **日　照：** 全日照。
- **温　度：** 生长适温15℃~30℃。
- **土　壤：** 不择土壤。
- **水　分：** 喜湿润，较耐旱。

形态特征 一年生草本，株高约20～60厘米。2回羽状复叶，花色有黄色、金黄色、橙黄色、橙红色等。

应用 株形小巧，花朵秀丽，盆栽可用于点缀窗台、案几；园林中常用于花坛、花境及路边栽培观赏。

学名| *Coreopsis basalis*

金鸡菊

别名：黄菊
科属：菊科金鸡菊属

- 原产地：美国。
- 繁　殖：播种。
- 花果期：花期5~11月，果期秋冬。
- 日　照：全日照。
- 温　度：生长适温18℃~26℃。
- 土　壤：不择土壤，以排水良好、肥沃的壤土为佳。
- 水　分：喜湿润。

形态特征 一年生宿根草本，株高60～80厘米。叶1～2回羽状裂，裂片少数，短椭圆形；上部叶裂片条形，基部叶披针形或长圆形，全缘。头状花序，舌状花黄色，基部红褐色。瘦果。

应用 开花繁茂，多用于庭院及绿地的花坛、路边观赏；对二氧化硫有较强的抗性，适合植于厂矿区。

学名| *Crossostephium chinense*

芙蓉菊

别名：香菊、白艾
科属：菊科芙蓉菊属

- 原产地：我国中南及东南部。
- 繁　殖：播种、扦插。
- 花果期：花果期全年。
- 日　照：全日照。
- 温　度：生长适温18℃~26℃。
- 土　壤：喜肥沃、排水良好的壤土。
- 水　分：喜湿润、耐旱。

形态特征 常绿亚灌木，高20～50厘米。直立，多分枝。叶互生，质柔、密生于枝顶，叶片匙形或披针形，两面密被白色绒毛，具有芳香气息。头状花序，金黄色，小球状，生于上部叶腋内，具柄。

应用 花叶俱美，盆栽适合窗台、阳台或书房等摆放观赏；园林中常用作地被或作为色块植物栽培；根叶入药，具有行血祛风、逐湿除痛、消肿解毒、止痰镇咳的功效。

别名：大理花、西番莲
科属：菊科大丽花属

学名| *Dahlia pinnata*

大丽花

- 原产地：墨西哥。
- 繁　殖：播种、分球。
- 花果期：花期7~10月，果期秋季。
- 日　照：全日照。
- 温　度：生长适温15℃~26℃。
- 土　壤：喜疏松、肥沃、排水良好的沙质壤土。
- 水　分：喜湿润，较耐旱。

形态特征 多年生草本植物，株高50~150厘米。肉质块根肥大。叶对生，羽状深裂，裂片卵形，裂片边缘具钝锯齿。头状花序，由中间管状花和外围舌状花组成，管状花两性，多为黄色，舌状花单性，花有白、黄、橙、红、紫等色。瘦果。

应用 盆栽用于装饰客厅、阳台、窗台等处，或植于庭院的花坛、窗前等处观赏；园林中常用于花坛、路边或用于花境；根入药，有清热、解毒、消肿之效。

别名：鞠、寿客、傅延年
科属：菊科菊属

学名| *Dendranthema morifolium*

菊花

- 原产地：中国。
- 繁　殖：播种、扦插、分株或嫁接。
- 花果期：花期多为秋季，果期冬季。
- 日　照：全日照。
- 温　度：生长适温15℃~22℃。
- 土　壤：喜土层深厚、排水良好的壤土。
- 水　分：喜湿润，较耐旱。

形态特征 多年生草本，高50~100厘米。叶互生，卵形至披针形，边缘有粗大锯齿或深裂，基部楔形，有叶柄。头状花序单生或数个集生于茎枝顶端，舌状花白色、红色、紫色或黄色，管状花黄色。瘦果不发育。

应用 为我国的十大名花之一。如杭白菊，可用来泡制菊花茶；头状花序入药，具有散风，清热解毒的功效。

学名| *Dimorphotheca sinuata*

异果菊

别名：绸缎花
科属：菊科异果菊属

- 原产地：南非。
- 繁　殖：播种。
- 花果期：花期4~6月，果期秋季。
- 日　照：全日照。
- 温　度：生长适温18℃~26℃。
- 土　壤：喜疏松、排水良好的壤土。
- 水　分：喜湿润。

形态特征 一年生草本，株高约30厘米，自基部分枝，多而披散，枝叶有腺毛。叶互生披针形，叶缘有深波状齿，茎上部叶小，无柄。头状花序顶开舌状花，黄色、橙黄色或白色。瘦果，果形有两种，故称异果菊。

应用 盆栽适合居家装饰或用于庭院的花坛、路边栽培观赏；适合公园、绿地的花坛、花境或草地边缘种植。

学名| *Echinops latifolius*

蓝刺头

别名：驴欺口
科属：菊科蓝刺头属

- 原产地：我国新疆；俄罗斯、欧洲也有。
- 繁　殖：播种。
- 花果期：花果期8~9月。
- 日　照：全日照。
- 温　度：生长适温16℃~26℃。
- 土　壤：不择土壤。
- 水　分：喜湿润，耐旱。

形态特征 多年生草本，高50～150厘米。基部和下部茎叶全形宽披针形，羽状半裂，侧裂片3～5对，三角形或披针形，边缘刺齿，顶端针刺状渐尖，向上叶渐小，与基生叶及下部茎叶同形并等样分裂。全部叶质地薄，纸质。头状花序，小花淡蓝色或白色，花冠五深裂。瘦果倒圆锥状。

应用 盆栽可用于阳台及窗台等处摆放观赏；适合花坛、花境及路边种植；是优良蜜源植物。

学名| *Echinacea purpurea*

松果菊

别名：紫松果菊、紫锥花
科属：菊科松果菊属

- 原产地：北美。
- 繁　殖：播种。
- 花果期：花期6~7月，果期秋季。
- 日　照：全日照。
- 温　度：生长适温18℃~28℃。
- 土　壤：喜肥沃、深厚、富含有机质的土壤。
- 水　分：喜湿润。

形态特征 多年生草本植物，株高60~150厘米。基生叶卵形或三角形，茎生叶卵状披针形，叶柄基部稍抱茎。头状花序单生于枝顶，或数多聚生，舌状花紫红色，管状花橙黄色。

应用 盆栽可用于居室装饰，或用于庭院栽培；适宜花境、路边或林缘处栽培观赏。

学名| *Gaillardia pulchella*

天人菊

别名：虎皮菊
科属：菊科天人菊属

- 原产地：北美。
- 繁　殖：播种。
- 花果期：花期7~10月，果熟期8~10月。
- 日　照：全日照。
- 温　度：生长适温10℃~25℃。
- 土　壤：喜排水良好的土壤。
- 水　分：喜湿润，也耐旱。

形态特征 一年生草本植物，株高30~50厘米。叶互生，披针形、矩圆形至匙形，全缘或基部叶羽裂。头状花序顶生，舌状花黄色，基部褐紫色，管状花先端呈芒状，紫色。

应用 盆栽可用于窗台或天台栽培欣赏；适于公园、绿地及庭院的路边、花坛栽培欣赏。

学名| *Gazania splendens*

勋章菊

别名：勋章花
科属：菊科勋章花属

- 原产地：非洲。
- 繁　殖：播种。
- 花果期：花期4~6月，果期夏秋。
- 日　照：全日照。
- 温　度：生长适温10℃~25℃。
- 土　壤：喜疏松、肥沃的壤土。
- 水　分：喜湿润。

形态特征 一、二年生草本。具根茎，叶由根际丛生，叶片披针形或倒卵状披针形，全缘或有浅羽裂，叶背密被白绵毛。头状花序，舌状花白、黄、橙红色，有光泽。

应用 花大美丽，适合花坛或草坪边缘栽培观赏，也可点缀庭院，盆栽用于装饰阳台及窗台。

学名| *Gerbera jamesonii*

非洲菊

别名：扶郎花
科属：菊科大丁草属

- 原产地：南非。
- 繁　殖：播种、分株。
- 花果期：花果期全年。
- 日　照：全日照或半日照。
- 温　度：生长适温15℃~25℃。
- 土　壤：喜肥沃、疏松的壤土。
- 水　分：喜湿润。

形态特征 多年生草本。基生叶多数，长椭圆状披针形，羽状浅裂，叶缘具疏齿。头状花序单生于花序总梗顶端，头状花序的舌状花大，呈倒披针形或带状，多为两轮。筒状花较小，尖端二枝分叉，花色同舌状花，花色有白、黄、橙、红、粉等不同颜色。

应用 花色繁多，花大，花期长，是重要的切花之一，盆栽可用于阳台、卧室及窗台等处绿化。

学名 *Helenium autumnale*

堆心菊

别名：翼锦鸡菊
科属：菊科堆心菊属

- 原产地：北美。
- 繁　殖：播种。
- 花果期：花期7~10月，果熟期9月。
- 日　照：全日照。
- 温　度：生长适温18℃~28℃。
- 土　壤：不择土壤。
- 水　分：喜湿润。

形态特征　一、二年草本，株高约60厘米。叶阔披针形。头状花序生于茎顶，舌状花柠檬黄色，花瓣阔，先端有缺刻，管状花黄绿色。

应用　花繁密，适合公园、庭院等路边、花坛栽培观赏，也可用作地被，盆栽用于室内装饰。

学名 *Helianthus annuus*

向日葵

别名：葵花、朝阳花
科属：菊科向日葵属

- 原产地：北美。
- 繁　殖：播种。
- 花果期：花期7~10月。果熟期9~11月。
- 日　照：全日照。
- 温　度：生长适温15℃~32℃。
- 土　壤：喜疏松、肥沃的沙质壤土。
- 水　分：喜湿润，较耐旱。

形态特征　一年生的草本植物，株高1~3米。叶片呈心脏形，边缘有缺刻或锯齿。头状花序单生茎顶，舌状花黄色，雌性，管状花紫褐色、两性。观赏有重瓣种。

应用　花大美丽，常用于作背景材料；矮性种盆栽可用于装饰阳台、客厅或卧室，也可用于花坛及花境；种子可食用；种子含油量高，为高级食用油；花穗、种皮及茎秆可作饲料及工业原料；花穗也可入药。

学名| *Helichrysum bracteatum*

蜡菊

别名：麦秆菊、贝细工
科属：菊科蜡菊属

- 原产地：澳洲。
- 繁　殖：播种。
- 花果期：花期7~9月，果熟期8~10月。
- 日　照：全日照。
- 温　度：生长适温15℃~25℃。
- 土　壤：不择土壤。
- 水　分：喜湿润，较耐旱。

形态特征　多年生草本，常作一年生草本，株高70~120厘米。叶互生，条状或披针形，全缘。头状花序单生枝顶，花色有白、淡红、玫瑰红、紫红，也有淡黄、深黄至深枣红。

应用　习性强健，花期极长，是我国常见的庭院花卉。盆栽可用于居室美化，也常植于庭院或公园的路边、花坛观赏；花可作干燥花，用于插花。

学名| *Melampodium paludosum*

皇帝菊

别名：美兰菊
科属：菊科美兰菊属

- 原产地：中美洲。
- 繁　殖：播种。
- 花果期：花期春至秋季。
- 日　照：全日照。
- 温　度：生长适温15℃~22℃。
- 土　壤：喜疏松、肥沃的壤土。
- 水　分：喜湿润。

形态特征　一、二年生草本，植株高约30~50厘米，分枝多。叶对生，阔披针形或长卵形，先端渐尖，锯齿缘。头状花序顶生，花小，舌状花金黄色，管状花黄褐色。瘦果。

应用　花小，极雅致，适合公园、庭院等路边、花坛栽培，也是花境的优良材料，也可盆栽用于阳台、窗台装饰。

学名| *Ozothamnus diosmifolius*

科属：菊科煤油草属

澳洲米花

- 原产地：澳大利亚。
- 繁　殖：播种、扦插。
- 花果期：春季。
- 日　照：全日照。
- 温　度：生长适温20℃~28℃。
- 土　壤：不择土壤。
- 水　分：喜湿润。

形态特征 常绿灌木，株高可达2米。叶小，线形，互生。小花簇生于末端分枝上，通常白色，也有粉红色。

应用 花洁白素雅，观赏性佳，适合公园、绿地或庭院的路边、山石边、草地中或边缘种植观赏。

学名| *Pericallis hybrida*

别名：千日莲
科属：菊科瓜叶菊属

瓜叶菊

- 原产地：加那利群岛。
- 繁　殖：播种。
- 花果期：花期1~5月，果期夏至秋。
- 日　照：全日照或半日照。
- 温　度：生长适温15℃~22℃。
- 土　壤：喜疏松、肥沃、排水良好的土壤。
- 水　分：喜湿润，不耐旱。

形态特征 多年生草本，常作一、二年生栽培，株高30~60厘米。叶大，心脏形卵状，叶缘呈波状，具细齿。头状花序簇生成伞状，舌状花具有各种颜色及斑纹，管状花紫色，少数黄色。瘦果纺锤形。

应用 开花繁茂，花色清新，是著名的盆栽花卉，多用于装饰阳台、窗台、客厅或卧室等处，也可植于花坛观赏。

学名| *Rudbeckia hirta*

黑心菊

别名：黑心花、黑心金光菊
科属：菊科金光菊属

- 原产地：北美。
- 繁　殖：播种。
- 花果期：花期5~9月，果期秋季。
- 日　照：全日照。
- 温　度：生长适温15℃~28℃。
- 土　壤：不择土壤，喜疏松、肥沃的壤土。
- 水　分：喜湿润，耐旱。

形态特征 一、二年生草本，株高30~100厘米。上部叶互生，无柄，长圆披针形，叶缘具齿或全缘，下部叶长圆形或匙形。头状花序单生，舌状花金黄色，管状花暗褐色或暗紫色，花心隆起。

应用 花大美丽，色泽明快，是我国常见的庭院植物，适合花坛、路边、花境种植观赏，可丛植、片植。

学名| *Rudbeckia laciniata var. hortensis*

重瓣金光菊

别名：重瓣大还魂草
科属：菊科金光菊属

- 原产地：北美。
- 繁　殖：播种。
- 花果期：花期6~9月，果期秋季。
- 日　照：全日照。
- 温　度：生长适温10℃~25℃。
- 土　壤：喜疏松、肥沃的壤土。
- 水　分：喜湿润，较耐旱。

形态特征 多年生草本，株高约30~100厘米。茎部叶片掌状裂，上部叶片阔披针形至矩圆形，有时亦分裂。头状花序单生或少数合生，重瓣，黄色。瘦果。

应用 花金黄艳丽，适合公园、庭院等路边、墙垣处栽培，或作背景材料。

别名：松香草、菊花草
科属：菊科松香草属

学名| *Silphium perfoliatum*

串叶松香草

- 原产地：北美。
- 繁　殖：播种。
- 花果期：花期5~8月，果熟期8~10月。
- 日　照：全日照。
- 温　度：生长适温16℃~26℃。
- 土　壤：喜疏松、肥沃的壤土。
- 水　分：喜湿润，也耐旱。

形态特征 多年生草本植物，高2~3米，一年生植株呈丛生莲座状。叶长椭圆形，叶缘有缺刻，基生叶有柄，茎生叶无柄，叶对生。头状花序，边缘为舌状花，中间为管状花，花黄色。瘦果。

应用 花大，美丽，适合公园、绿地等路边栽培或用作背景材料；茎叶为优良牧草。

别名：黄莺
科属：菊科一枝黄花属

学名| *Solidago canadensis*

加拿大一枝黄花

- 原产地：北美。
- 繁　殖：播种、分株或扦插。
- 花果期：花期夏、秋，果期秋冬。
- 日　照：全日照。
- 温　度：生长适温15℃~28℃。
- 土　壤：不择土壤。
- 水　分：喜湿润，也耐旱。

形态特征 多年生草本，茎直立，株高可达250厘米。叶披针形或线状披针形。头状花序小花，在花序分枝上单面着生，多数弯曲的花序分枝与单面着生的头状花序，形成开展的圆锥花序。

应用 花序大，金黄色，适合公园、绿地等路边、林缘等处栽培观赏；常用于切花；全草入药，有小毒，可治肺炎、毒蛇咬伤等症。

学名| *Spilanthes oleracea*

桂圆菊

别名：铁拳头
科属：菊科金纽扣属

- 原产地：亚洲热带。
- 繁　殖：播种。
- 花果期：花果期几乎全年。
- 日　照：全日照。
- 温　度：生长适温20℃~30℃。
- 土　壤：不择土壤，以疏松、排水良好的壤土为佳。
- 水　分：喜湿润，较耐旱。

形态特征 一年生草本，株高15~30厘米。叶对生，具柄，叶缘有锯齿。头状花序单生于茎、枝的顶端或叶腋，花梗细而长。花黄色。

应用 花型奇特，极为可爱，适合花坛、花境及公园路边栽培，也可盆栽点缀阳台、窗台等处。

学名| *Tagetes erecta*

万寿菊

别名：臭芙蓉、蜂窝菊
科属：菊科万寿菊属

- 原产地：墨西哥。
- 繁　殖：播种、扦插。
- 花果期：花期8~9月，果熟期9~10月。
- 日　照：全日照。
- 温　度：生长适温15℃~30℃。
- 土　壤：不择土壤。
- 水　分：喜湿润，较耐旱。

形态特征 多年生草本。株高60~100厘米，茎粗壮。直立。单叶对生或互生，羽状全裂，裂片披针形，具锯齿，叶缘背面具油腺点，有强臭味。顶生头状花序，具长总梗，花梗中空。总苞钟状，舌状花有长爪，边缘有皱。花黄色或橘黄色。瘦果黑色，冠毛淡黄色。

应用 盆栽适合阳台、窗台等处装饰；适合公园、绿地等花坛、园路边及花境栽培；对有毒气体有一定抗性，可在有空气污染的厂矿种植。

学名| *Zinnia elegans*

百日草

别名：步步高、节节高、对叶梅
科属：菊科百日草属

- 原产地：美洲。
- 繁　殖：播种。
- 花果期：花期6~10月，果期秋季。
- 日　照：全日照。
- 温　度：生长适温15℃~30℃。
- 土　壤：不择土壤。
- 水　分：喜湿润，较耐旱。

形态特征 一年生草本花卉，株高30~100厘米。叶对生，广卵形至长椭圆形，基部抱茎，全缘。头状花序着生于枝顶，舌状花扁平、反卷或扭曲，常多轮呈重瓣状，有白、绿、黄、粉、红、橙等色，或有斑纹，或瓣基有色斑。

应用 习性强健，花大繁茂，矮化品种可盆栽用于窗台、阳台等处观赏；适合庭院、绿地等布置花坛、花境等。

学名| *Tagetes patula*

孔雀草

别名：小万寿菊、红黄
科属：菊科万寿菊属

- 原产地：墨西哥。
- 繁　殖：播种。
- 花果期：花期6~9月，果熟期9~10月。
- 日　照：全日照。
- 温　度：生长适温20℃~25℃。
- 土　壤：不择土壤。
- 水　分：喜湿润，也耐旱。

形态特征 一年生草本，株高20~50厘米。叶对生或互生，羽状全裂，裂片线状披针形，叶具油腺点，有异味。头状花序单生，舌状花黄色，基部或边缘红褐色。瘦果黑褐色。

应用 习性强健，是我国常见的庭院花卉，园林中可用于花坛、路边及花境绿化观赏，也可盆栽；花叶入药，具有清热化痰、补血通经的功效。

学名| *Wedelia trilobata*

南美蟛蜞菊

别名：三裂蟛蜞菊
科属：菊科蟛蜞菊属

- 原产地：南美洲。
- 繁　殖：扦插。
- 花果期：花期几乎全年。
- 日　照：全日照。
- 温　度：生长适温18℃~26℃。
- 土　壤：不择土壤。
- 水　分：喜湿，也耐旱。

形态特征 茎横卧地面，茎长可达2米以上。叶对生，具齿，不分裂，叶片绿色，光亮。头状花序，多单生，外围雌花1层，舌状，顶端2~3齿裂，黄色，中央两性花，黄色，结实。

应用 习性强健，叶色翠绿，花色金黄，可用于路边、花台或水岸边种植观赏，也可用于水土保持工程，作为护坡、护堤的覆盖植物。

学名| *Zinnia angustifolia*

小百日草

别名：小百日菊
科属：菊科百日草属

- 原产地：墨西哥。
- 繁　殖：播种。
- 花果期：花期夏至冬季，果期秋至春季。
- 日　照：全日照。
- 温　度：生长适温15℃~30℃。
- 土　壤：不择土壤，以疏松、排水良好土壤为佳。
- 水　分：喜湿润，耐旱。

形态特征 一、二年生草本，株高20~30厘米。叶披针形，对生，灰绿色。花顶生，黄色、粉色及复色等，单瓣，先端有缺刻。

应用 盆栽装饰书桌或案几；适合花坛、花台或路边等处栽培观赏，也可片植用于花境。

别名：香紫罗兰、黄紫罗兰
科属：十字花科桂竹香属

学名| *Cheiranthus cheiri*

桂竹香

- 原产地：欧洲南部。
- 繁　殖：播种。
- 花果期：花期4~6月，果期秋季。
- 日　照：全日照。
- 温　度：生长适温10℃~25℃。
- 土　壤：对土壤要求不严，喜排水良好、疏松肥沃的土壤。
- 水　分：喜湿润。

形态特征 二年或多年生草本植物，株高 20 ~ 70 厘米。叶互生，叶披针形。总状花序顶生，花大，花色橙黄色或黄褐色，两色混杂，有香气。长角果条形。

应用 花美丽，多用于布置花坛、花境，又可作盆花及切花；种子榨油工业用；花入药，具有泻下通经之效。

学名| *Lobularia maritime*

香雪球

别名：庭荠
科属：十字花科香雪球属

- 原产地：地中海沿岸。
- 繁　殖：播种。
- 花果期：花期3~6月，果期夏季。
- 日　照：全日照。
- 温　度：生长适温15℃~25℃。
- 土　壤：对土壤要求不严，以疏松、肥沃的土壤为佳。
- 水　分：喜湿润，较耐旱。

形态特征　多年生草本植物，植株较矮。叶条形或披针形，全缘，互生。顶生总状花序，总轴短，花小密生呈球状，花色有白色、淡紫、深紫、紫红等色，具淡香。角果。

应用　花繁密，美丽，适合公园、庭院等花坛、路边、花境等处栽培，盆栽可用于阳台、窗台、客厅、卧室等装饰。

学名| *Matthiola incana*

紫罗兰

别名：草桂花、草紫罗兰
科属：十字花科紫罗兰属

- 原产地：地中海沿岸。
- 繁　殖：播种。
- 花果期：花期4~5月，果期8~9月。
- 日　照：全日照。
- 温　度：生长适温10℃~25℃。
- 土　壤：喜疏松肥沃、湿润深厚的中性至微酸性壤土。
- 水　分：喜湿润。

形态特征　一、二年生或多年生草本，株高20~60厘米。叶互生，长圆形至倒披针形。总状花序顶生或腋生，花冠紫红色，具微香。蒴果黄褐色。

应用　花朵繁茂，色泽鲜艳，香气浓郁，花期长，是世界著名的切花，可用于餐桌、卧室等瓶插观赏；盆栽可用于花坛、花境及室内装饰。

学名| *Erysimum bungei*

科属：十字花科糖芥属

糖芥

- 原产地：我国东北、华北、江苏、陕西、四川；蒙古、朝鲜及俄罗斯也有。
- 繁　殖：播种。
- 花果期：花期6~8月，果期7~9月。
- 日　照：全日照。
- 温　度：生长适温16℃~22℃。
- 土　壤：喜疏松、肥沃的壤土。
- 水　分：喜湿润。

形态特征 一年生或二年生草本植物。叶披针形或长圆状线形，基生叶顶端急尖，基部渐狭，全缘，上部叶基部近抱茎，边缘有波状齿或近全缘。总状花序顶生，有多数花，花瓣橘黄色。长角果线形。

应用 花色鲜艳，适合布置花坛或作背景材料，也可盆栽；全草入药，具有消食、强心、利尿、健脾的功效。

学名| *Hesperis trichosepala*

科属：十字花科香花芥属

香花芥

- 原产地：我国吉林、内蒙古、河北、山西及山东；朝鲜也有。
- 繁　殖：播种。
- 花果期：花果期5~8月。
- 日　照：全日照。
- 温　度：生长适温16℃~22℃。
- 土　壤：不择土壤，以疏松、肥沃的壤土为佳。
- 水　分：喜湿润，较耐旱。

形态特征 二年生草本植物，株高10~60厘米。基生叶在花期枯萎，茎生叶长圆状椭圆形或窄卵形，顶端急尖，基部楔形，边缘有不等尖锯齿。总状花序顶生，花小，紫色或白色。

应用 色泽雅致，适合公园、风景区或庭院等路边、花坛或墙垣边种植观赏，也可盆栽用于阳台、窗台等处装饰。

学名/ *Orychophragmus violaceus*

二月蓝

别名：诸葛菜
科属：十字花科诸葛菜属

- 原产地：我国甘肃、陕西、山西、河北、河南、山东、安徽、江苏、浙江、湖北、江西；朝鲜也有分布。
- 繁　殖：播种。
- 花果期：花期4~5月，果期5~6月。
- 日　照：全日照。
- 温　度：生长适温12℃~20℃。
- 土　壤：不择土壤。
- 水　分：喜湿润，耐旱。

形态特征 一、二年生草本。基生叶和下部茎生叶有羽状分裂，上部叶长圆形或窄卵形，抱茎。花紫色、浅红色或褪成白色，花冠排成辐射对称的十字形。长角果线。

应用 花色淡雅，花期长，适合植于林缘、林下、水岸边、山石边或作地被植物观赏；嫩茎叶可作蔬菜食用，多炒食。

别名：第伦桃
科属：五桠果科五桠果属

学名| *Dillenia indica*

五桠果

- **原产地**：我国云南、广东及广西；东南亚也有。
- **繁　殖**：播种。
- **花果期**：花期7~10月，果期10~12月。
- **日　照**：全日照。
- **温　度**：生长适温23℃~32℃。
- **土　壤**：对土壤要求不严，以疏松的微酸性土壤为佳。
- **水　分**：喜湿润，忌涝。

形态特征　常绿乔木，高达30米。叶片革质，长圆形，先端急尖至渐尖，基部圆形至急尖，边缘具疏齿，表面亮绿色。花单生枝顶，花瓣5枚，白色。果近球形。

应用　树形美观，花朵洁白雅致，可用于公园、绿地等作风景树种或作行道树；果成熟后酸甜可食；木材可制家具，根和树皮入药。

学名| *Dillenia turbinata*

大花五桠果

别名：大花第伦桃
科属：五桠果科五桠果属

- 原产地：我国云南、广西、广东及海南；越南也有。
- 繁　殖：播种。
- 花果期：花期2~5月。
- 日　照：全日照。
- 温　度：生长适温23℃~32℃。
- 土　壤：喜土层深厚、肥沃的微酸性壤土。
- 水　分：喜湿润。

形态特征 常绿乔木，高达30米。单叶互生，叶片革质，倒卵形，稀倒卵状长圆形，先端圆形或钝，稀急尖，边缘具疏离的牙齿或近全缘。总状花序顶生，花瓣5枚，亮黄色，稀白色或粉红色。果近球形。

应用 果实成熟后可食；大花五桠果株形美观，花色鲜艳，是极佳的观花树种，适合庭院、道路等栽培观赏，也是优良的行道树种。

别名：水柳树
科属：杜英科杜英属

学名 *Elaeocarpus hainanensis*

水石榕

- 原产地：我国广东、海南；越南也有。
- 繁　殖：播种、扦插。
- 花果期：花期5~7月。
- 日　照：全日照。
- 温　度：生长适温18℃~28℃。
- 土　壤：喜土层深厚、肥沃土壤。
- 水　分：喜湿润。

形态特征 落叶小乔木，嫩枝无毛。叶革质，聚生于枝顶，狭倒披针形，先端尖，基部楔形，边缘有小锯齿。总状花序生枝顶叶腋，花绿白色，花瓣深裂成丝状。核果纺锤形。

应用 习性强健，花繁茂，园林中常用于路边或水岸边栽培观赏。

别名：长芒杜英
科属：杜英科杜英属

学名 *Elaeocarpus apiculatus*

尖叶杜英

- 原产地：云南、广东及海南；中南半岛及马来西亚也有。
- 繁　殖：播种、扦插。
- 花果期：花期7月，10~11月果熟。
- 日　照：全日照。
- 温　度：生长适温18℃~28℃。
- 土　壤：不择土壤。
- 水　分：喜湿润。

形态特征 常绿大乔木，株高可达30米。单叶互生，倒披针形，锯齿缘。总状花序生于枝顶腋内，花白色。果椭圆形。

应用 开花繁密，洁白素雅，多用作园景树、行道树及庭荫树，丛植、孤植皆宜。

学名| *Rhododendron×hybrida*

石楠杜鹃

别名：树型杜鹃
科属：杜鹃花科杜鹃花属

- 原产地：杂交种。
- 繁　殖：扦插、高压或嫁接。
- 花果期：花期3~5月。
- 日　照：半日照。
- 温　度：生长适温15℃~22℃。
- 土　壤：喜疏松、肥沃、排水良好的微酸性壤土。
- 水　分：喜湿润。

形态特征 多年生常绿灌木或小乔木，株高约3米。叶片互生，密集着生于枝条顶端，叶片椭圆状或披针形，革质有光泽。花顶生，常数朵聚生于枝头，花朵钟状，单瓣或重瓣，花有紫红、红、粉红、橙红、桃红、紫蓝、白、黄等多种颜色。

应用 花大色艳，观赏性极佳，园林中较少应用，多盆栽用于卧室、客厅装饰。

学名| *Rhododendron×hybrida*

西鹃

别名：比利时杜鹃
科属：杜鹃花科杜鹃花属

- 原产地：杂交种。
- 繁　殖：扦插。
- 花果期：花期全年。
- 日　照：半日照。
- 温　度：生长适温16℃~25℃。
- 土　壤：喜疏松、肥沃的微酸性壤土。
- 水　分：喜湿润。

形态特征 常绿灌木，株高约15~50厘米。叶互生或簇生，长椭圆形，叶面具白色绒毛。花有单瓣、半重瓣及重瓣，花有红、粉红、白色带粉红边或红白相间等色。

应用 栽培品种繁多，花色丰富，色泽艳丽，盆栽用于卧室、客厅、阳台等装饰，也适合庭院或用于公园、林下或稍庇荫的地方栽培观赏。

别名：锦绣杜鹃
科属：杜鹃花科杜鹃花属

学名| *Rhododendron pulchrum*

毛鹃

- 原产地：我国江浙、两广及江西、福建、湖北、湖南。
- 繁　殖：扦插。
- 花果期：花期4~5月，果期9~10月。
- 日　照：全日照或半日照。
- 温　度：生长适温20℃~28℃。
- 土　壤：喜疏松、排水良好的微酸性壤土。
- 水　分：喜湿润，较耐旱。

形态特征 常绿或半常绿灌木，高达2~3米。叶纸质，椭圆形至椭圆状披针形或矩圆状倒披针形。花1~3朵顶生枝端，花冠玫瑰红至亮红色，上瓣有浓红色斑，漏斗形。蒴果卵形。

应用 盆栽适合阳台、卧室及客厅等摆放观赏；园林中常用于疏林下、路边、山石边栽培。

别名：映山红
科属：杜鹃花科杜鹃花属

学名| *Rhododendron simsii*

杜鹃

- 原产地：我国中南及西南部。
- 繁　殖：扦插。
- 花果期：花期4~5月，果期6~8月。
- 日　照：全日照或半日照。
- 温　度：生长适温20℃~28℃。
- 土　壤：喜疏松、排水良好的壤土。
- 水　分：喜湿润，较耐旱。

形态特征 小乔木或灌木，株高2~5米，分枝多。叶革质，互生，常簇生顶端，卵形、椭圆状卵形或倒卵形。花3~6朵簇生枝顶，花冠成漏斗状，玫瑰色、鲜红或暗红色。蒴果卵球形。

应用 开花繁密，色泽艳丽。盆栽可用于阳台、客厅欣赏；适合植于溪边、池畔、岩石旁或路边栽培，也可做背景材料；全株入药，具有行气活血、补虚的功效。

学名| *Pieris swinhoei*

长萼马醉木

科属：杜鹃花科马醉木属

叶片特征
叶簇生枝顶，革质，狭披针形

- 原产地：我国福建、广东、香港。
- 繁　殖：播种。
- 花果期：花期4~6月，果期7~9月。
- 日　照：全日照。
- 温　度：生长适温18℃~30℃。
- 土　壤：喜疏松、排水良好的微酸性土壤。
- 水　分：喜湿润。

形态特征 灌木，高2~3米。叶簇生枝顶，革质，狭披针形，先端短渐尖，基部狭楔形，边缘在中部以上具疏锯齿。总状花序或圆锥花序，着生枝顶或叶腋，花冠白色，筒状坛形。蒴果近球形。

应用 花洁白素雅，花型奇特，盆栽适合窗台、阳台等处装饰；适合公园、绿地等山石边或林缘处栽培观赏。

别名：珊瑚树、珊瑚油桐
科属：大戟科麻风树属

学名| *Jatropha podagrica*

佛肚树

- 原产地：美洲或南美洲热带地区。
- 繁　殖：播种、扦插。
- 花果期：花果期几乎全年。
- 日　照：全日照。
- 温　度：生长适温23℃~30℃。
- 土　壤：喜疏松、肥沃的壤土。
- 水　分：喜湿润。

形态特征 直立灌木，不分枝或少分枝，株高0.3~1.5米，茎基部或下部通常膨大呈瓶状。叶盾状着生，轮廓近圆形至阔椭圆形，顶端圆钝，基部截形或钝圆，全缘或2~6浅裂。花序顶生，花瓣红色。蒴果。

应用 形态奇特，花红艳，可盆栽用于阳台、客厅、卧室等处装饰；适合公园、风景区或庭院的路边、角隅或墙垣边栽培观赏。

学名| *Acalypha hispida*

狗尾红

别名：红穗铁苋菜
科属：大戟科锦苋菜属

- 原产地：太平洋岛屿。
- 繁　殖：扦插。
- 花果期：春、夏、秋均能见花。
- 日　照：全日照。
- 温　度：生长适温22℃~30℃。
- 土　壤：喜疏松、排水良好的壤土。
- 水　分：喜湿润。

形态特征 常绿灌木，株高1~3米。嫩枝被灰色短绒毛。叶纸质，互生，叶卵圆形或阔卵形，先端尖，基部阔楔形、圆钝或微心形，边缘有锯齿。穗状花序腋生，鲜红色，下垂。

应用 常悬挂栽培用于阳台、窗台或廊架美化；常植于林缘、路边等。

学名| *Acalypha reptans*

红尾铁苋

别名：猫尾红
科属：大戟科铁苋菜属

- 原产地：西印度群岛。
- 繁　殖：扦插。
- 花果期：花期春至秋季。
- 日　照：全日照。
- 温　度：生长适温22℃~30℃。
- 土　壤：不择土壤，喜疏松、肥沃的壤土。
- 水　分：喜湿润。

形态特征 常绿蔓性小灌木，株高20厘米左右。叶互生，卵圆形，先端渐尖，基部楔形，边缘具锯齿。柔荑花序，具毛，红色。

应用 长势繁茂，花序极为美观，适合公园或庭院的路边、草坪边缘、林缘、山石边或临水岸边片植观赏，也可盆栽用于阳台、窗台绿化。

别名：火苞草、草一品红
科属：大戟科大戟属

学名| *Euphorbia cyathophora*

猩猩草

- 原产地：中南美洲。
- 繁　殖：播种。
- 花果期：花果期5~11月。
- 日　照：全日照。
- 温　度：生长适温20℃~28℃。
- 土　壤：不择土壤。
- 水　分：喜湿润，耐旱。

形态特征　一年生或多年生草本植物，基部有时木质化，株高可达1米。叶互生，卵形、椭圆形或卵状椭圆形，先端尖或圆，基部渐狭，边缘波状分裂或具波状齿或全缘。总苞叶与茎生叶同形，较小。雄花多枚，雌花1枚。蒴果。

应用　苞片奇特美丽，习性强健，适合公园、绿地等路边、水岸边及山石边栽培观赏。

别名：铁梅棠、虎刺、麒麟花
科属：大戟科大戟属

学名| *Euphorbia milii*

虎刺梅

- 原产地：非洲热带。
- 繁　殖：扦插。
- 花果期：花期全年。
- 日　照：全日照。
- 温　度：生长适温24℃~30℃。
- 土　壤：不择土壤。
- 水　分：喜湿润。

形态特征　常绿亚灌木，株高可达1米。茎肉质肥大，有硬刺。叶互生，通常集中在嫩枝上，倒卵形或矩圆状匙形，黄绿色。聚伞花序，生于枝顶，总苞有红、白、黄等多色。

应用　习性强健，花期长，多盆栽用于室内装饰，适合窗台、案头、阳台点缀，也可以绑扎造型；园林中可用于路边、山石边栽培观赏；全株入药，外敷可治瘀痛、骨折及恶疮等症。

学名| *Euphorbia pulcherrima*

一品红

别名：圣诞花
科属：大戟科大戟属

- 原产地：墨西哥及中美洲热带。
- 繁　殖：扦插、高压。
- 花果期：花期11月至翌年3月。
- 日　照：全日照或半日照。
- 温　度：生长适温20℃~28℃。
- 土　壤：喜疏松、肥沃、排水良好的土壤。
- 水　分：喜湿润，不耐旱。

形态特征 直立灌木，株高1~3米。单叶互生，叶片卵状椭圆形至宽披针形，全缘或具波状齿，绿色，背有柔毛。杯状花序顶生，苞片有红、黄、白等色；花小，无花被。

应用 苞片鲜艳，是世界重要的盆花，多于圣诞节及春节装饰大堂、广场等，也可用于室内客厅、卧室、阳台美化。

学名| *Jatropha integerrima*

琴叶珊瑚

别名：琴叶樱
科属：大戟科麻疯树属

- 原产地：中美洲。
- 繁　殖：播种、扦插。
- 花果期：全年均可开花、结实。
- 日　照：全日照。
- 温　度：生长适温23℃~30℃。
- 土　壤：不择土壤。
- 水　分：喜湿润。

形态特征 常绿灌木，株高1~2米，具乳汁。叶互生，长椭圆形、倒卵状披针形。花单生，聚伞花序排成圆锥状，顶生，花冠红色或粉色。蒴果成熟时为黑褐色。

应用 花色鲜艳，适合公园、社区、绿地等路边、池畔等处栽培观赏；也可大型盆栽用于厅堂装饰。

别名：木油桐、皱果桐
科属：大戟科油桐属

学名| *Vernicia montana*

千年桐

原产地：我国浙江、江西、福建、台湾、湖南、广东、海南、广西、贵州、云南；越南、泰国、缅甸也有。

繁　殖：播种。

花果期：花期4~5月。

日　照：全日照。

温　度：生长适温20℃~30℃。

土　壤：不择土壤，以疏松、排水良好的壤土为佳。

水　分：喜湿润。

形态特征 落叶乔木，株高达20米。叶阔卵圆形，顶端短尖或渐尖，基部截平至心形，全缘或2~5裂。花雌雄异株有时同株异序，花瓣白色或基部紫红色且有紫红色脉纹。核果卵球形。

应用 园林中常用作风景树或行道树；是我国重要的工业油料作物；果皮可制活性炭。

学名| *Eustoma russellianum*

洋桔梗

别名：龙胆花、大花桔梗
科属：龙胆科草原龙胆属

- 原产地：美国南部。
- 繁　殖：播种。
- 花果期：花期5~10月，果期秋季。
- 日　照：全日照。
- 温　度：生长适温10℃~25℃。
- 土　壤：喜疏松、肥沃的壤土。
- 水　分：喜湿润。

形态特征 一、二年生草本。茎直立，株高30～60厘米。叶对生，卵形。花钟状，花色丰富，有红、粉红、紫、淡紫、白、黄、镶边等色。有单、重瓣之分。

应用 盆栽装饰卧室、阳台或书房等处；可用于布置花境、花坛等；花枝是常用的插花材料。

学名| *Exacum affine*

紫芳草

别名：紫星花
科属：龙胆科紫芳草属

- 原产地：索科得拉岛。
- 繁　殖：播种。
- 花果期：花期4~7月，果期夏秋。
- 日　照：全日照。
- 温　度：生长适温15℃~25℃。
- 土　壤：喜疏松、排水良好的肥沃壤土。
- 水　分：喜湿润。

形态特征 一年生草本，株高约15厘米。叶卵形或心形，深绿色，具光泽且密生；多分枝。花碟形或盘状，紫蓝色，雄蕊鲜黄明艳，具淡香。

应用 盆栽或吊挂栽培用于装饰阳台、卧室及书房等。

别名：洋绣球、石腊红
科属：牻牛儿苗科天竺葵属

学名| *Pelargonium hortorum*

天竺葵

- **原产地：**南非。
- **繁　殖：**播种、扦插。
- **花果期：**花期初冬至翌年夏初，果期春至夏。
- **日　照：**全日照或半日照。
- **温　度：**生长适温15℃~25℃。
- **土　壤：**喜疏松、肥沃、排水良好的壤土。
- **水　分：**喜湿润。

形态特征 多年生草本花卉，株高20~40厘米。单叶互生，叶掌状有长柄，叶缘多锯齿，叶面有较深的环状斑纹。伞形花序腋生，花色红、白、粉、紫等色，有单瓣和重瓣品种。蒴果。

应用 花叶俱美，多作盆栽，可用于阳台、窗台、卧室、书房等装饰；叶具特殊气味，可提取精油及香料。

学名| *Aeschynanthus radicans*

毛萼口红花

别名：大红芒毛苣苔
科属：苦苣苔科芒毛苣苔属

- 原产地：马来西亚。
- 繁　殖：扦插。
- 花果期：夏季。
- 日　照：全日照。
- 温　度：生长适温18℃~30℃。
- 土　壤：喜疏松、肥沃的壤土。
- 水　分：喜湿润。

形态特征 多年生藤本植物。叶对生，长卵形，全缘，叶面浓绿色，叶背浅绿色。花序多腋生或顶生，花萼筒状，黑紫色披绒毛，花冠筒状，红色至红橙色，从花萼中伸出。

应用 花型奇特，极美观，多盆栽悬吊栽培观赏，可用于阳台、窗台等处装饰。

科属：苦苣苔科金红花属

学名| *Chrysothemis pulchella*

金红花

- 原产地：中南美洲。
- 繁　殖：播种、分球。
- 花果期：花期夏至秋，果期秋冬。
- 日　照：全日照。
- 温　度：生长适温15℃~28℃。
- 土　壤：喜疏松、排水良好的土壤。
- 水　分：喜湿润。

形态特征 多年生宿根草本，株高15～25厘米。叶广披针形，对生，叶面暗绿色，叶北紫褐色，叶缘有锯齿。花顶生或腋生，花筒状，橙黄。

应用 花叶俱美，适合花坛、花台栽培观赏，盆栽可用于室内阳台、窗台绿化。

别名：红桐草
科属：苦苣苔科喜阴花属

学名| *Episcia cupreata*

喜阴花

- 原产地：南美洲。
- 繁　殖：播种、扦插、走茎繁殖。
- 花果期：花期5~9月，果期秋季。
- 日　照：半日照。
- 温　度：生长适温15℃~30℃。
- 土　壤：喜疏松、肥沃的壤土。
- 水　分：喜湿润。

形态特征 多年生草本植物，株高约10～15厘米。叶对生，长椭圆形，叶上布满细绒毛。花腋生，花瓣5枚，花色有红色、橘色，也有黄、粉、蓝、白等色。

应用 花叶俱美，多盆栽，适合窗台、阳台、卧室及书房栽培观赏。

学名 *Gloxinia sylvatica*

小岩桐

别名：小圆彤
科属：苦苣苔科

- 原产地：秘鲁、玻利维亚。
- 繁　殖：分株、扦插。
- 花果期：花期10月至翌年3月。
- 日　照：全日照或半日照。
- 温　度：生长适温20℃~28℃。
- 土　壤：喜疏松、肥沃的壤土。
- 水　分：喜湿润。

形态特征 多年生肉质草本植物，株高15~30厘米，全株具细毛，成株由地下横走茎生长，多数幼苗而成丛生状。叶对生，披针形或卵状披针形。花1~2朵腋生，花梗细长，花冠橙红色。

应用 花朵奇特雅致，适合公园、庭院等小岸边、路边等栽培观赏，盆栽可用于阳台、窗台等装饰。

学名 *Nematanthus gregarius*

袋鼠花

别名：金鱼花、河豚花
科属：苦苣苔科袋鼠花属

- 原产地：巴西。
- 繁　殖：扦插。
- 花果期：花期冬至春。
- 日　照：全日照。
- 温　度：生长适温15℃~22℃。
- 土　壤：喜肥沃、疏松的壤土。
- 水　分：喜湿润，耐旱。

形态特征 一年生常绿草本植物，株高20~30厘米。叶对生，椭圆形，革质，具光泽。花单生于叶腋，中部膨大，先端尖缩，状似金鱼嘴，花橘黄色。

应用 花型奇特，花开繁茂，为盆栽佳品，可用于阳台、窗台或卧室、书桌等处摆放或吊盆栽培观赏。

别名：非洲堇、非洲紫苣苔
科属：苦苣苔科非洲紫罗兰属

学名| *Saintpaulia ionantha*

非洲紫罗兰

- 原产地：非洲东部热带地区。
- 繁　殖：分株、扦插。
- 花果期：夏至冬。
- 日　照：半日照。
- 温　度：生长适温15℃~25℃。
- 土　壤：喜疏松、肥沃、排水良好的壤土。
- 水　分：喜湿润。

形态特征 多年生草本植物。叶片轮状平铺生长呈莲座状，叶卵圆形全缘，先端稍尖。花梗自叶腋间抽出，花单朵顶生或交错对生，花色有深紫罗兰色、蓝紫色、浅红色、白色、红色等，有单瓣、重瓣之分。

应用 非洲紫罗兰品种繁多，花色、叶色各异，观赏性强，多盆栽欣赏，可装饰客厅、案几、阳台、窗台等，也可用于会议室、办公室等地。

别名：落雪泥
科属：苦苣苔科大岩桐属

学名| *Sinningia speciosa*

大岩桐

- 原产地：南美巴西。
- 繁　殖：播种、分球或叶插。
- 花果期：花期夏季，果期秋季。
- 日　照：半日照。
- 温　度：生长适温22℃~30℃。
- 土　壤：喜疏松、肥沃、排水良好的壤土。
- 水　分：喜湿润。

形态特征 多年生草本植物，株高15~25厘米。叶对生，质厚，长椭圆形，肥厚而大，缘具钝锯齿。花顶生或腋生，花冠钟状，花色有蓝、粉红、白、红、紫等色，还有白边蓝花、白边红花双色和重瓣花。蒴果。

应用 花大色艳，是我国家庭常见栽培的观花盆栽，可用于窗台、案几、花架等处装饰。

学名| *Aeschynanthus speciosus*

美丽口红花

别名：翠锦口红花
科属：苦苣苔科芒毛苣苔属

- 原产地：爪哇。
- 繁　殖：扦插。
- 花果期：花期7~9月。
- 日　照：半日照。
- 温　度：生长适温18℃~30℃。
- 土　壤：喜疏松、肥沃、排水良好的壤土。
- 水　分：喜湿润。

形态特征 多年生附生常绿草本植物，枝条匍匐下垂，肉质叶对生，卵状披针形，顶端尖，具短柄。伞形花序生于茎顶或叶腋间，小花管状，弯曲，橙黄色，花冠基部绿色，柱头和花药常伸出花冠之外。

应用 色泽艳丽，花型奇特，常作盆栽，适合陈设于客厅、卧室、办公室等处观赏。

学名| *Anigozanthos manglesii*

袋鼠爪花

别名：袋鼠花
科属：苦苣苔科袋鼠花属

- 原产地：澳大利亚。
- 繁　殖：分株、播种。
- 花果期：花期春夏，果期秋季。
- 日　照：全日照。
- 温　度：生长适温15℃~25℃。
- 土　壤：喜疏松、肥沃的壤土。
- 水　分：喜稍干燥。

形态特征 多年生草本，株高40～120厘米。枝叶丛生状，叶披针状条形，叶色灰绿。顶生总状花序，唇形花冠，酷似袋鼠爪，花茎常有分枝，被有绒毛，花色有橙黄、黄色、红色、绿色等。

应用 花型奇特，极为美丽，常用做切花栽培，也适合盆栽用于室内美化。

别名：蓝扇花
科属：草海桐科草海桐属

学名| *Scaevola aemula*

紫扇花

- 原产地：澳大利亚。
- 繁　殖：扦插。
- 花果期：春至夏末。
- 日　照：全日照。
- 温　度：生长适温18℃~26℃。
- 土　壤：喜排水良好的沙质壤土。
- 水　分：喜湿润。

形态特征 多年生草本植物，株高25～50厘米。叶互生，长椭圆形或倒披针形，全缘或三浅裂，顶部叶较小，叶边缘具齿。花小，扇形，主要为淡紫、浅蓝色。

应用 花色雅致、花形奇特。盆栽可用于阳台、窗台或书房装饰；适合公园、庭院等路边、花坛栽培观赏，或作地被植物。

学名| *Hypericum patulum*

金丝梅

别名：芒种花、云南连翘
科属：藤黄科金丝桃属

- 原产地：我国陕西、四川、云南、贵州、江西、湖南、湖北、安徽、江苏、浙江、福建。
- 繁　殖：播种、扦插或分株。
- 花果期：花期4~7月，果期8~10月。
- 日　照：全日照。
- 温　度：生长适温15℃~25℃。
- 土　壤：不择土壤。
- 水　分：喜湿润，也耐旱。

形态特征 半常绿小灌木，高可达1米。单叶对生，叶卵状长椭圆形，先端尖或钝，全缘，上面绿色，下面淡粉绿色，散布稀疏油点。花单生枝端或成聚伞花序，花瓣圆形，互相重叠，花金黄色。蒴果卵形。

应用 花金黄明快，盆栽可用于阳台或天台绿化；园林中常丛植或群植于草坪、路边、林缘处；全株药用，具有清热、利湿、解毒、祛淤、止痛的功效。

学名| *Hypericum monogynum*

金丝桃

别名：金丝海棠
科属：藤黄科金丝桃属

- 原产地：我国河北、河南、陕西、江苏、浙江、台湾、福建、江西、湖北、四川、广东；日本也有。
- 繁　殖：播种、扦插或分株。
- 花果期：花期5~9月，8~9月果熟。
- 日　照：全日照。
- 温　度：生长适温15℃~25℃。
- 土　壤：不择土壤，喜肥沃、排水良好的壤土。
- 水　分：喜湿润。

形态特征 半常绿或常绿灌木，高1米左右。单叶对生，长椭圆形，无柄，全缘，具透明油点。花单生或成聚伞花序，花瓣倒卵形，黄色。蒴果卵圆形。

应用 盆栽适合阳台、天台等摆放观赏；适合公园、绿地、风景区等丛植或群植；根入药，具有祛风湿、止咳的功效。

别名：瑞木
科属：金缕梅科蜡瓣花属

学名| *Corylopsis multiflora*

大果蜡瓣花

叶片特征
叶薄革质
倒卵形

原产地：我国福建、台湾、广东、广西、贵州、湖南、湖北及云南。
繁　殖：播种。
花果期：花期12月至翌年4月，果期5~10月。
日　照：全日照。
温　度：生长适温20℃~28℃。
土　壤：不择土壤。
水　分：喜湿润。

形态特征　落叶或半常绿灌木，有时为小乔木。叶薄革质，倒卵形，倒卵状椭圆形或为卵圆形，先端尖锐或渐尖，基部心形。总状花序，花瓣倒披针形。蒴果。

应用　习性强健，可用于公园、绿地的路边、山石边或墙垣处绿化。

学名| *Loropetalum chinense var. rubrum*

红继木

别名：红花继木
科属：金缕梅科继木属

- 原产地：我国湖南；日本及印度也有。
- 繁　殖：播种、扦插或压条。
- 花果期：花期4~5月，果期9~10月。
- 日　照：全日照。
- 温　度：生长适温15℃~28℃。
- 土　壤：喜疏松、肥沃的壤土。
- 水　分：喜疏松、排水良好的微酸性壤土。

形态特征 常绿灌木或小乔木，株高4~9米。叶互生，革质，叶暗紫色，卵形或椭圆形，先端锐尖，全缘。花瓣4枚，紫红色线形。蒴果倒卵圆形。栽培的还有原种继木*L. chinense*。

应用 花叶俱美，可作灌木栽培，适合美化公园、庭院、道路等绿化，也可造型或作花篱栽培观赏，也适合作盆景材料。

学名| *Rhodoleia championi*

红花荷

别名：红苞木
科属：金缕梅科红花荷属

- 原产地：我国广东和香港。
- 繁　殖：播种、扦插。
- 花果期：花期3~4月，果期秋季。
- 日　照：全日照或半日照。
- 温　度：生长适温20℃~28℃。
- 土　壤：喜疏松、排水良好的壤土。
- 水　分：喜湿润。

形态特征 常绿小乔木，茎干直立，株高可达12米。叶厚革质，卵形，先端钝或略尖，基部阔楔形，三出脉。头状花序，下垂，红色。头状果序。蒴果卵圆形。

应用 花型奇特，观赏性极佳。大型盆栽可用于厅堂或大门两侧摆入；园林中常用作风景树或行道树；叶入药，具有止血及活血的功效。

别名：娑罗树
科属：七叶树科七叶树属

学名| *Aesculus chinensis*

七叶树

- 原产地：我国北部和西北部。
- 繁　殖：播种、嫁接。
- 花果期：花期5~6月，果期9~10月。
- 日　照：全日照。
- 温　度：生长适温18℃~26℃。
- 土　壤：喜肥沃、排水良好之土壤。
- 水　分：喜湿润，较耐旱。

形态特征 落叶乔木，树高可达20~30米。掌状复叶对生，小叶长倒披针形或矩圆形，先端渐尖，基部楔形，边缘具细锯齿。圆锥花序顶生，花杂性，白色。蒴果球形。

应用 株形美观，荫蔽度好，花洁白繁密，园林中常用作行道树或风景树种，也可用作庭荫树栽培观赏。

学名| *Belamcanda chinensis*

射干

别名：铰剪草、野萱花
科属：鸢尾科射干属

- 原产地：中国；朝鲜、日本、印度、越南、俄罗斯。
- 繁　殖：分株、扦插或播种。
- 花果期：花期6~8月，果期7~9月。
- 日　照：全日照。
- 温　度：生长适温15℃~28℃。
- 土　壤：不择土壤。
- 水　分：喜湿、耐旱。

形态特征 多年生草本植物，株高100~150厘米。叶互生，嵌迭状排列，剑形。花序顶生，叉状分枝，每分枝上着生数朵花，花橙红色，上有紫褐色斑点。蒴果倒卵形或长椭圆形。

应用 射干花姿清雅，可植于花盆中置于室内欣赏；适合公园、社区及绿地片植或丛植观赏；根状茎药用，有微毒，具清热解毒、散结消炎、消肿止痛、止咳化痰等功效。

学名/ *Iris pseudoacorus*

黄花鸢尾

别名：黄菖蒲
科属：鸢尾科鸢尾属

- 原产地：欧洲。
- 繁　殖：播种、分株。
- 花果期：花期5月，果期6~8月。
- 日　照：全日照。
- 温　度：生长适温20℃~30℃。
- 土　壤：喜疏松、肥沃的壤土。
- 水　分：喜湿润或生活在水中。

形态特征 多年生草本植物。根状茎粗壮。基生叶灰绿色，宽剑形，顶端渐尖，基部鞘状，色淡。花茎粗壮，苞片3~4枚，膜质，花黄色。

应用 叶片翠绿，花色艳丽，常用于湿地、水岸边及浅水处栽培观赏，也适合布置庭院水景。

学名/ *Iris sanguinea*

溪荪

别名：东方鸢尾
科属：鸢尾科鸢尾属

- 原产地：我国东北及内蒙古；日本、朝鲜及俄罗斯也有。
- 繁　殖：分株或播种。
- 花果期：花期5~7月，果期7~9月。
- 日　照：全日照。
- 温　度：生长适温16℃~26℃。
- 土　壤：喜疏松、肥沃的壤土。
- 水　分：喜湿。

形态特征 多年生草本植物。叶条形，顶端渐尖，基部鞘状。花茎光滑，实心，苞片3枚，膜质，内含花2朵，花天蓝色。果实长卵状长圆形。

应用 花大艳丽，适合公园、绿地及庭院等群植于湿润的林下、山石边或池畔观赏。

学名/ *Crocosmia crocosmiflora*

火星花

别名：雄黄兰、倒挂金钩
科属：鸢尾科雄黄兰属

- 原产地：非洲南部。
- 繁　殖：分株。
- 花果期：花期7~8月，果期8~10月。
- 日　照：全日照。
- 温　度：生长适温16℃~26℃。
- 土　壤：喜排水良好、疏松、肥沃的沙质壤土。
- 水　分：喜湿润，较耐旱。

形态特征 多年生草本植物。具扁球径，叶多基生，剑形，基部有抱茎叶鞘。花茎常2~4分枝，由多花排成疏散的穗状花序，花冠漏斗状，深橙红色。蒴果。

应用 花奇特美丽，多用于布置花坛、花境或路边栽培，也可盆栽用于阳台及天台绿化；球茎入药，具有祛瘀止痛、止血生肌的功效。

学名/ *Crocus sativus*

番红花

别名：藏红花、西红花
科属：鸢尾科番红花属

- 原产地：欧洲。
- 繁　殖：分球。
- 花果期：花期2~3月，果期10~11月。
- 日　照：全日照。
- 温　度：生长适温15℃~20℃。
- 土　壤：喜疏松、排水良好的壤土。
- 水　分：喜湿润。

形态特征 多年生球根花卉，地下球茎扁球形。叶基生，窄线形，无柄，浓绿色，光滑，全缘，表面有沟，背面带白色，边缘反卷。花顶生，淡紫色，具芳香。

应用 株形小巧，花大美丽，盆栽可用于窗台、阳台或案几等处美化；园林中常片植或丛植观赏；花柱及柱头可入药。

别名：香雪兰、洋晚香玉
科属：鸢尾科香雪兰属

学名| *Freesia refracta*

小苍兰

- 原产地：非洲南部。
- 繁　殖：分球。
- 花果期：花期4~5月，果期6~9月。
- 日　照：全日照。
- 温　度：生长适温15℃~20℃。
- 土　壤：喜疏松、排水良好的壤土。
- 水　分：喜湿润。

形态特征 多年生草本植物，具球茎，卵形或卵圆形。叶剑形或条形，略弯曲，黄绿色。花茎直立，淡黄色或黄绿色，园艺品种颜色较多，具香味，花被管喇叭形。蒴果近卵圆形。

应用 习性强健，花繁茂，花色丰富，盆栽可用于阳台、窗台、卧室等栽培观赏；也常作切花栽培，可水插用于餐桌、案几装饰；花可提取香精。

别名：菖兰、剑兰
科属：鸢尾科唐菖蒲属

学名| *Gladiolus gandavensis*

唐菖蒲

- 原产地：地中海沿岸及南非。
- 繁　殖：分球。
- 花果期：花期夏秋季。
- 日　照：全日照。
- 温　度：生长适温18℃~26℃。
- 土　壤：喜疏松、肥沃的壤土。
- 水　分：喜湿润。

形态特征 多年生落叶球根类草本植物，株高100~170厘米。球茎扁圆形。基生叶剑形，排成二列，抱茎互生。穗状花序着生于花茎一侧，花冠筒漏斗状，花瓣边缘有波状或皱褶，花色有白、黄、红、粉、橙、紫、蓝或复色。蒴果。

应用 花大美丽，是我国常见的切花，可用于案几、卧室等装饰，也可地栽用于庭院、公园的路边或墙垣边栽培观赏；球茎入药，具有清热解毒的功效。

学名| *Iris delavayi*

长葶鸢尾

科属：鸢尾科鸢尾属

- 原产地：我国四川、西藏及云南。
- 繁　殖：播种、分株。
- 花果期：花期5~7月，果期8~10月。
- 日　照：全日照。
- 温　度：生长适温18℃~28℃。
- 土　壤：喜肥沃的壤土。
- 水　分：喜湿。

形态特征 多年生草本植物。叶灰绿色，剑形或条形，顶端长渐尖，基部鞘状。花茎中空，光滑，顶端有1~2个短侧枝，中下部有3~4枚披针形的茎生叶，苞片2~3枚，顶端长渐尖，内包含有2朵花，花深紫色或蓝紫色，具暗紫色及白色斑纹。蒴果柱状长椭圆形。

应用 花大而美丽，观赏性极佳，可盆栽用于阳台或植于庭院的水景边绿化；公园、风景区常用于水岸边栽培观赏。

学名| *Iris ensata*

玉蝉花

别名：东北鸢尾、紫花鸢尾
科属：鸢尾科鸢尾属

- 原产地：我国东北、山东及浙江；朝鲜、日本及俄罗斯也有。
- 繁　殖：分株。
- 花果期：花期6~7月，果期8~9月。
- 日　照：全日照。
- 温　度：生长适温15℃~28℃。
- 土　壤：喜疏松、肥沃的壤土。
- 水　分：喜湿。

形态特征 多年生草本植物。叶条形，顶端渐尖或长渐尖，基部鞘状。花茎圆柱形，具茎生叶，苞片3枚，近革质，内含2朵花，花深紫色，外花被具黄色斑纹。蒴果长椭圆形。常见栽培的有变种花菖蒲*I. ensata* var. *hortensis*。

应用 株形美观，花型优雅。盆栽适合阳台或天台等观赏；公园、风景区常用于水岸边或湿地栽培。

别名：美丽鸢尾、马蝶花
科属：鸢尾科巴西鸢尾属

学名 *Neomarica gracilis*

巴西鸢尾

- 原产地：巴西。
- 繁　殖：分株。
- 花果期：花期4~9月。
- 日　照：全日照或半日照。
- 温　度：生长适温20℃~28℃。
- 土　壤：喜疏松、肥沃的壤土。
- 水　分：喜湿。

形态特征 多年生草本植物，株高30~40厘米。叶片两列，带状剑形，自短茎处抽生。花茎高于叶片，花被片6枚，外3片白色，基部褐色，还浅黄色斑纹，3片前端蓝紫色，带白色条纹，基部褐色，还黄色斑纹。

应用 花叶俱美，盆栽可用于阳台、卧室、书房及天台绿化；适合公园稍庇荫处的路边、水岸边栽培观赏。

花序特征
花茎高于叶片

别名：蓝紫花
科属：鸢尾科鸢尾属

学名 *Iris germanica*

德国鸢尾

- 原产地：欧洲。
- 繁　殖：分株、播种。
- 花果期：花期5月，果熟期7~8月。
- 日　照：全日照。
- 温　度：生长适温16℃~26℃。
- 土　壤：喜疏松、肥沃的壤土。
- 水　分：喜湿润。

形态特征 多年生宿根草本植物，株高30~40厘米。叶剑形。花梗自叶丛抽出，花被片6枚，外瓣宽大、外弯或下垂，内三瓣呈拱形，花色变化较大，有黄、淡蓝、淡紫、砖红。蒴果。

应用 花美丽，如翩翩飞舞的蝴蝶。盆栽用于阳台、卧室、书房等花架及案几上观赏；适合公园、风景区、绿地等片植或丛植观赏。

花序特征
花被片6枚，外瓣宽大

学名| *Iris japonica*

蝴蝶花

别名：日本鸢尾
科属：鸢尾科鸢尾属

原产地：我国安徽、江苏、湖北、湖南、浙江、福建、江西、广东、广西、陕西、甘肃、四川、贵州及云南；日本也有。
繁　殖：播种。
花果期：花期3~4月，果期5~6月。
日　照：全日照。
温　度：生长适温15℃~30℃。
土　壤：喜疏松、肥沃的壤土。
水　分：喜湿润。

形态特征　多年生草本植物。叶基生，暗绿色，有光泽，近地面处带红紫色，剑形，顶端渐尖。花茎直立，顶生稀疏总状聚伞花序，苞片叶状，其中包含有2~4朵花，花蓝紫色或淡蓝色。蒴果椭圆状。

应用　习性强健，花叶俱美，适合公园、庭院等林下、林缘或水岸边栽培观赏；全株入药，具有清热解毒、消瘀逐水的功效。

学名| *Iris lactea var.chinensis*

马蔺

别名：马莲
科属：鸢尾科鸢尾属

原产地：中国；中亚细亚、朝鲜也有。
繁　殖：播种、分株。
花果期：花期春、夏，果期秋季。
日　照：全日照。
温　度：生长适温16℃~25℃。
土　壤：不择土壤。
水　分：喜湿润，也耐旱。

形态特征　多年生宿根草本植物，须根细长而坚韧。叶基生，狭线形，基部具纤维状老叶鞘，叶下部带紫色。花葶与叶近等高，苞片3~5枚，革质，内含花2~4朵，花浅蓝色至蓝紫色。蒴果。

应用　习性极强健，耐盐碱，适合公园、风景区等路边、草地边缘、山石边种植观赏，也是优良的地被植物；全株入药，具有清热、止血、解毒的功效；叶可用作绑扎及草编。

别名：合香、香荆芥花
科属：唇形科藿香属

学名/ *Agastache rugosa*

藿香

- 原产地：我国各地均有分布；俄罗斯、朝鲜、日本及北美洲也有。
- 繁　殖：播种、分株。
- 花果期：花期6~9月，果期9~11月。
- 日　照：全日照。
- 温　度：生长适温18℃~26℃。
- 土　壤：不择土壤。
- 水　分：喜湿润。

形态特征 多年生草本植物。株高50~150厘米。叶心状卵形至长圆状披针形，向上渐小，先端尾状长渐尖，基部心形，稀截形，边缘具粗齿，纸质。穗状花序，花冠淡紫蓝色。坚果卵状长圆形。常见栽培的品种有金叶藿香*A. rugosa* 'Golden jubilee'。

应用 全草入药，可止呕吐，治霍乱腹痛、清暑等功效；果可作香料；叶及茎含芳香油，可用于制作芳香油的原料。

学名| *Lamium barbatum*

野芝麻

别名：地蚤、山麦胡、山苏子
科属：唇形科野芝麻属

- 原产地：中国、俄罗斯、日本及朝鲜
- 繁　殖：播种、根茎。
- 花果期：花期4~6月，果期7~8月。
- 日　照：全日照。
- 温　度：生长适温16~28℃。
- 土　壤：不择土壤。
- 水　分：喜湿润，较耐旱。

形态特征 多年生草本植物。茎下部叶卵圆形或心脏形，先端尾状渐尖，基部心形，茎上部叶卵圆状披针形，先端长尾状渐尖，边缘具齿。轮伞花序4~14花，花冠白或浅黄色，冠檐二唇形。小坚果倒卵圆形，淡褐色。

应用 习性强健，花色洁白素雅，适合坡地、水岸边、山石边及路边栽培观赏。民间常用花治疗子宫及泌尿系统疾病，全草用于跌打损伤、小儿疳积等症。

学名| *Scutellaria baicalensis*

黄芩

别名：空心草、黄金茶
科属：唇形科黄芩属

- 原产地：我国华北、东北、河南、甘肃、陕西、山东、四川；俄罗斯、蒙古、朝鲜也有。
- 繁　殖：播种。
- 花果期：花期7~8月，果期8~9月。
- 日　照：全日照。
- 温　度：生长适温16℃~25℃。
- 土　壤：不择土壤，以疏松、肥沃的壤土为佳。
- 水　分：喜湿润，较耐旱。

形态特征 多年生草本植物。叶对生，披针形至条状披针形，全缘，下面密被下陷的腺点。总状花序顶生，花偏生于花序一侧，花萼二唇形，花冠紫色、紫红色至蓝紫色。小坚果卵球形。

应用 花蓝艳可爱，极美丽，园林中可用于林缘、路边或花境栽培观赏；根入药，用于呼吸道感染，急性胃肠炎等；叶可代茶。

别名：耳挖草
科属：唇形科黄芩属

学名| *Scutellaria indica*

韩信草

- 原产地：我国南部大部分省区中南半岛、日本、印度、印度尼西亚也有。
- 繁 殖：播种。
- 花果期：花果期2~6月。
- 日 照：全日照。
- 温 度：生长适温18℃~26℃。
- 土 壤：不择土壤，以疏松、肥沃的壤土为佳。
- 水 分：喜湿润，耐旱。

形态特征 多年生草本植物。株高12~28厘米。叶草质至近坚纸质，心状卵形或圆状卵圆形至椭圆形，先端钝或圆，基部圆形、浅心形至心形，边缘具圆齿。花对生，在茎或分枝顶上排成总状花序，花冠蓝紫色。坚果。

应用 花奇特美丽，适合植于路边、山石边观赏，盆栽可用于阳台、窗台等美化；全草入药，具有祛风、活血、解毒、止痛的功效。

别名：灌丛石蚕
科属：唇形科香科科属

学名| *Teucrium fruticans*

水果蓝

- 原产地：地中海。
- 繁 殖：扦插。
- 花果期：花期5~6月。
- 日 照：全日照。
- 温 度：生长适温16℃~26℃。
- 土 壤：不择土壤，以疏松、排水良好的壤土为佳。
- 水 分：喜湿润。

形态特征 常绿灌木。全株枝叶常年灰绿色。叶对生，具短柄，长圆状披针形。轮伞花序，于茎及短分枝上部排列成假穗状花序，花瓣浅蓝色。

应用 株形优美，花型奇特，适合路边、山石边或墙垣边及坡地栽培观赏。

学名| *Salvia guaranitica*

深蓝鼠尾草

别名：巴西鼠尾草
科属：唇形科鼠尾草属

- 原产地：南美洲。
- 繁　殖：播种。
- 花果期：花果期4~12月。
- 日　照：全日照。
- 温　度：生长适温为18℃~28℃。
- 土　壤：喜疏松、肥沃的壤土。
- 水　分：喜湿润。

形态特征 一年生草本植物。株高40~70厘米。叶对生，边缘具锯齿，长圆形，先端渐尖，基部楔形，叶脉明显。轮伞花序组成总状穗状花序，花冠蓝色，冠檐二唇状，等长。

应用 花型奇特，色泽艳丽，园林中常用于路边、花境栽培，也是庭院绿化的优良材料。

学名| *Ajuga decumbens*

金疮小草

别名：筋骨草、青鱼胆、白毛夏枯草
科属：唇形科筋骨草属

- 原产地：我国长江以南各省区；朝鲜、日本也有。
- 繁　殖：播种。
- 花果期：花期3~7月，果期5~11月。
- 日　照：全日照。
- 温　度：生长适温20℃~26℃。
- 土　壤：喜疏松、肥沃的壤土。
- 水　分：喜湿润。

形态特征 一、二年生草本植物。茎长10~20厘米。叶片薄纸质，匙形或倒卵状披针形，先端钝至圆形，基部渐狭，边缘具不整齐的波状圆齿或几乎全缘。轮伞花序多花，排列成间断长7~12厘米的穗状花序，花冠淡蓝色或淡红紫色，稀白色。小坚果倒卵状三棱形。

应用 开花繁密，有极佳的观赏性。园林中常用于公园、绿地等处的林下、路边及水岸边栽培观赏；全草入药，可用于痈疽、疔疮、烫伤、狗咬伤、蛇咬伤及外出血等症。

学名| *Ajuga multiflora*

多花筋骨草

科属：唇形科筋骨草属

- 原产地：我国内蒙古、黑龙江、辽宁、河北、江苏、安徽；俄罗斯、朝鲜也有。
- 繁　殖：分株、扦插。
- 花果期：花期4~5月，果期5~6月。
- 日　照：全日照或半日照。
- 温　度：生长适温16℃~25℃。
- 土　壤：喜肥沃、排水良好的壤土。
- 水　分：喜湿润。

形态特征 多年生草本植物。株高6~20厘米。基生叶具柄，茎上部叶无柄，叶片纸质，椭圆状长圆形或椭圆状卵圆形，先端钝或微急尖，基部楔状下延，抱茎，边缘有不明显的波状齿或波状圆齿。轮伞花序至顶端呈一密集的穗状聚伞花序，花冠蓝紫色或蓝色。小坚果。

应用 习性强健，适合公园、绿地等作地被植物。可用于林下、湿地或坡地等处；全草入药，作利尿剂。

学名| *Clerodendranthus spicatus*

肾茶

别名：猫须草、腰只草
科属：唇形科肾茶属

- 原产地：我国广东、海南、云南、广西、台湾及福建；东南亚及澳大利亚也有。
- 繁　殖：扦插。
- 花果期：花果期5~11月。
- 日　照：全日照或半日照。
- 温　度：生长适温20℃~30℃。
- 土　壤：不择土壤。
- 水　分：喜湿润。

形态特征 多年生草本或亚灌木，茎直立或半直立。叶对生，卵形、菱状卵形或卵状长圆形，边缘具锯齿，纸质。顶生轮伞花序，花丝向花冠之外伸出，形似猫须，花冠白色或浅紫色。

应用 花型奇特，花期长。盆栽适合阳台、天台观赏；适合庭院、路边、水岸边、林缘美化绿化。

学名| *Lavandula pinnata*

羽叶薰衣草

别名：爱情草
科属：唇形科薰衣草属

- 原产地：加那利岛。
- 繁　殖：播种、扦插。
- 花果期：主要花期冬至翌年春季、果期春至夏。
- 日　照：全日照。
- 温　度：生长适温15℃~28℃。
- 土　壤：喜疏松、肥沃的壤土。
- 水　分：喜湿润。

形态特征 常绿灌木，株高30~40厘米。叶对生，二回羽状复叶，小叶线形或披针形，灰绿色，穗状花序，花茎细高，花唇形，花蓝紫色。

应用 全株具芳香，多盆栽观赏，适合阳台、窗台、卧室等摆放观赏，也可用于庭院、公园等路边、花坛等绿化。

学名| *Monarda didyma*

美国薄荷

别名：红花薄荷
科属：唇形科美国薄荷属

- 原产地：美洲。
- 繁　殖：播种、分株。
- 花果期：花期7月，果期秋季。
- 日　照：全日照。
- 温　度：生长适温20℃~26℃。
- 土　壤：喜疏松、肥沃的壤土。
- 水　分：喜湿润。

形态特征 多年生草本植物。叶片卵状披针形，先端渐尖或长渐尖，基部圆形，边缘具不等大的锯齿，纸质。轮伞花序多花，在茎顶密集成头状花序，苞片叶状，染红色。花冠紫红色，冠檐二唇形，上唇直立。

应用 植株高大，开花整齐，园林中常作背景材料，也可供花境、坡地、林下、水边栽植。

别名：领圈花、象耳
科属：唇形科贝壳花属

学名 *Molucella laevis*

贝壳花

- 原产地：亚洲西部及叙利亚。
- 繁　殖：播种。
- 花果期：花期6~8月，果期秋季。
- 日　照：全日照。
- 温　度：生长适温15℃~25℃。
- 土　壤：喜疏松、肥沃的壤土。
- 水　分：喜湿润。

形态特征 一、二年生草本植物。株高40~100厘米。心状叶对生，具钝齿。开小白花，六朵轮生，芳香。花冠唇状，花萼似贝壳。

应用 花型奇特，多用于庭院的路边、墙垣边栽培观赏，盆栽可用于阳台、窗台绿化；也可作切花。

别名：随意草、芝麻花
科属：唇形科假龙头花属

学名 *Physostegia virginiana*

假龙头花

- 原产地：北美。
- 繁　殖：分株、扦插。
- 花果期：花期6~9月。
- 日　照：全日照。
- 温　度：生长适温18℃~25℃。
- 土　壤：喜疏松肥沃、排水良好的沙质壤土。
- 水　分：喜湿润。

形态特征 多年生宿根草本植物。株高可达0.8米。单叶对生，披针形，边缘具锯齿。穗状花序顶生，每轮有花2朵，唇瓣短，花淡紫红色。

应用 花姿优雅，园林中可用于花坛、路边或花境等栽培，也是庭院绿化的优良花卉，也可盆栽用于阳台、窗台等处摆放观赏。

学名| *Prunella vulgaris*

夏枯草

别名：麦夏枯、铁色草
科属：唇形科夏枯草属

- 原产地：我国南部及西北部；欧洲，非洲、美洲、大洋洲及亚洲其他地区也有。
- 繁　殖：播种、分株。
- 花果期：花期4~6月，果期7~10月。
- 日　照：全日照。
- 温　度：生长适温15℃~26℃。
- 土　壤：喜疏松、肥沃的壤土。
- 水　分：喜湿润、较耐旱。

形态特征 多年生草本植物。高20~30厘米。茎叶卵状长圆形或长卵圆形，先端钝，基部圆形、截形至宽楔形，草质。轮伞花序密集成穗状花序，花冠紫、蓝紫或红紫色。小坚果。

应用 习性强健，适合公园、绿地等路边、花坛或作花境栽培观赏；全株入药，具有祛肚风、行经络的功效。

学名| *Rosmarinus officinalis*

迷迭香

别名：艾菊
科属：唇形科迷迭香属

- 原产地：欧洲及北非地中海沿岸。
- 繁　殖：扦插。
- 花果期：花期11月。
- 日　照：全日照或半日照。
- 温　度：生长适温15℃~25℃。
- 土　壤：喜疏松、排水良好的沙质壤土。
- 水　分：喜湿润。

形态特征 常绿多年生亚灌木，株高2米。叶片线形，全缘，革质，具光泽。花近无梗，对生，少数聚集在短枝的顶端组成总状花序，花萼卵状钟形，蓝紫色。坚果，种子黑色。

应用 著名香料植物，多作香料植物生产栽培，园林中可用于山石边、墙垣边或路边栽培观赏，盆栽可用于阳台、卧室及天台绿化；叶及着花短枝可提取芳香油。

学名| *Salvia coccinea*

一串红唇

别名：红花鼠尾草、红唇、朱唇
科属：唇形科鼠尾草属

- 原产地：美洲热带地区。
- 繁　殖：播种、扦插。
- 花果期：花期春夏，果期秋季。
- 日　照：全日照。
- 温　度：生长适温15℃~30℃。
- 土　壤：喜疏松、肥沃的壤土。
- 水　分：喜湿润。

形态特征 一年生草本花卉，株高约60～90厘米。叶长心形，叶缘有钝锯齿。总状花序顶生，花冠红色，下唇长于上唇。

应用 盆栽可用于阳台绿化或植于庭院的窗台、路边；适合花坛、草地边缘种植，也是花境的优良材料。

学名| *Salvia farinacea*

蓝花鼠尾草

别名：粉萼鼠尾草
科属：唇形科鼠尾草属

- 原产地：地中海沿岸及南欧。
- 繁　殖：播种。
- 花果期：花期春夏，果期秋季。
- 日　照：全日照或半日照。
- 温　度：生长适温15℃~30℃。
- 土　壤：不择土壤，以疏松、排水良好的壤土为佳。
- 水　分：喜湿润。

形态特征 一、二年生或多年生草本植物及常绿小灌木，株高30~60厘米。叶对生，呈长椭圆形，先端圆，全缘（或有钝锯齿）。花轮生于茎顶或叶腋，花呈紫、青色，有时白色，具有强烈芳香。种子近椭圆形。

应用 花芳香，盆栽适合阳台、窗台、卧室或书房等装饰；园林中常用于花坛、花境或林缘下作背景材料。

学名| *Salvia splendens*

一串红

别名：爆仗红、西洋红
科属：唇形科鼠尾草属

- 原产地：南美巴西。
- 繁　殖：播种、扦插。
- 花果期：花果期5~10月。
- 日　照：全日照。
- 温　度：生长适温15℃~30℃。
- 土　壤：喜疏松、肥沃的壤土。
- 水　分：喜湿润，较耐旱。

形态特征 多年生草本植物。常作一年生栽培，株高80~100厘米。茎直立，光滑，有四棱。叶对生，卵形。总状花序顶生，遍被红色柔毛。小花2~6朵，轮生，红色，花萼钟状，与花瓣同色，花冠唇形。

应用 色泽艳丽，花期长，适应性强，适合布置大型花坛、花境及林缘下栽培，矮生种也可盆栽用于窗台、阳台及天台美化。

学名| *Salvia leucantha*

墨西哥鼠尾草

别名：紫绒鼠尾草
科属：唇形科鼠尾草属

- 原产地：中南美洲。
- 繁　殖：播种。
- 花果期：花期秋季，果期冬季。
- 日　照：全日照。
- 温　度：生长适温18℃~26℃。
- 土　壤：喜疏松、肥沃的壤土。
- 水　分：喜湿润。

形态特征 多年生草本植物。株高约30~70厘米。茎直立多分枝，茎基部稍木质化。叶片久状披针形，对生，上具绒毛，有香气。轮伞花序，顶生，花紫色，具绒毛，白至紫色。

应用 花叶俱美，花期长，适合公园、庭院等路边、花坛栽培观赏，也可作干花及切花。

学名 *Salvia uliginosa*

科属：唇形科鼠尾草属

天蓝鼠尾草

- 原产地：巴西、乌拉圭。
- 繁　殖：播种。
- 花果期：花果期6~10月。
- 日　照：全日照。
- 温　度：生长适温15℃~28℃。
- 土　壤：不择土壤。
- 水　分：喜湿润，较耐旱。

形态特征 多年生草本植物。茎基部略木质化，株高30~90厘米。茎四方形，分枝较多，有毛。叶对生，长椭圆形，先端圆，全缘或具钝锯齿。轮伞花序，花紫色或青色。

应用 习性强健，花朵秀丽，适合公园、绿地及庭院栽培观赏，也可作花境材料。

学名| *Barringtonia fusicarpa*

梭果玉蕊

科属：玉蕊科玉蕊属

植株特征
常绿大乔木，株高15～30米

- 原产地：我国云南。
- 繁　殖：播种。
- 花果期：花果期几乎全年。
- 日　照：全日照。
- 温　度：生长适温20℃~28℃。
- 土　壤：不择土壤。
- 水　分：喜湿润。

形态特征 常绿大乔木，株高15～30米。叶丛生小枝近顶部，坚纸质，倒卵状椭圆形、椭圆形至狭椭圆形，顶端短尖至短渐尖，有时圆形或凹缺，基部楔形。穗状花序顶生或在老枝上侧生，花瓣4枚，白色或带粉红色。果梭形。

应用 株形美观，花果奇特，观赏价值较高，适合公园、绿地等作风景树或行道树。

别名：夜合树
科属：豆科合欢属

学名| *Albizzia julibrissin*

合欢

- 原产地：我国东北和华北；日本也有。
- 繁　殖：播种。
- 花果期：花期6~7月，果期9~11月。
- 日　照：全日照。
- 温　度：生长适温16℃~26℃。
- 土　壤：不择土壤，以疏松、肥沃的壤土为佳。
- 水　分：喜湿润。

形态特征 落叶乔木，株高4~15米。叶互生，二回偶数羽状复叶，小叶对生，长圆形至线形，两侧极偏斜。花序头状，伞房状排列，腋生或顶生，花淡红色。荚果线形。

应用 冠形美观，花美丽，园林中常用来作行道树或风景树种，也可植于庭院作庭荫树；嫩叶及花可食用，叶可炒食，花可用来煲粥。

学名| *Bauhinia acuminata*

矮白花羊蹄甲

别名：白花羊蹄甲
科属：豆科羊蹄甲属

- 原产地：我国云南、广西及广东；印度、斯里兰卡、马来半岛、越南、菲律宾也有。
- 繁　殖：播种。
- 花果期：花期4～6月或全年，果期6～8月。
- 日　照：全日照。
- 温　度：生长适温22℃～30℃。
- 土　壤：不择土壤，以疏松、肥沃的微酸性壤土为佳。
- 水　分：喜湿润。

形态特征 小乔木或灌木，小枝之字曲折。叶近革质，卵圆形，有时近圆形，基部通常心形，先端二裂约达叶片的1/3～2/5，裂片先端急尖或稍渐尖，很少圆形。总状花序腋生，呈伞房花序式，花瓣白色。荚果线状。

应用 花洁白素雅，园林中可用于路边、水岸边或墙垣处栽培观赏。

学名| *Bauhinia blakeana*

红花羊蹄甲

别名：红花紫荆、洋紫荆
科属：豆科羊蹄甲属

- 原产地：我国香港、广州栽培较多。
- 繁　殖：扦插、高压。
- 花果期：全年均可开花，主要开花期为12月至翌年3月。
- 日　照：全日照。
- 温　度：生长适温22℃～30℃。
- 土　壤：不择土壤，以排水良好的沙质壤土为佳。
- 水　分：喜湿润。

形态特征 常绿乔木，高可达15米。叶圆形或阔心形，革质，青绿色，基部心形，有时近截平，先端二裂，裂片顶钝或狭圆。总状花序顶生或腋生，有时复合成圆锥花序，花紫红色。

应用 开花时节，繁花满树，清香宜人，在园林中常用于作风景树种或行道树，孤植、列植景观效果皆佳。

别名：深裂叶羊蹄甲
科属：豆科羊蹄甲属

学名| *Bauhinia corymbosa*

首冠藤

- 原产地：我国广东及海南。
- 繁　殖：播种。
- 花果期：花期4月，果期11月。
- 日　照：全日照。
- 温　度：生长适温18℃~28℃。
- 土　壤：不择土壤。
- 水　分：喜湿润。

形态特征 常绿木质藤本植物。叶纸质，近圆形，叶深裂或几乎至基部。伞房花序式的总状花序顶生于侧枝上，多花，花白色，花瓣有粉红色脉纹，具芳香。荚果带状长圆形。

应用 开花繁茂，叶型奇特，观赏价值较高，适合庭院廊架、墙垣绿化；园林中常用于墙垣、棚架绿化。

别名：牛耳麻、飞机藤、二裂片羊蹄甲
科属：豆科羊蹄甲属

学名| *Bauhinia didyma*

孪叶羊蹄甲

- 原产地：我国广东、广西。
- 繁　殖：播种。
- 花果期：花期春季，果期夏、秋。
- 日　照：全日照。
- 温　度：生长适温20℃~28℃。
- 土　壤：不择土壤。
- 水　分：喜湿润。

形态特征 藤本植物。叶膜质，分裂至近基部，裂片斜倒卵形，先端圆钝，基部截平。伞房花序式的总状花序顶生于侧枝上，多花，花瓣白色。荚果带状长圆形。

应用 开花繁茂，叶型奇特，观赏价值较高，适合庭院、公园等的花架、墙垣、篱垣等绿化。

学名| *Bauhinia galpinii*

嘉氏羊蹄甲

别名：红花羊蹄甲、橙花羊、蹄甲
科属：豆科羊蹄甲属

- 原产地：非洲。
- 繁　殖：播种。
- 花果期：花期4~11月，果期7~12月。
- 日　照：全日照。
- 温　度：生长适温22℃~30℃。
- 土　壤：喜疏松、肥沃的壤土。
- 水　分：喜湿润。

形态特征 攀缘灌木。叶坚纸质，近圆形，先端二裂达叶长的1/5~1/2，裂片顶端钝圆，基部截平至浅心形。聚伞花序伞房状，侧生，花瓣红色，倒匙形。荚果长圆形。

应用 花叶俱美，为优良的庭院树种，可用于路边、墙垣边或池畔栽培观赏，也可盆栽用于阳台、天台绿化。

学名| *Bauhinia tomentosa*

黄花羊蹄甲

科属：豆科羊蹄甲属

- 原产地：印度及斯里兰卡。
- 繁　殖：播种。
- 花果期：花期6~8月，果期秋季。
- 日　照：全日照。
- 温　度：生长适温22℃~30℃。
- 土　壤：不择土壤，喜疏松、肥沃的壤土。
- 水　分：喜湿润。

形态特征 直立灌木，株高1~4米。叶纸质，近圆形，先端二裂达叶长的2/5，基部圆、截平或浅心形。花通常对生，腋生，有时1或3朵组成侧生的花序，花瓣淡黄色，最上面一片基部中间有深黄色或紫色的斑块。荚果带状。

应用 花大，艳丽，为优良庭院观花灌木，适合公园、绿地、庭院的路边、山石边或一隅栽培观赏；根皮及花入药，用于治疗痢疾，外敷可治溃疡。

别名：红紫荆、弯叶树
科属：豆科羊蹄甲属

学名| *Bauhinia variegata*

羊蹄甲

- 原产地：我国西南部中南半岛；印度也有。
- 繁　殖：播种。
- 花果期：花果期全年。
- 日　照：全日照。
- 温　度：生长适温22℃~30℃。
- 土　壤：不择土壤。
- 水　分：喜湿润。

形态特征 落叶乔木。叶近革质，广卵形至近圆形，宽度常超过长度，基部浅至深心形，有时近截形，先端二裂达叶片长的1/3，裂片阔。总状花序侧生或顶生，多少呈伞房花序式，花瓣紫红色或淡红色，杂以黄绿以及暗紫色的斑纹。

应用 习性强健，花期长，园林中常用于行道树或风景树；花芽、嫩叶及幼果可食。

别名：胶虫树、紫矿
科属：豆科紫矿属

学名| *Butea monosperma*

紫铆

- 原产地：我国南部；印度、斯里兰卡、缅甸、越南有。
- 繁　殖：播种、高压法。
- 花果期：花期3~4月，果期 10月。
- 日　照：全日照。
- 温　度：生长适温22℃~32℃。
- 土　壤：喜肥沃、排水良好的壤土。
- 水　分：喜湿润。

形态特征 落叶乔木，高约10米。叶互生，三出叶，小叶歪卵形或阔卵形，全缘，厚纸质。伞房状聚伞花序，花冠橙黄或橘红色，花瓣5枚，果实褐黑色。

应用 花大美丽，花型奇特，适合作风景树或行道树；为优良的紫胶虫寄生树种，四季均可采胶。

学名/ *Caesalpinia decapetala*

云实

别名：药王子、马豆
科属：豆科云实属

- 原产地：我国云南、广东、广西、四川、湖南、湖北、江西、福建、浙江、江苏。
- 繁　殖：扦插、播种。
- 花果期：花果期4~10月。
- 日　照：全日照。
- 温　度：生长适温为18℃~28℃。
- 土　壤：不择土壤。
- 水　分：喜湿润、较耐旱。

形态特征 落叶藤本植物。树皮暗红色。二回羽状复叶，小叶3~10对，两端近圆钝。总状花序顶生。花瓣黄色，膜质，圆形或倒卵形，盛开时反卷。荚果长圆状舌形。

应用 习性强健。花开繁茂，园林中常用于棚架或墙垣处绿化，也可整型成灌木植于山石边或水岸边欣赏；果壳、茎皮可制栲胶；种子可榨油；根、茎、果实供药用，具有活血通经、解毒杀虫的功效。

学名/ *Caesalpinia minax*

南蛇簕

别名：喙荚云实
科属：豆科云实属

- 原产地：我国广东、广西、云南、贵州、四川。
- 繁　殖：播种。
- 花果期：花期4~5月，果期7月。
- 日　照：全日照。
- 温　度：生长适温18℃~28℃。
- 土　壤：不择土壤。
- 水　分：喜湿润。

形态特征 有刺藤本植物。二回羽状复叶，羽片5～8对，小叶6～12对，椭圆形或长圆形，先端圆印或急尖，基部圆形，微偏斜。总状花序或圆锥花序顶生，花瓣5枚，白色，有紫色斑点。荚果。

应用 习性强健，花序大，美观，适合路边、篱垣或山石边栽培观赏。

别名：洋金凤、蛱蝶花
科属：豆科云实属

学名| *Caesalpinia pulcherrima*

金凤花

- 原产地：西印度群岛。
- 繁　殖：播种。
- 花果期：花期5~10月，果期10~11月。
- 日　照：全日照。
- 温　度：生长适温23℃~30℃。
- 土　壤：喜排水良好、富含腐殖质的微酸性土壤。
- 水　分：喜湿润。

形态特征　灌木或小乔木，高达3~5米。二回羽状复叶对生，小叶随圆形或倒卵形，顶部凹缺，有时具短尖头，基部歪斜。总状花序顶生或腋生，花瓣圆形具柄，淡红色或橙黄色。荚果黑色。

应用　花型奇特，色泽艳丽，适合公园、绿地、庭院等路边、亭廊边、山石边或墙垣边种植观赏，也可盆栽用于阳台、天台绿化。

别名：粉红合欢
科属：豆科朱樱花属

学名| *Calliandra emarginata*

红粉扑花

- 原产地：墨西哥。
- 繁　殖：播种、扦插。
- 花果期：花期春、秋两季。
- 日　照：全日照。
- 温　度：生长适温23℃~30℃。
- 土　壤：不择土壤，以疏松、肥沃的壤土为佳。
- 水　分：喜湿润，较耐旱。

形态特征　半落叶灌木，株高1~2米。二回羽状复叶，小叶对生，歪椭圆状披针形，全缘，叶面平滑，夜间闭合，白天展开。头状花序，花鲜红色，蒴果扁平形。

应用　花型奇特，花色鲜艳。盆栽适合阳台、天台观赏；园林中常丛植、片植于路边、水岸边绿化，也可与其他花灌木配植。

学名| *Calliandra haematocephala*

朱樱花

别名：美蕊花、红绒球
科属：豆科朱樱花属

- 原产地：南美。
- 繁　殖：播种、扦插。
- 花果期：花期8~9月，果期10~11月。
- 日　照：全日照。
- 温　度：生长适温23℃~30℃。
- 土　壤：喜疏松、肥沃的土壤。
- 水　分：喜湿润，较耐旱。

形态特征 常绿灌木或小乔木，株高1~3米。二回羽状复叶，小叶斜披针形，中上部的小叶较大，下部较小，先端钝而具小尖头，基部偏斜。头状花序腋生，花冠管淡紫红色，花丝深红色。

应用 花大，花型奇特，极美丽，园林中常用于路边列植或孤植欣赏，也是庭院绿化的优良材料。

学名| *Calliandra surinamensis*

苏里南朱樱花

别名：粉扑花
科属：豆科朱樱花属

- 原产地：苏里南岛。
- 繁　殖：播种、扦插。
- 花果期：花期由春至秋，果期秋至冬。
- 日　照：全日照。
- 温　度：生长适温22℃~30℃。
- 土　壤：喜疏松、肥沃的壤土。
- 水　分：喜湿润，较耐旱。

形态特征 半落叶灌木，分枝多。二回羽状复叶，小叶长椭圆形。头状花序多数，复排成圆锥状，雄蕊多数，下部白色，上部粉红色。荚果线形。

应用 花型奇特，雅致，适合公园、庭院等植于路边、草地中、山石边或池畔观赏。

学名| *Cassia alata*

翅荚决明

别名：刺荚黄槐、翅荚槐
科属：豆科决明属

- 原产地：美洲热带地区。
- 繁　殖：播种。
- 花果期：花期7月至翌年1月，果期10月至翌年3月。
- 日　照：全日照。
- 温　度：生长适温23℃~30℃。
- 土　壤：不择土壤。
- 水　分：喜湿润，耐旱。

形态特征 多年生常绿灌木。株高1~3米。叶互生，偶数羽状复叶，小叶倒卵状长圆形或长椭圆形。总状花序顶生或腋生，具长梗，花冠黄色。荚果带形。

应用 花型奇特，色泽明快，花期长，园林中常丛植于路边、亭廊边或水岸边观赏，也可用于庭院一隅或墙垣边栽培观赏。

学名| *Cassia bicapsularis*

双荚决明

别名：双荚黄槐
科属：豆科决明属

- 原产地：美洲热带地区。
- 繁　殖：播种。
- 花果期：花期10~11月，果期11月至翌3月。
- 日　照：全日照。
- 温　度：生长适温22℃~30℃。
- 土　壤：不择土壤。
- 水　分：喜湿润，耐旱。

形态特征 落叶小灌木，多分枝，无毛。羽状复叶，小叶倒卵形或倒卵状长圆形，先端圆钝，基部渐狭，偏斜。总状花序生于枝条顶端的叶腋，常集成伞房花序状，花鲜黄色。荚果圆柱状。

应用 花色明艳，花期长，园林中常用于路边、池畔、林缘下丛植或列植，也可修剪成花篱观赏。

学名| *Cassia fistula*

腊肠树

别名：牛角树
科属：豆科决明属

- 原产地：印度、缅甸和斯里兰卡。
- 繁　殖：播种。
- 花果期：花期5~8月，果期9~10月。
- 日　照：全日照。
- 温　度：生长适温23℃~32℃。
- 土　壤：不择土壤。
- 水　分：喜湿润，耐旱。

形态特征 落叶乔木，株高可达15米。羽状复叶，小叶对生，卵形至长卵形，先端渐尖而钝，基部骤尖。总状花序腋生，大型，疏散下垂，花淡黄色。荚果大，圆柱状。

应用 花色金黄，果似腊肠悬垂于枝间，观赏性佳，园林中常用作行道树或风景树；嫩叶、花、荚果的瓤、种子可炒食，做汤等，介果肉含有泻药成分，不可多食。

学名| *Cassia mimosoides*

含羞草决明

别名：山扁豆、梦草
科属：豆科决明属

- 原产地：美洲热带地区。
- 繁　殖：播种。
- 花果期：花果期8~10月。
- 日　照：全日照。
- 温　度：生长适温18℃~28℃。
- 土　壤：不择土壤。
- 水　分：喜湿润，耐旱。

形态特征 一年生或多年生亚灌木状草本，株高30~60厘米。小叶20~50对，线状镰形，顶端短急尖，两侧不对称。花序腋生，1或数朵聚生不等，花瓣黄色。荚果镰刀形，扁平。

应用 习性强健，适合公园、风景区、绿地等路边、林缘处栽培观赏，也可用于空旷地作覆盖材料；可作绿肥；幼嫩茎叶可代茶；根入药，用于痢疾的治疗。

学名 *Cassia nodosa*

粉花山扁豆

别名：粉花决明、节果决明
科属：豆科决明属

- 原产地：夏威夷群岛。
- 繁　殖：播种。
- 花果期：花期5~6月，果期夏秋。
- 日　照：全日照。
- 温　度：生长适温20℃~28℃。
- 土　壤：喜疏松、肥沃的微酸性壤土。
- 水　分：喜湿润。

形态特征 常绿乔木。小叶6~13对，小叶长圆状椭圆形，近革质，顶端圆钝，微凹，边全缘。伞房状总状花序腋生，花瓣浅粉色，长卵形。荚果圆筒形。

应用 株型美观，花繁茂，花色雅致，园林中适合路边、草地边缘种植，多作风景树或行道树，孤植于空旷地带景观效果极佳。

学名 *Cassia surattensis*

黄槐

别名：金凤、豆槐
科属：豆科决明属

- 原产地：印度、斯里兰卡。
- 繁　殖：播种。
- 花果期：全年均可开花，果熟期冬季至翌年春季。
- 日　照：全日照。
- 温　度：生长适温22℃~30℃。
- 土　壤：不择土壤。
- 水　分：喜湿润，耐旱。

形态特征 半落叶小乔木，高5~10米。偶数羽状复叶，小叶长椭圆形或卵形，先端圆，微凹，基部圆，常偏斜。总状花序生于枝顶上部的叶腋，花黄色或深黄色。荚果扁平。

应用 花色金黄，花期长，适合公园、绿地等路边、池畔等处栽培观赏。

学名| *Caragana rosea*

红花锦鸡儿

别名：金雀儿
科属：豆科锦鸡儿属

- 原产地：我国河北、江苏、山东、甘肃、陕西。
- 繁　殖：播种、扦插、嫁接。
- 花果期：花期5~6月，果期秋季。
- 日　照：全日照。
- 温　度：生长适温16℃~25℃。
- 土　壤：不择土壤，以肥沃、排水良好的沙质壤土为佳。
- 水　分：喜干燥，耐旱。

形态特征　落叶灌木，高达1~2米。小叶4枚，假掌状排列，倒卵形，先端圆或微凹，具短刺尖。花单生，蝶形花冠，橙黄色带淡红，谢时紫红色。荚果褐色。

应用　花奇特，鲜艳夺目，适合公园、绿地等植于路边、墙垣处栽培观赏，也适合配植于岩石边、池畔或作地被植物。

学名| *Cercis chinensis*

紫荆

别名：满条红、裸枝树
科属：豆科紫荆属

- 原产地：我国华中、华北、西南、华东。
- 繁　殖：播种、扦插、分株、压条。
- 花果期：花期4~5月，果10月成熟。
- 日　照：全日照。
- 温　度：生长适温16℃~24℃。
- 土　壤：喜疏松、肥沃、排水良好的微酸性沙质土壤。
- 水　分：喜湿润。

形态特征　落叶灌木，高达3米。单叶互生，全缘、近圆形，叶脉掌状，顶端急尖，基部心形。花先于叶开放，4~10朵簇生于老枝上，花玫瑰红色。荚果狭披针形，扁平。

应用　盆栽可用于厅堂或大门两侧摆放观赏；适合丛植、列植于庭院、公园等处观赏，也可作背景材料。

别名：吉祥鸟、枭眼花
科属：豆科耀花豆属

学名/ *Clianthus flrmosus*

耀眼豆

- 原产地：澳大利亚。
- 繁　殖：播种、扦插。
- 花果期：花期3~4月，果期秋季。
- 日　照：全日照。
- 温　度：生长适温15℃~25℃。
- 土　壤：喜肥沃、排水良好的沙质土壤。
- 水　分：喜湿润。

形态特征 常绿半匍匐状亚灌木，株高60～90厘米。羽状复叶，小叶11～21枚，卵圆形至倒卵形，先端纯圆，基部楔形，具绒毛，全缘。花4～6朵，着生于粗壮的花梗上，猩红色，鹦鹉嘴状。

应用 花奇特，艳丽，常盆栽用于阳台、窗台及卧室等处点缀。

别名：蓝花豆、蓝蝴蝶
科属：豆科蝶豆属

学名/ *Clitoria ternatea*

蝶豆

- 原产地：印度。
- 繁　殖：播种。
- 花果期：花期7~10月，果期8~11月。
- 日　照：全日照。
- 温　度：生长适温20℃~28℃。
- 土　壤：不择土壤。
- 水　分：喜湿润，耐旱。

形态特征 多年生常绿蔓性草本。叶互生，奇数羽状复叶，小叶呈广圆形或卵形。花单朵腋生花，呈蝶形，花形大而鲜艳。荚果扁平，有长喙。

应用 色泽艳丽，花期长，习性健，多作于小型花架、绿篱、墙垣处栽培观赏，盆栽可用于阳台及天台绿化；全株可作绿肥；根及种子有毒，忌误食。

学名/ *Codariocalyx motorius*

跳舞草

花序特征
圆锥花序或总状花序顶生或腋生

别名：舞草、钟萼豆
科属：豆科舞草属

- 原产地：我国福建、江西、广东、广西、四川、贵州、云南及台湾；东南亚也有。
- 繁　殖：播种。
- 花果期：花期7~9月，果期10~11月。
- 日　照：全日照或半日照。
- 温　度：生长适温为20℃~28℃。
- 土　壤：不择土壤。
- 水　分：喜湿润。

形态特征 直立小灌木，株高可达1.5米。叶为三出复叶，侧生小叶很小或缺而仅具单小叶，顶生小叶长椭圆形或披针形，先端圆形或急尖，有细尖，基部钝或圆，侧生小叶小，长椭圆形或线形或有时缺。圆锥花序或总状花序顶生或腋生，花冠紫红色。荚果。

应用 株型美观，小叶在气温不低于22℃时，在阳光下会不断舞动，极为奇特，盆栽适合阳台、天台等处观赏，也可植于庭院一隅或路边观赏。

学名/ *Coronilla varia*

小冠花

花序特征
花冠紫色或淡红色，具白色或紫色条纹

别名：多变小冠花、绣球小冠花
科属：豆科小冠花属

- 原产地：欧洲地中海地区。
- 繁　殖：播种。
- 花果期：花期6~7月，果期8~9月。
- 日　照：全日照。
- 温　度：生长适温16℃~24℃。
- 土　壤：对土壤要求不严，以疏松、肥沃的沙质壤土为佳。
- 水　分：喜湿润。

形态特征 多年生长草本，株高50~100厘米。奇数羽状复叶，具小叶11~25枚，小叶薄纸质，椭圆形或长圆形，先端具短尖头，基部近圆形。伞形花序腋生，花密集排列成绣球状，花冠紫色、淡红色中具白色，具紫色条纹。荚果圆柱形。

应用 花色艳丽，多用于路边、草地栽培观赏，也是优良的地被植物。

别名：红花楹
科属：豆科凤凰木属

学名| *Delonix regia*

凤凰木

- 原产地：马达加斯加。
- 繁　殖：播种。
- 花果期：花期5~7月，果期8~10月。
- 日　照：全日照。
- 温　度：生长适温23℃~30℃。
- 土　壤：喜疏松、肥沃的沙质壤土。
- 水　分：喜湿润。

形态特征 落叶乔木，株高可达20米。二回羽状复叶，互生，小叶密生，长椭圆形，羽片对生，15~20对。伞房状总状花序顶生或腋生，红色有光泽，具黄色及白斑点。荚果带形，扁平。

应用 株型美观，花色艳丽，园林中常用作行道树或风景树，也是优良的庭荫树种；材质较轻，富有弹性和特殊木纹，可做家具；种子有毒，忌食。

别名：龙牙花、珊瑚树
科属：豆科刺桐属

学名| *Erythrina corallodendron*

珊瑚刺桐

- 原产地：热带美洲。
- 繁　殖：扦插。
- 花果期：花期3~10月。
- 日　照：全日照。
- 温　度：生长适温22℃~30℃。
- 土　壤：喜肥沃、疏松的沙质壤土为佳。
- 水　分：喜湿润。

形态特征 落叶小乔木。茎干有疏而粗的刺。叶互生，三出复叶，小叶有柄无刺，卵状菱形。总状花序，腋生，花冠蝶形，红色。荚果。

应用 盆栽可用于厅堂、大门两侧摆放；常用作风景树栽培；材质软，可代软木作木栓；树皮入药，具有麻醉、镇静作用。

学名| *Erythrina crista-galli*

鸡冠刺桐

别名：象牙红
科属：豆科刺桐属

- 原产地：墨西哥。
- 繁　殖：扦插、播种。
- 花果期：花期4~7月，果期秋季。
- 日　照：全日照。
- 温　度：生长适温22℃~30℃。
- 土　壤：喜疏松、肥沃的沙质壤土。
- 水　分：喜湿润。

形态特征 落叶小乔木。叶长卵形，奇数羽状复叶，小叶1~2对卵形，羽状侧脉。总状花序，腋生，花瓣阔卵形，花冠橙红色。荚果。

应用 株形美观，花序大，色泽艳丽，是近年来园林中大量应用的观花小乔木，常植于路边、草地边缘或水池畔观赏。

学名| *Erythrina humeana*

纳塔尔刺桐

科属：豆科刺桐属

- 原产地：南非。
- 繁　殖：播种、扦插。
- 花果期：花期7~9月，果期秋季。
- 日　照：全日照。
- 温　度：生长适温22℃~32℃。
- 土　壤：不择土壤，微酸性、中性至微碱性均可良好生长。
- 水　分：喜湿润。

形态特征 常绿灌木，株高可达4米。叶卵圆形或长圆形，有时戟状，先端尖，基部楔形，全缘。花轮生或近轮生于花枝上，红色。

应用 花序大，花美丽奇特，适合植于公园、绿地或庭院一隅、路边、山石边欣赏，也可盆栽用于阳台、天台绿化。

别名：广东象牙红、海桐
科属：豆科刺桐属

学名 *Erythrina variegatas*

刺桐

花序特征
蝶形花花色为深红色

- **原产地：**印度至大洋洲。
- **繁　殖：**扦插。
- **花果期：**花期3月，果期8月。
- **日　照：**全日照。
- **温　度：**生长适温22℃~30℃。
- **土　壤：**喜肥沃、疏松、湿润的微酸性土壤。
- **水　分：**喜湿润。

形态特征 高大落叶乔木，株高可达20米。叶为三出羽状复叶，互生，小叶平滑，近菱形。总状花序生于嫩梢头，蝶形花，花色为深红色。荚果，种子暗红色。

应用 株形美观，花艳丽，适合庭院、公园、风景区等作行道树或风景树；树皮或根皮入药，称海桐皮，具有祛风湿、舒筋通络的功效。

别名：赤叶木、铁木
科属：豆科格木属

学名 *Erythrophloeum fordii*

格木

花序特征
总状花序密穗状

- **原产地：**我国广东、广西、福建、台湾、浙江；越南也有。
- **繁　殖：**播种。
- **花果期：**花期5~6月，果期8~10月。
- **日　照：**全日照。
- **温　度：**生长适温20℃~28℃。
- **土　壤：**喜疏松、排水良好的壤土。
- **水　分：**喜湿润。

形态特征 乔木，高6~9米或更高。叶大型，二回偶数羽状复叶，羽片3对，对生或近对生，小叶卵形或卵状椭圆形，先端钝或渐尖，基部圆，全缘。总状花序密穗状，再排成圆锥花序，花瓣5枚，淡绿黄色。荚果长圆形，扁平。

应用 株形美观，花繁密，适合孤植或列植于公园、风景区作风景树种；木材坚硬光亮，可用于造船及房屋建筑；树皮含生物碱，用于毒鱼和作箭毒。

学名| *Genista tinctoria*

染料木

别名：金雀花
科属：豆科染料木属

- 原产地：欧洲、北美。
- 繁　殖：播种。
- 花果期：花期6~8月，果期秋季。
- 日　照：全日照。
- 温　度：生长适温为20℃~28℃。
- 土　壤：不择土壤。
- 水　分：喜湿润，耐旱。

形态特征 灌木，株高50~200厘米。单叶，椭圆形，披针形、倒披针形至线形，先端急尖，基部渐狭至楔形，花枝上的叶较小而窄。花密集排列于枝端成总状花序或复总状花序，花冠黄色，花瓣阔卵形。荚果线形。

应用 习性极强健，花色明艳，适合路边、山石边栽培观赏，也可作地被植物或作水土保持植物；嫩枝叶可作饲料；整株可作染料。

学名| *Indigofera endecaphylla*

铺地木蓝

别名：野蓝枝、马黄消
科属：豆科木蓝属

- 原产地：印度、斯里兰卡、越南、泰国以及热带非洲西部。
- 繁　殖：播种或分株。
- 花果期：花期9月，果期11月至翌年1月。
- 日　照：全日照。
- 温　度：生长适温20℃~30℃。
- 土　壤：不择土壤。
- 水　分：喜湿润，耐旱。

形态特征 常绿亚灌木，多分枝，平卧或直立，株高30~100厘米。有小叶5~9片。总状花序腋生，花小，粉红色。荚果线状圆柱形。

应用 习性强健，终年常绿，多作地被植物栽培，也可作护堤护坡的水土保持植物。

学名| *Lathyrus odoratus*

香豌豆

别名：麝香豌豆、花豌豆
科属：豆科山黧豆属

- 原产地：意大利。
- 繁　殖：播种。
- 花果期：花果期6~9月。
- 日　照：全日照。
- 温　度：生长适温10℃~25℃。
- 土　壤：不择土壤，在中性至微酸性壤土中生长为佳。
- 水　分：喜湿润。

形态特征 一、二年生蔓性攀缘草本植物。羽状复叶，仅茎部两片小叶，先端小叶变态形成卷须，叶卵圆至广椭圆形。花具总梗，腋生，花大蝶形，有紫、红、蓝、粉、白等色，并具斑点、斑纹，具芳香。荚果长圆形。

应用 花色丰富，具芳香，多作盆栽观赏，用于阳台、窗台及天台绿化，也适合植于室外的小型花架、花篱等作垂直绿化材料；种子和花期的茎、叶有毒，以未成熟的种子毒性较大，切忌误食。

学名| *Leucaena leucocephala*

银合欢

别名：白合欢、白相思子
科属：豆科银合欢属

- 原产地：热带美洲。
- 繁　殖：播种。
- 花果期：花期4~7月，果期8~11月。
- 日　照：全日照。
- 温　度：生长适温22℃~32℃。
- 土　壤：不择土壤。
- 水　分：喜湿润，耐旱。

形态特征 灌木或小乔木，二回羽状复叶，羽片4~8对，小叶4~15对，小叶长0.5~1.3厘米，宽1.5~3毫米，中脉偏上。为二回羽状复叶；小叶小，多对；花小、无柄，排成稠密的球形头状花序；萼管钟状，具短裂齿；花瓣分离；雄蕊10枚，长突出，分离；柱头状；荚果扁平，草质，带状，薄，开裂，有褐色的种子多颗。

应用 习性强健，花洁白素雅，多用于水土保持工程；木材可作家具和建筑材料；也可作薪炭林、荒山造林等用树种。

学名| *Lupinus micranthus*

羽扇豆

别名：多叶羽扇豆、鲁冰花
科属：豆科羽扇豆属

- 原产地：地中海地区。
- 繁　殖：播种。
- 花果期：花期5~6月，果熟期秋季。
- 日　照：全日照。
- 温　度：生长适温15℃~25℃。
- 土　壤：不择土壤，喜疏松、肥沃的壤土。
- 水　分：喜湿润，也耐旱。

形态特征 多年生草本植物。掌状复叶，多基部着生，披针形至倒披针形，叶质厚，叶面平滑。轮生总状花序，尖塔形，在枝顶排列很紧密，花蝶形，花色有红、黄、蓝、粉、蓝紫色等。荚果，扁圆形。

应用 花大，极美丽。盆栽用于客厅、阳台、天台等绿化；园林中常用于布置花坛、花境、亭廊边栽培观赏；也是优良的切花品种。

学名| *Lysidice brevicalyx*

短萼仪花

别名：麻忆木
科属：豆科仪花属

- 原产地：我国广东、香港、广西、贵州及云南。
- 繁　殖：播种。
- 花果期：花期4~5月，果期8~9月。
- 日　照：全日照。
- 温　度：生长适温20℃~28℃。
- 土　壤：喜疏松、排水良好的壤土。
- 水　分：喜湿润。

形态特征 常绿乔木，株高10~20米。小叶3~5对，近革质，长圆形、倒卵状长圆形或卵状披针形，先端钝或尾状渐尖，基部楔形或钝。圆锥花序，阔卵形、卵状长圆形或长圆形，花瓣紫色。荚果长圆形或倒卵状长圆形。

应用 花繁叶茂，极美丽，是优良的观花树种，多作风景树或行道树；材质坚硬，是优良的建筑用材；根、茎、叶入药，具有散瘀消肿、止血止痛的功效。

学名| *Mimosa pudica*

含羞草

别名：感应草、喝呼草
科属：豆科含羞草属

- 原产地：南美热带地区。
- 繁　殖：播种。
- 花果期：花期3~10月，果期5~11月。
- 日　照：全日照。
- 温　度：生长适温18℃~30℃。
- 土　壤：不择土壤。
- 水　分：喜湿润，较耐旱。

形态特征 多年生草本植物，株高30~50厘米。叶互生，具二回羽状复叶，小叶矩圆形。基部膨大成叶枕，具钩刺及倒生刺毛，叶片一被触动即闭合而下垂。头状花序，花较小、粉红色。荚果。

应用 盆栽适合书桌或案头上摆放观赏；适合园林绿地作地被植物观赏，是科普教育的良好材料；全株入药，具有安神镇静的功效。

学名| *Mimosa sepiaria*

光荚含羞草

别名：簕仔树
科属：豆科含羞草属

- 原产地：热带美洲。
- 繁　殖：播种、扦插。
- 花果期：花期夏至秋，果期秋至冬。
- 日　照：全日照。
- 温　度：生长适温18℃~28℃。
- 土　壤：不择土壤。
- 水　分：喜湿润，耐旱。

形态特征 落叶灌木，株高3~6米。二回羽状复叶，羽片6~7对，小叶12~16对，革质，先端具小尖头。头状花序球形，花白色。荚果带状。

应用 习性强健，花洁白雅致，观赏性强，适合路边、坡地或荒地作水土保持植物。

学名| *Mimosa invisa*

巴西含羞草

别名：美洲含羞草
科属：豆科含羞草属

- 原产地：巴西。
- 繁　殖：播种。
- 花果期：花果期3~9月，果期秋季。
- 日　照：全日照。
- 温　度：生长适温20℃~32℃。
- 土　壤：不择土壤。
- 水　分：喜湿润，耐旱。

形态特征 直立亚灌木状草本，茎长约60厘米。二回羽状复叶，总叶柄及叶轴有钩刺，羽片7～8对，小叶20~30对，线状长圆形。头状花序1或2个生于叶腋，花紫红色。荚果长圆形。

应用 习性强健，花美丽，适合园林绿地及水岸边作地被植物栽培，也是科普教育的良好素材。

学名| *Mucuna birdwoodiana*

禾雀花

别名：白花油麻藤
科属：豆科黧豆属

- 原产地：亚洲热带和亚热带地区。
- 繁　殖：播种、扦插。
- 花果期：花期春末至夏初，种子秋季成熟。
- 日　照：全日照或半日照。
- 温　度：生长适温20℃~28℃。
- 土　壤：喜肥沃、湿润、排水良好的沙质土壤。
- 水　分：喜湿润。

形态特征 常绿大型木质藤本。羽状复叶具3小叶，小叶近革质，顶生小叶椭圆形、卵形或呈倒卵形，基部圆形或稍楔形，侧生小叶偏斜。总状花序自老茎上长出，花冠白色。荚果木质。

应用 花型奇特，花繁密，观赏价值较高，多用于公园、绿地、风景区等大型棚架绿化；种子含淀粉，有毒，不宜食用。

别名：常绿油麻藤
科属：豆科黧豆属

学名| *Mucuna sempervirens*

常春油麻藤

- 原产地：我国华南、西南、华东及华中；日本也有。
- 繁　殖：播种、扦插。
- 花果期：花期4~5月，果期8~11月。
- 日　照：全日照或半日照。
- 温　度：生长适温18℃~26℃。
- 土　壤：不择土壤，以疏松、排水良好壤土为佳。
- 水　分：喜湿润。

形态特征 常绿木质藤本，长可达25米。羽状复叶具3小叶，纸质或革质，顶生小叶椭圆形，长圆形或卵状椭圆形，先端渐尖，基部稍楔形。总状花序生于老茎上，花冠深紫色。果木质带形。

应用 花艳丽奇特，串串奇花着生于老干之上，极为美丽，适合大型棚架、花架、绿廊绿化，也是大树垂直绿化的优良材料。

别名：盾柱树
科属：豆科盾柱木属

学名| *Peltophorum pterocarpum*

盾柱木

- 原产地：热带亚洲、大洋洲。
- 繁　殖：播种。
- 花果期：花期7~10月，果期11月。
- 日　照：全日照。
- 温　度：生长适温22℃~28℃。
- 土　壤：喜疏松、肥沃的壤土。
- 水　分：喜湿润。

形态特征 落叶大乔木，株高10~15米，树皮灰色，幼枝具褐色毛。偶数二回羽状复叶，小叶无柄，长椭圆形或肾形，先端凹。总状花序顶生，花黄色，有臭味。荚果扁平。

应用 花色艳丽，花期长，是观赏的珍稀树种，可用于公园、风景区作行道树或风景树种。

学名| *Pongamia pinnata*

水黄皮

科属：豆科水黄皮属

- 原产地：我国台湾、福建、广东及广西；印度、斯里兰卡、马来西亚、澳大利亚也有。
- 繁　殖：播种、高压。
- 花果期：花期5~6月，果期8~10月。
- 日　照：全日照。
- 温　度：生长适温22℃~32℃。
- 土　壤：喜排水良好的沙质壤土。
- 水　分：喜湿润。

形态特征 乔木，株高8~15米。羽状复叶，小叶2~3对，近革质，卵形、阔椭圆形至长椭圆形，先端短渐尖或圆形，基部阔楔形、圆形或截平。总状花序腋生，花冠白色或粉红色。荚果。

应用 株型美观，开花繁茂，适合公园、风景区等路边、水岸边种植观赏；也常用于海岸边作防风或绿化树种。

学名| *Saraca declinata*

垂枝无忧树

科属：豆科无忧花属

- 原产地：亚洲热带。
- 繁　殖：播种、扦插、压条。
- 花果期：花期3~5月，果期6~10月。
- 日　照：全日照。
- 温　度：生长适温22℃~28℃。
- 土　壤：喜疏松、肥沃的壤土。
- 水　分：喜湿润。

形态特征 常绿乔木，株高10~15米。偶数羽状复叶，革质，有小叶6~12枚，幼叶深紫色，嫩叶柄无法支撑而下垂。伞房花序，数十朵小花聚生，橙黄色。荚果长圆形。

应用 株型美观，花色艳丽，盛花时节，如团团火焰，灿烂夺目，常孤植或列植于草地中、路边等处欣赏；材质良，可用于建筑；树皮及根入药，用于治疗风湿等症。

别名：火焰花
科属：豆科无忧花属

学名| *Saraca dives*

中国无忧树

- 原产地：我国云南、广西；越南及老挝也有。
- 繁　殖：播种、扦插、压条。
- 花果期：花期4～5月，果期7～10月。
- 日　照：全日照。
- 温　度：生长适温20℃～28℃。
- 水　分：喜湿润。

形态特征 常绿乔木。高约10米。偶数羽状复叶，小叶5～6对，革质，长椭圆形或长倒卵形，嫩叶略带紫红色，下垂。花序腋生，伞房状圆锥花序，花橙黄色至深红色。

应用 株型美观，花艳如火，灿烂夺目，适合公园、风景区及绿地等孤植或列植；树皮入药，可用于风湿及月经过多等症的治疗；可放养紫胶虫。

别名：无忧花、无忧树
科属：豆科无忧花属

学名| *Saraca indica*

宝冠木

- 原产地：我国云南东南部；越南、印度、马来西亚也有。
- 繁　殖：播种。
- 花果期：花期3～5月，果期6～10月。
- 日　照：全日照。
- 温　度：生长适温22℃～30℃。
- 土　壤：喜疏松、排水良好的壤土。
- 水　分：喜湿润。

形态特征 常绿乔木，高5～20米。羽状复叶具小叶6～12个，小叶革质，长椭圆形或卵状矩圆形，先端急尖或骤急尖，基部楔形或圆楔形。花橙黄色，排列成腋生的圆锥花序，无花冠。荚果微呈镰状弯曲或直。

应用 株型美观，花色艳丽，灿烂夺目，常用于公园、风景区、绿地等作风景树种，孤植、列植效果均佳。

学名| *Sesbania grandiflora*

木田菁

别名：大花田菁
科属：豆科田菁属

- 原产地：我国中南半岛、巴西斯坦、印度、孟加拉、菲律宾及毛里求斯。
- 繁　殖：播种。
- 花果期：花期8~9月，果期秋季。
- 日　照：全日照。
- 温　度：生长适温23℃~30℃。
- 土　壤：喜肥沃、排水良好的沙质壤土。
- 水　分：喜湿润。

形态特征 落叶乔木。高4～10米。叶互生，偶数羽状复叶，小叶长椭圆形，先端钝，有小突尖，基部近圆形或宽楔形，两面无毛。总状花序腋生，花大，花萼绿色，钟状，花冠紫红色或白色，有时玫瑰红色。荚果条形。

应用 花大，极美丽，适合公园、绿地等作观花树种；树皮入药，可作收敛剂；内皮可提取纤维。

学名| *Sophora japonica*

槐

别名：槐树
科属：豆科槐属

- 原产地：中国；日本、越南、朝鲜也有。
- 繁　殖：播种、扦插。
- 花果期：花期夏季，11月果实成熟。
- 日　照：全日照。
- 温　度：生长适温18℃~28℃。
- 土　壤：不择土壤。
- 水　分：喜湿润，耐旱。

形态特征 落叶乔木，树高达25米。奇数羽状复叶，互生，圆锥花序顶生，花蝶形，花黄白色，略具芳香。荚果肉质。常见栽培的变型有龙爪槐 *Sophora japonica f. pendula*。

应用 冠型优美，园林中常用于作行道树、风景树或庭荫树；花可食，多用作辅料，用来煲汤、煮肉或作糕饼，嫩叶可炒食，种子炒后代茶。

学名| *Trifolium pratense*

红车轴草

别名：红三叶草、红花苜蓿
科属：豆科车轴草属

- 原产地：欧洲中部。
- 繁　殖：播种。
- 花果期：花果期5~9月。
- 日　照：全日照。
- 温　度：生长适温20℃~26℃。
- 土　壤：不择土壤。
- 水　分：喜湿润，也耐旱。

形态特征 多年生草本植物。掌状三出复叶，小叶卵状椭圆形至倒卵形，先端钝，有时微凹，基部阔楔形。花序球状或卵状，顶生，具花30~70朵，花冠紫红色至淡红色。荚果。

应用 盆栽可用于阳台、窗台装饰，也适合庭院边、墙边栽培观赏；适合公园、风景区及绿地作地被植物。

学名| *Trifolium repens*

白三叶草

别名：白车轴草
科属：豆科车轴草属

- 原产地：欧洲及北非。
- 繁　殖：播种、分株。
- 花果期：花果期5~10月。
- 日　照：全日照。
- 温　度：生长适温12℃~25℃。
- 土　壤：不择土壤。
- 水　分：喜湿润，较耐旱。

形态特征 多年生草本植物。掌状三出复叶，小叶倒卵形至近圆形，先端凹至钝圆，基部楔形渐窄至小叶柄。花序球形，花冠白色、乳黄色或淡红色，具香气。荚果长圆形。

应用 花繁密，适合公园、绿地等处植于路边、山石边栽培观赏，也是优良的地被植物；全草为优良的饲料。

学名| *Uraria crinita*

猫尾草

别名：猫尾豆、兔尾草
科属：豆科猫尾豆属

- **原产地：** 我国福建、江西、广东、海南、广西、云南及台湾、中南半岛；印度、斯里兰卡、马来半岛、南至澳大利亚也有。
- **繁　殖：** 播种、分株。
- **花果期：** 花、果期4~9月。
- **日　照：** 全日照。
- **温　度：** 生长适温22℃~30℃。
- **土　壤：** 不择土壤。
- **水　分：** 喜湿润，耐旱。

形态特征 亚灌木，株高1~1.5米。叶为奇数羽状复叶，茎下部叶通常为3枚，上部为5枚，少有为7枚，小叶近革质，先端略急尖、钝或圆形，基部圆形至微心形。总状花序顶生，花冠紫色。荚果。

应用 花序奇特，株型美观，适合公园、绿地等路边或山石边栽培观赏，盆栽可用于阳台及天台装饰；全草入药，具有散瘀止血、清热止咳的功效。

学名| *Uraria lagopodioides*

狸尾豆

别名：狸尾草、兔尾草
科属：豆科猫尾豆属

- **原产地：** 我国福建、江西、湖南、广东、海南、广西、贵州、云南、台湾；印度、缅甸、越南、马来西亚、菲律宾及澳大利亚也有。
- **繁　殖：** 播种。
- **花果期：** 花果期8~10月。
- **日　照：** 全日照。
- **温　度：** 生长适温16℃~28℃。
- **土　壤：** 不择土壤。
- **水　分：** 喜湿润，较耐旱。

形态特征 平卧或开展草本，株高约60厘米。叶多为3小叶，稀兼有单小叶，小叶纸质，顶生小叶近圆形或椭圆形至卵形，先端圆形或微凹，有细尖，基部圆形或心形，侧生小叶较小。总状花序顶生，长3~6厘米，花冠淡紫色。荚果。

应用 花序美观，可供观赏，适合盆栽或植于园路边、山石边观赏；全草入药，具有消肿、驱虫功效。

别名：朱藤、藤花
科属：豆科紫藤属

学名| *Wisteria sinensis*

紫藤

- 原产地：我国河北以南、黄河、长江流域及陕西、河南、广西、贵州及云南。
- 繁　殖：扦插、压条或播种。
- 花果期：花期春季，果熟期9~10月。
- 日　照：全日照。
- 温　度：生长适温18℃~28℃。
- 土　壤：喜土层深厚、肥沃、排水良好的壤土。
- 水　分：喜湿润，较耐旱。

形态特征 落叶木质大藤本。奇数羽状复叶，小叶卵状披针形或卵形，先端突尖，基部广楔形或圆形，全缘。花蓝紫色，总状花序下垂，有芳香。荚果扁平，长条形。

应用 花繁密，色优雅，为优良棚架材料，适合大型棚架、篱垣、廊架栽培观赏。

别名：山槐、马缨花
科属：豆科合欢属

学名| *Albizia kalkora*

山合欢

- 原产地：我国华北、西北、华东、华南至西南部各省区；越南、缅甸、印度也有。
- 繁　殖：播种。
- 花果期：花期5~6月，果期8~10月。
- 日　照：全日照。
- 温　度：生长适温16℃~26℃。
- 土　壤：不择土壤。
- 水　分：喜湿润、耐干旱。

形态特征 落叶小乔木或灌木，株高约3～8米。二回羽状复叶，羽片2～4对，小叶5～14对，长圆形或长圆状卵形，先端圆钝而有细尖头，基部不等侧。头状花序或于枝顶排成圆锥花序，花初白色，后变黄。荚果带状。

应用 习性强健，花美丽，园林中可用作行道树或风景树，也可作庭荫树种。

学名| *Arachis duranensis*

蔓花生

别名：长喙花生
科属：豆科蔓花生属

- 原产地：亚洲热带及南美洲。
- 繁　殖：扦插。
- 花果期：花期春季至秋季。
- 日　照：全日照。
- 温　度：生长适温20℃~30℃。
- 土　壤：不择土壤。
- 水　分：喜湿润。

形态特征 多年生宿根草本植物，枝条呈蔓性，株高10~15厘米。叶互生，倒卵形，全缘。花腋生，蝶形，金黄色。荚果。

应用 习性强健，花色鲜艳，园林中常用于路边、坡地、山石边或草坪等作地被植物；由于覆盖能力强，也常用于公路、边坡等地用于治理水土流失。

学名| *Utricularia aurea*

科属：狸藻科狸藻属

黄花狸藻

花序特征
花序直立

- **原产地：**我国东北、内蒙古、四川、湖南、江西、江苏、浙江、广西、广东、福建、云南及台湾；印度、日本经马来西亚至澳大利亚也有。
- **繁　殖：**分株，扦插。
- **花果期：**花果期5~10月，果期秋冬。
- **日　照：**全日照。
- **温　度：**生长适温18℃~30℃。
- **土　壤：**不需土壤。
- **水　分：**生活于水中。

形态特征 沉水草本。叶多数，主裂片常3~4枚近轮生，最后一次分裂的细裂片圆柱形具刚毛。捕虫器常多数，生于叶器细裂片一侧或裂片之腋内。花序直立，伸出水面，花5~10朵。花冠黄色。蒴果球形。

应用 适合水体绿化，也可盆栽用于阳台、窗台等处点缀。

学名| *Lilium longiflorum*

铁炮百合

别名：麝香百合
科属：百合科百合属

花序特征
花平伸或下垂，白色

- 原产地：我国台湾；日本南部诸岛。
- 繁　殖：分球。
- 花果期：花期5~6月，果期8~9月。
- 日　照：全日照。
- 温　度：生长适温18℃~26℃。
- 土　壤：喜疏松、肥沃的沙质壤土。
- 水　分：喜湿润。

形态特征 鳞茎球形或扁球形，白色，株高50~90厘米。叶多数，散生，狭披针形或矩圆形状披针形，全缘。花单生或2~3朵生于短花梗上，平伸或稍下垂，白色，喇叭形，侧向开放，浓香。蒴果矩圆形。

应用 花大洁白，具芳香，适合公园、绿地及庭院植于林下或墙垣边观赏；为优良的切花材料；盆栽可用于阳台、卧室、窗台及客厅美化；花含芳香油，可用作香料。

别名：绣球葱
科属：百合科葱属

学名| *Allium giganteum*

大花葱

- 原产地：亚洲中部。
- 繁　殖：分球。
- 花果期：花期春季。
- 日　照：全日照。
- 温　度：生长适温15℃~25℃。
- 土　壤：喜肥沃、疏松的壤土。
- 水　分：喜湿润，忌积水。

形态特征 多年生常绿草本，株高30～60厘米，地下具鳞茎。叶宽线形至披针形，绿色。伞房花序，球状。花紫色。

应用 盆栽装饰阳台、窗台、卧室或书房；可用于布置花坛、花境，是优良的背景材料。

别名：君影草
科属：百合科铃兰属

学名| *Convallaria majalis*

铃兰

- 原产地：我国东北、内蒙古、河北、山西、山东、河南、陕西、甘肃、宁夏、浙江及湖南；朝鲜、日本及欧洲、北美洲也有。
- 繁　殖：播种、分株或根插。
- 花果期：花期4~5月，果期夏季。
- 日　照：半阴。
- 温　度：生长适温10℃~22℃。
- 土　壤：喜疏松、肥沃的微酸性土壤。
- 水　分：喜湿润。

形态特征 多年生草本植物。株高20～30厘米。根状茎匍匐并具分枝。叶基生，直立，卵圆形或窄卵圆形，有光泽。总状花序偏向一侧。小花白色，钟状，下垂并具芳香。浆果，暗红色。

应用 盆栽用于阳台、窗台装饰或案头点缀；适合花坛、花境或林缘栽培观赏；花可用来提取芳香油；全株入药，有强心作用。

学名| *Fritillaria imperialis*

皇冠贝母

别名：花冠贝母
科属：百合科贝母属

- 原产地：印度、阿富汗及伊朗。
- 繁　殖：分球。
- 花果期：花期春季，果期夏季。
- 日　照：全日照。
- 温　度：生长适温16℃~24℃。
- 土　壤：喜疏松、肥沃的壤土。
- 水　分：喜湿润，也耐旱。

形态特征 多年生草本，具被膜鳞茎。茎直立，不分枝，一部分位于地下。基生叶有长柄，茎生叶互生，披针形。花大，钟形，俯垂，花序伞形。花色有黄、橙红、大红等色。蒴果。

应用 花大艳丽，适合公园、庭院等草地边缘、墙垣边或山石边栽培观赏，盆栽可用于阳台、窗台等处装饰。

别名：野百合、大百合
科属：百合科大百合属

学名| *Cardiocrinum giganteum var. yunnanense*

云南大百合

- 原产地：我国云南。
- 繁　殖：分球。
- 花果期：花期春季，果期秋季。
- 日　照：全日照或半日照。
- 温　度：生长适温18℃~26℃。
- 土　壤：喜疏松、排水良好的微酸性壤土。
- 水　分：喜湿润。

形态特征 鳞茎球形，株高1~2米。叶纸质，基生叶卵状心形或近宽矩圆形，茎生叶卵状心形，靠近花序的几枚为船形。总状花序有花数朵，组成总状花序，花被乳白色，中下部带紫色条纹。蒴果。

应用 花大美丽，适合林缘、路边、水岸边或山石边丛植观赏；鳞茎含淀粉，采收后水磨提取淀粉；果入药，可用于治疗咳喘痰多。

学名/ *Hosta ventricosa*

紫萼

别名：紫玉簪
科属：百合科玉簪属

- 原产地：我国华东、华南、华中、西南及陕西、河北；日本也有。
- 繁　殖：播种、分株。
- 花果期：花期6~7月，果期8月。
- 日　照：全日照或半日照。
- 温　度：生长适温12℃~25℃。
- 土　壤：不择土壤，喜疏松、肥沃的壤土。
- 水　分：喜湿润。

形态特征 多年生草本。叶基生，卵形至卵圆形，基部心脏形。花葶从叶丛中抽出，总状花序，花紫色或淡紫色，花被筒下部细，上部膨大成钟形。蒴果圆柱形。

应用 花色雅致，盆栽用于窗台、阳台、卧室或书房等美化环境；适合园林绿地片植或丛植欣赏，是优良的地被植物；全草入药，具有消肿解毒、理气止痛的功效。

学名/ *Hyacinthus orientalis*

风信子

别名：五色水仙、洋水仙
科属：百合科风信子属

- 原产地：南欧及小亚细亚。
- 繁　殖：分球。
- 花果期：花期3~4月。
- 日　照：全日照或半日照。
- 温　度：生长适温15℃~20℃。
- 土　壤：喜疏松、肥沃的沙质壤土。
- 水　分：喜湿润。

形态特征 多年生草本。鳞茎球形或扁球形。叶基生，叶片肥厚，带状披针形。花茎从叶茎中央抽出，略高于叶，总状花序，漏斗形，小花基部筒状，上部四裂、反卷。花有红、白、黄、蓝、紫等色，有重瓣品种，具芳香。蒴果球形。

应用 花繁密，芳香，我国多作盆栽，用来装饰阳台、窗台、案几等，也可水养用于餐台、书桌等摆放观赏。

别名：火炬花、火杖
科属：百合科火把莲属

学名 *Kniphofia uvaria*

火把莲

- 原产地：非洲。
- 繁　殖：播种、分株。
- 花果期：花期6~7月，果期秋季。
- 日　照：全日照。
- 温　度：生长适温18℃~26℃。
- 土　壤：喜疏松、排水良好的沙质壤土。
- 水　分：喜湿润。

形态特征 多年生草本植物，株高80~120厘米。茎直立。叶线形，基部丛生。总状花序着生数百朵筒状小花，呈火炬形，花冠橘红色。

应用 花序大，极美丽，观赏性佳。盆栽用于阳台、窗台、卧室、书房装饰；适合公园、绿地片植、丛植观赏。

别名：南京百合、虎皮百合
科属：百合科百合属

学名 *Lilium lancifolium*

卷丹百合

- 原产地：我国大部分地区有分布；日本、朝鲜也有。
- 繁　殖：分球、珠芽播种。
- 花果期：花期6~8月，果期8~10月。
- 日　照：全日照。
- 温　度：生长适温15℃~20℃。
- 土　壤：不择土壤。
- 水　分：喜湿润，较耐旱。

形态特征 多年生草本，鳞茎近宽球形，株高80～150厘米。叶散生，矩圆状披针形或披针形。总状花序生茎顶，3～6朵或更多，花被橘红色，被片背向翻卷，具褐色斑点。蒴果卵形。

应用 花大色艳，是我国著名的庭院花卉，常用于公园、庭院等墙垣边、花坛、林缘处栽培观赏，也可盆栽用于阳台、天台等绿化；鳞茎富含淀粉，供食用；鳞茎入药；花含有芳香油，可作香料。

学名| *Hemerocallis fulva*

萱草

别名：黄花、忘忧草
科属：百合科萱草属

- 原产地：我国秦岭以南各省区均有；南欧至北亚而达日本均产。
- 繁　殖：播种、分株。
- 花果期：花期5~7月，果期秋季。
- 日　照：全日照或半日照。
- 温　度：生长适温15℃~28℃。
- 土　壤：不择土壤。
- 水　分：喜湿润，较耐旱。

形态特征 多年生草本，高60～100厘米。叶多数，基生，二裂，宽线形，嫩绿色。花6～12朵或更多，排成蝎尾状聚伞花序复组成圆锥状，花橘红色，上部开展并反卷。蒴果长圆形。

应用 花大色艳，花期长。盆栽用于阳台、卧室、书房等装饰；适合丛植、片植于公园、绿地观赏；根入药，有毒，具有清热利尿、凉血止血的功效。

别名：葡萄百合、蓝壶花
科属：百合科蓝壶花属

学名 *Muscari botryoides*

葡萄风信子

- 原产地：欧洲中部和南部。
- 繁　殖：分球。
- 花果期：花期3~5月，果期5~6月。
- 日　照：全日照。
- 温　度：生长适温15℃~25℃。
- 土　壤：喜疏松、肥沃的沙质壤土。
- 水　分：喜湿润。

形态特征 多年生草本植物。株高15~40厘米。鳞茎卵圆形，被膜白色。叶基生，线形，稍肉质，暗绿色，边缘常内卷。花茎自叶丛中抽出，总状花序，小花多数密生而下垂，花篮色或顶端白色，并有白色、肉色、淡蓝色和重瓣品种。蒴果。

应用 花型奇特，蓝艳可爱，宜植于林下、草地中或作镶边材料，也可作地被植物；盆栽常用于阳台、窗台或置于几案观赏。

别名：宫灯花
科属：百合科宫灯百合属

学名 *Sandersonia aurantiaca*

宫灯百合

- 原产地：南非。
- 繁　殖：播种、块根。
- 花果期：花期冬至春，果期春至夏。
- 日　照：全日照。
- 温　度：生长适温15℃~22℃。
- 土　壤：喜疏松、肥沃、排水良好的壤土。
- 水　分：喜湿润。

形态特征 多年生球根草本植物。株高约60厘米。叶片互生，线形或披针形，无柄。花冠球状钟形，似宫灯，橘黄色，下垂。蒴果。

应用 花型奇特，极美丽，多盆栽，适合阳台、窗台或卧室等栽培观赏。

学名 *Aloe marlothii*

鬼切芦荟

别名：马氏芦荟
科属：百合科芦荟属

叶片特征
叶簇生

- 原产地：南非。
- 繁　殖：分株、扦插。
- 花果期：花期春季，果期夏季。
- 日　照：全日照或半日照。
- 温　度：生长适温22℃~30℃。
- 土　壤：不择土壤，以排水性良好的沙质壤土为佳。
- 水　分：喜干燥。

形态特征　多年生草本，呈灌木状，株高3~4米，最高可达6米。叶长可达1米，叶簇生于枝干顶端。花大，花序直径可达80厘米，花橙黄色至橘红色。

应用　盆栽用于厅堂摆放观赏；适合公园、庭院等排水良好的地方栽培。

学名 *Yucca gloriosa*

凤尾兰

别名：剑叶丝兰、凤尾丝兰
科属：百合科丝兰属

花序特征
大型圆锥花序

- 原产地：北美。
- 繁　殖：分株。
- 花果期：花期7~9月。
- 日　照：全日照。
- 温　度：生长适温18℃~28℃。
- 土　壤：不择土壤。
- 水　分：喜湿润，也耐旱。

形态特征　多年生常绿灌木、茎短，株高可达1米以上。叶剑形、坚硬，密生成莲座状，有稀疏的丝状纤维，微灰绿色，顶端为坚硬的刺。花葶高1~2米，大型圆锥花序，花多朵，白色至乳黄色，下垂，钟形。

应用　株型美观，花大素雅，园林中常用于路边、山石边或墙垣处栽培观赏；也可盆栽用于天台及阳台绿化。

学名| *Hemerocallis hybrida*

科属：百合科萱草属

大花萱草

- 原产地：我国东北；俄罗斯、朝鲜及日本也有。
- 繁　殖：播种或分株。
- 花果期：花果期6~10月，果期秋季。
- 日　照：全日照。
- 温　度：生长适温15℃~28℃。
- 土　壤：不择土壤，喜疏松、肥沃的壤土。
- 水　分：喜湿润，较耐旱。

形态特征 多年生草本，根多呈绳索状。叶柔软，上部下弯。花葶与叶近等长，在顶端聚生2~6朵花，苞片宽卵形，先端长渐尖至尾状，花近簇生，具很短的花梗，花被金黄色或橘黄色。蒴果椭圆形。

应用 花期长，花大色艳。盆栽可用于阳台、窗台及天台绿化，也常用于庭院的路边、窗前栽培；适合公园、绿地、校园等丛植或片植观赏。

学名| *Hosta plantaginea*

别名：玉春棒、白鹤花
科属：百合科玉簪属

玉簪

- 原产地：我国长江流域各省区至华南地区。
- 繁　殖：播种、分株。
- 花果期：花期7~9月，果期熟10月。
- 日　照：全日照或半日照。
- 温　度：生长适温12℃~25℃。
- 土　壤：不择土壤，以疏松、肥沃的壤土为佳。
- 水　分：喜湿润。

形态特征 多年生草本。叶基生丛状，卵形至心脏状卵形，先端急尖，基部心形，叶柄长。顶生总状花序，着花9~15朵，花白色，花管状漏斗形，具芳香。蒴果三棱状圆柱形，成熟时三裂。

应用 叶片大而优雅，花洁白芳香，适合公园、绿地等植于路边、林下或较庇荫的地方，也可盆栽用于窗台、阳台或天台绿化；花可作蔬菜，食用时需去掉雄蕊；全草入药。

学名| *Lilium pumilum*

山丹

别名：细叶百合
科属：百合科百合属

- 原产地：我国河北、河南、山西、宁夏、山东、青海、甘肃、内蒙古及东北；俄罗斯、朝鲜、蒙古也有。
- 繁　殖：分球、播种。
- 花果期：花期7~8月，果期9~10月。
- 日　照：全日照。
- 温　度：生长适温16℃~24℃。
- 土　壤：不择土壤。
- 水　分：喜湿润。

形态特征 多年生草本植物。鳞茎卵形或圆锥形，白色，株高15~60厘米。叶散生于茎中部，条形，中脉下面突出。花单生或数朵排成总状花序，鲜红色，通常无斑点，有时有少数斑点，花近红色。蒴果。

应用 花美丽，可用于路边、花坛或山石边栽培观赏；鳞茎含淀粉，可食用，多炒食；鳞茎入药，具有滋补功效。

学名| *Tulipa gesneriana*

郁金香

别名：洋荷花、草麝香
科属：百合科郁金香属

- 原产地：地中海沿岸、中亚细亚、土耳其。
- 繁　殖：分球。
- 花果期：花期3~5月。
- 日　照：全日照。
- 温　度：生长适温18℃~22℃。
- 土　壤：喜疏松、肥沃的沙质壤土。
- 水　分：喜湿润。

形态特征 多年生球根植物，鳞茎扁圆锥形。叶带状披针形，全缘并呈波状。花单生茎顶，杯状，有红、黄白、橙、紫、粉及复色变化，还有条纹和重瓣品种。蒴果。

应用 花大美丽，是著名的球根花卉，园林中常用于布置花坛、花境，盆栽适合阳台、窗台及案几摆放观赏；根及鳞茎入药，具有清热、除烦的功效。

索引一　学名按拼音顺序索引

索引二 学名按拉丁文顺序索引

D

E

F

G

H

I

J

K

L

为先書系

湖南教育书店特别策划

徐晔春◎编著

观花观叶植物经典图鉴

NO.3 观花·被子植物

Guanhuaguanyezhiwu Jingdiantujian

吉林出版集团 | 吉林科学技术出版社

图书在版编目（C I P）数据

观花观叶植物经典图鉴 / 徐晔春编著. -- 长春 :
吉林科学技术出版社, 2012.3
ISBN 978-7-5384-5698-1

Ⅰ.①观… Ⅱ.①徐… Ⅲ.园林植物－观赏园艺－
图集 Ⅳ. ①S68-64

中国版本图书馆CIP数据核字（2012）第033068号

观花观叶植物经典图鉴——观花·被子植物❸

编　　著　徐晔春
出 版 人　张瑛林
选题策划　张胜利
责任编辑　张胜利
图片摄影　徐晔春
封面设计　长春美印图文设计有限公司
制　　版　长春美印图文设计有限公司
开　　本　720mm×900mm　1/16
字　　数　832千字
印　　张　64
版　　次　2012年5月第1版
印　　次　2012年5月第1次印刷

出　　版　吉林出版集团
　　　　　吉林科学技术出版社
发　　行　吉林科学技术出版社
地　　址　长春市人民大街4646号
邮　　编　130021
发行部电话　0431-86037641
网　　址　www.jybooks.com.cn
印　　刷　长沙鸿发印务实业有限公司

书　　号　ISBN 978-7-5384-5698-1
定　　价　254.40元（全八册）
如有印装问题可致电0731-84314144联系调换
版权所有　翻印必究　举报电话：0431-85635186

使用说明

ShiyongShuoming

检索功能

JiansuoGongneng

水 分

湿 土壤潮湿，含水量高，用手挤压土壤有水分流出。

喜湿 盆土需要始终处于湿润状态，保持土壤表面湿润。

湿润 土壤含水量较高，可挤压出各种形状，无水分流出。

喜湿润 在生长季节，宜保持土壤湿润，表面1~2厘米干后浇一次透水，浇水掌握间干间湿的原则。

喜干燥 在生长季节（部分植物为春、秋生长，夏、冬休眠，也有春、夏、秋季生长，冬季休眠，也有秋、冬、春三季生长，夏季眠），盆土水分基本干透后浇一次透水，大多数这类植物冬季停止浇水。浇水掌握干透浇透的原则。土壤水分含量低，挤压后不能成形。

生活在水中 土壤水分达到饱和状态，植物叶片浮于水面或挺出水面，植株不能离开水，部分植物整株浮于水面生活。不能离开水。

稍耐旱 土壤上层干燥，底层湿润，上层土壤挤压后不能成形，下层土壤可挤压成形，无水分流出。

耐旱 土壤中上层干燥，底层湿润，中上层土壤挤压后不能成形，下层土壤可挤压成形，无水分流出。

日 照

全日照 在全光照下养护，在室内放在阳光充足的地方，如窗台、阳台等处。

半日照 在春、夏、秋季阳光强烈时，早上晚上接受全光照，中午要遮阴。冬季可接受全光照，当然，我国幅员辽阔，各地需根据具体情况而定。

喜荫 全天不能接受光照，一般这类植物冬季可适当接受阳光。

土 壤

疏松 是指土壤团粒结构要好，疏松通气，有利根系生长发育，如泥炭土、腐叶土就是这个类型。

肥沃 是指土壤富含有机质，这类植物对养分需求较高，要注意补充肥料。

排水良好 是指土壤不能积水，否则对根系生长抑制，影响植株正常生长发育。如一些肉质根类、多肉植物等，基本是需要排水良好的土壤的。

不择土壤 这类植物习性强健，对土壤没有特殊要求，在大多数土壤中均能生长良好。如栽培于田园土、菜园土、腐叶土中，均可良好生长。

繁　殖

播种繁殖 播种繁殖也就是实生苗繁殖，将种子播于苗浅、穴盘等容器或直播于苗床、田地中，从而得到大量苗株的方法。

扦插繁殖 扦插是花卉繁殖的重要手段之一，是用植物的营养器官如根、茎、叶插入基质中，使之生根，抽枝长成完整的植株。

嫁接繁殖 嫁接繁殖是园林植物繁育技术的一种主要方法。是用繁殖体（茎、芽、球体）把两种不同植物结合在一起，使之愈合，形成一个独立的新个体，供嫁接用的繁殖体叫“接穗”，而接受接穗的植株叫“砧木”。

压条繁殖 多用于一些茎节和节间容易发根的木本花卉和一些扦插不容易发根的木本花卉。压条是将未脱离母株的枝条，在适当的部位将枝条环剥、刻伤，并可结合生根促进剂涂抹处理，然后将该部位埋入土中。由于受伤部位易积累上部合成的营养物质和激素，从而易形成根系。然后将它们剪离母体后移苗另栽，从而形成新的苗株。

分生繁殖 分生繁殖是植物营养繁殖方法之一，指人为将植物体上长出来的幼植株体，如萌蘖与母株分离另行栽植而成为独立新植物的繁殖方法。可分为分株法及分球法。前者多用于丛生性强的花灌木和萌蘖力强的多年生草花，后者则用于球根类花卉。

果　实

聚合果 聚合果是由花内的若干离生心皮形成的一个整体。如：海南木莲、腊梅的果实。

聚花果 由一整花序形成的一个整体，每一朵小花形成独立的小果，聚集在花序轴上。 如桑葚、无花果的果实。

单　果

由一花中的一个子房或一个心皮形成的单个果实。又分为干果及浆果，主要有以下几类：

1. 蓇葖果：离生心皮的单个心皮形成的，成熟时或沿背缝线或沿腹缝线一侧开裂。 如：云南含笑、欧楼斗菜的果实。

2. 荚果：单心皮的上位子房形成的，成熟时沿背腹两缝开裂，开裂后的果瓣片叫裂瓣。节荚基本上是荚果，仅在其种子间收缩变狭，成熟时在收缩处断裂成具有一颗种子的断片。 如合欢、蔓花生的果实。

3. 蒴果：由两个以上合生心皮的上位或下位子房形成。如箭叶秋葵、樟叶槿的果实。

4. 角果：由二心皮的复雌蕊发育而成，子房常因假隔膜分成两室，果实成熟后多沿两条腹缝线自下而上地开裂。如沙漠玫瑰、桂竹香的果实。

5. 瘦果：由离生心皮或合生心皮的上位或下位子房形成，其果皮紧包种子，不易分离。如珊瑚藤、棣棠的果实。

6. 胞果：由合生心皮的上位子房形成，其果皮薄而膨胀，疏松地包围种子而与种子极易分离。如地肤、垂鞭绣绒球的果实。

7. 翅果：瘦果状而有翅的干果，由合生心皮的上位子房形成。如星果藤的果实。

8. 坚果：由合生心皮的下位子房形成。如迷迭香、活血丹的果实。

9. 双悬果：由二心皮的子房发育成的果实，成熟后心皮分离成两瓣，并列悬于中央果柄的上端，不开裂。如胡萝卜的果实。

10. 浆果：果皮肉质多浆，外果皮易分离，内中果皮肉质化，内部一至数粒种子。如铃兰、宝莲花的果实。

11. 核果：单心皮或合生心皮组成，种子常一粒，外果皮较薄，肉质或革质，中果皮肉质肥厚，内果皮木质化，包于种子外，构成果核。如梅花、杏的果实。

12. 柑果：复雌蕊形成，外果皮革质，中果皮较疏松，分布有维管束，中轴胎座，每室种子多数。如金橘、四季橘的果实。

13. 瓠果：下位子房发育成的假果花托与外果皮结合成坚硬果壁，中果皮内果皮肉质胎座发达。如南瓜的果实。

14. 梨果：花筒与子房愈合一起发育成假果、果壁、外果皮，中果皮均肉质化，内果皮纸质或革质化。如梨、苹果的果实。

花　序

花在总花柄上有规律的排列方式，称花序。

无限花序

无限花序是指花序的主轴在开花期间，可以继续生长，向上伸长，不断产生苞片和花芽。可以分为以下几种类型：

1.总状花序：花轴单一，自下而上依次着生有柄的花朵，各花的花柄大致长短相等，开花顺序由下而上，如大花老鸦嘴、十大功劳的花序。

2.穗状花序：花轴直立，其上着生许多无柄小花，小花为两性花。如金粟兰、狗尾红的花序。

3.柔荑花序：花轴较软，其上着生多数无柄或具短柄的单性花，花无花被或有花被，花序柔韧，下垂或直立，开花后整个花序常一起脱落。如红尾铁苋的花序。

4.伞房花序：为变形的总状花序，花序上各花花柄长短不一，下部花花柄最长，愈近花轴上部的花花柄愈短，结果使得整个花序上的花几乎排列在一个平面上。如垂枝无忧树、野牡丹的花序。

5.头状花序：花轴极度缩短而膨大，铺展，各苞片叶常集成总苞，花无梗，多数花集生于一花托上，形成状如头的花序。如菊花、非洲菊的花序。

6.隐头花序：花序轴特别膨大而内陷成中空头状，许多无柄小花隐生于凹陷空腔的腔壁上，几乎全部隐没不见，整个花序仅留顶端一小孔与外方相通，为昆虫进出腔内传布花粉的通道。如无花果、薜荔、榕树的花序等。

7.伞形花序：花轴缩短，大多数花着生在花轴的顶端。每朵花有近于等长的花柄，从一个花序梗顶部伸出多个花梗近等长的花，整个花序形如伞，称伞形花序。每一小花梗称为伞梗。如麻叶绣线菊、百子莲的花序。

8.肉穗花序：花轴粗短，肥厚而肉质化，上生多数单性无柄的小花，如海芋、春羽的花序。

以上花序的花轴不分枝，称为简单花序。另有一些花轴具分枝，每一分枝上又呈现上述的一种花序，这类花序称复合花序。常见的有以下几种：

1.圆锥花序：长花轴上分生许多小枝，每个分枝又自成一总状花序，如珍珠梅、倒地铃的花序。

2.复伞形花序：花轴顶端丛生若干长短相等的分枝，各分枝又成为一个伞形花序，一分枝又自成一伞房花序，如茴香的花序。

3.复伞房花序：花序轴的分枝成伞房状排列，每一分枝又自成一伞房花序，如花楸、火棘的花序。

4.复穗状花序：花序轴有1或2次穗状分枝，每一分枝自成一穗状花序，也即小穗，如马唐的花序。

5.复头状花序：单头状花序上具分枝，各分枝又自成一头状花序，如合头菊。

有限花序 有限花序与无限花序相反，花轴顶端或最中心的花先开，因此主轴的生长受到限制，而由侧轴继续生长，但侧轴上也是顶花先开放，故其开花的顺序为由上而下或由内向外。可以分为以下几类：

1.单歧聚伞花序：主轴顶端先生一花，然后在顶花的下面主轴的一侧形成一侧枝，同样在枝端生花，侧枝上有可分枝着生花朵如前，整个花序是一个合轴分枝。如铁筷子的花序。

2.二歧聚伞花序：顶花下的主轴向着两侧各分生一枝，枝的顶端生花，每枝再在两侧分枝，如此反复进行，如络石的花序等。

3.多歧聚伞花序：主轴顶端发育一花后，顶花下的主轴上分出三数以上的分枝，各分枝又自成一小聚伞花序，如楠藤的花序。

目　　录

竹芋科

野牡丹科

楝　科

芭蕉科

紫金牛科

桃金娘科

酢浆草科

罂粟科

西番莲科

海桐花科

白花丹科

学名| *Lagerstroemia indica*

紫薇

别名：百日红、怕痒树
科属：千屈菜科紫薇属

- 原产地：我国华东、华中、华南及西南均有；亚洲南部及澳洲北部也有。
- 繁　殖：播种、扦插或高压。
- 花果期：花期7~9月，果期9~12月。
- 日　照：全日照。
- 温　度：生长适温15℃~30℃。
- 土　壤：喜排水良好、肥沃的壤土。
- 水　分：喜湿润，也耐旱。

形态特征 落叶小乔木，株高3～7米。叶对生或近于对生，椭圆形、阔矩圆形或倒卵形，顶端短尖或钝形，基部阔楔形或近圆形。花圆锥状，顶生，花被皱缩，鲜红、粉红或白色。蒴果。

应用 习性强健，适应性强，花繁茂。盆栽用于阳台、卧室、书房等阳光充足的地方养护；园林中应用较常见；木材可作家具；树皮、叶及花为强泻剂，根和树皮煎剂可治咯血、吐血、便血。

学名| *Cuphea ignea*

萼距花

别名：雪茄花、焰红萼距花
科属：千屈菜科萼距花属

- 原产地：中美洲。
- 繁　殖：播种、扦插。
- 花果期：花期几乎全年，夏季最盛。
- 日　照：全日照或半日照。
- 温　度：生长适温22℃~28℃。
- 土　壤：喜肥沃疏松，排水好的沙质壤土。
- 水　分：喜湿润。

形态特征 直立小灌木，植株高 30 ~ 60 厘米。叶对生，纸质，长卵形或椭圆形，顶端渐尖，全缘。花顶生或腋生，紫红色，无花瓣，由筒状花萼给成。

应用 花型别致，优雅可爱，花期长。盆栽用于阳台、窗台等光线明亮处观赏；适于公园、绿地及庭院绿化，或用于花境栽培。

学名| *Cuphea articulata*

紫雪茄花

别名：紫萼距花
科属：千屈菜科萼距花属

- 原产地：中美洲。
- 繁　殖：扦插。
- 花果期：花期全年。
- 日　照：全日照。
- 温　度：生长适温22℃~28℃。
- 土　壤：喜疏松、肥沃、排水良好的壤土。
- 水　分：喜湿润。

形态特征 多年生常绿小灌木，株高30~60厘米。叶对生，线披针形，甚细小；花腋生，紫红或桃红色。花后结雪茄状小果。

应用 枝繁叶茂，花姿清秀。盆栽可用于阳台、窗台或几架点缀；适合路边、花境的镶边或作地被植物。

学名/ *Lagerstroemia speciosa*

大花紫薇

别名：大叶紫薇、百日红
科属：千屈菜科紫薇属

花序特征
花大，紫红色或紫色

- 原产地：我国广东、广西、海南、福建；斯里兰卡、印度、马来西亚、越南及菲律宾也有。
- 繁　殖：播种、扦插。
- 花果期：花期5~8月，果期10~11月。
- 日　照：全日照。
- 温　度：生长适温20℃~30℃。
- 土　壤：喜肥沃、湿润而排水良好的微酸性土壤。
- 水　分：喜湿润，也耐旱。

形态特征 常绿乔木。株高一般15～20米。叶革质，对生，短圆状椭圆形或卵状椭圆形，稀披针形，叶大。圆锥花序，顶生，花大，紫红色或紫色。蒴果。

应用 花大色艳，花期长，极美丽，可用于庭院、社区及公园等孤植或列植观赏，也可作行道树。

学名/ *Lythrum salicaria*

千屈菜

别名：水柳、对叶莲
科属：千屈菜科千屈菜属

花序特征
多年生湿生草本

- 原产地：亚洲、欧洲、非洲及大洋洲。
- 繁　殖：播种、扦插、分株。
- 花果期：花期7~9月，果期8~10月。
- 日　照：全日照。
- 温　度：生长适温18℃~28℃。
- 土　壤：不择土壤。
- 水　分：喜湿或生活在水中。

形态特征 多年生湿生草本植物，株高约1米。叶对生或3叶轮生，狭披针形，先端稍钝或锐，基部圆形或心形，有时抱茎，全缘。小花密集生成穗状花序，花色为紫、深紫或淡红等。蒴果。

应用 株型美观，花姿秀雅，适合于池畔、河岸边或浅水地带种植观赏，也适合公园、庭院等的路边、山石边栽培；全草药用，治肠炎、痢疾、便血，外用于外伤出血。

学名| *Rotala rotundifolia*

圆叶节节菜

科属：千屈菜科节节菜属

- 原产地：我国江南各省区；斯里兰卡、印度、缅甸、泰国、老挝、越南及日本也有。
- 繁　殖：分株或扦插。
- 花果期：花期12月至翌年5月。
- 日　照：全日照。
- 温　度：生长适温20℃~30℃。
- 土　壤：不择土壤。
- 水　分：喜湿。

形态特征　一年生草本植物。株高10～30厘米。叶对生，圆形，稀倒卵状椭圆形，基部钝或有时近心形。花小，两性，单生于苞腋内，排成顶生、稠密的穗状花序，淡紫色。蒴果。

应用　习性强健，覆盖性强，盆栽适合阳台、窗台、案几等处点缀；适于公园、绿地及庭院等水岸边或浅水处栽培观赏。

学名| *Woodfordia fruticosa*

虾仔花

别名：五福花
科属：千屈菜科虾仔花属

- 原产地：我国广东、广西及云南；东南亚也有。
- 繁　殖：播种、扦插。
- 花果期：花期春季，果期秋季。
- 日　照：全日照。
- 温　度：生长适温20℃~28℃。
- 土　壤：不择土壤。
- 水　分：喜湿润、也耐旱。

形态特征　多年生常绿灌木，株高3~5米。叶对生，近革质，披针形或卵状披针形，顶端渐尖，基部圆形或心形。圆锥花序短聚伞状，萼筒花瓶状，鲜红色，花瓣小，淡黄色，线状披针形。

应用　花色鲜艳，花型别致，极似一个个虾仔附于枝干上，有较强的观赏性，适合庭院、公园的路边、池畔或山石边丛植观赏。

学名| *Manglietia chingii*

桂南木莲

别名：山木莲、仁昌木莲、南方木莲、华南木莲
科属：木兰科木莲属

- 原产地：我国广东、云南、广西及贵州。
- 繁　殖：播种、高压或嫁接法。
- 花果期：花期5~6月，果期9~10月。
- 日　照：全日照。
- 温　度：生长适温18℃~28℃。
- 土　壤：喜肥沃的微酸性土壤。
- 水　分：喜湿润。

形态特征 常绿乔木，高可达20米。叶革质，倒披针形或狭倒卵状椭圆形，上面无毛，深绿色有光泽，下面灰绿色。花白色。聚合果。

应用 树冠浓郁，四季常绿，适合公园或庭院栽培观赏；材质优良，可供室内装饰及细木工，乐器等；其皮可作药用，主治便秘和干咳。

学名| *Manglietia hebecarpa*

毛果木莲

科属：木兰科木莲属

- 原产地：我国云南。
- 繁　殖：播种、高压或嫁接法。
- 花果期：花期4~5月，果期8~9月。
- 日　照：全日照。
- 温　度：生长适温18℃~30℃。
- 土　壤：喜肥沃、排水良好、土层深厚的微酸性壤土。
- 水　分：喜湿润。

形态特征 常绿大乔木，株高达30米。叶革质，椭圆形，网脉致密。花白色，有时红色，花被片9枚，花芳香。聚合果。

应用 树冠美观，花姿幽雅，花芳香。适合作风景树及行道树，也可作庭荫树种。

学名| *Manglietia insignis*

红花木莲

科属：木兰科木莲属

- 原产地：我国云南、湖南、贵州、广西、西藏；尼泊尔、印度东北部、缅甸和越南北部也有。
- 繁　殖：播种、高压或嫁接法。
- 花果期：花期5~6月，果期10~11月。
- 日　照：全日照。
- 温　度：生长适温16℃~28℃。
- 土　壤：喜土层深厚、肥沃的微酸性土壤。
- 水　分：喜湿润。

形态特征 常绿乔木，株高达30米。叶革质，倒披针形或长圆状椭圆形。花清香，单生枝顶，花被片9~12枚，外轮3片倒卵状长圆形，黄绿色，腹面带红色，中内轮淡红或黄白色，倒卵状匙形。聚合果。

应用 树型优美，枝叶常绿，花大美丽，树干通直，适宜用作庭院树或园景树，亦是优良的木材。

学名| *Manglietia maguanica*

马关木莲

科属：木兰科木莲属

- 原产地：我国云南。
- 繁　殖：播种、高压或嫁接法。
- 花果期：花期4~5月，果期10~11月。
- 日　照：全日照。
- 温　度：生长适温18℃~28℃。
- 土　壤：喜肥沃、土层深厚、排水良好的壤土。
- 水　分：喜湿润。

形态特征 常绿乔木，株高15~20米。叶革质，披针形、椭圆形或长圆状披针形。花被片先端粉红色，基部乳白色，倒卵状匙形，花大，芳香。聚合果。

应用 树型美观，花大，极美丽，具芳香，极适合作风景树及庭院树种，可孤植或列植于公园、居民区、校园的路边、草地中或林缘处欣赏。

学名| *Manglietia moto*

毛桃木莲

科属：木兰科木莲属

- 原产地：我国湖南、广西、广东。
- 繁　殖：播种、高压或嫁接法。
- 花果期：花期5~6月，果期10~12月。
- 日　照：全日照。
- 温　度：生长适温18℃~28℃。
- 土　壤：喜肥沃湿润、土层深厚、排水良好的壤土。
- 水　分：喜湿润。

形态特征 常绿大乔木，株高达20米。叶革质，倒卵状椭圆形、狭倒卵状椭圆形或倒披针形。花芳香，花梗细长，外弯或下垂；花被片9枚，乳白色。聚合果。

应用 树型优美，适合公园、绿地或风景区等作风景树或行道树；木材较软，可供一般家具，建筑用材。

学名| *Magnolietia pachyphylla*

厚叶木莲

科属：木兰科木莲属

- 原产地：我国广东。
- 繁　殖：播种、高压或嫁接法。
- 花果期：花期5月，果期9月。
- 日　照：全日照。
- 温　度：生长适温18℃~28℃。
- 土　壤：喜肥沃湿润、土层深厚、排水良好的壤土。
- 水　分：喜湿润。

形态特征 常绿乔木，株高达16米。叶厚革质，倒卵状椭圆形或倒卵状长圆形，叶脉不明显。花芳香，白色，花被片9枚或10枚，倒卵形。聚合果。

应用 树形美观，叶片宽厚光亮，花清雅芳香。适宜公园、绿地等作风景树及行道树。

学名| *Manglietia hainanensis*

海南木莲

别名：龙楠树、绿楠
科属：木兰科木莲属

- 原产地：我国海南。
- 繁　殖：播种、高压或嫁接法。
- 花果期：花期4~5月，果期9~10月。
- 日　照：全日照。
- 温　度：生长适温18℃~30℃。
- 土　壤：喜肥沃湿润、土层深厚、排水良好的壤土。
- 水　分：喜湿润。

形态特征 常绿大乔木，株高20～30米。叶薄，革质，倒卵形、狭倒卵形或狭椭圆状倒卵形，边缘波状，叶柄基部稍膨大。花乳白色，芳香。聚合果。

应用 树冠美观，花姿幽雅，适合作风景树、行道树或作庭荫树种；木材坚硬，可制作高级家具及乐器。

学名| *Magnolia biondii*

望春玉兰

别名：望春花、迎春树、辛兰
科属：木兰科木兰属

- 原产地：我国陕西、甘肃、河南、湖北、四川。
- 繁　殖：播种、高压或嫁接法。
- 花果期：花期3月，果期9月。
- 日　照：全日照。
- 温　度：生长适温15℃~25℃。
- 土　壤：喜肥沃湿润，土层深厚的微酸性土壤。
- 水　分：喜湿润。

形态特征 多年生落叶乔木，株高可达12米以上。叶纸质，长圆状披针形、卵状披针形，或长圆状倒披针形，先端急尖，基部楔形或圆形。花单生，花白色，基部带紫红色，芳香，于叶前开放。聚合果。

应用 为美化环境，绿化庭院的优良树种；夏季叶大浓绿，有特殊香气，可驱蚊蝇。

学名| *Magnolia championii*

香港木兰

别名：香港玉兰
科属：木兰科木兰属

- 原产地：我国广东南部沿海岛屿及香港。
- 繁　殖：播种、高压或扦插法。
- 花果期：花期5~6月，果期9~10月。
- 日　照：全日照。
- 温　度：生长适温18℃~30℃。
- 土　壤：喜肥沃，土层深厚的壤土。
- 水　分：喜湿润。

形态特征 常绿灌木或小乔木。叶革质，狭长圆状椭圆形或倒卵状椭圆形，基部稍下延。花顶生，直立，极芳香，花被片9枚，外轮3片、淡绿色，内两轮白色。聚合果。

应用 花美丽芳香，适合庭院、公园及办公场所等栽培观赏。

学名| *Magnolia albosericea*

绢毛木兰

科属：木兰科木兰属

- 原产地：我国海南。
- 繁　殖：播种、高压或嫁接法。
- 花果期：花期4~5月，果期8~9月。
- 日　照：全日照。
- 温　度：生长适温18℃~30℃。
- 土　壤：喜肥沃、土层深厚、排水良好的壤土。
- 水　分：喜湿润。

形态特征 常绿小乔木，株高达8米。叶革质，椭圆形或倒针状椭圆形，背面苍白色，被白色绢毛。花单生枝顶，花被片9枚，花白色。聚合果。

应用 枝繁叶茂，花洁白美丽。适合在庭院及道路两旁栽培观赏。

学名| *Magnolia delavayi*

山玉兰

别名：优昙花
科属：木兰科木兰属

- 原产地：我国云南、四川及贵州西南部。
- 繁　殖：播种、高压或嫁接法。
- 花果期：花期4~6月，果期9~10月。
- 日　照：全日照。
- 温　度：生长适温15℃~25℃。
- 土　壤：喜肥沃、土层深厚及排水良好的壤土。
- 水　分：喜湿润，也耐旱。

形态特征 常绿乔木，高达12~20米。叶厚革质，卵形或卵状长圆形。花直立，乳白色，杯状，芳香。栽培的变种有红花山玉兰*M. delavayi* ‘*Red Flower*’。

应用 枝叶浓密，花大而芳香，适合作园景树、行道树，可用于公园、居民区或校园，大型盆栽可用来装饰客厅、阳台；花可以提取香料。

学名/ *Magnolia coco*

夜合花

别名：夜香木兰
科属：木兰科木兰属

- 原产地：我国浙江、福建、台湾、广东、广西及云南；越南也有。
- 繁　殖：播种、嫁接或扦插法。
- 花果期：花期全年，夏季最盛。
- 日　照：全日照或半日照。
- 温　度：生长适温20℃~30℃。
- 土　壤：喜肥沃、疏松和排水良好的微酸性土壤。
- 水　分：喜湿润。

形态特征 常绿灌木或小乔木，株高2~4米。叶革质，椭圆形、狭椭圆形或倒卵状椭圆形，先端尾状渐尖，基部狭楔形，全缘。花单朵，顶生，白色或微黄色，下垂，有浓香。聚合果。

应用 为我国著名的庭院观赏树种。盆栽用于厅堂或阶前美化；适合庭院、公园等栽种，也可植于路边、池畔或一隅。

学名/ *Magnolia denudata*

玉兰

别名：玉兰花、玉堂春
科属：木兰科木兰属

- 原产地：我国江西、浙江、湖南及贵州。
- 繁　殖：播种、高压或嫁接法。
- 花果期：花期2~3月，果期8~9月。
- 日　照：全日照。
- 温　度：生长适温16℃~28℃。
- 土　壤：喜富含腐殖质、排水良好的酸性或微碱性壤土。
- 水　分：喜湿润。

形态特征 落叶乔木，树高达25米。叶互生，宽倒卵形至倒卵形，先端圆宽平截式微凹，具短突尖，全缘。花先叶开放，单生于枝顶，直立，白色钟状，有芳香。聚合果。

应用 花大芳香，园林中可用于园路边、林缘、水岸边栽培观赏，也是优良的庭荫树种；材质优良，可用于制作家具或用于建筑工程；花含芳香油，可提取配制香精或制浸膏，花被片可食用，也可用于薰茶。

学名| *Magnolia grandiflora*

荷花玉兰

别名：广玉兰、洋玉兰
科属：木兰科木兰属

- 原产地：北美东南部。
- 繁　殖：播种、高压或嫁接法。
- 花果期：花期5~7月，果期9~10月。
- 日　照：全日照。
- 温　度：生长适温18℃~28℃。
- 土　壤：喜深厚肥沃排水良好的酸性土壤。
- 水　分：喜湿润。

形态特征 常绿乔木，株高约30米。叶厚革质，椭圆形、长圆状椭圆形或倒卵状椭圆形。叶面深绿色，具光泽。花大，白色，具芳香，花被片厚肉质，倒卵形，花形及大小似荷花。

应用 花大洁白，香气浓郁，多用作风景树种、行道树或庭荫树；具有较强抗烟尘的能力，对有害气体有较强的抗性；叶、幼枝和花可提取芳香油；叶入药治疗高血压。

学名| *Magnolia liliflora*

紫玉兰

别名：木笔、辛夷
科属：木兰科木兰属

- 原产地：中部。
- 繁　殖：播种、高压、扦插或嫁接法。
- 花果期：花期3~4月。
- 日　照：全日照。
- 温　度：生长适温15℃~25℃。
- 土　壤：喜疏松、肥沃、富含腐殖质的沙质土壤。
- 水　分：喜湿润。

形态特征 落叶大灌木或小乔木，株高达3~5米。叶椭圆形，先端渐尖，基部楔形，全缘。叶背沿叶脉有毛。花单生于枝顶，钟状，大型，外面紫色或紫红色，内面白色。聚合果。

应用 花大色艳，宜配植于建筑前庭、园路两侧，也可孤植、丛植作为行道树；树皮、叶、花蕾均可入花；花具有祛风、通窍的功效。

学名| *Magnolia mulunica*

木论木兰

科属：木兰科木兰属

花序特征
花被片，卵状椭圆形

- 原产地：我国广西。
- 繁　殖：播种、高压或嫁接法。
- 花果期：花期4~6月，果期9~10月。
- 日　照：全日照。
- 温　度：生长适温18℃~28℃。
- 土　壤：喜肥沃湿润，土层深厚的壤土。
- 水　分：喜湿润。

形态特征　常绿小乔木，株高达5米。叶厚革质，狭椭圆形，中脉在叶面上凹下。花芳香，花被片9枚，卵状椭圆形，基部密被淡黄色的平伏柔毛。

应用　大型盆栽适合厅堂或阶前摆放观赏；适于作园景树。

学名| *Magnolia liliifera*

黄花木兰

科属：木兰科木兰属

花序特征
花梗下弯，花黄色

- 原产地：马来西亚。
- 繁　殖：播种、高压或嫁接法。
- 花果期：花期全年，果期9~10月。
- 日　照：全日照。
- 温　度：生长适温20℃~32℃。
- 土　壤：喜肥沃湿润，土层深厚的壤土。
- 水　分：喜湿润。

形态特征　常绿灌木，株高达5米。叶革质，卵形或卵状。花梗下弯，花芳香，花被片9枚，花黄色。聚合果。

应用　大型盆栽适于厅堂、阶旁或大门两侧摆放；可作园景树或风景树。

学名| *Magnolia soulangeana*

二乔木兰

别名：珠沙玉兰
科属：木兰科木兰属

- 原产地：二乔木兰系玉兰和紫玉兰的杂交种。
- 繁　殖：高压、嫁接法。
- 花果期：花期4月，果期9月。
- 日　照：全日照。
- 温　度：生长适温15℃~28℃。
- 土　壤：喜疏松、肥沃的沙质土壤。
- 水　分：喜湿润，也耐旱。

形态特征 落叶小乔木，株高6~10米。单叶互生，倒卵形，先端短急尖。花钟状，花外面淡紫色，里面白色，有香气，先花后叶。聚合果。

应用 花型独特，具芳香。可用于公园、绿地和庭院等孤植、群植观赏，切花是优良的插花花材；树皮，叶、花均可提取芳香浸膏。

学名| *Magnolia stellata*

星花木兰

科属：木兰科木兰属

- 原产地：日本。
- 繁　殖：播种、高压或嫁接法。
- 花果期：花期3~4月，果期8~9月。
- 日　照：全日照。
- 温　度：生长适温15℃~25℃。
- 土　壤：喜肥沃湿润，土层深厚的壤土。
- 水　分：喜湿润、较耐旱。

形态特征 落叶灌木或小乔木。叶纸质，倒卵形至倒披针形，背面无毛或沿叶脉具柔毛。花直立，有淡香，先叶开放，花梗密被柔毛，花被片15~36枚，白色或粉红色。聚合果。

应用 盆栽适于阳台、天台或阶前美化；适合庭院、公园栽培。

学名| *Michelia alba*

白兰花

别名：白缅桂、白兰
科属：木兰科含笑属

叶片特征
叶薄革质，狭椭圆形或椭圆形

- 原产地：我国云南、西藏；印度、尼泊尔、不丹也有。
- 繁　殖：高压或嫁接。
- 花果期：花期长6~10月。
- 日　照：全光照。
- 温　度：生长适温20℃~32℃。
- 土　壤：喜排水良好、疏松、肥沃的微酸性土壤。
- 水　分：喜湿润。

形态特征　常绿乔木，株高15~20米。叶薄革质，狭椭圆形或椭圆形，先端急尖或稍钝。花腋生于近枝端，花被片淡黄色。聚合果。

应用　盆栽用于阳台、卧室、书房或庭院欣赏；公园、绿地常用作行道树或风景树；花可提取香精或用于薰茶；根皮入药，可治便秘。

学名| *Michelia crassipes*

紫花含笑

别名：粗柄含笑
科属：木兰科含笑属

花序特征
花紫红色或深紫红色

- 原产地：我国广东北部、湖南南部、广西东北部。
- 繁　殖：播种、高压或嫁接法。
- 花果期：花期4~5月，果期8~9月。
- 日　照：全光照。
- 温　度：生长适温18℃~28℃。
- 土　壤：喜疏松、肥沃、排水良好的微酸性土壤。
- 水　分：喜湿润。

形态特征　常绿小乔木或灌木，株高2~5米。叶革质，狭长圆形、倒卵形或狭卵形。花极芳香，花紫红色或深紫红色。果为聚合果。

应用　盆栽用于阳台及天台或门厅等处装饰；适合庭院及公园、小区种植欣赏。

学名| *Michelia champaca*

黄兰

别名：金玉兰、黄缅桂
科属：木兰科含笑属

- 原产地：我国西南部、南部；印度、缅甸及越南也有。
- 繁　殖：播种、高压或嫁接法。
- 花果期：花期5~8月，果期9~10月。
- 日　照：全光照。
- 温　度：生长适温20℃~32℃。
- 土　壤：喜排水良好、肥沃的微酸性土壤。
- 水　分：喜湿润。

形态特征 常绿乔木，株高可达10米。叶互生，薄革质，披针状卵形或披针状长椭圆形，全缘。花单生于叶腋，橙黄色或淡橙黄色，极香。聚合果。

应用 树形优美，花具芳香。盆栽用于阳台或植于庭院一隅观赏；公园、居民区、校园等常用于路边栽培；花可提取芳香油或用于薰茶，也可入药；叶可蒸油、也可供调制香料；木材优良，可供造船、家具等用。

学名| *Michelia figo*

含笑

别名：香蕉花、烧酒花
科属：木兰科含笑属

- 原产地：中国南方地区，现广东有野生。
- 繁　殖：播种、高压、扦插或嫁接法。
- 花果期：花期7~6月，果期9月。
- 日　照：全日照。
- 温　度：生长适温18℃~30℃。
- 土　壤：不择土壤。
- 水　分：喜湿润。

形态特征 常绿灌木，株高3~5米。单叶互生，叶椭圆形至倒卵形，革质，叶面光滑。花单生于叶腋，直立状，乳黄色或乳白色，边缘常带紫晕色。

应用 适于庭院树下、疏林旁栽培，或盆栽用于阳台、卧室等观赏；花瓣可用于薰茶，也可提取芳香油。

学名| *Michelia maudiae*

深山含笑

别名：光叶白兰
科属：木兰科含笑属

- 原产地：我国浙江、福建、湖南、广东、广西、贵州。
- 繁　殖：播种、高压或嫁接法。
- 花果期：花期3~5月，果期9~10月。
- 日　照：全光照。
- 温　度：生长适温16℃~30℃。
- 土　壤：喜深厚、疏松、肥沃而湿润的酸性沙质土。
- 水　分：喜湿润，也耐旱。

形态特征 常绿乔木，高达18~20米。叶互生，革质，全缘，长圆形或长圆状椭圆形，先端急尖，上面深绿色，有光泽，下面淡绿色，有白粉。花芳香，单生于枝梢叶腋，白色。聚合果。

应用 树形端正，枝叶茂盛，花洁白芳香，是优良的造园树种，适合作风景树、行道树或大型盆栽；花可药用和提取芳香油。

学名| *Michelia shiluensis*

石碌含笑

科属：木兰科含笑属

- 原产地：我国海南。
- 繁　殖：播种、高压或嫁接法。
- 花果期：花期3~4月，果期8~9月。
- 日　照：全日照。
- 温　度：生长适温20℃~32℃。
- 土　壤：以土层深厚、排水良好壤土为佳。
- 水　分：喜湿润。

形态特征 常绿乔木，株高可达20米。叶革质，稍坚硬，倒卵状长圆形，先端圆钝，具短尖，基部楔形或宽楔形。花芳香，乳白色，倒卵形。聚合果。

应用 冠形优美，枝繁叶茂，花洁白芳香，是优良的园景树及行道树，可列植或群植于公园、居民区等处观赏。

别名：皮袋香
科属：木兰科含笑属

学名| *Michelia yunnanensis*

云南含笑

- 原产地：我国云南。
- 繁　殖：播种、高压或嫁接法。
- 花果期：花期3~4月，果期8~9月。
- 日　照：全日照。
- 温　度：生长适温16℃~28℃。
- 土　壤：喜富含腐殖质、土层深厚、排水良好壤土。
- 水　分：喜湿润。

形态特征 常绿灌木，株高15~20米。叶革质，倒卵形或狭倒卵状椭圆形，先端圆钝或短急尖，基部楔形。花腋生，白色，具浓香。蓇葖果。

应用 花芳香，园林中常用于林缘、路边栽培，也适合庭院丛植观赏；花可提取浸膏，叶有香气，可磨粉加入面粉中食用。

别名：榻榔木
科属：木兰科盖裂木属

学名| *Talauma hodgsoni*

盖裂木

- 原产地：我国西藏；印度、不丹、尼泊尔、泰国、缅甸。
- 繁　殖：播种、高压或嫁接法。
- 花果期：花期4~5月，果期8月。
- 日　照：全日照。
- 温　度：生长适温18℃~28℃。
- 土　壤：喜肥沃、湿润及土层深厚的壤土。
- 水　分：喜湿润。

形态特征 常绿乔木，株高约15米。叶革质，倒卵状长圆形，先端钝或渐尖，基部渐狭楔形。花被片9枚，厚肉质，外轮3片卵形，背面草绿色，中轮与内轮乳白色，具芳香。聚合果。

应用 树型挺拔，花大，洁白芳香，适合作风景树及行道树，也可用于庭院栽培观赏。

学名| *Tsoongiodendron odorum*

观光木

别名：香花木、香木楠
科属：木兰科观光木属

- **原产地**：我国云南、贵州、广西、湖南、福建、广东和海南。
- **繁　殖**：播种、高压或嫁接法。
- **花果期**：花期3月，果期10~12月。
- **日　照**：全光照。
- **温　度**：生长适温18℃~28℃。
- **土　壤**：不择土壤。
- **水　分**：喜湿润，也耐旱。

形态特征 常绿乔木，株高达25米。叶互生，厚膜质，倒卵状椭圆形，顶端急尖或钝，基部楔形，上面绿色，有光泽。花单生于叶腋，芳香，淡紫红色，具红色斑点。聚合果。

应用 树冠高大，宜用作行道路两旁及庭院栽培观赏；花可提取芳香油，种子榨油，供工业用。

学名| *Woonyoungia septentrionalis*

焕镛木

别名：单性木兰
科属：木兰科焕镛木属

- **原产地**：中国西南部。
- **繁　殖**：播种、高压或嫁接法。
- **花果期**：花期5~6月，果期8~9月。
- **日　照**：全光照。
- **温　度**：生长适温18℃~28℃。
- **土　壤**：不择土壤。
- **水　分**：花白色

形态特征 常绿乔木，株高达20米。叶革质，椭圆状长圆形或倒卵状长圆形。花雌雄异株，单生枝顶，稀腋生，花白色。聚合果。

应用 株形美观，花洁白芳香，适合作风景树、行道树或庭院栽培观赏。

别名：粉花金虎属、金虎尾
科属：金虎尾科飞鸢果属

学名/ *Galphimia glauca*

金英

- 原产地：中美洲。
- 繁　殖：扦插、高压法。
- 花果期：花期夏秋季。
- 日　照：全日照或半日照。
- 温　度：生长适温22℃~28℃。
- 土　壤：喜排水良好的沙质壤土。
- 水　分：喜湿润。

形态特征 常绿灌木，株高约50~160厘米，嫩茎红色。叶片绿色，对生，椭圆形，先端尖，基部楔形，全缘。花顶生，总状花序，花冠黄色。

应用 花金黄美丽，适合公园、绿地或庭院栽培观赏，盆栽可用于阳台、天台绿化。

别名：三星果藤、三星果
科属：金虎尾科三星果属

学名/ *Tristellateia australasiae*

星果藤

- 原产地：我国台湾；马来西亚、澳大利亚及太平洋诸岛。
- 繁　殖：播种、扦插或高压。
- 花果期：花期8月，果期10月。
- 日　照：全光照。
- 温　度：生长适温22℃~30℃。
- 土　壤：喜肥沃、排水良好的沙质土壤为佳。
- 水　分：喜湿润。

形态特征 常绿木质藤本，蔓长达10米。叶对生，纸质或亚革质，卵形，先端急尖至渐尖，基部圆形至心形，全缘。总状花序顶生或腋生，花鲜黄色。翅果。

应用 花金黄，极为亮丽。盆栽适合阳台、卧室及书房装饰；适合庭院、公园等小型棚架、花架栽培观赏。

学名| *Abutilon hybrida*

观赏苘麻

别名：大风铃花
科属：锦葵科苘麻属

- 原产地：南美巴西。
- 繁　殖：扦插、高压。
- 花果期：花期5~10月。
- 日　照：全日照或半日照。
- 温　度：生长适温22℃~28℃。
- 土　壤：喜排水良好的沙质壤土。
- 水　分：喜湿润，不耐旱。

形态特征 常绿灌木，株高1~2米，叶互生，先端渐尖，基部弯缺。花腋生，花钟形，单瓣或重瓣，花冠桃红色、浅粉色、白色等。

应用 株型美观，花色清秀。盆栽可用于卧室、窗台、阳台绿化；庭院或公园、绿地等可用于布置花坛、花境。

别名：棉花葵
科属：锦葵科秋葵属

学名| *Abelmoschus manihot*

黄蜀葵

- 原产地：我国南方；印度也有。
- 繁　殖：播种。
- 花果期：花期9~10月，果期11月。
- 日　照：全日照。
- 温　度：生长适温18℃~28℃。
- 土　壤：不择土壤。
- 水　分：喜湿润，也耐旱。

形态特征 多年生草本，株高1~2米。单叶互生，纸质，卵形或近圆形，呈掌状分裂，边缘有齿牙。花单生叶腋或枝端，近总状花序，花冠淡黄色或白色，紫心。蒴果。

应用 花大美丽，可作为园林背景材料；种子可烤熟磨粉，具芳香；其种子、花、茎、叶、根均可入药，具有通淋，清热，解毒的功效。

别名：五指山参、红花马宁
科属：锦葵科秋葵属

学名| *Abelmoschus sagittifolius*

箭叶秋葵

- 原产地：我国广东、广西、贵州、云南；东南亚及澳大利亚也有。
- 繁　殖：播种。
- 花果期：花期4~9月，果期秋季。
- 日　照：全日照。
- 温　度：生长适温20℃~28℃。
- 土　壤：不择土壤。
- 水　分：喜湿润。

形态特征 多年生亚灌木草本，株高30~100厘米。叶互生，阔卵形或近圆形，基部心形或戟形，上部的叶有时为箭形。花单生于叶腋，花萼佛焰苞状，花冠红色。蒴果。

应用 花大美丽，盆栽可用于阳台、窗台或阶前装饰，也可植于路边、花坛或山石边等处观赏；种子具香气，根可入药，主治神经衰弱、头晕、腰腿痛、胃痛、腹泻。

学名| *Abutilon striatum*

金铃花

别名：纹瓣悬铃花
科属：锦葵科苘麻属

- 原产地：南美洲。
- 繁　殖：扦插、高压。
- 花果期：花期春、夏两季。
- 日　照：全日照。
- 温　度：生长适温15℃~28℃。
- 土　壤：喜肥沃、排水良好的微酸性土壤。
- 水　分：喜湿润。

形态特征 常绿灌木，株高2～3米。单叶互生，卵形，缘具粗齿，具长柄，掌状五裂，绿色。单花腋生，下垂生长，有长而细的花柄，钟形，橙红色，具红色纹脉。

应用 花型奇特，花姿优雅。盆栽可用于阳台、客厅等处装饰，或植于庭院的墙垣边观赏；适合公园、小区等丛植或片植观赏。

学名| *Althaea rosea*

蜀葵

别名：一丈红、熟季花
科属：锦葵科蜀葵属

- 原产地：亚洲各地。
- 繁　殖：播种。
- 花果期：花期5~9月，果期秋季。
- 日　照：全日照。
- 温　度：生长适温15℃~30℃。
- 土　壤：喜疏松肥沃的土壤。
- 水　分：喜湿润。

形态特征 多年生宿根草本植物，株高2～3米。叶互生，叶心脏形，基生叶片较大。花单生或近簇生于叶腋，总状花序，花色有粉红、红、紫、墨紫、白、黄、水红、乳黄、复色等，单瓣或重瓣。蒴果。

应用 习性强健，花期长，是我国著名的庭院花卉，适宜庭院、公园栽培观赏，也可植成绿篱、花墙或作背景材料；根、茎、叶、花、种子均可入药，具有清热解毒，内服治便秘、解河豚毒、利尿、治痢疾，外用治疮疡、烫伤等症；花可作食品的着色剂；茎秆可作编织纤维材料。

别名：罂粟葵
科属：锦葵科罂粟葵属

学名 *Callirhoe involucrata*

蔓锦葵

- 原产地：美国及墨西哥。
- 繁　殖：播种。
- 花果期：花期夏季，果期秋季。
- 日　照：全日照。
- 温　度：生长适温18℃~26℃。
- 土　壤：喜疏松、排水良好的沙质土壤。
- 水　分：喜湿润，也耐旱。

形态特征 蔓性草本，株高20~30厘米。单叶互生，叶掌状多裂，裂片先端尖，有粗锯齿，叶片基部深裂，叶柄长。花单生于叶腋，花萼绿色，花冠粉红色。

应用 花色艳丽，生长快，多用于路边、坡地、疏林下作地被植物。

别名：草芙蓉
科属：锦葵科木槿属

学名 *Hibiscus moscheutos*

芙蓉葵

- 原产地：美国东部。
- 繁　殖：播种、扦插、分株。
- 花果期：花期7~9月，果期秋、冬。
- 日　照：全日照或半日照。
- 温　度：生长适温18℃~26℃。
- 土　壤：喜肥沃、富含有机质的沙质土壤。
- 水　分：喜湿润。

形态特征 多年生草本，株高1~2米。单叶互生，叶卵形至卵状披针形，基部楔形至近圆形，先端尾状渐尖，边缘具锯齿。花单生于枝端叶腋间，花大型，白色、淡红和红色等，内面基部深红色。

应用 花大色艳，极美丽。盆栽适合窗台、阳台、卧室及天台装饰；园林中常用于路边、草地边缘或墙垣边片植或丛植观赏。

学名| *Hibiscus acetosella*

紫叶槿

别名：红叶槿、丽葵
科属：锦葵科木槿属

- 原产地：非洲热带。
- 繁　殖：播种、分株或扦插。
- 花果期：花期春末至夏秋季，果期秋冬。
- 日　照：全日照。
- 温　度：生长适温22℃~30℃。
- 土　壤：不择土壤。
- 水　分：喜湿润。

形态特征 常绿灌木，株高1~3米。叶互生，近紫色，轮廓近宽卵形，掌状3~5裂或深裂，裂片边缘有波状疏齿。花单生于枝条上部叶腋，花冠绯红色，有深色脉纹，中心暗紫色。蒴果。

应用 生性强健，花美丽。盆栽可用于阳台、卧室、书房或天台绿化，或植于庭院路边、窗前欣赏；适合公园、绿地等丛植观赏。

学名| *Hibiscus elatus*

高红槿

别名：大叶槿、高黄槿
科属：锦葵科木槿属

- 原产地：西印度群岛。
- 繁　殖：扦插。
- 花果期：花期秋、冬。
- 日　照：全日照。
- 温　度：生长适温20℃~28℃。
- 土　壤：不择土壤，以疏松、肥沃的沙质壤土为佳。
- 水　分：喜湿润。

形态特征 常绿乔木，株高5米左右。叶革质，阔卵状圆形，先端短渐尖，基部心形，全缘至有短齿。花单生于叶腋或数朵排成顶生的总状花序，花大，钟状，红色。

应用 株型美观，花美丽，适合公园、绿地、风景区等作风景树种或庭荫树种。

学名| *Hibiscus grewiifolius*

樟叶槿

科属：锦葵科木槿属

- 原产地：我国海南；越南、老挝、泰国、缅甸和印度尼西亚的爪哇等热带地区也有。
- 繁　殖：播种。
- 花果期：花期秋、冬，果期1~2月。
- 日　照：全日照。
- 温　度：生长适温20℃~28℃。
- 土　壤：喜疏松、肥沃的微酸性沙质壤土。
- 水　分：喜湿润。

形态特征　常绿小乔木，株高7米左右。叶纸质至近革质，卵状长圆形至椭圆状长圆形，先端短渐尖，基部钝至阔楔形，全缘，两面均平滑无毛。花大，黄色。蒴果单生于上部叶腋间。

应用　花大，金黄艳丽，适合公园、绿地等列植或孤植欣赏。

学名| *Hibiscus mutabilis*

木芙蓉

别名：芙蓉花、拒霜花
科属：锦葵科木槿属

- 原产地：我国长江流域以南；日本及东南亚各国也有栽培。
- 繁　殖：扦插、高压。
- 花果期：花期10~11月，果期12月。
- 日　照：全日照。
- 温　度：生长适温18℃~30℃。
- 土　壤：不择土壤。
- 水　分：喜湿润。

形态特征　落叶灌木或小乔木，株高2~5米。单叶互生，叶大，广卵形，三至五裂，裂片三角形，基部心形，边缘具钝锯齿。花大，单生于枝端叶腋，单瓣、重瓣或半重瓣，白色或淡红色，后变深红色。蒴果。

应用　花大色艳，是我国著名的庭院花卉，常用于公园、庭院、小区等绿化，盆栽可用于阳台、天台栽培观赏；茎皮富含纤维素，可作缆绳和纺织品；花、叶和根皮均可入药，具有清热解毒，散瘀止血、消肿排脓的功效。

学名| *Hibiscus rosa-sinensis*

扶桑

别名：朱槿、大红花
科属：锦葵科木槿属

- 原产地：我国南部。
- 繁　殖：扦插。
- 花果期：花期几乎全年。
- 日　照：全日照。
- 温　度：生长适温20℃~30℃。
- 土　壤：喜疏松湿润土壤。
- 水　分：喜湿润。

形态特征 常绿落叶灌木或小乔木。株高可达2米。叶互生，椭圆形，边缘有锯齿。花腋生，有单瓣及重瓣之分，花瓣卵形，有红、粉红、黄、橙、白、复色等多种花色。

应用 花色较多，瓣型变化大。盆栽适合客厅、阳台、卧室、书房装饰；园林中常用于池畔、路边或墙垣边栽培；茎皮纤维可搓绳索，织麻袋；根、叶、花都可入药，有清热利水、消肿解毒之效。

学名| *Hibiscus sabdariffa*

玫瑰茄

别名：洛神花
科属：锦葵科木槿属

- 原产地：东半球热带地区，现全世界热带地区均有栽培。
- 繁　殖：播种。
- 花果期：花期10月，果期秋末冬初。
- 日　照：全日照。
- 温　度：生长适温20℃~30℃。
- 土　壤：不择土壤。
- 水　分：喜湿润。

形态特征 一年生草本植物，株高1~2米。叶互生，叶矩圆形，先端钝或渐尖，基部圆形至宽楔形，边缘具锯齿。花单生于叶腋，花冠大，深黄色，花萼肉质，杯形，紫红色，蒴果。

应用 常作切花栽培，果枝是优良的插花材料；嫩叶、幼果腌渍后可食，花萼及小苞片可制果酱；花萼可提炼含有红色素的果胶，是理想的果汁、果酱等食品的染色剂；茎皮可作纤维供搓绳索用；花提取物还能调节血压、改善睡眠。

学名| *Hibiscus schizopetalus*

吊灯扶桑

别名：灯笼花、拱手花篮
科属：锦葵科木槿属

- **原产地**：东非热带。
- **繁　殖**：扦插。
- **花果期**：花期全年。
- **日　照**：全日照。
- **温　度**：生长适温20℃~30℃。
- **土　壤**：喜疏松、肥沃、排水良好的沙质壤土。
- **水　分**：喜湿润，也耐旱。

形态特征　常绿灌木，株高可达3米。叶椭圆形或长圆形，先端短尖或短渐尖，基部钝或宽楔形，边缘具齿缺。花单生于枝端叶腋间，花梗下垂，花瓣5，红色，深细裂流苏状，向上反曲，雄蕊柱长突出，下垂。蒴果。

应用　花型极为奇特，似灯笼悬挂于枝条之上，观赏性极佳。适合公园、庭院、小区等栽培观赏，也可作绿篱栽培。

学名| *Malva sinensis*

锦葵

别名：钱葵、欧锦葵
科属：锦葵科锦葵属

- **原产地**：亚洲、欧洲及北美洲。
- **繁　殖**：播种。
- **花果期**：花期6~10月，果期8~11月。
- **日　照**：全日照。
- **温　度**：生长适温15℃~25℃。
- **土　壤**：不择土壤，以沙质土壤最为适宜。
- **水　分**：喜湿润，也耐旱。

形态特征　多年生宿根草本植物，株高60~100厘米。叶互生，掌状裂。花簇生于叶腋，花冠紫红色，亦有白色。果实扁球形。

应用　用于花坛、花境或庭院栽培，也可作为背景材料，也是常见的庭院花卉；花白色的可入药。

学名| *Hibiscus tiliaceus*

黄槿

别名：糕仔树、桐花
科属：锦葵科木槿属

- 原产地：我国台湾、广东及福建；东南亚也有。
- 繁　殖：播种、扦插。
- 花果期：花期6~8月。
- 日　照：全日照。
- 温　度：生长适温22℃~30℃。
- 土　壤：不择土壤。
- 水　分：喜湿润，也耐旱。

形态特征 常绿灌木或乔木，株高4~10米。叶革质，近圆形或广卵形，先端突尖，有时短渐尖，基部心形，全缘或具不明显细圆齿。花序顶生或腋生，常数花排列成聚伞花序，花冠钟形，黄色，内面基部暗紫色。蒴果。

应用 花大而美丽，适合作海滨的防风树种，也可作行道树，列植、孤植效果均佳；树皮纤维可作绳索；嫩枝叶可作蔬菜；木材耐腐，可用于造船及家具等。

学名| *Hibiscus syriacus*

木槿

别名：朝开暮落花
科属：锦葵科木槿属

- 原产地：我国中部各省区。
- 繁　殖：扦插。
- 花果期：花期6~9月，果期9~11月。
- 日　照：全日照。
- 温　度：生长适温15℃~30℃。
- 土　壤：不择土壤。
- 水　分：喜湿润，也耐旱。

形态特征 落叶灌木或小乔木。株高3~6米。叶卵形或菱状卵形，先端尖，叶片不裂或中部以上呈3裂，裂片缺刻为圆形或尖形齿状。花单生叶腋，花冠钟状，有白、淡紫、淡红、紫红色。蒴果。

应用 花繁茂，园林中多作花篱，绿篱栽培，也可盆栽欣赏；对烟尘和有毒气体有较强的抵抗力；全株入药，具有清热止泻的功效；嫩叶、白花可食用；茎皮纤维为人造棉和造纸的优良原料。

学名| *Malvaviscus arboreus var. penduliflorus*

悬铃花

别名：南美朱槿
科属：锦葵科悬铃花属

- 原产地：墨西哥、秘鲁及巴西。
- 繁　殖：扦插。
- 花果期：花期全年。
- 日　照：全日照。
- 温　度：生长适温20℃~30℃。
- 土　壤：喜肥沃、疏松和排水良好的微酸性土壤。
- 水　分：喜湿润。

形态特征 常绿小灌木，株高1~2米。单叶互生，卵形至近圆形，先端长尖，基部广楔形至近圆形，边缘具钝齿。花单生于叶腋，红色，下垂，筒状，仅上部略开展，呈含苞状。雄蕊集合成柱状，长于花瓣。常见栽培的变种及品种有宫粉悬铃花*M. arboreus* ‘*Variegata*’、小悬铃*M. arboreus* var. *drumnondii*。

应用 盆栽可用于阳台及天台装饰，或植于庭院的墙垣边观赏；适合公园、绿地丛植、片植于草地、路边、或池畔等处。

学名/ *Pavonia intermedia*

多花孔雀葵

别名：丽红葵
科属：锦葵科

- 原产地：美洲、非洲和亚洲的热带地区。
- 繁　殖：花期由春至秋，果期秋冬。
- 花果期：花期秋、冬季。
- 日　照：全日照。
- 温　度：生长适温20℃~30℃。
- 土　壤：喜肥沃疏松的壤土或沙质壤土。
- 水　分：喜湿润，也耐旱。

形态特征　株高约50~100厘米。叶互生，下垂状，披针形，先端渐尖，边缘具细锯齿，革质，叶面具光泽。花顶生，花紫褐色，苞片鲜红色。

应用　株型小巧玲珑、花色艳丽，观赏性佳，园林中常植于路边、草地边缘、墙垣边或山石边观赏；也可用于布置居室、阳台、窗台等处。

学名/ *Lavatera trimestris*

三月花葵

别名：裂叶花葵
科属：锦葵科花葵属

- 原产地：欧洲地中海沿岸。
- 繁　殖：播种。
- 花果期：花期4~8月，果期6~9月。
- 日　照：全日照。
- 温　度：生长适温18℃~26℃。
- 土　壤：喜肥沃、疏松的壤土。
- 水　分：喜湿润、较耐旱。

形态特征　一年生草本，株高1~2米。叶肾形，上部为卵形，常3~5裂，边缘具锯齿或牙齿状。花紫色，单生于叶腋间，花瓣5枚。蒴果。

应用　花大美丽，盆栽用于阳台、卧室、窗台或书房等摆放观赏；常用于庭院路边、墙垣边或一隅栽培观赏。

别名：再力花、水莲蕉
科属：竹芋科水竹芋属

学名/ *Thalia dealbata*

水竹芋

- 原产地：墨西哥及美国东南部地区。
- 繁　殖：分株。
- 花果期：花期夏季。
- 日　照：全日照。
- 温　度：生长适温20℃~30℃。
- 土　壤：喜微碱性土壤。
- 水　分：耐水湿，多生于水中。

形态特征 多年生常绿草本，株高1~2米。叶灰绿色，长卵形或披针形，全缘，叶柄极长，近叶基部暗红色。穗状圆锥花序，小花多数，花紫红色。

应用 株型美观，叶型奇特，适于水体浅水处或水岸边种植观赏，盆栽可用于阳台、阶前等绿化。

学名| *Medinilla magnifica*

宝莲花

别名：粉苞酸脚杆
科属：野牡丹科酸脚杆属

花序特征
穗状花序，苞片粉红色

- 原产地：热带非洲和东南亚热带雨林。
- 繁　殖：高压。
- 花果期：花期4~5月。
- 日　照：全日照。
- 温　度：生长适温22℃~28℃。
- 土　壤：喜疏松肥沃，排水良好的微酸性土壤。
- 水　分：喜湿润。

形态特征 常绿小灌木，株高30～60厘米。单叶对生，叶片卵形至椭圆形，全缘无柄。穗状花序下垂，花外苞片为粉红色，花冠钟形。浆果。

应用 株型美观，花大型，极为美丽，多盆栽用于室内的客厅、卧室等装饰，也是宾馆、商场等的厅堂装饰的优良材料。

学名 *Melastoma candidum*

野牡丹

别名：山石榴
科属：野牡丹科野牡丹属

- 原产地：我国南部各省；越南、老挝、柬埔寨也有。
- 繁　殖：播种、扦插。
- 花果期：花期5~7月，果期10~12月。
- 日　照：全日照。
- 温　度：生长适温20℃~30℃。
- 土　壤：喜酸性土壤，为酸性土壤的指示植物之一。
- 水　分：喜湿润。

形态特征 多年生灌木，高0.5~1.5米。叶对生，宽卵形，基部浅心形，先端急尖，全缘，两面有毛。伞房花序，花两性，聚生于枝顶，粉红色。蒴果。栽培的变种有白花野牡丹*M. candidum var. albiflorum*。

应用 习性强健，园林中常用于路边、坡地片植或丛植观赏；全株入药，有解毒消肿、收敛止血之效。

学名 *Melastoma normale*

展毛野牡丹

别名：猪姑稔、炸腰花
科属：野牡丹科野牡丹属

- 原产地：我国西藏、四川、福建至台湾以南各省区；尼泊尔、印度、缅甸、马来西亚及菲律宾也有。
- 繁　殖：播种、扦插。
- 花果期：花期春、夏。
- 日　照：全日照或半日照。
- 温　度：生长适温20℃~30℃。
- 土　壤：不择土壤。
- 水　分：喜湿润。

形态特征 灌木，株高0.5~1米。叶片坚纸质，卵形至椭圆形或椭圆状披针形，顶端渐尖，基部圆形或近心形，全缘。伞房花序生于分枝顶端，花瓣紫红色。蒴果。

应用 花期长，习性健，适合坡地、路边等绿化；果成熟后可食用；全株入药，具有收敛的功效。

学名| *Tibouchina aspera var. asperrima*

银毛野牡丹

科属：野牡丹科野牡丹属

- 原产地：中美洲至南美洲。
- 繁　殖：播种、扦插。
- 花果期：花期夏、秋，果期秋冬。
- 日　照：全日照。
- 温　度：生长适温20℃~30℃。
- 土　壤：不择土壤。
- 水　分：喜湿润。

形态特征 常绿灌木，株高1~3米。叶对生，宽卵形，两面密被银白色绒毛，叶下较叶面密集，主脉三条。聚伞式圆锥花序顶生，花冠淡紫色。

应用 叶片密被绒毛，观赏性高，园林绿化多用于公园的园路边、坡地或山石等处，多片植。也是优良的切叶花卉，是插花的高级衬材。

学名| *Tibouchina semidecandra*

巴西野牡丹

别名：金石榴、山石榴
科属：野牡丹科绵毛木属

- 原产地：巴西。
- 繁　殖：扦插。
- 花果期：花期春季。
- 日　照：全日照。
- 温　度：生长适温20℃~30℃。
- 土　壤：不择土壤。
- 水　分：喜湿润。

形态特征 常绿小灌木，株高一般30~60厘米，也可达1米以上。叶对生，长椭圆至披针形，叶面具细茸毛，全缘，花顶生，花冠紫蓝色，中心白色。蒴果。

应用 习性强健，花色艳丽。盆栽适合阳台、窗台或天台绿化，也适合庭院路边或墙垣边绿化；园林中常用于路边、林缘丛植或片植观赏。

学名| *Tigridiopalma magnifica*

科属：野牡丹科虎颜花属

虎颜花

- 原产地：我国广东。
- 繁　殖：播种、扦插、分株。
- 花果期：花期约11月，果期3~5月。
- 日　照：半日照。
- 温　度：生长适温18℃~28℃。
- 土　壤：喜肥沃、排水良好的微酸性土壤。
- 水　分：喜湿润。

形态特征　多年生常绿草本，茎甚短，叶通常膜质，被毛，边缘具细齿，具缘毛，9基出脉，侧脉平行；具叶柄。蝎尾状聚伞花序腋生，具长花序梗，花小，紫红色。蒴果。

应用　为国家一级濒危保护植物，盆栽装饰窗台、卧室、阳台等处。

学名| *Aglaia odorata*

别名：米仔兰、碎米兰
科属：楝科米仔兰属

米兰

- 原产地：东南亚及中国南部各省区。
- 繁　殖：播种、扦插或高压。
- 花果期：花期6~10月。
- 日　照：全日照或半日照。
- 温　度：生长适温22℃~30℃。
- 土　壤：喜疏松、肥沃的微酸性土壤。
- 水　分：喜湿润。

形态特征　常绿灌木或小乔木，株高可达3米。叶互生，奇数羽状复叶，小叶3~5枚，革质，倒卵形或长圆状倒卵圆形，亮绿色。圆锥花序顶生或腋生，花小，黄色，极芳香。浆果。

应用　盆栽装饰阳台、卧室、窗台等处；常用于公园、绿地、校园或庭院栽植；米兰花可食，可用来做羹及粥，花可用于薰茶；枝、叶可入药。

学名/ *Heliconia lingulata*

扇形蝎尾蕉

科属：芭蕉科蝎尾蕉属

花序特征
黄色苞片呈螺旋排列成聚伞花序

- 原产地：墨西哥至尼加拉瓜。
- 繁　殖：分株、分根茎法。
- 花果期：花期4~12月。
- 日　照：半日照。
- 温　度：生长适温20℃~30℃。
- 土　壤：喜排水良好、肥沃、疏松的微酸性土壤。
- 水　分：喜湿润，也耐旱。

形态特征 多年生常绿丛生草本植物，株高2~3米。叶片宽椭圆形。黄色苞片呈螺旋排列成聚伞花序，顶生，直立，未完全展开呈扇形，花序轴黄色，萼片黄绿色，花瓣合生，基部淡黄色，尖端淡绿色。

应用 花序大型，观赏性佳。盆栽可用来装饰客厅、大堂及卧室等处；适合路边、林缘、水岸边及庭院中丛植或片植；为良好的切花花材。

学名| *Heliconia caribaea×H.bihai 'Richmond Red'*

科属：芭蕉科蝎尾蕉属

富红蝎尾蕉

- 原产地：园艺种。
- 繁　殖：分株、分根茎法。
- 花果期：花期4~12月。
- 日　照：半日照。
- 温　度：生长适温20℃~30℃。
- 土　壤：喜肥沃、疏松中性至微酸性土壤。
- 水　分：喜湿润。

形态特征 多年生常绿丛生植物，株高2~4米。叶狭长圆形，具长柄。花序顶生，直立，花序轴红色，苞片红色，底部紫红色，边缘至顶端有黄色狭带，尖端绿色。

应用 株型美观，花序大型，极美丽。大型盆栽可布置厅堂或阶前美化；适合公园、小区、办公场所及庭院的路边或墙垣边栽培观赏；也是切花的良好材料。

学名| *Heliconia hirsuta*

科属：芭蕉科蝎尾蕉属

翠鸟蝎尾蕉

- 原产地：美国、哥斯达黎加。
- 繁　殖：分株、分根茎法。
- 花果期：花期5~10月。
- 日　照：全日照或半日照。
- 温　度：生长适温20℃~30℃。
- 土　壤：喜疏松、肥沃、排水良好的沙质土壤。
- 水　分：喜湿润。

形态特征 多年生常绿丛生草本植物，株高1~3米。叶片披针形，叶边缘绿褐色，薄革质，光滑，叶鞘红褐色，叶柄极短或无。花序顶生，直立，小型，花序绿色，苞片基部黄绿色，中上部紫红色。花朵筒状，萼片黄色，远端绿色，具白粉。

应用 花美丽，盆栽可用于卧室、书房、客厅及阳台点缀，也是庭院墙垣边绿化的优良材料；也可用做切花花材。

学名| *Heliconia illustris*

显著蝎尾蕉

别名：挺拔蝎尾蕉
科属：芭蕉科蝎尾蕉属

- 原产地：太平洋诸岛和委内瑞拉。
- 繁　殖：分株、分根茎法。
- 花果期：花期春至夏。
- 日　照：全日照或半日照。
- 温　度：生长适温20℃~30℃。
- 土　壤：喜肥沃沙质壤土。
- 水　分：喜湿润。

形态特征 多年生常绿草本花卉，株高1~2米。叶长，主脉、侧脉粉红色，叶绿色，背面铜红色，叶柄红色。花序直立向上弯曲，苞片橙黄色带红色。

应用 叶色清新悦目，叶观赏价值高。盆栽用于客厅、阳台或卧室点缀，也适合庭院稍庇荫的地方栽培。

学名| *Heliconia latispatha*

黄苞蝎尾蕉

别名：金鸟赫蕉
科属：芭蕉科蝎尾蕉属

- 原产地：南美洲和西印度洋群岛的热带雨林中。
- 繁　殖：分株、分根茎法。
- 花果期：花期5~10月。
- 日　照：全日照或半日照。
- 温　度：生长适温20℃~30℃。
- 土　壤：喜疏松肥沃、排水良好的中性至微酸性土壤。
- 水　分：喜湿润。

形态特征 多年生常绿丛生花卉，株高1.5~2.5米。单叶互生，长椭圆状披针形，革质，有光泽，深绿色，全缘。穗状花序，顶生，直立，花序轴黄色，微曲成之字形船形，苞片金黄色，长三角形，顶端边缘带绿色。舌状花小，绿白色。

应用 花序金黄，花、叶是高档切花材料；可用于林下及庭院稍阴处绿化，大型盆栽适合阶前、厅堂及会议室摆放。

学名| *Heliconia psittacorum*

百合蝎尾蕉

科属：芭蕉科蝎属蕉属

- 原产地：哥斯达黎加。
- 繁　殖：分株、分根茎法。
- 花果期：花期5～8月。
- 日　照：全日照或半日照。
- 温　度：生长适温20℃～30℃。
- 土　壤：不择土壤。
- 水　分：喜湿润。

形态特征　多年生常绿丛生草本植物，株高1～2米。花梗灰黄色或奶油色，花序轴粉红色或淡红色，花萼片橙黄色，具蓝绿色的带状斑点，船形苞片，红色或粉红色，有绿色的尖端，基部苞片有绿色的尖端或小叶。栽培的品种有美女蝎尾蕉*H. psittacorum* 'Lady'。

应用　园林中可用于水岸边、庭院、山石旁绿化，可丛植、片植，效果均佳，盆栽可用来装饰阳台、卧室等；可用作切花花材。

学名| *Heliconia rostrata*

金嘴蝎尾蕉

别名：垂花火鸟蕉、金嘴赫蕉
科属：芭蕉科蝎尾蕉属

- 原产地：南美洲阿根廷至秘鲁一带。
- 繁　殖：分株、分根茎法。
- 花果期：花期5～10月。
- 日　照：全日照或半日照。
- 温　度：生长适温20℃～30℃。
- 土　壤：喜富含有机质的肥沃中性至微酸性土壤。
- 水　分：喜湿润，也耐旱。

形态特征　多年生丛生常绿草本花卉，株高1.5～2.5米。叶互生，直立，狭披针形或带状阔披针形，革质，有光泽，深绿色，全缘。顶生穗状花序，下垂，木质苞片互生，呈二列互生排列成串，船形，基部深红色，近顶端金黄色，舌状花两性，米黄色。

应用　花色艳丽，花姿奇特，极为美丽，是布置庭院、公园路旁、篱垣边、墙垣边的优良材料，也是高级切花材料。

学名| *Musa coccinea*

红花蕉

别名：红蕉、指天蕉
科属：芭蕉科芭蕉属

- 原产地：我国云南；越南亦有。
- 繁　殖：分株或分根、茎法。
- 花果期：花期5~10月。
- 日　照：全日照或半日照。
- 温　度：生长适温20℃~30℃。
- 土　壤：喜土层深厚、肥沃的微酸性壤土。
- 水　分：喜湿润。

形态特征 多年生常绿丛生草本植物，株高1~3米。叶互生，长椭圆形，具长柄，革质，叶面黄绿色，叶背深绿色，全缘。穗状花序顶生，直立，生于叶腋，苞片鲜红色，内面粉红色，苞梢黄色，小花黄色。浆果。

应用 花序鲜艳，园林中常用于专类园、池畔、厅前、庭院一隅栽培观赏，也是优良的切花花材。

学名| *Musella lasiocarpa*

地涌金莲

别名：地金莲、地母金莲
科属：芭蕉科地涌金莲属

- 原产地：我国云南中部。
- 繁　殖：分株、播种。
- 花果期：花期夏、秋季，果期秋冬。
- 日　照：全日照。
- 温　度：生长适温18℃~28℃。
- 土　壤：喜肥沃、疏松的沙质土壤。
- 水　分：喜湿润。

形态特征 多年生常绿草本植物，株高60~100厘米。茎丛生，叶大，粉绿色，长椭圆形，顶端锐尖。花序莲座状，直立密集，顶生或腋生，生于假茎顶部，苞片金黄色，花被呈淡紫色。浆果。

应用 花大，极为奇特。盆栽可用于布置大堂、客厅或阶前美化；园林中可植于花坛中心、假山石旁起点缀作用；茎汁可解酒醉；花入药有收敛止血功效。

别名：天堂鸟
科属：芭蕉科鹤望兰属

学名| *Strelitzia reginae*

鹤望兰

- 原产地：南非。
- 繁　殖：播种、分株。
- 花果期：花期5~11月，果期10~12月。
- 日　照：全日照。
- 温　度：生长适温22℃~30℃。
- 土　壤：喜疏松、肥沃和排水良好的土壤。
- 水　分：喜湿润。

形态特征 多年生常绿草本，株高1~2米。单叶基生，长圆状披针形，厚革质，坚硬。穗状花序顶生或腋生，总苞片绿色，边缘呈暗红色晕。花形奇特，状如仙鹤。蒴果。

应用 花型奇特，可种于花坛用于点缀，也可作盆栽，用于厅堂、会议室及居室内装饰观赏。鹤望兰为著名的切花，常在插花作品中作为主花。

别名：萝芒树
科属：紫金牛科紫金牛属

学名| *Ardisia densilepidotula*

密鳞紫金牛

- 原产地：我国海南。
- 繁　殖：播种、扦插。
- 花果期：花期6~8月，果期秋季。
- 日　照：全日照。
- 温　度：生长适温20℃~28℃。
- 土　壤：不择土壤，以肥沃、排水良好的微酸性壤土为佳。
- 水　分：喜湿润。

形态特征 小乔木，株高6~8米。叶片革质，倒披针形或倒卵形，常反折。圆锥花序顶生或近顶生，花瓣粉红色至紫红色。

应用 株型美观，花繁密。适合公园、绿地或庭院孤植、列植观赏；树皮入药，具有益气血、强筋骨的功效。

学名| *Callistemon 'King's Park'*

皇帝红千层

别名：国王红千层
科属：桃金娘科红千层属

- 原产地：澳大利亚。
- 繁　殖：扦插。
- 花果期：花期春季。
- 日　照：喜光照。
- 温　度：生长适温20℃~28℃。
- 土　壤：喜肥沃、排水良好的壤土。
- 水　分：喜湿润。

形态特征 常绿大灌木，植株高可达4米。叶互生，基部淡黄色。顶生穗状花序瓶刷状，深红色，雌雄同花。

应用 花开灿烂，鲜红醒目，花型奇特，观赏价值较高。适合庭院、公园、绿地列植或丛植观赏。

别名：垂枝红千层、瓶刷子树
科属：桃金娘科红千层属

学名 *Callistemon viminalis*

串钱柳

花序特征
穗状花序红色

- 原产地：澳大利亚。
- 繁　殖：扦插。
- 花果期：花期4~9月。
- 日　照：全日照或半日照。
- 温　度：生长适温20℃~28℃。
- 土　壤：不择土壤。
- 水　分：喜湿。

形态特征 常绿灌木或小乔木，株高2~5米。叶互生，纸质，披针形或窄线形，叶色灰绿至浓绿。穗状花序顶生，花两性，花红色。蒴果。

应用 花色鲜艳，花型优美。适作行道树、园景树。可孤植、列植、群植美化。特别适合水岸边栽培观赏，甚美观。

科属：桃金娘科红千层属

学名 *Callistemon pearsonii 'Rocky rambler'*

岩生红千层

植株特征
常绿灌木，株高约60厘米

- 原产地：澳洲。
- 繁　殖：扦插。
- 花果期：花期春季。
- 日　照：全日照。
- 温　度：生长适温20℃~30℃。
- 土　壤：不择土壤。
- 水　分：喜湿润，也耐旱。

形态特征 常绿灌木，植株低矮，多匍匐生长，高约60厘米。叶互生，纸质，披针形或窄线形。穗状花序顶生，花两性，花红色。蒴果。

应用 株型古朴，花红艳。盆栽用于阳台及天台绿化，也适合庭院的墙边、窗前及山石水景边栽培观赏。

学名 *Leptospermum spectabile*

美丽松红梅

别名：可乐河茶树
科属：桃金娘科松红梅属

花序特征
花红色或粉红色

- 原产地：澳大利亚。
- 繁　殖：扦插、高压或播种。
- 花果期：花期春季，果期夏、秋。
- 日　照：全日照。
- 温　度：生长适温18℃~25℃。
- 土　壤：不择土壤。
- 水　分：喜干燥。

形态特征 常绿灌木，最高可达3米。叶纸质，椭圆形，先端尖，基部楔形。花红色或粉红色，花心绿色，花瓣5枚。

应用 习性强健，花美丽，适合公园、庭院等路边、山石边或墙垣边栽培观赏。盆栽可用于阳台、窗台绿化。

别名：澳洲茶树
科属：桃金娘科松红梅属

学名| *Leptospermum scoparium*

松红梅

- 原产地：新西兰、澳大利亚。
- 繁　殖：扦插、高压或播种。
- 花果期：花期2~9月。
- 日　照：全日照。
- 温　度：生长适温18℃~25℃。
- 土　壤：不择土壤。
- 水　分：喜湿润，较耐旱。

形态特征 常绿小灌木，植株高约2米。叶互生，丛生状，线形或线状披针形。花有单瓣及重瓣之分，花色有红、桃红、粉红或深红色，花心多为深褐色。蒴果。

应用 开花繁茂，为近年来新兴的盆栽花卉之一。盆栽适合阳台、窗台或卧室等处点缀，或用于庭院、公园、绿地绿化。

别名：纸皮树、脱皮树
科属：桃金娘科白千层属

学名| *Melaleuca leucadendron*

白千层

- 原产地：大洋洲、印度、马来西亚。
- 繁　殖：播种、扦插。
- 花果期：花果期每年多次。
- 日　照：全日照或半日照。
- 温　度：生长适温20℃~28℃。
- 土　壤：不择土壤。
- 水　分：喜湿润，也耐旱。

形态特征 乔木，株高可达18米。叶互生，叶片革质披针形或狭长圆形，多油腺点，有香气。花白色，密集于枝顶成穗状花序，萼管卵形。蒴果。

应用 树冠椭状圆锥形，树姿优美整齐，叶浓密。主要用在庭院树、行道树及防风树，树皮及叶供药用，有镇静神经之效。

学名| *Rhodomyrtus tomentosa*

桃金娘

别名：山稔
科属：桃金娘科桃金娘属

- 原产地：我国台湾、福建、广东、云南、贵州及湖南一带；东南亚、日本等也有。
- 繁　殖：播种、压条。
- 花果期：花期4~9月。
- 日　照：全日照。
- 温　度：生长适温15℃~28℃。
- 土　壤：不择土壤，但土壤以酸性为好，为酸性土指示植物。
- 水　分：喜湿润。

形态特征 常绿小灌木，株高0.5~2米。叶对生，叶厚革质，深绿色，下面具短柔毛。聚伞花序腋生，有花1~3朵。花紫红色而带白晕，后期变为淡白色。浆果。

应用 习性强健，花繁茂，适合公园、绿地栽培；花、果、叶及枝含有腺，含多种挥发性精油，可提取医药、食品及工业用的原料及香精；花枝、果枝均可用于插花；根、叶和果入药；果成熟后可食，也可酿酒，是鸟类的天然食源。

学名| *Syzygium jambos*

蒲桃

别名：檐木、香果
科属：桃金娘科蒲桃属

- 原产地：我国台湾、福建、广东、广西、贵州、云南中南半岛；马来西亚、印度尼西亚也有。
- 繁　殖：扦插、播种。
- 花果期：花期3~4月，果期5~6月。
- 日　照：全日照。
- 温　度：生长适温22℃~30℃。
- 土　壤：不择土壤。
- 水　分：喜湿润。

形态特征 常绿乔木，株高达10米。叶片革质，披针形或长圆形，先端渐尖，基部阔楔形，叶面多透明小腺点。聚伞花序顶生，着花数朵，白色。浆果。

应用 园林中常用作风景树，可植于水岸边观赏，也可植于庭院作庭荫树种；叶及果含油腺点，可提取香精；果可食，也可用于制作饮料。

别名：澳洲黄花树
科属：桃金娘科金蒲桃属

学名/ *Xanthostemon chrysanthus*

金蒲桃

花序特征
花序
呈球状

- **原产地：** 澳大利亚昆士兰雨林中。
- **繁　殖：** 播种、高压。
- **花果期：** 花期秋季，果期冬季。
- **日　照：** 全日照。
- **温　度：** 生长适温22℃~32℃。
- **土　壤：** 不择土壤。
- **水　分：** 喜湿润。

形态特征　灌木或小乔木，株高5~10米。叶色暗绿色，具光泽，宽披针形。花簇生枝顶，金黄色，花序呈球状。

应用　株型挺拔，花簇生枝顶，金黄色，是十分优良的园林绿化树种，可孤植或群植于路边、林缘或水岸边。

学名| *Syzygium samarangense*

洋蒲桃

别名：莲雾
科属：桃金娘科蒲桃属

- 原产地：马来西亚和印度尼西亚。
- 繁　殖：扦插、播种。
- 花果期：花期3~4月开花，果期5~6月。
- 日　照：全日照。
- 温　度：生长适温22℃~30℃。
- 土　壤：不择土壤。
- 水　分：喜湿润。

形态特征 常绿乔木，株高达4~10米。单叶对生，革质，椭圆状长圆形，全缘，近无柄，深绿色，表面平滑无毛。腋生或顶生聚伞花序，小花白色。浆果。

应用 花果均美丽，供观赏，园林中可用于广场、绿地、校园、庭院作风景树和绿阴树，也适合作行道树；叶及果含油腺点，可提取香精；果可作插花的配材，也可用于制作果篮；果成熟后可食，也可盐渍或制成果酱、果汁等。

学名| *Xanthostemon youngii*

年青蒲桃

科属：桃金娘科金蒲桃属

- 原产地：澳大利亚昆士兰洲。
- 繁　殖：播种、扦插。
- 花果期：春至秋，果期秋至冬。
- 日　照：全日照。
- 温　度：生长适温18℃~28℃。
- 土　壤：不择土壤。
- 水　分：喜湿润，也耐旱。

形态特征 常绿灌木。叶革质，具光泽，椭圆形，先端尖，基部楔形，初生叶鲜红色，老叶暗绿色。花簇生，红色，花药金黄色。蒴果。

应用 花色艳丽，花期长，是公园、庭院、社区等绿化的优良材料，群植，孤植或片植景观效果均佳。

学名| *Bougainvillea spectabilis*

叶子花

别名：簕杜鹃、毛宝巾、九重葛
科属：紫茉莉科宝巾属

- 原产地：巴西。
- 繁　殖：扦插、高压或嫁接。
- 花果期：主要花期冬、春两季，南方部分地区几乎全年开花。
- 日　照：全日照。
- 温　度：生长适温20℃~32℃。
- 土　壤：不择土壤。
- 水　分：喜湿润，也耐旱。

形态特征 常绿攀缘灌木。单叶互生，卵形或卵状椭圆形，先端渐尖，基部圆形至广楔形。花顶生，常3朵簇生。苞片椭圆状卵形，基部圆形至心形，苞片有红、橙、黄、白、紫等色。

应用 苞片色泽艳丽，是极优的家庭观赏品种。盆栽可用于卧室、书房或客厅等装饰；或植于天台及庭院墙垣边绿化；公园、绿地常用于绿化篱垣、墙垣等。

学名| *Mirabilis jalapa*

紫茉莉

别名：草茉莉、胭脂花
科属：紫茉莉科紫茉莉属

- 原产地：南美热带地区。
- 繁　殖：播种、块根。
- 花果期：花期7~10月。
- 日　照：全日照或半日照。
- 温　度：生长适温22℃~30℃。
- 土　壤：喜土层深厚、疏松肥沃的壤土。
- 水　分：喜湿润。

形态特征 多年生草本花卉，株高约60~100厘米。单叶对生，三角状卵形。花数朵顶生，花冠漏斗形，边缘有波状浅裂。花色有白、黄、红、粉、紫，并有条纹或斑点状复色。坚果。

应用 习性强健，开花繁茂，为著名的庭院花卉。适合庭院公园等植于花坛、路边等处观赏；根叶可供药用，具有清热解毒，活血调经的功效。

学名| *Nuphar pumilum*

萍蓬草

别名：黄金莲、萍蓬莲
科属：睡莲科萍蓬草属

- 原产地：我国东北、华北、江浙及广东一带；俄罗斯、日本、欧洲也有。
- 繁　殖：分株、播种。
- 花果期：花果期7~8月，果期秋季。
- 日　照：全日照。
- 温　度：生长适温18℃~28℃。
- 土　壤：不择土壤，以土质肥沃略带黏性为好。
- 水　分：喜湿，多生于水中。

形态特征　多年生水生草本植物。叶二型，浮水叶，圆形至卵形，全缘。沉水叶薄而柔软。花单生于花梗顶端，花茎伸出水面，萼片黄色，花瓣状。浆果。

应用　多用于池塘水景布置，又可盆栽于庭院、建筑物、假山石前，或在居室前向阳处摆放；根状茎可食用，入药具有强壮、净血作用。

学名 *Nelumbo nucifera*

荷花

别名：莲花、芙蕖、水芙蓉
科属：睡莲科莲属

- 原产地：我国南北各省；俄罗斯、朝鲜、日本、印度及亚洲南部和大洋洲均有。
- 繁　殖：播种或用莲藕栽植。
- 花果期：花期6~9月，果期9~10月。
- 日　照：全日照。
- 温　度：生长适温22℃~32℃。
- 土　壤：喜富含有机质的肥沃黏土。
- 水　分：生活在水中。

形态特征 多年生水生植物。叶盾状圆形，表面深绿色，背面灰绿色。花单生于花梗顶端、高于水面之上，有单瓣、复瓣、重瓣等花形，花色有白、粉、深红、淡紫色或间色等变化。坚果。

应用 碗莲盆栽可用于卧室、书房的案几或窗台栽培观赏，大型盆栽可用于阶前、门厅等摆放观赏；是我国著名的食用、药用兼观赏植物；荷花适合东方式插花作品；藕、莲子、花均可食用并入药。

学名 *Nymphaea spp.*

睡莲

别名：子午莲、水芹花
科属：睡莲科睡莲属

- 原产地：广泛分布于温带及热带。
- 繁　殖：播种、分株或根茎扦插。
- 花果期：花期为5~9月，果期7~10月。
- 日　照：全日照。
- 温　度：生长适温22℃~32℃。
- 土　壤：喜肥沃的沙质壤土为佳。
- 水　分：喜湿，多生于水中。

形态特征 多年生水生花卉。叶二型，浮水叶圆形或卵形，沉水叶薄膜质，脆弱。花大型，美丽，浮在或高出水面，花瓣白色、蓝色、黄色或粉红色，多轮。浆果。

应用 睡莲常用于水体绿化、点缀，也可盆栽用来装饰居室或庭院；睡莲是优良的切花，为插花高级花材。

学名 *Victoria amazonica*

亚马逊王莲

别名：王莲
科属：睡莲科王莲属

- 原产地：南美洲热带水域。
- 繁　殖：播种。
- 花果期：花果期7~9月。
- 日　照：全日照。
- 温　度：生长适温22℃~30℃。
- 土　壤：不择土壤，以土质肥沃略带黏性为好。
- 水　分：喜湿，多生于水中。

形态特征 多年生或一年生大型浮叶草本植物。浮水叶椭圆形至圆形，叶缘上翘呈盘状，叶面绿色略带微红，有皱褶，背面紫红色，具刺。花单生，常伸出水面开放，初开白色，后变为淡红色至深红色，有香气。浆果。

应用 叶大，形态奇特，可用于公园、风景区的水体绿化，也适合与其他水生植物配植。

学名 *Victoria cruziana*

克鲁兹王莲

科属：睡莲科王莲属

- 原产地：巴拉圭。
- 繁　殖：播种。
- 花果期：花果期7~10月。
- 日　照：全日照。
- 温　度：生长适温22℃~30℃。
- 土　壤：不择土壤。
- 水　分：喜湿，多生于水中。

形态特征 大型多年生水生植物。叶浮于水面，成熟叶圆形，叶缘向上反折。花单生，伸出水面，芳香，初开时白色，逐渐变为粉红色，至凋落时颜色逐渐加深。

应用 叶大型，形态奇特，适合公园、风景区的水景栽培观赏，也适合与其他挺水及浮水植物配植，形成独特的景观。

别名：米老鼠花、桂叶黄梅
科属：金莲木科金莲木属

学名| *Ochna integerrima*

金莲木

- 原产地：我国广东、广西；巴基斯坦、缅甸、泰国、马来西亚、柬埔寨和越南也有。
- 繁　殖：播种、高压。
- 花果期：花期6~9月，果期8~12月。
- 日　照：全日照。
- 温　度：生长适温20℃~30℃。
- 土　壤：不择土壤，以疏松、肥沃的微酸性壤土为佳。
- 水　分：喜湿润。

形态特征 落叶小灌木，株高0.8~1.5米。叶互生，薄纸质或近膜质，狭披针形或狭椭圆形，边缘有密而细的腺状锯齿，花序顶生，狭圆锥状；花具柄；花黄色，椭圆形。蒴果。

应用 花果奇特，观赏性佳。盆栽可用于阶前、阳台及天台绿化。适合公园、绿地等路边、墙垣边栽培观赏。

学名| *Forsythia suspensa*

连翘

别名：绶丹、黄寿丹
科属：木犀科连翘属

- 原产地：我国河北、山西、河南、陕西、湖北、四川。
- 繁　殖：扦插、高压。
- 花果期：花期4~5月，果期5~7月。
- 日　照：全日照。
- 温　度：生长适温15℃~25℃。
- 土　壤：不择土壤。
- 水　分：喜湿润，也耐干旱。

形态特征 落叶灌木，株高可达3米。单叶或3小叶，对生，卵形或椭圆状卵形，先端锐尖，基部圆形、宽楔形至楔形。花先叶开放，一至数朵，腋生，金黄色。蒴果。

应用 花色金黄，早春开放，为我国著名的庭院花卉。适宜植于公园、小区、庭院等处的溪边、池畔及假山石边，也可植成花篱观赏。

别名：谢三娘、白金银花
科属：木犀科素馨属

学名| *Jasminum elongatum*

扭肚藤

- 原产地：我国广东、广西、海南及云南；越南、缅甸及喜马拉雅一带也有。
- 繁　殖：扦插、播种。
- 花果期：花期4~12月，果期8月至翌年3月。
- 日　照：全日照。
- 温　度：生长适温18℃~28℃。
- 土　壤：不择土壤。
- 水　分：喜湿润。

形态特征　攀缘灌木，株高1~7米。叶对生，单叶，叶片纸质，卵形、狭卵状披针形，基部圆形、截形或微心形。聚伞花序密集，顶生或腋生，常着生于侧枝顶端，着花多朵。花微香，花冠白色。果长圆形或卵圆形。

应用　习性强健，易栽培，适合棚架、花架、篱垣、墙垣边栽培观赏，也可整型成灌木植于路边、水岸边等处；茎、叶入药，可治肠炎、风湿性关节炎及骨折等症。

别名：川清茉莉
科属：木犀科素馨属

学名| *Jasminum lanceolarium*

清香藤

- 原产地：我国长江流域以南各省区，陕西及甘肃有分布；印度、缅甸、越南也有。
- 繁　殖：播种、扦插。
- 花果期：花期4~10月，果期6月至翌年3月。
- 日　照：全日照。
- 温　度：生长适温18℃~28℃。
- 土　壤：不择土壤。
- 水　分：喜湿润，也耐旱。

形态特征　攀缘灌木，枝蔓长可达15米。叶对生或近对生，三出复叶，小叶椭圆形、长圆形、卵圆形、卵形或披针形，稀近圆形，先端钝、锐尖、渐尖或尾尖，基部圆形或楔形。复聚伞花序常排列成圆锥状，花冠高脚碟状，白色，芳香。果球形至椭圆形。

应用　花洁白素雅，具芳香。适合小型棚架、花架、墙边或山石旁栽培观赏。

学名| *Jasminum mesnyi*

云南黄素馨

别名：野迎春、南迎春
科属：木犀科素馨属

花序特征
花冠黄色，漏斗状

- 原产地：我国四川、贵州、云南。
- 繁　殖：扦插、分株、压条。
- 花果期：花期11月至翌年8月，果期3~5月。
- 日　照：全日照。
- 温　度：生长适温18℃~28℃。
- 土　壤：喜排水良好、肥沃的酸性沙壤土。
- 水　分：喜湿润，也耐旱。

形态特征 常绿蔓性灌木，枝长可达5米。叶对生，三出复叶或小枝基部具单叶，革质，小叶长卵形或长卵状披针形，先端钝或圆，基部楔形。花常生于叶腋，稀双生或单生于枝顶，花冠黄色，漏斗状，有单瓣及重瓣。果椭圆形。

应用 枝条长而柔弱，花色金黄，观赏性佳。盆栽适合阳台、天台或阶前绿化，或植于庭院的花坛、路边观赏；园林中应用较常见。

学名| *Jasminum nudiflorum*

迎春

别名：金腰带
科属：木犀科素馨属

花序特征
花单生，黄色

- 原产地：我国北部和西南高山。
- 繁　殖：分株、压条、扦插。
- 花果期：花期3~4月。
- 日　照：全日照或半日照。
- 温　度：生长适温15℃~24℃。
- 土　壤：不择土壤。
- 水　分：喜湿润，也耐旱。

形态特征 落叶灌木，高可达2米。叶对生，小叶卵形至矩圆形，先端急尖，全缘，边缘有短毛，叶背灰绿色。花单生，黄色，先于叶开放。

应用 多制作成盆景用于客厅或阳台观赏；公园、绿地等常用于山石边、坡地、水畔、路边栽培。

学名| *Jasminum multiflorum*

毛茉莉

科属：木犀科素馨属

- 原产地：东南亚及印度。
- 繁　殖：扦插、压条。
- 花果期：花期由春至秋。
- 日　照：全日照。
- 温　度：生长适温22℃~30℃。
- 土　壤：不择土壤，以疏松肥沃的土壤为佳。
- 水　分：喜湿润。

形态特征　直立或攀缘性灌木，株高2~5米。单叶，对生，具短柄，卵形，先端尖，基部圆形或心脏形。复聚伞花序，顶生，高脚碟状，花冠裂片长椭圆形，先端尖，花白色，通常复瓣，具芳香。

应用　毛茉莉花朵洁白、馨香。盆栽用于阳台、卧室、书房等装饰；公园、绿地可用于坡地、林缘或路边栽培观赏；鲜花可以用来提炼香精，可用来窨制茉莉花茶。

学名| *Jasminum sambac*

茉莉花

别名：茉莉、末利花
科属：木犀科素馨属

- 原产地：印度、巴基斯坦、伊朗等国。
- 繁　殖：扦插、压条。
- 花果期：花期6~10月。
- 日　照：全日照或半日照。
- 温　度：生长适温22℃~30℃。
- 土　壤：喜富含腐殖质的微酸性沙质壤土。
- 水　分：喜湿润。

形态特征　常绿灌木或藤本，株高0.5~2米。单叶对生，全缘，椭圆形。聚伞花序顶生或腋生，花萼杯形，裂片线形，花冠白色，单瓣或重瓣，芳香。浆果。

应用　茉莉花洁白芳香，是我国常见栽培的芳香花卉。盆栽可用于阶旁、阳台、窗台、卧室装饰；园林中常用于花坛、园路边栽培，也适合与其他花灌木配植；花可提取香精或窨制茉莉花茶。

学名| *Ligustrum sinense*

山指甲

别名：小蜡树、水黄杨
科属：木犀科女贞属

- 原产地：我国长江以南各省区。
- 繁　殖：扦插、播种或高压。
- 花果期：花期5～6月，果期11月。
- 日　照：全日照。
- 温　度：生长适温15℃～28℃。
- 土　壤：不择土壤。
- 水　分：喜湿润。

形态特征 半常绿灌木，植株高达3～6米。单叶对生，叶片纸质或薄革质，叶椭圆形或卵状椭圆形，或近圆形，背面中脉有毛。圆锥花序顶生或腋生，塔形，花冠白色。浆果。

应用 习性强健，生长快，花洁白，具芳香，适合路边、林缘、草地等处丛植、片植观赏，也可作绿篱、绿墙。

学名| *Osmanthus fragrans*

桂花

别名：木犀、金桂、岩桂
科属：木犀科木犀属

花序特征
花簇生于叶腋

- **原产地**：我国西南和中部。
- **繁　殖**：高压、扦插。
- **花果期**：花期9~10月。
- **日　照**：全日照。
- **温　度**：生长适温15℃~26℃。
- **土　壤**：喜土层深厚、排水良好，富含腐殖质的偏酸性沙质土壤。
- **水　分**：喜湿润。

形态特征 常绿灌木或乔木，高可达10米。叶对生，革质，椭圆形或长椭圆形，幼叶边缘有锯齿。花簇生于叶腋，花小，花有乳白、黄、橙红等色，香气极浓。

应用 为我国十大名花之一，花香馥郁，为常见栽培的芳香花卉。盆栽可用于阳台、卧室、书房及大型厅堂摆放观赏；园林中应用广泛；花是名贵香料，花可食用。

学名| *Syringa ×chinensis*

什锦丁香

科属：木犀科丁香属

花序特征
圆锥花序直立

- **原产地**：欧洲。
- **繁　殖**：分株、压条、嫁接、扦插。
- **花果期**：花期5月。
- **日　照**：全日照。
- **温　度**：生长适温15℃~25℃。
- **土　壤**：喜排水良好肥沃土壤。
- **水　分**：喜湿润，也耐旱。

形态特征 什锦丁香为红丁香和花叶丁香的杂交种。落叶灌木，株高3~6米。叶片卵状披针形，先端锐尖至渐尖，基部楔形至近圆形。圆锥花序直立，淡紫色或粉红色，具香气。

应用 花香浓郁，适合植于路边、草坪边缘、池畔或山石边欣赏，也适合植于庭院观赏。

学名| *Syringa laciniata*

裂叶丁香

花序特征
叶片大部分羽状深裂

别名：羽裂丁香
科属：木犀科丁香属

- 原产地：我国甘肃、青海、四川西部及西藏。
- 繁　殖：分株、压条、嫁接、扦插。
- 花果期：花期春季，果期夏季。
- 日　照：全日照。
- 温　度：生长适温15℃~25℃。
- 土　壤：不择土壤。
- 水　分：喜湿润，也耐旱。

形态特征 落叶灌木，株高可达2米。叶片大部分羽状深裂。圆锥花序侧生，花冠淡紫色，花药黄色。蒴果。

应用 花繁色艳，叶型奇特，适合公园、庭院等丛植于草坪、水边或一隅观赏。

学名| *Syringa oblata*

华北紫丁香

花序特征
圆锥花序，花冠高脚碟状

别名：丁香、紫丁香
科属：木犀科丁香属

- 原产地：我国华北地区；朝鲜半岛也有。
- 繁　殖：分株、压条、嫁接、扦插、播种。
- 花果期：花期4~5月，果期8~10月。
- 日　照：全日照。
- 温　度：生长适温15℃~25℃。
- 土　壤：不择土壤。
- 水　分：喜湿润，也耐旱。

形态特征 落叶小乔木或灌木，高可达4~5米。单叶对生，椭圆形或圆卵形，前端锐尖，基部心脏形，薄革质或厚纸质，全缘。圆锥花序，花冠高脚碟状，花暗紫色，有芳香。果实椭圆形。栽培变种有白丁香*S. oblata var. alba*。

应用 习性强健，花香馥郁，是春季优良的观花灌木。适合庭院及建筑物前丛植，或散植于道路两旁。

别名：花叶丁香
科属：木犀科丁香属

学名/ *Syringa persica*

波斯丁香

- 原产地：中亚、西亚、地中海地区至欧洲。
- 繁　殖：播种、分株、压条、嫁接、扦插。
- 花果期：花期5月，果期8~9月。
- 日　照：全日照。
- 温　度：生长适温15℃~25℃。
- 土　壤：不择土壤。
- 水　分：喜湿润，也耐旱。

形态特征 落叶灌木，株高2~3米。叶披针形或矩圆状披针形，先端渐尖，全缘，有时3裂或3~7个羽状分裂，无毛。花淡紫色或白色，有香气。

应用 花朵繁多，色彩鲜艳，可用于公园、庭院绿化，宜孤植、片植；花可提制芳香油。

别名：欧丁香、洋丁香
科属：木犀科丁香属

学名/ *Syringa vulgaris*

欧洲丁香

- 原产地：欧洲东南部。
- 繁　殖：播种、分株、压条、嫁接、扦插。
- 花果期：花期4~5月，果期6~7月。
- 日　照：全日照。
- 温　度：生长适温15℃~25℃。
- 土　壤：不择土壤。
- 水　分：喜湿润，也耐旱。

形态特征 落叶灌木或小乔木，株高5~7米。叶对生，近革质，卵形或长卵形，先端渐尖，基部心形，截形或宽楔形，全缘。圆锥花序常由上部侧芽发出，稀顶生，花紫色，白色或紫红色，芳香，花萼钟状。蒴果。

应用 花繁茂，香味浓郁，适于庭院、屋旁、公园等孤植、丛植于路边、草坪、角隅、林缘等处观赏。

学名/ *Epilobium angustifolium*

柳兰

科属：柳叶菜科柳叶菜属

- 原产地：我国东北、华北、西北及西南；欧洲、小亚细亚经喜马拉雅至日本，高加索经西伯利亚东至蒙古、朝鲜半岛，以及北美等均有。
- 繁　殖：播种。
- 花果期：花期6~9月，果期8~10月。
- 日　照：全日照。
- 温　度：生长适温15℃~25℃。
- 土　壤：不择土壤。
- 水　分：喜湿润，也耐旱。

形态特征　多年生粗壮草本，株高可达2米。叶螺旋状互生，稀近基部对生，茎下部的近膜质，披针状长圆形至倒卵形，中上部的叶近革质，线状披针形或狭披针形，先端渐狭，基部钝圆或有时宽楔形。花序总状，花萼紫红色。蒴果。

应用　习性健，花美丽，适合花坛、路边或墙垣边绿化，是火烧地的先锋植物及蜜源植物；嫩苗开水烫后可用凉菜或炒食；茎叶可作饲料。

学名| *Fuchsia hybrida*

倒挂金钟

别名：灯笼花
科属：柳叶菜科倒挂金钟属

- **原产地：** 墨西哥、秘鲁、智利和西印度群岛。
- **繁　殖：** 扦插、高压。
- **花果期：** 花期1~2月。
- **日　照：** 全日照。
- **温　度：** 生长适温15℃~22℃。
- **土　壤：** 喜富含腐殖质、疏松肥沃、排水良好的沙质壤土。
- **水　分：** 喜湿润。

形态特征 亚灌木，株高30~150厘米。叶对生或三叶轮生，卵形至卵状披针形，叶缘有锯齿，先端尖。花单生于嫩枝上部叶腋，具长梗而花朵下垂。花筒圆锥形，有粉红、紫红、杏红和白等色。

应用 花型奇特，似灯笼悬于枝条之上，极为雅致。多作盆栽用于窗台、阳台、书房或卧室等处摆放观赏。

学名| *Gaura lindheimeri*

山桃草

别名：千鸟花、白桃花
科属：柳叶菜科山桃草属

- **原产地：** 北美洲温带。
- **繁　殖：** 播种。
- **花果期：** 花期5~9月，果期秋季。
- **日　照：** 全日照。
- **温　度：** 生长适温18℃~26℃。
- **土　壤：** 不择土壤。
- **水　分：** 喜湿润。

形态特征 多年生宿根草本，株高100~150厘米。叶对生，披针形，先端尖，叶缘具波状齿，外卷。穗状花序或圆锥花序顶生，花小，白色或粉红色。

应用 花色清雅，适合公园、庭院的路边片植，也可用于花坛绿化。

学名| *Oenothera biennis*

月见草

别名：夜来香、山芝麻
科属：柳叶菜科月见草属

- 原产地：北美。
- 繁　殖：播种。
- 花果期：花期6~10月，果期秋季。
- 日　照：全日照。
- 温　度：生长适温15℃~26℃。
- 土　壤：不择土壤。
- 水　分：喜湿润，也耐旱。

形态特征 多年生草本植物，常作一、二年生花卉栽培。茎生叶互生，基生叶丛生呈莲座状，下部叶片线状倒披针形，上部叶短小，披针形至长圆形。花黄色，傍晚至夜间开放，有清香。

应用 月见草在我国多作经济作物栽培。月见草具香气，适合公园、庭院的路边、墙下栽培观赏；种子含油量高，油可食用，也可提取芳香油。

学名| *Oenothera speciosa*

美丽月见草

别名：红月见草
科属：柳叶菜科月见草属

- 原产地：美国南部。
- 繁　殖：播种、分株。
- 花果期：花期6~9月，果期秋季。
- 日　照：全日照或半日照。
- 温　度：生长适温15℃~28℃。
- 土　壤：不择土壤。
- 水　分：喜湿润。

形态特征 多年生草本植物，多作一、二年生栽培，株高50~80厘米。植株直立，枝条较软，分枝力差。叶对生，线形至线状披针形，基生叶羽裂。花白色至水粉色，具芳香。蒴果。

应用 是一种优良的草本花卉。盆栽可用于阳台、窗台等光线明亮的地方点缀；常用于庭院、公园、绿地等绿化。

别名：嘉德丽亚兰
科属：兰科卡特兰属

学名/ *Cattleya spp.*

卡特兰

- 原产地：中南美洲及西印度群岛。
- 繁　殖：分株。
- 花果期：花期因品种不同而异。
- 日　照：半日照。
- 温　度：生长适温18℃~28℃。
- 土　壤：通常用蕨根、苔藓、树皮块等作为栽培基质。
- 水　分：喜湿润。

形态特征 为多年生附生草本植物。假鳞茎呈棍棒状或圆柱状，顶部生有叶1~3枚，叶长圆形，质厚，革质。花单朵或数朵，着生于假鳞茎顶端，萼片披针形，花瓣卵圆形，边波状。

应用 卡特兰花色鲜艳，具芳香，是良好的室内观花品种，可用来装饰卧室、客厅、书房等。也是切花的优良品种。

学名| *Acanthephippium sylhetense*

台湾坛花兰

别名：坛花兰、钟馗兰
科属：兰科坛花兰属

花序特征
总状花序着花3~4朵，花坛状

- 原产地：我国台湾及云南南部；印度、缅甸、老挝、泰国、马来西亚也有。
- 繁　殖：分株。
- 花果期：花期4~7月。
- 日　照：半日照。
- 温　度：生长适合温18℃~28℃。
- 土　壤：喜疏松、肥沃的壤土。
- 水　分：喜湿润。

形态特征 假鳞茎卵状圆柱形，长达15厘米。鞘膜质，彼此套叠，宽卵形。叶2~4枚，互生于假鳞茎上端，厚纸质，长椭圆形，先端渐尖，基部收狭。花葶肉质，总状花序具3~4朵花，花白色或稻草黄色，坛状，内面中部以上具紫褐色斑点。

应用 《野生动植物濒危物种国际贸易公约》已将全部兰科植物列为国际保护植物。

学名| *Aerides rosea*

多花指甲兰

科属：兰科指甲兰属

花序特征
花瓣沿下垂的总状花序紧密排列

- 原产地：喜马拉雅山的热带地区、印度、泰国和印度尼西亚。
- 繁　殖：扦插。
- 花果期：花期春夏季。
- 日　照：全日照或半日照。
- 温　度：生长适温20℃~28℃。
- 土　壤：多用附生基质栽培。
- 水　分：喜湿润。

形态特征 多年生常绿草本，株高30~50厘米。叶坚韧，革质，排成两列。花瓣沿下垂的总状花序紧密排列，紫色或粉白色，着生有紫色斑点。

应用 花美丽，花期长，多盆栽置厅室内观赏或植于树干、山石上观赏。

学名| *Arundina graminifolia*

竹叶兰

别名：笔竹、长杆兰
科属：兰科竹叶兰属

花序特征
花粉红色或略带紫色、白色

- **原产地：** 中国、尼泊尔、印度、不丹、斯里兰卡、缅甸、越南、老挝、泰国、马来西亚、印度尼西亚及日本。
- **繁　殖：** 扦插、分株。
- **花果期：** 花果期9~11月。
- **日　照：** 全日照。
- **温　度：** 生长适温18℃~28℃。
- **土　壤：** 不择土壤。
- **水　分：** 喜湿润。

形态特征 多年生常绿草本植物。株高40~80厘米。叶线状披针形，薄革质或坚纸质。花序总状或圆锥状，具2~10朵花，每次仅开1朵，花粉红色或略带紫色或白色。蒴果。

应用 叶似竹，花美丽，园林中多植于草地边缘、墙边丛植观赏；全草入药，具有清热解毒，散瘀止痛的功效。

学名| *Bletilla striata*

白芨

别名：双肾草、紫兰
科属：兰科白芨属

花序特征
总状花序顶生

- **原产地：** 我国华东、华中、华南、西南及河北、陕西、甘肃；朝鲜半岛及日本也有。
- **繁　殖：** 分株、播种。
- **花果期：** 花期4~5月，果期6~9月。
- **日　照：** 全日照或半日照。
- **温　度：** 生长适温16℃~26℃。
- **土　壤：** 喜疏松、肥沃及排水良好的土壤。
- **水　分：** 喜湿润。

形态特征 多年生草本植物。植株高可达60厘米。叶4~6枚，狭长圆形或披针形，先端渐尖，基部收狭成鞘并抱茎。总状花序顶生，花紫红色或粉红色。蒴果。

应用 盆栽装饰阳台、窗台、卧室及书房等光线充足处；园林常片植观赏；假鳞茎可食，多用作药膳；假鳞茎入药，具补肺、止血、生肌的功效。

学名| *Cymbidium aloifolium*

纹瓣兰

科属：兰科兰属

花序特征
总状花序，花略小

- 原产地：我国贵州、广西、广东；尼泊尔、印度、斯里兰卡至印度尼西亚的爪哇均有。
- 繁　殖：分株。
- 花果期：花期4～5月，果期9月至翌年5月。
- 日　照：半日照。
- 温　度：生长适温18℃～26℃。
- 土　壤：多用水苔、树皮块、兰石栽培。
- 水　分：喜湿润。

形态特征 多年生草本植物。附生兰。叶条带形，厚革质。花葶从假鳞茎基部穿鞘而出，下垂；总状花序，花略小，稍有香气，萼片与花瓣淡黄色至奶油黄色，中央有1条栗褐色宽带和若干条纹，唇瓣白色或奶油黄色而密生栗褐色纵纹。蒴果。

应用 盆栽于室内稍荫蔽的地方，也适合庭院附石附树栽培；全草入药治疗肺热咳嗽、咽喉炎、月经不调、跌打损伤、骨折等症。

别名：杂种虎头兰、喜姆比兰
科属：兰科兰属

学名 *Cymbidium hybrida*

大花蕙兰

花序特征
每梗着花8～16朵

- **原产地**：杂交种。
- **繁　殖**：分株。
- **花果期**：花期2~3月。
- **日　照**：半日照。
- **温　度**：生长适温18℃~26℃。
- **土　壤**：喜疏松、肥沃、富含腐殖质的微酸性土壤，栽培多用蕨根、苔藓、树皮块等作为栽培基质。
- **水　分**：喜湿润。

形态特征 多年生常绿草本花卉。株高30～150厘米。叶丛生，带状，革质。花梗由假球茎抽出，每梗着花8～16朵，花色有红、黄、翠绿、白、复色等色。

应用 花美丽，花期长。盆栽于室内花架、阳台、窗台观赏，也适合办公室、会议室、宾馆的厅堂装饰欣赏。

学名| *Cycnoches chlorochilon*

天鹅兰

别名：鹅颈兰
科属：兰科天鹅兰属

花序特征
花黄绿色，具浓香

- 原产地：南美。
- 繁　殖：分株、扦插。
- 花果期：花期秋至冬。
- 日　照：半日照。
- 温　度：生长适温18℃~26℃。
- 土　壤：用木炭、树皮块、兰石等栽培。
- 水　分：喜湿润。

形态特征 多年生草本植物。株高约30厘米。叶纸质，长椭圆形，先端尖，基部楔形，绿色。花枝由茎秆上抽生而出，数朵聚生，花黄绿色，具浓香。

应用 花大美丽，多盆栽用于装饰阳台、窗台等处。

学名| *Cymbidium bicolor subsp. obtusum*

硬叶吊兰

别名：硬叶兰
科属：兰科兰属

花序特征
花白色或暗紫褐色

- 原产地：我国云南、广东。
- 繁　殖：分株。
- 花果期：花期夏季。
- 日　照：半日照。
- 温　度：生长适温18℃~26℃。
- 土　壤：多用水苔、树皮块、兰石栽培。
- 水　分：喜湿润。

形态特征 附生草本植物。叶囊生，厚而坚韧，狭线形，先端钝而有不等的二阔裂，叶脉明显，叶片与叶鞘间有明显的节。总状花序由根茎抽出，花白色或暗紫褐色。蒴果。种子粉末状。

应用 盆栽于室内稍荫庇的地方，也适合庭院附石附树栽培。

别名：吊兰花
科属：兰科石斛属

学名/*Dendrobium aphyllum*

兜唇石斛

花序特征
萼片及两侧花瓣披针形，唇瓣倒卵形

- **原产地**：我国广西、云南、贵州、四川中南半岛；尼泊尔、锡金、不丹、印度和马来西亚也有。
- **繁　殖**：扦插、分株。
- **花果期**：花期3~4月，果期6~7月。
- **日　照**：半日照。
- **温　度**：生长适温18℃~28℃。
- **土　壤**：常用蕨根、兰石、树皮块、石块、水苔等栽培。
- **水　分**：喜湿润，也耐旱。

形态特征 多年生草本植物。茎圆柱形，下垂。叶互生，长卵形，顶端渐尖，基部近圆形，边全缘。总状花序自上部茎的节上抽出，萼片披针形，顶端尖；两侧花瓣披针形，粉红色，顶端钝，唇瓣倒卵形，淡黄色，前部扩展成兜状，内面有绒毛，喉部有肋状紫色条纹。蒴果。

应用 开花繁茂，花美丽，多附生于桫椤板或附着于树干、山石上栽培观赏。

别名：紫斑石斛
科属：兰科石斛属

学名/*Dendrobium aurantiacum var.denneanum*

叠鞘石斛

花序特征
总状花序疏生2~7花

- **原产地**：我国台湾、海南、广西、云南和贵州；印度、尼泊尔、锡金、不丹、缅甸、越南、老挝、泰国也有。
- **繁　殖**：扦插、分株。
- **花果期**：花期4~6月。
- **日　照**：半日照。
- **温　度**：生长适温20℃~28℃。
- **土　壤**：常用蕨根、兰石、树皮块、石块、水苔等栽培。
- **水　分**：喜湿润，也耐旱。

形态特征 附生兰。茎直立，圆柱形，上部略弯曲。叶革质，二列，狭矩圆形或矩圆状披针形，先端略不等的二裂或近锐尖。总状花序常生于无叶茎的上端，疏生2~7花；花序柄基部具数枚圆筒状、套迭的鞘状苞片；花橘黄色，唇瓣具1个紫色斑块。

应用 多附生于桫椤板用于阳台栽培，或附着于树干、山石上栽培观赏。

学名| *Dendrobium cariniferum*

翅萼石斛

科属：兰科石斛属

- 原产地：我国云南南部；印度东北部、缅甸、泰国也有。
- 繁　殖：扦插、分株。
- 花果期：花期3~4月。
- 日　照：半日照。
- 温　度：生长适温18℃~28℃。
- 土　壤：常用蕨根、兰石、树皮块、石块、水苔等栽培。
- 水　分：喜湿润，也耐旱。

形态特征 附生植物。茎粗壮，圆柱形或略带纺锤形，具数节。叶矩圆形，下面密生黑色毛；叶鞘亦被毛。花序短，具1~2花；花白色或灰白色，但唇瓣中央橘黄色，唇盘上沿脉密生髯毛或具小鸡冠状突起。

应用 花大素雅，多附生于桫椤板栽培用于阳台装饰，或附着于树干、山石上栽培观赏。

学名| *Dendrobium chrysanthum*

束花石斛

别名：水打棒、金兰、大黄草
科属：兰科石斛属

- 原产地：我国贵州、广西、云南。
- 繁　殖：扦插、分株。
- 花果期：花期5~9月。
- 日　照：半日照。
- 温　度：生长适温18℃~28℃。
- 土　壤：常用蕨根、兰石、树皮块、石块、水苔等栽培。
- 水　分：喜湿润，也耐旱。

形态特征 茎圆柱形，近肉质，高20~145厘米。叶纸质，披针形，顶端尖。总状花序，侧生于有叶或无叶茎节上，花金黄色，肉质，有香气。唇瓣近扇形，唇盘上有2个紫色斑块，2条褶片从基部伸至中部，边缘具流苏，两面均有绒毛。

应用 多附生于桫椤板栽培用于阳台美化，或附着于树干、山石上栽培观赏。

学名| *Dendrobium densiflorum*

密花石斛

别名：黄花石斛
科属：兰科石斛属

- 原产地：我国广东、海南、广西、云南、西藏；泰国、缅甸等也有。
- 繁　殖：扦插、分株。
- 花果期：花期3~4月。
- 日　照：全日照或半日照。
- 温　度：生长适温为18℃~28℃。
- 土　壤：常用蕨根、兰石、树皮块、石块、水苔等栽培。
- 水　分：喜湿润，也耐旱。

形态特征 多年生常绿草本植物。茎丛生，棒状或近圆柱形。叶革质，矩圆状披针形，顶端急尖。总状花序顶生，下垂，密生多花，花金黄色。

应用 花朵密集，花色娇艳美丽，观赏价值很高。可置客厅、餐厅几案上，可吊悬于门厅廊沿。

学名| *Dendrobium devonianum*

齿瓣石斛

别名：大黄草、旱马棒
科属：兰科石斛属

- 原产地：我国云南、贵州、广西；不丹、印度东北部至中南半岛也有。
- 繁　殖：扦插、分株。
- 花果期：4~5月开花。
- 日　照：半日照。
- 温　度：生长适温18℃~28℃。
- 土　壤：常用蕨根、兰石、树皮块、石块、水苔等栽培。
- 水　分：喜湿润，也耐旱。

形态特征 附生多年生草本植物。茎长30~50厘米下垂。叶互生，披针形，顶端长渐尖，花期叶凋落。总状花序常具2朵花，很少具1或3朵花，花被片白色或黄白色，顶端紫色，花瓣边缘具细齿，唇瓣肾状圆形，边缘具流苏，内面被毛，在基部具2个黄色大的斑块。

应用 盆栽可用于阳台装饰，或附石附树栽培观赏。

学名| *Dendrobium fimbriatum*

流苏石斛

别名：旱马鞭、马鞭杆
科属：兰科石斛属属

- 原产地：我国广东、广西、贵州、云南。
- 繁 殖：扦插、分株。
- 花果期：花期4~5月。
- 日 照：半日照。
- 温 度：生长适温18℃~28℃。
- 土 壤：常用蕨根、兰石、树皮块、石块、水苔等栽培。
- 水 分：喜湿润，也耐旱。

形态特征 附生兰，茎直立，圆柱形，长30~150厘米。叶薄革质，二列，近于水平伸展，长椭圆形或椭圆状披针形，先端急尖或渐尖。总状花序生于无叶茎的先端，下垂，有花2~8朵，花金黄色，有香气，花瓣与萼片同形、等长，近基部有1个肾形深紫色斑块，边缘具流苏。

应用 盆栽可用于阳台观赏，或附石附树栽培观赏。

学名| *Dendrobium hancockii*

细叶石斛

科属：兰科石斛属

- 原产地：我国陕西、贵州、四川、云南。
- 繁 殖：扦插、分株。
- 花果期：花期5~6月。
- 日 照：半日照。
- 温 度：生长适温18℃~28℃。
- 土 壤：常用蕨根、兰石、树皮块、石块、水苔等栽培。
- 水 分：喜湿润，也耐旱。

形态特征 多年生附生草本，茎丛生直立，具节，高可达80厘米。叶通常3~6枚生于主茎和分枝的顶端，无柄，条形，顶端二圆裂。总状花序腋生，生花1~2朵，花黄色，下垂。花瓣近矩圆形，与萼片等长而略较宽，顶端钝；唇瓣三裂，比萼片短，中裂片比侧裂片小，近肾形，上表面密被柔毛，侧裂片半圆形。蒴果。

应用 盆栽可用于阳台点缀，或附石附树栽培观赏。

学名| *Dendrobium hybirida*

科属：兰科石斛属

春石斛

花序特征
总状花序，花大而艳丽

- **原产地：** 栽培种。
- **繁　殖：** 扦插、分株。
- **花果期：** 花期冬春季。
- **日　照：** 全日照。
- **温　度：** 生长适温18℃~30℃。
- **土　壤：** 常用蕨根、兰石、树皮块、石块、水苔等栽培。
- **水　分：** 喜湿润，也耐旱。

形态特征　多年生常绿或落叶附生草本植物。假鳞茎肉质呈竹节状。叶互生、阔披针形，叶基部有抱茎的鞘。总状花序，每序有2~5朵花、着生于每节的茎节上，花大而艳丽，萼片与花瓣同色且不易区分，花瓣与唇瓣常不同色而极富变化。

应用　花型花色绚丽多彩、易于栽培、生长周期短，多盆栽用于阳台、窗台或卧室、客厅装饰。

学名| *Dendrobium harveyanum*

苏瓣石斛

科属：兰科石斛属

- 原产地：我国云南，缅甸，泰国，越南也有。
- 繁　殖：扦插。
- 花果期：花期3~4月。
- 日　照：半日照。
- 温　度：生长适温为18℃~28℃。
- 土　壤：常用蕨根、兰石、树皮块、石块、水苔等栽培。
- 水　分：喜湿润，也耐旱。

形态特征　茎纺锤形，质地硬，通常弧形弯曲，不分枝。具节。叶革质，斜立，常2~3枚生于茎的上部，长圆形或狭卵状长圆形，先端急尖，基部收狭并具抱茎的革质鞘。总状花序纤细，下垂，疏生少数花。花金黄色，开展。

应用　盆栽适合阳台装饰，或附石附树栽培观赏。

学名| *Dendrobium jenkinsii*

小黄花石斛

科属：兰科石斛属

- 原产地：我国广西、广东。印度、不丹、缅甸、泰国、老挝也有。
- 繁　殖：分株、扦插。
- 花果期：花期4~5月。
- 日　照：半日照。
- 温　度：生长适温18℃~30℃。
- 土　壤：常用蕨根、兰石、树皮块、石块、水苔等栽培。
- 水　分：喜湿润，也耐旱。

形态特征　茎假鳞茎状，密集或丛生，多少两侧压扁状，纺锤形或卵状长圆形。叶革质，长圆形，先端钝并且微凹，基间收狭，但不下延为鞘，边缘多少波状。总状花序茎上端发出，短于或约等长于茎，具1~3朵花；花梗和子房黄绿色带淡紫色，花橘黄色。

应用　盆栽于散射光充足的地方，或附石附树栽培观赏。

学名| *Dendrobium hybrida*

秋石斛

别名：蝴蝶石斛
科属：兰科石斛属

- 原产地：栽培种。
- 繁　殖：扦插、分株。
- 花果期：花期6~8月。
- 日　照：全日照。
- 温　度：生长适温20℃~32℃。
- 土　壤：常用蕨根、兰石、树皮块、石块、水苔等栽培。
- 水　分：喜湿润。

形态特征　多年生附生草本植物，假鳞茎棒状，长达1米，叶较窄，多生茎顶，长约10厘米，长圆状披针形。花序顶生，有花4~12朵或更多，直立或稍弯曲，花有白、玫瑰红、粉红、紫等多色。

应用　盆栽装饰窗台或客厅等散射光充足的地方。为著名的切花品种。

学名| *Dendrobium loddigesii*

美花石斛

别名：粉花石斛
科属：兰科石斛属

- 原产地：我国广西、广东、海南、贵州、云南；老挝、越南也有。
- 繁　殖：分株、扦插。
- 花果期：花期4~5月。
- 日　照：半日照。
- 温　度：生长适温18℃~28℃。
- 土　壤：常用蕨根、兰石、树皮块、石块、水苔等栽培。
- 水　分：喜湿润，也耐旱。

形态特征　茎柔弱，常下垂，细圆柱形，有时分枝，具多节。叶纸质，二列，互生于整个茎上，舌形，长圆状披针形或稍斜长圆形，先端锐尖而稍钩转，基部具鞘。花白色或紫红色，每束1~2朵侧生于具叶的老茎上部，唇瓣近圆形，上面中央金黄色，周边淡紫红色，稍凹的，边缘具短流苏，两面密布短柔毛。

应用　盆栽可用于稍庇荫的阳台、窗台栽培观赏，也适合庭院附石附树栽培。

学名| *Dendrobium lindleyi*

聚石斛

科属：兰科石斛属

花序特征
花的苞片很小，花黄色

- **原产地**：我国广东、广西、云南；亚洲热带及其他地区也有。
- **繁　殖**：分株、扦插。
- **花果期**：花期5~6月。
- **日　照**：半日照。
- **温　度**：生长适温为18℃~28℃。
- **土　壤**：常用蕨根、兰石、树皮块、石块、水苔等栽培。
- **水　分**：喜湿润，也耐旱。

形态特征 茎聚生，卵状矩圆形或近纺锤形，具四棱。叶片革质，矩圆形，顶端微凹，基部具短柄。总状花序生于上部茎节上，等于或超过叶长，具2至多数花；花苞片很小，三角形；花黄色。

应用 株型小巧，花繁密，金黄艳丽，盆栽可用于窗台、阳台欣赏；附石附树栽培观赏。

学名| *Dendrobium moniliforme*

细茎石斛

别名：铜皮石斛、清水山石斛、台湾石斛
科属：兰科石斛属

- 原产地：我国陕西、甘肃、安徽、浙江、江西、福建、台湾、河南、湖南、广东、广西、贵州、四川及云南；印度、朝鲜半岛、日本也有。
- 繁　殖：分株、扦插。
- 花果期：花期3~5月。
- 日　照：半日照。
- 温　度：生长适温16℃~30℃。
- 土　壤：常用蕨根、兰石、树皮块、石块、水苔等栽培。
- 水　分：喜湿润，也耐旱。

形态特征 多年生附生草本。茎直立或下垂，圆柱形，伸长，淡紫色，近基部稍纤细，具多节，被膜质鞘。叶披针形，先端急尖。花序生于无叶的茎节上，通常具2朵花，白色至淡黄色，在唇盘上具有1条由褐红色斑点组成的窄红带。

应用 盆栽装饰卧室或客厅等处，也可附石附树栽培。

学名| *Dendrobium moschatum*

杓唇石斛

花序特征
花深黄色

科属：兰科石斛属

- 原产地：我国云南；印度、尼泊尔、不丹、缅甸、泰国、老挝、越南也有。
- 繁　殖：分株、扦插。
- 花果期：花期4~6月。
- 日　照：全日照或半日照。
- 温　度：生长适温18℃~30℃。
- 土　壤：常用蕨根、兰石、树皮块、石块、水苔等栽培。
- 水　分：喜湿润，也耐旱。

形态特征 茎粗壮，质地较硬，直立，圆柱形，不分枝，具多节。叶革质，二列，互生于茎的上部，长圆形至卵状披针形，基部具紧抱于茎的纸质鞘。总状花序，出自去年生具叶或落了叶的茎近端，下垂，疏生数朵至十余朵花，花深黄色，白天开放，晚间闭合。

应用 盆栽装饰阳台及厅堂，也可庭院附石附树栽培。

学名| *Dendrobium nobile*

金钗石斛

别名：石斛
科属：兰科石斛属

- 原产地：我国台湾、广东、香港、海南、广西、四川、贵州、云南及西藏；印度、尼泊尔、不丹、缅甸、泰国、老挝、越南也有。
- 繁　殖：分株，扦插。
- 花果期：花期4~5月。
- 日　照：半日照。
- 温　度：生长适温为18℃~28℃。
- 土　壤：常用蕨根、兰石、树皮块、石块、水苔等栽培。
- 水　分：喜湿润，也耐旱。

形态特征 茎丛生，直立，上部多回褶状，稍扁。叶近革质，矩圆形，顶端2圆裂。花期有叶或无叶；总状花序具1~4朵花，花苞片矩阵圆形，顶端略钝，花瓣椭圆形，白色带淡紫色先端，有时全体淡紫红色或唇盘上具有1个紫红色斑块。

应用 花繁密，美丽，适合盆栽用于阳台、窗台及卧室等装饰，也是附石附树栽培的良好材料；茎入药，具有滋阴清热、生津止渴的功效。

学名| *Dendrobium primulinum*

报春石斛

科属：兰科石斛属

- 原产地：我国云南；印度、尼泊尔、缅甸、泰国、老挝、越南也有。
- 繁　殖：分株、扦插。
- 花果期：花期3~4月。
- 日　照：半日照。
- 温　度：生长适温18℃~30℃。
- 土　壤：常用蕨根、兰石、树皮块、石块、水苔等栽培。
- 水　分：喜湿润，也耐旱。

形态特征 茎下垂，厚肉质，圆柱形，不分枝，具多数节。叶纸质，二列，互生于整个茎上，披针形或卵状披针形，先端钝并且不等侧二裂，基部具纸质或膜质的叶鞘。总状花序具1~3朵花，通常从落了叶的老茎上部节上发出，花苞片浅白色，膜质，萼片和花瓣淡玫瑰色。

应用 花美丽，色淡雅，盆栽用于阳台、窗台及卧室等装饰，也可附石附树栽培观赏。

学名| *Dendrobium sulcatum*

具槽石斛

科属：兰科石斛属

- 原产地：我国云南南部；印度、缅甸、泰国、老挝也有。
- 繁　殖：扦插、分株。
- 花果期：花期6月。
- 日　照：半日照。
- 温　度：生长适温18℃~28℃。
- 土　壤：常用蕨根、兰石、树皮块、石块、水苔等栽培。
- 水　分：喜湿润，也耐旱。

形态特征 茎通常直立，肉质，扁棒状，从基部向上逐渐增粗。叶纸质，数枚，互生于茎的近顶端，常斜举，长圆形，先端急尖或有时等侧2尖裂，基部稍收狭，但不下延为抱茎的鞘。总状花序从当年生具叶的茎上端发出，下垂，密生少数至多数花，花质地薄，白天张开，晚间闭合，奶黄色。

应用 花美丽，适合盆栽用于阳台、窗台及卧室等装饰，也可附石附树栽培观赏。

学名| *D. parishii ×D. superbum*

檀香石斛

别名：大麝香石斛
科属：兰科石斛属

- 原产地：杂交种。
- 繁　殖：分株、扦插。
- 花果期：花期4~5月。
- 日　照：半日照。
- 温　度：生长适温18℃~28℃。
- 土　壤：常用蕨根、兰石、树皮块、石块、水苔等栽培。
- 水　分：喜湿润，也耐旱。

形态特征 多年生附生植物，具假鳞茎，丛生，圆柱形，具节，株高可达50厘米或更高。叶披针形，花期无叶，在茎节上抽生花序，2~3朵为1束，花粉红色。具檀香味，故名。

应用 花香宜人，适合盆栽用于阳台、窗台及卧室等装饰，也可附石附树栽培观赏。

学名| *Dendrobium thyrsiflorum*

球花石斛

科属：兰科石斛属

花序特征
总状花序，下垂，花密生

- **原产地**：我国云南；印度、缅甸、泰国、老挝、越南也有。
- **繁　殖**：扦插、分株。
- **花果期**：花期4~5月。
- **日　照**：半日照。
- **温　度**：生长适温为18℃~30℃。
- **土　壤**：常用蕨根、兰石、树皮块、石块、水苔等栽培。
- **水　分**：喜湿润，也耐旱。

形态特征　多年生附生草本，茎直立或斜立，圆柱形，粗壮，基部收狭为细圆柱形，不分枝，具数节。叶3~4枚互生于茎的上端，革质，长圆形或长圆状披针形。总状花序侧生于带有叶的老茎上端，下垂，花密生，黄色，具淡香。

应用　花序美观，多盆栽用于装饰客厅、卧室、窗台等处。也可用于布置兰花专类园。

学名| *Calanthe argenteo-striata*

科属：兰科虾脊兰属

银带虾脊兰

- 原产地：我国广东、广西、云南、贵州。
- 繁　殖：分株。
- 花果期：花期4~5月。
- 日　照：半日照。
- 温　度：生长适温18℃~26℃。
- 土　壤：喜疏松透气的腐叶土或泥炭土。
- 水　分：喜湿润。

形态特征 多年生常绿草本植物。地生兰。叶上面深绿色，带5~6条银灰色的条带，椭圆形或卵状披针形，先端急尖，基部收狭为柄。花葶从叶丛中央抽出，密被短毛，总状花序具十余朵花，花白色，喉部有一黄色斑。

应用 叶色美观，花洁白，观赏性佳，可植于较荫蔽的林缘、墙边或山石边观赏，盆栽可用于窗台、阳台装饰。

学名/ *Dendrobium trigonopus*

翅梗石斛

科属：兰科石斛属

花序特征
花瓣蜡黄色，唇盘浅绿色

- 原产地：我国云南；缅甸、泰国、老挝也有。
- 繁　殖：扦插、分株。
- 花果期：花期3~4月。
- 日　照：半日照。
- 温　度：生长适温18℃~30℃。
- 土　壤：常用蕨根、兰石、树皮块、石块、水苔等栽培。
- 水　分：喜湿润，也耐旱。

形态特征 茎丛生，肉质状粗厚，呈纺锤形或有时棒状，不分枝。叶厚革质，3~4枚近顶生，长圆形，先端锐尖，基部具抱茎的短鞘。总状花序出自具叶的茎中部或近顶端，常具2朵花，花苞片肉质，卵状三角形，花下垂，不甚开展，质地厚，除唇盘稍带浅绿色外，均为蜡黄色。

应用 盆栽于阳台、窗台等处，也适合庭院附石附树栽培。

学名| *Dendrobium williamsonii*

科属：兰科石斛属

黑毛石斛

- 原产地：我国海南、广东、云南；印度、缅甸、越南也有。
- 繁　殖：扦插、分株。
- 花果期：花期4~5月。
- 日　照：半日照。
- 温　度：生长适温18℃~30℃。
- 土　壤：常用蕨根、兰石、树皮块、石块、水苔等栽培。
- 水　分：喜湿润，也耐旱。

形态特征 茎圆柱形，有时肿大呈纺锤形，不分枝，具数节。叶数枚，通常互生于茎的上部，革质，长圆形，先端钝并且不等侧二裂，基部下延为抱茎的鞘，密被黑色粗毛，尤其叶鞘。总状花序出自具叶的茎端，具1~2朵花，花苞片纸质，卵形，花开展，萼片和花瓣淡黄色或白色，唇瓣淡黄色或白色。

应用 花美丽，易栽培，适合盆栽观赏，也可附石附树栽培。

学名| *Habenaria rhodocheila*

橙黄玉凤花

别名：红唇玉凤花
科属：兰科玉凤花属

- 原产地：我国江西、福建、湖南、广东、香港、海南、广西、贵州；越南、老挝、柬埔寨、泰国、马来西亚、菲律宾也有。
- 繁　殖：播种。
- 花果期：花期7~8月，果期10~11月。
- 日　照：半日照。
- 温　度：生长适温18℃~28℃。
- 土　壤：喜疏松、肥沃的微酸性壤土。
- 水　分：喜湿润。

形态特征 多年生草本，植株高8~35厘米。块茎长圆形，肉质。叶片线状披针形至近长圆形，先端渐尖，基部抱茎。总状花序具2~10余朵花，花茎无毛，花中等大，萼片和花瓣绿色，唇瓣橙黄色、橙红色或红色。蒴果。

应用 花极美丽，适合盆栽用于装饰阳台、窗台等处。

学名| *Hygrochilus parishii*

湿唇兰

科属：兰科湿唇兰属

- 原产地：我国云南南部；印度东北部、缅甸、泰国、老挝、越南也有。
- 繁　殖：播种、分株。
- 花果期：花期6~7月，果期夏季。
- 日　照：半日照。
- 温　度：生长适温18℃~30℃。
- 土　壤：常用蕨根、兰石、树皮块、石块、水苔等栽培。
- 水　分：喜湿润、较耐旱。

形态特征 附生兰，茎粗壮，被宿存的叶鞘所包，上部具3~5枚叶。叶长圆形或倒卵状长圆形，先端不等侧2圆裂，基部通常楔形收狭，具多数平行脉，在背面中肋稍隆起。花序1~6个，花苞片大，宽卵形，萼片和花瓣黄色带暗紫色斑点，花瓣宽卵形，先端钝。

应用 盆栽于阳台、书房等处，也可植于山石或树干上欣赏。

学名| *Maxillaria tenuifolia*

科属：兰科腋唇兰属

腋唇兰

- 原产地：中南美洲。
- 繁　殖：分株。
- 花果期：花期春末至初夏。
- 日　照：半日照。
- 温　度：生长适温16℃~28℃。
- 土　壤：喜疏松、肥沃的壤土，也可用水苔、兰石栽培。
- 水　分：喜湿润。

形态特征 多年生常绿草本植物。具假鳞茎。叶线形，从鳞茎顶上抽生而出，柔软，弯垂。花梗从球茎基部抽出，花暗红色，具奶香。

应用 叶型优雅，鳞茎具光泽，花美丽，具奶香，适合盆栽用于阳台、窗台、卧室及客厅栽培欣赏。

学名| *Oncidium hybrida*

文心兰

别名：跳舞兰、瘤瓣兰、舞女兰
科属：兰科文心兰属

- 原产地：杂交种。
- 繁　殖：分株。
- 花果期：花期依品种而定，部分品种花期全年。
- 日　照：全日照或半日照。
- 温　度：生长适温15℃~25℃。
- 土　壤：用蕨根、苔藓、火山灰、树皮块、木炭等盆栽或种植床栽培。
- 水　分：喜湿润。

形态特征 多年生常绿丛生草本植物，株高20~120厘米。假鳞茎扁卵圆形，绿色，顶生1~3枚叶，椭圆状披针形。总状花序，腋生于假鳞茎基部，花朵唇瓣为黄色、白色或褐红色。花大小变化较大，部分种类具芳香。

应用 花繁叶茂，极富韵味，花期长。广泛用于盆花和切花。盆栽摆放居室、窗台、阳台等处观赏。

学名| *Paphiopedilum armeniacum*

杏黄兜兰

别名：金拖鞋兰
科属：兰科兜兰属

- 原产地：我国云南；缅甸也有。
- 繁　殖：分株。
- 花果期：花期春季。
- 日　照：半日照。
- 温　度：生长适温18℃~26℃。
- 土　壤：喜疏松、肥沃的壤土。
- 水　分：喜湿润。

形态特征 植株丛生，有细长匍匐根状茎。叶5~7片，狭矩圆形，革质，叶面有深绿色和浅绿色相间的网格斑，背面密生紫红色小斑点；花朵金黄色或杏黄色，退化雄蕊有紫红色脉纹，兜状唇瓣球形，金黄色。

应用 盆栽用于室内的书桌、案几及花架点缀。

学名| *Paphiopedilum concolor*

同色兜兰

科属：兰科兜兰属

- 原产地：我国云南、贵州、广西；缅甸、泰国、老挝、柬埔寨和越南均有。
- 繁　殖：分株。
- 花果期：花期6~8月。
- 日　照：半日照。
- 温　度：生长适温为18℃~26℃。
- 土　壤：喜疏松、肥沃的壤土。
- 水　分：喜湿润。

形态特征 地生或半附生植物，具粗短的根状茎和多少被毛的略肉质的纤维根。叶基生，二列，4~6枚，叶片狭椭圆形至椭圆状长圆形，先端钝并略不对称，上面有深浅绿色相间的网格斑，背面有极密集的紫点或几乎全成紫色。花葶直立，紫褐色，被白色短柔毛，顶端生1~2花，花大，淡黄色或稀为象牙白色，具紫色细斑点。

应用 盆栽用于稍荫蔽的阳台、窗台或案几上装饰。

学名| *Paphiopedilum hirsutissimum*

带叶兜兰

别名：柔毛拖鞋兰
科属：兰科兜兰属

- 原产地：我国贵州、广西及云南；印度、越南、老挝和泰国也有。
- 繁　殖：分株。
- 花果期：花期4~5月。
- 日　照：半日照。
- 温　度：生长适温18℃~26℃。
- 土　壤：喜疏松、肥沃的壤土。
- 水　分：喜湿润。

形态特征 地生或半附生植物。叶基生，二列，5~6枚，叶片带形，革质，先端急尖并常有2小齿，上面深绿色，背面淡绿色并略有紫色斑点。花葶直立，通常绿色并被深紫色长柔毛，基部常有长鞘，顶端生1花，花苞片宽卵形，花较大，花瓣下半部黄绿色而有浓密的紫褐色斑点，上半部玫瑰紫色并有白色晕，唇瓣淡绿黄色而有紫褐色小斑点。

应用 花大美丽，有较高的观赏价值，盆栽可用于室内的花架及案几上摆放观赏。

学名| *Paphiopedilum insigne*

美丽兜兰

别名：波瓣兜兰、香港兜兰
科属：兰科兜兰属

花序特征
花单生，花大，黄绿色，具褐色斑纹

- **原产地：** 我国云南、广西；印度、泰国也有。
- **繁　殖：** 分株。
- **花果期：** 花期10~12月。
- **日　照：** 半日照。
- **温　度：** 生长适温18℃~26℃。
- **土　壤：** 喜疏松、肥沃的壤土。
- **水　分：** 喜湿润。

形态特征 多年生常绿草本植物。叶基生，二列，5~6枚，先端钝并偶见凹缺或裂口，上面深绿色，叶背绿白色。花单生，花大，黄绿色，具褐色斑纹。

应用 盆栽可用于卧室、书房或客厅的花架或案几上摆放观赏。

学名| *Paphiopedilum malipoense*

麻栗坡兜兰

科属：兰科兜兰属

- **原产地**：我国广西、贵州和云南；越南也有。
- **繁　殖**：分株。
- **花果期**：花期12月至翌年3月。
- **日　照**：半日照。
- **温　度**：生长适温18℃~26℃。
- **土　壤**：喜疏松、肥沃的壤土，也可用附生基质栽培。
- **水　分**：喜湿润。

形态特征 地生或半附生植物，具短的根状茎。叶基生，二列，7~8枚；叶片长圆形或狭椭圆形，革质，先端急尖且稍具不对称的弯缺。花葶直立，紫色，顶端生1花，花苞片狭卵状披针形，绿色并具紫色斑点，花瓣上有紫褐色条纹或多少由斑点组成的条纹，唇瓣上有时有不甚明显的紫褐色斑点。

应用 花大美丽，适合盆栽用于案几或花架栽培观赏。

学名| *Paphiopedilum micranthum*

硬叶兜兰

别名：玉女兜兰
科属：兰科兜兰属

- **原产地**：我国云南东南部、广西、贵州；越南也有。
- **繁　殖**：分株。
- **花果期**：花期3~5月。
- **日　照**：半日照。
- **温　度**：生长适温18℃~26℃。
- **土　壤**：喜疏松、肥沃的壤土，也可用附生基质栽培。
- **水　分**：喜湿润。

形态特征 地生或半附生植物。叶基生，二列，4~5枚，叶片长圆形或舌状，坚革质，先端钝，上面有深浅绿色相间的网格斑。花葶直立，顶端具1花，苞片绿色，中萼片与花瓣通常白色而有黄色晕和淡紫红色粗脉纹，唇瓣白色至淡粉红色。

应用 盆栽用于室内散射光充足的案几或花架观赏。

学名| *Paphiopedilum parishii*

飘带兜兰

叶片特征
叶基生，二列，厚革质

科属：兰科兜兰属

- 原产地：我国云南南部；缅甸和泰国也有。
- 繁　殖：分株。
- 花果期：花期6~7月。
- 日　照：半日照。
- 温　度：生长适温16℃~26℃。
- 土　壤：可用兰石、树皮块及蕨根等栽培。
- 水　分：喜湿润。

形态特征 附生植物，较高大。叶基生，二列，5~8枚；叶片宽带形，厚革质，先端圆形或钝并有裂口或弯缺，基部收狭成叶柄状并对折而彼此互相套叠，无毛。花葶近直立，绿色。总状花序具3~5花；花苞片绿色，花较大，中萼片与合萼片奶油黄色并有绿色脉，花瓣基部至中部淡绿黄色并有栗色斑点和边缘，中部至末端近栗色，唇瓣绿色而有栗色晕，但囊内紫褐色。

应用 花大，极为美丽，有较高的观赏价值。盆栽用于室内的花架、案几等装饰。

学名| *Paphiopedilum wardii*

彩云兜兰

叶片特征
叶基生，二列，狭长圆形

科属：兰科兜兰属

- 原产地：我国云南；缅甸也有。
- 繁　殖：分株。
- 花果期：花期12月至翌年3月。
- 日　照：半日照。
- 温　度：生长适温16℃~26℃。
- 土　壤：喜疏松、肥沃的壤土，也可用附生基质栽培。
- 水　分：喜湿润。

形态特征 地生植物。叶基生，二列，3~5枚；叶片狭长圆形，先端钝的三浅裂，上面有深浅蓝绿色相间的网格斑。花葶直立紫红色，顶端生1花，花较大；中萼片与合萼片白色而有绿色粗脉纹，花瓣绿白色或淡黄绿色而有密集的暗栗色斑点或有时有紫褐色晕，唇瓣绿黄色而具暗色脉和淡褐色晕以及栗色小斑点。

应用 花大美丽，盆栽用于室内花架或案几上摆放装饰。

别名：大白芨、猴兰、鹤兰
科属：兰科鹤顶兰属

学名| *Phaius tankervilliae*

鹤顶兰

- **原产地**：我国主要分布于台湾、福建、广东、广西、海南、香港及西藏；亚洲热带、亚热带及大洋洲。
- **繁　殖**：分株、播种。
- **花果期**：花期春季。
- **日　照**：全日照或半日照。
- **温　度**：生长适温18℃~28℃。
- **土　壤**：喜排水良好、富含腐殖质的微酸性沙质壤土。
- **水　分**：喜湿润。

形态特征　多年生丛生草本植物。株高70~80厘米。叶互生，卵状披针形或阔披针形，全缘。总状花序腋生于假鳞茎基部，花被背面白色，内面暗红色，具清香。

应用　花期长，具芳香，是极好的室内盆栽花卉，可用于阳台、窗台等处栽培观赏；也适宜林下阴湿处片植。

学名| *Phalaenopsis hybrida*

蝴蝶兰

别名：蝶兰
科属：兰科蝴蝶兰属

- 原产地：栽培种。
- 繁　殖：播种。
- 花果期：花期10月至翌年6月。
- 日　照：半日照。
- 温　度：生长适温18℃~30℃。
- 土　壤：多采用水苔栽培。
- 水　分：喜湿润。

形态特征　多年生常绿草本植物，株高50~80厘米。叶互生，呈二列排布，椭圆形至矩圆形。总状花序，腋生，具分枝，着花数朵，花大，色彩丰富，有白色、粉色、紫红色、黄色、杂色等。蒴果。

应用　花期长，花色繁多，是近年来年宵花市销量最大的花卉，已成为年宵的主打产品，主要用于切花生产和盆栽观赏。盆栽适合客厅、卧室、书房等点缀装饰。

学名| *Phalaenopsis wilsonii*

华西蝴蝶兰

别名：小蝶兰、楚雄蝶兰
科属：兰科蝶兰属

- 原产地：我国广西、贵州、四川、云南及西藏。
- 繁　殖：播种。
- 花果期：花期4~7月，果期8~9月。
- 日　照：半日照。
- 温　度：生长适温18℃~26℃。
- 土　壤：多用水苔或兰石等附生基质栽培。
- 水　分：喜湿润。

形态特征　气生根发达，簇生。茎短，通常具4~5枚叶，叶稍肉质，长圆形或近椭圆形，先端钝并且一侧稍钩转，基部稍收狭并扩大为抱茎的鞘，旱季常落叶，花时无叶或具1~2枚存留的小叶。花序从茎基部发出，常1~2个，花序轴疏生2~5朵花，萼片及花瓣白色带淡粉红色的中肋或全体淡粉红色。蒴果。

应用　花小，可盆栽观赏，也可附着在树干上或山石上栽培欣赏。

科属：兰科蝴蝶兰属

学名| *Phalaenopsis mannii*

版纳蝴蝶兰

花序特征
花开展，质地厚

- 原产地：我国云南；尼泊尔、印度、缅甸、越南也有。
- 繁　殖：播种。
- 花果期：花期3~4月，果期夏季。
- 日　照：半日照。
- 温　度：生长适温18℃~28℃。
- 土　壤：多用水苔或兰石等附生基质栽培。
- 水　分：喜湿润。

形态特征 茎粗厚，具数个节。叶绿色，长圆状披针形或近长圆形，先端锐尖，基部楔形收狭并且具1个关节科鞘，花期具叶。花序1~2个，侧生于茎，疏生少数至多数花，花开展，质地厚，萼片和花瓣橘红色带紫褐色横纹斑块。

应用 用于室内案几、花架点缀，也可用于庭院附树附石栽培欣赏。

科属：兰科石仙桃属

学名| *Pholidota chinensis*

石仙桃

花序特征
总状花序，花白色或带浅黄色

- 原产地：我国浙江、福建、广东、海南、广西、贵州、云南及西藏；越南、缅甸也有。
- 繁　殖：分株、播种。
- 花果期：花期4~5月，果期9月至翌年1月。
- 日　照：半日照。
- 温　度：生长适温16℃~28℃。
- 土　壤：喜疏松、肥沃的壤土。
- 水　分：喜湿润。

形态特征 根状茎通常粗壮，匍匐。假鳞茎狭卵状长圆形。叶2枚，生于假鳞茎的顶端，鲐卵状椭圆形。花葶生于幼嫩假鳞茎顶端，总状花序常多外弯，具数朵至二十余朵花，花白色或带浅黄色。蒴果。

应用 习性强健，易栽培，盆栽可用于布置室内的案几或花架。

学名/ *Psychopsis papilio*

拟蝶唇兰

别名：魔鬼文心兰
科属：兰科拟蝶唇兰属

花序特征
似蝴蝶，褐色，具黄色斑纹或饰边

- 原产地：比拉尼达、委内瑞拉、哥伦比亚、厄瓜多尔及秘鲁。
- 繁　殖：分株。
- 花果期：花期全年。
- 日　照：全日照或半日照。
- 温　度：生长适温为18℃~28℃。
- 土　壤：多用木炭、树皮块及蕨根等栽培。
- 水　分：喜湿润。

形态特征 多年生常绿附生草本植物。叶厚革质，形似兔耳，暗绿色，具红色或紫色斑点或花纹。花茎直立，花着生于花序顶端。花似蝴蝶，褐色，具黄色斑纹或饰边，唇瓣较大，中间有一黄色大斑点。

应用 花型奇特，是近年来流行的新品种，是室内盆栽佳品。可用来装饰书桌、餐桌及茶几，也可用于办公场所的美化。

学名| *Renanthera coccinea*

火焰兰

科属：兰科火焰兰属

花序特征
花序腋生总状花序或圆锥花序多数花

- **原产地：** 我国海南、广西；缅甸、泰国、老挝及越南也有。
- **繁　殖：** 扦插。
- **花果期：** 花期5月。
- **日　照：** 全日照或半日照。
- **温　度：** 生长适温18℃~30℃。
- **土　壤：** 喜疏松透气的基质。
- **水　分：** 喜湿润。

形态特征 多年生常绿附生草本植物。茎长达1米以上。具多数密生二列的叶片，叶革质，长圆形，基部抱茎。花序腋生，总状花序或圆锥花序多数花，中心的唇瓣小，而下部的2枚花萼较大。花色多为红色、橙色。

应用 花火红艳丽，盆栽可用于室内装饰，也可附生于树干、山石上观赏，也是切花的优良材料。

学名/ *Renanthera imschootiana*

云南火焰兰

科属：兰科火焰兰属

- 原产地：我国云南；越南也有。
- 繁　殖：扦插。
- 花果期：花期5月。
- 日　照：全日照或半日照。
- 温　度：生长适温18℃~28℃。
- 土　壤：喜疏松透气的基质。
- 水　分：喜湿润。

形态特征　茎长达1米，具多数彼此紧靠而二列的叶。叶革质，长圆形，先端稍斜2圆裂，基部具抱茎的鞘。花序腋生，花序轴和花序柄纤细，长达1米，具分枝，总状花序或圆锥花序具多数花；花瓣黄色带红色斑点，狭匙形。

应用　开花繁茂，美丽，多附生于树干、廊柱上或山石上任其攀爬生长，也可盆栽用于室内观赏，也是切花的良材。

学名/ *Rhynchostylis gigantea*

海南钻喙兰

别名：狐尾兰、钻喙兰
科属：兰科钻喙兰属

- 原产地：我国海南；越南、老挝、柬埔寨、缅甸、泰国、马来西亚、新加坡、印度尼西亚也有。
- 繁　殖：分株。
- 花果期：花期1~4月，果期2~6月。
- 日　照：半日照。
- 温　度：生长适温18℃~28℃。
- 土　壤：用附生基质栽培。
- 水　分：喜湿润。

形态特征　附生兰。茎直立，粗壮，具多数二列的叶，被宿存的叶鞘所包。叶肉质，彼此紧靠，宽带状，外弯，先端钝并且不等侧2圆裂，基部具抱茎的鞘。花序腋生，下垂，密生许多花；花瓣长圆菱形，比萼片小，唇瓣肉质，深紫红色。蒴果倒卵形。

应用　花序美观，花密集，多盆栽用于阳台、窗台、客厅、卧室或案几上摆放观赏，也可附树附石栽培。

别名：盘龙参、龙抱柱、双瑚草
科属：兰科绶草属

学名| *Spiranthes sinensis*

绶草

- 原产地：我国各地；俄罗斯、蒙古、朝鲜半岛、日本、阿富汗、克什米尔地区至不丹、印度、缅甸、泰国、马来西亚、菲律宾、澳大利亚均有。
- 繁　殖：分株、播种。
- 花果期：花期7~8月，果期夏、秋。
- 日　照：全日照。
- 温　度：生长适温15℃~28℃。
- 土　壤：不择土壤。
- 水　分：喜湿润。

形态特征 多年生草本植物。植株高15~30厘米。茎短，近基部生2~5枚叶。叶片宽线形或宽线状披针形，稀狭长圆形，先端急尖或渐尖，基部收狭为抱茎的鞘。花茎直立，总状花序具多数密生的小花，呈螺旋状扭转，花小，紫红色、粉红色或白色，在花序轴上成螺旋状排生。蒴果。

应用 花型奇特，盆栽可用于窗台、阳台等处装饰；全草入药，具有益阴清热、润肺止咳、消肿散结的功效。

科属：兰科万代兰属

学名| *Vanda spp.*

万代兰

花序特征
总状花序花大或中等大

- 原产地：栽培种。
- 繁　殖：扦插、高位芽。
- 花果期：花期依种类而定。
- 日　照：全日照。
- 温　度：生长适温20℃~30℃。
- 土　壤：喜透水透气好的砖块、树蕨块作为栽培基质。
- 水　分：喜湿润。

形态特征 多年生常绿附生草本植物，本属约有40种。附生草本，茎直立或斜立，具发达气根。叶扁平，常狭带状，二列。总状花序从叶腋间抽出，斜立或近直立，疏生少数至多数花，花大或中等大，有白、黄、粉红、紫红、茶褐和天蓝等色。

应用 盆栽可用于客厅、卧室、书房等摆放观赏，也可布置专类园或附石附树栽培，还可用于切花。

学名/ *Oxalis corymbosa*

红花酢浆草

别名：大酸味草、紫红酢浆草
科属：酢浆草科酢浆草属

- 原产地：美洲热带。
- 繁　殖：分株、播种。
- 花果期：花期6~9月，果期秋季。
- 日　照：全日照或半日照。
- 温　度：生长适温20℃~28℃。
- 土　壤：不择土壤。
- 水　分：喜湿润。

形态特征 多年生直立草本植物。株高15~30厘米。叶数枚基生，掌状3小叶，小叶片圆状倒心形，先端弯缺，基部宽楔形、圆形或平截。伞房花序基生，花葶与叶柄等长或稍长，花瓣淡紫红色。

应用 习性强健，花美丽，适合公园、庭院等处的花坛、路边、林下或水岸边作地被栽培观赏；全草入药，具有清热、消肿之功效。

学名 *Averrhoa carambola*

阳桃

别名：杨桃、洋桃
科属：酢浆草科阳桃属

- 原产地：马来西亚、印度尼西亚。
- 繁　殖：播种、嫁接、压条。
- 花果期：花期4~12月，果期7~12月。
- 日　照：全日照。
- 温　度：生长适温22℃~30℃。
- 土　壤：不择土壤。
- 水　分：喜湿润，也耐旱。

形态特征 乔木，株高可达12米。奇数羽状复叶，互生，全缘，卵形或椭圆形。花小，具微香，数朵至多朵组成聚伞花序或圆锥花序，花淡紫红色。浆果。

应用 多作果树栽培，园林中常用于专类园或路边、墙垣边及一隅栽培观赏，也可大型盆栽绿化阳台、天台；果可食，也可入药，具有生津止渴的功效。根、皮、叶入药，可止痛止血。

学名 *Oxalis triangularis 'Purpurea'*

紫叶酢浆草

别名：紫叶山酢浆草
科属：酢浆草科酢浆草属

- 原产地：美洲热带地区。
- 繁　殖：分株、鳞茎的鳞片扦插。
- 花果期：花期4~12月。
- 日　照：全日照。
- 温　度：生长适温24℃~30℃。
- 土　壤：喜肥沃疏松、湿润、排水良好、富含有机质的土壤。
- 水　分：喜湿润，也耐旱。

形态特征 多年生宿根草本植物。株高约15~30厘米。叶簇生于地下鳞茎上，三出掌状复叶，小叶呈三角形，叶片初生时为玫瑰红色，成熟时紫红色。伞形花序，花白色至浅粉色。

应用 叶型奇特美丽，可作彩叶植物栽培，园林中常植于草地边缘、山石边、花坛或作地被植物，盆栽用于居室、阳台和窗台点缀。

学名| *Dicentra spectabilis*

荷包牡丹

别名：铃儿草、兔儿牡丹
科属：罂粟科荷包牡丹属

花序特征
总状花序顶生下垂，形似荷包

- 原产地：我国北部；日本、朝鲜、俄罗斯也有。
- 繁　殖：播种、分株、扦插。
- 花果期：花期4～6月，果期夏季。
- 日　照：全日照或半日照。
- 温　度：生长适温15℃～22℃。
- 土　壤：喜土层深厚、肥沃及排水良好的壤土。
- 水　分：喜湿润。

形态特征 多年生草本植物，茎高30～60厘米。叶对生，叶片轮廓为三角形，二回羽状复叶，第一回裂片具长柄。总状花序顶生下垂，形似荷包，紫红色至粉红色，稀白色。

应用 株型美观，花朵秀雅，形似荷包。盆栽用于布置庭院、阳台、窗台等处；适合公园、社区的园路、墙隅栽培；全草入药，具有镇痛、利尿、调经、和血、除风、消疮毒的功效。

学名| *Eschscholtzia californica*

花菱草

别名：金英花、人参花
科属：罂粟科花菱草属

花序特征
花单生，外缘波状

- 原产地：北美。
- 繁　殖：播种。
- 花果期：花期5月，果熟期夏、秋。
- 日　照：全日照或半日照。
- 温　度：生长适温10℃～22℃。
- 土　壤：喜深厚疏松、排水良好的土壤。
- 水　分：喜湿润。

形态特征 多年生草本植物，常作一、二年生栽培，株高30～60厘米。叶基生为主，茎上叶互生，多回三出羽状深裂，裂片线形至长圆形。单花顶生，具长梗，外缘波皱。花色有乳白、淡黄、橙、桂红、猩红、玫红、浅粉、紫褐等色。蒴果。

应用 花姿优雅，极为美丽，为我国常见的庭院植物。盆栽适合阳台、窗台等光线充足的地方养护；公园、庭院的花坛、路边常见栽培。

别名：丽春花、赛牡丹
科属：罂粟科罂粟属

学名| *Papaver rhoeas*

虞美人

- 原产地：欧洲、北非和亚洲。
- 繁　殖：播种。
- 花果期：花期5~6月，果熟期夏、秋。
- 日　照：全日照。
- 温　度：生长适温10℃~25℃
- 土　壤：喜排水良好、肥沃的沙壤土。
- 水　分：喜湿润。

形态特征 一、二年生草本植物。株高30~90厘米。叶互生，羽状深裂、裂片披针形，边缘具粗锯齿。花单生长梗上，有红、紫、粉、白等色，并有复色、镶边和斑点。

应用 花姿优雅，色彩鲜艳，是优良的花坛、花境材料，也可盆栽用于装饰阳台、窗台；全株入药，具有镇咳、止泻、镇痛、镇静等功效。

别名：鸦片、大烟
科属：罂粟科罂粟属

学名| *Papaver somniferum*

罂粟

- 原产地：南欧。
- 繁　殖：播种。
- 花果期：花期春季，果熟期夏、秋。
- 日　照：全日照。
- 温　度：生长适温18℃~26℃。
- 土　壤：喜疏松、排水良好的土壤。
- 水　分：喜湿润。

形态特征 一年生草本植物。株高30~60厘米。叶互生，心形，先端渐尖或钝，基部心形，边缘为不整齐的波状锯齿，上部叶抱茎，下部叶具短柄。花瓣大，近圆形或近扇形，边缘浅波状或各种分裂，白色、粉红色、红色至紫色。蒴果。

应用 罂粟为著名的三大毒品植物，大多数国家禁止种植，国内有部分科研单位有种植，用于科研或科普材料；种子灭活后可作调料，种子榨油可供食用。

学名| *Passiflora caerulea*

西番莲

别名：热情果、巴西果
科属：西番莲科西番莲属

花序特征
聚伞花序退化仅存1花，花大

- **原产地**：南美洲。
- **繁　殖**：扦插、压条。
- **花果期**：花期5~7月。
- **日　照**：全日照。
- **温　度**：生长适温22℃~30℃。
- **土　壤**：喜肥沃、排水良好的微酸性土壤。
- **水　分**：喜湿润，也耐旱。

形态特征 草质藤本植物。蔓长可达6米以上。叶纸质，基部心形，掌状5深裂，中间裂片卵状长圆形，两侧裂片略小。聚伞花序退化仅存1花，与卷须对生，花大，外副花冠裂片3轮，丝状，外轮与中轮裂片顶端天蓝色，中部白色，下部紫红色，内副花冠流苏状，裂片紫红色。浆果。

应用 花极美丽，盆栽适合阳台、天台美化；适合庭院、花园用于棚架、廊架、花架等栽培观赏。

学名| *Passiflora coccinea*

红花西番莲

别名：洋石榴、紫果西番莲
科属：西番莲科西番莲属

- 原产地：圭亚那。
- 繁　殖：扦插、压条法。
- 花果期：花期春至秋。
- 日　照：全日照或半日照。
- 温　度：生长适温22℃~30℃。
- 土　壤：喜疏松、排水良好的微酸性土壤。
- 水　分：喜湿润。

形态特征 多年生常绿藤本植物。蔓长可达数米。叶互生，长卵形，先端渐尖，基部心形或楔形，叶缘有不规则浅疏齿。花单生于叶腋，花瓣长披针形，先端微急尖，稍外向下垂，红色。副花冠3轮，最外轮较长，紫褐色并散布有斑点状白色，内两轮为白色，稍短。

应用 花大，极为艳丽，观赏性极佳。盆栽可用于天台、阳台绿化，或用于庭院的花架、墙垣边栽培观赏。

学名| *Passiflora cupiformis*

杯叶西番莲

别名：半截叶
科属：西番莲科西番莲属

- 原产地：我国湖北、广东、广西、四川、贵州、云南。
- 繁　殖：播种、扦插。
- 花果期：花期4月，果期9月。
- 日　照：全日照。
- 温　度：生长适温20℃~28℃。
- 土　壤：喜疏松、肥沃的微酸性壤土。
- 水　分：喜湿润。

形态特征 藤本植物。长达6米。叶坚纸质，顶端截形至深二裂，基部圆形至心形。花序与叶柄对生，其间具1纤细卷须，有5至数朵花，被棕色毛；花白色。

应用 花洁白奇特，盆栽用于美化阳台、天台；适合庭院、公园的小型棚架、花架栽培；根、叶或全草药用，有健胃、止痛、解毒、散瘀，活血、止血等功效。

学名| *Passiflora edulis*

鸡蛋果

别名：百香果、计时果
科属：西番莲科西番莲属

花序特征
聚伞花序，花白色，芳香

- 原产地：大小安的列斯群岛。
- 繁　殖：播种、扦插。
- 花果期：花期6月，果期11月。
- 日　照：全日照。
- 温　度：生长适温20℃~30℃。
- 土　壤：喜疏松、肥沃及排水良好的土壤。
- 水　分：喜湿润。

形态特征 草质藤本植物。长约6米。叶纸质，黄绿色，顶端短渐尖，基部楔形或心形，掌状三深裂。聚伞花序退化仅存1花，花白色，芳香。浆果。

应用 习性强健，生长快，适合庭院及公园、绿地的棚架、花篱栽培观赏；果可生食或作蔬菜，也可用于制作饮料，种子榨油供食用。

别名：两眼蛇、蛇眼藤
科属：西番莲科西番莲属

学名| *Passiflora moluccana var. teysmanniana*

蛇王藤

果实特征
浆果圆形

- **原产地：** 我国广东、广西及海南；老挝、越南及马来西亚也有。
- **繁　殖：** 播种、扦插。
- **花果期：** 花期1~4月，果期夏、秋。
- **日　照：** 全日照。
- **温　度：** 生长适温20℃~28℃。
- **土　壤：** 不择土壤。
- **水　分：** 喜湿润，也耐旱。

形态特征 常绿草质藤本植物。蔓长可达6米。叶革质，下面密被短绒毛，披针形、椭圆形至长椭圆形，先端钝尖或圆形，基部近心形。聚伞花序近无梗，单生于卷须与叶柄之间，花白色。浆果。

应用 叶、花、果均有较高的观赏价值，盆栽可用于阳台、卧室等装饰，或用于棚架、花架绿化。

学名| *Pittosporum tobira*

海桐

别名：山矾
科属：海桐科海桐属

花序特征
花白色或带黄绿色

- 原产地：我国长江以南沿海各省；日本及朝鲜也有。
- 繁　殖：扦插、播种。
- 花果期：花期5月，果期10月。
- 日　照：全日照或半日照。
- 温　度：生长适温15℃~28℃。
- 土　壤：不择土壤。
- 水　分：喜湿润，也耐旱。

形态特征 常绿小乔木或灌木，高达3米。单叶互生，有时在枝顶簇生，倒卵形或卵状椭圆形，先端圆钝，基部楔形，全缘，边缘反卷，厚革质。聚伞花序顶生，花白色或带黄绿色，芳香。蒴果。

应用 花洁白，叶色光亮。盆栽适合客厅、卧室、书房等装饰；公园、绿地常孤植或丛植观赏；对二氧化硫等有害气体有较强的抗性，是厂矿区绿化的良好树种；枝、叶入药，具有祛风活络、散瘀止痛的功效。

学名| *Armeria maritima*

海石竹

科属：白花丹科海石竹属

- 原产地：欧洲及美洲。
- 繁　殖：分株。
- 花果期：花期春季。
- 日　照：全日照。
- 温　度：生长适温15℃~25℃。
- 土　壤：喜疏松、肥沃的壤土。
- 水　分：喜湿润。

形态特征 多年生宿根草本植物。植株低矮，株高12厘米左右。叶线形，全缘，深绿色。头状花序顶生，花茎细，小花聚生于茎顶，呈半球状，紫红色。

应用 株型小巧，花色秀雅。盆栽可用于阳台、窗台、客厅等点缀；适合公园、绿地的路边、花坛栽培或作地被植物。

学名| *Ceratostigma willmottianum*

紫金标

别名：小蓝雪、紫金莲、对节兰、蓝花草
科属：白花丹科蓝雪花属

- 原产地：我国贵州、四川、云南、西藏。
- 繁　殖：扦插、播种。
- 花果期：花期7~12月，果渐次成熟。
- 日　照：全日照。
- 温　度：生长适温18℃~26℃。
- 土　壤：不择土壤。
- 水　分：喜湿润，较耐旱。

形态特征 灌木，株高1~1.5米。叶椭圆形至卵状椭圆形或倒披针形，顶端急尖或钝，基部楔形下延。头状聚伞花序顶生和腋生；苞片与花萼等长或稍长，具硬毛，花冠高脚碟状，花冠筒红紫色，裂片紫蓝色。蒴果。

应用 习性强健，适合公园、绿地的路边、坡地或山石边绿化；全株入药，具有通经活血、祛风除湿、散寒止痛、健脾消食的功效。

学名| *Limonium sinuatum*

勿忘我

别名：星辰花、不凋花
科属：白花丹科补血草属

- 原产地：地中海沿岸。
- 繁　殖：播种。
- 花果期：花期3~5月，果期夏季。
- 日　照：全日照。
- 温　度：生长适温18℃~26℃。
- 土　壤：喜疏松、肥沃、排水良好的微碱性土壤。
- 水　分：喜干燥。

形态特征 多年生宿根草本花卉。株高60~100厘米。叶簇生于茎基部，呈莲座状，叶宽大，羽状裂，小裂片与弯凹处圆钝，顶端裂片具刚毛。花序自基部分枝，松散的伞房状，花萼杯状，干膜质，有紫、淡紫、玫瑰粉、蓝、红、白、黄等色。蒴果。

应用 多作切花栽培，适合案几、餐桌等装饰，也是制作干花的好原料。

学名| *Plumbago indica*

红花丹

别名：紫雪花、紫花丹
科属：白花丹科白花丹属

- 原产地：热带亚洲。
- 繁　殖：扦插。
- 花果期：花期7月至翌年4月，花后蒴果渐次成熟。
- 日　照：全日照。
- 温　度：生长适温22℃~28℃。
- 土　壤：喜疏松、肥沃及排水良好的壤土。
- 水　分：喜湿润。

形态特征　直立或攀缘状亚灌木，高0.5~2米。叶纸质，长卵形或长圆状卵形，全缘，先端短尖或钝，基部阔楔形，渐狭而成短柄。穗状花序顶生，常不分枝，花冠红色。蒴果。

应用　花红艳美丽，盆栽适于阳台及窗台栽培观赏；全株或根入药，可治跌打损伤、腰腿扭伤、风湿关节疼痛，经闭、白血病、高血压等症；鲜叶可外敷疮疖、毒蛇咬伤。

学名| *Plumbago zeylanica*

白雪花

别名：白缎带花、白花丹
科属：白花丹科白花丹属

- 原产地：热带地区，我国分布于云南、四川、贵州、广西、广东、福建、台湾。
- 繁　殖：扦插。
- 花果期：花期10月至翌年3月，果期12月至翌年4月。
- 日　照：半日照。
- 温　度：生长适温22℃~28℃。
- 土　壤：喜疏松肥沃的沙质壤土。
- 水　分：喜湿润。

形态特征　常绿半灌木，株高1~3米。叶纸质，卵形至矩圆状卵形，顶端急尖至渐尖，基部宽楔形。穗状花序顶生或腋生，花冠高脚碟状，白色或蓝白色。蒴果。栽培变种有尖瓣白花丹*P. zeylanica var. oxypetala*。

应用　盆栽适合阳台、卧室及书房绿化；全株入药，可治跌打损伤、腰腿扭伤、风湿关节疼痛，经闭、白血病、高血压等症；鲜叶可外敷疮疖、毒蛇咬伤。根、叶含有毒成分，其液接触皮肤时间过长，会引起红肿、脱皮，误食后出现麻痹等现象，忌误食或药用时服用过量。

学名| *Plumbago auriculata*

蓝雪花

别名：蓝花丹、蓝茉莉
科属：白花丹科白花丹属

- 原产地：南非。
- 繁　殖：扦插。
- 花果期：花期6~9月。
- 日　照：全日照或半日照。
- 温　度：生长适温22℃~28℃。
- 土　壤：喜富含腐殖质、排水良好的沙质壤土。
- 水　分：喜湿润。

形态特征 常绿小灌木，株高1~2米。单叶互生，叶薄，全缘，短圆形或矩圆状匙形，先端钝而有小凸点，基部楔形。穗状花序顶生或腋生，花冠淡蓝色，高脚碟状。

应用 开花繁茂，花色淡雅，是极佳的观花灌木。盆栽适于阳台、窗台等摆放观赏，或植于庭院及公园的路边、墙垣边或花坛边栽培。

索引一　学名按拼音顺序索引

索 引

索引二　学名按拉丁文顺序索引

索 引

为先書系
湖南教育书店特别策划

徐晔春◎编著

观花观叶植物经典图鉴

NO.4 观花·被子植物

Guanhuaguanyezhiwu Jingdiantujian

吉林出版集团 | 吉林科学技术出版社

图书在版编目（C I P）数据

观花观叶植物经典图鉴 / 徐晔春编著. -- 长春 : 吉林科学技术出版社, 2012.3
ISBN 978-7-5384-5698-1

Ⅰ.①观… Ⅱ.①徐… Ⅲ.园林植物－观赏园艺－图集 Ⅳ. ①S68-64

中国版本图书馆CIP数据核字（2012）第033068号

观花观叶植物经典图鉴——观花·被子植物❹

编　　著　徐晔春
出 版 人　张瑛林
选题策划　张胜利
责任编辑　张胜利
图片摄影　徐晔春
封面设计　长春美印图文设计有限公司
制　　版　长春美印图文设计有限公司
开　　本　720mm×900mm　1/16
字　　数　832千字
印　　张　64
版　　次　2012年5月第1版
印　　次　2012年5月第1次印刷

出　　版　吉林出版集团
　　　　　吉林科学技术出版社
发　　行　吉林科学技术出版社
地　　址　长春市人民大街4646号
邮　　编　130021
发行部电话　0431-86037641
网　　址　www.jybooks.com.cn
印　　刷　长沙鸿发印务实业有限公司

书　　号　ISBN 978-7-5384-5698-1
定　　价　254.40元（全八册）
如有印装问题可致电0731-84314144联系调换
版权所有　翻印必究　　举报电话：0431-85635186

使用说明

ShiyongShuoming

检索功能

JiansuoGongneng

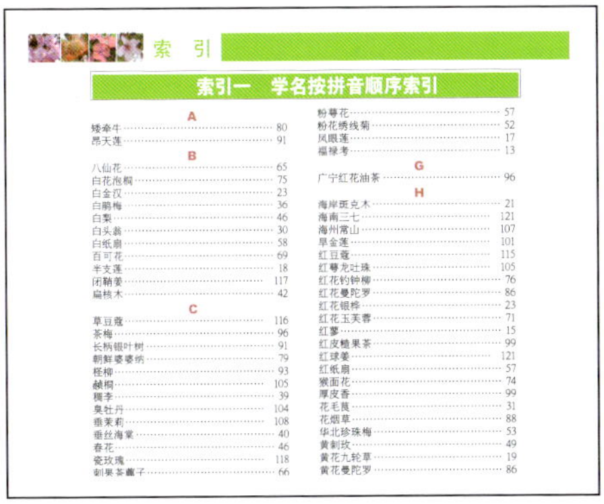

水 分

湿 土壤潮湿，含水量高，用手挤压土壤有水分流出。

喜湿 盆土需要始终处于湿润状态，保持土壤表面湿润。

湿润 土壤含水量较高，可挤压出各种形状，无水分流出。

喜湿润 在生长季节，宜保持土壤湿润，表面1~2厘米干后浇一次透水，浇水掌握间干间湿的原则。

喜干燥 在生长季节（部分植物为春、秋生长，夏、冬休眠，也有春、夏、秋季生长，冬季休眠，也有秋、冬、春三季生长，夏季眠），盆土水分基本干透后浇一次透水，大多数这类植物冬季停止浇水。浇水掌握干透浇透的原则。土壤水分含量低，挤压后不能成形。

生活在水中 土壤水分达到饱和状态，植物叶片浮于水面或挺出水面，植株不能离开水，部分植物整株浮于水面生活。不能离开水。

稍耐旱 土壤上层干燥，底层湿润，上层土壤挤压后不能成形，下层土壤可挤压成形，无水分流出。

耐旱 土壤中上层干燥，底层湿润，中上层土壤挤压后不能成形，下层土壤可挤压成形，无水分流出。

日 照

全日照 在全光照下养护，在室内放在阳光充足的地方，如窗台、阳台等处。

半日照 在春、夏、秋季阳光强烈时，早上晚上接受全光照，中午要遮阴。冬季可接受全光照，当然，我国幅员辽阔，各地需根据具体情况而定。

喜荫 全天不能接受光照，一般这类植物冬季可适当接受阳光。

土 壤

疏松 是指土壤团粒结构要好，疏松通气，有利根系生长发育，如泥炭土、腐叶土就是这个类型。

肥沃 是指土壤富含有机质，这类植物对养分需求较高，要注意补充肥料。

排水良好 是指土壤不能积水，否则对根系生长抑制，影响植株正常生长发育。如一些肉质根类、多肉植物等，基本是需要排水良好的土壤的。

不择土壤 这类植物习性强健，对土壤没有特殊要求，在大多数土壤中均能生长良好。如栽培于田园土、菜园土、腐叶土中，均可良好生长。

繁　殖

播种繁殖 播种繁殖也就是实生苗繁殖，将种子播于苗浅、穴盘等容器或直播于苗床、田地中，从而得到大量苗株的方法。

扦插繁殖 扦插是花卉繁殖的重要手段之一，是用植物的营养器官如根、茎、叶插入基质中，使之生根，抽枝长成完整的植株。

嫁接繁殖 嫁接繁殖是园林植物繁育技术的一种主要方法。是用繁殖体（茎、芽、球体）把两种不同植物结合在一起，使之愈合，形成一个独立的新个体，供嫁接用的繁殖体叫“接穗”，而接受接穗的植株叫“砧木”。

压条繁殖 多用于一些茎节和节间容易发根的木本花卉和一些扦插不容易发根的木本花卉。压条是将未脱离母株的枝条，在适当的部位将枝条环剥、刻伤，并可结合生根促进剂涂抹处理，然后将该部位埋入土中。由于受伤部位易积累上部合成的营养物质和激素，从而易形成根系。然后将它们剪离母体后移苗另栽，从而形成新的苗株。

分生繁殖 分生繁殖是植物营养繁殖方法之一，指人为将植物体上长出来的幼植株体，如萌蘖与母株分离另行栽植而成为独立新植物的繁殖方法。可分为分株法及分球法。前者多用于丛生性强的花灌木和萌蘖力强的多年生草花，后者则用于球根类花卉。

果　实

聚合果 聚合果是由花内的若干离生心皮形成的一个整体。如：海南木莲、腊梅的果实。

聚花果 由一整花序形成的一个整体，每一朵小花形成独立的小果，聚集在花序轴上。 如桑葚、无花果的果实。

单　果

由一花中的一个子房或一个心皮形成的单个果实。又分为干果及浆果，主要有以下几类：

1. 蓇葖果：离生心皮的单个心皮形成的，成熟时或沿背缝线或沿腹缝线一侧开裂。 如：云南含笑、欧楼斗菜的果实。

2. 荚果：单心皮的上位子房形成的，成熟时沿背腹两缝开裂，开裂后的果瓣片叫裂瓣。节荚基本上是荚果，仅在其种子间收缩变狭，成熟时在收缩处断裂成具有一颗种子的断片。 如合欢、蔓花生的果实。

3. 蒴果：由两个以上合生心皮的上位或下位子房形成。如箭叶秋葵、樟叶槿的果实。

4. 角果：由二心皮的复雌蕊发育而成，子房常因假隔膜分成两室，果实成熟后多沿两条腹缝线自下而上地开裂。如沙漠玫瑰、桂竹香的果实。

5. 瘦果：由离生心皮或合生心皮的上位或下位子房形成，其果皮紧包种子，不易分离。如珊瑚藤、棣棠的果实。

6. 胞果：由合生心皮的上位子房形成，其果皮薄而膨胀，疏松地包围种子而与种子极易分离。如地肤、垂鞭绣绒球的果实。

7. 翅果：瘦果状而有翅的干果，由合生心皮的上位子房形成。如星果藤的果实。

8. 坚果：由合生心皮的下位子房形成。如迷迭香、活血丹的果实。

9. 双悬果：由二心皮的子房发育成的果实，成熟后心皮分离成两瓣，并列悬于中央果柄的上端，不开裂。如胡萝卜的果实。

10. 浆果：果皮肉质多浆，外果皮易分离，内中果皮肉质化，内部一至数粒种子。如铃兰、宝莲花的果实。

11. 核果：单心皮或合生心皮组成，种子常一粒，外果皮较薄，肉质或革质，中果皮肉质肥厚，内果皮木质化，包于种子外，构成果核。如梅花、杏的果实。

12. 柑果：复雌蕊形成，外果皮革质，中果皮较疏松，分布有维管束，中轴胎座，每室种子多数。如金橘、四季橘的果实。

13. 瓠果：下位子房发育成的假果花托与外果皮结合成坚硬果壁，中果皮内果皮肉质胎座发达。如南瓜的果实。

14. 梨果：花筒与子房愈合一起发育成假果、果壁、外果皮，中果皮均肉质化，内果皮纸质或革质化。如梨、苹果的果实。

花　序

花在总花柄上有规律的排列方式，称花序。

无限花序

无限花序是指花序的主轴在开花期间，可以继续生长，向上伸长，不断产生苞片和花芽。可以分为以下几种类型：

1.总状花序：花轴单一，自下而上依次着生有柄的花朵，各花的花柄大致长短相等，开花顺序由下而上，如大花老鸦嘴、十大功劳的花序。

2.穗状花序：花轴直立，其上着生许多无柄小花，小花为两性花。如金粟兰、狗尾红的花序。

3.柔荑花序：花轴较软，其上着生多数无柄或具短柄的单性花，花无花被或有花被，花序柔韧，下垂或直立，开花后整个花序常一起脱落。如红尾铁苋的花序。

4.伞房花序：为变形的总状花序，花序上各花花柄长短不一，下部花花柄最长，愈近花轴上部的花花柄愈短，结果使得整个花序上的花几乎排列在一个平面上。如垂枝无忧树、野牡丹的花序。

5.头状花序：花轴极度缩短而膨大，铺展，各苞片叶常集成总苞，花无梗，多数花集生于一花托上，形成状如头的花序。如菊花、非洲菊的花序。

6.隐头花序：花序轴特别膨大而内陷成中空头状，许多无柄小花隐生于凹陷空腔的腔壁上，几乎全部隐没不见，整个花序仅留顶端一小孔与外方相通，为昆虫进出腔内传布花粉的通道。如无花果、薜荔、榕树的花序等。

7.伞形花序：花轴缩短，大多数花着生在花轴的顶端。每朵花有近于等长的花柄，从一个花序梗顶部伸出多个花梗近等长的花，整个花序形如伞，称伞形花序。每一小花梗称为伞梗。如麻叶绣线菊、百子莲的花序。

8.肉穗花序：花轴粗短，肥厚而肉质化，上生多数单性无柄的小花，如海芋、春羽的花序。

以上花序的花轴不分枝，称为简单花序。另有一些花轴具分枝，每一分枝上又呈现上述的一种花序，这类花序称复合花序。常见的有以下几种：

1.圆锥花序：长花轴上分生许多小枝，每个分枝又自成一总状花序，如珍珠梅、倒地铃的花序。

2.复伞形花序：花轴顶端丛生若干长短相等的分枝，各分枝又成为一个伞形花序，一分枝又自成一伞房花序，如茴香的花序。

3.复伞房花序：花序轴的分枝成伞房状排列，每一分枝又自成一伞房花序，如花楸、火棘的花序。

4.复穗状花序：花序轴有1或2次穗状分枝，每一分枝自成一穗状花序，也即小穗，如马唐的花序。

5.复头状花序：单头状花序上具分枝，各分枝又自成一头状花序，如合头菊。

有限花序

有限花序与无限花序相反，花轴顶端或最中心的花先开，因此主轴的生长受到限制，而由侧轴继续生长，但侧轴上也是顶花先开放，故其开花的顺序为由上而下或由内向外。可以分为以下几类：

1.单歧聚伞花序：主轴顶端先生一花，然后在顶花的下面主轴的一侧形成一侧枝，同样在枝端生花，侧枝上有可分枝着生花朵如前，整个花序是一个合轴分枝。如铁筷子的花序。

2.二歧聚伞花序：顶花下的主轴向着两侧各分生一枝，枝的顶端生花，每枝再在两侧分枝，如此反复进行，如络石的花序等。

3.多歧聚伞花序：主轴顶端发育一花后，顶花下的主轴上分出三数以上的分枝，各分枝又自成一小聚伞花序，如楠藤的花序。

目　录

茜草科

芸香科

无患子科

虎耳草科

玄参科

目　　录

学名| *Phlox subulata*

针叶福禄考

别名：芝樱、针叶天蓝绣球、丛生福禄考
科属：花荵科天蓝绣球属

- 原产地：北美。
- 繁　殖：扦插、分株。
- 花果期：花期5月–7月。
- 日　照：全日照。
- 温　度：生长适温15℃~22℃。
- 土　壤：不择土壤。
- 水　分：喜湿润，耐旱。

形态特征 多年生矮小草本植物。茎丛生，铺散，多分枝。叶对生或簇生于节上，钻状线形或线状披针形。花数朵生枝顶，成简单的聚伞花序，花冠高脚碟状，淡红、紫色或白色。蒴果。

应用 开花繁茂，园林中常用作地被植物，也适合花坛、路边栽培观赏。

别名：小天蓝绣球
科属：花荵科天蓝绣球属

学名/ *Phlox drummondii*

福禄考

- 原产地：北美。
- 繁　殖：播种。
- 花果期：花期6~10月，果期6月。
- 日　照：半日照。
- 温　度：生长适温10℃~25℃。
- 土　壤：喜排水良好、疏松的壤土。
- 水　分：喜湿润。

形态特征 一年生草本植物。株高30～60厘米。基生叶有柄，对生，茎上部叶常呈3枚轮生，长椭圆状披针形至卵状披针形。聚伞形花序着生茎顶，花萼筒状，花冠高脚碟状，花冠粉紫色至白色。蒴果。

应用 植株矮小，花色丰富，园林中常用于花坛、花境及岩石园，也适合盆栽装饰窗台、天台、阳台等处。

别名：天蓝绣球
科属：花荵科天蓝绣球属

学名/ *Phlox paniculata*

宿根福禄考

- 原产地：北美洲。
- 繁　殖：播种、分株。
- 花果期：花期夏、秋季。
- 日　照：全日照。
- 温　度：生长适温10℃~25℃。
- 土　壤：喜肥沃的沙质壤土。
- 水　分：喜湿润。

形态特征 宿根草本植物。株高50～80厘米。叶对生，长卵形至卵状披针形，先端急尖，全缘。花序顶生，花冠桃红色至紫红色，小花密集成球状。

应用 花色艳丽，可用于布置花坛、花境或植于路边及林缘，也可作盆栽供阳台及天台装饰。

学名| *Antigonon leptopus*

珊瑚藤

别名：红珊瑚、爱之藤
科属：蓼科珊瑚藤属

- 原产地：中美洲。
- 繁　殖：播种或扦插。
- 花果期：花期3~12月，果期冬季。
- 日　照：全日照。
- 温　度：生长适温22℃~30℃。
- 土　壤：喜肥沃的微酸性土壤。
- 水　分：喜湿润，也耐旱。

形态特征　多年生攀缘落叶藤本，长可达10米。叶卵形或卵状三角形，顶端渐尖，基部心形，近全缘，叶脉明显，叶面凹凸不平。花序总状，顶生或腋生，花淡红色。瘦果。栽培品种有白花珊瑚藤*A. leptopus* 'Album'。

应用　花期极长，繁花满枝，极美丽，园林中用于凉亭、棚架、栅栏绿化，也可植于坡面作地被植物。也是庭院垂直绿化的优良材料。

别名：狗尾巴花
科属：蓼科蓼属

学名| *Polygonum orientale*

红蓼

- **原产地**：我国广泛分布；朝鲜、日本、俄罗斯、菲律宾、印度、欧洲、大洋洲也有。
- **繁　殖**：播种。
- **花果期**：花期5~12月，果期5~12月。
- **日　照**：全日照。
- **温　度**：生长适温15℃~30℃。
- **土　壤**：不择土壤。
- **水　分**：喜湿润，也耐旱。

形态特征 一年生草本植物。株高1~2米。叶片宽卵形，宽椭圆形或卵状披针形，先端渐尖，基部圆形或近心形，全缘。总状花序呈穗状，顶生或腋生，花紧密，微下垂，通常数个再组成圆锥状，淡红色或白色。瘦果。

应用 株型美观，花期长，适合公园、庭院等的路边、林缘下、山石边或水岸边种植观赏；果实入药，具有活血、止痛、消积、利尿的功效。

别名：草石椒
科属：蓼科蓼属

学名| *Polygonum capitatum*

头花蓼

- **原产地**：我国江西、云南、湖南、湖北、四川、贵州、广东、广西、西藏；印度、尼泊尔、不丹、缅甸及越南也有。
- **繁　殖**：播种、扦插。
- **花果期**：花果期几乎全年。
- **日　照**：全日照。
- **温　度**：生长适温15℃~28℃。
- **土　壤**：不择土壤。
- **水　分**：喜湿润，也耐旱。

形态特征 多年生匍匐草本植物。叶片卵形或椭圆形，先端尖，基部楔形，全缘，边缘具腺毛，两面疏生腺毛。花序头状，单生或成对，顶生，淡红色。瘦果。

应用 习性强健，生长快，适合公园、风景区的路边、水岸边等作地被植物观赏；全草入药，用于治疗尿道感染、肾盂肾炎等症。

学名| *Monochoria hastata*

箭叶雨久花

科属：雨久花科凤眼莲属

- 原产地：我国广西、广东、云南及中南半岛；印度、马来半岛至伊里安岛也有。
- 繁　殖：分株。
- 花果期：花期4~7月。
- 日　照：全日照。
- 温　度：生长适温20℃~30℃。
- 土　壤：不择土壤。
- 水　分：生于浅水中。

形态特征 多年生水生草本植物。株高50~100厘米。成年植株叶片三角状卵形，基部剑形或戟形，极稀心形。总状花序短缩，近伞形，花极密集，花淡蓝色。蒴果。

应用 园林中常用于水体的浅水处绿化，也可盆栽用于阳台、阶前绿化；全株去根可作蔬菜；全株入药，具有清热解毒、利尿的功效。

学名| *Monochoria korsakowii*

雨久花

别名：浮蔷 、蓝花菜
科属：雨久花科雨久花属

- 原产地：我国东北、华北、华中、华东及华南；朝鲜、日本及俄罗斯也有。
- 繁　殖：播种、分株。
- 花果期：花期7~8月，果期9~10月。
- 日　照：全日照。
- 温　度：生长适温20℃~30℃。
- 土　壤：不择土壤。
- 水　分：生于水中。

形态特征 直立水生草本植物。株高30~70厘米。叶基生和茎生，基生叶宽卵状心形，顶端急尖或渐尖，基部心形，全缘，茎生叶，叶柄渐短，基部增大成鞘，抱茎。总状花序顶生，有时再聚成圆锥花序，花蓝色。蒴果。

应用 花美丽，供观赏，适合公园、风景区水景绿化；全草可作饲料；全草入药，具有消疔肿，消痔瘘及明目的作用。

学名| *Pontederia cordata*

梭鱼草

别名：海寿花
科属：雨久花科梭鱼草属

- 原产地：北美。
- 繁　殖：分株。
- 花果期：花果期7~10月。
- 日　照：全日照或半日照。
- 温　度：生长适温18℃~28℃。
- 土　壤：不择土壤。
- 水　分：喜湿，多生于水中。

形态特征 多年生挺水草本植物，株高20~80厘米。基生叶广卵圆状心形，顶端急尖或渐尖，基部心形，全缘。由十余多花组成总状花序，顶生，花蓝色。蒴果。栽培的变种有白花梭鱼草*Pontederia cordata var. alba*。

应用 株型美观，花色雅致，适合公园、风景区及庭院的水体绿化，也可大型盆栽用于阶旁或天台绿化。

学名| *Eichhornia crassipes*

凤眼莲

别名：水葫芦、凤眼蓝
科属：雨久花科凤眼莲属

- 原产地：热带美洲。
- 繁　殖：分株。
- 花果期：花期7~8月，果期9~10月。
- 日　照：全日照或半日照。
- 温　度：生长适温20℃~30℃。
- 土　壤：不择土壤。
- 水　分：生于水中。

形态特征 多年生漂浮草本植物。株高30~50厘米。叶基生，宽卵形至圆形，缘波状，深绿色，蜡质，叶柄基部膨大，中空有气。穗状花序单生茎顶，淡蓝紫色或粉紫色，在上部花被表面具蓝色斑块，中心有一亮黄色斑点。蒴果。

应用 可用于湿地、公园的水体绿化，因为繁殖快，侵占性强，引种时应谨慎；由于其根系的吸收能力很强，常作为净化污水的材料；全草入药，具有清热解毒、除湿祛风的功效；茎叶可作饲料。

学名 *Portulaca oleracea var. granatus*

大花马齿苋

别名：阔叶半支莲
科属：马齿苋科马齿苋属

- 原产地：栽培种。
- 繁　殖：扦插。
- 花果期：花期6~9月。
- 日　照：全日照。
- 温　度：生长适温22℃~30℃。
- 土　壤：喜肥沃、排水良好的沙质壤土。
- 水　分：喜干燥。

形态特征 多年生匍匐性草本植物。叶密集，不规则互生，叶片卵圆形，扁平，叶柄短或近无柄。花单生或数朵簇生枝顶，日开夜闭，花色有黄、红、粉红、紫红、白色及复色等。

应用 花色丰富，极为艳丽，是优良的观花植物。盆栽用于窗台、阳台等光照充足的地方装饰；公园、绿地等常片植或用于花坛、花境。

学名 *Portulaca grandiflora*

半支莲

别名：太阳花、死不了
科属：马齿苋科马齿苋属

- 原产地：巴西。
- 繁　殖：播种、扦插。
- 花果期：花期6~7月，果期夏、秋。
- 日　照：全日照。
- 温　度：生长适温22℃~30℃。
- 土　壤：不择土壤。
- 水　分：喜湿润。

形态特征 一年生肉质草本植物。株高10~15厘米。叶散生或互生，圆柱形。花顶生，基部有叶状苞片，单瓣、半重瓣、重瓣。花有白、深、黄、红、紫等色。蒴果。

应用 是我国常见的庭院花卉。盆栽用于窗台、阳台等光照充足的地方装饰；常用于路边、花坛栽培观赏。

别名：聚花过路黄、金锁匙
科属：报春花科过路黄属

学名| *Lysimachia congestiflora*

临时救

- 原产地：我国长江以南各省以及陕西、甘肃及台湾；印度、不丹、缅甸、越南也有。
- 繁　殖：播种、分株、扦插。
- 花果期：花期5~6月，果期7~10月。
- 日　照：全日照或半日照。
- 温　度：生长适温18℃~28℃。
- 土　壤：不择土壤。
- 水　分：喜湿润。

形态特征 多年生草本植物。株高20厘米。茎深紫红色，具短柔毛，多分枝，下部匍匐地面，节处生不定根，上部斜升。叶对生，具短柄；叶片卵形或广卵形。花多朵集生于枝端，呈密集状。蒴果。

应用 花金黄，色泽艳丽，园林中常用于路边、花坛或作地被植物；全草入药，祛风散寒，止咳化痰，消积解毒的功效。

别名：莲香报春花
科属：报春花科报春花属

学名| *Primula veris*

黄花九轮草

- 原产地：欧洲。
- 繁　殖：播种。
- 花果期：花期4~5月，果期夏季。
- 日　照：全日照。
- 温　度：生长适温16℃~25℃。
- 土　壤：喜排水良好、肥沃的沙质土壤。
- 水　分：喜湿润。

形态特征 多年生草本植物。叶基生，丛状，边缘具牙齿或圆齿。花序伞形，自根茎处抽出，花萼钟状，花黄色，中央有橙色斑点。蒴果。

应用 花美丽，可盆栽用于阳台、窗台等光照充足的环境装饰；花及根具芳香，根可祛痰；花可用于酿酒，可用于果酱及泡菜，可增加风味。

学名/ *Primula vulgaris*

欧洲报春

别名：德国报春、西洋樱草
科属：报春花科报春花属

- 原产地：欧洲至西伯利亚。
- 繁　殖：播种、分株。
- 花果期：花期秋冬季。
- 日　照：全日照或半日照。
- 温　度：生长适温10℃~20℃。
- 土　壤：喜肥沃，排水良好微酸性土壤。
- 水　分：喜湿润。

形态特征　一、二年生草本植物。植株丛生，株高约20厘米。叶基生，长椭圆形，叶脉深凹。叶绿色。伞状花序，花色有大红、粉红、紫、蓝、黄、橙、白等色，花心一般为黄色。

应用　花色丰富，为我国常见的盆栽花卉，适合茶几、书桌、窗台等处摆放观赏。

学名/ *Cyclamen persicum*

仙客来

别名：兔耳花、一品冠
科属：报春花科仙客来属

- 原产地：希腊、叙利亚沿地中海一带。
- 繁　殖：播种。
- 花果期：花期12月至翌年5月。
- 日　照：全日照。
- 温　度：生长适温15℃~22℃。
- 土　壤：喜疏松、肥沃、富含腐殖质，排水良好的微酸性沙质壤土。
- 水　分：喜湿润。

形态特征　多年生草本植物，株高20~40厘米。叶片由块茎顶部生出，叶心脏形，叶缘有细锯齿，深灰绿色有灰白色花纹。花单生于花茎顶部，有长柄，开花时花冠裂片向上翻，形似兔耳，花冠有紫红、红、粉、白等色，边缘光滑或呈波状锯齿。蒴果。

应用　花期长，花型奇特美丽，观赏性佳，是世界著名的盆花。适合布置客厅、书桌、餐桌、窗台等。

别名：斑克木
科属：山龙眼科斑克木属

学名| *Banksia integrifolia*

海岸斑克木

- 原产地：澳大利亚。
- 繁　殖：播种。
- 花果期：花期秋冬，果期冬、春。
- 日　照：全日照。
- 温　度：生长适温20℃~28℃。
- 土　壤：不择土壤。
- 水　分：喜湿润。

形态特征 常绿小乔木。株高可达15米，叶长而窄，淡灰色，呈锯齿状。头状花序，花序绿色，花柱黄色，形似瓶刷。

应用 株型美观，花序奇特，适合公园、居民区、校园及办公场所栽培观赏，也是庭院绿化的优良材料，也可作切花。

学名| *Leucospermum spp.*

针垫花

科属：山龙眼科针垫花属

- 原产地：非洲南部。
- 繁　殖：播种。
- 花果期：花期夏季，果期秋季。
- 日　照：全日照。
- 温　度：生长适温20℃~30℃。
- 土　壤：喜排水良好、肥沃的沙质土壤。
- 水　分：喜湿润。

形态特征 常绿灌木，株高150厘米左右。叶簇生，心脏形，革质。头状花序，单生或少数聚生，小花冠筒状。

应用 因对气候条件要求较高，我国目前还没有生产栽培，花极美丽，是优良的切花花材，也可瓶插。

学名| *Protea cynaroides*

帝王花

别名：菩提花、普洛帝
科属：山龙眼科普洛帝属

- 原产地：南非。
- 繁　殖：播种、扦插、嫁接。
- 花果期：花期5~12月。
- 日　照：全日照。
- 温　度：生长适温22℃~30℃。
- 土　壤：喜疏松、排水良好的微酸性土壤。
- 水　分：喜湿润。

形态特征 常绿灌木，株高30~150厘米。叶互生，革质。花簇生，苞片色彩有红、粉等。雌雄异株。叶型、花型及花色因品种不同而异。

应用 我国没有生产栽培，是高级的切花材料，也可瓶插装饰餐桌、书桌、卧室等。

学名| *Buckinghamia celsissima*

白金汉

别名：象牙卷木
科属：山龙眼科白金汉属

- 原产地：澳大利亚昆士兰。
- 繁　殖：播种、扦插。
- 花果期：花期2~3月，果期夏季。
- 日　照：全日照。
- 温　度：生长适温20℃~28℃。
- 土　壤：不择土壤。
- 水　分：喜湿润。

形态特征 常绿乔木，株高可达30米。叶互生，长椭圆形，先端尖，基部楔形，具柄，绿色，全缘。花序顶生，长可达20厘米，乳白色。

应用 株型美观，花型奇特，适合公园、风景区等作园景树或风景树。

学名| *Grevillea banksii*

红花银桦

别名：昆士兰银桦
科属：山龙眼科银桦属

- 原产地：澳洲。
- 繁　殖：播种。
- 花果期：盛花期春、夏，果期秋季。
- 日　照：全日照。
- 温　度：生长适温18℃~28℃。
- 土　壤：喜排水良好、富含有机质的壤土。
- 水　分：喜湿润。

形态特征 常绿乔木，株高可达7米。叶互生，二回羽状开裂，不对称，叶片光滑，叶背被毛。顶生穗状花序，单生或聚生，深粉红色。

应用 花奇特，花叶均具较高的观赏价值，是优良的观花树种，适合公园、庭院栽培观赏。

学名/ *Punica granatum*

石榴

别名：安石榴、海石榴、若榴
科属：石榴科石榴属

花序特征
花单瓣或重瓣，红、白、黄或深红色

- 原产地：伊朗和地中海沿岸国家。
- 繁　殖：播种、扦插或高压。
- 花果期：花期6~7月，果期9~10月。
- 日　照：全日照。
- 温　度：生长适温22℃~30℃。
- 土　壤：不择土壤，喜疏松、肥沃的壤土。
- 水　分：喜湿润，也耐旱。

形态特征 落叶灌木或小乔木，株高2~7米。叶对生或簇生，长倒卵形至长圆形，或椭圆状披针形，顶端尖。花1至数朵，生于枝顶或腋生，有短柄；花红、白、黄或深红色。浆果。

应用 盆栽用于厅堂或门廊或阶旁摆放观赏，盆景适合客厅、卧室装饰；果枝、花枝可用于插花及制作果篮；根、叶、花均可药用；对二氧化硫和氯气等有害气体有较强的抗性。

别名：冠状银莲花
科属：毛茛科银莲花属

学名| *Anemone coronaria*

欧洲银莲花

- 原产地：地中海地区。
- 繁　殖：播种、分株。
- 花果期：花期3～5月，果期夏季。
- 日　照：全日照。
- 温　度：生长适温16℃～22℃。
- 土　壤：喜疏松、排水良好中性偏碱的沙质壤土。
- 水　分：喜湿润。

形态特征 多年生草本花卉，株高25～40厘米。叶为根出叶，掌状深裂。花单生于茎顶，有大红、紫红、粉、蓝、橙、白及复色。

应用 花朵硕大，色彩艳丽丰富，适宜花坛、花境布置，盆栽用于阳台、窗台、卧室等处摆放观赏，也可作切花。

学名| *Aquilegia vulgaris*

欧耧斗菜

别名：耧斗花、西洋耧斗菜
科属：毛茛科耧斗菜属

- 原产地：欧洲、西伯利亚。
- 繁　殖：播种。
- 花果期：花期5~7月，果期夏季。
- 日　照：半日照。
- 温　度：生长适温15℃~22℃。
- 土　壤：喜疏松肥沃及排水良好的沙质壤土。
- 水　分：喜湿润。

形态特征 多年生草本植物。株高40~80厘米。叶基生及茎生，叶卵状三角形。聚伞花序生于枝顶，一茎着生多花，花梗细长且纤细，花朵下垂，花有蓝、紫或白色。蓇葖果。

应用 花大色艳，花型独特。盆栽用于阳台、窗台、卧室、书房等点缀；也是公园常见的栽培品种；根含糖类，可制饴糖或酿酒，种子含油，可供工业用。

学名| *Clematis heracleifolia*

大叶铁线莲

别名：草牡丹
科属：毛茛科铁线莲属

- 原产地：我国东北、河北、山西、山东、安徽、浙江、河南、湖北、湖南、陕西。
- 繁　殖：播种、分株。
- 花果期：花期6~7月，果期9~10月。
- 日　照：全日照。
- 温　度：生长适温16℃~24℃。
- 土　壤：不择土壤，以疏松、肥沃的壤土为佳。
- 水　分：喜湿润。

形态特征 落叶直立半灌木。3出复叶，顶生小叶有柄，宽卵形、宽椭圆形至宽倒卵形，顶端通常急尖，不分裂或3浅裂，边缘有不规则粗锯齿或牙齿，侧生小叶近无柄，较小，斜卵形。花在花序轴上常排成2~3轮；杂性花，雄花与两性花异株；雄花较雌花略大，萼片蓝紫色。

应用 花小，美丽，适合公园、绿地等路边、林缘或山石边栽培观赏。

别名：山蓼、棉花团
科属：毛茛科铁线莲属

学名| *Clematis hexapetala*

棉团铁线莲

- 原产地：我国甘肃、陕西、山西、河北、内蒙古、辽宁、吉林和黑龙江。
- 繁　殖：播种、根芽。
- 花果期：花期6~8月，果期7~10月。
- 日　照：全日照。
- 温　度：生长适温16℃~22℃。
- 土　壤：不择土壤。
- 水　分：喜湿润，也耐旱。

形态特征 直立草本植物。叶片绿色，单叶至复叶，一至二回羽状深裂。总状或圆锥状聚伞花序顶生，有时花单生，花白色，外面密生棉毛，花蕾像棉球。瘦果。

应用 花洁白秀雅，适合公园、绿地植于路边、山石边或墙垣边欣赏，也可用于花坛或盆栽。

别名：番莲
科属：毛茛科铁线莲属

学名| *Clematis hybrida*

铁线莲

- 原产地：栽培种。
- 繁　殖：扦插。
- 花果期：花果期6~9月。
- 日　照：半日照。
- 温　度：生长适温15℃~22℃。
- 土　壤：喜肥沃、排水良好的壤土及石灰质壤土。
- 水　分：喜干燥。

形态特征 多年生草本或木质藤本。叶对生，或与花簇生，三出复叶至二回羽状复叶或二回三出复叶，少数为单叶。花两性，稀单性，聚伞花序或为总状，圆锥状聚伞花序，有时花单生或一到数朵与叶簇生。花有蓝色、紫色、粉红色、玫瑰红色、紫红色、白色等。

应用 花大美丽，为世界著名的藤蔓花卉。盆栽适合阳台、窗台或天台栽培观赏，也适合植于庭院的花架、墙垣边观赏。

学名| *Consolida ajacis*

飞燕草

别名：千鸟草
科属：毛茛科飞燕草属

花序特征
顶生总状花序或穗状花序

- 原产地：欧洲南部。
- 繁　殖：播种。
- 花果期：花期5~6月，果期夏季。
- 日　照：全日照。
- 温　度：生长适温15℃~25℃。
- 土　壤：喜深厚肥沃的沙质酸性土壤。
- 水　分：喜干燥。

形态特征 一、二年生草本植物。茎直立，株高30~60厘米。叶互生，呈掌状深裂至全裂，裂片线形。基部叶片有长柄，上部叶片无柄。顶生总状花序或穗状花序。花色有蓝、紫、红、粉、白等色。

应用 叶片清秀、花型奇特。盆栽适合阳台、窗台及卧室、客厅装饰；公园、绿地常用于花坛、路边及花境栽。

学名| *Delphinium cultorum*

大花翠雀

别名：翠雀花、大花飞燕草
科属：毛茛科翠雀花属

花序特征
顶生总状花序或穗状花序

- 原产地：我国及俄罗斯西伯利亚。
- 繁　殖：播种。
- 花果期：花期5~6月，果熟期夏季。
- 日　照：全日照。
- 温　度：生长适温15℃~25℃。
- 土　壤：喜深厚肥沃的沙质酸性土壤。
- 水　分：喜湿润，也耐旱。

形态特征 一、二年生草本植物，株高30~60厘米。叶互生，呈掌状深裂至全裂，裂片线形。基部叶片有长柄，上部叶片无柄。顶生总状花序或穗状花序，花色有蓝、紫、红、粉、白等色。

应用 盆栽用于阳台、窗台等光线充足的地方养护，或植于庭院的路边、窗前观赏；公园、绿地等花坛、路边及花境常见栽培。

别名：黑毛七、九百棒、九龙丹
科属：毛茛科铁筷子属

学名| *Helleborus thibetanus*

铁筷子

- 原产地：四川西部、甘肃南部和陕西南部。
- 繁　殖：播种、分株。
- 花果期：花期4月，果期5月。
- 日　照：全日照或半日照。
- 温　度：生长适温16℃~25℃。
- 土　壤：喜湿润、肥沃、疏松壤土。
- 水　分：喜湿润。

形态特征 草本植物。株高30~50厘米。下部基生叶1~2，具长柄；叶片肾形，鸡脚状3全裂，中央裂片倒披针形，边缘有锯齿，侧生裂片不等3全裂。花单生或2朵排成单枝聚伞花序；萼片5枚，粉红色，后变绿，花瓣8~10枚，淡黄绿色圆筒状漏斗形。蓇葖果。

应用 花美丽，适合公园、绿地等的花坛、路边及墙垣边栽培观赏，盆栽可用于阳台、窗台等装饰；根状茎供药用，治跌打损伤、膀胱炎等症。

别名：殿春、将离
科属：毛茛科芍药属

学名| *Paeonia lactiflora*

芍药

- 原产地：我国北部；俄罗斯的西伯利亚、朝鲜及日本也有。
- 繁　殖：播种或分株。
- 花果期：花期5~6月，果期8月。
- 日　照：全日照。
- 温　度：生长适温10℃~20℃。
- 土　壤：喜排水良好、疏松、肥沃的壤土或沙质壤土。
- 水　分：喜湿润，也耐干旱。

形态特征 多年生草本植物。株高60~80厘米。叶互生，二回三出复叶，小叶狭卵形、披针形或椭圆形，边缘有小齿。花单生于枝顶，花有白、粉、红、紫、深紫、雪青、黄等色。单瓣或重瓣。蓇葖果。

应用 花大色艳，观赏性强，盆栽适合阳台、窗台等装饰；园林中常用于花坛、花境等处栽培观赏；花枝可用作切花；根药用，称白芍，能镇痛、镇痉、祛瘀、通经。

学名| *Paeonia suffruticosa*

牡丹

别名：木芍药
科属：毛茛科芍药属

- 原产地：我国。
- 繁　殖：嫁接、播种。
- 花果期：花期4~5月，果期夏、秋。
- 日　照：全日照。
- 温　度：生长适温10℃~20℃。
- 土　壤：喜疏松、肥沃、排水良好的中性壤土或沙质壤土。
- 水　分：喜湿润，也耐干旱。

形态特征 落叶灌木，株高1~2米。叶互生，二回三出复叶，顶生小叶三裂，无毛。花单生枝顶，花大，花色有白、黄、粉、红、紫及复色，有单瓣、重瓣。蓇葖果。

应用 为我国十大名花之一，花大色艳，典雅华贵，盆栽用于客厅、卧室、书房等摆放观赏；常用于布置花境、花坛等；根皮称丹皮入药，清热凉血、活血化瘀。

学名| *Pulsatilla chinensis*

白头翁

别名：羊胡子花、将军草
科属：毛茛科白头翁属

- 原产地：我国长江以北各地。
- 繁　殖：播种、分块茎。
- 花果期：花期4~5月，果期夏季。
- 日　照：全日照。
- 温　度：生长适温15℃~20℃。
- 土　壤：不择土壤。
- 水　分：喜湿润，耐旱。

形态特征 多年生宿根草本植物。植物株高20~40厘米。叶基生，三出复叶4~5片，具长柄，叶缘有锯齿。花茎1~2，花单生，萼片花瓣状，蓝紫色，外被白色柔毛。瘦果。

应用 花大美丽，适合公园、绿地或庭院的路边、墙垣边或花坛及花台栽培观赏，盆栽可用于阳台及天台绿化。

别名：波斯毛茛、芹菜花
科属：毛茛科毛茛属

学名/ *Ranunculus asiaticus*

花毛茛

- 原产地：土耳其为中心的亚洲西部和欧洲东南部。
- 繁　殖：播种、分球。
- 花果期：花期5～6月，果期夏季。
- 日　照：全日照。
- 温　度：生长适温15℃～25℃。
- 土　壤：喜肥沃疏松、排水性好的沙质壤土。
- 水　分：喜湿润。

形态特征 多年生宿根草本植物。株高20～40厘米。根出叶浅裂或深裂，裂片倒卵形，缘齿牙状，茎生叶无柄，2～3回羽状深裂，叶缘齿状。花单生或数朵顶生，花色有白、红、黄、粉及紫等色，重瓣和半重瓣。

应用 花色丰富，色彩艳丽。多用于布置花坛、花境或作地被花卉。盆栽适合窗台、卧室、窗厅及阳台装饰。

学名| *Armeniaca mume*

梅花

别名：干枝梅、春梅
科属：蔷薇科杏属

- **原产地：** 我国长江流域及西南地区；日本及朝鲜也有。
- **繁　殖：** 播种、嫁接。
- **花果期：** 花期2~3月，果期6月。
- **日　照：** 全日照。
- **温　度：** 生长适温18℃~24℃。
- **土　壤：** 不择土壤，喜疏松、肥沃的沙质壤土。
- **水　分：** 喜湿润，也耐旱。

形态特征 落叶小乔木，株高达10米。叶广卵形至卵形，先端长渐尖或尾尖，边缘具细锯齿。花腋生，单生或两朵簇生，呈淡粉红、白色、紫、红、彩斑至淡黄等花色，单瓣或重瓣，有暗香。先叶而开。核果。常见栽培的品种有美人梅*A. mume* 'Mei Ren'。

应用 梅花冬季开花，花姿清雅。盆栽适合客厅、阳台或卧室等处观赏；园林中常丛植或群植观赏；梅花是切花的优良材料，特别适合于古典插花或自然式插花；部分品种的果实可食用，适合盐渍、制作果脯等，也可酿酒。

学名| *Cerasus yedoensis*

东京樱花

别名：日本樱花、樱花
科属：蔷薇科樱属

- 原产地：日本。
- 繁　殖：播种、扦插、嫁接。
- 花果期：花期4月，果期5月。
- 日　照：全日照。
- 温　度：生长适温10℃~22℃。
- 土　壤：喜深厚、肥沃排水良好的土壤。
- 水　分：喜湿润，也耐旱。

形态特征 落叶乔木，高4~16米。树皮灰色。叶椭圆状卵形或倒卵形，顶端渐尖，基部圆形，稀形、叶缘由尖锐重锯齿。花白色或粉红色。有花3~4组成伞状花序，总梗极短，先叶开放。核果。

应用 花繁多艳丽，适合丛植、列植、孤植或片植于路边、草坪、水岸边或墙隅等处观赏。

学名| *Chaenomeles japonica*

日本贴梗海棠

别名：倭海棠、日本木瓜
科属：蔷薇科木瓜属

- 原产地：日本。
- 繁　殖：播种、扦插或高压。
- 花果期：花期4~5月，果期9~10月。
- 日　照：全日照。
- 温　度：生长适温15℃~25℃。
- 土　壤：不择土壤。
- 水　分：喜湿润，也耐旱。

形态特征 落叶矮灌木，高不及1米。叶倒卵形至匙形，背面无毛，先端圆钝，稀有急尖，基部楔形或宽楔形，叶缘锯齿圆钝。花3~5朵簇生，橘红色。果近球形。

应用 盆栽用于阳台、窗台、卧室及书房摆放观赏；公园、庭院等常丛植或片植，亦可作花篱刺篱栽培。

学名| *Amygdalus persica*

桃

别名：毛桃、白桃
科属：蔷薇科桃属

花序特征
花单生，重瓣或半重瓣

- 原产地：我国中部及北部。
- 繁　殖：播种、扦插或嫁接。
- 花果期：花期3~4月，果期6~9。
- 日　照：全日照。
- 温　度：生长适温15℃~26℃。
- 土　壤：喜肥沃排水良好的壤土或沙质壤土。
- 水　分：喜湿润，也耐旱。

形态特征 落叶小乔木，株高可达8米。单叶互生，椭圆状披针形，先端长尖，边缘有粗锯齿。花单生，有白、粉红、红等色，重瓣或半重瓣，先叶开放。核果。

应用 桃的栽培品种繁多，如著名的碧桃等在园林中应用广泛。盆栽适合阳台、客厅或门厅两侧摆放；适合丛植、列植、孤植或片植观赏；果成熟后可食。

别名：大山樱、里樱
科属：蔷薇科樱属

学名 *Cerasus serrulata var. lannesiana*

日本晚樱

- 原产地：日本。
- 繁　殖：播种、扦插或嫁接。
- 花果期：花期3~5月，果期6~7月。
- 日　照：全日照。
- 温　度：生长适温10℃~22℃。
- 土　壤：喜疏松、肥沃的沙质壤土。
- 水　分：喜湿润，较耐旱。

形态特征 乔木，株高3~8米。叶片卵状椭圆形或倒卵椭圆形，先端渐尖，基部圆形，边缘具尖重锯齿，齿端有长芒。花序为伞房总状或近伞形，有花2~3朵，花白色，稀粉红色，花有香气。核果。

应用 为著名的早春观花树种，适合公园、绿地或庭院等孤植或列植栽培观赏。

学名/ *Exochorda racemosa*

白鹃梅

别名：金瓜果、茧子花
科属：蔷薇科白鹃梅属

- 原产地：我国江苏、浙江、江西和河南。
- 繁　殖：播种、扦插。
- 花果期：花期3~4月，果期6~8月。
- 日　照：全日照。
- 温　度：生长适温16℃~26℃。
- 土　壤：不择土壤。
- 水　分：喜湿润，也耐干旱。

形态特征 落叶灌木，株高3～5米。叶椭圆形至椭圆状卵形，全缘或中部以上有钝锯齿。总状花序，花白色。蒴果。

应用 花色洁白，素雅可爱，适合公园、庭院、绿地、社区绿化栽培，可孤植或群植于草地、山石边、水畔观赏；嫩叶、花可食用。

别名：地棠
科属：蔷薇科棣棠花属

学名| *Kerria japonica*

棣棠

- **原产地：** 我国河南、陕西、甘肃、湖南、四川、云南。
- **繁　殖：** 扦插、高压。
- **花果期：** 花期4~5月。
- **日　照：** 全日照或半日照。
- **温　度：** 生长适温15℃~25℃。
- **土　壤：** 喜深厚肥沃、排水良好的疏松土壤。
- **水　分：** 喜湿润。

形态特征 落叶灌木，株高达2米。单叶互生，卵形或卵状椭圆形，缘具重齿。花单瓣，黄色，单生于侧枝端。瘦果。常见栽培品种有重瓣棣棠（*K. joponica* ‘*Pleniflora*’）。

应用 枝叶繁茂，花朵金黄，极为醒目，园林中可用作花篱，或丛植于草坪、角隅、路边、林缘、假山旁。

学名| *Chaenomeles sinensis*

木瓜

别名：木梨
科属：蔷薇科木瓜属

- 原产地：我国山东、湖北、浙江、安徽、江西、广东、广西。
- 繁　殖：播种、嫁接、压条。
- 花果期：花期4~5月，果期9~10月。
- 日　照：全日照。
- 温　度：生长适温16℃~24℃。
- 土　壤：不择土壤。
- 水　分：喜湿润，也耐旱。

形态特征 灌木或小乔木，株高5~10米。叶椭圆状长圆形，先端尖锐，边缘有芒状锐细锯齿。花单生于叶腋，萼筒钟状，花瓣淡粉红色。

应用 花芳香，果大，观赏性佳。常用于庭院的路边、墙垣边或水岸边绿化，也可与其他花木配植或矮化盆栽；果实经蒸煮糖渍后可作食品，还可药用。

学名| *Chaenomeles speciosa*

贴梗海棠

别名：皱皮木瓜
科属：蔷薇科木瓜属

- 原产地：中国西南至南部地区；缅甸也有。
- 繁　殖：播种、扦插、高压、嫁接。
- 花果期：花期3~5月，果期8~9月。
- 日　照：全日照。
- 温　度：生长适温15℃~25℃。
- 土　壤：不择土壤。
- 水　分：喜湿润，也耐旱。

形态特征 落叶灌木，株高达2米。单叶互生，卵形或椭圆形，先端渐尖，表面无毛，有光泽。花簇生，花梗短粗或近无梗，粉红色、朱红色或白色，芳香。

应用 盆栽用于阳台、卧室、书房、客厅或用于庭院等处栽培观赏；公园、居民区、风景区的可丛植、片植观赏，也可作花篱；果实可入药，花枝、果枝可用于插花。

别名：欧洲稠李、臭李子
科属：蔷薇科稠李属

学名/ *Padus racemosa*

稠李

- 原产地：我国东北、华北、山东、河南。
- 繁　殖：播种、扦插。
- 花果期：花期4~5月，果期5~10月。
- 日　照：全日照。
- 温　度：生长适温15℃~24℃。
- 土　壤：喜湿润、肥沃疏松而排水良好的沙质壤土。
- 水　分：喜湿润，也耐旱。

形态特征 落叶乔木，株高达15米。叶片椭圆形、长圆形或长圆倒卵形，先端锐尖或突尖，基部圆形或宽楔形，边缘有不规则锐锯齿，有时混有重锯齿。总状花序具有多花，花瓣白色。核果。

应用 花序长而下垂，花白如雪，繁密，为优良的早春观花树种，适合作风景树种或行道树；为优良的蜜源植物；种仁含油，叶片可入药。

别名：金腊梅、金老梅
科属：蔷薇科委陵菜属

学名/ *Potentilla fruticosa*

金露梅

- 原产地：我国东北、内蒙古、河北、山西、陕西、甘肃、新疆、四川、云南及西藏。
- 繁　殖：播种、扦插。
- 花果期：花果期6~9月。
- 日　照：全日照。
- 温　度：生长适温16℃~24℃。
- 土　壤：不择土壤。
- 水　分：喜干燥，忌水湿。

形态特征 落叶灌木，株高1.5米。羽状复叶密集，小叶3~7枚，通常5枚，长椭圆形、卵状披针形或矩圆状披针形，先端急尖，基部楔形，全缘。花单生或数朵成伞房状，花黄色，花瓣圆形。瘦果。

应用 花朵繁密，色泽艳丽，习性强健，适合公园、路边或山石边栽培观赏，也可用于坡地绿化或作花篱；叶、果可提制栲胶；叶可代茶用；花及叶入药，具有健脾、化湿、清暑、调经的功效。

学名| *Malus halliana*

垂丝海棠

别名：海棠
科属：蔷薇科苹果属

- 原产地：我国华东、西南地区。
- 繁　殖：播种或嫁接。
- 花果期：花期3~4月，果期9~10月。
- 日　照：全日照。
- 温　度：生长适温15℃~22℃。
- 土　壤：喜土层深厚肥沃、排水良好的土壤。
- 水　分：喜湿润。

形态特征 落叶小乔木或灌木，株高达5米。单叶互生，叶片卵形、椭圆形至椭圆状卵形，顶端渐尖至急尖，基部楔形至近圆形，边缘锯齿钝。伞房花序有花4~7朵，花粉红色，萼筒紫红色。核果。

应用 花色艳丽，花姿优美，为著名的观花植物，适合公园、庭院等孤植、丛植于草坪中、路边或水岸边。

学名| *Malus micromalus*

西府海棠

别名：小果海棠
科属：蔷薇科苹果属

- 原产地：我国北部。
- 繁　殖：嫁接、播种、扦根。
- 花果期：花期3~4月开花，果期8~9月。
- 日　照：全日照。
- 温　度：生长适温18℃~26℃。
- 土　壤：喜肥沃、疏松又排水良好的沙质壤土。
- 水　分：喜湿润，也耐干旱。

形态特征 落叶乔木，株高3~5米。叶长椭圆形，先端渐尖，茎部楔形，边缘有锯齿。伞形总状花序，花重瓣，淡红色，生于小枝顶端。核果。

应用 花姿明媚动人，花朵红粉相间，为我国著名的观花乔木。是优良的庭院观赏树兼果用树种。

别名：赤李、山梅
科属：蔷薇科李属

学名| *Prunus japonica*

郁李

- 原产地：我国黑龙江、吉林、辽宁、河北、山东、浙江；日本、朝鲜也有。
- 繁　殖：分株、扦插。
- 花果期：花期4~6月，果期7~8月。
- 日　照：全日照。
- 温　度：生长适温15℃~26℃。
- 土　壤：喜深厚湿润、排水良好的沙质壤土。
- 水　分：喜湿润。

形态特征　落叶灌木，株高达1.5米。叶互生，卵状披针形，先端尾状渐尖，基部圆形，边缘有尖锐重锯齿。春季花叶同时开放，花单生或2~3簇生，粉红色或近白色。核果。

应用　早春花朵繁茂，是优良的观花灌木，宜丛植于庭院、草坪、路边、假山旁等处；果成熟后可食。

别名：山李子、嘉庆子、玉皇李
科属：蔷薇科李属

学名| *Prunus salicina*

李

- 原产地：我国西南、华南、华东、陕西、甘肃。
- 繁　殖：嫁接、播种。
- 花果期：花期3~4月，果期7~8月。
- 日　照：全日照。
- 温　度：生长适温15℃~30℃。
- 土　壤：喜排水良好的沙质土壤。
- 水　分：喜湿润，也耐旱。

形态特征　落叶乔木，株高9~12米。叶椭圆状倒卵形，先端突渐尖，边缘有细密浅圆钝重锯齿。花常以3朵簇生，先叶开放，花白色。核果。

应用　多作果树栽培，也适合公园、风景区或庭院栽培观赏；果实成熟后可食用，是我国著名的果树。

学名| *Prinsepia utilis*

扁核木

别名：青刺尖，狗奶子
科属：蔷薇科扁核木属

- 原产地：我国云南、贵州、四川、西藏；东南亚也有。
- 繁　殖：播种。
- 花果期：花期4~5月，果期8~9月。
- 日　照：全日照或半日照。
- 温　度：生长适温18℃~24℃。
- 土　壤：喜深厚肥沃的土壤。
- 水　分：喜湿润，也耐旱。

形态特征 落叶灌木，株高1~5米。叶片长圆形或卵状披针形，先端急尖或渐尖，基部宽楔形或近圆形，全缘或有浅锯齿。花多数成总状花序，生于叶腋或生于枝刺顶端。花瓣白色或黄色。核果。

应用 花繁叶茂，果实红艳可爱，适合配置于公园、庭院或绿地的假山旁、草坪、路边或林缘等处观赏。

学名| *Prunus glandulosa*

麦李

科属：蔷薇科李属

- 原产地：我国长江流域及西南省区。
- 繁　殖：分株、嫁接。
- 花果期：花期3~4月，果期5~8月。
- 日　照：全日照。
- 温　度：生长适温16℃~25℃。
- 土　壤：喜深厚湿润、排水良好的沙质壤土。
- 水　分：喜湿润，也耐旱。

形态特征 落叶灌木，株高0.5~1.5米，稀达2米。叶片长圆披针形或椭圆披针形，先端渐尖，基部楔形，缘有细钝齿。花单生或2朵簇生，粉红或白色。核果。

应用 为优良的早春观花树种，先花后叶，繁花满树。盆栽适合阳台或大门两侧摆放；宜配植于草坪、路边、假山旁观赏。

学名| *Prunus triloba*

榆叶梅

别名：榆梅、小桃红
科属：蔷薇科李属

- 原产地：主要产自我国华北、东北地区。
- 繁　殖：分株、嫁接、压条、扦插、播种。
- 花果期：花期春季，果熟期秋季。
- 日　照：全日照。
- 温　度：生长适温15℃~24℃。
- 土　壤：不择土壤。
- 水　分：喜湿润，也耐旱。

形态特征 落叶灌木或小乔木，株高3~5米。叶宽椭圆形至倒卵形，先端尖或为三裂状，基部宽楔形，边缘有不等的粗重锯齿。春季先花后叶，花粉红色，常1~2朵生于叶腋。核果。

应用 枝叶茂密，花繁色艳，适合公园、庭院、绿地及风景区的草坪、路边、墙垣边、池畔，假山石等处栽培观赏。

学名| *Pyracantha fortuneana*

火棘

别名：火把果、救军粮
科属：蔷薇科火棘属

- 原产地：我国黄河以南及广大西南地区。
- 繁　殖：播种、扦插或高压。
- 花果期：花期4~5月，果期9~11月。
- 日　照：全日照。
- 温　度：生长适温20℃~30℃。
- 土　壤：喜排水良好酸碱适中的肥沃土壤。
- 水　分：喜湿润，也耐旱。

形态特征 常绿灌木或小乔木。单叶互生，倒卵形或倒卵状长圆形，先端钝圆并微凹，有时具短尖头，基部楔形，边缘有钝锯齿。复伞房花序，花白色，果实近球形，橘红色或深红色。

应用 火棘枝叶繁茂，花白如雪，果实累累，观赏性极佳。盆栽可用于阳台、窗台等处观赏，也可制作盆景用于室内装饰；园林中常丛植、孤植于园路边、山石边或池畔观赏；果成熟后可食。

学名| *Prunus pseudocerasus*

樱桃

别名：莺桃、英桃
科属：蔷薇科李属

- 原产地：我国辽宁、河北、陕西、甘肃、山东、河南、江苏、浙江、江西、四川。
- 繁　殖：分株、嫁接。
- 花果期：花期3~4月，果期5~6月。
- 日　照：全日照。
- 温　度：生长适温16℃~26℃。
- 土　壤：喜肥沃、疏松及排水良好的中性壤土。
- 水　分：喜湿润，也耐旱。

形态特征　落叶乔木，株高2~6米。叶片卵形或长圆状卵形，先端渐尖或尾状渐尖，基部圆形，边有尖锐重锯齿。花序伞房状或近伞形，有花3~6朵，先叶开放，花瓣白色。核果。

应用　花色洁白，果实红艳，观赏性极佳，园林中常植于路边、墙垣边或一隅观赏；果实成熟后供食用，也可用于酿酒；枝、叶、根、花入药。

学名| *Prunus tomentosa*

毛樱桃

别名：山豆子、樱桃
科属：蔷薇科李属

- 原产地：我国华北、东北，西南地区亦有。
- 繁　殖：播种、嫁接、分株。
- 花果期：花期4月，果期6月。
- 日　照：全日照。
- 温　度：生长适温16℃~24℃。
- 土　壤：喜深厚、湿润、排水良好的壤土为佳。
- 水　分：喜湿润，也耐旱。

形态特征　落叶灌木，株高2~3米。幼枝密生绒毛。叶倒卵形至椭圆状卵形，先端尖，锯齿常不整齐，表面皱，有柔毛，背面密生绒毛。花白色或略带粉色。萼红色，有毛。核果。

应用　多作果树栽培，也适合庭院、公园或草坪边缘等处丛植、群植或孤植观赏；果成熟后可食。

别名：白棣棠
科属：蔷薇科鸡麻属

学名| *Rhodotypos scandens*

鸡麻

- 原产地：我国辽宁、山东、山西、河南、江苏、浙江、安徽、湖北、陕西、甘肃；日本也有。
- 繁 殖：播种、分株、扦插。
- 花果期：花期4月，果期6~7月。
- 日 照：全日照。
- 温 度：生长适温15℃~25℃。
- 土 壤：不择土壤。
- 水 分：喜湿润，也耐旱。

形态特征 落叶灌木，株高2~3米。叶对生，卵形至椭圆状卵形。花白色，花瓣及花萼均为4片。

应用 花洁白素雅，适合花园、庭院的草坪边缘、路边、山石边或一隅栽培；根及果入药，可治血虚肾亏。

别名：野毛栗、糖钵
科属：蔷薇科蔷薇属

学名| *Rosa bracteata*

硕苞蔷薇

- 原产地：我国江苏、浙江、台湾、福建、江西、湖南、贵州、云南；日本也有。
- 繁 殖：扦插、播种。
- 花果期：花期5~7月，果期8~11月。
- 日 照：全日照。
- 温 度：生长适温16℃~26℃。
- 土 壤：不择土壤。
- 水 分：喜湿润，也耐旱。

形态特征 常绿灌木，株高2~5米。单数羽状复叶，小叶5~9枚，革质，椭圆形，倒卵形。花单生或2~3朵集生，花梗较短，花瓣白色。浆果。

应用 习性强健，园林中常用于篱垣、山石边或水岸边栽培观赏，也可修剪成绿篱；果实和根入药，具有收敛、补脾、益肾的功效，花入药具有止咳功效，叶外敷可治疔毒。

学名| *Pyrus bretschneideri*

白梨

别名：梨
科属：蔷薇科梨属

- 原产地：我国河北、河南、山东、山西、陕西、甘肃、青海。
- 繁　殖：嫁接。
- 花果期：花期4月，果期8~9月。
- 日　照：全日照。
- 温　度：生长适温15℃~26℃。
- 土　壤：喜排水良好、肥沃的壤土。
- 水　分：喜湿润，也耐旱。

形态特征 落叶乔木，株高5~8米。叶片卵形或椭圆形，先端渐尖稀急尖，基部宽楔形，少数近圆形，边缘有尖锐锯齿。伞形总状花序，苞片膜质，花瓣卵形，花白色。仁果。

应用 多作果树栽培，也常见于公园、风景区植于路边或草地中观赏；果实成熟可食用。

学名| *Raphiolepis indica*

春花

别名：石斑木、车轮梅
科属：蔷薇科石斑木属

- 原产地：我国南部；日本、老挝、越南、柬埔寨、泰国和印度尼西亚也有。
- 繁　殖：播种、扦插。
- 花果期：花期4月，果期7~8月。
- 日　照：全日照。
- 温　度：生长适温18℃~28℃。
- 土　壤：不择土壤。
- 水　分：喜湿润，也耐旱。

形态特征 常绿直立灌木，株高1~4米。叶革质，卵形至矩圆形或披针形，先端短渐尖或略钝，基部狭而成一短柄，边缘有小锯齿。圆锥花序或总状花序顶生，花白色或淡粉红色，花期夏季。梨果。

应用 株型美观，花繁叶茂，适合坡地、溪边、路边、山石边栽培，也是优良的水土保持树种；果成熟后可食。

别名：徘徊花
科属：蔷薇科蔷薇属

学名| *Rosa rugosa*

玫瑰

花序特征
花单生或聚生，紫红色

- **原产地：** 我国华北、西北、西南；日本、朝鲜也有。
- **繁　殖：** 扦插、播种。
- **花果期：** 花期5~8月，果期9~10月。
- **日　照：** 全日照。
- **温　度：** 生长适温15℃~24℃。
- **土　壤：** 喜疏松肥沃、排水良好的微酸性沙质壤土。
- **水　分：** 喜湿润，也耐旱。

形态特征 落叶直立灌木，株高达2米。奇数羽状复叶，小叶5~9，椭圆形至倒卵状椭圆形，锯齿钝，叶质厚，叶面皱褶，背面有柔毛及刺毛。花单生或3~6朵集生，常为紫红色，芳香。

应用 芳香浓郁，是著名的芳香花灌木。盆栽适合阳台、卧室、书房或庭院摆放观赏；花可食用，可制饼馅、酿酒、作糖浆，也可制作花草茶；鲜花可提取芳香油，供食用或化妆品用，也可入药。

学名| *Rosa hybrida*

现代月季

别名：长春花、月季
科属：蔷薇科蔷薇属

- 原产地：园艺种。
- 繁　殖：嫁接、扦插、高压。
- 花果期：花期几乎全年。
- 日　照：全日照。
- 温　度：生长适温15℃~25℃。
- 土　壤：喜肥沃疏松之微酸性沙质土壤为宜。
- 水　分：喜湿润。

形态特征 常绿或半常绿灌木，株高达2米。奇数羽状复叶，小叶3~5枚，卵状椭圆形。花常数朵簇生，微香，单瓣或重瓣，花色极多，有红、黄、白、粉、紫及复色等。

应用 为著名的四大切花之一，花色娇艳，芳香馥郁。盆栽适合卧室或客厅装饰；切花可瓶插用于餐桌、案几摆放；适合庭院、公园、绿地的花坛、路边栽培观赏。

学名| *Rosa laevigata*

金樱子

别名：糖罐子、山石榴
科属：蔷薇科蔷薇属

- 原产地：我国陕西、安徽、广东、广西、台湾、福建、云南、贵州、浙江、江苏、湖北、湖南。
- 繁　殖：播种、扦插。
- 花果期：花期4~6月，果期7~11月。
- 日　照：全日照。
- 温　度：生长适温15℃~28℃。
- 土　壤：不择土壤。
- 水　分：喜湿润，也耐旱。

形态特征 常绿攀缘灌木，株高可达5米。叶革质，小叶通常3枚，少数达5枚，椭圆状卵形、倒卵形或披针状卵形。花单生于叶腋，花瓣白色，宽倒卵形。

应用 习性强健，易栽培，花大，洁白，适合小型棚架、栅栏、绿廊及花架等垂直绿化；根皮含鞣质可提取栲胶；果实可制糖及酿酒；根、叶、果入药，根有活血散瘀、祛风除湿的功效，叶外用治疮疖，果能止腹泻。

学名| *Sorbaria sorbifolia*

珍珠梅

别名：东北珍珠梅
科属：蔷薇科珍珠梅属

- 原产地：我国东北、内蒙古；俄罗斯、朝鲜、日本及蒙古也有。
- 繁　殖：分株、扦插、播种。
- 花果期：花期7~8月，果期9月。
- 日　照：全日照。
- 温　度：生长适温15℃~24℃。
- 土　壤：不择土壤。
- 水　分：喜湿润。

形态特征 落叶灌木，株高可达2米。羽状复叶，小叶对生，披针形至卵状披针形，先端渐尖，少数尾尖，基部近圆形或宽楔形，稀偏斜，边缘有尖锐重锯齿。顶生大型密集圆锥花序，小花白色。

应用 为我国常见栽培的花灌木，株型优良，花洁白雅致，常用于公园、庭院、绿地的草坪、林缘、墙边、水畔处栽培观赏。

学名| *Rosa xanthina*

黄刺玫

别名：刺玫花、黄刺莓
科属：蔷薇科蔷薇属

- 原产地：我国东北、华北、西北地区。
- 繁　殖：扦插、压条、分株、播种。
- 花果期：花期5~6月，果期7~8月。
- 日　照：全日照。
- 温　度：生长适温15℃~24℃。
- 土　壤：不择土壤。
- 水　分：喜湿润，也耐旱。

形态特征 落叶灌木，株高达3米。奇数羽状复叶，小叶常7~13枚，近圆形或椭圆形，边缘有锯齿。花单生，黄色，单瓣或半重瓣，无苞片。

应用 花色金黄，花期长，是优良的早春观花树种，适合路边、草坪边缘、林缘或墙隅栽培观赏。

学名| *Rubus rosaefolius var. corinarius*

重瓣蔷薇莓

别名：荼蘼花
科属：蔷薇科悬钩子属

- 原产地：我国陕西、云南；印度、印度尼西亚及马来西亚也有。
- 繁　殖：扦插、分株。
- 花果期：花期3~5月。
- 日　照：全日照或半日照。
- 温　度：生长适温16℃~28℃。
- 土　壤：不择土壤。
- 水　分：喜湿润。

形态特征 常绿灌木，株高2~3米。小叶5~7枚，卵状披针形或披针形，顶端渐尖，基部圆形，具腺点，边缘有尖锐缺刻状重锯齿。花常1~2朵顶生或腋生，重瓣，白色，具芳香。

应用 花朵洁白，清新素雅，适合公园、小区或庭院丛植、片植观赏，也可用于花坛或盆栽欣赏。

学名| *Spiraea bumalda 'Gold Flame'*

金焰绣线菊

科属：蔷薇科绣线菊属

- 原产地：美国。
- 繁　殖：扦插、分株。
- 花果期：花期5~10月。
- 日　照：全日照。
- 温　度：生长适温15℃~25℃。
- 土　壤：喜深厚肥沃、排水良好的沙质壤土。
- 水　分：喜湿润，也耐旱。

形态特征 落叶小灌木，株高30~60厘米。叶卵状，互生，叶缘有锯齿，新叶金黄，老叶黄色，夏季黄绿色。聚伞花序，花粉红色。

应用 新叶金黄明亮，观赏性佳，为优良的地被植物。可配置于草坪、路边及林缘或作镶边材料。

学名| *Spiraea cantoniensis*

麻叶绣线菊

别名：麻叶绣球、粤绣线菊
科属：蔷薇科绣线菊

- 原产地：我国河北、河南、陕西、安徽、江苏、浙江、江西、四川、广西、广东、福建；日本也有。
- 繁　殖：扦插、分株、播种。
- 花果期：花期4~5月，果期7~9月。
- 日　照：全日照。
- 温　度：生长适温15℃~24℃。
- 土　壤：不择土壤。
- 水　分：喜湿润。

形态特征 灌木，株高1.5米。叶片菱状披针形至菱状矩圆形，先端急尖，基部楔形，边缘自近中部以上具缺刻状锯齿，两面无毛，具羽状叶脉。伞形花序，具多数花朵，花白色。蓇葖果。

应用 春天白花似雪，满布枝头，常配置于草坪、路边及林缘，或点缀假山岩石，亦可片植作色块应用。

学名| *Spiraea chinensis*

中华绣线菊

别名：铁黑汉条
科属：蔷薇科绣线菊属

- 原产地：我国内蒙古、河北、河南、陕西、湖北、湖南、安徽、江西、江苏、浙江、贵州、四川、云南、福建、广东及广西。
- 繁　殖：播种、扦插、分株。
- 花果期：花期3~6月，果期6~10月。
- 日　照：全日照。
- 温　度：生长适温16℃~26℃。
- 土　壤：不择土壤。
- 水　分：喜湿润。

形态特征 落叶灌木，株高1.5~3米。叶片菱状卵形至倒卵形，先端急尖或圆钝，基部宽楔形或圆形，边缘有缺刻状粗锯齿，或具不明显三裂。伞形花序具花16~25朵，萼筒钟状，花瓣近圆形，白色。蓇葖果。

应用 花朵洁白，素雅，适合公园、庭院路边、一隅栽培观赏。

学名| *Spiraea japonica*

粉花绣线菊

别名：日本绣线菊
科属：蔷薇科绣线菊属

- 原产地：日本。
- 繁　殖：播种、扦插、分株。
- 花果期：花期6~7月，果期8~9月。
- 日　照：全日照。
- 温　度：生长适温18℃~26℃。
- 土　壤：喜肥沃湿润的沙质壤土。
- 水　分：喜湿润，也耐旱。

形态特征 落叶灌木，株高可达1.5米。单叶互生，卵状披针形至披针形，先端尖，边缘具缺刻状重锯齿，叶面散生细毛，叶背略带白粉。复伞房花序，生于当年生枝端，花粉红色。蓇葖果。

应用 花色娇艳，极为醒目，适合公园、庭院片植于草坪、池畔、花境或山石边观赏。

学名| *Spiraea prunifolia var. simpliciflora*

李叶绣线菊

别名：单瓣笑靥花
科属：蔷薇科绣线菊属

- 原产地：我国湖北、湖南、江苏、浙江、江西及福建。
- 繁　殖：播种、扦插、分株。
- 花果期：花期3~4月，果期4~7月。
- 日　照：全日照。
- 温　度：生长适温15℃~26℃。
- 土　壤：不择土壤。
- 水　分：喜湿润，也耐旱。

形态特征 落叶灌木，株高达3米。叶小，椭圆形至卵形，叶缘中部以上有锐锯齿，叶背有细短柔毛或光滑。伞形花序，具花3~6朵，花白色。

应用 花繁密，花色洁白，为早春优良的观花灌木，适合丛植于池畔、山坡、路旁或林缘，亦可成片群植于草坪或建筑物旁。

别名：绣线菊
科属：蔷薇科绣线菊属

学名| *Spiraea salicifolia*

柳叶绣线菊

- 原产地：我国东北、内蒙古及河北；蒙古、日本、朝鲜、俄罗斯及欧洲也有。
- 繁　殖：播种、扦插。
- 花果期：花期6~8月，果期8~9月。
- 日　照：全日照。
- 温　度：生长适温16℃~24℃。
- 土　壤：不择土壤。
- 水　分：喜湿润，也耐旱。

形态特征 直立灌木，株高1~2米。叶片长圆披针形至披针形，先端急尖或渐尖，基部楔形，边缘密生锐锯齿，有时为重锯齿。花序为长圆形或塔形的圆锥花序，花小，粉红色，蓇葖。

应用 习性强健，花繁密，适合公园、庭院或风景区等用于路边、水岸边绿化观赏；也是优良蜜源植物。

别名：吉氏珍珠梅、珍珠梅
科属：蔷薇科珍珠梅属

学名| *Sorbaria kirilowii*

华北珍珠梅

- 原产地：我国华北地区。
- 繁　殖：分株、扦插、播种。
- 花果期：花期6~7月，果期9~10月。
- 日　照：全日照。
- 温　度：生长适温25℃~26℃。
- 土　壤：不择土壤。
- 水　分：喜湿润。

形态特征 落叶丛生灌木，株高可达3米。羽状复叶，小叶披针形至长圆状披针形，先端渐尖，少数尾尖，基部圆形至宽楔形，边缘有尖锐重锯齿。顶生圆锥花序，花小白色，蕾时如珍珠。蓇葖果。

应用 花姿优美，花期长，是夏季少花季节优良花灌木，适合草坪、林缘、墙边、水畔栽培观赏。

学名/ *Gardenia jasminoides*

栀子

别名：山栀子、黄栀
科属：茜草科栀子花属

- 原产地：我国南部和中部；越南、日本也有。
- 繁　殖：扦插。
- 花果期：花期5~7月，果期8~11月。
- 日　照：全日照或半日照。
- 温　度：生长适温18℃~28℃。
- 土　壤：喜疏松肥沃的沙质酸性壤土。
- 水　分：喜湿润。

形态特征 常绿灌木或小乔木，株高达2米。叶对生或3叶轮生，叶片革质，长椭圆形或倒卵状披针形，全缘。花单生于枝端或叶腋，白色，芳香。常见栽培的变种有白蟾*G. jasminoides var. fortuniana*、斑叶栀子*G. jasminoides var. aureo-variegata*。

应用 叶色光亮，花香馥郁。盆栽适合阳台、窗台或卧室等处摆放观赏；常用于公园、绿地、庭院等丛植、片植，也可整形成花篱。

学名| *Gardenia scabrella*

粗栀子

科属：茜草科栀子属

- 原产地：澳大利亚。
- 繁　殖：扦插。
- 花果期：花期春至夏。
- 日　照：全日照。
- 温　度：生长适温18℃~28℃。
- 土　壤：不择土壤。
- 水　分：喜湿润，较耐旱。

形态特征 常绿灌木或小乔木，株高可达6米。叶对生，长椭圆形，先端钝，基部楔形，绿色，叶脉明显，全缘。花单生于枝端或叶腋，花瓣6枚，白色。

应用 花色洁白，具芳香。盆栽可摆放于阳台、窗台等处欣赏，或植于庭院的窗台、路边栽培。

学名| *Hamelia patens*

希茉莉

别名：长隔木
科属：茜草科长隔木属

- 原产地：热带美洲。
- 繁　殖：扦插。
- 花果期：温度适宜，可全年开花。
- 日　照：全日照。
- 温　度：生长适温18℃~28℃。
- 土　壤：喜排水、保水良好的微酸性沙质壤土。
- 水　分：喜湿润，也耐旱。

形态特征 多年生常绿灌木，植株高2~3米。叶轮生，长披针形，纸质，腹面深绿色，背面灰绿色，叶面较粗糙，全缘。聚伞圆锥花序，顶生，管状花橘红色。

应用 花期长，花秀丽可爱，是优良的观花灌木，适合墙垣边、路边或坡地绿化，也可用于花坛、岩石园等栽培观赏。

学名| *Ixora chinensis*

龙船花

别名：英丹、木绣球
科属：茜草科龙船花属

- 原产地：我国广东、福建、香港及广西；越南、菲律宾、马来西亚、印度尼西亚也有。
- 繁　殖：扦插、高压。
- 花果期：花期全年。
- 日　照：全日照。
- 温　度：生长适温22℃~32℃。
- 土　壤：喜富含腐殖质、疏松、肥沃的酸性土壤。
- 水　分：喜湿润，也耐旱。

形态特征 常绿小灌木，株高0.5~2米。叶对生，薄革质，椭圆形或倒卵形，先端急尖，基部楔形，全缘。聚伞花序顶生，花冠高脚碟状，红色。浆果。

应用 花色鲜艳，习性强健，为南方常见栽培的园林植物。盆栽适于阳台、窗台、客厅或花架摆放；适宜公园、绿地路边、山石边栽培观赏。

学名| *Mussaenda erosa*

楠藤

别名：厚叶白纸扇
科属：茜草科玉叶金花属

- 原产地：我国华南、西南地区；日本也有。
- 繁　殖：扦插、播种。
- 花果期：花期4~7月，果期9~12月。
- 日　照：全日照。
- 温　度：生长适温20℃~30℃。
- 土　壤：不择土壤。
- 水　分：喜湿润。

形态特征 攀缘灌木，株高约3米。叶对生，纸质，卵形、长圆形至长圆状椭圆形，顶端短或长尖，基部楔尖。伞房状多枝聚伞花序顶生，花疏生，花冠橙黄色。浆果。

应用 生长快，枝叶茂盛，适合路边、草地边缘、林下孤植、丛植或列植，也可与其他花灌木配植。

学名 *Mussaenda erythrophylla*

红纸扇

别名：红玉叶金花
科属：茜草科玉叶金花属

- 原产地：西非。
- 繁　殖：扦插。
- 花果期：花期夏季，果期秋季。
- 日　照：全日照。
- 温　度：生长适温22℃~32℃。
- 土　壤：喜排水良好、富含腐殖质的壤土或沙质壤土。
- 水　分：喜湿润。

形态特征 半落叶灌木，株高约1~3米。叶对生，纸质，椭圆形披针状，顶端长渐尖，基部渐窄，两面被稀柔毛，叶脉红色。聚伞花序顶生，花萼裂片5枚，其中一片明显增大为红色花瓣状，花冠金黄色。

应用 生长繁茂，苞片极为艳丽。适合丛植、片植于林缘、路边、草坪或庭院栽植观赏，也可配植于假山石边或池畔欣赏。

学名 *Mussaenda hybrida 'Alicia'*

粉萼花

别名：粉萼金花
科属：茜草科玉叶金花属

- 原产地：园艺杂交种。
- 繁　殖：扦插。
- 花果期：花期6~10月。
- 日　照：全日照。
- 温　度：生长适温20℃~30℃。
- 土　壤：喜富含腐殖质的壤土或沙质壤土。
- 水　分：喜湿润。

形态特征 半落叶灌木，株高1~3米。叶对生，长椭圆形，顶端渐尖，基部楔形，全缘。聚伞房花序顶生，花萼裂片5枚，全部增大为粉红色花瓣状，花冠金黄色，高脚碟状，喉部淡红色。

应用 习性强健，苞片美丽，花期长，是优良的花灌木。适合公园、庭院及园林绿地片植、孤植观赏。

学名| *Mussaenda philippica 'Aurorae'*

白纸扇

别名：雪萼花
科属：茜草科玉叶金花属

- 原产地：栽培种。
- 繁　殖：扦插。
- 花果期：花期5~10月，果期9~12月。
- 日　照：全日照。
- 温　度：生长适温20℃~30℃。
- 土　壤：不择土壤。
- 水　分：喜湿润。

形态特征　半落叶性常绿灌木，株高约1.5~2.5米。叶对生，长卵形，革质，基部钝形或渐尖形、先端尖或渐尖形、全缘。聚伞花序顶生，萼片五深裂，常具1~2枚大型叶状苞片、圆形或广卵形，白色或淡黄白色，花冠长漏斗状、金黄色。浆果。

应用　姿态优雅、苞片洁白，装饰性强，适宜于园林造景、花坛点缀、庭院美化和家庭盆植。

学名| *Mussaenda pubescens*

玉叶金花

别名：山甘草、凉口茶
科属：茜草科玉叶金花属

- 原产地：我国广东、香港、海南、广西、福建、湖南、江西、浙江及台湾。
- 繁　殖：扦插。
- 花果期：花期4~5月。
- 日　照：全日照。
- 温　度：生长适温20℃~30℃。
- 土　壤：不择土壤。
- 水　分：喜湿润。

形态特征　常绿缠绕蔓性藤本灌木。单叶对生近轮生，叶片卵状矩圆形至卵状披针形，基部钝形或渐尖形、先端尖或渐尖形、全缘。聚伞花序顶生，单性花，雌雄同株，花冠漏斗形，花白色或淡黄白色。浆果。

应用　习性强健，生长快，园林中可用于路边、坡地、山石边或水岸边绿化，也可作水土保持植物；茎叶入药，具有清凉消暑、清热疏风的功效；茎叶晒干可代茶饮。

别名：牛皮冻、女青
科属：茜草科鸡矢藤属

学名 *Paederia scandens*

鸡矢藤

- 原产地：我国华南、华东、西南、华中及西北部分地区；朝鲜、日本及东南亚也有。
- 繁　殖：播种或扦插。
- 花果期：花期5~7月。
- 日　照：全日照。
- 温　度：生长适温20℃~30℃。
- 土　壤：不择土壤。
- 水　分：喜湿润，也耐旱。

形态特征 多年生草质藤本，茎长3~5米。叶对生，纸质或近革质，形状变化大，卵形、卵状长圆形至披针形，顶端急尖或渐尖，基部楔形或近圆或截平，有时浅心形。圆锥花序式的聚伞花序腋生和顶生，花冠浅紫色。

应用 多野生，可用于小型花架、绿篱、墙垣绿化；嫩叶、幼茎可作蔬菜食用；全草入药，对多种疾病有疗效。

别名：满天星
科属：茜草科白马骨属

学名 *Serissa japonica*

六月雪

- 原产地：我国华中、华南、华东地区，日本亦有。
- 繁　殖：扦插。
- 花果期：花期5~6月，果期8~9月。
- 日　照：全日照或半日照。
- 温　度：生长适温22℃~30℃。
- 土　壤：不择土壤。
- 水　分：喜湿润。

形态特征 常绿或半常绿丛生灌木，株高约1米。叶对生或成簇生状，卵形或狭椭圆形，全缘，顶端短尖至长尖，全缘。花单生或多朵簇生，花白色，花冠漏斗状。常见的栽培品种有金边六月雪*S. japonica 'Variegata'*。

应用 叶色光亮，花色洁白可爱。可制作盆景用于客厅、阳台栽培观赏。适于路边作绿篱或花篱栽培。

学名| *Pentas lanceolata*

繁星花

别名：五星花
科属：茜草科五星花属

- 原产地：中东、非洲热带地区。
- 繁　殖：扦插。
- 花果期：花期3~10月。
- 日　照：全日照。
- 温　度：生长适温22℃~30℃。
- 土　壤：不择土壤。
- 水　分：喜湿润，也耐旱。

形态特征 直立亚灌木，全株披毛。叶浓绿色，对生、膜质，卵形、椭圆形或卵状披针形，先端渐尖，叶基渐狭具短柄。聚伞花序，生于枝顶，每个花序约由20朵小花组成。花冠有粉红、绯红、桃红、白、红色等。蒴果。

应用 花型奇特，开花繁茂，盆栽用于阳台、窗台等阳光明亮的地方观赏；也适合布置花坛、花境。

别名：千里香
科属：芸香科九里香属

学名/ *Murraya paniculata*

九里香

- 原产地：亚洲热带及亚热带地区。
- 繁　殖：播种、扦插、压条。
- 花果期：花期7~10月，果期10月至翌年2月。
- 日　照：全日照。
- 温　度：生长适温16℃~28℃。
- 土　壤：喜疏松肥沃、排水良好中性壤土。
- 水　分：喜湿润。

形态特征 常绿灌木或小乔木，株高1~2米。奇数羽状复叶互生，小叶卵形、匙状倒卵形或近菱形，全缘。聚伞花序顶生或腋生，花白色。浆果。

应用 可制作盆景用于阳台、客厅观赏；也适合作绿篱，或孤植、丛植于路边、一隅观赏。

学名| *Xanthoceras sorbifolia*

文冠果

别名：文官果
科属：无患子科文冠果属

- 原产地：我国华北及山东、河南、甘肃、辽宁。
- 繁　殖：播种、分株、压条、根插。
- 花果期：花期4~5月，果期8~9月。
- 日　照：全日照。
- 温　度：生长适温16℃~24℃。
- 土　壤：不择土壤。
- 水　分：喜湿润，也耐旱。

形态特征　落叶小乔木或灌木，株高可达10米。奇数羽状复叶互生，小叶长椭圆形至披针形，边缘有锯齿。总状花序顶生，花杂性，白色，基部有由黄变红之斑晕。蒴果。

应用　春可赏花，秋可观果，适合公园、庭院、绿地孤植于草坪、路边欣赏，也可作行道树；是很好的蜜源植物；木材坚实致密，纹理美，是制作家具及器具的好材料。

别名：风船葛、野苦瓜
科属：无患子科倒地铃属

学名/ *Cardiospermum halicacabum*

倒地铃

- 原产地：我国东部、南部及西南，北部少见。
- 繁　殖：播种。
- 花果期：花期夏、秋，果期秋季至初冬。
- 日　照：全日照。
- 温　度：生长适温20℃~30℃。
- 土　壤：不择土壤。
- 水　分：喜湿润。

形态特征 草质攀缘藤本，蔓长可达5米。二回三出复叶，薄纸质，顶生的斜披针形或近菱形，顶端渐尖，侧生的稍小，卵状或长椭圆形，边缘有疏锯齿或羽状分裂。圆锥花序腋生，花白色。蒴果。

应用 花、果均有较高的观赏价值，常用于栅栏、绿篱、花架、棚架等栽培观赏，也可作地被植物及盆栽观赏。

别名：灯笼树
科属：无患子科栾树属

学名/ *Koelreuteria paniculata*

栾树

- 原产地：中国北部与中部，华北较为常见；日本、朝鲜亦有。
- 繁　殖：播种、分蘖、根插。
- 花果期：花期6~7月开花，果期8~9月。
- 日　照：全日照。
- 温　度：生长适温16℃~28℃。
- 土　壤：不择土壤。
- 水　分：喜湿润，也耐干旱。

形态特征 落叶乔木，株高达15米。奇数羽状复叶，互生，小叶卵形或椭圆形，先端尖或渐尖，叶缘具粗锯齿，近基部常有深裂片。圆锥花序顶生，花小，金黄色。蒴果。

应用 株型美观，园林中常用作庭荫树、风景树及行道树，也可用于水土保持工程。

学名| *Ribes pulchellum*

美丽茶藨子

别名：小叶茶藨子
科属：虎耳草科茶藨子属

- 原产地：我国青海、内蒙古、甘肃、山西、河北。
- 繁　殖：扦插、压条、播种。
- 花果期：花期6月，果期8月。
- 日　照：全日照。
- 温　度：生长适温15℃~24℃。
- 土　壤：喜深厚肥沃、富含腐殖质的壤土。
- 水　分：喜湿润。

形态特征 落叶灌木，株高1~1.5米。叶近圆形或宽卵形，3深裂，裂片先端尖，基部圆形、截形或微心形，边缘具锯齿。总状花序生短枝上，花单性，雌雄异株，淡红色。浆果。

应用 开花繁茂。极为美丽，具芳香，园林中可植于假山石边、路边、林缘或水岸边，也可与其他花灌木配植；果实可食用。

学名| *Deutzia scabra*

溲疏

别名：空疏
科属：虎耳草科溲疏属

- 原产地：我国江苏、安徽、江西、湖北、贵州。
- 繁　殖：扦插或高压。
- 花果期：花期5~6月，果期8~9月。
- 日　照：全日照。
- 温　度：生长适温15℃~26℃。
- 土　壤：不择土壤。
- 水　分：喜湿润。

形态特征 落叶灌木，株高2~2.5米。叶对生，长卵状椭圆形，缘有细锯齿。直立圆锥花序，花白色或外面略带红晕，花瓣5枚。蒴果。常见栽培的品种有白重瓣溲疏*D. scabra* 'Candidissima'。

应用 习性强健，花白似雪，园林中常用于草坪、山坡、路旁及林缘和岩石园栽培观赏。

别名：绣球、紫阳花
科属：虎耳草科绣球属

学名| *Hydrangea macrophylla*

八仙花

- 原产地：我国长江流域及以南地区；日本也有。
- 繁　殖：扦插。
- 花果期：花期6~7月。
- 日　照：半日照。
- 温　度：生长适温15℃~25℃。
- 土　壤：喜肥沃、排水良好的土壤。
- 水　分：喜湿润。

形态特征 落叶或半常绿灌木，株高0.5~1米。叶椭圆形或倒卵形，边缘具钝锯齿。伞房花序顶生，球状，有总梗。不育花萼片4枚，阔倒卵形、近圆形或阔卵形，粉红色、淡蓝色或白色，孕性花极少。常见栽培的品种有银边八仙花*H. macrophylla* '*Maculata*'。

应用 花大色艳，花期长，是我国常见栽培的观花灌木。盆栽适合阳台、天台、卧室、客厅等摆放观赏，或植于庭院路边、窗前观赏；也常用于路边、花坛及花境栽培。

别名：水亚木
科属：虎耳草科绣球花属

学名| *Hydrangea paniculata*

圆锥绣球

- 原产地：我国长江流域。
- 繁　殖：扦插、压条、分株。
- 花果期：花期8~9月。
- 日　照：半日照。
- 温　度：生长适温16℃~25℃。
- 土　壤：喜疏松肥沃、排水良好的沙质壤土。
- 水　分：喜湿润。

形态特征 落叶灌木，株高2~3米。叶对生，在上部有时三叶轮生，叶卵形或长椭圆形，先端渐尖，基部楔形，缘有锯齿。圆锥花序顶生，可育两性花小，白色，不育花大形，仅具4枚花瓣状萼片，全缘，白色，后渐变淡紫色。

应用 花序硕大，极美丽。盆栽用于阳台或天台装饰；适合林缘、池畔、路旁或墙垣边栽培观赏，也是花境常用的材料。

学名| *Hydrangea serrata f. acuminata*

泽八仙

别名：泽八绣球
科属：虎耳草科绣球属

- 原产地：日本及朝鲜。
- 繁　殖：扦插。
- 花果期：花期春季。
- 日　照：全日照。
- 温　度：生长适温16℃~25℃。
- 土　壤：不择土壤。
- 水　分：喜湿润。

形态特征 常绿灌木，株高1米左右。叶对生，边缘具锯齿，先端渐尖，基部楔形。聚伞花序排成伞形状，顶生。花二型，不育花具长柄，生于花序外侧，花瓣退化，萼片花瓣状，具3~5枚。孕性花小，具短柄，花瓣4~5枚。

应用 花姿清雅，秀丽可爱，适合公园、庭院或社区等的路边、草地中、水岸边或墙垣边种植观赏。

学名| *Ribes burejense*

刺果茶藨子

别名：刺李子
科属：虎耳草科茶藨子属

- 原产地：我国长白山、小兴安岭及华北高山地。
- 繁　殖：扦插、压条、播种。
- 花果期：花期5月，果期7~8月。
- 日　照：全日照。
- 温　度：生长适温15℃~24℃。
- 土　壤：喜深厚肥沃、排水良好的沙质壤土为宜。
- 水　分：喜湿润。

形态特征 落叶灌木，株高1~1.5米。单叶互生或簇生，掌状3~5裂，基部心形，裂片边缘具圆齿。花淡粉红色，1~2朵簇生。浆果。

应用 花小，具芳香，果实如刺球，可供观赏。园林中可配置于假山岩石边、路边或林缘，也可修剪整型成绿篱栽培。

学名| *Alonsoa warscewiczii*

科属：玄参科假面花属

心叶假面花

花序特征
花红色，有距

- 原产地：秘鲁。
- 繁　殖：播种。
- 花果期：花期春、夏，果期夏、秋。
- 日　照：全日照。
- 温　度：生长适温18℃~26℃。
- 土　壤：喜排水良好、肥沃的壤土。
- 水　分：喜湿润。

形态特征 多年生草本，一般作一年生栽培，株高30~60厘米。茎细长，具分枝，红色。叶卵形，具锯齿，绿色。花红色，有距。

应用 花小，红艳可爱。盆栽适合阳台、窗台等阳光充足的地方养护；常用于花坛、花台、花境或作背景材料。

学名| *Angelonia salicariifolia*

天使花

别名：香彩雀
科属：玄参科香彩雀属

- 原产地：南美。
- 繁　殖：播种、扦插、分株。
- 花果期：全年可开花，以春夏尤盛。
- 日　照：全日照。
- 温　度：生长适温18℃~28℃。
- 土　壤：不择土壤。
- 水　分：喜湿。

形态特征 多年生宿根亚灌木，株高30~70厘米。叶对生，线状披针形，边缘具刺状疏锯齿。花腋生，花冠唇形，花色有白、红、紫或杂色。

应用 习性强健，花期长，花繁茂。盆栽用于窗台、阳台或案头点缀；常用于园路边及水体的浅水处栽培观赏。

学名| *Antirrhinum majus*

金鱼草

别名：龙口花、龙头花
科属：玄参科金鱼草属

- 原产地：地中海一带。
- 繁　殖：播种。
- 花果期：花期5~9月。
- 日　照：全光照。
- 温　度：生长适温10℃~25℃。
- 土　壤：喜排水良好的肥沃土壤。
- 水　分：喜湿润。

形态特征 多年生草本植物，株高20~150厘米。下部叶片对生，卵形，上部互生，叶片长圆状披针形，全缘。总状花序顶生，花冠二唇瓣，基部膨大，有火红、金黄、艳粉、纯白和复色等色。

应用 习性强健，易栽培，为我国常见的庭院花卉，矮性种常用于花坛、花境或路边栽培观赏，盆栽观赏可置于阳台、窗台等处装饰；高性种常用作切花，也可作背景材料；全草入药，具清热凉血、消肿的功效。

学名| *Bacopa diffusus*

科属：玄参科假马齿苋属

百可花

原产地：热带和亚热带，主产美洲。
繁　殖：播种。
花果期：花期5~7月。
日　照：全日照。
温　度：生长适温18℃~25℃。
土　壤：喜疏松、肥沃的壤土。
水　分：喜湿润。

形态特征　一、二年生草本；叶对生，叶缘有齿缺，匙形；花单生于叶腋内，具柄；萼片5枚，完全分离，后方一枚常常最宽大，前方一枚次之，侧面3枚最狭小；花冠白色、淡蓝色或粉红色等，三唇形。蒴果。

应用　盆栽可用于阳台、窗台或案几上装饰，或植于庭院的花坛、路边观赏；适合公园、绿地绿化。

学名| *Calceolaria crenatiflora*

别名：荷包花、元宝花、拖鞋花
科属：玄参科蒲包花属

蒲包花

原产地：南美智利。
繁　殖：播种。
花果期：花期2~5月，果期4~5月。
日　照：全日照。
温　度：生长适温10℃~22℃。
土　壤：喜肥沃、疏松和排水良好的微酸性沙质壤土。
水　分：喜湿润。

形态特征　为多年生草本植物，多作一年生栽培，株高约50厘米。叶对生或轮生，基部叶片较大，上部叶较小，长椭圆形或卵形。伞形花序顶生，花具二唇花冠，下唇发达，形似荷包。花色有红、黄、粉、白等色，有的品种花冠上还密布紫红、深褐或橙红色小斑点。蒴果。

应用　极奇特，色泽丰富，常盆栽观赏，用来装饰窗台、阳台、书房、卧室等，园林中较少应用。

学名| *Cymbalaria muralis*

镜钹花

别名：兔子花、长春藤叶柳穿鱼、草柳穿鱼
科属：玄参科镜钹藤属

- 原产地：欧洲。
- 繁　殖：扦插。
- 花果期：花期春季。
- 日　照：全日照。
- 温　度：生长适温18℃~28℃。
- 土　壤：不择土壤。
- 水　分：喜湿润，也耐旱。

形态特征 一年生蔓性植物，茎长可达60厘米。叶互生，肾形至半圆形，掌状5裂，裂片深达叶片1/3，有时侧裂片2浅裂，裂片先端具短尖头，叶基深心形。花单生于叶腋，花冠蓝紫色。

应用 习性强健，繁殖快，多盆栽用于阳台、窗台或案几等处装饰。

学名| *Digitalis purpurea*

毛地黄

别名：洋地黄
科属：玄参科毛地黄属

- 原产地：欧洲。
- 繁　殖：分株、播种。
- 花果期：花期5~6月，果期8~10月。
- 日　照：全日照或半日照。
- 温　度：生长适温10℃~20℃。
- 土　壤：不择土壤。
- 水　分：喜湿润。

形态特征 二年生或多年生草本植物，株高50~100厘米。叶基生，呈莲座状，卵圆形或卵状披针形。顶生总状花序，花冠钟状，紫红色，内面有浅白斑点。蒴果。

应用 花序高大，观赏性佳，适于公园、绿地的花境、园路边、山石边及水岸边栽培观赏，也是庭院绿化的优良材料；叶药用，有强心的功效。

别名：玉芙蓉
科属：玄参科玉芙蓉属

学名| *Leucophyllum frutescens*

红花玉芙蓉

- 原产地：中美洲至北美洲。
- 繁　殖：扦插、高压。
- 花果期：花期夏、秋两季。
- 日　照：全日照。
- 温　度：生长适温22℃~32℃。
- 土　壤：不择土壤。
- 水　分：喜湿润，也耐旱。

形态特征 常绿小灌木，株高30~150厘米。叶互生，椭圆形或倒卵形，密被银白色茸毛，质厚，全缘，微卷曲。花腋生，花冠钟形，五裂，紫红色。

应用 花叶俱美，盆栽可用于阳台、窗台等处装饰，或植于庭院一隅、路边欣赏；适合池边、水岸及园路边绿化。

别名：双漫草
科属：玄参科石龙尾属

学名| *Limnophila aromatica*

紫苏草

- 原产地：我国广东、福建、台湾及江西；日本、南亚、东南亚、澳大利亚也有。
- 繁　殖：分株、播种。
- 花果期：花果期3~9月。
- 日　照：全日照。
- 温　度：生长适温18℃~30℃。
- 土　壤：不择土壤。
- 水　分：喜湿或生于浅水外。

形态特征 一年生或多年生草本植物。株高30~70厘米。叶对生或三枚轮生，卵状披针形至披针状椭圆形，或披针形，具细齿。花排列成顶生或腋生的总状花序，或单生叶腋，花冠白色，蓝紫色或红色。蒴果。

应用 盆栽适合阳光充足的环境或用于水景绿化；园林中常用于水畔湿地或浅水处栽培；全草入药。

学名| *Limnophila chinensis*

中华石龙尾

别名：蛤蟆草、华石龙尾、过塘草

科属：玄参科石龙尾属

- 原产地：我国广东、广西及云南；南亚、东南亚及澳大利亚也有。
- 繁　殖：分株、播种。
- 花果期：花果期10月至翌年5月。
- 日　照：全日照。
- 温　度：生长适温18℃~28℃。
- 土　壤：不择土壤。
- 水　分：喜湿润。

形态特征 多年生草本植物。株高5～50厘米。叶对生或3～4枚轮生，边缘具锯齿。花单生叶腋或排列成顶生的圆锥花序，花冠紫红色、蓝色，稀为白色。蒴果。

应用 盆栽适合阳光充足的地方，也适于庭院水景及公园、绿地的水体浅水处绿化；全草入药，具有清热利尿、凉血解毒的功能。

学名| *Limnophila rugosa*

大叶石龙尾

别名：水薄荷、水茴香、水八角

科属：玄参科石龙尾属

- 原产地：我国广东、福建、台湾、湖南及云南；日本、南亚、东南亚也有。
- 繁　殖：播种、分株。
- 花果期：花果期8~10月，果期秋、冬。
- 日　照：全日照。
- 温　度：生长适温18℃~28℃。
- 土　壤：不择土壤。
- 水　分：喜湿润。

形态特征 多年生草本植物。株高10～50厘米。叶对生，叶片卵形，菱状卵形或椭圆形，边缘具圆齿。花无梗，无小苞片，通常聚集成头状，花冠紫红色或蓝色。蒴果。

应用 花美丽，园林中常用于水体岸边及浅水处栽培观赏；全草入药。

别名：柳穿鱼、小金鱼草
科属：玄参科柳穿鱼属

学名| *Linaria maroccana*

姬金鱼草

- 原产地：葡萄牙、北非。
- 繁　殖：播种。
- 花果期：花期春夏季，果期夏、秋季。
- 日　照：全日照。
- 温　度：生长适温10℃~25℃。
- 土　壤：喜肥沃富含有机质的沙质壤土。
- 水　分：喜湿润。

形态特征 一年生草本植物。株高20～40厘米。枝叶细如柳，叶线形，分枝多。花沿花茎逐渐向上开放，花紫红色，唇瓣中心鲜黄。

应用 开花繁茂，花期长，常用于花坛、路边或花境栽培观赏，也可盆栽用于窗台及阳台等处装饰。

别名：耳棘花属
科属：玄参科

学名| *Otacanthus caeruleus*

蓝金花

- 原产地：巴西。
- 繁　殖：扦插。
- 花果期：花期春至秋季。
- 日　照：全日照或半日照。
- 温　度：生长适温18℃~22℃。
- 土　壤：喜肥沃的沙质壤土。
- 水　分：喜湿润。

形态特征 亚灌木，株高50～90厘米。叶对生，长椭圆形，先端锐尖，边缘具细锯齿。花腋生，花冠长管状，蓝紫色。

应用 花姿奇特，花期长。盆栽用于阳台、窗台或书房等点缀；适合庭院、公园等处的花坛绿化。

学名| *Mimulus luteus*

猴面花

别名：锦花沟酸浆、沟酸浆
科属：玄参科酸浆属

- 原产地：南美智利。
- 繁　殖：播种。
- 花果期：花期春季，果期夏季。
- 日　照：全日照或半日照。
- 温　度：生长适温18℃~26℃。
- 土　壤：喜肥沃、富含腐殖质的沙质壤土。
- 水　分：喜湿润。

形态特征 多年生草本植物。多做一年生栽培，株高30～40厘米。茎粗壮，中空，伏地处节上生根。叶交互对生，宽卵圆形。稀疏总状花序，花对生在叶腋内，漏斗状，黄色，通常有紫红色斑块或斑点。

应用 花明妍多姿，园林中常用于花坛、花境或路边栽培观赏，也可盆栽用于阳台或窗台等装饰。

学名| *Nemesia strumosa*

龙面花

科属：玄参科龙面花属

- 原产地：非洲。
- 繁　殖：播种。
- 花果期：花期春季，果期夏季。
- 日　照：全日照或半日照。
- 温　度：生长适温15℃~25℃。
- 土　壤：喜肥沃、富含腐殖质的沙质壤土。
- 水　分：喜湿润。

形态特征 一年生草本植物。株高15～25厘米。叶对生，披针形或卵形，叶缘有刺状锯齿。花顶生，花色有黄、橙红等色，花瓣上着生许多斑彩或斑点。

应用 盆栽用于窗台、阳台、书房等摆放观赏；也是花坛、花境或庭院绿化的优良材料。

学名 *Paulownia elongata*

兰考泡桐

科属：玄参科泡桐属

- **原产地：**我国河北、河南、山东、山西、陕西、湖北、安徽、江苏。
- **繁　殖：**播种、压条、埋根。
- **花果期：**花期4~5月，果期秋季。
- **日　照：**全日照。
- **温　度：**生长适温16℃~24℃。
- **土　壤：**不择土壤。
- **水　分：**喜湿润，较耐旱。

形态特征 乔木，高达20米。叶片通常卵状心脏形，有时具不规则的角，顶端渐狭长而锐头，基部心脏形或近圆形。花序金字塔形或狭圆锥形，小聚伞花序有花3~5朵，稀单花，花冠漏斗状钟形，紫色至粉白色，内面有紫色细小斑点。蒴果。

应用 习性强健，生长快，适合公园、绿地等作风景树或行道树。

学名 *Paulownia fortunei*

白花泡桐

别名：泡桐
科属：玄参科泡桐属

- **原产地：**我国长江以南及台湾省；越南、老挝也有。
- **繁　殖：**播种、压条、埋根。
- **花果期：**花期3~4月，果期7~8月。
- **日　照：**全日照。
- **温　度：**生长适温16℃~28℃。
- **土　壤：**喜深厚、疏松、排水良好的壤土。
- **水　分：**喜湿润，也耐旱。

形态特征 落叶大乔木，株高达40米。叶对生，心状卵圆形至心状长圆形，顶端渐尖或锐尖头，全缘或微呈波状。圆锥状聚伞花序顶生，花冠大，漏斗状，唇形，白色或稍带紫色，内有紫色斑点，具香气。蒴果。

应用 树姿优美，茎干通直，花大美丽。常用作庭荫树、行道树或园景树；花、叶、皮入药。

学名| *Paulownia tomentosa*

毛泡桐

别名：紫花桐
科属：玄参科泡桐属

- 原产地：我国北起辽宁南部，河北经黄河流域至江苏，湖北，江西均常见栽培。
- 繁　殖：播种、压条、埋根。
- 花果期：花期4~5月，果期10月。
- 日　照：全日照。
- 温　度：生长适温16℃~26℃。
- 土　壤：不择土壤，以微碱性适宜。
- 水　分：喜湿润，也耐旱。

形态特征 落叶乔木，株高可达15~20米。叶对生，叶宽卵形至卵状心形，纸质，先端急尖或突短渐尖，基部心形，全缘或有浅裂。聚伞状圆锥花序顶生，花冠钟形，淡紫色至蓝紫色。蒴果。

应用 冠型优美，开花繁茂，适合公园、绿地、风景区等作园景树或行道树；能吸附大量烟尘及有毒气体，是城镇绿化及营造防护林的优良树种；材质优良，可作乐器和飞机部件的特殊材料；根皮入药治跌打伤。

学名| *Penstemon barbatus*

红花钓钟柳

别名：草本象牙红
科属：玄参科钓钟柳属

- 原产地：美国、墨西哥。
- 繁　殖：播种、分株。
- 花果期：花期夏季，果期秋季。
- 日　照：全日照或半日照。
- 温　度：生长适温16℃~25℃。
- 土　壤：喜排水良好的石灰质土壤。
- 水　分：喜湿润，也耐旱。

形态特征 多年生草本植物。株高达90厘米。单叶，对生或基生，披针形、线形，全缘，光滑或有毛。总状花序，亮红色，花冠二唇裂，下唇反卷有毛；上唇突出。蒴果。

应用 适于布置花坛、花境、草地边缘及城市绿地，切花可用于室内装饰。

别名：吊钟柳
科属：玄参科钓钟柳属

学名 *Penstemon campanulatus*

钓钟柳

- 原产地：墨西哥及危地马拉。
- 繁　殖：播种、扦插、分株。
- 花果期：花期5~6月。
- 日　照：全日照。
- 温　度：生长适温15℃~22℃。
- 土　壤：喜排水性能良好，含石灰质的肥沃沙质壤土。
- 水　分：喜湿润。

形态特征 多年生常绿草本植物。株高15~45厘米。叶对生，基生叶卵形，茎生叶披针形，全缘。聚伞圆锥花序顶生，花冠筒状唇形，花为红、蓝、紫、粉等颜色。

应用 花色艳丽，常用于花坛、花境或路边栽植，也是庭院绿化的优良材料。

别名：爆竹花、爆仗花
科属：玄参科炮仗竹属

学名 *Russelia equisetiformis*

炮仗竹

- 原产地：墨西哥及中美洲。
- 繁　殖：分株、扦插或压条。
- 花果期：花期6~10月。
- 日　照：全日照或半日照。
- 温　度：生长适温22℃~30℃。
- 土　壤：喜疏松肥沃的土壤。
- 水　分：喜湿润。

形态特征 常绿亚灌木，株高1米左右。叶对生或轮生，狭披针形或线形。总状花序，花小，筒状，红色。

应用 花型奇特，似爆竹，园林中常用于花台、花坛或园路两边栽培观赏，盆栽可用于阳台、天台绿化。

学名| *Torenia concolor*

单色蝴蝶草

别名：倒地蜈蚣
科属：玄参科蝴蝶草属

- 原产地：我国广东、广西、贵州及台湾。
- 繁　殖：播种、扦插。
- 花果期：花期5~11月。
- 日　照：半日照。
- 温　度：生长适温15℃~28℃。
- 土　壤：喜排水良好、富含有机质丰富的土壤。
- 水　分：喜湿润。

形态特征 多年生匍匐草本植物。蔓长可达1米。叶三角状卵形或长卵形，稀卵圆形，先端钝或急尖，基部宽楔形或近于截形，边缘具锯齿或具带短尖的圆锯齿。花单朵腋生或顶生，稀排成伞形花序，花冠蓝色或蓝紫色。

应用 生长繁茂，叶青翠欲滴，花清新淡雅，多吊盆栽植用于阳台、花架或置于案几上摆放观赏。

学名| *Torenia fournieri*

夏堇

别名：蓝猪耳、花公草
科属：玄参科蝴蝶草属

- 原产地：越南。
- 繁　殖：播种。
- 花果期：花果期6~12月。
- 日　照：全日照。
- 温　度：生长适温15℃~30℃。
- 土　壤：喜肥沃的壤土或沙壤土。
- 水　分：喜湿润，也耐旱。

形态特征 一年生草本植物。株高20~30厘米。叶对生，长心形，叶缘有细锯齿。花顶生，花色有白、紫红或紫蓝，喉部有斑点。

应用 花型奇特，花姿优美，适合布置花坛、花境或路边栽培观赏，也可盆栽置于屋顶、阳台、天台等装饰。

学名| *Verbascum thapsus*

毛蕊花

别名：假毒鱼草、毛蕊草
科属：玄参科毛蕊花属

- 原产地：欧洲、亚洲温带。
- 繁　殖：播种。
- 花果期：花期5~8月，果期7~10月。
- 日　照：全日照。
- 温　度：生长适温15℃~22℃。
- 土　壤：不择土壤。
- 水　分：喜湿润。

形态特征 二年生草本植物。茎直立，高1~2米。基生叶和下部的茎生叶倒披针状矩圆形，边缘具浅圆齿，上部茎生叶逐渐缩小而渐变为矩圆形至卵状矩圆形。穗状花序顶生，花冠黄色。蒴果。

应用 花美丽，适合公园、绿地等的路边、花坛栽培，也是优良的花境及背景材料；全草含挥发油。

学名| *Veronica rotunda var. coreana*

朝鲜婆婆纳

别名：穗花婆婆纳
科属：玄参科婆婆纳属

- 原产地：我国辽宁、山西、河南、安徽、浙江；朝鲜也有。
- 繁　殖：播种。
- 花果期：花期6~8月，果期秋季。
- 日　照：全日照。
- 温　度：生长适温16℃~25℃。
- 土　壤：不择土壤。
- 水　分：喜湿润，也耐旱。

形态特征 茎单生，株高约1米。叶对生，叶宽大，卵形，顶端急尖至短渐尖，基部楔形，边缘有锯齿。花冠蓝色或蓝紫色，少白色。蒴果。

应用 花序大，极美丽，园林中常用于园路边、花境、墙垣边或山石边绿化。

学名| *Petunia hybrida*

矮牵牛

别名：碧冬茄、番薯花
科属：茄科矮牵牛属

花序特征
花冠漏斗状，单瓣或重瓣

- 原产地：南美洲。
- 繁　殖：播种。
- 花果期：花期5~11月，果期7~12月。
- 日　照：全日照。
- 温　度：生长适温15℃~30℃。
- 土　壤：喜疏松肥沃的微酸性土壤。
- 水　分：喜湿润。

形态特征 为多年生草本植物，株高15～40厘米。上部叶对生，中下部互生，椭圆形，先端尖，全缘。花单生于叶腋或枝顶，花冠漏斗状，有白色、红色、紫红色、蓝色和杂色，杂交种还具有香味。蒴果。

应用 习性强健，易栽培，为我国常见的庭院花卉之一。盆栽或吊篮栽培用于阳台、窗台、书房或客厅装饰。

别名：大花番茉莉
科属：茄科鸳鸯茉莉属

学名 *Brunfelsia calycina*

大花鸳鸯茉莉

- 原产地：巴西及西印度群岛。
- 繁　殖：扦插或高压。
- 花果期：花期几乎全年，10~12月为盛开期，果期春季。
- 日　照：全日照。
- 温　度：生长适温20℃~30℃。
- 土　壤：喜疏松肥沃、排水良好的微酸性沙壤土。
- 水　分：喜湿润，也耐旱。

形态特征　多年生常绿灌木。株高可达2米以上。叶较大，单叶互生，长披针形，全缘，纸质，叶缘略波皱。花大，单生或2~3朵簇生于枝顶，高脚碟状，初开时蓝色，后转为白色，芳香。

应用　盆栽用于窗台、阳台、卧室及书房栽培观赏；也适合庭院、公园丛植或带植观赏。

别名：小花矮牵牛
科属：茄科

学名 *Calibrachoa hybrida*

舞春花

- 原产地：栽培种。
- 繁　殖：扦插。
- 花果期：花期春季。
- 日　照：全日照。
- 温　度：生长适温18℃~26℃。
- 土　壤：喜疏松、肥沃的壤土。
- 水　分：喜湿润。

形态特征　多年生宿根草本植物。茎细弱，呈匍匐状。叶狭椭圆形或倒披针形，全缘。花冠漏斗状，先端5裂，花色丰富，有白、黄、红、橙、紫等色。

应用　株型美观，开花繁茂。盆栽可用于阳台、窗台、卧室、客厅等装饰，或吊盆悬挂于阳台、廊架等处观赏，也可用于庭院的花坛、路边栽培。

学名| *Browallia speciosa*

紫水晶

别名：美丽紫水晶、布洛华丽
科属：茄科蓝英花属

- 原产地：哥伦比亚。
- 繁　殖：播种或扦插。
- 花果期：花期冬末至春季。
- 日　照：全日照。
- 温　度：生长适温15℃~25℃。
- 土　壤：喜肥沃富含有机质的沙质壤土。
- 水　分：喜湿润。

形态特征 一年生草本植物。株高15~20厘米。叶披针形，花腋生，花梗黑紫色，花冠长管状，花瓣蓝紫色，喉部白色。

应用 花晶莹美丽，观赏性强。盆栽可用于阳台、客厅、卧室等绿化；适合花坛、花境栽培观赏。

学名| *Brunfelsia acuminata*

鸳鸯茉莉

别名：番茉莉、双色茉莉
科属：茄科鸳鸯茉莉属

- 原产地：热带美洲。
- 繁　殖：扦插或高压。
- 花果期：花期4~10月。
- 日　照：全日照。
- 温　度：生长适温20℃~30℃。
- 土　壤：喜富含腐殖质、疏松肥沃、排水良好的微酸性土壤。
- 水　分：喜湿润。

形态特征 多年生常绿灌木。高50~100厘米。单叶互生，矩圆形或椭圆状矩形，先端渐尖，全缘。花单生或呈聚伞花序，高脚蝶状，初开时淡紫色，随后变成淡雪青色，再后变成白色。浆果。

应用 盆栽用于窗台、阳台、卧室及书房栽培观赏；也适合庭院、公园、绿地的路边、林缘、山石边或花坛栽培观赏。

学名| *Cestrum purpureum*

紫瓶子花

别名：瓶儿花、紫夜香花
科属：茄科夜香树属

- 原产地：热带美洲。
- 繁　殖：扦插。
- 花果期：花期夏秋，果期翌年4~5月。
- 日　照：全日照。
- 温　度：生长适温23℃~30℃。
- 土　壤：喜疏松、肥沃的沙质壤土。
- 水　分：喜湿润。

形态特征　常绿灌木。叶互生，卵状披针形，先端短尖，边缘波浪形。伞房状花序，腋生或顶生，花冠长瓶形，花紫红色，夜间极香。浆果。

应用　花香气浓郁，花姿优雅，观赏性强。盆栽可用于阳台、天台绿化；适合公园、庭院的池畔、溪边、亭台一隅栽培观赏。

学名| *Datura arborea*

木本曼陀罗

别名：大花曼陀罗
科属：茄科曼陀罗属

- 原产地：美洲热带。
- 繁　殖：扦插或播种。
- 花果期：花期6~10月。
- 日　照：全日照。
- 温　度：生长适温18℃~30℃。
- 土　壤：不择土壤。
- 水　分：喜湿润。

形态特征　常绿半灌木，株高约2米。茎粗、叶大，叶卵状心形，顶端渐尖，全缘、微波状或有不规则缺刻状齿。花单生，下垂，花冠长漏斗状，花白色，芳香。

应用　花大芳香，极美丽，园林中常孤植或群植于坡地、池边、岩石旁及林缘下栽培观赏，也适合大型盆栽；全株有毒，花与种子毒性最强，要防止小孩子误食。

学名 *Cestrum aurantiacum*

黄花夜香树

别名：黄瓶子花
科属：茄科夜香树属

- 原产地：南美洲。
- 繁　殖：扦插。
- 花果期：花期春季至秋季。
- 日　照：全日照或半日照。
- 温　度：生长适温23℃~30℃。
- 土　壤：不择土壤。
- 水　分：喜湿润。

形态特征 灌木。叶卵形或阔楔形，全缘。总状聚伞花序顶生或腋生，花近无梗，花萼钟状，花冠筒状漏斗形，开展或向外反折，具芳香。浆果。

应用 花型奇特，具芳香，适合公园、庭院、小区绿化植于路边、墙边或林缘处绿化，也是庭院或盆栽的优良观花灌木。

学名 *Cestrum nocturnum*

洋素馨

别名：夜香树、夜丁香
科属：茄科夜香树属

- 原产地：美洲热带。
- 繁　殖：扦插。
- 花果期：花期夏、秋季，果期冬春季。
- 日　照：全日照。
- 温　度：生长适温23℃~30℃。
- 土　壤：喜富含有机质的、疏松肥沃的中性至微酸性土壤。
- 水　分：喜湿润。

形态特征 直立或近攀缘常绿灌木，株高2~3米，枝条细长下垂。单叶互生，矩圆状卵形或矩圆状披针形，先端渐尖，基部近圆形或宽楔形，全缘。伞房式聚伞花序，腋生或顶生，花黄绿色，芳香。浆果。

应用 是著名的芳香树种。盆栽用于阳台或阶前点缀；常用于公园、庭院、绿地等路边或一隅栽培。

学名| *Datura tatula*

紫花曼陀罗

科属：茄科曼陀罗属

- 原产地：亚洲热带。
- 繁　殖：扦插或播种。
- 花果期：花期全年，春、夏最盛。
- 日　照：全日照。
- 温　度：生长适温18℃~30℃。
- 土　壤：不择土壤。
- 水　分：喜湿润，也耐旱。

形态特征 多年生宿根草本植物。株高30~90厘米。枝茎紫黑色，叶片长卵状披针形，全缘或疏锯齿。花筒状，紫色。蒴果。

应用 盆栽可用于厅堂或阶前美化；适于公园、风景区等路边、山石边栽培观赏；全株有毒，花与种子毒性最强。

学名| *Nicandra physaloides*

假酸浆

别名：冰粉、鞭打绣球
科属：茄科假酸浆属

- 原产地：南美洲。
- 繁　殖：播种。
- 花果期：花果期夏秋季。
- 日　照：全日照。
- 温　度：生长适温20℃~28℃。
- 土　壤：不择土壤。
- 水　分：喜湿润，也耐旱。

形态特征 茎直立，株高0.4~1.5米。叶卵形或椭圆形，草质，顶端急尖或短渐尖，基部楔形，边缘有具圆缺的粗齿或浅裂。花单生于枝腋而与叶对生，俯垂，花冠钟状，浅蓝色。浆果。

应用 花美丽，适合庭院或公园的花坛、路边等处栽培观赏；幼叶可食用，可用来包糕点蒸煮，种子可制凉粉；全草入药，具有镇静、清热等功效。

学名| *Datura aurea*

黄花曼陀罗

科属：茄科曼陀罗属

- 原产地：美洲热带。
- 繁　殖：扦插、播种。
- 花果期：花期全年，春、夏最盛。
- 日　照：全日照。
- 温　度：生长适温18℃~30℃。
- 土　壤：不择土壤。
- 水　分：喜湿润，也耐旱。

形态特征 多年生宿根草本植物。株高30~90厘米。叶片长卵状披针形，全缘或疏锯齿。花筒状，黄色。蒴果。

应用 盆栽可用于厅堂或阶前美化；宜植于庭院、公园、绿地等的路边、墙垣边、山石边绿化；全株有毒，花与种子毒性最强。

学名| *Datura sanguinea*

红花曼陀罗

别名：红打破碗花
科属：茄科曼陀罗属

- 原产地：秘鲁。
- 繁　殖：扦插、播种。
- 花果期：花果期全年。
- 日　照：全日照。
- 温　度：生长适温18℃~30℃。
- 土　壤：不择土壤。
- 水　分：喜湿润。

形态特征 常绿性大灌木，株高2~4米。叶具长柄，互生，卵状长椭圆形，全缘。单生花，腋出，下垂性；花萼筒状，先端5裂，花冠喇叭状，粉红或淡橙红色。蒴果。

应用 盆栽可用于厅堂或阶前美化；也适合路边、山石边、林缘等处栽培观赏；全株有毒，花与种子毒性最强。

别名：蛾蝶草、荠菜花
科属：茄科蛾蝶花属

学名| *Schizanthus pinnatus*

蛾蝶花

花序特征
总状圆锥花序，顶生

- 原产地：南美智利。
- 繁　殖：播种。
- 花果期：花期春夏，果期夏秋。
- 日　照：全日照。
- 温　度：生长适温15℃~25℃。
- 土　壤：喜肥沃、排水良好的壤土。
- 水　分：喜湿润。

形态特征 一、二年生草本植物。株高40~100厘米，多分枝。羽状复叶，1~2回羽状全裂。总状圆锥花序，顶生，有白、纯白、深红、蓝紫等色。

应用 是阳台、窗台美化的优良品种，也适合植于庭院的花坛、墙边观赏。

别名：金盏藤、金杯花
科属：茄科金杯藤属

学名| *Solandra nitida*

金杯藤

花序特征
单花顶生，花冠大型，杯状

- 原产地：中美洲。
- 繁　殖：扦插、播种。
- 花果期：花期春夏季。
- 日　照：全日照。
- 温　度：生长适温18℃~30℃。
- 土　壤：不择土壤。
- 水　分：喜湿润。

形态特征 为常绿藤本灌木。叶片互生，长椭圆形，浓绿色。单花顶生，花冠大型，杯状，淡黄色。

应用 花大，极美丽，为优良的棚架植物。适合大型绿廊、荫棚及庭院栽植，也可大型盆栽用于阳台及天台绿化。

学名| *Nicotiana sanderae*

花烟草

别名：美花烟草、烟仔花
科属：茄科烟草属

- 原产地：阿根廷、巴西。
- 繁　殖：播种。
- 花果期：花期春季。
- 日　照：全日照。
- 温　度：生长适温10℃~25℃。
- 土　壤：喜富含腐殖质的沙壤土。
- 水　分：喜湿润。

形态特征　一、二年生草本植物。株高30~50厘米。叶长披针形，花顶生，喇叭状，花冠圆星形。小花由花茎逐渐向上开放，花有白、淡黄、桃红、紫红等色。

应用　开花繁茂，花色丰富，常用于花坛、花境或路边栽培，也可盆栽用于阳台、窗台或天台等处装饰。

学名| *Solanum wrightii*

大花茄

科属：茄科茄属

- 原产地：巴西。
- 繁　殖：播种、扦插。
- 花果期：花期几乎全年。
- 日　照：全日照。
- 温　度：生长适温20℃~28℃。
- 土　壤：不择土壤。
- 水　分：喜湿润，也耐旱。

形态特征　常绿大灌木或小乔木，株高3~5米。叶互生，羽状裂叶，叶背中肋具棘刺，花腋生，花冠紫色、浅紫色至淡白色，果实大。

应用　株型美观，花色淡雅，适合孤植于公园、小区、庭院及水岸边欣赏。

学名| *Dombeya calantha*

科属：梧桐科吊芙蓉属

非洲芙蓉

花序特征
花大型，
粉红色

- 原产地：马达加斯加和东非。
- 繁　殖：扦插。
- 花果期：花期冬春。
- 日　照：全日照。
- 温　度：生长适温20℃~28℃。
- 土　壤：喜疏松、肥沃、排水良好的沙质土壤。
- 水　分：喜湿润。

形态特征 落叶或常绿灌木，株高2~6米。叶心形，较大，粗糙。花大型，由叶腋间抽生而出，粉红色，由二十余朵小花构成悬重花球。

应用 习性强健，花大秀美，适合公园、绿地的林缘、路边或墙垣边种植观赏，也可用于庭院一隅或配植于水岸边、山石旁欣赏。

学名| *Pentapetes phoenicea*

午时花

别名：金钱花
科属：梧桐科梧桐属

- 原产地：印度。
- 繁　殖：播种。
- 花果期：花期7~10月，果期秋季。
- 日　照：全日照。
- 温　度：生长适温18℃~26℃。
- 土　壤：不择土壤。
- 水　分：喜湿润。

形态特征 一年生草本植物。株高50~80厘米。单叶互生，条状披针形，基部三浅裂，边缘钝锯齿。花1~2朵腋生，有梗，开时俯垂，花瓣5枚，花朵中午开放，花大红色，翌日晨前花瓣的雄蕊脱落，花冠状如金钱。

应用 花色鲜艳，极美丽。盆栽适合阳台、窗台或庭院等绿化；适合庭院、公园等花坛、花台或花境栽培观赏。

学名| *Sterculia nobilis*

苹婆

别名：凤眼果
科属：梧桐科苹婆属

- 原产地：我国广东、广西、贵州及云南、中南半岛。
- 繁　殖：播种、扦插。
- 花果期：花期4~5月，8~9月可再次开花，9~10月成熟时红色。
- 日　照：全日照。
- 温　度：生长适温18℃~28℃。
- 土　壤：不择土壤。
- 水　分：喜湿润。

形态特征 常绿乔木，株高达20米。单叶互生，倒卵状椭圆形，全缘，薄革质，无毛。花杂性，无花冠；花萼微带红晕，腋生圆锥花序，下垂。蓇葖果。

应用 冠型优美，叶翠绿，果艳丽，园林中常用于作庭荫树或行道树；果可食。

别名：刺果藤、水麻
科属：梧桐科昂天莲属

学名| *Ambroma augusta*

昂天莲

- 原产地：我国广西、广东、云南、贵州。
- 繁　殖：播种、扦插。
- 花果期：花期春、夏季。
- 日　照：全日照。
- 温　度：生长适温16℃~26℃。
- 土　壤：喜富含腐殖质的湿润土壤。
- 水　分：喜湿润。

形态特征 常绿灌木，株高1~4米。叶互生，近圆形或心状宽卵形，基部心形，顶端渐尖或急尖，全缘，有时3~5浅裂。聚伞花序有花1~5朵，花红紫色，下垂。蒴果。

应用 株型美观，花奇特，可作观花灌木栽培观赏，亦可配置于庭院、林缘草坪等处；茎皮可供编织，根供药用。

别名：大叶银叶树
科属：梧桐科银叶树属

学名| *Heritiera angustata*

长柄银叶树

- 原产地：我国广东、海南岛东南部及云南。
- 繁　殖：播种、扦插。
- 花果期：花期6~11月，果期夏、秋。
- 日　照：全日照或半日照。
- 温　度：生长适温22℃~30℃。
- 土　壤：不择土壤。
- 水　分：喜湿润。

形态特征 常绿乔木，株高达12米。叶革质，长圆状披针形，全缘，顶端渐尖或钝，基部尖锐或近心形。圆锥花序顶生或腋生，花小，红色。

应用 习性强健，为热带红树林组成树种，可用于海岸边防风固沙。也适合公园、绿地等作风景树或行道树。

学名| *Tacca chantrieri*

箭根薯

别名：老虎须、老虎花
科属：蒟蒻薯科蒟蒻薯属

- 原产地：我国湖南、广东、广西及云南；东南亚也有。
- 繁　殖：播种、分株。
- 花果期：花期4~5月开花，果期7~8月。
- 日　照：半日照。
- 温　度：生长适温15℃~26℃。
- 土　壤：喜疏松、通透性良好的壤土。
- 水　分：喜湿润。

形态特征 多年生草本植物。株高50~80厘米。叶长圆形或长圆状椭圆形，两侧稍不对称，无毛或下面被疏细柔毛。伞形花序，花被片披针形，花朵紫褐色至黑色。浆果。

应用 花奇特，为高档的切花花材，也适合盆栽装饰客厅、卧室等；根状茎药用，具有清热解毒，消炎止痛的功效；全株有毒，药用时慎用，遵医嘱，家庭栽培时应置于较高处，防止小孩误食。

别名：三春柳
科属：柽柳科柽柳属

学名 *Tamarix chinensis*

柽柳

花序特征
总状花序组成顶生圆锥花序

- **原产地：** 我国辽宁、河北、河南、山东、江苏、安徽。
- **繁　殖：** 播种、分株、压条、扦插。
- **花果期：** 花果期6~10月。
- **日　照：** 全日照。
- **温　度：** 生长适温15℃~26℃。
- **土　壤：** 不择土壤。
- **水　分：** 喜湿润。

形态特征 落叶灌木或小乔木，株高5~7米。叶钻形或卵状披针形，先端尖，背面有瘤状突起物。总状花序组成顶生圆锥花序，苞片线状凿形，基部膨大。花瓣5枚，紫红色。蒴果。

应用 株型美观，枝条纤细柔美，花淡雅美观，适合水岸、池畔、路边等处栽培观赏，也可用于防风固沙；老枝柔软坚韧，可用于编筐；嫩枝和叶入药，具有解毒、祛风去湿之功效。

学名| *Camellia amplexicaulis*

越南抱茎茶

科属：山茶科山茶属

花序特征
花单生枝顶或叶腋，花红色

- 原产地：越南。
- 繁　殖：播种、扦插、压条、嫁接。
- 花果期：花期为10月至翌年4月。
- 日　照：全日照。
- 温　度：生长适温20℃~28℃。
- 土　壤：喜酸性土壤。
- 水　分：喜湿润，也耐旱。

形态特征 常绿小乔木，株高约3米。叶长椭圆形，先端尖，基部心形抱茎，浓绿，互生。花单生枝顶或叶腋，花红色，花瓣10~15片。蒴果。

应用 株型美观，花大美丽，观赏性极佳，适合公园、绿地及庭院路边、一隅栽培观赏。

别名：海石榴、耐冬
科属：山茶科山茶属

学名| *Camellia japonica*

山茶

- 原产地：我国浙江及山东有野生，其他地区均为栽培；朝鲜半岛和日本也有。
- 繁　殖：播种、扦插或嫁接。
- 花果期：花期2~3月，果期9~10月。
- 日　照：半日照。
- 温　度：生长适温15℃~25℃。
- 土　壤：喜富含腐殖质、排水良好的微酸性土壤。
- 水　分：喜湿润，也耐旱。

形态特征 灌木或小乔木，株高达9米。叶革质，椭圆形，先端钝急尖，基部楔形或阔楔形，边缘具锯齿。花1~2朵生于小枝近顶端，红色。蒴果。

应用 花大美丽，为我国十大名花之一。盆栽用于卧室、客厅、书房或阳台等处观赏；公园、绿地常片植或孤植欣赏；种子榨油可食用，也可用于工业；花蕾入药，具有凉血散瘀、收敛止血的功效。

别名：金茶花、黄茶花
科属：山茶科山茶属

学名| *Camellia nitidissima*

金花茶

- 原产地：我国广西南部；越南也有。
- 繁　殖：播种、扦插。
- 花果期：花期1~2月，果期10~11月。
- 日　照：半日照。
- 温　度：生长适温18℃~26℃。
- 土　壤：喜腐殖质丰富，排水良好的微酸性土壤。
- 水　分：喜湿润。

形态特征 常绿灌木或小乔木，株高2.5~5米。叶革质，狭长圆形、倒卵状长圆形或披针形，先端尾状渐尖，基部楔形，边缘具细锯齿。花单生或2朵聚生叶腋，稍下垂，金黄色。蒴果。

应用 花色金黄，晶莹可爱。盆栽适合厅堂、门廊两侧摆放观赏；也可植于庭院、公园、绿地观赏。

学名 *Camellia sasanqua*

茶梅

别名：小茶梅
科属：山茶科山茶属

- 原产地：中国、日本。
- 繁　殖：扦插、嫁接、压条和播种。
- 花果期：花期秋冬季。
- 日　照：半日照。
- 温　度：生长适温16℃~26℃。
- 土　壤：喜富含腐殖质、排水良好的微酸性土壤。
- 水　分：喜湿润。

形态特征 常绿灌木，株高1~2米。叶互生，椭圆或长椭圆形，叶缘具细锯齿。花顶生，桃红、粉红、白等色，有单瓣和重瓣之分。

应用 盆栽用于阳台、窗台、卧室、客厅等点缀，也是庭院栽培的优良材料；适合公园、风景区绿化。

学名 *Camellia semiserrata*

广宁红花油茶

别名：南山茶、广宁油茶
科属：山茶科山茶属

- 原产地：我国广东及广西。
- 繁　殖：播种、扦插。
- 花果期：花期春季。
- 日　照：全日照。
- 温　度：生长适温18℃~28℃。
- 土　壤：喜疏松、排水良好的微酸性土壤。
- 水　分：喜湿润。

形态特征 小乔木，株高8~12米。叶革质，椭圆形或长圆形，先端急尖，基部阔楔形，边缘上半部或1/3有疏而锐利的锯齿。花顶生，红色，无柄。蒴果。

应用 花美丽，观赏性佳，适合公园、风景区、社区或校园栽培观赏，也可盆栽；种子榨油可食用。

学名| *Camellia vietnamensis*

越南油茶

别名：白花大果油茶
科属：山茶科山茶属

- 原产地：我国广西。
- 繁　殖：播种、扦插。
- 花果期：花期春季。
- 日　照：全日照。
- 温　度：生长适温18℃~28℃。
- 土　壤：喜疏松、肥沃的微酸性壤土。
- 水　分：喜湿润，也耐旱。

形态特征　灌木至小乔木，株高4~8米。叶革质，长圆形或椭圆形，有时卵形或倒卵形，先端急锐尖，基部楔形或略圆形，边缘有细锯齿。花顶生，近无柄，白色。蒴果。

应用　花洁白美丽，适合公园、庭院等栽培观赏；著名的油料作物，种子可榨油，供食用。

学名| *Gordonia axillaris*

大头茶

科属：山茶科大头茶属

- 原产地：我国云南、四川、广西、广东、台湾。
- 繁　殖：播种、扦插。
- 花果期：花期10月至翌年1月，果期春季。
- 日　照：全日照。
- 温　度：生长适温15℃~28℃。
- 土　壤：不择土壤。
- 水　分：喜湿润。

形态特征　灌木或小乔木，高达8米。叶厚革质，倒披针形至矩圆形，全缘或顶部有浅齿，两面无毛。花乳白色，花大，单生或簇生小枝顶端。蒴果。

应用　花洁白，观赏性佳，适合公园、绿地及庭院栽培观赏；茎皮入药，具有活络、止痛的功效；木材质密，可为建筑用材；树皮含鞣质，可提制栲胶；种子可榨油。

学名| *Schima superba*

木荷

别名：荷木、荷树
科属：山茶科木荷属

- 原产地：我国长江流域各省，华南及台湾也有。
- 繁　殖：播种。
- 花果期：花期4~5月，果期9~11月。
- 日　照：全日照。
- 温　度：生长适温16℃~30℃。
- 土　壤：不择土壤。
- 水　分：喜湿润，也耐旱。

形态特征 常绿乔木，株高20~30米。单叶互生，叶革质，卵状椭圆形至矩圆形，基部楔形，边缘疏生浅钝齿。花白色，单朵顶生或集成短总状花序，有芳香。蒴果。

应用 树冠浓郁，新叶红艳，花有芳香，可作庭荫树及风景林；耐火，可用于营建防火林带。

学名| *Stewartia sinensis*

紫茎

科属：山茶科紫茎属

- 原产地：我国长江流域。
- 繁　殖：播种、扦插。
- 花果期：花期6~7月，果期9~10月。
- 日　照：全日照。
- 温　度：生长适温16℃~26℃。
- 土　壤：土层深厚、疏松肥沃的酸性红黄壤土或黄壤土。
- 水　分：喜湿润。

形态特征 落叶灌木或小乔木，株高6~15米。叶互生，纸质，椭圆形或长圆状椭圆形，先端渐尖或骤然收狭呈短渐尖，基部楔形或近圆形，边缘疏生锯齿或细圆锯齿。花单朵腋生，白色，苞片2枚，叶状，卵形或卵圆形。蒴果。

应用 紫茎为我国特有的植物，适合公园、绿地等绿化；木材极坚实耐用，根皮、茎皮入药；种子油可食用或制肥皂及润滑油，具有较高的经济价值。

别名：红柴
科属：山茶科厚皮香属

学名| *Ternstroemia gymnanthera*

厚皮香

- 原产地：我国长江流域地区，广东、广西、福建、台湾也有。
- 繁　殖：播种、扦插。
- 花果期：花期7~8月。
- 日　照：全日照。
- 温　度：生长适温18℃~28℃。
- 土　壤：喜土质疏松、排水良好的酸性土壤。
- 水　分：喜湿润。

形态特征 常绿小乔木或灌木，株高3~8米。叶厚革质，倒卵形至长圆形，顶端钝圆或短尖，基部楔形，全缘，表面绿色，背面淡绿色。花淡黄色，稍下垂。

应用 适应性强，树冠浑圆，枝叶层次感强，适合公园、绿地等路边、草地中或林缘处栽培观赏。

别名：克氏茶
科属：山茶科山茶属

学名| *Camellia crapnelliana*

红皮糙果茶

- 原产地：我国香港、广西、福建、江西及浙江。
- 繁　殖：播种、扦插。
- 花果期：花期冬季，果熟期夏季。
- 日　照：全日照。
- 温　度：生长适温18℃~28℃。
- 土　壤：喜富含腐殖质、排水良好的微酸性土壤。
- 水　分：喜湿润，也耐旱。

形态特征 小乔木，株高5~7米。叶硬革质，倒卵状椭圆形至椭圆形，先端渐尖，尖头钝，基部楔形，边缘有细钝齿，上面深绿色，下面灰绿色。花单生，花冠白色。蒴果。

应用 株型美观，树皮红色，花洁白，果硕大，为优良观花树种，适合路边、角隅或草地中栽培观赏；种子榨油可食用。

学名| *Edgeworthia chrysantha*

结香

别名：打结花、梦花
科属：瑞香科结香属

- 原产地：我国长江流域以南各省及河南、陕西和西南。
- 繁 殖：扦插、压条、分株。
- 花果期：花期3~4月，果期8月。
- 日 照：全日照。
- 温 度：生长适温15℃~25℃。
- 土 壤：喜肥沃、排水良好的土壤。
- 水 分：喜湿润。

形态特征 落叶灌木，高可达2米。叶纸质，互生，椭圆状长圆形或椭圆状披针形，常簇生枝顶，全缘。花黄色，多数，芳香，集成下垂的头状花序。核果。

应用 花芳香美丽，姿态清逸。适宜庭院、公园、绿地等道旁、墙隅、草坪中，或点缀于假山岩石旁。

学名| *Daphne odora f. marginata*

金边瑞香

别名：瑞兰、睡香
科属：瑞香科瑞香属

- 原产地：中国。
- 繁 殖：扦插、播种、压条。
- 花果期：花期3~5月，果期7~8月。
- 日 照：全日照或半日照。
- 温 度：生长适温18℃~26℃。
- 土 壤：喜疏松肥沃、排水良好的沙壤土。
- 水 分：喜湿润。

形态特征 多年生常绿小灌木，株高60~90厘米。单叶互生，纸质，长圆形或倒卵状椭圆形，先端钝尖，基部楔形。头状花序顶生，由数朵花至12朵花组成，花被筒状，花紫红色，香味浓郁。

应用 具芳香，是著名的芳香花卉。多盆栽，适合卧室、窗台、阳台、客厅等装饰。

别名：金莲花、旱荷、荷叶莲
科属：旱金莲科旱金莲属

学名| *Tropaeolum majus*

旱金莲

花序特征
单花，黄色、紫色、橘红或杂色。

- 原产地：秘鲁、巴西。
- 繁　殖：播种。
- 花果期：花期6~10月，果期7~11月。
- 日　照：全日照。
- 温　度：生长适温12℃~28℃
- 土　壤：喜疏松、肥沃的壤土。
- 水　分：喜湿润。

形态特征 一年生肉质草本植物。株高30~70厘米。叶互生，圆形，边缘为波浪形的浅缺刻。单花腋生，花黄色、紫色、橘红色或杂色。瘦果。

应用 为我国常见的庭院花卉。多盆栽用于窗台、阳台观赏或植于庭院路边、窗前观赏；也可用于花坛、花境栽培。

学名 *Turnera trioniflora*

时钟花

别名：白时钟花
科属：时钟花科时钟花属

- 原产地：巴西。
- 繁　殖：播种、扦插。
- 花果期：花期春夏季，果期夏秋季。
- 日　照：全日照。
- 温　度：生长适温22℃~32℃。
- 土　壤：喜疏松的壤土或沙壤土。
- 水　分：喜湿润。

形态特征 宿根草本花卉，株高40~80厘米。叶互生，椭圆形至倒阔披针形，先端锐尖，边缘有锯齿。花近枝顶腋生，花冠白色，中心黄至紫黑色，花至午前凋谢。

应用 花美丽可爱，盆栽用于阳台、窗台、卧室或客厅摆放观赏，也常用于公园、庭院的花坛、花境布置。

学名 *Turnera ulmifolia*

黄时钟花

科属：时钟花科时钟花属

- 原产地：美洲热带。
- 繁　殖：播种、扦插。
- 花果期：花期春夏季、果期夏秋季。
- 日　照：全日照。
- 温　度：生长适温22℃~32℃。
- 土　壤：喜疏松的壤土或沙壤土。
- 水　分：喜湿润。

形态特征 宿根草本花卉，株高30~60厘米。叶互生，长卵形，先端锐尖，边缘有锯齿，叶基有一对明显腺体。花近枝顶腋生，花冠金黄色，每朵花至午前凋谢。

应用 花色金黄，适合公园、庭院等路边、花坛、花境栽培观赏，可盆栽用于室内装饰。

别名：白萼赪桐
科属：马鞭草科大青属

学名| *Clerodendrum thomsonae*

龙吐珠

- 原产地：非洲西部。
- 繁　殖：扦插、播种。
- 花果期：花期3~5月。
- 日　照：全日照或半日照。
- 温　度：生长适温22℃~30℃。
- 土　壤：喜肥沃、排水良好的沙质壤土。
- 水　分：喜湿润，也耐旱。

形态特征 常绿攀缘状灌木，枝条长2~5米。叶片纸质，狭卵形或卵状长圆形，顶端渐尖，基部近圆形，全缘。聚伞花序腋生或假顶生，二歧分枝。花萼白色，基部合生，中部膨大；花冠深红色。核果。

应用 可整型成灌木植于路边或用于卧室、客厅及阳台欣赏；也适合庭院、公园、绿地等棚架、绿廊、篱垣栽培。

学名| *Clerodendrum bungei*

臭牡丹

别名：大红袍
科属：马鞭草科大青属

- 原产地：我国华北、陕西至江南各省；越南北部也有。
- 繁　殖：播种、分株、根插。
- 花果期：花期7~11月，果期9月以后。
- 日　照：全日照。
- 温　度：生长适温16℃~26℃。
- 土　壤：喜肥沃、疏松的壤土。
- 水　分：耐旱。

形态特征 落叶灌木，株高1~2米。叶宽卵形或心形，顶端渐尖，基部宽楔形、截形或有时心形，边缘有锯齿或稍呈波状。聚伞花序密集成伞房状，顶生，花萼漏斗状，花冠红色或玫瑰红色，裂片倒卵形。核果。

应用 盆栽用于阳台、窗台、卧室或客厅摆放观赏；适合公园、庭院的花坛、花境布置；根及叶入药。

学名| *Clerodendrum philippinum*

重瓣臭茉莉

别名：白花臭牡丹
科属：马鞭草科大青属

- 原产地：我国浙江南部、中南、西南。
- 繁　殖：扦插、分株。
- 花果期：5~11月。
- 日　照：半日照。
- 温　度：生长适温20℃~30℃。
- 土　壤：喜疏松肥沃的沙质壤土。
- 水　分：喜湿润。

形态特征 落叶灌木，株高50~120厘米。叶片宽卵形或近心形，揉之有臭味，顶端尖至渐尖，基部截形、心形或浅心形，边缘有粗或细齿，两面多少有糙毛。伞房状聚伞花序顶生，花有芳香，花冠粉红色或近白色，有香味。栽培的变种有臭茉莉*C. philippinum var.simplex*。

应用 枝叶舒展，花朵密集，适合草、路边、坡地片植或丛植，也适合与其他花灌木配植。

别名：贞桐花、状元红
科属：马鞭草科大青属

学名| *Clerodendrum japonicum*

赪桐

- 原产地：我国江苏、浙江、江西、湖南、福建、台湾、广东、广西、四川、贵州、云南中南半岛；印度、孟加拉、不丹、马来西亚及日本也有。
- 繁　殖：播种、分株。
- 花果期：花期5~7月，果期9~10月。
- 日　照：半日照。
- 温　度：生长适温20℃~28℃。
- 土　壤：不择土壤。
- 水　分：喜湿润。

形态特征 多年生落叶或常绿灌木，株高1~2米。叶对生，宽卵形，纸质，顶端尖或渐尖，基部心形，边缘有细腺齿。圆锥状聚伞花序顶生，花红色。栽培的变种有白花桐*C. japonicum var.album*。

应用 叶色翠绿，花艳如火，花期长，是优良的观花灌木。适合公园、小区、庭院等路边、池畔、山石边或林缘栽培观赏。

别名：红萼珍珠宝莲
科属：马鞭草科大青属

学名| *Clerodendrum speciosum*

红萼龙吐珠

- 原产地：非洲。
- 繁　殖：扦插或播种。
- 花果期：花期春至秋末。
- 日　照：全日照。
- 温　度：生长适温22℃~30℃。
- 土　壤：喜肥沃、排水良好的沙质壤土。
- 水　分：喜湿润。

形态特征 常绿木质藤本。叶对生，纸质，具柄，卵状椭圆形，全缘，先端渐尖，基部近圆形。聚伞花序腋生或顶生，花冠红色，花萼红色，雌雄蕊细长，突出花冠外。核果。

应用 花型奇特，极具观赏性。可修剪成灌木盆栽用于阳台、客厅及卧室欣赏，或植于庭院及天台的棚架、花架观赏。

学名| *Clerodendrum splendens*

艳赪桐

别名：美丽赪桐
科属：马鞭草科大青属

- **原产地：** 热带亚洲。
- **繁　殖：** 扦插、分株法。
- **花果期：** 花期春至秋末。
- **日　照：** 全日照。
- **温　度：** 生长适温20℃~28℃。
- **土　壤：** 喜肥沃、排水良好的沙质土壤。
- **水　分：** 喜湿润，也耐旱。

形态特征 常绿木质藤本。叶对生，纸质，卵状椭圆形，侧脉明显，全缘，先端渐尖，基部近圆形。聚伞花序腋生或顶生，花冠红色，花萼红色，五角形，顶端渐狭，雌雄蕊细长，突出花冠外。核果。

应用 适合庭院、天台及公园、绿地的中型棚架、花架、墙垣绿化栽培。

学名| *Clerodendrum trichotomum*

海州常山

别名：臭梧桐、泡火桐
科属：马鞭草科大青属

- 原产地：我国辽宁、甘肃、陕西及华北、中南、西南地区；朝鲜、日本及菲律宾也有。
- 繁　殖：播种、扦插。
- 花果期：花果期7~11月。
- 日　照：全日照或半日照。
- 温　度：生长适温15℃~26℃。
- 土　壤：喜湿润、肥沃的壤土。
- 水　分：喜湿润。

形态特征 落叶灌木或小乔木，株高可达8米。叶片纸质，卵形、卵状椭圆形或三角状卵形，顶端渐尖，基部截形或阔楔形，全缘或有波状齿。伞房状聚伞花序顶生或腋生，花萼初为绿白色，后变为紫红色。核果。

应用 习性强健，花期长，适合路边、水岸边丛植或孤植观赏；嫩茎叶可食，开水焯熟后清水浸洗，可油炒或做汤；根、茎、叶、花入药。

学名| *Clerodendrum ugandense*

蓝蝴蝶

别名：紫蝴蝶
科属：马鞭草科大青属

- 原产地：热带非洲。
- 繁　殖：扦插。
- 花果期：花期春、夏季。
- 日　照：全日照或半日照。
- 温　度：生长适温22℃~32℃。
- 土　壤：喜疏松的沙壤土。
- 水　分：喜湿润，也耐旱。

形态特征 常绿灌木，株高50~120厘米。叶对生，倒卵形至倒披针形，先端尖或钝圆。花冠白色，唇瓣紫蓝色。

应用 色泽清雅，是极佳的观赏灌木。盆栽用于阳台、天台、卧室及客厅装饰；公园、庭院及小区常丛植或片植观赏。

学名| *Clerodendrum wallichii*

垂茉莉

别名：黑叶龙吐珠
科属：马鞭草科大青属

- 原产地：我国广西、云南及西藏；西南亚也有。
- 繁　殖：播种或扦插。
- 花果期：花期春夏季。
- 日　照：全日照或半日照。
- 温　度：生长适温18℃~28℃。
- 土　壤：喜疏松、排水良好的壤土或沙质壤土。
- 水　分：喜湿润。

形态特征　常绿半蔓性灌木，株高达1~2米。叶对生，长圆状披针形或披针形，顶端渐尖或长渐尖，基部楔形渐狭，全缘或具波状缘，两面无毛。圆锥状聚伞花序，花冠白色，花丝细长。

应用　花姿优美，洁白素雅。盆栽可修剪成灌木状用于阳台、卧室等装饰；适合公园、绿地等丛植、列植或片植观赏。

学名| *Duranta repens*

假连翘

别名：金露花
科属：马鞭草科假连翘属

- 原产地：中南美洲热带。
- 繁　殖：扦插。
- 花果期：温度适宜可全年开花。
- 日　照：全日照或半日照。
- 温　度：生长适温22℃~32℃。
- 土　壤：不择土壤。
- 水　分：喜湿润。

形态特征　常绿灌木。单叶对生或轮生，具短柄，卵状披针形、椭圆形或倒卵形，叶基阔楔形，叶尖锐形，叶缘全缘上半部锯齿缘。花序为总状花序，顶生或腋出，花冠蓝紫色或白色。核果。

应用　习性强健，花姿秀雅，常用于路边、墙垣边种植观赏，也常整型成绿篱；果入药，治疟疾，叶捣烂可敷治痈肿。

别名：帽子花
科属：马鞭草科冬红属

学名 *Holmskioldia sanguinea*

冬红

- 原产地：喜马拉雅山南坡至马来西亚。
- 繁　殖：扦插。
- 花果期：花期春夏，果期秋冬季。
- 日　照：全日照。
- 温　度：生长适温23℃~32℃。
- 土　壤：喜肥沃、排水良好的土壤。
- 水　分：喜湿润。

形态特征 常绿灌木，株高3~10米。叶对生，全缘或有齿缺，卵形，两面具腺点，基部圆形或近平截。聚伞花序生于上部叶腋，花冠管状，橙红色，自花萼中央伸出。核果。

应用 盆栽用于阳台、天台或阶前美化；适合公园、绿地或庭院植于路边、墙垣边或山石旁栽培。

别名：马樱丹、臭草
科属：马鞭草科马樱丹属

学名 *Lantana camara*

五色梅

- 原产地：热带美洲。
- 繁　殖：播种、扦插。
- 花果期：花期全年。
- 日　照：全日照。
- 温　度：生长适温20℃~32℃。
- 土　壤：不择土壤。
- 水　分：喜湿润。

形态特征 常绿小灌木，株高可达2米。叶对生，卵形或长圆状卵形。头状花序顶生或腋生，具总梗，其上簇生多数小花，花冠高脚碟状，有红、粉红、黄、橙黄、白等多种颜色。核果。

应用 习性强健，花色繁多，花期长，适合路边、池畔、坡地等绿化美化，也可用于花坛、花台、花境等，也可用于水土保持工程。

学名| *Verbena hybrida*

美女樱

别名：草五色梅、铺地马鞭草
科属：马鞭草科马鞭草属

- 原产地：巴西、秘鲁、乌拉圭。
- 繁　殖：播种。
- 花果期：花期4~11月，果期夏秋。
- 日　照：全日照。
- 温　度：生长适温10℃~25℃。
- 土　壤：喜疏松肥沃、较湿润的中性土壤。
- 水　分：喜湿润。

形态特征　为多年生草本花卉，常作一年生栽培，株高30～50厘米。叶对生，长圆形，边缘有明显的锯齿。穗状花序顶生，小花多数密集，呈伞房状，花冠筒状，花色有蓝、紫、粉红、大红、白、玫瑰红等。小坚果。

应用　是我国常见的庭院花卉。盆栽可用于窗台、阳台等美化，或用于庭院的花坛中栽培；园林中常用于花坛、花境及路边观赏。

别名：美女樱
科属：马鞭草科马鞭草属

学名| *Verbena tenera*

细叶美女樱

- 原产地：巴西、秘鲁和乌拉圭等美洲热带地区。
- 繁　殖：播种。
- 花果期：花期4~10月，果期7~10月。
- 日　照：全日照。
- 温　度：生长适温10℃~25℃。
- 土　壤：喜疏松肥沃、较湿润的中性土壤。
- 水　分：喜湿润。

形态特征 多年生宿根草本植物，株高20~30厘米。叶对生，条状羽裂。花序呈伞房状，顶生，花粉紫、白色。坚果。

应用 盆栽可用于窗台、阳台等美化；适合花坛、路边、花境或山石边栽培观赏，也常用作地被材料。

学名| *Lantana montevidensis*

蔓马樱丹

别名：小叶马樱丹
科属：马鞭草科马樱丹属

- 原产地：南美洲。
- 繁　殖：播种、扦插。
- 花果期：花期全年。
- 日　照：全日照。
- 温　度：生长适温20℃~30℃。
- 土　壤：不择土壤。
- 水　分：喜湿润。

形态特征 常绿蔓性小灌木，蔓长1米左右。叶卵形，先端尖，基部楔形，边缘有粗齿。头状花序，具长总花梗，花淡紫红色，苞片阔卵形。

应用 花期几乎全年，观赏性极佳。适合路边、池畔、坡地等绿化美化，也可用于花坛、花台、花境等，也是庭院绿化的优良材料。

学名| *Petrea volubilis*

蓝花藤

别名：紫霞藤、兰花藤
科属：马鞭草科蓝花藤属

- 原产地：古巴。
- 繁　殖：扦插、高压。
- 花果期：花期4~5月。
- 日　照：全日照。
- 温　度：生长适温22℃~30℃。
- 土　壤：喜肥沃的沙质壤土。
- 水　分：喜湿润，也耐旱。

形态特征 常绿木质藤本植物，藤长可达5米。叶对生，革质，叶粗糙，椭圆状长圆形或卵状椭圆形，顶端钝或短尖，基部钝圆，全缘或稍呈波浪形。总状花序顶生，下垂。花蓝紫色。

应用 花极为别致，幽雅美丽，适合棚架、门廊、花架等处垂直绿化。

别名：蝴蝶花、鬼脸花
科属：堇菜科堇菜属

学名| *Viola tricolor*

三色堇

花序特征
花大，
花瓣近圆形

- **原产地：** 欧洲北部。
- **繁　殖：** 播种。
- **花果期：** 花期4~7月，果期5~8月。
- **日　照：** 全日照。
- **温　度：** 生长适温10℃~22℃。
- **土　壤：** 喜肥沃、疏松、排水良好的壤土。
- **水　分：** 喜湿润。

形态特征　一、二年生草本植物。株高约30厘米。基生叶有长柄，叶片近圆心形；茎生叶卵状长圆形或宽披针形，边缘有圆钝锯齿。单花生于花梗顶端，花大，花瓣近圆形，花色有紫、蓝、黄、白、古铜等色。蒴果。

应用　花色丰富，形态奇特，是我国常见的草花品种，多用于花坛、花境，盆栽适合阳台、窗台、案几上摆放观赏。

学名| *Viola cornuta*

香堇菜

别名：角堇
科属：堇菜科堇菜属

- 原产地：欧洲、非洲北部、亚洲西部。
- 繁　殖：播种。
- 花果期：花期2~4月，果期夏季。
- 日　照：全日照或半日照。
- 温　度：生长适温12℃~22℃。
- 土　壤：喜肥沃、疏松、湿润的沙质壤土。
- 水　分：喜湿润。

形态特征　多年丛生型草本植物。无地上茎，有匍匐茎。叶基生，叶片圆形或肾形至宽卵状心形，开花期叶片较小。花色有深紫色、浅紫色、粉红色或白色，具芳香。蒴果。

应用　盆栽适合阳台、窗台或案几点缀；适合布置花坛、花境，也是庭院绿化的好材料；花可以提取香精。

学名| *Viola philippica*

紫花地丁

科属：堇菜科堇菜属

- 原产地：我国除华南以外各地均有；朝鲜、日本、俄罗斯远东地区也有。
- 繁　殖：分株、播种。
- 花果期：花果期4~9月，果期夏秋。
- 日　照：全日照。
- 温　度：生长适温15℃~26℃。
- 土　壤：不择土壤。
- 水　分：喜湿润，也耐旱。

形态特征　多年生草本植物。无地上茎，花期高4~10厘米，果期可达20厘米。叶基部丛生。叶片舌形、长圆形或长圆状披针形，边缘具平圆齿。花紫色或淡色，喉部有紫色脉纹，花瓣倒卵形或长圆形。蒴果。

应用　多为野生，园林中可用于坡地、草地边缘或山石边栽培观赏；嫩叶可作蔬菜食用；全草入药，具有清热解毒、凉血消肿的功效。

别名：大高良姜、逞姜
科属：姜科山姜属

学名| *Alpinia galanga*

红豆蔻

- 原产地：我国台湾、广东、广西及云南。
- 繁　殖：播种、分株。
- 花果期：花期5~8月，果期9~11月。
- 日　照：全日照或半日照。
- 温　度：生长适温18℃~28℃。
- 土　壤：喜疏松、排水良好的土壤。
- 水　分：喜湿润。

形态特征 多年生草本植物。株高可达2米。叶长圆形或披针形，顶端渐尖或短尖，基部渐狭。圆锥花序密生多花，花绿白色，苞片红色。蒴果。

应用 花色艳丽，花期长，适合公园、小区、绿地等丛植于路边、草地中或墙垣处观赏；果实入药，具有去湿、散寒、消食的功效；根茎也入药，具有散寒、暖胃、止痛的功效。

学名| *Alpinia hainanensis*

草豆蔻

别名：海南山姜
科属：姜科山姜属

- 原产地：我国海南、广东、广西。
- 繁　殖：播种、分株。
- 花果期：花期4~6月，果期5~8月。
- 日　照：全日照或半日照。
- 温　度：生长适温18℃~26℃。
- 土　壤：喜疏松、肥沃的沙质壤土。
- 水　分：喜湿润，也耐旱。

形态特征 多年生草本植物，株高可达2米。叶片带形，顶端渐尖并有一旋卷的尾状尖头，基部渐狭。总状花序，苞片红棕色，花萼钟状。

应用 株型美观，花期长，适合园路、水岸边、林缘下绿化栽培。

学名| *Alpinia oxyphylla*

益智

别名：益智子
科属：姜科山姜属

- 原产地：我国广东、海南及广西。
- 繁　殖：播种、分株。
- 花果期：花期3~5月，果期4~9月。
- 日　照：全日照或半日照。
- 温　度：生长适温18℃~26℃。
- 土　壤：喜疏松、肥沃、排水良好的沙质壤土。
- 水　分：喜湿润。

形态特征 多年生常绿草本植物，株高1~3米。叶披针形，顶端渐狭，具尾尖，基部近圆形。总状花序，蕾期花序包于帽状总苞片中，花时脱落。花冠白色，唇瓣倒卵形，粉白色具红色脉纹。蒴果。

应用 株型美观，花型奇特，适合公园、小区、校园等植于山石边、水边或路边欣赏；果实入药，具有益脾胃、理元气、补肾虚的功效。

别名：月桃
科属：姜科山姜属

学名| *Alpinia zerumbet*

艳山姜

原产地：我国东南部至西南部各省区，热带亚洲广布。
繁 殖：播种、分株。
花果期：花期4~7月。
日 照：全日照或半日照。
温 度：生长适温18℃~28℃。
土 壤：喜肥沃、湿润的土壤。
水 分：喜湿润。

形态特征 多年生常绿丛生草本植物，株高2~3米。叶革质，有短柄，矩圆状披针形，边缘有短柔毛，全缘。圆锥花序，顶生，下垂。苞片白色，顶端及基部粉红色，花萼近钟状，萼片乳白色，顶端粉红，唇瓣匙状，宽卵形，黄色而有紫红色条纹。

应用 株型美观，花美丽，适合公园、绿地、庭院等植于路边、水畔或一隅观赏；地下块茎及叶具香气，叶及花可用作插花配材；种子供药用，有祛寒，健脾胃之效；枝茎可作绳索。

别名：水蕉花
科属：姜科闭鞘姜属

学名| *Costus speciosus*

闭鞘姜

原产地：我国南方各省；东南亚及南亚地区也有。
繁 殖：分株、播种或扦插。
花果期：花期7~10月，果期9~11月。
日 照：全日照。
温 度：生长适温18℃~28℃。
土 壤：喜排水良好的壤土或沙质壤土。
水 分：喜湿润。

形态特征 多年生宿根草本植物，株高1~2米。单叶，互生，圆形或披针形，顶端渐尖或尾状渐尖，基部近圆形。穗状花序顶生，苞片卵形，革质，红色，被短柔毛，花萼红色，花冠白色或顶部红色，唇瓣宽喇叭形，纯白色。蒴果。

应用 花大，洁白素雅，园林中常丛植于路边、草地中、林缘下或水岸边观赏；地下块茎具香气，根状茎入药，具有利水消肿，解毒止痒的功效。

学名| *Etlingera elatior*

瓷玫瑰

别名：火炬姜、菲律宾蜡花
科属：姜科火炬姜属

- 原产地：热带非洲。
- 繁　殖：分株或根茎栽植。
- 花果期：花期5~10月。
- 日　照：全日照。
- 温　度：生长适温25℃~32℃。
- 土　壤：喜微酸性且腐殖质丰富的沙壤土。
- 水　分：喜湿润。

形态特征 多年生宿根草本植物，株高3~6米。叶互生，两行排列，叶片绿色，线形至椭圆形或椭圆状披针形。基生头状花序，圆锥形球果状，似火炬，花有深红、大红和粉红等。

应用 花大，极美丽，适合园路边、山石边或林缘下栽培观赏，也是切花的良材。

学名| *Globba racemosa*

科属：姜科舞花姜属

舞花姜

- 原产地：我国南部至西南部各省区；印度也有。
- 繁　殖：播种、分株。
- 花果期：花期6~9月，果期8~10月。
- 日　照：全日照或半日照。
- 温　度：生长适温18℃~28℃。
- 土　壤：不择土壤。
- 水　分：喜湿润。

形态特征 多年生草本植物，株高0.6~1米。叶片长圆形或卵状披针形，顶端尾尖，基部急尖。圆锥花序顶生，花黄色，花萼管漏斗形，与花冠裂片等长，唇瓣顶端2裂，反折。蒴果。

应用 株型小巧，花奇特美丽，适合花坛、墙垣边及山石边栽培观赏，也可盆栽用于阳台、窗台等绿化。

学名| *Curcuma alismatifolia*

姜荷花

科属：姜科姜黄属

- 原产地：泰国。
- 繁　殖：分株或根茎。
- 花果期：花期6~10月。
- 日　照：全日照或半日照。
- 温　度：生长适温22℃~32℃。
- 土　壤：喜土质深厚、排水良好的沙质土壤。
- 水　分：喜湿润。

形态特征 多年生球根草本花卉，株高30~80厘米。叶基生，长椭圆形，革质，亮绿色，顶端渐尖，中脉为紫红色。穗状花序从卷筒状的心叶中抽出，上部苞叶桃红色，阔卵形，下部为蜂窝状绿色苞片，内含白色小花。

应用 花大美丽，多盆栽观赏，适合阳台、窗台、卧室、案几上摆放观赏，也可作切花。

学名| *Curcuma zedoaria*

莪术

别名：山姜黄
科属：姜科姜黄属

- 原产地：印度、马来西亚。
- 繁　殖：根茎、分株。
- 花果期：花期春季。
- 日　照：全日照或半日照。
- 温　度：生长适温18℃~28℃。
- 土　壤：不择土壤。
- 水　分：喜湿润，也耐旱。

形态特征 多年生球根草本花卉，株高30~50厘米。叶倒披针形，全缘，纸质，叶色铜红或铜绿。花穗状，苞片白或淡红。

应用 花叶俱美，适合丛植于庭院、居民区、公园、林缘下；根茎、块根入药，具有行气解郁、破瘀、止痛的功效。

别名：山田七
科属：姜科山奈属

学名| *Kaempferia rotunda*

海南三七

- **原产地：** 我国台湾、广东、海南；亚洲南部至东南部也有。
- **繁　殖：** 分株。
- **花果期：** 花期4月。
- **日　照：** 半日照。
- **温　度：** 生长适温22℃~28℃。
- **土　壤：** 喜疏松、肥沃的壤土。
- **水　分：** 喜湿润。

形态特征 多年生草本植物，根状茎块状。叶片椭圆状矩圆形，上面淡绿色，中脉两侧深绿色，下面紫色。穗状花序有花4~6朵，春季先叶自根茎抽出，裂片条形，白色，唇瓣蓝紫色。

应用 花美丽，具芳香，适合公园、绿地等路边、林下栽培观赏；全株入药，可治跌打损伤。

别名：野阳荷
科属：姜科姜属

学名| *Zingiber zerumbet*

红球姜

- **原产地：** 亚洲热带地区；我国的广东、广西及云南等有。
- **繁　殖：** 分株。
- **花果期：** 花期7~9月，果期10月。
- **日　照：** 半日照。
- **温　度：** 生长适温22℃~28℃。
- **土　壤：** 喜肥沃、排水良好的沙质壤土。
- **水　分：** 喜湿润，也耐旱。

形态特征 多年生常绿丛生草本植物，株高1~2米。叶两列，互生，披针形或长圆状披针形，先端渐尖或短渐尖，基部楔形。穗状花序，顶生，苞片覆瓦状排列，紧密，近圆形，初时淡绿色，后变红色。蒴果。

应用 花序奇特，观赏性强，适合路边、墙垣边种植观赏，也是优良的切花材料；根茎入药，有祛风解毒、消食止泻等功效。

学名| *Hedychium coronarium*

姜花

科属：姜科姜花属

花序特征
基生头状花序

- 原产地：我国云南、四川、广东、广西和台湾；印度、老挝、马来西亚至澳大利亚也有。
- 繁　殖：分株。
- 花果期：花期9月，果期10月。
- 日　照：全日照或半日照。
- 温　度：生长适温22℃~28℃。
- 土　壤：喜疏松、肥沃的沙质壤土。
- 水　分：喜湿润。

形态特征 直立草本植物，株高1~2米。叶片长圆状披针形或披针形，先端长渐尖，基部急尖。穗状花序顶生，椭圆形或卵形，苞片覆瓦状排列，宽卵形或椭圆形，淡绿色，每苞片内有花2~3朵。花白色，极芳香。蒴果。

应用 花大，洁白，芳香，适合路边、草地边缘、假山石边、水岸边或庭院栽培观赏，也可作切花；花可浸提香精，用于调和香料中；根茎入药，具有温中、散寒、止痛、消食的功效；嫩芽与花可作蔬菜食用。

别名：美丽姜花
科属：姜科姜花属

学名| *Hedychium gardnerianum*

金姜花

- 原产地：印度、马来西亚。
- 繁　殖：分株。
- 花果期：花期6~10月。
- 日　照：半日照。
- 温　度：生长适温22℃~28℃。
- 土　壤：不择土壤。
- 水　分：喜湿润。

形态特征 多年生草本植物，株高1.5米左右。叶片绿色，全缘，光滑，长椭圆状披针形，叶柄短。穗状花序顶生，苞片绿色，卵形或倒卵形，先端圆形或渐尖，小花密生，边缘浅黄色，心部金黄色。

应用 株型美观，花奇特美丽，园林中可用于路边、墙垣边或林缘下栽培观赏，也是切花的优良材料；花可食用。

索引一　学名按拼音顺序索引

索引二　学名按拉丁文顺序索引

为先書系
湖南教育书店特别策划

徐晔春◎编著

观花观叶植物经典图鉴

NO.1 观花·被子植物

Guanhuaguanyezhiwu Jingdiantujian

吉林出版集团 | 吉林科学技术出版社

图书在版编目（C I P）数据

观花观叶植物经典图鉴 / 徐晔春编著. -- 长春 :
吉林科学技术出版社，2012.3
ISBN 978-7-5384-5698-1

Ⅰ.①观… Ⅱ.①徐… Ⅲ.园林植物－观赏园艺－
图集 Ⅳ. ①S68-64

中国版本图书馆CIP数据核字（2012）第033068号

观花观叶植物经典图鉴——观花·被子植物❶

编　　著　徐晔春
出 版 人　张瑛林
选题策划　张胜利
责任编辑　张胜利
图片摄影　徐晔春
封面设计　长春美印图文设计有限公司
制　　版　长春美印图文设计有限公司
开　　本　720mm×900mm　1/16
字　　数　832千字
印　　张　64
版　　次　2012年5月第1版
印　　次　2012年5月第1次印刷

出　　版　吉林出版集团
　　　　　吉林科学技术出版社
发　　行　吉林科学技术出版社
地　　址　长春市人民大街4646号
邮　　编　130021
发行部电话　0431-86037641
网　　址　www.jybooks.com.cn
印　　刷　长沙鸿发印务实业有限公司

书　　号　ISBN 978-7-5384-5698-1
定　　价　254.40元（全八册）
如有印装问题可致电0731-84314144联系调换
版权所有　翻印必究　举报电话：0431-85635186

使用说明

ShiyongShuoming

检索功能

JiansuoGongneng

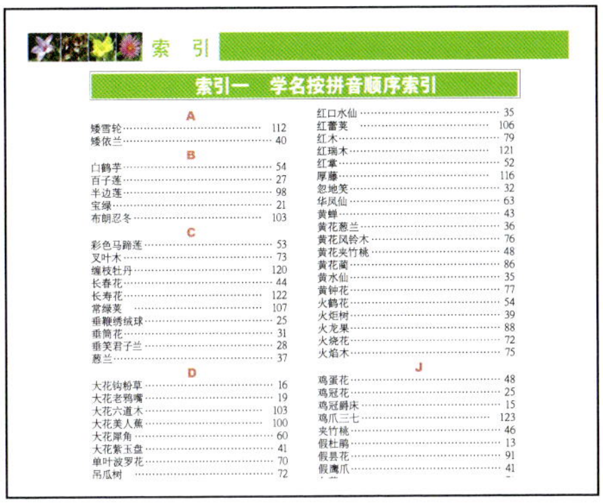

水 分

湿 土壤潮湿，含水量高，用手挤压土壤有水分流出。

喜湿 盆土需要始终处于湿润状态，保持土壤表面湿润。

湿润 土壤含水量较高，可挤压出各种形状，无水分流出。

喜湿润 在生长季节，宜保持土壤湿润，表面1~2厘米干后浇一次透水，浇水掌握间干间湿的原则。

喜干燥 在生长季节（部分植物为春、秋生长，夏、冬休眠，也有春、夏、秋季生长，冬季休眠，也有秋、冬、春三季生长，夏季眠），盆土水分基本干透后浇一次透水，大多数这类植物冬季停止浇水。浇水掌握干透浇透的原则。土壤水分含量低，挤压后不能成形。

生活在水中 土壤水分达到饱和状态，植物叶片浮于水面或挺出水面，植株不能离开水，部分植物整株浮于水面生活。不能离开水。

稍耐旱 土壤上层干燥，底层湿润，上层土壤挤压后不能成形，下层土壤可挤压成形，无水分流出。

耐旱 土壤中上层干燥，底层湿润，中上层土壤挤压后不能成形，下层土壤可挤压成形，无水分流出。

日 照

全日照 在全光照下养护，在室内放在阳光充足的地方，如窗台、阳台等处。

半日照 在春、夏、秋季阳光强烈时，早上晚上接受全光照，中午要遮阴。冬季可接受全光照，当然，我国幅员辽阔，各地需根据具体情况而定。

喜荫 全天不能接受光照，一般这类植物冬季可适当接受阳光。

土 壤

疏松 是指土壤团粒结构要好，疏松通气，有利根系生长发育，如泥炭土、腐叶土就是这个类型。

肥沃 是指土壤富含有机质，这类植物对养分需求较高，要注意补充肥料。

排水良好 是指土壤不能积水，否则对根系生长抑制，影响植株正常生长发育。如一些肉质根类、多肉植物等，基本是需要排水良好的土壤的。

不择土壤 这类植物习性强健，对土壤没有特殊要求，在大多数土壤中均能生长良好。如栽培于田园土、菜园土、腐叶土中，均可良好生长。

繁　殖

播种繁殖 播种繁殖也就是实生苗繁殖，将种子播于苗浅、穴盘等容器或直播于苗床、田地中，从而得到大量苗株的方法。

扦插繁殖 扦插是花卉繁殖的重要手段之一，是用植物的营养器官如根、茎、叶插入基质中，使之生根，抽枝长成完整的植株。

嫁接繁殖 嫁接繁殖是园林植物繁育技术的一种主要方法。是用繁殖体（茎、芽、球体）把两种不同植物结合在一起，使之愈合，形成一个独立的新个体，供嫁接用的繁殖体叫“接穗”，而接受接穗的植株叫“砧木”。

压条繁殖 多用于一些茎节和节间容易发根的木本花卉和一些扦插不容易发根的木本花卉。压条是将未脱离母株的枝条，在适当的部位将枝条环剥、刻伤，并可结合生根促进剂涂抹处理，然后将该部位埋入土中。由于受伤部位易积累上部合成的营养物质和激素，从而易形成根系。然后将它们剪离母体后移苗另栽，从而形成新的苗株。

分生繁殖 分生繁殖是植物营养繁殖方法之一，指人为将植物体上长出来的幼植株体，如萌蘖与母株分离另行栽植而成为独立新植物的繁殖方法。可分为分株法及分球法。前者多用于丛生性强的花灌木和萌蘖力强的多年生草花，后者则用于球根类花卉。

果　实

聚合果 聚合果是由花内的若干离生心皮形成的一个整体。如：海南木莲、腊梅的果实。

聚花果 由一整花序形成的一个整体，每一朵小花形成独立的小果，聚集在花序轴上。 如桑葚、无花果的果实。

单　果

由一花中的一个子房或一个心皮形成的单个果实。又分为干果及浆果，主要有以下几类：

1. 蓇葖果：离生心皮的单个心皮形成的，成熟时或沿背缝线或沿腹缝线一侧开裂。 如：云南含笑、欧耧斗菜的果实。

2. 荚果：单心皮的上位子房形成的，成熟时沿背腹两缝开裂，开裂后的果瓣片叫裂瓣。节荚基本上是荚果，仅在其种子间收缩变狭，成熟时在收缩处断裂成具有一颗种子的断片。 如合欢、蔓花生的果实。

3. 蒴果：由两个以上合生心皮的上位或下位子房形成。如箭叶秋葵、樟叶槿的果实。

4. 角果：由二心皮的复雌蕊发育而成，子房常因假隔膜分成两室，果实成熟后多沿两条腹缝线自下而上地开裂。如沙漠玫瑰、桂竹香的果实。

5. 瘦果：由离生心皮或合生心皮的上位或下位子房形成，其果皮紧包种子，不易分离。如珊瑚藤、棣棠的果实。

6. 胞果：由合生心皮的上位子房形成，其果皮薄而膨胀，疏松地包围种子而与种子极易分离。如地肤、垂鞭绣绒球的果实。

7. 翅果：瘦果状而有翅的干果，由合生心皮的上位子房形成。如星果藤的果实。

8. 坚果：由合生心皮的下位子房形成。如迷迭香、活血丹的果实。

9. 双悬果：由二心皮的子房发育成的果实，成熟后心皮分离成两瓣，并列悬于中央果柄的上端，不开裂。如胡萝卜的果实。

10. 浆果：果皮肉质多浆，外果皮易分离，内中果皮肉质化，内部一至数粒种子。如铃兰、宝莲花的果实。

11. 核果：单心皮或合生心皮组成，种子常一粒，外果皮较薄，肉质或革质，中果皮肉质肥厚，内果皮木质化，包于种子外，构成果核。如梅花、杏的果实。

12. 柑果：复雌蕊形成，外果皮革质，中果皮较疏松，分布有维管束，中轴胎座，每室种子多数。如金橘、四季橘的果实。

13. 瓠果：下位子房发育成的假果花托与外果皮结合成坚硬果壁，中果皮内果皮肉质胎座发达。如南瓜的果实。

14. 梨果：花筒与子房愈合一起发育成假果、果壁、外果皮，中果皮均肉质化，内果皮纸质或革质化。如梨、苹果的果实。

花　序

花在总花柄上有规律的排列方式，称花序。

无限花序

无限花序是指花序的主轴在开花期间，可以继续生长，向上伸长，不断产生苞片和花芽。可以分为以下几种类型：

1.总状花序：花轴单一，自下而上依次着生有柄的花朵，各花的花柄大致长短相等，开花顺序由下而上，如大花老鸦嘴、十大功劳的花序。

2.穗状花序：花轴直立，其上着生许多无柄小花，小花为两性花。如金粟兰、狗尾红的花序。

3.柔荑花序：花轴较软，其上着生多数无柄或具短柄的单性花，花无花被或有花被，花序柔韧，下垂或直立，开花后整个花序常一起脱落。如红尾铁苋的花序。

4.伞房花序：为变形的总状花序，花序上各花花柄长短不一，下部花花柄最长，愈近花轴上部的花花柄愈短，结果使得整个花序上的花几乎排列在一个平面上。如垂枝无忧树、野牡丹的花序。

5.头状花序：花轴极度缩短而膨大，铺展，各苞片叶常集成总苞，花无梗，多数花集生于一花托上，形成状如头的花序。如菊花、非洲菊的花序。

6.隐头花序：花序轴特别膨大而内陷成中空头状，许多无柄小花隐生于凹陷空腔的腔壁上，几乎全部隐没不见，整个花序仅留顶端一小孔与外方相通，为昆虫进出腔内传布花粉的通道。如无花果、薜荔、榕树的花序等。

7.伞形花序：花轴缩短，大多数花着生在花轴的顶端。每朵花有近于等长的花柄，从一个花序梗顶部伸出多个花梗近等长的花，整个花序形如伞，称伞形花序。每一小花梗称为伞梗。如麻叶绣线菊、百子莲的花序。

8.肉穗花序：花轴粗短，肥厚而肉质化，上生多数单性无柄的小花，如海芋、春羽的花序。

以上花序的花轴不分枝，称为简单花序。另有一些花轴具分枝，每一分枝上又呈现上述的一种花序，这类花序称复合花序。常见的有以下几种：

1.圆锥花序：长花轴上分生许多小枝，每个分枝又自成一总状花序，如珍珠梅、倒地铃的花序。

2.复伞形花序：花轴顶端丛生若干长短相等的分枝，各分枝又成为一个伞形花序，一分枝又自成一伞房花序，如茴香的花序。

3.复伞房花序：花序轴的分枝成伞房状排列，每一分枝又自成一伞房花序，如花楸、火棘的花序。

4.复穗状花序：花序轴有1或2次穗状分枝，每一分枝自成一穗状花序，也即小穗，如马唐的花序。

5.复头状花序：单头状花序上具分枝，各分枝又自成一头状花序，如合头菊。

有限花序

有限花序与无限花序相反，花轴顶端或最中心的花先开，因此主轴的生长受到限制，而由侧轴继续生长，但侧轴上也是顶花先开放，故其开花的顺序为由上而下或由内向外。可以分为以下几类：

1.单歧聚伞花序：主轴顶端先生一花，然后在顶花的下面主轴的一侧形成一侧枝，同样在枝端生花，侧枝上有可分枝着生花朵如前，整个花序是一个合轴分枝。如铁筷子的花序。

2.二歧聚伞花序：顶花下的主轴向着两侧各分生一枝，枝的顶端生花，每枝再在两侧分枝，如此反复进行，如络石的花序等。

3.多歧聚伞花序：主轴顶端发育一花后，顶花下的主轴上分出三数以上的分枝，各分枝又自成一小聚伞花序，如楠藤的花序。

目　　录

漆树科

番荔枝科

夹竹桃科

天南星科

马兜铃科

萝藦科

凤仙花科

目　录

秋海棠科

小檗科

紫葳科

红木科

木棉科

紫草科

凤梨科

花蔺科

仙人掌科

腊梅科

桔梗科

美人蕉科

忍冬科

石竹科

使君子科

旋花科

山茱萸科

景天科

学名| *Acanthus mollis*

虾蟆花

别名：鸭嘴花
科属：爵床科老鼠簕属

- 原产地：欧洲南部、非洲北部和亚洲西南部亚热带地区。
- 繁　殖：播种、根插或分株。
- 花果期：花期春季，果期夏季。
- 日　照：全日照、半日照均可。
- 温　度：生长适温15℃~28℃。
- 土　壤：喜肥沃、疏松排水良好中性至微酸性土壤。
- 水　分：喜湿润，较耐旱。

形态特征 常绿直立亚灌木，丛生，株高50~90厘米。叶对生，羽状分裂或浅裂。花序穗状，顶生，苞片大，小花多数，白至褐红色，形似鸭嘴。花冠2唇，上唇极小而成单唇状，下唇大，伸展。蒴果。

应用 盆栽适合阳台、天台观赏，可植于庭院的路边、窗前或花坛中栽培；也可用于园林绿地栽培观赏。

别名：蓝钟花、洋杜鹃
科属：爵床科假杜鹃属

学名| *Barleria cristata*

假杜鹃

- 原产地：我国华东、华南、西南；印度及缅甸也有。
- 繁　殖：播种、扦插。
- 花果期：花期11月至翌年3月，果期冬春。
- 日　照：全日照至半日照。
- 温　度：生长适温20℃~30℃。
- 土　壤：不择土壤，以疏松、排水良好的中性至微酸性壤土为佳。
- 水　分：喜湿润，较耐旱。

形态特征 常绿小灌木，株高1~2米。叶对生，纸质，全缘，椭圆形、长椭圆形或卵形，先端急尖，有时有渐尖头，基部楔形，下延。花在短枝上密集，花冠呈蓝紫色或白色，花冠2唇形，花冠管圆筒状，冠檐5裂。蒴果长圆形。

应用 盆栽装饰阳台、窗台等处；也适合绿地、路边、庭院栽培观赏；全草入药，通筋活络，解毒消炎。

别名：虾夷花、狐尾木、麒麟吐珠
科属：爵床科虾衣草属

学名| *Callispidia guttata*

虾衣花

- 原产地：墨西哥。
- 繁　殖：扦插。
- 花果期：全年。
- 日　照：全日照或半日照。
- 温　度：生长适温18℃~28℃。
- 土　壤：喜疏松、肥沃及排水良好的中性至微酸性土壤。
- 水　分：喜湿润，较耐旱。

形态特征 常绿亚灌木，株高50~80厘米。叶对生，卵形或长椭圆形，先端尖，全缘，淡绿色。穗状花序顶生、下垂，苞片多数而重叠，形似虾衣，呈砖红至暗红或黄绿色，超出苞片，唇形，白色。

应用 盆栽装饰窗台、书房、阳台，也可植于庭院的路边、墙垣边观赏；园林中常片植于路边、花坛观赏。

学名/ *Crossandra infundibuliformis*

鸟尾花

别名：半边黄、十字爵床
科属：爵床科十字爵床属

- 原产地：印度、斯里兰卡。
- 繁　殖：扦插。
- 花果期：花期夏、秋季。
- 日　照：全日照或半日照。
- 温　度：生长适温20℃~25℃。
- 土　壤：喜疏松、肥沃及排水良好的中性土壤。
- 水　分：喜湿润。

形态特征 植株矮性，株高20～40厘米。茎直立，多分枝。叶对生，阔披针形，全缘或波状缘。穗状花序生于枝顶，花橙色或橙红色。栽培的同属种有黄鸟尾花*C. nilotica*。

应用 盆栽可用于阳台、窗台或卧室等处装饰，也适合庭院绿化；园林中常用于花坛或园路两边栽培观赏。

学名/ *Cyrtanthera carnea*

珊瑚花

别名：巴西羽花、串心花
科属：爵床科珊瑚花属

- 原产地：巴西。
- 繁　殖：扦插。
- 花果期：花期6~11月。
- 日　照：全日照或半日照。
- 温　度：生长适温22℃~30℃。
- 土　壤：喜肥沃、疏松的微酸性土壤。
- 水　分：稍干燥或湿润。

形态特征 多年生草本或半灌木。株高50~100厘米。叶对生，长圆状卵形，具少量柔毛。圆锥花序顶生，花冠粉红色，具黏毛，形似珊瑚。蒴果。

应用 盆栽适合布置阳台、客厅、卧室及书房等处；园林中常用于路边或花坛栽培观赏。

学名| *Eranthemum pulchellum*

可爱花

别名：喜花草
科属：爵床科喜花草属

- 原产地：印度。
- 繁 殖：扦插。
- 花果期：花期秋、冬季。
- 日 照：全日照。
- 温 度：生长适温20℃~28℃。
- 土 壤：喜疏松、肥沃、排水良好的微酸性土壤。
- 水 分：喜湿润，不耐干旱。

形态特征 常绿灌木，株高可达2米。叶对生，椭圆至卵形，顶端渐尖或长渐尖，基部圆或宽楔形并下延，边缘有不明显的钝齿，叶脉明显。穗状花序顶生或腋生，呈圆锥状，花冠深蓝色，筒形。蒴果。

应用 盆栽适合阳台、天台等处栽培，也可用于庭院的窗台、墙垣边栽培观赏；园林中常片植于路边、水岸边欣赏。

学名| *Odontonema strictum*

鸡冠爵床

别名：鸡冠红、红苞花、红楼花
科属：爵床科鸡冠爵床属

- 原产地：中美洲。
- 繁 殖：扦插。
- 花果期：花期秋、冬季。
- 日 照：全日照。
- 温 度：生长适温18℃~28℃。
- 土 壤：不择土壤，以肥沃的中性或微酸性壤土为佳。
- 水 分：喜湿润，也耐旱。

形态特征 多年生常绿小灌木，株高60~120厘米。叶卵状披针形或卵圆状，叶面有波皱，对生，先端渐尖，基部楔形。聚伞花序顶生，红色。

应用 盆栽装饰阳台、卧室或书房，也可植于庭院墙垣边或路边。是公园、绿地的路边、林下绿化的优良材料。

学名| *Pachystachys lutea*

金苞花

别名：金包银、黄虾花
科属：爵床科厚穗爵床属

- 原产地：墨西哥、秘鲁。
- 繁　殖：扦插。
- 花果期：花期从春至秋季。
- 日　照：全日照。
- 温　度：生长适温20℃~30℃。
- 土　壤：喜排水良好、肥沃的腐殖质土或沙质壤土。
- 水　分：喜湿润。

形态特征 多年生常绿灌木，茎直立，株高50~80厘米。叶对生，长椭圆形或披针形，先端锐尖，革质，具皱褶，有光泽。穗状花序顶生，花苞金黄色，小花乳白色。

应用 盆栽于阳台、窗台或天台点缀，庭院可植于窗台及路边；园林中常片植或用于花坛，也可做花境植物。

学名| *Pseuderanthemum laxiflorum*

大花钩粉草

别名：紫云杜鹃
科属：爵床科山壳骨属

- 原产地：南美洲。
- 繁　殖：扦插。
- 花果期：花期夏、秋。
- 日　照：全光照。
- 温　度：生长适温22℃~30℃。
- 土　壤：不择土壤，以富含有机质的中性至微酸性沙质壤土为佳。
- 水　分：喜湿润，稍耐旱。

形态特征 常绿灌木，株高约 20 ~ 50 厘米，分枝较多。叶对生，长椭圆形或披针形，顶端渐尖，基部楔形，全缘。花长筒状，腋生，先端 5 裂，紫红色。

应用 盆栽适合阳台、天台等光线充足的地方养护；园林中可片植、丛植于路边、墙垣边绿化。

别名：翠芦莉、人字草
科属：爵床科蓝花草属

学名| *Ruellia brittoniana*

蓝花草

- 原产地：墨西哥。
- 繁　殖：播种、扦插或分株。
- 花果期：花期由春至秋，果期夏秋。
- 日　照：全日照。
- 温　度：生长适温22℃~30℃。
- 土　壤：不择土壤。
- 水　分：喜湿润，较耐旱。

形态特征 常绿小灌木，株高30～100厘米。茎方形，具沟槽。单叶对生，线状披针形，全缘或具疏锯齿。花腋生，花冠漏斗状，蓝紫色。蒴果，成熟时褐色。

应用 盆栽适合阳台、窗台或天台等光线充足的地方栽培；园林中多用于路边、水岸边或浅水处栽培观赏。

别名：艳芦莉、美丽芦莉草
科属：爵床科蓝花草属

学名| *Ruellia elegans*

红花芦莉

- 原产地：巴西。
- 繁　殖：扦插。
- 花果期：花期夏、秋季。
- 日　照：全日照。
- 温　度：生长适温22℃~30℃。
- 土　壤：喜富含有机质的中性至微酸性壤土或沙质壤土。
- 水　分：喜湿润。

形态特征 常绿小灌木。株高60～90厘米。叶椭圆状披针形或长卵圆形，叶绿色，微卷，对生，先端渐尖，基部楔形。花腋生，花冠筒状，5裂，鲜红色。

应用 盆栽用于阳台及天台或阶前观赏，也适合庭院的路边、墙垣边栽培；园林中常于路边、林缘下丛植或片植。

学名| *Thunbergia alata*

黑眼花

别名：翼叶山牵牛、翼叶老鸦嘴、黑眼苏珊
科属：爵床科山牵牛属

- 原产地：热带非洲。
- 繁　殖：播种、扦插或分株。
- 花果期：花期夏至秋，果期秋冬。
- 日　照：全日照，也耐半阴。
- 温　度：生长适温20℃~28℃。
- 土　壤：不择土壤，以疏松、肥沃的壤土为佳。
- 水　分：喜湿润，稍耐旱。

形态特征 缠绕一年生草本。叶片卵状箭头形或卵状稍戟形，先端锐尖，基部箭形或稍戟形，边缘具短齿或全缘。花单生于叶腋，花筒状钟形，花冠5裂，橙黄色或淡黄色，紫黑色。蒴果。

应用 盆栽装饰阳台，也可于庭院的小型花架、篱架旁栽培；园林中常用于小型棚架、篱垣、花架栽培观赏。

学名| *Thunbergia erecta*

硬枝老鸦嘴

别名：蓝吊钟 、立鹤花
科属：爵床科山牵牛属

- 原产地：西非热带地区。
- 繁　殖：扦插、分株。
- 花果期：花期全年。
- 日　照：全日照。
- 温　度：生长适温22℃~30℃。
- 土　壤：喜肥沃、排水良好的微酸性沙质土壤。
- 水　分：耐旱，也喜湿润。

形态特征 常绿灌木，株高1~2米。叶对生，卵形至长卵形，叶近革质，先端渐尖，基部楔形至圆形，边缘具波状齿或不明显3裂。花单生于叶腋，花冠斜喇叭形，蓝紫色，喉管部为黄色。

应用 盆栽装饰阳台、阶前等光线充足的地方；适合庭院、公园、风景区栽培，片植于路边、墙垣边。

别名：大邓伯花、山牵牛
科属：爵床科山牵牛属

学名| *Thunbergia grandflora*

大花老鸦嘴

- 原产地：我国广东、海南、福建中南半岛；印度也有。
- 繁　殖：分株、根茎扦插。
- 花果期：花期5~11月。
- 日　照：全日照。
- 温　度：生长适温22℃~30℃。
- 土　壤：不择土壤，以疏松、肥沃的微酸性壤土为佳。
- 水　分：喜湿润。

形态特征　木质大藤本，株高可达7米以上。叶对生，阔卵形，基部心形，先端渐尖，两面粗糙、有毛。总状花序，花大喇叭状，腋生，花初期为蓝色，后期近白色。

应用　花型奇特，花期长，适合公园、小区、庭院等的大型棚架的攀缘材料。

别名：樟叶邓伯花、桂叶山牵牛、樟叶山牵牛
科属：爵床科山牵牛属

学名| *Thunbergia laurifolia*

樟叶老鸦嘴

- 原产地：我国中南半岛及马来半岛。
- 繁　殖：分株、根茎扦插。
- 花果期：花期春至秋季。
- 日　照：全日照。
- 温　度：生长适温22℃~30℃。
- 土　壤：不择土壤。
- 水　分：喜多湿。

形态特征　常绿木质藤本。叶片长圆形至长圆状披针形，先端渐尖，具较长的短尖头，基部圆或宽楔形，全缘或具不规则的波状齿，近革质。总状花序顶生或腋生，花冠管和喉白色，冠檐淡蓝色。蒴果。

应用　花型奇特，具有较强的观赏性，适合公园、社区、庭院等棚架、花廊、花架绿化。

学名| *Aphelandra squarrosa*

银脉爵床

别名：银脉单药花
科属：爵床科单药花属

- 原产地：美洲的热带和亚热带地区。
- 繁　殖：扦插。
- 花果期：花期6~7月，果期8月。
- 日　照：全光照或半阴环境。
- 温　度：生长适温18℃~25℃。
- 土　壤：疏松、肥沃的微中性或酸性土壤。
- 水　分：喜湿润，不耐干旱。

形态特征　多年生草本或灌木。叶大，先端尖，叶片深绿色有光泽，叶面具有明显的白色条纹状叶脉，叶缘波状。花顶生或腋生，金黄色。苞片很大，覆瓦状。

应用　为优良的盆栽花卉，盆栽用于窗台、阳台、书房装饰，或植于庭院路边、花坛观赏。

学名| *Faucaria tigrina*

科属：番杏科肉黄菊属

四海波

- 原产地：南非。
- 繁　殖：分株。
- 花果期：花期秋季。
- 日　照：全日照。
- 温　度：生长适温18℃~28℃。
- 土　壤：喜疏松、排水良好的沙质土壤。
- 水　分：喜干燥，忌水湿。

形态特征 多年生常绿多浆草本，植株密集丛生，株高约10厘米。叶对生，肉质，基部联合，先端三角形，叶缘及叶背龙骨突处表皮硬膜质化，叶面具肉齿。花大，无梗，黄色。

应用 盆栽用于窗台、卧室、阳台或案几点缀，也适合用于布置沙漠专类园。

学名| *Glottiphyllum linguiforme*

别名：舌叶花、佛手掌
科属：番杏科舌叶花属

宝绿

- 原产地：南非。
- 繁　殖：分株。
- 花果期：花期1~5月。
- 日　照：全日照。
- 温　度：生长适温18℃~25℃。
- 土　壤：喜疏松、排水良好的沙质壤土。
- 水　分：喜干燥，忌水湿。

形态特征 多年生常绿肉质草本，株高10~15厘米。叶对生，舌状，绿色，具光泽，肉质。花单生于叶腋，黄色。蒴果。

应用 花明艳，适合公园、植物园等布置多浆专类园，也可盆栽用于窗台、阳台等处装饰。

学名| *Astridia velutina*

鹿角海棠

别名：熏波菊
科属：番杏科鹿角海棠属

- 原产地：南非。
- 繁　殖：播种、扦插。
- 花果期：春至夏。
- 日　照：全日照。
- 温　度：生长适温18℃~30℃。
- 土　壤：喜肥沃、疏松、排水良好沙质壤土。
- 水　分：喜干燥。

形态特征 多年生常绿多浆草本，根呈亚灌木状，分枝多呈匍匐状。叶片肉质具三棱，银灰色。花腋生，有白、红、粉及淡紫色等颜色。

应用 株形美观，花色雅致，盆栽多用于窗台、阳台或案几上点缀，也常用于布置多浆植物专类园。

学名| *Atenia cordifolia*

心叶冰花

别名：露草、花蔓草
科属：番杏科露草属

- 原产地：南非。
- 繁　殖：扦插。
- 花果期：花期春至秋。
- 日　照：全光照。
- 温　度：生长适温15℃~25℃。
- 土　壤：喜排水良好的沙质土壤。
- 水　分：喜干燥，忌水湿。

形态特征 多年生常绿蔓性肉质草本，枝长20厘米左右。叶对生，肉质肥厚、具光泽。枝条顶端开花，花深玫瑰红色，中心淡黄，花瓣狭小，具光泽。

应用 多用于盆栽观赏，可用于窗台或案几点缀；园林中多用于布置沙漠景观。

别名：龙须海棠
科属：番杏科日中花属

学名| *Lampranthus tenuifolius*

松叶菊

- 原产地：南非。
- 繁　殖：扦插。
- 花果期：4~5月开花。
- 日　照：全日照。
- 温　度：生长适温12℃~22℃。
- 土　壤：喜疏松、排水良好的沙质壤土。
- 水　分：喜干燥，忌水湿。

形态特征　茎匍匐，纤细，分枝多而上升。叶对生，基部抱茎，肉质三棱，挺直。单花腋生，形似菊花，花瓣窄条形，具光泽，色彩鲜艳。

应用　开花繁茂，色泽艳丽，适合公园、植物园等布置多浆专类园，也可盆栽点缀居室或植于花坛观赏。

学名/ *Sagittaria montevidensis*

蒙特登慈姑

别名：爆米花慈姑
科属：泽泻科慈姑属

花序特征
总状或圆锥形花序

- 原产地：南美。
- 繁　殖：分株。
- 花果期：花期3~11月。
- 日　照：全日照。
- 温　度：生长适温18℃~30℃。
- 土　壤：喜肥沃的壤土。
- 水　分：生于湿地或浅水中。

形态特征 多年生挺水草本植物。挺水叶片箭形，通常顶裂片与侧裂片近等长。花葶直立，挺出水面，总状或圆锥形花序，花葶粗，花单性，花朵大，花被白色，基部淡黄色，部分植株花基部具有紫色斑块。

应用 盆栽可用于阶前或庭院水景绿化；园林中多丛植或片植于水体浅水处观赏。

别名：尾穗苋
科属：苋科苋属

学名| *Amaranthus caudatus*

垂鞭绣绒球

- 原产地：热带地区。
- 繁　殖：播种。
- 花果期：花、果期9~11月。
- 日　照：全日照。
- 温　度：生长适温18℃~28℃。
- 土　壤：不择土壤，以疏松、肥沃土壤为佳。
- 水　分：喜湿润，较耐旱。

形态特征 一年生草本，株高约80~150厘米。叶片卵形或菱状披针形，顶端短渐尖或圆钝，具芒尖，基部楔形，稍不对称，全缘或波状缘。圆锥花序顶生或腋生，常下垂，由多数穗状花序形成，花密集成团。胞果近球形。

应用 花奇特美丽，适合庭院、公园等栽培观赏，也可用于切花或制成干花。

别名：红鸡冠、鸡公苋
科属：苋科青葙属

学名| *Celosia cristata*

鸡冠花

- 原产地：亚洲、美洲及非洲等热带及亚热带地区。
- 繁　殖：播种。
- 花果期：花果期6~10月。
- 日　照：全日照。
- 温　度：生长适温20℃~30℃。
- 土　壤：喜疏松、肥沃的中性至微酸性土壤。
- 水　分：喜湿润。

形态特征 一年生草本。叶互生，卵形、卵状披针形，顶端急尖或渐尖，基部渐狭。花多数，成扁平鸡冠状、卷冠状或羽毛状的穗状花序，花被片红色、紫色、黄色、橙色或红色黄色相间。

应用 为著名的庭院花卉，盆栽可用于阳台、窗台等处观赏，或植于庭院的路边、窗前、花坛等绿化。嫩叶及花冠可炒食，种子炒熟后可食用。

学名/ *Gomphrena globosa*

千日红

别名：火球花、百日红
科属：苋科千日红属

- 原产地：美洲热带地区。
- 繁　殖：播种。
- 花果期：花期7~9月。
- 日　照：全日照。
- 温　度：生长适温16℃~30℃。
- 土　壤：不择土壤，以疏松、肥沃的中性至微酸性土壤为佳。
- 水　分：喜湿润，较耐旱。

形态特征 一年生草本，株高30~60厘米。单叶对生，长椭圆形或矩圆状倒卵形，全缘。头状花序着生于顶端，球形，花小，两性，呈深红、紫红、粉或白色。

应用 盆栽装饰阳台、窗台或天台，也适合庭院的路边、墙垣边或花坛栽植；常用于花坛、花境栽培；是制作干花的优良材料。花序入药，有止咳定喘、平肝明目功效。

别名：百子兰、非洲百合、蓝花君子兰
科属：石蒜科百子莲属

学名| *Agapanthus africanus*

百子莲

- 原产地：南非。
- 繁　殖：播种、分株。
- 花果期：花期7~9月，果期8~10月。
- 日　照：全日照。
- 温　度：生长适温20℃~28℃。
- 土　壤：喜疏松、肥沃的中性至微酸性土壤。
- 水　分：喜湿润。

形态特征 多年生草本，株高50~70厘米。叶二列基生，舌状带形，光滑，浓绿色。花葶自叶丛中抽出，伞形花序顶生，小花钟状漏斗形，蓝色或白色。蒴果。

应用 花极美丽，蓝艳可爱，盆栽装饰客厅、卧室、阳台等；园林中适合路边、花坛或用于花境栽培。

学名| *Clivia nobilis*

垂笑君子兰

科属：石蒜科君子兰属

- 原产地：南非。
- 繁　殖：播种、分株。
- 花果期：花期夏季。
- 日　照：半日照。
- 温　度：生长适温15℃~25℃。
- 土　壤：喜疏松、肥沃、排水良好的微酸性土壤。
- 水　分：喜湿润。

形态特征 多年生草本。基生叶约有十几枚，质厚，深绿色，具光泽，带状，边缘粗糙。花茎由叶丛中抽出，稍短于叶。伞形花序顶生，多花，开花时花下垂，花被橘红色。

应用 花大色艳，花期长，多盆栽观赏，可用于装饰客厅、居室及宾馆大堂等场所。

学名| *Crinum asiaticum var. sinicum*

文殊兰

别名：十八学士
科属：石蒜科文殊兰属

- 原产地：我国福建、广东、台湾及广西。
- 繁　殖：分株、播种。
- 花果期：花期5~10月。
- 日　照：全日照。
- 温　度：生长适温22℃~30℃。
- 土　壤：不择土壤，以肥沃、疏松的壤土为宜。
- 水　分：喜湿润。

形态特征 多年生草本。鳞茎粗壮，呈长圆柱形。叶阔带形或剑形，基部抱茎，叶脉平行。花葶从叶丛中抽出，伞形花序顶生，外具大苞片两枚，花白色，具浓香。蒴果球形。常见栽培的原种为红花文殊兰*C. amabile*。

应用 为我们常见栽培的观赏花卉，盆花可用于阳台、天台或庭院地栽观赏；园林常植于路边、水岸边观赏。叶与鳞茎入药，具有活血散淤、消肿止血功效。

别名：秘鲁百合
科属：石蒜科六出花属

学名/ *Alstroemeria aurantiaca*

六出花

- 原产地：南美洲。
- 繁　殖：播种、块茎。
- 花果期：花期夏季。
- 日　照：全日照。
- 温　度：生长适温15℃～26℃。
- 土　壤：喜肥沃、疏松、排水良好的中性至微酸性沙质壤土。
- 水　分：喜湿润。

形态特征 具肉质须根，株高50～100厘米。叶长披针形，互生，表面亮绿色。伞形花序，花橙黄色，具紫色斑点和条纹，现栽培的均为园艺种。

应用 花美丽，花期长，盆栽可用于装饰客厅或阳台等处；适于公园、庭院等的花坛、路边或用于布置花境；花枝可用于插花。

别名：大花君子兰
科属：石蒜科君子兰属

学名/ *Clivia miniata*

君子兰

- 原产地：南非。
- 繁　殖：播种、分株。
- 花果期：花期冬、春，果期春、夏。
- 日　照：半日照。
- 温　度：生长适温15℃～25℃。
- 土　壤：喜疏松、肥沃、排水良好的微酸性土壤。
- 水　分：喜湿润。

形态特征 多年生常绿草本，株高30～50厘米。叶片扁平带状，光亮，常绿。伞状花序生于花葶顶部，小花漏斗形，花橘红色。浆果成熟后红色。

应用 花大色艳，花期长，多盆栽观赏，可用于装饰客厅、居室及宾馆大堂等场所。

学名| *Eucharis grandiflora*

南美水仙

别名：大花油加律、亚马逊百合、美国水仙
科属：石蒜科南美水仙属

- 原产地：哥伦比亚、秘鲁。
- 繁　殖：分株。
- 花果期：花期冬春季。
- 日　照：半日照。
- 温　度：生长适温20℃~28℃。
- 土　壤：喜疏松、肥沃、排水良好的沙质壤土。
- 水　分：喜湿润。

形态特征 多年生草本，株高约80厘米。叶基生，椭圆形，浓绿色。花葶肉质。顶生伞形花序，着花3～6朵，花冠筒圆柱形，中央生有一个副花冠，花瓣开展呈星状。花为纯白色，具芳香。

应用 盆栽装饰厅堂、阳台及窗台等处，是庭院绿化的优良材料；园林中可用于花境、花坛及路边栽培观赏。

学名| *Haemanthus multiflorus*

网球花

别名：火球花、网球石蒜
科属：石蒜科网球花属

- 原产地：非洲热带。
- 繁　殖：分球、播种。
- 花果期：花期夏季，果期秋季。
- 日　照：半日照。
- 温　度：生长适温22℃~30℃。
- 土　壤：喜疏松、排水良好的沙质土壤。
- 水　分：喜湿润。

形态特征 多年生落叶球根花卉，地下具鳞茎，扁球形。叶3~4枚，长圆形，全缘。花先于叶开放，花茎直立，伞形花序顶生，呈球状，着花数十朵，红色，花丝红色。浆果红色。

应用 盆栽可用于点缀窗台、阳台、书房或客厅等处；适合园林绿地的草地边缘、林下、山石边种植观赏。

别名：穆氏文殊兰
科属：石蒜科文殊兰属

学名| *Crinum moorei*

香殊兰

- 原产地：热带非洲。
- 繁　殖：分株。
- 花果期：花期5~10月。
- 日　照：全日照。
- 温　度：生长适温22℃~30℃。
- 土　壤：喜肥沃、排水良好的沙质壤土。
- 水　分：喜湿润。

形态特征 多年生球根花卉，株高1~1.5米左右。叶剑状披针形，绿色。花茎自叶丛中抽出，粗大，中空。伞形花序，花朵着生于花枝顶端，5~8朵，花白色，具芳香。

应用 习性强健，花洁白芳香素雅，优良的观花植物。盆栽适合阳台、天台或庭院美化；公园、风景区可植于路边、水岸边观赏。

科属：石蒜科垂筒花属

学名| *Cyrtanthus mackenii*

垂筒花

- 原产地：南非。
- 繁　殖：分球、播种。
- 花果期：花期冬季及早春，果期春季。
- 日　照：全日照及半阴。
- 温　度：生长适温18℃~28℃。
- 土　壤：喜排水良好、富含有机质的壤土或沙质壤土。
- 水　分：喜湿润，较耐旱。

形态特征 多年生球根草本，具鳞茎，株高约20厘米。叶基生，长线形，花茎细长，自地下抽生而出，花筒长筒形，略低垂，花色有乳黄、白、粉及橙红等。

应用 花姿清雅，观赏性佳，为优良的盆栽观花植物，适合窗台、阳台等栽培观赏。

学名| *Lycoris aurea*

忽地笑

别名：黄花石蒜、金爪花
科属：石蒜科石蒜属

- 原产地：我国福建、台湾、湖北、湖南、广东、广西、四川及云南；日本和缅甸也有。
- 繁　殖：分球。
- 花果期：花期8~10月，果期10月。
- 日　照：全日照或半日照。
- 温　度：生长适温15℃~28℃。
- 土　壤：不择土壤，喜腐殖质丰富、湿润而排水良好的土壤。
- 水　分：喜湿润。

形态特征 多年生草本植物。鳞茎宽卵形。叶基生，质厚，宽条形，粉绿色，下部渐狭。花茎高30~60厘米；伞形花序，花大，鲜黄色或橘黄色，先花后叶。蒴果具三棱。

应用 花型奇特，适合布置花坛、花境、岩石园及林下栽培观赏；鳞茎含淀粉，可制酒精；鳞茎可提取石蒜碱，也可做农药。

学名| *Lycoris radiate*

石蒜

别名：蟑螂花、龙爪花、彼岸花
科属：石蒜科石蒜属

- 原产地：我国及日本。
- 繁　殖：分球。
- 花果期：花期9月。
- 日　照：全日照或半日照。
- 温　度：生长适温18℃~28℃。
- 土　壤：不择土壤，以排水良好、肥沃的沙质壤土为佳。
- 水　分：喜湿润，较耐旱。

形态特征 多年生草本植物。地下鳞茎肥厚，广椭圆形，外被紫红色薄膜。叶线形，自基部抽出。伞形花序顶生，花鲜红色，花筒较短，花被片狭倒披针形，向外翻卷。

应用 花奇特美观，极艳丽，盆栽适合阳台、天台养护观赏；也适合公园、风景区等路边、草地、水岸边或山石边种植观赏；鳞茎有毒，入药有催吐、祛痰、消肿、止痛之效。

别名：百枝莲、华胄兰
科属：石蒜科朱顶红属

学名| *Hippeastrum rutilum*

朱顶红

- 原产地：巴西。
- 繁　殖：分球、播种。
- 花果期：花期春季，果期夏季。
- 日　照：全日照或半日照。
- 温　度：生长适温15℃~28℃。
- 土　壤：喜疏松、肥沃、排水良好的土壤。
- 水　分：喜湿润。

形态特征　多年生球根植物。鳞茎近球形。叶从鳞茎抽生，叶片呈带状，两列状着生，扁平淡绿。花茎也从鳞茎抽出，绿色粗壮、中空。伞形花序着生花茎顶端，喇叭形，有红色、红色带白条纹、白色带红条纹等。栽培的变种有白肋朱顶红*H. reticulatum var. striatifolium*。

应用　盆栽可用于阳台、客厅、卧室、书房等点缀，也常植于庭院的路边或一隅观赏；园林中可植于路边、山石旁、池畔观赏；鳞茎入药，具有活血解毒、散瘀消肿的功效。

别名：美丽水鬼蕉、蜘蛛兰
科属：石蒜科水鬼蕉属

学名| *Hymenocallis americana*

水鬼蕉

- 原产地：美洲热带。
- 繁　殖：分球。
- 花果期：花期夏末秋初。
- 日　照：全日照或半日照。
- 温　度：生长适温22℃~30℃。
- 土　壤：喜疏松、肥沃的壤土。
- 水　分：喜湿润。

形态特征　多年生球茎草本植物，叶10~12枚，剑形，顶端急尖，基部渐狭。花茎扁平，佛焰苞状总苞片的基部极阔。花茎顶端生花3~8朵，白色，花被管纤细。

应用　花型别致，洁白雅致。盆栽可用于装饰阳台、天台等；适合公园、绿地、庭院等路边、水体岸边栽培观赏。

学名| *Narcissus tazetta var. chinensis*

水仙

别名：凌波仙子、天葱、雅蒜
科属：石蒜科水仙属

- 原产地：亚洲东部，我国浙江、福建沿海有野生。
- 繁　殖：分球。
- 花果期：花期春季。
- 日　照：全日照。
- 温　度：生长适温10℃~18℃。
- 土　壤：喜疏松、肥沃的中性至微酸性沙质壤土。
- 水　分：喜湿润。

形态特征 多年生草本。高20～80厘米，地下部分具肥大的鳞茎，卵形或球形，具长颈。叶基生，带状线形或近圆柱状，多数排成互生二列状。花单生或多朵，呈伞形花序，下具膜质总苞。花茎直立，圆筒状或扁圆筒状，中空，花多为黄色、白色或晕红色。

应用 花清香淡雅，是我国著名的年宵花之一，多盆栽水养，适合窗台、客厅或卧室等摆放观赏。园林中可用于布置花坛、花境，也宜疏林下草坪上成丛成片种植。鳞茎有毒，含有石蒜碱，入药，菊茎捣烂可用于治痈肿。

学名| *Polianthes tuberosa*

晚香玉

别名：夜来香、月下香
科属：石蒜科晚香玉属

- 原产地：墨西哥。
- 繁　殖：分株、分球。
- 花果期：花期7~11月。
- 日　照：全日照。
- 温　度：生长适温22℃~28℃。
- 土　壤：不择土壤，以疏松、肥沃的壤土为佳。
- 水　分：喜湿。

形态特征 多年生球根类草本。株高80厘米左右。地下块茎球状。叶基生，披针形，基部稍带红色，细长带状，全缘。总状花序顶生，花白色，漏斗状，有浓香，夜晚香味更浓。

应用 盆栽装饰阳台、窗台等处，适合植于庭院的窗前或墙边观赏；园林中可植于墙垣边观赏；叶、花、果入药，具有清肝明目，拔毒生肌的功效；花可提取香料或食用。

学名| *Narcissus poeticus*

红口水仙

科属：石蒜科水仙属

- 原产地：地中海沿岸。
- 繁　殖：分球。
- 花果期：花期春季。
- 日　照：全日照。
- 温　度：生长适温10℃~18℃。
- 土　壤：喜疏松、肥沃的中性壤土。
- 水　分：喜湿润。

形态特征 多年生草本，膜质有皮鳞茎，株高约30~50厘米，叶自鳞茎抽出，线形或披针形。花单生，花被纯白，副花冠红色，钟状。

应用 花繁密，极美丽，盆栽用于装饰客厅、阳台、窗台及卧室等，或植于庭院的园中边及墙垣边欣赏；园林中常片植于路边或水岸边观赏。

学名| *Narcissus pseudo-narcissus*

黄水仙

别名：喇叭水仙、喇叭水仙
科属：石蒜科水仙属

- 原产地：地中海沿岸。
- 繁　殖：分球。
- 花果期：花期3~4月。
- 日　照：全日照。
- 温　度：生长适温10℃~18℃。
- 土　壤：喜湿润。
- 水　分：喜湿润，不耐旱。

形态特征 多年生肉质草本，鳞茎球形。叶扁平线形，灰绿色而光滑。花单生，黄或淡黄色，稍具香气；副冠与花被片等长或稍长；钟形至喇叭形，边缘具不规则齿牙和皱褶。

应用 花繁密，极美丽，盆栽用于装饰客厅、阳台、窗台及卧室等；适合公园、庭院的路边或水岸边栽培观赏。

学名| *Zephyranthes citrine*

黄花葱兰

科属：石蒜科葱兰属

- 繁　殖：分球或播种。
- 花果期：花期夏、秋，果期秋、冬。
- 日　照：全日照或半日照。
- 温　度：生长适温22℃~30℃。
- 土　壤：喜肥沃、排水良好的沙质壤土。
- 水　分：喜湿润。

形态特征 多年生常绿草本，具鳞茎，株高约15~20厘米。叶狭线形，绿色。花茎自叶丛中抽出，花瓣6枚黄色。

应用 花金黄，明艳秀丽，盆栽可用于窗台及阳台点缀；适合公园、庭院等路边、山石边或墙垣边栽培观赏。

学名| *Zephyranthes grandiflora*

韭兰

别名：韭莲、风雨花、风雨兰
科属：石蒜科葱莲属

- 原产地：南美。
- 繁　殖：分球。
- 花果期：花期夏、秋。
- 日　照：全日照。
- 温　度：生长适温22℃~30℃。
- 土　壤：喜排水良好、富含腐殖质的沙质壤土。
- 水　分：喜湿润。

形态特征 多年生常绿草本。地下鳞茎卵形。茎短，叶数枚基生，扁线形，浓绿色，柔软。花茎从叶丛中抽出，单生于花茎顶端，花喇叭状，粉红色或玫瑰红色。蒴果近球形，种子黑色。

应用 盆栽装饰阳台、窗台等处，或用于路边、墙边绿化；适合花坛、花境和草地镶边。

别名：野蒜、非洲小百合
科属：石蒜科紫娇花属

学名| *Tulbaghia vielacea*

紫娇花

- 原产地：南非。
- 繁　殖：分球、播种。
- 花果期：几乎全年，夏、秋为盛期。
- 日　照：全日照或半日照。
- 温　度：生长适温24℃~30℃。
- 土　壤：不择土壤，以肥沃的沙质壤土为佳。
- 水　分：喜湿润。

形态特征 多年生球根花卉，株高30~50厘米，成株丛生状。叶狭长线形，茎叶均含韭味。花茎细长，自叶丛抽生而出。顶生聚伞花序，着花十余朵，花粉紫色。

应用 盆栽装饰阳台、窗台或书房，是庭院栽培的优良花材；适合公园、风景区等花坛、林缘等处栽培观赏。

别名：白花菖蒲莲、葱莲、玉帘
科属：石蒜科葱莲属

学名| *Zephyranthes candida*

葱兰

- 原产地：南美。
- 繁　殖：分球、播种。
- 花果期：花期7~9月，果期秋季。
- 日　照：全日照或半日照。
- 温　度：生长适温22℃~30℃。
- 土　壤：喜排水良好、肥沃而疏松的土壤。
- 水　分：喜湿润。

形态特征 多年生常绿草本植物。株高15~20厘米。叶基生，叶片肉质线形，暗绿色。花梗短，花茎中空，单生，顶生一花，白色，花瓣长椭圆形至披针形。蒴果近球形，种子黑色，扁平。

应用 盆栽可用于装饰阳台、天台、窗台等处，也可片植于庭院的路边或墙边；适合公园或绿地的花坛、花境和草地中成丛栽植。

学名| *Zephyranthes rosea*

小韭兰

科属：石蒜科葱兰属

- 原产地：古巴。
- 繁　殖：分球。
- 花果期：花期5~8月。
- 日　照：全日照。
- 温　度：生长适温22℃~30℃。
- 土　壤：喜肥沃、疏松的沙质壤土。
- 水　分：喜湿润。

形态特征 多年生常绿草本，株高约15~30厘米，地下鳞茎卵形。叶基生，扁线形，绿色。花茎从叶丛中抽出，单生于花茎顶端，花喇叭状，桃红色。蒴果近球形。

应用 盆栽适合阳台、窗台摆放观赏，或用于庭院绿化；适合公园、绿地的路边、墙垣边或花坛栽培，也可作地被植物。

学名| *CRhus typhina*

火炬树

别名：鹿角漆
科属：漆树科盐肤木属

- **原产地：** 北美。
- **繁　殖：** 播种、根蘖进行繁殖。
- **花果期：** 花期5~7月，果熟期9月。
- **日　照：** 全日照。
- **温　度：** 生长适温16℃~25℃。
- **土　壤：** 不择土壤。
- **水　分：** 稍干燥。

形态特征 落叶灌木或小乔木，株高5~8米。奇数羽状复叶互生，小叶长圆形至披针形。雌雄异株，直立圆锥花序顶生，果穗鲜红色，核果扁球形，有红色刺毛。

应用 花序大，美丽，北方常见栽培，常用于路边、林缘、坡地孤植或列植，也可作水土保持树种。

学名| *Artabotrys hexapetalus*

鹰爪花

别名：鹰爪兰、鹰爪、五爪花
科属：番荔枝科鹰爪花属

- 原产地：我国广东、广西、福建、江西、云南、浙江及台湾；印度、泰国、越南等国也有。
- 繁　殖：播种、扦插。
- 花果期：花期4~8月，果期5~12月。
- 日　照：全日照。
- 温　度：生长适温20℃~30℃。
- 土　壤：不择土壤，以肥沃、排水良好沙质壤土为佳。
- 水　分：喜湿润。

形态特征 攀缘灌木。叶纸质，互生，全缘，平滑，长圆形或阔披针形。花淡绿色或淡黄色，着生于钩状总梗上，花瓣长圆状披针形，花具芳香。果卵圆形，顶端尖，数个群集于果托上。

应用 花繁茂，盆栽用于阳台或阶前美化；适合公园、风景区或庭院的棚架、花架栽培观赏；根入药；花含芳香油，可提制鹰爪花浸膏，用于高级香水及化妆品的香精原料；花可用于薰茶。

学名| *Cananga odorata var. fruticosa*

矮依兰

别名：小依兰
科属：番荔枝科夷兰属

- 原产地：泰国、印度尼西亚及马来西亚。
- 繁　殖：播种。
- 花果期：花期5~8月，果期秋季。
- 日　照：全日照。
- 温　度：生长适温22℃~30℃。
- 土　壤：喜疏松、肥沃的微酸性土壤。
- 水　分：喜湿润，也耐旱。

形态特征 常绿灌木，植物较矮，高1~2米。叶膜质至薄纸质，卵状长圆形或长椭圆形。花序单生于叶腋内或叶腋外，花黄绿色，花香气较依兰淡，倒垂。常见栽培的有原种依兰 *C. odorata*。

应用 花具芳香，适合公园、居民区或庭院作为芳香树种栽培，大型盆栽培置于阳台、天台等阳光充足的地方养护观赏；花可提制高级香精油，是常用的日用化工原料。

学名| *Desmos chinensis*

假鹰爪

别名：狗牙花、酒饼叶
科属：番荔枝科假鹰爪属

- 原产地：我国广东、海南、广西、云南、贵州；越南、马来西亚、印度也有。
- 繁　殖：播种。
- 花果期：花期4~8月，果期6月至翌年春季。
- 日　照：全日照或半日照。
- 温　度：生长适温18℃~28℃。
- 土　壤：不择土壤。
- 水　分：喜湿润，也耐旱。

形态特征 直立或攀缘灌木。叶长圆形至椭圆形，基部圆形至稍偏斜，全缘，背面粉绿色，薄纸质或膜质。花单生，与叶对生或互生，黄白色，有芳香。果有柄，念珠状。

应用 花具芳香，果供观赏。盆栽可用于阳台或阶前欣赏；适合孤植或丛植于庭院、路边、山石或水岸边观赏；根、叶供药用；花可提取芳香油，供制造香精、化妆品、香皂等；茎皮纤维可代麻制绳索，又是人造棉和造纸的原材料；海南民间常用其叶制酒饼，故有酒饼叶之名。

学名| *Uvaria grandiflora*

大花紫玉盘

别名：山椒子
科属：番荔枝科紫玉盘属

- 原产地：我国广东及海南；印度、缅甸、泰国、越南、马来西亚、菲律宾及印度尼西亚也有。
- 繁　殖：播种。
- 花果期：花期3~11月，果期5~12月。
- 日　照：全日照。
- 温　度：生长适温20℃~28℃。
- 土　壤：不择土壤，以疏松、肥沃的中性至微酸性沙质壤土为佳。
- 水　分：喜湿润。

形态特征 攀缘灌木，长达3米。叶纸质或近革质，长圆状倒卵形，顶端急尖或短渐尖，有时有尾尖，基部浅心形。花单朵，与叶对生，紫红色或深红色，花大。果长圆柱形，种子卵圆形。

应用 盆栽装饰阳台、阶前或庭院；适合公园等路边、墙垣边栽培。

学名| *Adenium obesum*

沙漠玫瑰

别名：天宝花、小夹竹桃
科属：夹竹桃科天宝花属

- 原产地：肯尼亚、坦桑尼亚。
- 繁　殖：播种、扦插或高压。
- 花果期：花期4~11月，果期7~10月。
- 日　照：全日照或半日照。
- 温　度：生长适温22℃~30℃。
- 土　壤：喜排水良好的微碱性沙质壤土。
- 水　分：喜干燥。

形态特征 多年生落叶肉质灌木或小乔木，株高约1~2米，全株具有透明乳汁。单叶互生，倒卵形，顶端急尖，革质，有光泽，全缘。顶生总状花序，花钟形，花色有玫红、粉红、白色及复色等。角果。

应用 株型优美，花繁茂，是优良的观花灌木，多盆栽，用于客厅、窗台、阳台等处装饰。

学名| *Allemanda cathartica*

软枝黄蝉

别名：黄莺
科属：夹竹桃科黄蝉属

- 原产地：巴西至中美洲。
- 繁　殖：扦插。
- 花果期：花期4~8月，果期冬季。
- 日　照：全日照。
- 温　度：生长适温22℃~30℃。
- 土　壤：不择土壤，以疏松、肥沃的壤土为佳。
- 水　分：喜湿润。

形态特征 常绿蔓性藤本。枝长而软，长达4米以上，向下俯垂。叶轮生或对生，全缘，叶片倒卵形披针形或长椭圆形，先端渐尖。聚伞花序顶生，花冠漏斗状，黄色，喉部白色。蒴果球形。栽培种有银叶软枝黄蝉 *A. cathartica* 'Nanus silvery'、重瓣软枝黄蝉 *A. cathartica* 'Williamsii Flore-pleno'。

应用 盆栽可修剪成灌木状用于阳台、客厅等装饰；也适合庭院、公园棚架、花廊、绿篱栽培；乳汁、树皮和种子有毒，人畜误食会引起腹痛、腹泻。

学名| *Allemanda neriifolia*

黄蝉

科属：夹竹桃科黄蝉属

- 原产地：巴西。
- 繁　殖：扦插、播种。
- 花果期：花期5~8月，果期11~12月。
- 日　照：全日照。
- 温　度：生长适温22℃~30℃。
- 土　壤：不择土壤。
- 水　分：喜湿润，也耐旱。

形态特征 常绿直立或半直立灌木，株高1~2米。叶轮生，椭圆形或倒披针状矩圆形，全缘，被短柔毛，叶脉在下面隆起。聚伞花序顶生，花冠黄色，漏斗形，中心有红褐色条纹斑。蒴果球形。

应用 花色金黄，明艳可爱，盆栽可用于阳台及天台绿化，或植于庭院观赏；常用于公园、绿地等栽培观赏；植株乳汁有毒，人畜中毒会刺激心脏，循环系统及呼吸系统受阻。

学名| *Allamanda violacea*

紫蝉花

科属：夹竹桃科黄蝉属

- 原产地：巴西。
- 繁　殖：扦插。
- 花果期：花期春末至秋季。
- 日　照：全日照。
- 温　度：生长适温22℃~32℃。
- 土　壤：喜疏松、肥沃的壤土。
- 水　分：喜湿润。

形态特征 常绿蔓性木质草本，蔓长可达3米，植株具汁液。叶4枚轮生，长椭圆形或倒卵状披针形，具光泽。花腋生，漏斗状，花冠5裂，淡紫红色。

应用 盆栽可修剪成灌木状用于阳台或客厅装饰，也是庭院及天台绿化的优良材料；园林中常用于棚架或整形成灌木植于路边。

学名| *Beaumontia grandiflora*

清明花

别名：比蒙藤、炮弹果
科属：夹竹桃科清明花属

- 原产地：我国云南及印度。
- 繁　殖：播种、扦插。
- 花果期：花期春夏季，果期秋冬季。
- 日　照：全日照。
- 温　度：生长适温18℃~28℃。
- 土　壤：喜肥沃、排水良好的壤土。
- 水　分：喜湿润，稍耐旱。

形态特征 常绿木质大藤本。叶长圆状倒卵形，顶端短渐尖。聚伞花序顶生，花3~5朵，有时更多，萼片长圆状披针形或倒卵形或倒披针形，花冠白色。果形状多变。

应用 花大，繁密，洁白素雅，适合大型棚架、绿廊立体绿化，也可植于庭院的棚架或墙垣边观赏。

学名| *Catharanthus roseus*

长春花

别名：日日新、日日春
科属：夹竹桃科长春花属

- 原产地：非洲东部。
- 繁　殖：播种、扦插。
- 花果期：花果期几乎全年。
- 日　照：全日照，也耐阴。
- 温　度：生长适温20℃~32℃。
- 土　壤：喜肥沃、疏松和排水良好的中性至微酸性壤土。
- 水　分：喜干燥，忌湿涝。

形态特征 常绿半灌木，株高30~70厘米。叶膜质，单叶对生，倒卵状矩圆形，全缘或微波状，先端圆而具短尖，基部狭窄成短柄。聚伞形花序腋生或顶生，花有粉红色、紫红色、白色等。双生，种子黑色。

应用 盆栽装饰阳台、窗台、卧室或书房等处；植株含长春花硷，入药，降低血压，国外常用于癌症的治疗。

别名：黄金茄、牛心荔
科属：夹竹桃科海芒果属

学名| *Cerbera manghas*

海芒果

- 原产地：我国广东、海南、广西及台湾；亚洲及澳大利亚热带地区也有。
- 繁　殖：播种、扦插。
- 花果期：花期3~10月，果期7月至翌年4月。
- 日　照：全日照。
- 温　度：生长适温22℃~32℃。
- 土　壤：喜疏松、肥沃、排水良好沙质壤土。
- 水　分：喜湿润。

形态特征　多年生乔木，高4~8米。全株具有丰富乳汁。叶厚纸质，倒卵状长圆形或倒卵状披针形。花白色，芳香。花冠筒圆筒形。核果双生或单个。

应用　花美丽，具芳香，适合庭院、公园、路边、风景区等滨水地方孤植或列植观赏。

别名：马蹄香、豆腐花、白狗花
科属：夹竹桃科狗牙花属

学名| *Ervatamia divaricata* ‘Gouyahua’

狗牙花

- 原产地：我国南部沿海诸省。
- 繁　殖：扦插、高压。
- 花果期：花期5~11月。果期秋季。
- 日　照：全日照。
- 温　度：生长适温22℃~30℃。
- 土　壤：不择土壤，喜肥沃、排水良好的微酸性土壤。
- 水　分：喜湿润，稍耐旱。

形态特征　常绿灌木，株高约3米。单叶对生，坚纸质，椭圆形或椭圆状矩圆形，顶端渐尖，基部楔形。聚伞花序腋生，通常双生，花白色，重瓣，高脚碟状。果窄长斜椭圆形，种子长圆形。栽培的有原种单瓣狗牙花*E.divaricata*。

应用　盆栽适合阳台、阶前绿化，也常用于庭院栽培观赏；公园、社区常用于路边、水岸边、墙垣边观赏。

学名/ *Mondevilla amabilis*

飘香藤

别名：双喜藤、文藤、红皱藤
科属：夹竹桃科巴西素馨属

花序特征
花冠漏斗形

- 原产地：中南美洲。
- 繁　殖：扦插。
- 花果期：花期几乎全年，主要为夏、秋两季。
- 日　照：全日照。
- 温　度：生长适温22℃~30℃。
- 土　壤：喜肥沃、排水良好的微酸性沙质壤土。
- 水　分：喜湿润。

形态特征 多年生常绿藤本植物。叶对生，全缘，长卵圆形，先端急尖，革质，叶面有皱褶，叶色浓绿并富有光泽。花腋生，花冠漏斗形，花为红色、桃红色、粉红等色。

应用 多盆栽，适合阳台、卧室、客厅、餐厅等摆放观赏，也用于庭院的小型篱垣、棚架美化。

学名/ *Nerium indicum*

夹竹桃

别名：柳桃、柳叶桃
科属：夹竹桃科夹竹桃属

花序特征
花冠
漏斗状

- 原产地：印度、伊朗及尼泊尔。
- 繁　殖：扦插。
- 花果期：花期几乎全年，夏、秋最盛。果期冬、春两季。
- 日　照：全日照。
- 温　度：生长适温18℃~30℃。
- 土　壤：不择土壤。
- 水　分：喜湿润，也耐旱。

形态特征 常绿灌木或小乔木，株高约5米。叶革质，轮生或对生。聚伞花序顶生，线状披针形。花冠漏斗状，花色桃红、白、粉红、黄等色，重瓣或单瓣。

应用 习性强健，花繁叶茂，为常见的大众花卉。盆栽用于厅堂或阶前美化；园林中常丛植或列植于路边观赏；种子含油，可用作润滑油。叶、皮、根、花、种子含有多种配醣体，毒性强，人、畜误食可致死；叶、茎皮可提制强心剂，有毒，慎用。

别名：密叶夹竹桃
科属：夹竹桃科夹竹桃属

学名| *Nerium oleander*

欧洲夹竹桃

- 原产地：地中海。
- 繁　殖：扦插。
- 花果期：花期几乎全年。
- 日　照：全日照。
- 温　度：生长适温22℃~32℃。
- 土　壤：不择土壤。
- 水　分：喜湿润，也耐旱。

形态特征 常绿灌木或小乔木，株高约5米。叶革质轮生或对生。聚伞花序顶生，线状披针形。花冠漏斗状，单瓣，粉色，具微香，花冠筒喉部鳞片顶端多裂。

应用 大型盆栽可用于装饰客厅、阳台或阶前美化；适合社区、校园或庭院等丛植或列植观赏；植株有毒，国外常用作杀鼠及堕胎药。

别名：钝头缅栀子
科属：夹竹桃科鸡蛋花属

学名| *Plumeria obtusa*

钝叶鸡蛋花

- 原产地：热带美洲。
- 繁　殖：扦插。
- 花果期：花期5~10月。
- 日　照：全日照。
- 温　度：生长适温22℃~30℃。
- 土　壤：不择土壤，以疏松、肥沃的沙质壤为宜。
- 水　分：喜湿润。

形态特征 落叶灌木或小乔木，株高可达4~5米。叶纸质，披针形或椭圆形，叶端钝圆，多聚生于枝顶。聚伞花序顶生，花冠外面乳白色，中心黄色，花较鸡蛋花大，花具芳香。

应用 适合庭院、公园、居民区等路边、草坪或墙垣边及一隅栽培观赏，大型盆栽可用于天台、阳台或阶前装饰；汁液可能导致皮肤过敏。

学名| *Plumeria rubra var. acutifolia*

鸡蛋花

别名：缅栀子、蛋黄花、大季花
科属：夹竹桃科鸡蛋花属

- 原产地：热带美洲。
- 繁　殖：扦插。
- 花果期：花期5~10月。
- 日　照：全日照。
- 温　度：生长适温22℃~30℃。
- 土　壤：对土质要求不严，需排水良好的肥沃土壤。
- 水　分：喜湿润。

形态特征 落叶灌木或小乔木，株高可达4米。叶互生，有柄，披针形，簇生于枝头顶端，全缘，两端尖。聚伞花序顶生，花冠筒状，花瓣外白内黄，具有浓郁的芳香。常见栽培的原种为红鸡蛋花*P. rubra*。

应用 具芳香，栽培极为广泛。盆栽可用于阳台、天台或阶前绿化，也常用于庭院栽培；适于公园、社区孤植、列植观赏。广东、广西民间常用其花晒干泡茶饮用，可治湿热下痢，具有解毒、润肺的功能。

学名| *Thevetia peruviana*

黄花夹竹桃

别名：酒杯花
科属：夹竹桃科黄花夹竹桃

- 原产地：美洲热带。
- 繁　殖：扦插、播种。
- 花果期：花期5~12月，果期8月至翌年3月。
- 日　照：全日照。
- 温　度：生长适温22℃~30℃。
- 土　壤：不择土壤。
- 水　分：喜湿润，较耐旱。

形态特征 乔木，株高可达5米。叶互生，近革质，无柄，线形或线状披针形，两端长尖，光亮，全缘。顶生聚伞花序，花大，黄色，具香味，花冠漏斗状。核果扁三角状球形，内果皮木质。

应用 大型盆栽用于阶前、大门两侧绿化；常植于路边、山石旁栽培观赏；树液和种子有毒，误食可致命；种子可榨油，制肥皂等；油籽可作肥料；果仁入药，有强心、利尿、祛痰、发汗、催吐等作用。

学名 *Thevetia thevetioides*

粉黄夹竹桃

别名：红酒杯花
科属：夹竹桃科黄花夹竹桃属

原产地：墨西哥。
繁　殖：扦插、播种。
花果期：花期夏季。
日　照：全日照。
温　度：生长适温22℃~30℃。
水　分：喜湿润，较耐旱。

形态特征 常绿乔木，株高2~3米。全株具乳汁。叶互生或簇生，线状披针形，绿色。花大，腋生，漏斗状，橘红或粉黄，具芳香。

应用 大型盆栽可用于阳台、天台、阶前门廊两侧栽培；适合路边、山石旁或草地中栽培观赏。

学名 *Trachelospermum jasminoides*

络石

别名：石龙藤、白花藤
科属：夹竹桃科络石属

原产地：中国东南部，黄河流域以南各省；日本、朝鲜和越南也有。
繁　殖：播种、扦插及压条法。
花果期：花期3~7月，果期7~12月。
日　照：全日照。
温　度：生长适温20℃~30℃。
土　壤：喜疏松、排水良好的中性至微酸性土壤。
水　分：喜湿。

形态特征 常绿攀缘藤本，有乳汁，具气生根。叶革质或近革质，椭圆形至卵状椭圆形或宽倒卵形。二歧聚伞花序腋生或顶生，花多朵组成圆锥状，花白色，具芳香。果双生，条状披针形，紫黑色。

应用 花开繁茂，花白似雪，具芳香，适合林下、山石旁作地被栽培；根、茎、叶、果实可入药，具有祛风活络、利关节、消热解毒等功效；花可提取络石浸膏；乳汁有毒，对心脏有毒害作用。

学名| *Urachites lutea*

金香藤

别名：蛇尾蔓
科属：夹竹桃科金香藤属

- 原产地：美国及西印度群岛。
- 繁　殖：扦插。
- 花果期：花期春至秋季。
- 日　照：全日照。
- 温　度：生长适温22℃~30℃。
- 土　壤：疏松、肥沃的中性至微酸性沙质壤土为佳。
- 水　分：喜湿润。

形态特征 常绿藤本，茎有白色乳汁。叶对生，椭圆形，全缘，革质，富有光泽。花冠黄色，漏斗形。

应用 盆栽可用于阳台、卧室、书房或天台装饰；也适合庭院的小型花架、栅栏、窗前绿化。

学名| *Vinca major*

蔓长春花

别名：攀缠长春花
科属：夹竹桃科蔓长春花属

- 原产地：欧洲。
- 繁　殖：扦插。
- 花果期：花期4~5月。
- 日　照：全光照或半日照。
- 温　度：生长适温20℃~25℃。
- 土　壤：喜肥沃、湿润的中性至微酸性土壤。
- 水　分：喜湿润。

形态特征 常绿蔓性半灌木。矮生、匍匐生长，长达2米以上。叶椭圆形，全缘对生，有叶柄，亮绿色，有光泽，叶缘乳黄色。小花蓝色。常见的栽培变种有花叶蔓长春*V. major* ‘*Variegata*’。

应用 叶色光亮，花色雅致。吊盆可用于阳台、窗台或书房等处装饰；适合公园、庭院等路边、坡地栽培观赏，也可做地被植物 。

学名| *Vinca minor*

科属：夹竹桃科蔓长春花属

小蔓长春花

- 原产地：欧洲。
- 繁　殖：扦插。
- 花果期：花期5月。
- 日　照：全日照。
- 温　度：生长适温15℃~25℃。
- 土　壤：不择土壤，以疏松、肥沃的中性壤土为佳。
- 水　分：喜湿润，较耐旱。

形态特征　蔓性多年生草本或小灌木，呈蔓性，匍匐生长。叶长圆形至卵圆形，对生，具叶柄。花冠漏斗状，花萼五裂，花冠筒比花萼长，花冠裂片斜倒卵形。

应用　花色雅致，习性强健，盆栽可用于阳台、窗台或书房摆放观赏；园林中可用作地被植物。

学名| *Anthurium andraeanum*

红掌

别名：安祖花、花烛、蜡烛花
科属：天南星科花烛属

花序特征
佛焰苞
心脏形

- 原产地：美洲热带。
- 繁　殖：分株。
- 花果期：全年。
- 日　照：半日照。
- 温　度：生长适温20℃~28℃。
- 土　壤：疏松、排水良好的微酸性土壤。
- 水　分：喜湿润。

形态特征 多年生常绿草本植物。株高30~80厘米。叶柄较长，叶片长椭圆状心脏形，革质，鲜绿色。花葶自叶腋抽出，佛焰苞心脏形，表面波皱，有蜡质光泽，有红、桃红、朱红、白、红底绿纹、绿、橙等色，肉穗花序圆柱状。

应用 适合客厅、卧室、餐厅、书房等摆放观赏；切花可用于制作插花或瓶插装饰餐桌或案几。

学名| *Zantedeschia aethiopica*

马蹄莲

别名：慈姑花
科属：天南星科马蹄莲属

- 原产地：非洲。
- 繁　殖：分株。
- 花果期：花期11月至翌年6月。
- 日　照：全日照或半日照。
- 温　度：生长适温10℃~25℃。
- 土　壤：喜疏松、肥沃的壤土。
- 水　分：喜湿润。

形态特征 多年生粗壮草本植物，具块茎。叶片肥厚，绿色，心状箭形或箭形，先端锐尖、渐尖，基部心形或戟形，无斑块。佛焰苞白色，基部淡黄色。

应用 为我国常见栽培的观赏植物。盆栽适合窗台、阳台、卧室及书房等摆放观赏，也可做切花。

学名| *Zantedeschia hybrida*

彩色马蹄莲

科属：天南星科马蹄莲属

- 原产地：栽培种。
- 繁　殖：分株。
- 花果期：花期几乎全年，盛花期3~4月。
- 日　照：全日照或半日照。
- 温　度：生长适温10℃~25℃。
- 土　壤：喜疏松、肥沃的壤土。
- 水　分：喜湿润。

形态特征 多年生粗壮草本植物，具块茎。叶基生，叶片亮绿色，全缘，有的品种叶片具斑点。肉穗花序鲜黄色，直立于佛焰中央，佛焰苞似马蹄状，有白色、黄色、粉红色、红色、紫色等，种类很多。

应用 苞片鲜艳，色泽美观，花期长，是优良的室内观赏花卉，可用于卧室、客厅、阳台等处栽培观赏。

学名| *Anthurium scherzerianum*

别名：红鹤芋、红苞芋
科属：天南星科花烛属

火鹤花

- 原产地：美洲热带。
- 繁　殖：分株。
- 花果期：花期2~7月。
- 日　照：半日照或全日照。
- 温　度：生长适温20℃~28℃。
- 土　壤：疏松、排水良好的微酸性土壤。
- 水　分：喜湿润。

形态特征　多年生常绿草本植物。叶革质，长圆形，先端尖。花序肉穗状，橙红色，螺旋状卷曲，佛焰包卵形，红色。

应用　多作盆花栽培，适合客厅、卧室、餐厅、书房等装饰。

学名| *Spathiphyllum floribundum*

别名：白掌、苞叶芋
科属：天南星科苞叶芋属

白鹤芋

- 原产地：哥伦比亚。
- 繁　殖：分株。
- 花果期：花期5~10月。
- 日　照：半日照。
- 温　度：生长适温22℃~30℃。
- 土　壤：喜排水良好、肥沃的沙质壤土。
- 水　分：喜湿润。

形态特征　多年生常绿草本植物，株高40~60厘米。叶长圆形或近披针形，有长尖，基部圆形，叶色浓绿。佛焰苞直立向上，稍卷，呈白色。肉穗花序圆柱状。常见的栽培品种有绿巨人 *S. floribundum* 'Maura Loa'。

应用　株形优美，花期长，适合居家客厅、卧室、书房等装饰，也可用于办公场所、酒店客房等。园林中可用于庇荫的林下栽培观赏。

科属：马兜铃科马兜铃属

学名| *Aristolochia gigantean*

巨花马兜铃

- 原产地：巴西。
- 繁　殖：播种。
- 花果期：花期春季。
- 日　照：全日照。
- 温　度：生长适温22℃~28℃。
- 土　壤：喜疏松、排水良好、肥沃的壤土。
- 水　分：喜湿润。

形态特征 大型木质藤本，茎粗糙，具棱，蔓长可达10米。叶互生，卵状心形，全缘，顶端尖，基部心形，具叶柄。花单生，着于老茎上，花大，紫褐色，具白色斑点。

应用 巨花马兜铃花大，花型奇特，适合大型花架、绿廊、绿篱栽培观赏，是学校、公园、小区及庭院绿化的优良材料。

别名：大叶马兜铃、大百解薯
科属：马兜铃科马兜铃属

学名| *Aristolochia kwangsiensis*

广西马兜铃

- 原产地：中国。
- 繁　殖：播种。
- 花果期：花期4~5月，果期8~9月。
- 日　照：全光照或半日照。
- 温　度：生长适温18℃~30℃。
- 土　壤：不择土壤，以疏松、肥沃的微酸性壤土为佳。
- 水　分：喜湿润。

形态特征 木质大藤本，具块根，嫩茎有棱。叶厚纸质至革质，卵状心形或圆形。顶端钝或短尖，基部宽心形。总状花序腋生，有花2~3朵，常向下弯垂，花被管筒状，上面蓝紫色而有暗红色的棘状突起，喉部近圆形，黄色。蒴果暗黄色。

应用 花姿奇特，具有较高的观赏性。盆栽可用于阳台、天台绿化或庭院的棚架、花架栽培；也适合公园、风景区等花架、廊架绿化。

学名| *Aristolochia arborea*

木本马兜铃

科属：马兜铃科马兜铃属

- 原产地：墨西哥。
- 繁　殖：扦插。
- 花果期：花期4~7月。
- 日　照：全日照或半日照。
- 温　度：生长适温22℃~30℃。
- 土　壤：喜肥沃、排水良好的壤土。
- 水　分：喜湿润。

形态特征 多年生攀缘灌木，株高5~6米。叶革质，椭圆形，互生，先端渐尖，基部楔形，叶脉明显。花大，密生于枝干底部，花褐色，具网状脉纹、花瓣下部带白色。

应用 花型奇特，观赏价值较高。盆栽可用于阳台或阶前美化；公园、风景区等常植于路边、林缘栽培观赏。

学名| *Aristolochia elegans*

美丽马兜铃

别名：烟斗花、棉布花、彩花马兜铃

科属：马兜铃科马兜铃属

- 原产地：美洲。
- 繁　殖：播种。
- 花果期：花期5~9月，果期6~10月。
- 日　照：全日照或半日照。
- 温　度：生长适温20℃~28℃。
- 土　壤：不择土壤。
- 水　分：喜湿润。

形态特征 多年生攀缘草质藤本植物。单叶互生，广心脏形，全缘，纸质。花单生于叶腋，花柄下垂，先端着一花，未开放前为一气囊状，花瓣布满深紫色斑点，喇叭口处有一半月形紫色斑块。蒴果长圆柱形。

应用 花大，极美丽。盆栽用于阳台、天台绿化或植于庭院、公园等小型棚架、花架边观赏。

学名 *Aristolochia ringens*

麻雀花

别名：孔雀花
科属：马兜铃科马兜铃属

- 原产地：南美。
- 繁　殖：播种。
- 花果期：花期秋季。
- 日　照：全日照。
- 温　度：生长适温20℃~30℃。
- 土　壤：喜肥沃、排水良好的土壤。
- 水　分：喜湿润。

形态特征 多年生缠绕草质藤本，茎长2米以上。叶纸质，卵状心形，顶端钝尖或圆，基部心形。花单生于叶腋，具长柄，花下部膨大，上部收缩，檐二唇状，下唇较上唇长约一倍，花暗褐色，具灰白斑点。

应用 花型奇特，花期较长，具有极高的观赏价值。盆栽可用于阳台、天台及庭院的棚架栽培观赏；园林中可用于花架、篱垣、廊架处栽培。

学名 *Aristolochia zollingeriana*

港口马兜铃

科属：马兜铃科马兜铃属

- 原产地：中国，日本及爪哇。
- 繁　殖：播种。
- 花果期：花期7月。
- 日　照：全日照。
- 温　度：生长适温18℃~28℃。
- 土　壤：不择土壤。
- 水　分：喜湿润。

形态特征 多年生草质藤本。叶纸质至薄革质，卵状三角形或肾形，顶端渐尖，基部浅心形，全缘。总状花序腋生，有花3~4朵，花被与子房相连处膨大，呈球状，向上收成一长管，管口呈漏斗状。蒴果长圆形。

应用 盆栽适合阳台、天台及庭院绿化；也可用于公园、绿地的棚架、花架、绿篱垂直绿化。

学名| *Cryptostegia grandiflora*

橡胶紫茉莉

别名：伯莱花、桉叶藤
科属：萝藦科桉叶藤属

- 原产地：印度、非洲、马达加斯加。
- 繁　殖：扦插、压条。
- 花果期：花期6~7月，果期冬季。
- 日　照：全日照。
- 温　度：生长适温22℃~32℃。
- 土　壤：不择土壤，以肥沃的沙质壤土为佳。
- 水　分：喜湿润，也耐旱。

形态特征　落叶藤本植物。叶端钝，具短突尖，全缘，叶两面平滑，革质，绿色无托叶。聚散状花序，全瓣花，高脚蝶状，花淡紫红色。蓇葖果。

应用　开花繁茂，极美丽，大型盆栽用于阳台、天台绿化，或植于庭院的路边、一隅观赏；适合绿地、公园等丛植或片植观赏。

学名| *Hoya carnosa*

球兰

别名：爬岩板、铁脚板
科属：萝藦科球兰属

- 原产地：我国云南、广东、广西、福建及台湾。
- 繁　殖：扦插。
- 花果期：花期4~6月，果期7~8月。
- 日　照：半日照。
- 温　度：生长适温18℃~28℃。
- 土　壤：喜疏松、肥沃的沙质壤土。
- 水　分：喜湿润。

形态特征　常绿攀缘灌木，常附生于树上或岩石上，具气根。叶对生，肉质，卵圆形至卵圆状长圆形，顶端钝，基部圆形。聚伞花序，腋生，花白色，多朵聚生成球状，具芳香。果线形。常见栽培的变种有斑叶球兰 *H. carnosa var. marmorata*

应用　盆栽可用于阳台、窗台栽培，也适合植于庭院的小型花架观赏；园林中常用于篱架、花架及树干的垂直绿化。

学名| *Asclepias curassavica*

马利筋

别名：莲生桂子花、金凤花
科属：萝藦科马利筋属

- 原产地：拉丁美洲。
- 繁　殖：播种。
- 花果期：花期6~8月，果期夏秋。
- 日　照：全日照。
- 温　度：生长适温22℃~30℃。
- 土　壤：不择土壤。
- 水　分：喜湿润、耐旱。

形态特征 多年生草本植物，株高约1米。单叶对生或三叶轮生，披针形或矩圆形披针形。伞形花序顶生或腋生，萼片绿色，花冠裂片橘红色或紫红色，反卷；副花冠鲜黄色。常见的栽培品种有黄冠马利筋*A. curassavica* 'Flaviflora'。

应用 盆栽适于阳台、天台或庭院的路边、窗前绿化；园林中常用于绿地等的花坛、花境栽培观赏；全草入药，具有消炎、止痛、止血的功效；马利筋有毒，谨防误食。

学名| *Calotropis gigantean*

牛角瓜

别名：羊浸树、断肠草
科属：萝藦科牛角瓜属

- 原产地：中国及东南亚。
- 繁　殖：播种、扦插或高压。
- 花果期：花果期几乎全年。
- 日　照：全日照。
- 温　度：生长适温22℃~30℃。
- 土　壤：不择土壤。
- 水　分：喜湿润、较耐旱。

形态特征 直立灌木。叶对生，灰黄色，皱缩，厚纸质，嫩叶背面具白色柔毛，老叶无毛；倒卵状长圆形或椭圆状长圆形。聚伞花序，腋生和顶生，花冠阔钟状，蓝紫色，副花冠五裂，肉质。果，牛角状。

应用 盆栽适于阳台、天台栽培；适合公园、绿地栽培；叶、根皮入药，叶有祛痰定喘功效，根皮治癣、梅毒等症；全株均有毒，忌误食。

学名| *Stapelia grandiflora*

大花犀角

别名：海星花、臭肉花
科属：萝藦科豹皮花属

- 原产地：南非。
- 繁　殖：分株。
- 花果期：花期秋季。
- 日　照：全日照。
- 温　度：生长适温22℃~30℃。
- 土　壤：喜疏松、排水良好的沙质土壤。
- 水　分：喜干燥。

形态特征 多年生肉质草本，株高20~30厘米。茎基部分枝，有齿状突起，灰绿色，形如犀牛角。花大，五裂张开，星形，淡黄色，具淡黑紫色横斑纹，边缘密生长细毛，具臭味。

应用 盆栽适合窗台、书桌或案几点缀；也常用来布置多浆植物专类园。

学名| *Telosma cordata*

夜香花

别名：夜来香、夜兰香
科属：萝藦科夜来香属

- 原产地：我国华南。
- 繁　殖：播种、扦插。
- 花果期：花期5~9月，果期9~12月。
- 日　照：全日照。
- 温　度：生长适温22℃~30℃。
- 土　壤：喜疏松、肥沃的微酸性壤土。
- 水　分：喜湿润。

形态特征 柔弱藤状灌木。叶膜质，对生，卵状长圆形或宽卵形，顶端短渐尖，基部心形，全缘。伞状聚伞花序腋生，花多至30朵，花黄绿色，清香，夜间更浓。果披针形，外果皮厚。

应用 为岭南地区常见栽培的芳香植物。花可食用，常与肉类一起煎炒；花可提制芳香油；花及叶均可入药。

别名：三脉球兰、三叶球兰
科属：萝藦科球兰属

学名| *Hoya pottsii*

铁草鞋

- 原产地：我国云南、华南、台湾。
- 繁　殖：扦插。
- 花果期：花期4~5月，果期8~10月。
- 日　照：半日照。
- 温　度：生长适温18℃~28℃。
- 土　壤：喜疏松、肥沃的沙质壤土。
- 水　分：喜湿润。

形态特征 附生攀缘灌木。叶对生，肉质，干后厚革质，卵形至卵状矩圆形，顶端急尖，基部圆形至近心形。伞形状聚伞花序腋生，花冠白色，副花冠星状。果条状矩圆形。

应用 盆栽用于窗台、阳台或书房等处点缀；观赏价值较高，适合公园、庭院等小型棚架、花架或盆栽观赏。

别名：彩冠花
科属：萝藦科彩冠花属

学名| *Oxpetalum caeruleum*

天蓝尖瓣木

- 原产地：巴西、阿根廷。
- 繁　殖：播种、扦插。
- 花果期：花期春至夏。
- 日　照：全日照。
- 温　度：生长适温15℃~28℃。
- 土　壤：不择土壤，以疏松、肥沃的沙质壤土为佳。
- 水　分：喜湿润。

形态特征 株高30~80厘米，全株密被白色茸毛。叶对生，披针长心形，基部心形。花顶生或腋生，花瓣5，淡蓝色。

应用 盆栽可用于阳台、卧室、书房等摆放观赏；适合公园、绿地及庭院等的花坛、路边种植观赏。

学名| *Impatiens balsamina*

凤仙花

别名：指甲花、小桃红、急性子、金凤花
科属：凤仙花科凤仙花属

花序特征
花白色、粉红色或紫色，单瓣或重瓣

- 原产地：我国南部；印度、马来西亚。
- 繁　殖：播种、扦插。
- 花果期：花果期7~10月。
- 日　照：全日照。
- 温　度：生长适温18℃~32℃。
- 土　壤：不择土壤，以疏松、肥沃的壤土为佳。
- 水　分：喜湿润。

形态特征　一年生草本，高60~100厘米。叶互生，最下部有时对生，叶片披针形、狭椭圆形或倒披针形，顶端尖或渐尖，基部楔形，边缘有锐齿。花单生或2~3朵簇生于叶腋，花白色、粉红色或紫色，单瓣或重瓣。蒴果纺锤形。

应用　花大美丽，花期长，是我国常见的庭院花卉。盆栽可装饰阳台、窗台等处；适合公园、庭院等路边、花坛栽培观赏；嫩芽水烫后炒食或晒干可与豆腐炒食，嫩茎盐腌渍后食用；全草入药；民间常用花及叶染指甲。

学名| *Impatiens walleriana*

非洲凤仙花

别名：洋凤仙
科属：凤仙花科凤仙花属

- 原产地：非洲。
- 繁　殖：播种或扦插。
- 花果期：全年。
- 日　照：全日照或半日照。
- 温　度：生长适温15℃~28℃。
- 土　壤：喜疏松、肥沃的壤土。
- 水　分：喜湿润。

形态特征 多年生草本。茎多汁，光滑，节间膨大，多分枝，在株顶呈平面展开。叶有长柄，叶卵形，边缘钝锯齿状。花腋生，1~3朵，花形扁平，花色丰富。

应用 盆栽或吊盆栽植用于阳台、窗台或廊架吊挂栽培观赏；常用于花坛、花境或墙垣下绿化。

学名| *Impatiens chinensis*

华凤仙

别名：水边指甲花
科属：凤仙花科凤仙花属

- 原产地：我国云南、广东、广西、福建；印度、缅甸、越南、泰国、马来西亚也有。
- 繁　殖：播种。
- 花果期：花期几乎全年。
- 日　照：全日照。
- 温　度：生长适温18℃~25℃。
- 土　壤：不择土壤。
- 水　分：喜湿。

形态特征 一年生挺水或湿生草本植物，高30~80厘米。叶对生，无柄或几无柄。叶片硬纸质，线形或线状披针形，边缘有齿状锯齿。花较大，单生或2~3朵簇生于叶腋，紫红色或白色。蒴果。

应用 盆栽装饰阳台、窗台等处，可作水景绿化；也适于水岸边栽培观赏；全草入药，清热解毒、消肿拔脓。

学名| *mpatiens linearifolia*

新几内亚凤仙

科属：凤仙花科凤仙花属

- 原产地：非洲。
- 繁　殖：播种。
- 花果期：花期6~8月。
- 日　照：全日照或半日照。
- 温　度：生长适温16℃~25℃。
- 土　壤：喜疏松、肥沃的壤土。
- 水　分：喜湿润。

形态特征 多年生常绿草本。茎肉质，分枝多。叶互生，有时上部轮生状，叶片卵状披针形，叶脉红色。花单生或数朵聚成伞房花序，花瓣桃红、粉红色、橙红色、紫红色、白色等。

应用 花大美丽，多盆栽，用于居家阳台、客厅、卧室、书房等栽培观赏。

学名| *Begonia tuberhybrida*

球根秋海棠

别名：茶花海棠、夫妻花
科属：秋海棠科秋海棠属

- 原产地：南美。
- 繁　殖：扦插、分球。
- 花果期：花期夏、秋。
- 日　照：半日照。
- 温　度：生长适温18℃~22℃。
- 土　壤：喜疏松、肥沃、排水良好的微酸性的沙质壤土。
- 水　分：喜湿润，不耐旱。

形态特征 多年生块茎草本植物，株高为30~100厘米。叶互生，多偏心脏状卵形，叶尖尖锐，叶缘具齿牙和缘毛。聚伞花序腋生，有单瓣、半重瓣和重瓣之分。花色有白、红、粉、橙、黄、紫红及复色。蒴果。

应用 花大色艳，多盆栽观赏，适合居家的客厅、卧室及案几摆放欣赏。

学名| *Begonia maculata*

竹节秋海棠

别名：美丽秋海棠
科属：秋海棠科秋海棠属

- 原产地：巴西。
- 繁　殖：扦插。
- 花果期：夏至秋。
- 日　照：全日照或半日照。
- 温　度：生长适温18℃~28℃。
- 土　壤：喜疏松、肥沃的壤土。
- 水　分：喜湿润。

形态特征 半灌木，株高50~100厘米。叶偏歪的长椭圆状卵形，叶表面绿色，有多数白色小圆点；叶背面红色，边缘波浪状。花序梗下垂，花暗红或白色。

应用 叶型美观，花秀丽。盆栽适于阳台、阶前绿化，或用于庭院的路边、墙边栽培观赏。

叶片特征
叶表面绿色，有白色小圆点

学名| *Begonia mannii*

丽格海棠

别名：玫瑰海棠
科属：秋海棠科秋海棠属

- 原产地：栽培种。
- 繁　殖：扦插。
- 花果期：花期冬季。
- 日　照：半日照。
- 温　度：生长适温15℃~22℃。
- 土　壤：喜疏松、肥沃的微酸性沙质壤土。
- 水　分：喜湿润。

形态特征 多年生草本花卉，为杂交种。茎肉质多汁，单叶互生，心形，叶缘为重锯齿状或缺刻，掌状脉，多为绿色，也有棕色；花型多样，多为重瓣，花色有红、橙、黄、白等。

应用 花大美丽，花期长，多盆栽观赏，可置于茶几、书房、卧室中观赏。

花序特征
花型多样，多为重瓣

学名| *Begonia semperflorens*

四季秋海棠

别名：四季海棠、玻璃翠、玻璃海棠
科属：秋海棠科秋海棠属

- 原产地：巴西。
- 繁　殖：播种、分株或扦插。
- 花果期：全年。
- 日　照：全日照或半日照。
- 温　度：生长适温15℃~25℃。
- 土　壤：喜排水良好、富含腐殖质的沙质壤土。
- 水　分：喜湿润。

形态特征 多年生草本，株高15～30厘米。叶互生，有光泽，卵形，边缘有锯齿，绿色或带淡红色。聚成伞状花序腋生，花有单瓣和重瓣；花色有红、白、粉红。

应用 花繁密，花期长。盆栽可用于书桌、茶几、案头或窗台等处点缀；适合公园、绿地或庭院等布置花坛、花境等。

别名：日本小檗
科属：小檗科小檗属

学名| *Berberis thunbergii*

小檗

- 原产地：日本。
- 繁　殖：播种、扦插或压条。
- 花果期：花期4~5月；果期9~10月。
- 日　照：全日照。
- 温　度：生长适温15℃~26℃。
- 土　壤：对土壤要求不严，以疏松肥沃、排水良好的沙质土壤为佳。
- 水　分：喜湿润，较耐旱。

形态特征 落叶灌木，高达2～3米。叶片常簇生，倒卵形或匙形，顶端钝尖或圆形，有时有细小短尖头，全缘，基部急狭成楔形。花序伞形或近簇生，通常有花2～5朵，花黄色。浆果长椭圆形，熟时红色或紫红色。

应用 株形优美，花、果、叶均有较高的观赏价值，园林中常用于路边、林缘或池岸边栽培观赏。

别名：土黄柏
科属：小檗科十大功劳属

学名| *Mahonia fortunei*

十大功劳

- 原产地：我国湖北、四川、浙江。
- 繁　殖：播种、扦插或分株。
- 花果期：花期9~10月，果期11~12月。
- 日　照：全日照或半日照。
- 温　度：生长适温15℃~25℃。
- 土　壤：不择土壤。
- 水　分：喜湿润、耐旱。

形态特征 常绿灌木植物，株高可达2米。奇数羽状复叶，小叶革质，矩圆状披针形或椭圆状披针形。总状花序，花小，黄色，芳香。浆果圆形或矩圆形，蓝黑色，有白粉。

应用 盆栽用于阳台、卧室或书房装饰；适合点缀于假山边或岩隙中或溪边，极富野趣。

学名| *Campsis grandiflora*

凌霄

别名：紫葳、女葳花
科属：紫葳科凌霄属

花序特征
圆锥花序，花冠钟形

- 原产地：我国中部；日本也有。
- 繁　殖：播种、扦插、高压法。
- 花果期：花期5~8月，果期10月。
- 日　照：全日照。
- 温　度：生长适温20℃~28℃。
- 土　壤：不择土壤，以肥沃、湿润、排水良好的壤土为佳。
- 水　分：喜湿润，较耐旱。

形态特征 落叶木质藤本。羽状复叶对生，小叶7~9枚，卵形至卵状披针形，顶端尾状渐尖。聚伞状花序集成顶生圆锥花序，花冠钟形，外橙黄色，内鲜红色。蒴果，顶端钝。

应用 花大美丽，适合墙垣、大型棚架、庭院等处绿化；花入药，具有通经利尿的功效。

别名：臭梧桐
科属：紫葳科梓属

学名/ *Catalpa ovata*

梓树

- 原产地：我国长江以北地区；日本。
- 繁　殖：播种。
- 花果期：花期5~6月，果熟期10~11月。
- 日　照：全日照。
- 温　度：生长适温18℃~28℃。
- 土　壤：不择土壤。
- 水　分：喜湿润，耐旱。

形态特征 落叶乔木，成年树高达15米。单叶对生，偶有3叶轮生，宽卵形或近圆形，全缘或3~5浅裂。圆锥花序顶生，有花多数，花冠二唇形，淡黄色。蒴果细长圆柱形。

应用 株形美观，花、果均有观赏价值，园林中常用于公园、绿地等列植或孤植欣赏，也可作行道树；对有害气体有一定吸收能力，是厂矿附近绿化的优良树种。

科属：紫葳科连理藤属

学名/ *Clytostoma callistegioides*

连理藤

- 原产地：巴西、阿根廷。
- 繁　殖：扦插。
- 花果期：花期春季。
- 日　照：全日照。
- 温　度：生长适温22℃~30℃。
- 土　壤：对土壤要求不严，以富含腐殖质的肥沃壤土为佳。
- 水　分：喜湿润。

形态特征 常绿木质藤本，以三出复叶顶小叶变态的单一卷须攀缘。小叶全缘，椭圆状长圆形。顶生或腋生圆锥花序，花冠漏斗形，钟状，花淡红色至红色。蒴果长圆形。

应用 盆栽可整型成灌木用于阳台、天台、卧室及书房装饰，也适合花架、棚架栽培观赏；园林中可用于棚架、花架等立体绿化。

学名| *Dolichandrone cauda-felina*

猫尾木

别名：猫尾
科属：紫葳科猫尾木属

- 原产地：我国广东、海南、广西及云南；泰国及越南也有。
- 繁　殖：播种。
- 花果期：花期10~11月，果期4~6月。
- 日　照：全日照。
- 温　度：生长适温18℃~28℃。
- 土　壤：喜土层深厚、排水良好的沙质壤土为佳。
- 水　分：喜湿润。

形态特征 常绿乔木，株高10米以上。叶近对生，奇数羽状复叶，小叶长椭圆形或卵形，顶端长渐尖，基部阔楔形至近圆形，全缘纸质。花大，组成顶生、具数花的总状花序，花冠漏斗型，黄色。蒴果，状似猫尾。

应用 花大美丽，果似猫尾，观赏性极佳，适合公园、绿地、风景区等孤植或列植，也可作行道树；木材可作家具。

学名| *Incarvillea forrestii*

单叶波罗花

科属：紫葳科角蒿属

- 原产地：我国云南、四川。
- 繁　殖：播种。
- 花果期：花期春夏，果期秋季。
- 日　照：全日照。
- 温　度：生长适温15℃~25℃。
- 土　壤：喜疏松、排水良好的沙质壤土。
- 水　分：喜干燥。

形态特征 多年生草本。单叶、互生、纸质，叶不分裂，卵状长椭圆形，两端近圆形，边缘具圆钝齿。顶生总花序，花钟形，有花6~12朵，密集在植株顶端，花粉红色，花冠管内面有红色条纹及斑点。蒴果披针形。

应用 盆栽适合阳台、窗台等处点缀；全草入药。

别名：冰糖花、猪牙菜
科属：紫葳科角蒿属

学名 *Incarvillea sinensis*

角蒿

- 原产地：我国四川、甘肃、陕西及西藏东南部。
- 繁　殖：播种。
- 花果期：花期5~9月，果期9~11月。
- 日　照：全日照。
- 温　度：生长适温18℃~26℃。
- 土　壤：不择土壤。
- 水　分：喜湿润。

形态特征 多年生草本，具茎，分枝，高达80厘米。叶互生，2~3回羽状细裂，形态多变，小叶不规则，细裂呈线状披针形。顶生总状花序，疏散，花冠淡红色微带紫，钟状漏斗形。蒴果淡绿色。

应用 适合公园、庭院的花坛、路边等栽培观赏；全株入药，可用于口疮的治疗。

别名：巴西红木
科属：紫葳科蓝花楹属

学名 *Jacaranda mimosifolia*

蓝花楹

- 原产地：南美。
- 繁　殖：播种、扦插。
- 花果期：花期春末夏初，果熟期为11月。
- 日　照：全日照。
- 温　度：生长适温22℃~30℃。
- 土　壤：不择土壤，以肥沃、排水良好的壤土为佳。
- 水　分：喜湿润，较耐旱。

形态特征 落叶乔木。高7~12米，最高可达20米。叶对生，叶为二回羽状复叶，叶大，小叶长椭圆形。圆锥花序，枝端着生，花冠筒状，五裂，蓝紫色。果为蒴果。

应用 花蓝艳可爱，适合公园、绿地等孤植或作行道树。

学名| *Kigelia aethiopica*

吊瓜树

科属：紫葳科吊灯树

- 原产地：美洲热带、马达加斯加。
- 繁　殖：播种、扦插。
- 花果期：花期7~11月，果期翌年5月。
- 日　照：全日照。
- 温　度：生长适温18℃~30℃。
- 土　壤：不择土壤，以土层深厚、排水良好的壤土为佳。
- 水　分：喜湿润。

形态特征 乔木，高达10米。奇数羽状复叶，小叶长圆形或倒卵形，顶端急尖，基部楔形，全缘，近革质。圆锥花序，顶生，花冠深紫红色。果圆柱形，下垂。

应用 花美丽，果奇特，观赏性佳，可用于公园、绿地等孤植、列植可作行道树观赏。

学名| *Mayodendron igneum*

火烧花

别名：缅木、火花树
科属：紫葳科火烧花属

- 原产地：我国云南、广东、广西、台湾；越南、老挝、缅甸也有。
- 繁　殖：播种或扦插。
- 花果期：花期3~4月，果期4~5月。
- 日　照：全日照。
- 温　度：生长适温18℃~30℃。
- 土　壤：不择土壤，喜疏松、肥沃的微酸性壤土。
- 水　分：喜湿润。

形态特征 小乔木，高达15米。三回羽状复叶，小叶卵圆形至卵状披针形，纸质，先端长渐尖，基部阔楔形，偏斜，全缘。短总状花序5~13花，花冠橙黄色至金黄色。蒴果。

应用 花美丽，花着生于老茎上，观赏性强，适合作庭院树及行道树等；花可食，经过烫、洗后，可炒食。

别名：肖粉凌霄
科属：紫葳科粉花凌霄属

学名| *Pandorea jasminoides*

粉花凌霄

- 原产地：美国。
- 繁　殖：扦插。
- 花果期：花期夏、秋两季。
- 日　照：全日照。
- 温　度：生长适温18℃~30℃。
- 土　壤：喜肥沃、排水良好的壤土。
- 水　分：喜湿润。

形态特征 落叶藤本，奇数羽状复叶对生，小叶5～9枚，全缘，椭圆形至披针形。顶生圆锥花序，花冠白色或粉红色，喉部红色，漏斗状，花萼不膨大。蒴果长椭圆形、木质。栽培的栽培种有斑叶粉花凌霄*P.jasminoides ‘Ensel-Variegta’*。

应用 盆栽需整型成灌木装饰阳台、卧室、客厅等处；适合棚架、花架栽培观赏。

别名：蜡烛树、十字架树
科属：紫葳科葫芦树属

学名| *Parmentiera alata*

叉叶木

- 原产地：南美热带地区。
- 繁　殖：播种、扦插、压条。
- 花果期：花期春至秋，果期秋冬。
- 日　照：全日照。
- 温　度：生长适温20℃~28℃。
- 土　壤：喜疏松、肥沃的壤土。
- 水　分：喜湿润。

形态特征 常绿小乔木，株高3～6米，叶簇生于小枝上，小叶3枚，三叉状，长披针形至倒匙形。花着生于主枝或老干上，花冠钟状，具有紫褐色斑纹。

应用 花、叶、果均有较强的观赏价值，老茎生花结果，极为奇特，适合公园、小区、庭院及风景区等栽培欣赏；果壳入药。

学名| *Podranea ricasoliana*

紫芸藤

别名：非洲凌霄
科属：紫葳科非洲凌霄属

- 原产地：非洲南部。
- 繁　殖：扦插。
- 花果期：花期秋至春季。
- 日　照：全日照。
- 温　度：生长适温18℃~28℃。
- 土　壤：喜疏松、排水良好的沙质壤土。
- 水　分：喜湿润、较耐旱。

形态特征 常绿半蔓性灌木。奇数羽状复叶，对生，小叶长卵形，先端尖，叶缘具锯齿。花顶生，花冠钟形，花色粉红色至淡紫色。蒴果，种子卵形。

应用 盆栽可整型成灌木用于阳台、客厅等装饰；适合公园、庭院的花架、篱垣等垂直绿化。

学名| *Pseudocalymma alliaceum*

蒜香藤

别名：张氏紫葳、紫铃藤
科属：紫葳科蒜香藤属

- 原产地：印度、哥伦比亚、阿根廷。
- 繁　殖：扦插。
- 花果期：花期5~11月。
- 日　照：全日照。
- 温　度：生长适温20℃~28℃。
- 土　壤：喜排水良好的肥沃沙质壤土。
- 水　分：喜湿润。

形态特征 常绿木质藤本。三出复叶对生，中叶椭圆形，全缘。圆锥花序腋生，花冠筒状，花瓣前端五裂，花初开为紫色，后渐淡，变至白色。花及叶经过揉搓之后有浓浓的蒜香味。

应用 盆栽可用于阳台、天台美化环境，也适合庭院的花架、篱垣边栽培观赏；园林中常用于棚架、绿篱垂直绿化，或修剪成灌木植于路边欣赏。

学名 *Pyrostegia venusta*

炮仗花

别名：黄鳝藤
科属：紫葳科炮仗藤属

- 原产地：巴西。
- 繁　殖：扦插、高压法。
- 花果期：花期1~2月。
- 日　照：全日照。
- 温　度：生长适温18℃~28℃。
- 土　壤：不择土壤。
- 水　分：喜湿润，也耐旱。

形态特征 常绿木质大藤本，有线状卷须，可攀缘高达7~8米。复叶对生，小叶卵状至卵状矩圆形，先端渐尖，茎部阔楔形至圆形。圆锥花序顶生，下垂，花冠管状至漏斗状，橙红色，反卷。

应用 开花如串串鞭炮挂于枝间，极为美丽，又开在少花的冬季，是人们极为喜爱的观花植物；适合公园、绿地、庭院等棚架、墙垣边、山石边栽培观赏。

学名 *Spathodea campanulata*

火焰木

别名：火焰树
科属：紫葳科火焰树属

- 原产地：非洲热带。
- 繁　殖：播种。
- 花果期：全年。
- 日　照：全日照。
- 温　度：生长适温23℃~32℃。
- 土　壤：不择土壤。
- 水　分：喜湿润。

形态特征 常绿大乔木，株高10~20米。树干直立，灰白色。叶为奇数羽状复叶，小叶具短柄，卵状披针形或卵状长椭圆形，侧脉很明显。圆锥或总状花序，顶生，花大，花红或橙红。

应用 适作行道树、园景树有庭荫树种，孤植、列植、群植均可取得较佳的景观效果。

学名| *Tabebuia chrysantha*

黄花风铃木

别名：毛黄钟花、黄钟木
科属：紫葳科风铃木属

- 原产地：中南美洲。
- 繁　殖：播种、扦插或高压。
- 花果期：花果期春季。
- 日　照：全日照。
- 温　度：生长适温23℃~30℃。
- 土　壤：不择土壤。
- 水　分：喜湿润。

形态特征　落叶灌木或小乔木，高3~12米。树皮灰色，鳞片状开裂，小枝有毛，掌状复叶，小叶卵状椭圆形，顶端尖，两面有毛。花喇叭形，花冠黄色，有红色条纹。

应用　花色金黄明艳，适合公园、绿地等路边、水岸边栽培观赏。

学名| *Tabebuia rosea*

粉花风铃木

别名：紫绣球、掌叶木
科属：紫葳科黄钟木属

- 原产地：热带非洲。
- 繁　殖：播种、扦插或高压。
- 花果期：花期春夏，果期秋季。
- 日　照：全日照。
- 温　度：生长适温23℃~30℃。
- 土　壤：不择土壤，以疏松、肥沃的沙质壤土为佳。
- 水　分：喜湿润。

形态特征　乔木，高6~10米。树皮灰白色，有纵裂纹。掌状复叶，小叶长椭圆形，革质，对生，全缘。伞房花序顶生，花冠钟形，粉红色，中心黄。

应用　株开美观，花大，适合公园、风景区等路边或孤植于草地中观赏。

别名：金钟花
科属：紫葳科黄钟花属

学名 *Tecoma stans*

黄钟花

- 原产地：热带中美洲。
- 繁　殖：播种、扦插。
- 花果期：花期夏季、秋季。
- 日　照：全日照。
- 温　度：生长适温23℃~32℃。
- 土　壤：喜疏松肥沃、排水良好的壤土。
- 水　分：喜湿润。

形态特征 常绿灌木或小乔木，株高1~2米。叶对生，奇数羽状复叶，小叶长椭圆形至披针形，先端渐尖，基部锐形，缘有锯齿。总状花序顶生，萼筒钟状，花冠鲜黄色，钟形。蒴果线形。

应用 一年四季多次开花，为优良的花灌木。盆栽可用于阳台或阶前美化；适合公园、绿地、办公场所及庭院孤植、丛植或列植观赏。

别名：四季凌霄
科属：紫葳科硬骨凌霄属

学名 *Tecomaria capensis*

硬骨凌霄

- 原产地：南非。
- 繁　殖：扦插。
- 花果期：花期为8~11月。
- 日　照：全日照。
- 温　度：生长适温22℃~30℃。
- 土　壤：喜排水良好、疏松的沙壤土。
- 水　分：喜湿润。

形态特征 常绿半蔓性或直立灌木，高约2米。枝细长，皮孔明显。奇数羽状复叶，对生，小叶卵形至椭圆状卵形，缘具齿。总状花序顶生，花冠漏斗状，橙红至鲜红色。蒴果扁线形，多不结实。

应用 习性强健，生长快。盆栽用于阳台、阶前或门廊两侧观赏；公园、风景区常用于路边、山石边绿化或坡地做地被植物。

学名| *Campsis radicans*

美洲凌霄

别名：厚萼凌霄、美国凌霄
科属：紫葳科凌霄属

- 原产地：美洲。
- 繁　殖：扦插、压条。
- 花果期：花期7~10月，果期11月。
- 日　照：全日照。
- 温　度：生长适温20℃~28℃。
- 土　壤：喜肥沃、湿润、排水良好的壤土为佳。
- 水　分：喜湿润。

形态特征 落叶藤本，具气生根，长可达10米。小叶9~11枚，椭圆形至卵状椭圆形，顶端尾状渐尖，基部楔形，边缘具齿。花冠筒细长，漏斗状，橙红色至鲜红色。蒴果长圆柱形。

应用 花大美丽，适合公园、绿地或庭院等的墙垣、棚架、药架绿化，也可大型盆栽观赏。

别名：胭脂树
科属：红木科红木属

学名| *Bixa orellana*

红木

- 原产地：热带美洲。
- 繁　殖：播种、高压。
- 花果期：花期夏、秋，果期秋、冬。
- 日　照：全日照。
- 温　度：生长适温22℃~30℃。
- 土　壤：不择土壤，以肥沃、排水良好的壤土为佳。
- 水　分：喜湿润。

形态特征 常绿灌木或小乔木，株高3~7米。单叶互生，心状卵形或三角状卵形，先端渐尖，基部浑圆或近截形，全缘。圆锥花序顶生，花两性，花粉红色，外面密生褐黄色鳞片。蒴果卵形或近球形。

应用 红木叶色翠绿，花色淡雅，果实红艳，适合庭院、公园、办公场所等丛植、孤植或列植于路边、池畔观赏；种子外皮可做染料，供染果点及纺织物；树皮可做绳索；种子入药。

学名| *Pachira macrocarpa*

瓜栗

别名：发财树、马拉巴栗
科属：木棉科瓜栗属

- 原产地：墨西哥、哥斯达黎加。
- 繁　殖：播种、扦插。
- 花果期：花期5~11月，果先后成熟。
- 日　照：全日照或半日照。
- 温　度：生长适温20℃~30℃。
- 土　壤：喜肥沃疏松、排水良好的微酸性沙质壤土。
- 水　分：喜湿润。

形态特征 小乔木，株高4~5米。小叶5~11片，长圆形至倒卵状长圆形，渐尖，基部楔形，全缘。花单生枝顶叶腋，花瓣淡黄绿色，狭披针形至线形，雄蕊管分裂为多个雄蕊束，每束再分裂为7~10枚细长的花丝。蒴果近梨形。

应用 株形美观，花、叶、果均可观赏。盆栽可用于客厅、办公室等摆放观赏，园林中常用作行道树或孤植于草地或路边。果皮未熟时可食，种子可炒食，也可榨油。

学名| *Ceiba speciosa*

美丽异木棉

别名：美人树、美丽吉贝
科属：木棉科吉贝属

- 原产地：南美洲的巴西、阿根廷。
- 繁　殖：播种。
- 花果期：花期冬季，种子次年春季成熟。
- 日　照：全日照。
- 温　度：生长适温22℃~28℃。
- 土　壤：喜疏松、排水良好的微酸性土壤为佳。
- 水　分：喜湿润。

形态特征 落叶大乔木，株高10~15米。树干下部膨大。掌状复叶有小叶5~9片，小叶椭圆形。花单生，花冠淡紫红色，中心白色。蒴果椭圆形。

应用 花美丽，适合公园、绿地及风景区等栽培观赏，可作孤植或群植，也可作行道树。

学名| *Bombax ceiba*

木棉

别名：红棉、攀枝花
科属：木棉科木棉属

- 原产地：印度、印尼、菲律宾及我国。
- 繁　殖：播种、扦插。
- 花果期：花期2~3月。
- 日　照：全日照。
- 温　度：生长适温22℃~30℃。
- 土　壤：不择土壤。
- 水　分：喜湿润，稍耐旱。

形态特征 落叶乔木。干和枝上有短粗的刺，枝轮生平伸。掌状复叶，互生，小叶矩圆形至椭圆状矩圆形。先花后叶，花大，红色杯形，花萼厚革质。蒴果长椭圆形。

应用 株形美观，花艳阳，常用作行道树、庭荫树及庭院观赏树；果内棉毛可作垫褥、枕头、救生圈的填充材料；花及幼根可入药。

学名| *Pachira aquatica*

水瓜栗

科属：木棉科瓜栗属

- 原产地：美洲热带。
- 繁　殖：播种、扦插。
- 花果期：花期5~8月，果期9~10月。
- 日　照：全日照。
- 温　度：生长适温20℃~30℃。
- 土　壤：喜排水良好、肥沃的微酸性土壤中。
- 水　分：喜湿润。

形态特征 常绿乔木，高8~10米。掌状复叶互生，小叶革质，椭圆形。花单生于叶腋，花瓣带状，奶黄色，稍反卷，雌蕊细长，深红色。蒴果椭圆形。

应用 株形美观奇特，适合公园、小区、校园等群植或孤植美化环境，也可作行道树；种子可食用。

学名| *Borago officinalis*

琉璃苣

别名：琉璃花
科属：紫草科琉璃苣属

- 原产地：地中海沿岸及小亚细亚。
- 繁　殖：播种。
- 花果期：花期5~10月，果期7~11月。
- 日　照：全日照。
- 温　度：生长适温18℃~28℃。
- 土　壤：喜疏松、肥沃的壤土。
- 水　分：喜湿润。

形态特征　一年生草本植物，株高50~60厘米。叶卵形，叶面粗糙，叶脉处正面下凹，有叶翼，叶面布满细毛。聚伞花序，花冠深蓝色或淡紫色，具芳香。

应用　盆栽用于阳台、窗台等处装饰；也可植于路边、窗台观赏；花及叶可作为佐料，具黄瓜的清香；花及叶入药；种子可提炼精油。

别名：南美天芥菜
科属：紫草科天芥菜属

学名 *Heliotropium arborescens*

香水草

- 原产地：秘鲁、厄瓜多尔。
- 繁　殖：播种。
- 花果期：花期2~6月，果期5~8月。
- 日　照：全日照。
- 温　度：生长适温10℃~28℃。
- 土　壤：喜疏松、肥沃，排水良好的土壤为佳。
- 水　分：喜湿润。

形态特征 多年生草本，茎直立或斜升，基部木质化。叶卵形或长圆状披针形，先端尖，基部宽楔形。聚伞花序顶生，集为伞房状，花冠紫蓝色或紫色，稀白色。花具芳香。核果圆球形。

应用 花香浓郁，花色优雅，是优良观花植物。盆栽适合卧室、窗台、客厅及阳台栽培，也是庭院绿化的优良材料；花含芳香油，可提炼出用于制作花香型化妆品。

别名：康复力
科属：紫草科聚合草属

学名 *Symphytum asperum*

聚合草

- 原产地：俄罗斯。
- 繁　殖：播种、分株。
- 花果期：花果期5~10月。
- 日　照：全日照。
- 温　度：生长适温18℃~28℃。
- 土　壤：不择土壤。
- 水　分：喜湿润。

形态特征 丛生型多年生草本，株高30~90厘米。基生叶带状披针形、卵状披针形至卵形，稍肉质，先端渐尖，基部下延。花序含多数花，花冠淡紫色、紫红色至黄白色，小坚果歪卵形。

应用 花叶俱美，适合公园、绿地等路边、山石边或花坛种植观赏；茎叶可作青饲料。

学名| *Aechmea fasciata*

粉菠萝

别名：美叶凤梨、光萼凤梨
科属：凤梨科光萼荷属

- 原产地：巴西、秘鲁、委内瑞拉。
- 繁　殖：分株。
- 花果期：花期5~7月。
- 日　照：全日照或半日照。
- 温　度：生长适温20℃~28℃。
- 土　壤：喜疏松、排水良好的沙质壤土。
- 水　分：喜湿。

形态特征 多年生附生常绿草本植物。叶基生，莲座状叶丛，基部围成筒状，可以贮水。叶条形至剑形，长可达60厘米，革质，被灰色鳞片，有虎纹状银白色横纹。花葶直立，花序穗状，密集成阔圆锥状球形花头；苞片淡玫瑰红色；小花无柄，淡蓝色。

应用 花叶俱美，园林中多用来布置凤梨专类园，盆栽可用于阳台、窗台等处装饰。

学名| *Guzmania conifera*

圆锥擎天

别名：咪头、圆锥果子蔓
科属：凤梨科果子蔓属

- 原产地：安第斯山脉。
- 繁　殖：分株。
- 花果期：春季。
- 日　照：半日照。
- 温　度：生长适温20℃~28℃。
- 土　壤：喜疏松、排水良好的壤土。
- 水　分：喜湿。

形态特征 多年生常绿草本。叶宽带形，外弯，暗绿色。穗状花序呈圆锥状，苞片密生，鲜红，尖端黄色。

应用 花序大，苞片红艳，观赏性佳，是优良的盆栽花卉，可置于客厅、会客室、宾馆的大堂、会议室等装饰欣赏。

别名：紫花凤梨
科属：凤梨科铁兰属

学名| *Tillandsia cyanea*

铁兰

- 原产地：厄瓜多尔、危地马拉。
- 繁　殖：分株、播种。
- 花果期：秋至春。
- 日　照：半日照。
- 温　度：生长适温20℃~28℃。
- 土　壤：喜疏松、排水良好的壤土。
- 水　分：喜湿。

形态特征 多年生草本植物，株高约30厘米。叶基出，莲座状，中部下凹，叶宽线形，下垂，淡绿色至绿色。总苞呈扇状，粉红色，自下而上开紫红色花。

应用 株形美观，总苞色艳，多盆栽，用于客厅、阳台、书房或卧室等处装饰。

别名：虾爪凤梨
科属：凤梨科丽穗凤梨属

学名| *Vriesea carinata*

莺哥凤梨

- 原产地：巴西。
- 繁　殖：分株。
- 花果期：花期5~7月。
- 日　照：半日照。
- 温　度：生长适温20℃~28℃。
- 土　壤：喜疏松、排水良好的壤土。
- 水　分：喜湿。

形态特征 小型附生种，株高15～30厘米。叶呈莲座状，叶片绿色，带状，薄肉质，叶面平滑又富有光泽。花梗顶端扁平的苞片，整齐依序叠生成莺哥鸟的冠毛状，苞片基部呈红色，苞端呈嫩黄色或黄绿色，小花黄色。

应用 株形美观，总苞艳丽，多盆栽，用于客厅、阳台、书房或卧室等处装饰。

学名| *Hydrocleys nymphoides*

水金英

别名：水罂粟
科属：花蔺科水罂粟属

- 原产地：中美洲、南美洲。
- 繁　殖：分株。
- 花果期：花期6~9月。
- 日　照：全日照。
- 温　度：生长适温20℃~32℃。
- 土　壤：喜肥沃的壤土。
- 水　分：生活在水中。

形态特征 多年生浮水草本植物，株高5厘米。叶簇生于茎上，叶片呈卵形至近圆形，具长柄，顶端圆钝，基部心形，全缘。伞形花序，小花具长柄，罂粟状，花黄色。蒴果披针形。

应用 盆栽适合阳台或阶前美化，也适于水景栽培观赏；常用于水体绿化。

学名| *Limnocharis flava*

黄花蔺

科属：花蔺科黄花蔺属

- 原产地：我国云南及广东；缅甸南部、泰国、马来半岛、印度尼西亚、美洲热带也有。
- 繁　殖：播种、分株。
- 花果期：花期春、秋。
- 日　照：全日照。
- 温　度：生长适温20℃~28℃。
- 土　壤：喜肥沃的壤土。
- 水　分：生活在水中。

形态特征 多年生水生草本植物。叶丛生，挺出水面，叶片卵形至近圆形，亮绿色，先端圆形或微凹，基部钝圆或浅心形。花葶基部稍扁，伞形花序，有花2~15朵，内轮花瓣状花被片淡黄色。果圆锥形。

应用 盆栽可用于阳台及阶前美化，也是水景绿化的良材；常用于园林的水体绿化。

学名| *Echinocereus knippelianus*

科属：仙人掌科鹿角柱属

宇宙殿

花序特征
漏斗状

- 原产地：墨西哥。
- 繁　殖：扦插。
- 花果期：花期春至夏。
- 日　照：全日照。
- 温　度：生长适温22℃~32℃。
- 土　壤：喜疏松、排水良好的沙质壤土。
- 水　分：干燥。

形态特征 多年生常绿草本，茎单生或丛生，绿色，长达10厘米。具肋棱，5~7条。具刺，1~3个，黄色。花粉红或白色，漏斗状。浆果。

应用 花大，极美丽，适合布置多浆植物专类园，盆栽可用于装饰阳台、窗台等处。

学名| *Gymnocalycium denudatum var.paraguayensis*

海王球

别名：海王丸
科属：仙人掌科裸萼球属

- 原产地：墨西哥。
- 繁　殖：播种。
- 花果期：花期春至初夏，果期夏至秋。
- 日　照：全日照。
- 温　度：生长适温20℃~30℃。
- 土　壤：喜疏松、排水良好的沙质壤土。
- 水　分：喜干燥。

形态特征 多年生肉质草本，球体扁平，株高10~15厘米左右，刺卷曲贴于球体表面，花白色或粉红色。

应用 花大美丽，多盆栽观赏，适合窗台、阳台等外装饰。

学名| *Hylocereus undulates*

火龙果

别名：红龙果、仙人果
科属：仙人掌科量天尺属

- 原产地：中、南美洲的哥斯达黎加。
- 繁　殖：扦插、嫁接、播种。
- 花果期：花果期6~12月。
- 日　照：全日照。
- 温　度：生长适温18℃~28℃。
- 土　壤：喜疏松、肥沃、排水良好的壤土。
- 水　分：喜湿润，也耐旱。

形态特征 攀缘肉质灌木，具气根。植株三角柱状，具棱3条。棱常翅状，边缘波状或圆齿状，深绿色至淡蓝绿色。花漏斗状，花大，夜间开放。浆果红色，长球形，果肉白色、红色，种子倒卵形，墨色。

应用 花具芳香，果可食用。盆栽可用于阳台、天台观赏，也适合庭院的墙垣边、棚架栽培。

学名 *Leuchtenbergia principis*

光山

别名：晃山、龙舌兰仙人掌
科属：仙人掌科光山属

- 原产地：墨西哥。
- 繁　殖：播种、分株、嫁接。
- 花果期：花期7~9月，果期秋季。
- 日　照：全日照。
- 温　度：生长适温20℃~30℃。
- 土　壤：喜疏松、排水良好的沙质壤土。
- 水　分：喜湿润，耐旱。

形态特征 多年生肉质草本，茎粗大，上部绿色，下部黄褐色，单生或丛生。具灰绿色的疣状突起。刺座在疣状突起的顶端，刺纸状。花大，漏斗状，黄绿色。浆果，黄绿色。

应用 花大艳丽，多盆栽，可用于装饰阳台、客厅等处，也适合专类园布置。

学名 *Nopalxochia ackermannii*

令箭荷花

别名：荷花令箭、红孔雀
科属：仙人掌科令箭荷花属

- 原产地：墨西哥。
- 繁　殖：扦插、嫁接。
- 花果期：花期4~5月
- 日　照：全日照或半日照。
- 温　度：生长适温18℃~25℃。
- 土　壤：喜疏松、肥沃的沙质壤土。
- 水　分：喜湿润，较耐旱。

形态特征 多年生草本植物，株高约50厘米。叶退化，叶状茎扁平披针形，形似令箭。基部圆形，边缘略带红色，有粗锯齿，锯齿间凹入部位有细刺。花着生于茎的先端两侧，花大，花有红、黄、白、粉、紫等多色。浆果。

应用 花大色艳，生长快，盆栽用于阳台、窗台等处栽培观赏。

学名| *Notocactus magnificus*

英冠玉

别名：翠绿玉
科属：仙人掌科南国玉属

- 原产地：巴西。
- 繁　殖：播种、嫁接、分株。
- 花果期：花期5月，果熟期6月。
- 日　照：全日照。
- 温　度：生长适温22℃～28℃。
- 土　壤：喜疏松、排水良好的沙质壤土。
- 水　分：喜干燥。

形态特征 多年生肉质植物。为大型球，外皮蓝绿色，顶部密生白绒毛。直棱，刺座排列密，有白色短绵毛，周刺毛状，黄色。花漏斗状，开于球顶，花黄色。果球形。

应用 花色鲜黄夺目，观赏性强，盆栽装饰办公室、居室、客厅等。

学名| *Pereskia aculeata*

叶仙人掌

别名：虎刺、木麒麟
科属：仙人掌科叶仙人掌属

- 原产地：美洲及西印度群岛。
- 繁　殖：扦插。
- 花果期：花期夏末至秋初。
- 日　照：全日照。
- 温　度：生长适温25℃～30℃。
- 土　壤：喜疏松、排水良好的沙质壤土。
- 水　分：喜湿润，耐旱。

形态特征 半落叶木质攀缘藤本，蔓长可达3～10米，老枝上具刺，在攀缘枝上常成对着生并下弯成钩状。叶卵形、宽椭圆形至椭圆状披针形，先端急尖至短渐尖，基部楔形至圆形，全缘，稍肉质。总状或圆锥花序，花白色或略带黄色或粉红色，芳香。浆果。

应用 叶仙人掌花淡雅，具清香，是优良的观花植物。适合庭院用于墙垣边做绿篱栽培。因其茎具刺，不适合小区、幼儿园、小学校园绿化。

学名| *Pereskia nemorosa*

樱麒麟

科属：仙人掌科叶仙人掌属

- 原产地：哥伦比亚。
- 繁　殖：扦插。
- 花果期：花期5~10月。
- 日　照：全日照。
- 温　度：生长适温25℃~30℃。
- 土　壤：喜疏松、肥沃、排水良好的沙质壤土。
- 水　分：喜湿润，耐旱。

形态特征 灌木或藤本状，株高一般6~7米，最高可达15米。枝条较粗壮，节部明显。叶基腋处生有数枚深褐色长锐刺，叶片多浆质而肥厚，有短柄，表面光滑具蜡质，全缘。总状花序顶生，花淡紫红色

应用 花美丽，适合公园、风景区等山石边或路边栽培观赏，也常用来布置多浆植物专类园。

学名| *Rhipsalidopsis gaertneri*

假昙花

科属：仙人掌科假昙花属

- 原产地：南美热带。
- 繁　殖：扦插、嫁接。
- 花果期：花期4~5月，果熟期5~6个月。
- 日　照：全日照或半日照。
- 温　度：生长适温25℃~30℃。
- 土　壤：喜疏松、肥沃的沙质壤土。
- 水　分：喜湿润。

形态特征 附生性肉质植物。植株常呈悬垂状，分枝呈节状，茎节扁平、长圆形，绿色，新出茎节带红色。刺座在节间，有刚毛。筒状花红色、着生于顶端。浆果。

应用 株形美观，花繁密，盆栽可用于阳台、窗台、案几上摆放观赏。

学名| *Schlumbergera bridgesii*

仙人指

别名：圣诞仙人掌、霸王花
科属：仙人掌科仙人指属

- 原产地：南美热带森林中。
- 繁　殖：扦插、嫁接。
- 花果期：花期冬春季，果熟期4~5月。
- 日　照：全日照。
- 温　度：生长适温20℃~28℃。
- 土　壤：喜疏松、肥沃的沙质壤土。
- 水　分：喜湿润。

形态特征　多年生肉质植物。多分枝，茎节扁平下垂，花瓣张开反卷，着生茎节顶端两侧，花红色。浆果梨形。

应用　花大美丽，花期长，盆栽适合阳台、窗台或客厅等处装饰。

学名| *Zygocactus truncatus*

蟹爪兰

别名：蟹爪莲、蟹爪
科属：仙人掌科蟹爪属

- 原产地：巴西。
- 繁　殖：扦插、嫁接。
- 花果期：花期9月至翌年4月。
- 日　照：全日照。
- 温　度：生长适温20℃~28℃。
- 土　壤：喜疏松、肥沃的沙质壤土。
- 水　分：喜湿润。

形态特征　附生性小灌木。叶状茎扁平多节，肥厚，卵圆形，鲜绿色，先端截形，边缘具粗锯齿。花着生于茎的顶端，花被开张反卷，花色有淡紫、黄、红、纯白、粉红、橙和双色等。

应用　花繁密，艳丽，盆栽摆放于窗台、阳台等处观赏。

学名| *Epiphyllum oxypetalum*

科属：仙人掌科昙花属

昙花

- 原产地：墨西哥及中南美洲热带森林中。
- 繁　殖：扦插。
- 花果期：花期夏季，可多次开花，果期秋冬季。
- 日　照：全日照或半日照。
- 温　度：生长适温22℃~30℃。
- 土　壤：喜疏松、排水良好的沙质土壤。
- 水　分：喜湿润，较耐旱。

形态特征 附生性肉质灌木。老茎圆柱形，木质。分枝多，叶状披针形至长圆状披针形，先端长渐尖至急尖或圆形，边缘波状或具深圆齿，刺座生于圆齿缺刻处。花单生于枝侧的小窠内，漏斗状，白色，具芳香。浆果红色。

应用 花大美丽，开花时间极短，我国南北各地多盆栽于阳台、天台或室内观赏，也可用于多浆植物专类园；花可食，可用于煲汤。

学名| *Chimonanthus praecox*

腊梅

别名：腊梅、黄梅花
科属：腊梅科腊梅属

果实特征
聚合果
紫褐色

- 原产地：中国。
- 繁　殖：嫁接、扦插、分株。
- 花果期：花期12月至翌年2月。
- 日　照：全日照。
- 温　度：生长适温15℃~25℃。
- 土　壤：喜肥沃、排水良好的沙壤土。
- 水　分：喜湿润、较耐旱。

形态特征 落叶灌木，株高可达5米。叶对生，叶椭圆状卵形至卵状披针形，全缘，表面粗糙。花开于叶前，着生于叶腋，萼片花瓣状，外花被黄色，内轮紫色，蜡质，具浓香。聚合果紫褐色。

应用 多丛植于公园、窗前、林缘或草坪一角欣赏；花枝可用于插花；对氯气，二氧化硫有较强的抵抗性，适合厂矿区栽培观赏。

别名：心叶沙参、杏叶菜
科属：桔梗科沙参属

学名| *Adenophora trachelioides*

荠苨

- 原产地：我国辽宁、河北、山东、江苏、浙江、安徽。
- 繁　殖：播种。
- 花果期：花期7~9月，果期秋季。
- 日　照：全日照或半日照。
- 温　度：生长适温18℃~25℃。
- 土　壤：喜肥沃、排水良好的壤土。
- 水　分：喜湿润。

形态特征 茎单生，株高40~120厘米。基生叶心脏肾形，宽超过长，叶片心形或在茎上部的叶基部近于截平，顶端钝至短渐尖，边缘为单锯齿或重锯齿。圆锥花序，花冠钟状，蓝色、蓝紫色或白色。蒴果。

应用 花美丽，适合公园或庭院植于路边、水岸边观赏；茎叶嫩食可炒食；全草入药，具有治消渴、解药毒的功效。

学名| *Campanula medium*

风铃草

别名：钟花、瓦筒花
科属：桔梗科风铃草属

- 原产地：欧洲。
- 繁　殖：播种。
- 花果期：花期4~6月，果期夏季。
- 日　照：全日照。
- 温　度：生长适温10℃~25℃。
- 土　壤：喜肥沃、土层深厚、排水良好的壤土。
- 水　分：喜湿润，不耐旱。

形态特征 二年生草本，株高约1米。叶卵形至倒卵形，叶缘圆齿状波形，粗糙。茎生叶小而无柄。总状花序，花冠钟状，五浅裂，基部略膨大，花色有白、蓝、紫及淡桃红等。

应用 盆栽用于阳台、窗台、卧室或书房摆放观赏；适合路边、花坛、花境栽培观赏；也可做切花。

学名| *Codonopsis lanceolata*

羊乳

别名：羊奶参、轮叶党参
科属：桔梗科党参属

- 原产地：我国东北、华北、华东和中南各省；俄罗斯、朝鲜及日本也有。
- 繁　殖：播种。
- 花果期：花期9~10月，果期秋季。
- 日　照：全日照或半日照。
- 温　度：生长适温18℃~26℃。
- 土　壤：喜疏松、肥沃的壤土。
- 水　分：喜湿润。

形态特征 多年生缠绕藤本。根倒卵状纺锤形。叶着生在茎上互生，细小，着生在枝上的通常簇生，或对生或近轮生，长圆状披针形至椭圆形，通常全缘或稍有疏生的微波状齿。花单生或成对生于枝的顶端，花冠外面乳白色，内面深紫色，有网状脉纹。蒴果。

应用 适合庭院的小型棚架、花架栽培观赏；块根入药，具有补虚通乳、排脓解毒的功效。

别名：长星花、许氏草、长冠花
科属：桔梗科同瓣草属

学名| *Hippobroma longiflora*

同瓣草

- 原产地：热带美洲、大洋洲及西印度群岛。
- 繁　殖：播种。
- 花果期：花期7~11月，果期8~12月。
- 日　照：全日照或半日照。
- 温　度：生长适温22℃~30℃。
- 土　壤：喜疏松、肥沃的壤土。
- 水　分：喜湿润。

形态特征 多年生直立草本，株高约50~80厘米。叶互生，纸质，披针形，花单生叶腋，花冠管长，五裂，白色。全株具乳汁。蒴果椭圆形。

应用 盆栽适合阳台、窗台栽培观赏，或植于适合的路边、花坛欣赏。

别名：腋花同瓣草
科属：桔梗科流星花属

学名| *Laurentia axillaris*

流星花

- 原产地：大洋洲。
- 繁　殖：播种、扦插。
- 花果期：花期春至夏，果期秋季。
- 日　照：全日照。
- 温　度：生长适温15℃~28℃。
- 土　壤：喜疏松、肥沃的壤土。
- 水　分：喜湿润。

形态特征 多年生草本，茎直立，基部木质化，株高20~50厘米。叶对生或轮生，羽裂状戟形，不规则深裂或浅裂。花单生，顶生或腋生，花瓣5枚，蓝紫色或淡白色。

应用 花小，极美丽，盆栽可用于阳台、窗台及卧室等处装饰；园林中常用于路边、花坛等栽培观赏，也是花境的优良材料。

学名| *Lobelia chinensis*

半边莲

别名：急解索、蛇利草
科属：桔梗科山梗菜属

- 原产地：我国长江中、下游及以南区域；印度以东的亚洲及其他国家亦有。
- 繁　殖：播种、分株。
- 花果期：花期5~8月，果期9~10月。
- 日　照：全日照。
- 温　度：生长适温22℃~28℃。
- 土　壤：不择土壤。
- 水　分：喜湿。

形态特征　多年生矮小草本植物，株高约20厘米。叶长圆状披针形或线形，顶端急尖，边缘有波状小齿或近无齿，无柄或近无柄。花单生叶腋，花柄超出叶外。花冠白色或红紫色。

应用　盆栽可用于窗台、案几摆放观赏；园林中可用于水岸边或阴湿的山石边作地被植物栽培；全草入药，具有利尿消肿、清热解毒的功效。

学名| *Lobelia erinus*

六倍利

别名：南非半边莲
科属：桔梗科山梗菜属

- 原产地：南非。
- 繁　殖：播种。
- 花果期：花期春至秋。
- 日　照：全日照。
- 温　度：生长适温15℃~25℃。
- 土　壤：喜肥沃、排水良好的壤土。
- 水　分：喜湿润、不耐旱。

形态特征　多年生草本植物，常作一、二年生栽培，半蔓性，呈半匍匐状，株高15～30cm。基部叶倒卵形，茎上叶披针形至线形。花小，浅蓝色或蓝紫色。

应用　多盆栽，用于窗台、阳台或案几上点缀；也常用于林缘、草地边缘及路边栽培观赏。

别名：铃铛花、僧帽花
科属：桔梗科桔梗属

学名| *Platycodon grandiflorus*

桔梗

- 原产地：我国东北、华东、华中、华南北部、西南及陕西；朝鲜、日本、俄罗斯也有。
- 繁　殖：播种、分株。
- 花果期：花期7~9月，果期秋季。
- 日　照：全日照。
- 温　度：生长适温15℃~25℃。
- 土　壤：不择土壤，以疏松、排水良好的壤土为佳。
- 水　分：喜湿润，也耐旱。

形态特征 多年生草本，有白色乳汁。叶3枚轮生、对生或互生，无柄或有极短的柄，叶片卵形至披针形，先端锐尖，基部宽楔形，边缘有尖锯齿。花1至数朵生茎或分枝顶端，花冠宽钟状，蓝紫色，稀白色。蒴果倒卵圆形。

应用 盆栽适合窗台、阳台或书房摆放观赏；适于公园、庭院等路边、山石边栽培；胡萝卜状根可用来炒、煲汤或腌制咸菜，嫩苗可清炒；根入药。

学名| *Canna indica*

美人蕉

别名：昙华、莲蕉花
科属：美人蕉科美人蕉属

- 原产地：印度。
- 繁　殖：分株、播种。
- 花果期：花果期3~12月。
- 日　照：全日照。
- 温　度：生长适温22℃~30℃。
- 土　壤：不择土壤。
- 水　分：喜湿。

形态特征 多年生草本植物，植株全体绿色。株高可达1.5米，根茎肥大。地上茎肉质，不分枝，茎叶具白粉。叶互生，宽大，长椭圆状披针形或阔椭圆形。总状花序自茎顶抽出，疏花，花小，花冠裂片披针形，绿色或红色，外轮退化雄蕊鲜红色。蒴果绿色，长卵形。

应用 盆栽可用于装饰阳台或天台，也适合庭院的水景边绿化；常群植或孤植欣赏。

学名| *Canna generalis*

大花美人蕉

科属：美人蕉科美人蕉属

- 原产地：美洲热带。
- 繁　殖：分株。
- 花果期：花期几乎全年。
- 日　照：全日照。
- 温　度：生长适温22℃~30℃。
- 土　壤：不择土壤。
- 水　分：喜湿。

形态特征 多年生宿根草本植物，株高1.5米，茎叶和花序均被白粉。叶片椭圆形，叶缘、叶鞘紫色。总状花序顶生，花大，密集，每苞片内有花1～2朵。花色有红、橘红、淡黄及白色。

应用 花大美艳，适合公园、绿地、风景区或庭院栽培观赏；根状茎和花入药，有清热利湿、安神降压之功效。

别名：茶条树
科属：忍冬科六道木属

学名| *Abelia chinensis*

糯米条

- **原产地：** 我国长江流域各省山区。
- **繁　殖：** 扦插、播种。
- **花果期：** 花期7~8月，果熟期10月。
- **日　照：** 全日照。
- **温　度：** 生长适温18℃~28℃。
- **土　壤：** 不择土壤，以疏松、排水良好的壤土为佳。
- **水　分：** 喜湿润，耐旱。

形态特征　落叶灌木，株高约2米。叶对生，卵形或卵状椭圆形，边缘具疏浅齿，叶背中脉基部密被柔毛。聚伞花序顶生或腋生，花冠漏斗状，粉红色或白色，具芳香。

应用　枝条柔软，白色小花密集，具芳香。适宜植于池畔、路边、墙隅、草坪和林下边缘，可群植或列植，修剪成花篱。

学名/ *Weigela coraeensis*

海仙花

别名：五色海棠、朝鲜锦带花
科属：忍冬科锦带花属

花序特征
花数朵组成腋聚伞花序

- 原产地：我国山东、浙江、江苏、江西。
- 繁　殖：播种、扦插、分株、压条。
- 花果期：花期5~6月，果期7~9月。
- 日　照：全日照。
- 温　度：生长适温15℃~26℃。
- 土　壤：不择土壤，以肥沃、排水良好的沙质壤土为佳。
- 水　分：喜湿润。

形态特征 落叶灌木，高达5米。叶对生，宽椭圆形或倒卵形，叶表面深绿，背面淡绿。花数朵组成腋生聚伞花序，花冠漏斗状钟形，初开时黄白色或淡玫瑰红色，后变为深红色。蒴果柱形。

应用 花色富于变化，美丽，适于庭院、公园、风景区等丛植或孤植于路边、墙垣边或一隅观赏，也可整形修剪成花篱观赏。

科属：忍冬科六道木属

学名| *Abelia grandiflora*

大花六道木

- 原产地：栽培种。
- 繁　殖：扦插、分株、压条。
- 花果期：花期6~11月。
- 日　照：全日照。
- 温　度：生长适温18℃~28℃。
- 土　壤：喜疏松、肥沃及排水良好的土壤。
- 水　分：喜湿润。

形态特征 半常绿灌木，高达2米。叶卵形至卵状椭圆形，缘有疏锯齿，表面暗绿而有光泽。顶生圆锥状聚伞花序，花冠白色或略带红晕。

应用 开花繁密，花期极长，可丛植于草坪、路边、池畔、林缘等处，也可作花篱。

别名：垂红忍冬
科属：忍冬科忍冬属

学名| *Lonicera brownii*

布朗忍冬

- 原产地：栽培种。
- 繁　殖：压条。
- 花果期：花期5~6月。
- 日　照：全日照。
- 温　度：生长适温18℃~26℃。
- 土　壤：不择土壤。
- 水　分：喜湿润。

形态特征 落叶藤本。茎长2~5米。叶对生，无柄或近无柄。花轮生，花冠筒细长，二唇形，上唇四裂，花冠外面玫瑰红色，内面橘红色或橘黄色。

应用 花繁叶茂，花型优美，是优良的攀缘植物，适合公园、庭院及绿地的棚架、花架、栅栏、墙垣等绿化。

学名| *Lonicera heckrotti*

金红久忍冬

别名：京红久忍冬、忍冬
科属：忍冬科忍冬属

- 原产地：杂交种。
- 繁　殖：压条。
- 花果期：花期4～6月，果熟期秋季。
- 日　照：全日照。
- 温　度：生长适温18℃～26℃。
- 土　壤：不择土壤。
- 水　分：喜湿润，较耐旱。

形态特征 落叶藤本，茎长可达2～5米。叶对生，叶片卵状椭圆形，全缘，无托叶，无叶柄。花轮生，二唇形，上唇四裂，花冠外面玫红色，内面黄色，具香味。浆果，红色。

应用 花繁叶茂，花型优美，是优良的攀缘植物，适合公园、庭院及绿地的棚架、花架、栅栏、墙垣等绿化。

学名| *Lonicera japonica*

金银花

别名：忍冬、金银藤
科属：忍冬科忍冬属

- 原产地：除黑龙江、内蒙古、宁夏、青海、新疆、海南及西藏无自然分布外，我国其他各地均有分布；日本及朝鲜也有。
- 繁　殖：扦插、压条、播种。
- 花果期：花期4～6月，果熟期10～11月。
- 日　照：全日照。
- 温　度：生长适温15℃～28℃。
- 土　壤：不择土壤。
- 水　分：喜湿润，耐旱。

形态特征 半常绿或落叶藤本，枝条长可达6～8米。叶纸质，卵形至矩圆状卵形，有时卵状披针形，稀圆卵形或倒卵形，顶端尖或渐尖，基部圆或近心形。总花梗通常单生于小枝上部叶腋，花冠白色，后变黄色，唇形。果实圆形，熟时蓝黑色。

应用 花繁茂，花期长，具清香，适合公园、绿地、庭院等棚架、院墙、栅栏等垂直绿化。

学名| *Lonicera maackii*

金银木

别名：金银忍冬
科属：忍冬科忍冬属

- **原产地**：我国东北、河北、山西、陕西、甘肃、山东、江苏、安徽、浙江、河南、湖北、湖南、四川、贵州、云南及西藏；朝鲜、日本及俄罗斯也有。
- **繁　殖**：播种、扦插。
- **花果期**：花期5~6月，果熟期8~10月。
- **日　照**：全日照。
- **温　度**：生长适温18℃~28℃。
- **土　壤**：不择土壤，以肥沃、土层深厚的壤土为佳。
- **水　分**：喜湿润，耐旱。

形态特征　为落叶性小乔木，常丛生成灌木状，高可达6米。单叶对生，叶呈卵状椭圆形至披针形，先端渐尖，叶两面疏生柔毛。花成对腋生，二唇形花冠。花开之时初为白色，后变为黄色。浆果球形，暗红色。栽培变种有红花金银忍冬*L. maackii var. erubescens*。

应用　花小，繁密，适合公园、绿地、庭院等植于路边或一隅绿化；茎皮可制人造棉；花可提取芳香油；种子榨成的油可制肥皂。

学名| *Kolkwitzia amabilis*

猬实

别名：蝟实
科属：忍冬科猬实属

- **原产地**：我国长江流域、西南、西北。
- **繁　殖**：扦插、分株、播种。
- **花果期**：花期5~6月，果期8~10月。
- **日　照**：全日照。
- **温　度**：生长适温18℃~25℃。
- **土　壤**：不择土壤，以深厚肥沃、排水良好的土壤为佳。
- **水　分**：喜湿润，较耐旱。

形态特征　落叶灌木，高达3米。单叶对生，卵形至卵状椭圆形，基部圆形，先端渐尖，叶缘疏生浅齿或近全缘。顶生伞房状聚伞花序，每一聚伞花序有2花，粉红色，喉部黄色。瘦果状核果卵形。

应用　花繁密，色泽艳丽，适合公园、绿地、庭院等点缀草坪、角隅、山石旁，亦可列植、丛植于路边、亭廊附近。

学名| *Viburnum burejaeticum*

暖木条荚蒾

别名：暖木条子
科属：忍冬科荚蒾属

- 原产地：我国黑龙江、吉林及内蒙古；朝鲜、日本，俄罗斯也有。
- 繁　殖：播种。
- 花果期：花期5~6月，果期8~9月。
- 日　照：全日照。
- 温　度：生长适温16℃~25℃。
- 土　壤：喜肥沃、疏松的土壤。
- 水　分：喜湿润，较耐旱。

形态特征 落叶灌木，高达5米。叶片卵形至椭圆形，先端尖或钝，基部圆形或微心形，边缘锯齿。聚伞花序顶生，花冠筒钟状，白色。浆果状核果椭圆形。

应用 花美丽，适合公园、绿地的路边、池边、石旁等种植观赏，也可用于林缘处或作绿篱。

学名| *Viburnum carlesii*

红蕾荚蒾

科属：忍冬科荚蒾属

- 原产地：朝鲜半岛。
- 繁　殖：压条、扦插、嫁接。
- 花果期：花期4~5月；果期9~10月。
- 日　照：全日照。
- 温　度：生长适温18℃~26℃。
- 土　壤：喜深厚肥沃、排水良好沙质土壤。
- 水　分：喜湿润，较耐旱。

形态特征 落叶灌木，高1~2米。单叶对生，叶椭圆形或近圆形，缘有三角状锯齿，羽状脉明显，直达齿端。聚伞花序，花蕾粉红色，盛开时白色，有芳香。核果椭球形，熟时紫红色。

应用 花繁叶茂、香味浓郁，适合公园、庭院、绿地等外植于路边、池畔、山石边及墙垣处观赏，也可与其他花灌木配置。

别名：香探春
科属：忍冬科荚蒾属

学名| *Viburnum farreri*

香荚蒾

- 原产地：我国青海、甘肃、新疆。
- 繁　殖：压条、扦插。
- 花果期：花期4~5月。
- 日　照：全日照。
- 温　度：生长适温18℃~26℃。
- 土　壤：喜深厚肥沃、排水良好土壤。
- 水　分：喜湿润。

形态特征 落叶灌木，高达3米。单叶对生，叶椭圆形，缘有三角状锯齿，羽状脉明显，直达齿端。圆锥花序生于短枝顶，花冠高脚碟状，蕾时粉红色后变白色，端五裂。核果椭球形，熟时紫红色。

应用 花洁白，具芳香，是优良的早春芳香花灌木，适合草坪边、林缘或路边栽培。

别名：坚荚树
科属：忍冬科荚蒾属

学名| *Viburnum sempervirens*

常绿荚蒾

- 原产地：我国江西、广东、广西。
- 繁　殖：扦插、播种。
- 花果期：花期5月，果熟期10~12月。
- 日　照：全日照。
- 温　度：生长适温20℃~28℃。
- 土　壤：喜疏松、排水良好的微酸性壤土。
- 水　分：喜湿润。

形态特征 常绿灌木，株高可达4米。叶革质，椭圆形至椭圆状卵形，少宽卵形，有时矩圆形或倒披针形，顶端尖或短渐尖，基部渐狭至钝形，有时近圆形，全缘或上部至近顶部具少数浅齿。复伞形式聚伞花序顶生，花冠白色。核果，红色。

应用 花小，美丽，适合公园、庭院或绿地植于草地中、路边或山石边栽培观赏，也可整型成绿篱栽培。

学名/ *Weigela florida*

锦带花

别名：锦带、海仙
科属：忍冬科锦带花属

- 原产地：我国东北、华北；俄罗斯、朝鲜及日本也有。
- 繁　殖：播种、扦插或高压。
- 花果期：花期5~6月，果期10月。
- 日　照：全日照。
- 温　度：生长适温12℃~22℃。
- 土　壤：喜土层深厚、肥沃、排水良好的沙质土壤。
- 水　分：喜湿润。

形态特征 落叶灌木，高可达5米。叶对生，具短柄，椭圆形或卵状椭圆形，边缘有锯齿。花1~4朵组成聚伞花序，生于小枝顶端或叶腋，花冠漏斗状钟形，玫瑰红色，里面较淡。花萼5裂。蒴果柱状。常见栽培的品种有红王子锦带*W.florida* 'Red Prince'，花叶矮锦带*W.florida* 'Variegata'。

应用 株形美观，花大色艳，适合植于公园、风景区、庭院等角隅、池畔、林缘及路边，也可修剪成花篱观赏。

别名：康乃馨、麝香石竹
科属：石竹科石竹属

学名| *Dianthus caryophyllus*

香石竹

- 原产地：欧亚大陆及西北非洲。
- 繁　殖：播种、扦插。
- 花果期：花期5~8月，果期8~9月。
- 日　照：全日照。
- 温　度：生长适温10℃~20℃。
- 土　壤：喜富含腐殖质、排水良好的壤土。
- 水　分：喜湿润。

形态特征 多年生草本或亚灌木，茎直立，多分枝，株高40~100厘米，被白粉。叶对生，线状披针形。花单生于枝端，花瓣扇形，花色有深红、白、粉红、鹅黄及复色等，具香气。蒴果，卵球形。

应用 花色品种繁多，花期长，主要用于切花，可用于卧室、餐桌、客厅等装饰，也可室内盆栽观赏。

别名：中国石竹、洛阳石竹
科属：石竹科石竹属

学名| *Dianthus chinensis*

石竹

- 原产地：我国北方；俄罗斯及朝鲜也有。
- 繁　殖：播种、分株或扦插。
- 花果期：花期5~9月，果期6~10月。
- 日　照：全日照。
- 温　度：生长适温10℃~25℃。
- 土　壤：不择土壤。
- 水　分：喜湿润，较耐旱。

形态特征 二年生或多年生草本植物。株高30～50厘米。叶对生，条形或线状披针形。花单朵或数朵簇生于茎顶，形成聚伞花序，花萼筒圆形，花白、粉、红、紫等色，微具香气。蒴果。

应用 习性强健，花繁茂，为我国著名的庭院花卉之一。盆栽可用于阳台、窗台或书房装饰；多用于布置花坛、花境或路边栽培观赏；全草入药，具有利尿功能。

学名| *Dianthus japonicus*

日本石竹

别名：滨瞿麦
科属：石竹科石竹属

- 原产地：日本。
- 繁　殖：播种、扦插。
- 花果期：花果期6~9月。
- 日　照：全日照。
- 温　度：生长适温15℃~25℃。
- 土　壤：不择土壤，微酸性至中性土壤均可生长。
- 水　分：喜湿润。

形态特征 多年生草本，株高20~60厘米。叶片卵形至椭圆形，顶端急尖或钝，基部渐狭，合成短鞘，叶质较厚。头状花簇生，花萼筒状，瓣片红紫色或白色。蒴果。

应用 盆栽可用于阳台、窗台、书房等摆放观赏，路边、花坛、墙垣边种植。

学名| *Dianthus superbus*

瞿麦

别名：山瞿麦、剪绒花
科属：石竹科石竹属

- 原产地：亚洲及欧洲。
- 繁　殖：播种。
- 花果期：花期6~9月，果期7~10月。
- 日　照：全日照。
- 温　度：生长适温16℃~25℃。
- 土　壤：不择土壤。
- 水　分：喜湿润。

形态特征 植物形态：多年生草本，高30~60厘米。叶对生，线形至线状披针形，顶端渐尖，基部成短鞘状抱茎，全缘。花单生或数朵集成疏聚伞花序，花瓣粉紫色，先端深细裂成丝状。蒴果长筒形。

应用 盆栽可用于居家或庭院观赏；适合公园、庭院等的路边、水岸边或花坛栽培。

别名：匍匐丝石竹
科属：石竹科石头花属

学名 *Gypsophila repens*

枝蔓满天星

- 原产地：栽培种。
- 繁　殖：播种、扦插。
- 花果期：花期冬春季，果期春夏季。
- 日　照：全日照。
- 温　度：生长适温15℃~25℃。
- 土　壤：喜肥沃、排水良好的沙质壤土栽培。
- 水　分：喜湿润。

形态特征 宿根草本。植株矮小，茎枝纤细，株高仅为10~15厘米。叶对生，线形。聚伞花序顶生或腋生，小花粉红色，单瓣或重瓣。

应用 花小繁密，极美丽，适合花坛栽培或盆栽，也可作插花材料。

别名：石碱花
科属：石竹科肥皂草属

学名 *Saponaria officinalis*

肥皂草

- 原产地：地中海地区。
- 繁　殖：播种。
- 花果期：花期6~8月，果期秋季。
- 日　照：全日照。
- 温　度：生长适温15℃~25℃。
- 土　壤：不择土壤。
- 水　分：喜湿润，也耐旱。

形态特征 多年生草本，株高20~100厘米。叶椭圆状披针形至椭圆形，明显三脉。密伞房花序或圆锥状聚伞花序，花淡红、鲜红或白色。

应用 盆栽可用于点缀阳台、窗台或天台等处；适合花坛、花境或庭院栽培观赏；全草有毒，忌误食；根入药，具有祛痰、利尿的功效。

学名| *Silene pendula*

矮雪轮

科属：石竹科蝇子草属

- 原产地：地中海地区。
- 繁　殖：播种。
- 花果期：花期4~6月中旬，果熟期6月。
- 日　照：全日照。
- 温　度：生长适温15℃~25℃。
- 土　壤：喜肥沃、排水良好的壤土。
- 水　分：喜湿润。

形态特征 一二年生草本，株高约30厘米。叶卵状披针形。聚伞花序。花瓣倒心脏形，先端二裂，粉红色，栽培品种花色有白、淡紫、浅粉、玫瑰色等，也有重瓣品种，花色丰富。萼筒长而膨大，筒上有紫红色条筋。蒴果卵形。

应用 花型奇特，有较强的观赏性。盆栽用于点缀阳台、窗台或案几；适合公园、庭院等的花坛、路边或墙垣边栽培观赏。

别名：留球子、五棱子
科属：使君子科使君子属

学名/ *Quisqualis indica*

使君子

- 原产地：我国四川、贵州到南岭以南各地；印度、缅甸至菲律宾也有。
- 繁　殖：播种、扦插或分株。
- 花果期：花期初夏，果期秋末。
- 日　照：全日照。
- 温　度：生长适温22℃~30℃。
- 土　壤：不择土壤，以肥沃、排水良好的壤土为佳。
- 水　分：喜湿润。

形态特征 常绿攀缘灌木，蔓长可达8米。叶对生或近对生，叶片膜质，卵形或椭圆形，先端短渐尖，基部钝圆。顶生穗状花序，组成伞房花序，花瓣5枚，初为白色，后转为淡红色或红色。果卵形，种子白色。

应用 习性强健，花繁叶茂，是园林绿化的优良品种，适合棚架、廊架、绿篱及树木边栽培；种子入药，可驱蛔虫。

学名/ *Calonyction aculeatum*

月光花

别名：夜光花、夕颜
科属：旋花科月光花属

原产地：热带美洲。
繁　殖：播种。
花果期：花果期7~10月。
日　照：全日照。
温　度：生长适温18℃~26℃。
土　壤：不择土壤，以疏松、肥沃的壤土为佳。
水　分：喜湿润。

形态特征 一年生草质藤本，长可达10厘米。叶互生，卵状心形，先端长锐尖或渐尖，全缘或稍有角或分裂。花大，芳香，1朵到多朵排成总状花序，花冠白色。蒴果。

应用 花大，洁白素雅，盆栽可用于阳台装饰；适合庭院、公园等小型棚架、花架栽培观赏，嫩叶可炒食，花晒制干花后泡茶。

别名：五叶藤
科属：旋花科番薯属

学名| *Ipomoea cairica*

五爪金龙

- 原产地：热带亚洲或非洲。
- 繁　殖：播种。
- 花果期：花果期几乎全年。
- 日　照：全日照。
- 温　度：生长适温20℃~30℃。
- 土　壤：不择土壤。
- 水　分：喜湿润，也耐旱。

形态特征 多年生缠绕草质藤本。叶掌状五裂或全裂，裂片卵状披针形、卵形或椭圆形。聚伞花序腋生，具1～3花，或偶有3朵以上的，花冠紫红色、紫色或淡红色，漏斗状。蒴果近球形。

应用 习性强健，侵占性强，花大美丽，花期长，可用于棚架、花架等垂直绿化，也可作地被植物栽培。

别名：南美旋花、印度旋花
科属：旋花科番薯属

学名| *Ipomoea fistulosa*

树牵牛

- 原产地：美洲。
- 繁　殖：播种、扦插。
- 花果期：花期春至秋，果期秋冬。
- 日　照：全日照。
- 温　度：生长适温22℃~30℃。
- 土　壤：不择土壤。
- 水　分：喜湿润，耐旱。

形态特征 常绿木质藤本或灌木，枝长可达4米。叶宽卵形或卵状长圆形，顶端渐尖，具小短尖头，基部心形或截形，全缘。聚伞花序腋生或顶生，有花数朵或多朵，花冠漏斗形，淡红色。蒴果卵形或球形。

应用 习性强健，花大素雅，花期长，园林中常用于水岸边、路边栽培观赏，可丛植，也可孤植。

学名| *Ipomoea horsfalliae*

王妃藤

别名：王子薯
科属：旋花科番薯属

- 原产地：西印度群岛。
- 繁　殖：播种、扦插。
- 花果期：花期春至秋，果期秋、冬。
- 日　照：全日照。
- 温　度：生长适温22℃~30℃。
- 土　壤：喜疏松、肥沃的壤土。
- 水　分：喜湿润。

形态特征 多年生常绿蔓性藤本，深褐色。叶互生，掌状深裂，小叶3～5片，长椭圆形至披针形，革质，具花泽。花腋生，花冠喇叭状，先端五裂，红色。

应用 花姿优雅，花期长。盆栽用于阳台、天台绿化，或用于小型花架、棚架、篱垣种植观赏。

学名| *Ipomoea pescaprae*

厚藤

别名：马鞍藤
科属：旋花科番薯属

- 原产地：广布于热带沿海地区，我国产自浙江、福建、台湾、海南及广西。
- 繁　殖：扦插。
- 花果期：花期几乎全年。
- 日　照：全日照。
- 温　度：生长适温22℃~32℃。
- 土　壤：喜疏松、排水良好的沙质土壤。
- 水　分：喜湿润，也耐旱。

形态特征 多年生草本植物。叶肉质，卵形、椭圆形、圆形、肾形或长圆形，顶端微缺或二裂，裂片圆，裂缺浅或深，有时具小凸头，基部阔楔形、截平至浅心形。多枝聚伞花序，腋生，有时仅1朵发育，花冠紫色或深红色，漏斗状。蒴果。

应用 习性强健，叶奇特，花美丽，适合路边或草地边缘栽培观赏，也是海滨沙滩绿化的优良观花藤本；茎叶可作猪饲料；全草入药，具有祛风、除湿、拔毒、消肿的功效。

别名：多花山猪菜、假白薯
科属：旋花科鱼黄草属

学名| *Merremia boisiana*

金钟藤

- 原产地：我国海南、广西及云南；越南、老挝及印度尼西亚也有。
- 繁　殖：播种、扦插。
- 花果期：花期春季，果期夏季。
- 日　照：全日照。
- 温　度：生长适温20℃~32℃。
- 土　壤：不择土壤。
- 水　分：喜湿润，耐旱。

形态特征 大型缠绕草质藤本植物。叶近圆形，偶为卵形，顶端渐尖或骤尖，基部心形，全缘。花序腋生，多花伞房状聚伞花序，有时为复伞房状聚伞花序，花冠黄色，宽漏斗状或钟状。蒴果。

应用 习性极强健，生长快，花色艳丽，观赏性佳，适合公路、坡地作地被植物。本种在广州成为难以铲除的入侵植物，因此切勿盲目引进。

别名：姬旋花
科属：旋花科鱼黄草属

学名| *Merremia tuberosa*

木玫瑰

- 原产地：热带美洲。
- 繁　殖：播种。
- 花果期：花期秋季，果期冬季。
- 日　照：全日照。
- 温　度：生长适温22℃~32℃。
- 土　壤：不择土壤。
- 水　分：喜湿润。

形态特征 常绿蔓性草质藤本植物，多年生下部茎木质化。叶纸质，互生，掌状深裂，裂片，阔披针形。花顶生，漏斗状，鲜黄色。蒴果，果熟似干燥的玫瑰花。

应用 花金黄靓丽，果实似玫瑰，观赏性佳，可用于庭院或楼顶花园的荫棚、花架等栽培美化环境。

学名| *Pharbitis nil*

牵牛

别名：牵牛花、喇叭花
科属：旋花科牵牛属

- 原产地：热带美洲。
- 繁　殖：播种。
- 花果期：花期6~10月，果期8~12月。
- 日　照：全日照。
- 温　度：生长适温20℃~30℃。
- 土　壤：不择土壤。
- 水　分：喜湿润，也耐旱。

形态特征 一年生缠绕草本植物。叶宽卵形或近圆形，深或浅三裂，偶五裂，基部圆心形，中裂片长圆形或卵圆形，渐尖或聚尖，侧裂片较短，三角形，裂口锐或圆。花腋生，花冠漏斗状，蓝紫色或紫红色。蒴果。

应用 习性强健，花繁茂，是我国常见的庭院花卉，多用于花架、棚架、栅栏、篱垣等垂直绿化，也是优良的地被植物。盆栽适合阳台、天台绿化。

学名| *Pharbitis purpurea*

圆叶牵牛

别名：牵牛花、喇叭花
科属：旋花科牵牛属

- 原产地：热带美洲。
- 繁　殖：播种。
- 花果期：花期6~10月，果期8~12月。
- 日　照：全日照。
- 温　度：生长适温20℃~30℃。
- 土　壤：不择土壤。
- 水　分：喜湿润，也耐旱。

形态特征 一年生缠绕草本植物。叶圆心形或宽卵状心形，顶端锐尖、骤尖或渐尖，基部圆，心形，通常全缘。花腋生，1朵或2~5朵生于花序梗排成伞形聚伞花序。花冠漏斗状，紫红色、红色或白色。蒴果。

应用 开花繁茂，生长快，适合花架、棚架、绿廊、栅栏的垂直绿化，也可作地被植物。盆栽可用于阳台、天台绿化。

别名：游龙草、缕红草
科属：旋花科茑萝属

学名| *Quamoclit pennata*

茑萝

- 原产地：热带美洲。
- 繁　殖：播种。
- 花果期：花期夏季，果期秋季。
- 日　照：全日照。
- 温　度：生长适温15℃~28℃。
- 土　壤：不择土壤。
- 水　分：喜湿润，较耐旱。

形态特征 一年生柔弱缠绕草本植物。叶卵形或长圆形，羽状深裂到中脉，裂片先端锐尖。花序腋生，由数花组成聚伞花序，花冠高脚碟状，深红色。蒴果卵形。

应用 枝叶纤秀，花美丽，适合花架、栅栏、绿篱等垂直绿化。盆栽可用于阳台、天台绿化。

别名：葵叶茑萝
科属：旋花科茑萝属

学名| *Quamoclit sloteri*

槭叶茑萝

- 原产地：园艺种。
- 繁　殖：播种。
- 花果期：花期夏季，果期秋季。
- 日　照：全日照。
- 温　度：生长适温15℃~28℃。
- 土　壤：不择土壤。
- 水　分：喜湿润，较耐旱。

形态特征 一年生茎缠绕草本植物。叶掌状深裂，裂片披针形，先端细长而尖，基部2裂片各二裂。聚伞花序腋生，1~3花，花冠高脚碟状，红色。蒴果圆锥形或球形。

应用 枝叶繁茂，花色鲜艳，适合绿篱、栅栏、棚架、花架等垂直绿化。盆栽适合阳台、天台美化。

学名| *Calystegia dahurica f. anestia*

缠枝牡丹

科属：旋花科打碗花属

- 原产地：我国黑龙江、吉林、河北、江苏、安徽、浙江、四川。
- 繁　殖：根插。
- 花果期：花期春至秋。
- 日　照：全日照。
- 温　度：生长适温15℃~25℃。
- 土　壤：不择土壤。
- 水　分：喜湿润，耐旱。

形态特征 多年生左旋缠绕草本植物，具白色乳汁，茎叶被柔毛。叶卵状长圆形，基部戟形。花单生叶腋，具长梗，花重瓣，淡红色，形状不规则，裂片向内渐狭。

应用 习性极为强健，侵占性强，花大美丽。盆栽可用于阳台绿化或植于庭院的花坛、墙垣边观赏。

学名| *Evolvulus nuttallianus*

蓝星花

别名：星形花、雨伞花
科属：旋花科土丁桂属

- 原产地：北美洲。
- 繁　殖：播种、扦插或分株。
- 花果期：花期6~7月，果期8月。
- 日　照：全日照。
- 温　度：生长适温15℃~22℃。
- 土　壤：不择土壤。
- 水　分：喜湿润。

形态特征 常绿半蔓性小灌木，株高30~80厘米，茎叶密被白色绵毛。叶互生，长椭圆形，全缘。花腋生，花冠蓝色带白星状花纹。

应用 花小，蓝艳可爱，适合庭院、公园、风景区等路边、花坛栽培，或作地被。盆栽用于阳台、窗台美化。

别名：凉子木
科属：山茱萸科梾木属

学名/ *Swida alba*

红瑞木

果实特征
核果乳白或略带蓝白色

- 原产地：我国东北、华北、西北。
- 繁　殖：播种、扦插、分株、压条。
- 花果期：花期5~7月；果期8~10月。
- 日　照：全日照。
- 温　度：生长适温16℃~25℃。
- 土　壤：喜土层深厚、肥沃的壤土。
- 水　分：喜湿润。

形态特征 落叶灌木，高可达3米。单叶全缘对生，椭圆形。聚伞花序顶生，花小，白色至黄白色。核果乳白或略带蓝白色。

应用 花白似雪，果实洁白，观赏性佳，适合丛植于公园、庭院等路边、草坪、池畔等处观赏。

学名| *Kalanchoe blossfeldiana*

长寿花

别名：圣诞伽蓝菜
科属：景天科伽蓝菜属

- 原产地：非洲马达加斯加。
- 繁　殖：扦插。
- 花果期：花期2~5月。
- 日　照：全日照或半日照。
- 温　度：生长适温20℃~28℃。
- 土　壤：喜肥沃、排水良好的沙质壤土。
- 水　分：喜湿润，较耐旱。

形态特征 多年生肉质草本植物，株高10～30厘米。叶肉质，交互对生，长圆状匙形，深绿色。圆锥状聚伞花序，小花高脚碟状，花色有绯红、桃红、橙红、黄、橙黄和白等，有单瓣、重瓣。

应用 栽培品种繁多，花色丰富，多盆栽，可用于布置窗台、书桌、案头等处。

学名| *Kalanchoe manginii*

宫灯长寿花

别名：红提灯
科属：景天科伽蓝菜属

- 原产地：马达加斯加。
- 繁　殖：扦插。
- 花果期：秋至冬。
- 日　照：全日照及半日照。
- 温　度：生长适温18℃~28℃。
- 土　壤：不择土壤。
- 水　分：喜湿润，较耐旱。

形态特征 多年生肉质草本植物，茎木质化，多分枝，新生分枝柔软常下垂。叶对生，长卵形，稍具肉质。花淡红色，管状。

应用 花型奇特，多盆栽，适合阳台、窗台、卧室或书房点缀。

别名：伽蓝菜、裂叶落地生根
科属：景天科伽蓝菜属

学名| *Kalanchoe laciniata*

鸡爪三七

- 原产地：亚洲热带及非洲北部。
- 繁　殖：扦插。
- 花果期：冬春开花。
- 日　照：全日照。
- 温　度：生长适温20℃~28℃。
- 土　壤：不择土壤。
- 水　分：喜湿润，也耐旱。

形态特征 多年生肉质草本植物，高20~100厘米。叶对生，中部肉羽状深裂，裂片线形或线状披针形，边缘具浅锯齿或浅裂。聚伞花序顶生，花冠黄色，四裂，高脚碟状。

应用 多盆栽置于室内装饰与观赏；全株入药，具有散淤止血、清热解毒的功效。

别名：佛指甲，狗牙瓣
科属：景天科景天属

学名| *Sedum lineare*

佛甲草

- 原产地：我国陕西、河南及华中、华东各省；日本也有。
- 繁　殖：扦插。
- 花果期：花期5~6月，果期7~8月。
- 日　照：全日照或半日照。
- 温　度：生长适温18℃~26℃。
- 土　壤：不择土壤。
- 水　分：喜湿润，较耐旱。

形态特征 多年生草本植物，株高10~15厘米。叶3~4片轮生或生于花茎上部的互生，线形至倒披针形，先端近尖，基部有钝圆或截形。花序聚伞形，顶生，花瓣黄色。果呈五角星状。种子卵圆形。

应用 习性强健，可用作地被栽培观赏，也可植于花坛或屋顶绿化；全草入药，具有清热解毒的功效。

索引一 学名按拼音顺序索引

索引二 学名按拉丁文顺序索引

A

B

C

D

为先書系

湖南教育书店特别策划

徐晔春◎编著

观花观叶植物经典图鉴

NO.5 观叶·裸子、被子植物

Guanhuaguanyezhiwu Jingdiantujian

吉林出版集团 | 吉林科学技术出版社

图书在版编目（CIP）数据

观花观叶植物经典图鉴 / 徐晔春编著. -- 长春 : 吉林科学技术出版社，2012.3
ISBN 978-7-5384-5698-1

Ⅰ.①观… Ⅱ.①徐… Ⅲ.园林植物－观赏园艺－图集 Ⅳ. ①S68-64

中国版本图书馆CIP数据核字（2012）第033068号

观花观叶植物经典图鉴——观叶·裸子、被子植物❺

编　　著　徐晔春
出 版 人　张瑛林
选题策划　张胜利
责任编辑　张胜利
图片摄影　徐晔春
封面设计　长春美印图文设计有限公司
制　　版　长春美印图文设计有限公司
开　　本　720mm×900mm　1/16
字　　数　832千字
印　　张　64
版　　次　2012年5月第1版
印　　次　2012年5月第1次印刷

出　　版　吉林出版集团
　　　　　吉林科学技术出版社
发　　行　吉林科学技术出版社
地　　址　长春市人民大街4646号
邮　　编　130021
发行部电话　0431-86037641
网　　址　www.jybooks.com.cn
印　　刷　长沙鸿发印务实业有限公司

书　　号　ISBN 978-7-5384-5698-1
定　　价　254.40元（全八册）
如有印装问题可致电0731-84314144联系调换
版权所有　翻印必究　　举报电话：0431-85635186

使用说明

ShiyongShuoming

检索功能

JiansuoGongneng

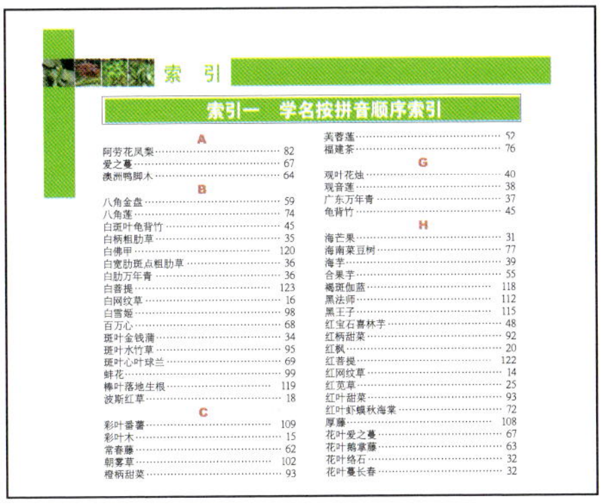

水 分

湿 土壤潮湿，含水量高，用手挤压土壤有水分流出。

喜湿 盆土需要始终处于湿润状态，保持土壤表面湿润。

湿润 土壤含水量较高，可挤压出各种形状，无水分流出。

喜湿润 在生长季节，宜保持土壤湿润，表面1~2厘米干后浇一次透水，浇水掌握间干间湿的原则。

喜干燥 在生长季节（部分植物为春、秋生长，夏、冬休眠，也有春、夏、秋季生长，冬季休眠，也有秋、冬、春三季生长，夏季眠），盆土水分基本干透后浇一次透水，大多数这类植物冬季停止浇水。浇水掌握干透浇透的原则。土壤水分含量低，挤压后不能成形。

生活在水中 土壤水分达到饱和状态，植物叶片浮于水面或挺出水面，植株不能离开水，部分植物整株浮于水面生活。不能离开水。

稍耐旱 土壤上层干燥，底层湿润，上层土壤挤压后不能成形，下层土壤可挤压成形，无水分流出。

耐旱 土壤中上层干燥，底层湿润，中上层土壤挤压后不能成形，下层土壤可挤压成形，无水分流出。

日 照

全日照 在全光照下养护，在室内放在阳光充足的地方，如窗台、阳台等处。

半日照 在春、夏、秋季阳光强烈时，早上晚上接受全光照，中午要遮阴。冬季可接受全光照，当然，我国幅员辽阔，各地需根据具体情况而定。

喜荫 全天不能接受光照，一般这类植物冬季可适当接受阳光。

土　壤

疏松 是指土壤团粒结构要好，疏松通气，有利根系生长发育，如泥炭土、腐叶土就是这个类型。

肥沃 是指土壤富含有机质，这类植物对养分需求较高，要注意补充肥料。

排水良好 是指土壤不能积水，否则对根系生长抑制，影响植株正常生长发育。如一些肉质根类、多肉植物等，基本是需要排水良好的土壤的。

不择土壤 这类植物习性强健，对土壤没有特殊要求，在大多数土壤中均能生长良好。如栽培于田园土、菜园土、腐叶土中，均可良好生长。

繁　殖

播种繁殖 播种繁殖也就是实生苗繁殖，将种子播于苗浅、穴盘等容器或直播于苗床、田地中，从而得到大量苗株的方法。

扦插繁殖 扦插是花卉繁殖的重要手段之一，是用植物的营养器官如根、茎、叶插入基质中，使之生根，抽枝长成完整的植株。

嫁接繁殖 嫁接繁殖是园林植物繁育技术的一种主要方法。是用繁殖体（茎、芽、球体）把两种不同植物结合在一起，使之愈合，形成一个独立的新个体，供嫁接用的繁殖体叫“接穗”，而接受接穗的植株叫“砧木”。

压条繁殖 多用于一些茎节和节间容易发根的木本花卉和一些扦插不容易发根的木本花卉。压条是将未脱离母株的枝条，在适当的部位将枝条环剥、刻伤，并可结合生根促进剂涂抹处理，然后将该部位埋入土中。由于受伤部位易积累上部合成的营养物质和激素，从而易形成根系。然后将它们剪离母体后移苗另栽，从而形成新的苗株。

分生繁殖 分生繁殖是植物营养繁殖方法之一，指人为将植物体上长出来的幼植株体，如萌蘖与母株分离另行栽植而成为独立新植物的繁殖方法。可分为分株法及分球法。前者多用于丛生性强的花灌木和萌蘖力强的多年生草花，后者则用于球根类花卉。

果　实

聚合果 聚合果是由花内的若干离生心皮形成的一个整体。如：海南木莲、腊梅的果实。

聚花果 由一整花序形成的一个整体，每一朵小花形成独立的小果，聚集在花序轴上。 如桑葚、无花果的果实。

单　果

由一花中的一个子房或一个心皮形成的单个果实。又分为干果及浆果，主要有以下几类：

1. 蓇葖果：离生心皮的单个心皮形成的，成熟时或沿背缝线或沿腹缝线一侧开裂。 如：云南含笑、欧耧斗菜的果实。

2. 荚果：单心皮的上位子房形成的，成熟时沿背腹两缝开裂，开裂后的果瓣片叫裂瓣。节荚基本上是荚果，仅在其种子间收缩变狭，成熟时在收缩处断裂成具有一颗种子的断片。 如合欢、蔓花生的果实。

3. 蒴果：由两个以上合生心皮的上位或下位子房形成。如箭叶秋葵、樟叶槿的果实。

4. 角果：由二心皮的复雌蕊发育而成，子房常因假隔膜分成两室，果实成熟后多沿两条腹缝线自下而上地开裂。如沙漠玫瑰、桂竹香的果实。

5. 瘦果：由离生心皮或合生心皮的上位或下位子房形成，其果皮紧包种子，不易分离。如珊瑚藤、棣棠的果实。

6. 胞果：由合生心皮的上位子房形成，其果皮薄而膨胀，疏松地包围种子而与种子极易分离。如地肤、垂鞭绣绒球的果实。

7. 翅果：瘦果状而有翅的干果，由合生心皮的上位子房形成。如星果藤的果实。

8. 坚果：由合生心皮的下位子房形成。如迷迭香、活血丹的果实。

9. 双悬果：由二心皮的子房发育成的果实，成熟后心皮分离成两瓣，并列悬于中央果柄的上端，不开裂。如胡萝卜的果实。

10. 浆果：果皮肉质多浆，外果皮易分离，内中果皮肉质化，内部一至数粒种子。如铃兰、宝莲花的果实。

11. 核果：单心皮或合生心皮组成，种子常一粒，外果皮较薄，肉质或革质，中果皮肉质肥厚，内果皮木质化，包于种子外，构成果核。如梅花、杏的果实。

12. 柑果：复雌蕊形成，外果皮革质，中果皮较疏松，分布有维管束，中轴胎座，每室种子多数。如金橘、四季橘的果实。

13. 瓠果：下位子房发育成的假果花托与外果皮结合成坚硬果壁，中果皮内果皮肉质胎座发达。如南瓜的果实。

14. 梨果：花筒与子房愈合一起发育成假果、果壁、外果皮，中果皮均肉质化，内果皮纸质或革质化。如梨、苹果的果实。

目　录

五加科

目　　录

卫矛科

藜　科

鸭跖草科

菊　科

旋花科

景天科

学名| *Macrozamia moorei*

摩尔大苏铁

别名：摩尔大泽米、澳洲苏铁
科属：泽米科大泽米属

- 原产地：澳洲。
- 繁　殖：播种。
- 花果期：花期秋季。
- 日　照：全日照。
- 温　度：生长适温20℃~30℃。
- 土　壤：喜疏松、肥沃的沙质壤土。
- 水　分：喜湿润，耐旱。

形态特征 常绿小乔木，株高可达5米。叶簇生于茎顶，叶片可多达150个，长可达3米，深青绿色。叶一回羽状深裂，羽片无主脉。雌花和球果灰绿色；大孢子叶先端有一长刺状突起。

应用 株型美观古朴，适合公园、绿地等草地中、路边、水岸边种植观赏。

别名：阔叶铁树、南美苏铁
科属：泽米科泽米铁属

学名 *Zamia furfuracea*

鳞秕苏铁

叶片特征
小叶近对生，长椭圆形至披针形

- 原产地：墨西哥、美国佛罗里达州及西印度群岛。
- 繁　殖：分株、播种。
- 花果期：花期初夏。
- 日　照：全日照或半日照。
- 温　度：生长适温20℃~30℃。
- 土　壤：喜疏松、肥沃的沙质壤土。
- 水　分：喜湿润，耐旱。

形态特征 常绿灌木。丛生，株高30~150厘米。羽状复叶集生茎端，小叶近对生，长椭圆形至披针形，边缘中部以上有齿，常反卷，有时被黄褐色鳞屑。雌雄异株。

应用 播种幼苗数株或数十株植于花盆内，用于案几、窗台或阳台观赏，大型植株可用于客厅、卧室观赏；园林中常孤植或群植。

学名| *Aphelandra squarrosa*

银脉爵床

别名：银脉单药花
科属：爵床科单药花属

- 原产地：美洲的热带和亚热带地区。
- 繁　殖：扦插。
- 花果期：花期6~7月，果期8月。
- 日　照：全光照或半荫。
- 温　度：生长适温18℃~25℃。
- 土　壤：疏松、肥沃的微中性或酸性土壤。
- 水　分：喜湿润，不耐干旱。

形态特征 多年生草本或灌木。叶大，先端尖，叶片深绿色有光泽，叶面具有明显的白色条纹状叶脉，叶缘波状。花顶生或腋生，金黄色。苞片很大，覆瓦状。

应用 叶色清雅，为优良的观叶植物，盆栽适合案头、卧室、客厅等摆放观赏；也常用于园林绿化。

学名| *Fittonia verschaffeltii*

红网纹草

别名：费通花
科属：爵床科网纹草属

- 原产地：南美秘鲁。
- 繁　殖：扦插、分株。
- 花果期：花期秋季。
- 日　照：半日照。
- 温　度：生长适温20℃~28℃。
- 土　壤：喜富含腐殖质的沙质壤土。
- 水　分：喜湿润。

形态特征 多年生常绿草本植物，株高10~20厘米。植株低矮，呈匍匐状。叶对生，卵圆形，红色叶脉纵横交替，形成网状。叶柄与茎上有茸毛，顶生穗状花序，花黄色。

应用 红色叶脉色泽艳丽，有较佳的观赏性，常盆栽，可用于宾馆、居家或办公室的案几、窗台等处点缀。

学名| *Gendarussa vulgaris 'Silvery Stripe'*

花叶小驳骨

别名：斑叶尖尾凤
科属：爵床科驳骨草属

- 原产地：栽培种。
- 繁　殖：扦插。
- 花果期：花期初夏。
- 日　照：半日照。
- 温　度：生长适温20℃~28℃。
- 土　壤：不择土壤。
- 水　分：喜湿润。

形态特征 常绿小灌木，株高1~2米。单叶对生，叶片披针形，先端渐尖，基部楔形，全缘，叶片具白色或黄绿色斑块。穗状花序顶生或腋生，花冠白色或粉色，有紫斑。蒴果。

应用 习性强健，叶色美观，盆栽可用于阳台、客厅等美化，也可植于庭院的路边、墙垣边绿化。

学名| *Graptophyllum pictum*

彩叶木

别名：锦彩叶木
科属：爵床科紫叶属

- 原产地：新几内亚。
- 繁　殖：扦插或分株。
- 花果期：花期夏季。
- 日　照：全日照。
- 温　度：生长适温22℃~30℃。
- 土　壤：喜疏松、肥沃、排水良好的微酸性壤土。
- 水　分：喜湿润。

形态特征 植株高达1米。茎红色，叶对生，长椭圆形，先端尖，基部楔形。叶中肋泛布淡红、乳白、黄色彩斑。

应用 色彩绚丽，为优良的观赏植物。盆栽适合窗台、阳台、客厅等栽培观赏；园林中常用于路边、水岸边栽培。

学名| *Fittonia verschaffeltii var. argyroneura*

白网纹草

科属：爵床科网纹草属

- 原产地：南美秘鲁。
- 繁　殖：扦插或分株。
- 花果期：花期秋季。
- 日　照：半日照。
- 温　度：生长适温20℃~28℃。
- 土　壤：喜疏松、排水良好的壤土。
- 水　分：喜湿润。

形态特征 多年生常绿草本植物，株高10~20厘米。匍匐，叶对生，卵圆形，叶面密布白色网纹。叶柄、花梗、枝条均具绒毛。

应用 白色叶脉布满叶面，观赏性佳，适合居室案几、阳台等摆放观赏。

学名| *Gendarussa vulgaris*

小驳骨

别名：接骨草
科属：爵床科驳骨草属

- 原产地：亚洲热带，我国分布于台湾、广东、广西、云南。
- 繁　殖：扦插。
- 花果期：花期初夏。
- 日　照：全日照或半日照。
- 温　度：生长适温20℃~28℃。
- 土　壤：不择土壤。
- 水　分：喜湿润。

形态特征 常绿小灌木，株高1~2米。单叶对生，叶片披针形，先端渐尖，基部楔形，全缘，两面均无毛。穗状花序顶生或腋生，花冠白色或粉色，有紫斑。蒴果。

应用 习性强健，适合用于庭院的墙垣边、路边作绿篱栽培；全草入药，具有舒筋活络之功效。

科属：爵床科山壳骨属

学名 *Pseuderanthemum reticulatum*

金叶拟美花

- 原产地：波利尼西亚。
- 繁　殖：扦插。
- 花果期：花期春、夏季。
- 日　照：全日照。
- 温　度：生长适温20℃~30℃。
- 土　壤：喜肥沃、疏松的沙质壤土。
- 水　分：喜湿润。

形态特征 多年生草本，株高0.5~2米。叶对生，广披针形至倒披针形，叶缘具不规则缺刻。新叶色金黄，后转为黄绿或翠绿。花顶生，白色。

应用 新叶金黄，色泽艳丽，习性强健。盆栽可用于阳台、客厅、卧室装饰或庭院绿化；园林中常丛植或片植观赏。

别名：黄脉爵床
科属：爵床科黄脉爵床属

学名 *Sanchezia nobilis*

金脉爵床

- 原产地：秘鲁和厄瓜多尔等地的南美热带地区。
- 繁　殖：扦插或分株。
- 花果期：花期春、夏季。
- 日　照：全日照。
- 温　度：生长适温22℃~30℃。
- 土　壤：喜疏松肥沃、排水良好的沙质壤土。
- 水　分：喜湿润。

形态特征 常绿直立灌木。株高50~80厘米。叶对生，无叶柄，阔披针形，先端渐尖，基部宽楔形，叶缘具锯齿。圆锥花序顶生，花管状，黄色，具红色的苞片。

应用 叶脉金黄，有极佳的观赏性。盆栽用于阳台、窗台等处摆放观赏，也可植于庭院的墙垣边、路边欣赏；园林中可用于路边、水岸边栽培。

学名| *Hypoestes phyllostachya*

嫣红蔓

别名：红点草、溅红草
科属：爵床科枪刀药属

- 原产地：马达加斯加。
- 繁　殖：播种、扦插。
- 花果期：花期春季，果期秋季。
- 日　照：半日照。
- 温　度：生长适温20℃~28℃。
- 土　壤：喜疏松、肥沃的沙质壤土。
- 水　分：喜湿润。

形态特征 株高30~60厘米。叶对生，呈卵形或长卵形，叶全缘，叶面呈橄榄绿，上面布满红色、粉红色或白色斑点。穗状花序，花淡紫色。

应用 嫣红蔓植株低矮，叶色雅致。常盆栽，适合书桌、案头、窗台及阳台等处摆放观赏。

学名| *Perilepta dyeriana*

波斯红草

科属：爵床科耳叶马蓝属

- 原产地：缅甸、马来西亚。
- 繁　殖：扦插。
- 花果期：花期4~6月。
- 日　照：全日照或半日照。
- 温　度：生长适温22℃~28℃。
- 土　壤：喜疏松、排水良好的壤土。
- 水　分：喜湿润。

形态特征 常绿灌木，株高10~20厘米。叶对生，椭圆状披针形，叶缘有细锯齿。叶脉两侧面有色斑，下部叶斑灰白色，上部叶斑为紫色，叶背紫红色。

应用 盆栽适合卧室、客厅等摆放观赏，也是庭院绿化的优良材料；园林中常植于路边、山石边观赏。

别名：三角槭
科属：槭树科槭树属

学名| *Acer buergerianum*

三角枫

- 原产地：我国山东、河南、江苏、浙江、安徽、江西、湖北、湖南、贵州及广东；日本也有。
- 繁　殖：播种。
- 花果期：花期4月，果期8月。
- 日　照：全日照。
- 温　度：生长适温15℃~26℃。
- 土　壤：喜疏松、排水良好的壤土。
- 水　分：喜湿润。

形态特征 落叶乔木，株高5~10米，稀达20米。叶纸质，基部近圆形或楔形，通常三浅裂，稀全缘，裂片边缘通常全缘，稀具少数锯齿。花多数常成伞房花序，花瓣淡黄色。翅果黄褐色。

应用 叶型美观，春季翠绿，秋季转红，为优良的观叶树种。可用于制作盆景装饰居室或用作庭院树种；材质优良，可用于制造农具。

学名| *Acer palmatum 'Atropureum'*

红枫

科属：槭树科槭树属

- 原产地：栽培种。
- 繁　殖：嫁接。
- 花果期：花期5月，果期9月。
- 日　照：全日照。
- 温　度：生长适温15℃~26℃。
- 土　壤：喜疏松、排水良好的壤土。
- 水　分：喜湿润。

形态特征 落叶小乔木。叶对生，叶纸质，外貌近圆形，基部心形或近心形，5~9片掌状分裂，通常7裂，叶深紫红色。伞房花序，翅果。

应用 叶色美观，终年呈紫红色，为常见的彩叶树种。可盆栽用于门廊及庭院绿化；园林中常用作风景区。

学名| *Acer palmatum var. dissectum*

细叶鸡爪槭

别名：羽毛枫、羽毛槭、塔枫
科属：槭树科槭树属

- 原产地：栽培种。
- 繁　殖：播种、嫁接。
- 花果期：花期5月，果期9月。
- 日　照：全日照。
- 温　度：生长适温15℃~28℃。
- 土　壤：不择土壤，喜疏松、排水良好的壤土。
- 水　分：喜湿润。

形态特征 落叶小乔木。叶对生，纸质，叶掌状深裂达基部，裂片又羽状深裂，具细尖齿，绿色。伞房花序，花紫色，杂性。翅果嫩时紫红色，成熟时淡棕黄色；小坚果球形。

应用 叶型美观，适合公园、绿地、风景区植于路边、山石边、墙垣边及水岸边栽培观赏。

学名| *Acer tutcheri*

岭南槭

别名：岭南槭树
科属：槭树科槭树属

- 原产地：我国、江西、湖南、福建、广东、广西。
- 繁　殖：播种。
- 花果期：花期4月，果期9月。
- 日　照：全日照。
- 温　度：生长适温16℃~30℃。
- 土　壤：喜疏松、排水良好的壤土。
- 水　分：喜湿润。

形态特征 落叶乔木，株高5~10米。叶纸质，基部圆形或近于截形，外貌阔卵形，常三裂，稀五裂，裂片三角状卵形，稀卵状长圆形，先端锐尖，稀尾状锐尖，边缘具锐尖锯齿，稀近基部全缘。花杂性。翅果。

应用 我国特有树种，叶型美观，新叶淡红色，有较高的观赏价值。适合公园、绿地等作风景树种。

学名| *Acer truncatum*

元宝槭

别名：平基槭、元宝树
科属：槭树科槭树属

- 原产地：我国吉林、辽宁、内蒙古、河北、山西、山东、江苏、河南、陕西及甘肃。
- 繁　殖：播种。
- 花果期：花期4~5月；果期8~10月。
- 日　照：全日照。
- 温　度：生长适温16℃~26℃。
- 土　壤：不择土壤，以疏松、肥沃的壤土为佳。
- 水　分：喜湿润。

形态特征 落叶乔木，高8~12米。裂片三角形，先端渐尖，有时裂片上半部又侧生2小裂片，叶基部截形或近心形。花杂性同株，常6~10花组成顶生的伞房花序，花瓣黄色或白色。翅果。

应用 可用作庭院树种；木材坚韧细致，可用于车辆、器具，可供建筑用等；种子可榨油，供食用及工业用；树皮纤维可造纸及代用棉。

学名| *Acer elegantulum*

秀丽槭

别名：紫红鸡爪槭
科属：槭树科槭树属

叶片特征
落叶
小乔木

- 原产地：我国浙江、安徽及江西。
- 繁　殖：播种。
- 花果期：花期4～5月，果期10月。
- 日　照：全日照。
- 温　度：生长适温18～28℃。
- 土　壤：喜疏松、排水良好的壤土。
- 水　分：喜湿润。

形态特征 落叶乔木，株高9～15米。叶片薄纸质或纸质，基部深心形或近心形，5裂，中央裂片与侧裂片卵形或三角状卵形，有时长圆状卵形，先端短急锐尖，基部的裂片较小，边缘具低平锯齿。圆锥状花序顶生，花杂性，萼片红紫色，花瓣淡红色。翅果。

应用 叶型美观，青翠宜人，入秋叶色红艳，果实累累，观赏性极佳，适合公园、绿地、风景区植于路边、庭院等栽培观赏。可用于红枫、羽毛枫的砧木。

科属：槭树科槭树属

学名| *Acer negundo 'Vureomarginatum'*

金边岑叶槭

叶片特征
羽状复叶，卵形或椭圆状披针形

- 原产地：栽培种。
- 繁　殖：播种、嫁接。
- 花果期：花期春季，果期秋季。
- 日　照：全日照或半日照。
- 温　度：生长适温16℃~28℃。
- 土　壤：喜疏松、肥沃的壤土。
- 水　分：喜湿润。

形态特征 落叶乔木。羽状复叶，具3~7枚小叶，纸质，卵形或椭圆状披针形，先端渐尖，基部纯形或阔楔形，边缘常具粗锯齿，稀全缘，亮绿色，边缘金黄色，后变为白色。雄花序聚伞状，雌花序总状。坚果。

应用 叶型优美，为优良的观叶树种，适合公园、绿地、庭院栽培观赏。

别名：青枫、雅枫
科属：槭树科槭树属

学名| *Acer palmatum*

鸡爪槭

- 原产地：我国山东、河南、江苏、浙江、安徽、江西、湖北、湖南、贵州；朝鲜及日本也有。
- 繁　殖：播种、嫁接。
- 花果期：花期5月，果期9月。
- 日　照：全日照。
- 温　度：生长适温15℃~26℃。
- 土　壤：不择土壤，喜疏松、排水良好的壤土。
- 水　分：喜湿润。

形态特征 落叶小乔木。叶对生，叶纸质，外貌近圆形，基部心形或近心形，5~9掌状分裂，通常7裂，裂片长圆卵形或披针形，先端锐尖或长锐尖，边缘具紧贴的尖锐锯齿。伞房花序，花紫色，杂性。翅果嫩时紫红色，成熟时淡棕黄色；小坚果球形。

应用 叶型美观，入秋叶色红艳，为我国著名的树种之一。可制作盆景用于居室美化；园林中常用作风景树；枝叶入药，具有行气止痛，解毒消痈的功效。

学名| *Alternanthera dentata 'Rubiginosa'*

大叶红草

别名：红苋草、红龙草
科属：苋科莲子草属

- 原产地：栽培种。
- 繁　殖：分株或扦插。
- 花果期：花果期冬季。
- 日　照：全日照或半日照。
- 温　度：生长适温20℃~28℃。
- 土　壤：不择土壤。
- 水　分：喜湿润，较耐旱。

形态特征　多年生草本，株高30~50厘米。嫩茎四棱形，老茎圆柱形，嫩枝及嫩叶具柔毛。叶对生，长椭圆形，先端渐尖，基部楔形，紫红色。头状花序。

应用　习性强健，叶色美观。盆栽用于阳台、书房、窗台等处摆放观赏；园林中常用于花境、路边栽培观赏。

学名| *Alternanthera ficoidea 'White carpet'*

五色苋

别名：法国苋
科属：苋科莲子草属

- 原产地：栽培种。
- 繁　殖：分株或扦插。
- 花果期：花果期几乎全年。
- 日　照：全日照或半日照。
- 温　度：生长适温20℃~30℃。
- 土　壤：不择土壤。
- 水　分：喜湿润，较耐旱。

形态特征　多年生常绿草本，匍匐生长，株高5~15厘米。叶对生，匙形，边缘卷曲，具白色斑纹。花小，生于腋，黄白色。

应用　盆栽可用于案头、书桌等处摆放观赏，也可植于庭院的路边、水岸边观赏；园林中常用做地被植物。

学名| *Alternanthera paronychioides*

绿苋草

别名：绿草
科属：苋科莲子草属

- 原产地：中南美洲。
- 繁　殖：分株或扦插。
- 花果期：花期夏秋。
- 日　照：全日照或半日照。
- 温　度：生长适温20℃~28℃。
- 土　壤：不择土壤。
- 水　分：喜湿润。

形态特征 多年生草本植物，株高约10厘米。叶对生，叶匙状长披针形，稍卷曲，叶色随季节变化，呈黄色、乳白色或淡黄色等。

应用 习性强健，叶色美观，适合公园、绿地等路边、山石边栽培观赏，也适合作地被植物及用作镶嵌材料。

学名| *Alternanthera paronychioides* ‘*Picta*’

红苋草

别名：红草
科属：苋科莲子草属

- 原产地：栽培种。
- 繁　殖：分株、扦插。
- 花果期：花期夏秋。
- 日　照：全日照或半日照。
- 温　度：生长适温20℃~28℃。
- 土　壤：不择土壤。
- 水　分：喜湿润。

形态特征 多年生草本植物，株高约10厘米。叶对生，叶匙状长披针形，稍卷曲，叶色随季节变化，呈绯红色或褐红色。

应用 习性强健，叶色美观，适合公园、绿地等路边、山石边栽培观赏，也适合作地被植物及用作镶嵌材料。

学名| *Amaranthus tricolor*

苋

别名：雁来红、老少年
科属：苋科苋属

- 原产地：热带和亚热带地区。
- 繁　殖：播种。
- 花果期：花期5~8月，果期7~9月。
- 日　照：全日照。
- 温　度：生长适温20℃~32℃。
- 土　壤：喜疏松、肥沃的壤土。
- 水　分：喜湿润。

形态特征 一年生草本，株高80~150厘米。叶对生，有柄，叶片长圆形、阔卵形、长椭圆状披针形或狭披针形，绿色、红色，或绿色杂以红色或具有各种彩色斑纹，先端尖，基部狭，全缘或波状。花腋生，成下垂的穗状花序。胞果卵圆形，种子黑褐色。

应用 叶色多变，极为美丽。盆栽可用于阳台、窗台或庭院的路边、墙垣边栽培观赏；园林中常植于路边、山石边或作花境材料；茎叶可食用，根、果实及全草入药，有明目，利大小便，祛寒热的功效。

学名| *Crinum asiaticum* 'Silver-tripe'

银边文殊兰

别名：白线文殊兰
科属：石蒜科文殊兰属

- 原产地：栽培种。
- 繁　殖：分株。
- 花果期：花期夏季。
- 日　照：全日照或半日照。
- 温　度：生长适温22℃~28℃。
- 土　壤：喜疏松、肥沃的壤土。
- 水　分：喜湿润。

形态特征 多年生草本植物。鳞茎长柱状，基部膨大呈球形，叶多列，带状披针形，长可达1米，顶端渐尖，叶缘波状，叶片具白色纵纹。花葶直立，几与叶等长，伞形花序，有花10~24朵。花高脚碟状，花被裂片线形，白色。

应用 盆栽可用于装饰阳台、天台及卧室、客厅等处，或植于庭院的墙垣边及路边欣赏；园林中常群植于路边、水岸边观赏。

别名：银边蜘蛛兰
科属：石蒜科水鬼蕉属

学名| *Hymenocallis americana 'Variegata'*

银边水鬼蕉

- **原产地：** 栽培种。
- **繁　殖：** 分球。
- **花果期：** 花期夏末秋初。
- **日　照：** 全日照或半日照。
- **温　度：** 生长适温22℃～28℃。
- **土　壤：** 喜疏松、肥沃的壤土。
- **水　分：** 喜湿润。

形态特征 多年生球茎草本植物，叶10～12枚，剑形，顶端急尖，基部渐狭，深绿色，边缘白色。花茎扁平，佛焰苞状总苞片的基部极阔。花茎顶生，白色。

应用 株型美观，叶色雅致。盆栽适合卧室、客厅或阳台摆放观赏，或植于庭院稍荫蔽的路边、墙边观赏。

学名| *Curculigo orchioides*

仙茅

别名：地棕、海南参
科属：石蒜科仙茅属

- 原产地：我国浙江、江西、福建、台湾、湖南、广东、广西、四川、云南及贵州；东南亚及日本也有。
- 繁　殖：分株。
- 花果期：花果期4~9月。
- 日　照：半日照。
- 温　度：生长适温20℃~30℃。
- 土　壤：喜疏松、排水良好的壤土。
- 水　分：喜湿润。

形态特征 根状茎近圆柱状。叶线形、线状披针形或披针形，大小变化较大，顶端长渐尖，基部渐狭成短柄或近无柄。花茎短，大部分藏于鞘状叶柄基部之内，总状花序呈伞房状，花黄色。浆果。

应用 盆栽可用于客厅、阳台栽培观赏；园林中可植于蔽荫的林下、路边欣赏；根状茎入药，益精补髓。

学名| *Curculigo capitulata*

大叶仙茅

别名：野棕、船仔草
科属：石蒜科仙茅属

- 原产地：我国福建、台湾、广东、海南、广西、四川、贵州、云南、西藏；东南亚等地也有。
- 繁　殖：分株。
- 花果期：花期夏季。
- 日　照：半日照。
- 温　度：生长适温20℃~30℃。
- 土　壤：不择土壤，以疏松、排水良好的壤土为佳。
- 水　分：喜湿润。

形态特征 多年生常绿草本植物。高约1米，具块状根茎。叶基生，长披针形，先端长尖，具中空的长叶柄。花梗腋生，小花黄色，聚生成头状花序。浆果近球形，白色。

应用 习性强健，叶大秀美。盆栽可用于客厅、卧室或书房一隅摆放观赏；园林中可用于林缘、水岸边栽培。

别名：垂枝暗罗、
垂枝长叶暗罗
科属：番荔枝科暗罗属

学名 *Polyalthia longifolia*

印度塔树

叶片特征
叶狭披针形

- 原产地：印度、斯里兰卡、巴基斯坦。
- 繁　殖：播种。
- 花果期：花期3~5月，果期秋至冬。
- 日　照：全日照。
- 温　度：生长适温22℃~32℃。
- 土　壤：喜疏松、肥沃的沙质壤土。
- 水　分：喜湿润。

形态特征 多年生常绿乔木，株高可达8米，枝叶下垂。叶互生，狭披针形，叶缘具波状，先端渐尖，基部楔形，花黄绿色，具清香。

应用 可用于庭院美化栽培；在印度常用作佛教用树，为神圣的宗教树种。

学名| *Vinca major*

蔓长春花

别名：攀缠长春花
科属：夹竹桃科蔓长春花属

- 原产地：欧洲。
- 繁　殖：扦插。
- 花果期：花期4~5月。
- 日　照：全光照或半日照。
- 温　度：生长适温20℃~25℃。
- 土　壤：喜肥沃、湿润的中性至微酸性土壤。
- 水　分：喜湿润。

形态特征 常绿蔓性半灌木。矮生、匍匐生长，长达2米以上。叶椭圆形，全缘对生，有叶柄，亮绿色，有光泽，叶缘乳黄色。小花蓝色。

应用 叶色光亮，花色雅致。盆栽可用于阳台、窗台或书房等处装饰，也适合庭院的路边、山石边绿化。园林中常做地被植物栽培。

学名| *Alstonia scholaris*

盆架子

别名：盆架树、面条树
科属：夹竹桃科鸡骨常山属

- 原产地：我国广西及云南；东南亚及澳大利亚等地也有。
- 繁　殖：播种、扦插。
- 花果期：花期4~7月，果期8~11月。
- 日　照：全日照。
- 温　度：生长适温23℃~30℃。
- 土　壤：不择土壤，喜肥沃、排水良好的土壤。
- 水　分：喜湿润。

形态特征 常绿乔木，株高可达20米。叶3~8片轮生，倒卵状长圆形、倒披针形或匙形，稀椭圆形或长圆形，顶端圆形，钝或微凹，稀急尖或渐尖，基部楔形。花白色，多朵组成稠密的聚伞花序，顶生，花冠高脚碟状。

应用 为优良的观叶植物。常用于公园、绿地等地孤植或群植，也可作庭荫树种；根、树皮、叶药用；乳汁可用于制作口香糖原料。

学名| *Cerbera manghas*

海芒果

别名：黄金茄、牛心荔
科属：夹竹桃科海芒果属

- 原产地：我国广东、海南、广西及台湾；亚洲及澳大利亚热带地区也有。
- 繁　殖：播种、扦插。
- 花果期：花期3~10月，果期7月至翌年4月。
- 日　照：全日照。
- 温　度：生长适温22℃~32℃。
- 土　壤：喜疏松、肥沃、排水良好的沙质壤土。
- 水　分：喜湿润。

形态特征 多年生乔木，高4~8米。全株具有丰富乳汁。叶厚纸质，倒卵状长圆形或倒卵状披针形。花白色，芳香。花冠圆筒形。核果双生或单个。

应用 可做大型盆栽用于门廊或庭院绿化；果皮有剧毒，误食可致死；皮、叶、乳汁入药，具有催吐、下泻、堕胎的功效。

学名| *Trachelospermum asiaticum 'Tricolor'*

别名：初雪葛、斑叶络石
科属：夹竹桃科络石属

花叶络石

- 原产地：栽培种。
- 繁　殖：扦插。
- 花果期：花期5月。
- 日　照：全日照。
- 温　度：生长适温16℃~26℃。
- 土　壤：喜疏松、肥沃的壤土。
- 水　分：喜湿润。

形态特征 常绿木质藤本。叶革质，椭圆形至卵状椭圆形或宽倒卵形，老叶绿色或淡绿色，新叶粉红色，在新叶及老叶之间有白色叶片或数对斑叶。

应用 叶色斑斓，极为美观，为近年来引进的新优观叶树种。盆栽适合阳台、窗台、卧室及客厅装饰；园林中常用于路边、山石边或作地被植物。

学名| *Vinca major 'Variegata'*

别名：花叶攀缠长春花
科属：夹竹桃科蔓长春花属

花叶蔓长春

叶片特征
叶的边缘白色

- 原产地：栽培种。
- 繁　殖：扦插、压条、分株。
- 花果期：花期3~6月。
- 日　照：半日照。
- 温　度：生长适温20℃~28℃。
- 土　壤：喜疏松、肥沃的壤土。
- 水　分：喜湿润。

形态特征 蔓性常绿半灌木，蔓长50~80厘米。叶椭圆形，先端急尖，基部下延，叶的边缘白色，有黄白色斑点。花单朵腋生，花萼裂片狭披针形，花冠蓝色，冠筒漏斗状。蓇葖果。

应用 叶色光亮，具色斑，观赏性极佳。盆栽或悬挂栽培用于阳台、客厅、书房或卧室内装饰或用于庭院绿化；园林中常用于地被植物栽培。

别名：石菖蒲、随手香、钱蒲
科属：天南星科菖蒲属

学名| *Acorus gramineus*

金钱蒲

- **原产地**：我国浙江、江西、湖北、湖南、广东、广西、陕西、甘肃、四川、贵州、云南及西藏。
- **繁　殖**：分株。
- **花果期**：花期5~6月，果期7~8月。
- **日　照**：全日照或半日照。
- **温　度**：生长适温16℃~28℃。
- **土　壤**：喜疏松的壤土。
- **水　分**：喜湿润。

形态特征 多年生草本，株高20~30厘米，根茎上部多分枝，呈丛生状。叶基对折，叶片质厚，线形，绿色，极狭，先端长渐尖。花为肉穗花序，黄绿色。

应用 叶色秀美，盆栽可置于阳台、窗台或案头观赏；园林中可用于河岸湿地边栽培观赏。

学名| *Acorus gramineus* 'Variegata'

科属：天南星科菖蒲属

斑叶金钱蒲

- 原产地：栽培种。
- 繁　殖：分株。
- 花果期：花期5~6月，果期7~8月。
- 日　照：全日照或半日照。
- 温　度：生长适温16℃~28℃。
- 土　壤：喜疏松的壤土。
- 水　分：喜湿。

形态特征 多年生草本，株高20~30厘米，根茎上部多分枝，呈丛生状。叶基对折，叶片质厚，线形，叶边缘具黄色纵纹，先端长渐尖。花为肉穗花序，黄绿色。

应用 叶型优美，具黄色纵纹，极为美丽，观赏性佳。盆栽可置于阳台、窗台或案头观赏；适合河岸湿地边栽培观赏。

学名| *Aglaonema commulatum* 'SanRemo'

科属：天南星科广东万年青属

斜纹粗肋草

- 原产地：栽培种。
- 繁　殖：扦插、分株。
- 花果期：花期春季。
- 日　照：半日照。
- 温　度：生长适温20℃~28℃。
- 土　壤：喜疏松、肥沃的壤土。
- 水　分：喜湿润。

形态特征 多年生常绿草本，株高30~50厘米。叶长椭圆形，先端渐尖，基部楔形，叶面具沿侧脉方向分布的灰白色条斑。肉穗花序，浆果。

应用 盆栽适合客厅、卧室、书房等处摆放观赏；园林中可用于蔽荫的林缘、路边及山石边绿化。

学名/ *Aglaonema commulatum* *'Silvcr Queen'*

银皇后

别名：银后粗肋草、
银后亮丝草
科属：天南星科广东万年青属

- 原产地：栽培种。
- 繁　殖：扦插、分株。
- 花果期：花期春季。
- 日　照：半日照。
- 温　度：生长适温20℃~28℃。
- 土　壤：喜疏松、肥沃的壤土。
- 水　分：喜湿润。

形态特征 多年生常绿草本，株高30~50厘米。叶长椭圆形，先端渐尖，基部楔形，叶面具灰白色色块。肉穗花序，浆果。

应用 株型美观，叶色淡雅，观赏性佳，为常见的盆栽观叶植物，适合客厅、卧室、书房等处装饰。

学名/ *Aglaonema commutatum* *'White Rajah'*

白柄粗肋草

别名：白雪公主
科属：天南星科广东万年青属

- 原产地：栽培种。
- 繁　殖：扦插、分株。
- 花果期：花期春季。
- 日　照：半日照。
- 温　度：生长适温20℃~28℃。
- 土　壤：喜疏松、肥沃的壤土。
- 水　分：喜湿润。

形态特征 多年生常绿草本，株高30~50厘米，叶柄白色。叶长椭圆形，先端渐尖，基部楔形，叶面具白色斑纹。肉穗花序，浆果。

应用 叶色美观，叶柄洁白，观赏性极佳，为著名的盆栽观叶植物。常用于客厅、卧室及书房摆放观赏。

学名| *Aglaonema costatum*

自肋万年青

别名：白肋亮丝草
科属：天南星科广东万年青属

- 原产地：马来西亚。
- 繁　殖：分株、扦插。
- 花果期：花期春季。
- 日　照：半日照。
- 温　度：生长适温20℃~28℃。
- 土　壤：喜疏松、肥沃的壤土。
- 水　分：喜湿润。

形态特征 多年生常绿草本，株高30~50厘米。叶长椭圆形，先端渐尖，基部楔形，叶面绿色，中肋白色。肉穗花序，浆果。

应用 株型美观，叶色淡雅，观赏性佳，为常见的盆栽观叶植物，可用于客厅、卧室摆放观赏。

学名| *Aglaonema costatum 'Foxii'*

白宽肋斑点粗肋草

科属：天南星科广东　万年青属

- 原产地：栽培种。
- 繁　殖：分株、扦插。
- 花果期：花期春季。
- 日　照：半日照。
- 温　度：生长适温20℃~28℃。
- 土　壤：喜疏松、肥沃的壤土。
- 水　分：喜湿润。

形态特征 多年生常绿草本，株高30~50厘米。叶长椭圆形，先端渐尖，基部楔形，叶面绿色，中肋白色，叶面具白色斑点。肉穗花序，浆果。

应用 叶色秀雅，观赏性佳，为优良的观叶植物。盆栽适合客厅、卧室及案头摆放观赏。

科属：天南星科广东万年青属

学名 *Aglaonema 'Pattaya Beauty'*

雅丽皇后

- 原产地：栽培种。
- 繁 殖：分株、扦插。
- 花果期：花期春季。
- 日 照：半日照。
- 温 度：生长适温20℃~28℃。
- 土 壤：喜疏松、肥沃的壤土。
- 水 分：喜湿润。

形态特征 多年生常绿草本，株高30~50厘米。叶长椭圆形，先端渐尖，基部楔形，叶面绿色，沿中肋分布有灰白色斑块。肉穗花序，浆果。

应用 叶色秀雅，观赏性佳，为近年来引进的新优观叶植物。盆栽适合客厅、卧室、书房及案头摆放观赏。

别名：粗肋草、亮丝草
科属：天南星科广东万年青属

学名 *Aglaonema modestum*

广东万年青

- 原产地：我国广东；越南及菲律宾。
- 繁 殖：扦插或分株。
- 花果期：花期夏末秋初。
- 日 照：全日照或半日照。
- 温 度：生长适温20℃~28℃。
- 土 壤：不择土壤。
- 水 分：喜湿润。

形态特征 多年生常绿草本。株高40~70厘米。茎直立不分枝，节间明显。叶互生，卵状披针形或长椭圆形，深绿色，有光泽。叶柄长，基部成鞘状。佛焰苞淡绿色。

应用 盆栽可用于点缀客厅、卧室及书房等处；园林中常用于水岸边、山石边或路边栽培。

学名| *Alocasia amazonica*

观音莲

别名：美叶芋、黑叶观音莲
科属：天南星科海芋属

- 原产地：亚洲热带。
- 繁　殖：分株或分球。
- 花果期：花期初夏。
- 日　照：半日照。
- 温　度：生长适温22℃~28℃。
- 土　壤：喜疏松、肥沃的壤土。
- 水　分：喜湿润。

形态特征 多年生常绿草本。叶箭形盾状，先端尖，叶缘具齿状缺刻，叶面墨绿色，叶脉银白色，叶背紫褐色。花序肉穗状，佛焰苞白色。

应用 为著名的盆栽植物。适合客厅、卧室、餐厅、书房等处装饰。

学名| *Alocasia cucullata*

尖尾芋

别名：老虎芋、姑婆芋
科属：天南星科海芋属

- 原产地：我国华南、长江流域；东南亚也有。
- 繁　殖：分株、分球。
- 花果期：花期5月。
- 日　照：半日照。
- 温　度：生长适温22℃~28℃。
- 土　壤：喜疏松壤土。
- 水　分：喜湿。

形态特征 多年生草本。叶片膜质至亚革质，深绿色，背稍淡，宽卵状心形，先端骤狭具凸尖，基部圆形。花常单生，佛焰苞近肉质，淡绿至深绿色，肉穗花序。浆果。

应用 盆栽可用于阳台、客厅等处装饰，也适合庭院的水景近水处栽培观赏；全株入药，具有清热解毒，消肿镇痛的功效。

学名| *Alocasia macrorrhiza*

海芋

别名：滴水观音、广东狼毒
科属：天南星科海芋属

- **原产地**：我国华南和西南地区。
- **繁　殖**：分株、播种、扦插。
- **花果期**：全年。
- **日　照**：全日照或半日照。
- **温　度**：生长适温18℃~28℃。
- **土　壤**：不择土壤。
- **水　分**：喜湿润。

形态特征 常绿草本植物，具匍匐根茎。叶多数，螺旋状排列，叶片亚革质，草绿色，箭状卵形，边缘波状。花序圆柱形，佛焰苞管部绿色，花黄绿色、绿白色，肉穗花序芳香。浆果红色，卵形。

应用 叶大美观，习性强健，为我国著名的观叶植物。室内常用于卧室、客厅等装饰，小盆栽也适合案头摆放观赏；根茎入药，具有清热解毒、散结消火的功效；芋茎、叶有毒，误食严重可致死，汁液入眼可引起失明。

学名| *Anthurium pedatoradiatum ssp. pedatoradiatum*

掌裂花烛

别名：趾叶花烛
科属：天南星科花烛属

- **原产地**：美洲热带。
- **繁　殖**：分株、扦插。
- **花果期**：花期秋季。
- **日　照**：半日照。
- **温　度**：生长适温22℃~30℃。
- **土　壤**：不择土壤。
- **水　分**：喜湿润。

形态特征 多年生常绿草本，株高约40~60厘米。叶外形为心形或阔卵形，常裂，裂片先端尖，叶基心形。

应用 习性强健，叶型美观。盆栽可用于厅堂摆放观赏；园林中可植于荫蔽的林下、路边、水岸边等处观赏。

学名| *Anthurium 'Jungle King'*

观叶花烛

别名：密林王花烛
科属：天南星科花烛属

- 原产地：栽培种。
- 繁　殖：分株、扦插。
- 花果期：花期春季。
- 日　照：全日照。
- 温　度：生长适温20℃~30℃。
- 土　壤：不择土壤。
- 水　分：喜湿润。

形态特征 多年生常绿草本，叶基生，革质，大型，绿色，长椭圆形，先端渐尖，基部楔形，全缘。下部具气生根。

应用 叶大秀丽，株型美观。盆栽适合办公室、客厅、卧室装饰；园林中可孤植、群植于荫蔽的草地中、路边或林下观赏。

学名| *Anthurium crystallinum*

水晶花烛

科属：天南星科花烛属

- 原产地：秘鲁、哥伦比亚。
- 繁　殖：扦插。
- 花果期：花期春夏。
- 日　照：半日照。
- 温　度：生长适温20℃~28℃。
- 土　壤：喜疏松、肥沃的壤土。
- 水　分：喜湿润。

形态特征 多年生常绿草本，株高40~60厘米。叶心形或阔卵形，先端尖，基部凹入，叶色浓绿，叶脉白色。

应用 盆栽用于阳台、窗台、卧室、书房或客厅等处摆放观赏；园林中可植于荫蔽的水岸边欣赏。

学名 *Caladium bicolor*

花叶芋

别名：彩叶芋、两色芋
科属：天南星科五彩芋属

- 原产地：西印度群岛及巴西。
- 繁　殖：分株或分球。
- 花果期：花期春季。
- 日　照：半日照。
- 温　度：生长适温22℃~30℃。
- 土　壤：喜疏松、排水良好的沙质壤土。
- 水　分：喜湿润。

形态特征 多年生常绿草本，株高30~50厘米。基生叶，心形或箭形，绿色，具白色或红色斑点。佛焰苞白色，肉穗花序黄至橙黄色。

应用 叶色多变，品种繁多，极为美丽，为不可多得的观叶植物。常盆栽用于卧室、客厅、餐厅等案几上摆放观赏。

学名 *Colocasia tonoimo*

紫芋

别名：芋头花、广菜、东南菜
科属：天南星科芋属

- 原产地：我国江南各省。
- 繁　殖：分株或分切地下块茎栽培。
- 花果期：花期6~10月。
- 日　照：半日照。
- 温　度：生长适温22℃~30℃。
- 土　壤：不择土壤。
- 水　分：喜湿。

形态特征 多年生球茎植物，球茎粗厚。叶片1~5枚，由球茎顶部抽出。叶片盾状，卵形或箭形，深绿色，基部具弯缺，侧脉粗壮，边缘波形。花序由叶腋抽出，可抽生3~8枝。佛焰苞黄色。

应用 叶大，叶柄紫色，极为奇特，为优良的观叶植物。盆栽用于阳台、客厅及天台绿化；园林中可植于水岸边观赏。

学名| *Dieffenbachia amoena 'Camilla'*

黛粉叶

别名：白玉黛粉叶
科属：天南星科花叶万年青属

- 原产地：栽培种。
- 繁　殖：分株或扦插。
- 花果期：花期4~6月。
- 日　照：全日照或半日照。
- 温　度：生长适温20℃~28℃。
- 土　壤：喜疏松、肥沃的沙质壤土。
- 水　分：喜湿润。

形态特征 多年生常绿草本，株高约50厘米。茎直立，节间较短，叶长椭圆形，先端渐尖，基部楔形，叶中心为大块黄白色斑块，边缘绿色。

应用 叶大，黄白色块斑极为显著，为优良的观叶植物。盆栽适合卧室、客厅、餐厅等装饰。

学名| *Dieffenbachia picta*

花叶万年青

别名：细斑粗肋草、银斑万年青
科属：天南星科花叶万年青属

- 原产地：南美。
- 繁　殖：分株或扦插。
- 花果期：花期4~6月。
- 日　照：半日照。
- 温　度：生长适温20℃~28℃。
- 土　壤：不择土壤。
- 水　分：喜湿润。

形态特征 多年生常绿草本，株高可达1米。叶大，集生茎端部，长椭圆形，全缘，叶面深绿色，具白色或淡黄色不规则的斑块。佛焰苞卵圆形，绿色，肉穗花序圆柱形。

应用 叶大秀美。盆栽用于布置客厅、书房、卧室等处；汁液有毒，操作时不要使汁液接触皮肤，不可误入口中。

别名：麒麟叶、上树龙、百足藤
科属：天南星科麒麟叶属

学名| *Epipremnum pinnatum*

麒麟尾

- 原产地：我国台湾、广东、广西及云南。
- 繁　殖：扦插。
- 花果期：花期4~5月。
- 日　照：全日照或半日照。
- 温　度：生长适温20℃~28℃。
- 土　壤：不择土壤。
- 水　分：喜湿润。

形态特征 常绿藤本植物，蔓长可达10米以上，多分枝。叶薄革质，幼叶狭披针形或披针状长圆形，基部浅心形，成熟叶长圆形，基部宽心形，两侧不等羽状深裂，裂片线形，基部和顶端等宽或略狭。花序柄圆柱形，佛焰苞外面绿色，内面黄色，肉穗花序。种子肾形。

应用 盆栽用于客厅、卧室等处欣赏；园林中常用于山石及树干的绿化；茎叶入药，具有消肿止痛的功效。

别名：平丝草
科属：天南星科千年健属

学名| *Homalomena occulta*

千年健

- 原产地：我国广东；越南、泰国也有。
- 繁　殖：分株。
- 花果期：花期7~9月。
- 日　照：全日照或半日照。
- 温　度：生长适温20℃~28℃。
- 土　壤：不择土壤。
- 水　分：喜湿润。

形态特征 多年生草本。叶片膜质至纸质，箭状心形或心形，先端骤狭渐尖，基部心形。花序柄较叶柄短，佛焰苞绿白色，盛花时上部略展开呈短舟状，肉穗花序。浆果。

应用 盆栽用于客厅、卧室美化环境；园林中可用于林下、路边等处栽培观赏；根茎入药，用于跌打损伤、骨折、风湿、胃痛等治疗。

学名| *Lasia spinosa*

刺芋

别名：刺过江、旱茨菇、簕芋
科属：天南星科刺芋属

- 原产地：我国云南、广西、广东及台湾；东南亚各地均有。
- 繁　殖：分株。
- 花果期：花期9月，果期翌年2月。
- 日　照：全日照。
- 温　度：生长适温18℃~28℃。
- 土　壤：喜疏松、肥沃的壤土。
- 水　分：喜湿。

形态特征 多年生有刺常绿草本，高可达1米。叶片形状多变，幼株戟形，成株过渡为鸟足至羽状深裂。肉穗花序圆柱形，黄绿色。叶柄及花柄有刺。

应用 适合庭院、公园、绿地的水体绿化，幼苗供食用；根茎入药，具有消炎止痛，消食健胃的功效。

学名| *Monstera adansonii*

小龟背竹

科属：天南星科龟背竹属

- 原产地：墨西哥。
- 繁　殖：扦插、播种。
- 花果期：花期春季，果期秋冬。
- 日　照：半日照。
- 温　度：生长适温20℃~28℃。
- 土　壤：喜土质以肥沃、排水良好的沙质壤土。
- 水　分：喜湿润。

形态特征 多年生草本，株高约20厘米，叶全缘或羽状裂叶，叶中有不规则的孔洞，叶面光亮，绿色。肉穗花序，浆果。

应用 株型小巧，叶片奇特。盆栽可用于卧室、书房、客厅及阳台等处绿化。

学名| *Monstera deliciosa*

龟背竹

别名：蓬莱蕉、电线兰、电线莲
科属：天南星科龟背竹属

- 原产地：墨西哥和中美洲。
- 繁　殖：扦插。
- 花果期：花期8~9月，果实于翌年花期后成熟。
- 日　照：半日照。
- 温　度：生长适温20℃~28℃。
- 土　壤：喜土质以肥沃、排水良好的沙质壤土。
- 水　分：喜湿润。

形态特征 多年生常绿蔓性藤本。叶大型，厚革质，叶心形或歪斜长卵形，全缘或羽状深裂，叶片上有不规则的孔洞，表面发亮，淡绿色，背面绿白色。肉穗花序，淡黄色。浆果。

应用 叶奇特，具光泽。盆栽可置于客厅、阳台或卧室栽培欣赏；园林中可植于山石旁任其攀爬。花序可食，常具麻味。

学名| *Monstera deliciosa 'Albo Variegata'*

白斑叶龟背竹

科属：天南星科龟背竹属

- 原产地：栽培种。
- 繁　殖：扦插、播种。
- 花果期：花期春季，果期秋冬。
- 日　照：半日照。
- 温　度：生长适温20℃~28℃。
- 土　壤：喜土质以肥沃、排水良好的沙质壤土。
- 水　分：喜湿润。

形态特征 多年生草本，株高约20厘米，叶全缘或羽状裂叶，叶中有不规则的孔洞，叶面光亮，具白色条斑。肉穗花序。浆果。

应用 叶片奇特，比原种观赏性更佳。盆栽可用于卧室、书房、客厅等处绿化，或用于庭院的山石处栽培。

学名| *Monstera obliqua var. expilata*

仙洞万年青

别名：窗孔龟背竹、迷你龟背竹
科属：天南星科龟背竹属

- 原产地：哥斯达黎加。
- 繁　殖：扦插或播种。
- 花果期：花期春季，果期秋冬。
- 日　照：半日照。
- 温　度：生长适温20℃~28℃。
- 土　壤：喜土质肥沃、排水透气性能良好的土壤。
- 水　分：喜湿润。

形态特征 多年生蔓性草本。茎基部多节，多有分枝，叶片鲜绿，纸质，卵状椭圆形，叶片上有数量不等的穿孔。肉穗花序，浆果。

应用 株型小巧，叶型奇特，多盆栽，适合卧室、客厅、书房、阳台及餐厅摆放观赏；切叶可用于插花。

学名| *Philodendron 'Con-go'*

金钻蔓绿绒

科属：天南星科喜林芋属

- 原产地：栽培种。
- 繁　殖：分株。
- 花果期：花期春季。
- 日　照：半日照。
- 温　度：生长适温22℃~28℃。
- 土　壤：喜疏松、肥沃的沙质壤土。
- 水　分：喜湿润。

形态特征 多年生常绿草本，株高约50厘米。叶大，长椭圆形，先端渐尖，基部楔形，具长柄，绿色。

应用 叶色青翠，为近年来流行的观叶植物，大盆适合客厅、卧室摆放观赏，小盆栽可用于案头装饰。

学名| *Philodendron 'Xanadu'*

小天使

别名：佛手蔓绿绒
科属：天南星科喜林芋属

- **原产地**：美洲热带地区。
- **繁　殖**：分株。
- **花果期**：花期春季。
- **日　照**：半日照。
- **温　度**：生长适温20℃~28℃。
- **土　壤**：喜通气良富含腐殖质的壤土。
- **水　分**：喜湿润。

形态特征　多年生常绿草本，株高30～50厘米。叶外缘呈披针形，羽状裂叶，叶缘不规则浅裂至深裂，革质，浓绿色。肉穗花序，浆果。

应用　叶片美观，四季常绿。盆栽可用于装饰客厅、阳台、窗台等处，也适合水培用于案头欣赏；园林中常植于林下或荫蔽的路边。

学名| *Philodendron erubescens 'Green Emerald'*

绿宝石喜林芋

别名：绿帝王
科属：天南星科喜林芋属

- **原产地**：巴西。
- **繁　殖**：分株、扦插。
- **花果期**：花期10~11月。
- **日　照**：半日照。
- **温　度**：生长适温22℃~28℃。
- **土　壤**：喜疏松、肥沃、富含腐殖质的土壤。
- **水　分**：喜湿润。

形态特征　多年生常绿草质藤本，节具气生根，叶片长心形，大型，质稍硬，叶鲜绿，具光泽。叶柄、叶背和新稍为鲜绿色。肉穗花序，浆果。

应用　叶大秀丽。盆栽可用于客厅、卧室装饰或用于庭院的树干、山石等绿化；园林中常植于附石、附树栽培。

学名| *Philodendron erubescens* ‘Red Emerald’

别名：红宝石、红柄蔓绿绒
科属：天南星科喜林芋属

红宝石喜林芋

- 原产地：巴西。
- 繁　殖：分株、扦插。
- 花果期：花果期10~11月。
- 日　照：半日照。
- 温　度：生长适温20℃~28℃。
- 土　壤：喜疏松、肥沃、富含腐殖质的土壤。
- 水　分：喜湿润。

形态特征 多年生常绿草质藤本，节具气生根，叶片长心形，大型，质稍硬，暗绿色，具光泽。叶柄、叶背和新稍部分为暗红色。肉穗花序，浆果。

应用 叶大，色泽美观，极具热带风光。盆栽用于客厅、卧室、书房等美化。园林中常用于墙垣、树干的垂直绿化。

学名| *Philodendron grazielae*

科属：天南星科喜林芋属

团扇蔓绿绒

- 原产地：秘鲁、巴西
- 繁　殖：分株、扦插。
- 花果期：花期5~6月。
- 日　照：半日照。
- 温　度：生长适温20℃~28℃。
- 土　壤：喜疏松、肥沃的沙质壤土。
- 水　分：喜湿润。

形态特征 多年生常绿蔓性草本，叶大，卵圆形，先端尖，基部心形，叶脉明显，叶面绿色。肉穗花序，浆果。

应用 叶大美观，四季常绿，是优良的蔓性观叶植物。多盆栽用于客厅、卧室、阳台及书房等处观赏。

别名：立叶蔓绿绒
科属：天南星科喜林芋属

学名 *Philodendron martianum*

泡泡蔓绿绒

- 原产地：圭亚那、巴西。
- 繁　殖：分株、扦插。
- 花果期：花期春季。
- 日　照：半日照。
- 温　度：生长适温20℃~28℃。
- 土　壤：喜疏松、肥沃、富含腐殖质的壤土。
- 水　分：喜湿润。

形态特征 株型直立，茎短缩，生长缓慢。叶片披针形，叶端渐尖，叶基钝圆，革质，全缘，鲜绿色。肉穗花序，浆果。

应用 叶柄奇特，耐阴性好。盆栽可用于卧室、客厅及阳台栽培欣赏；园林中可用于荫蔽的园路边及水岸边栽培。

别名：圆叶蔓绿绒
科属：天南星科喜林芋属

学名 *Philodendron oxycardium*

心叶蔓绿绒

- 原产地：巴西、牙买加及西印度群岛。
- 繁　殖：扦插。
- 花果期：夏季。
- 日　照：半日照。
- 温　度：生长适温20℃~28℃。
- 土　壤：不择土壤。
- 水　分：喜湿润。

形态特征 多年生常绿蔓性植物，茎具气生根，需攀附他物生长。叶片呈心形，先端渐尖，基部心形。佛焰苞绿色，一般较少开花。肉穗花序，浆果。

应用 具有热带风情。盆栽可用于客厅、卧室、餐厅等处装饰或用于庭院的墙面栽培观赏；园林中适合附于墙垣、树干垂直绿化。

学名| *Philodendron panduriforme*

琴叶树藤

别名：琴叶喜林芋
科属：天南星科喜林芋属

- 原产地：巴西。
- 繁　殖：扦插。
- 花果期：花期春季。
- 日　照：半日照。
- 温　度：生长适温20℃~28℃。
- 土　壤：不择土壤。
- 水　分：喜湿润。

形态特征 多年生常绿蔓性草本，具气生根。叶戟形，薄革质，先端钝尖，基部心形，绿色，具光泽。肉穗花序，浆果。

应用 叶型奇特，习性强健，为优良的观叶植物。盆栽适合客厅、书房及餐厅等美化；园林中可用于垂直绿化。

学名| *Philodendron scandans*

心叶绿萝

科属：天南星科喜林芋属

- 原产地：不详。
- 繁　殖：扦插。
- 花果期：全年均可开花。
- 日　照：半日照。
- 温　度：生长适温22℃~28℃。
- 土　壤：喜疏松、肥沃的壤土。
- 水　分：喜湿润。

形态特征 多年生常绿蔓性草本，具气生根。叶卵圆形，厚革质，先端渐尖，基部心形，绿色。肉穗花序，浆果。

应用 叶大美观，盆栽适合客厅、卧室、餐厅等处装饰。

学名| *Philodendron selloum*

春羽

别名：羽裂喜林芋、羽裂蔓绿绒

科属：天南星科喜林芋属

- 原产地：巴西。
- 繁　殖：扦插。
- 花果期：花期3~5月。
- 日　照：半日照。
- 温　度：生长适温20℃~28℃。
- 土　壤：喜肥沃、疏松和排水良好的微酸性沙质壤土。
- 水　分：喜湿润。

形态特征　多年生常绿草本。叶片生于茎的顶端，为宽心脏形，羽状深裂，叶柄粗壮，较长。叶绿色。肉穗花序总梗甚短。花单性，无花被。浆果。

应用　春羽株型美观，叶姿秀丽。适合室内厅堂摆设；切叶可用于大型插花作品；园林中常用于水岸边栽培观赏。

学名| *Philodendron sp.*

希望蔓绿绒

科属：天南星科喜林芋属

- 原产地：栽培种。
- 繁　殖：扦插。
- 花果期：不详。
- 日　照：半日照。
- 温　度：生长适温22℃~28℃。
- 土　壤：喜疏松的沙质壤土。
- 水　分：喜湿润。

形态特征　多年生常绿草本，株高约120厘米。叶片生于茎的顶端，为宽心脏形，幼叶浅裂，成熟叶深裂，叶柄粗壮。叶绿色。肉穗花序。浆果。

应用　叶大秀美，为近年来新兴的观叶植物。盆栽可用于卧室、客厅等绿化，也适合庭院稍荫蔽的环境栽培。

学名| *Pistia stratiotes*

芙蓉莲

别名：大薸、大萍、水莲
科属：天南星科大薸属

- **原产地**：热带美洲。
- **繁　殖**：分株。
- **花果期**：花期夏秋季。
- **日　照**：全日照。
- **温　度**：生长适温20℃~30℃。
- **土　壤**：不择土壤。
- **水　分**：生于水中。

形态特征　多年生漂浮性的水生草本植物。叶呈莲座状，倒卵形或扇形，直立，波状缘，叶面有数条纵纹。雌雄同株，花小，生于叶腋，绿色。

应用　株型美观，习性强健。盆栽可用于窗台、阳台及案头装饰；园林中常用于水体绿化；全株可用于猪饲料；全株入药，外敷可治肿毒，煮水可治癞、消跌打肿痛等症，煎水内服可治水肿、小便不利。

学名| *Pothos repens*

蜈蚣藤

别名：石柑子、百足藤
科属：天南星科石柑属

- **原产地**：我国台湾、广东、广西、四川、云南、贵州及湖北。
- **繁　殖**：扦插。
- **花果期**：全年开花结果。
- **日　照**：半日照。
- **温　度**：生长适温18℃~28℃。
- **土　壤**：不择土壤。
- **水　分**：喜湿润。

形态特征　常绿附生草质藤本，长可达6米。叶片纸质，鲜时表面深绿色，背面淡绿色，椭圆形。披针状卵形至披针状长圆形，先端渐尖至长渐尖，基部钝。花序腋生，肉穗花序，淡绿色或淡黄色。浆果。

应用　适合墙边、墙柱、树干垂直绿化，也可用于岩石或石壁的美化；全株入药，具有除湿清血功效。

学名| *Scindapsus aureus*

绿萝

别名：黄金葛
科属：天南星科绿萝属

- 原产地：所罗门群岛。
- 繁　殖：扦插。
- 花果期：花期春季，极少见花。
- 日　照：半日照。
- 温　度：生长适温20℃~28℃。
- 土　壤：喜疏松、富含有机质的微酸性和中性沙壤土。
- 水　分：喜湿润。

形态特征　多年生常绿藤本。叶纸质，宽卵形，基部心形。成熟枝上叶卵状长椭圆形或心形，薄革质，叶深绿色，光亮。具不规则条纹或黄斑点，全缘。肉穗花序。

应用　用于室内的书桌、阳台或窗台等处摆放观赏，大型绿萝柱可用于卧室、书房或客厅栽培；茎叶供药用，消肿止痛；吸收甲醛。

学名| *Scindapsus aureum 'AllGold'*

金叶葛

科属：天南星科藤芋属

- 原产地：栽培种。
- 繁　殖：扦插。
- 花果期：花期春季，极少见花。
- 日　照：半日照。
- 温　度：生长适温20℃~28℃。
- 土　壤：喜富含腐殖质、疏松肥沃、微酸性的壤土。
- 水　分：喜湿润。

形态特征　常绿草质藤本。下侧叶片较大。叶卵形至长卵形，先端渐尖，基部心形，叶黄色至黄绿色。肉穗花序。

应用　盆栽多用于客厅、卧室、书房等处或案头摆放观赏，也可吊盆悬于阳台或书柜等处栽培；对有害气体如甲醛有一定的吸收能力。

学名| *Scindapsus pictus*

星点藤

别名：银星绿萝
科属：天南星科藤芋属

- 原产地：印尼及菲律宾。
- 繁　殖：扦插。
- 花果期：不详。
- 日　照：半日照。
- 温　度：生长适温20℃~28℃。
- 土　壤：喜疏松、排水良好的微酸性壤土。
- 水　分：喜湿润。

形态特征 多年生常绿藤本。叶长圆形，叶端突尖，叶绿色，质厚，上布满银色斑点或斑块。叶缘白色，叶背深绿色。

应用 株型美观，叶型奇特。可用吊盆或附着在蛇木柱上栽培欣赏，适合客厅、厅台、大型案几及阳台装饰。

学名| *Spathiphyllum floribundum* *'Maura Loa'*

绿巨人

别名：绿巨人白掌
科属：天南星科苞叶芋属

- 原产地：南美洲的哥伦比亚。
- 繁　殖：分株。
- 花果期：花期4~7月。
- 日　照：半日照。
- 温　度：生长适温22℃~30℃。
- 土　壤：喜富含腐殖质、排水良好的中性或微酸性土壤。
- 水　分：喜湿润。

形态特征 多年生常绿草本，株高80~130厘米。叶呈莲座状基生，阔椭圆形，顶端急尖，厚革质，有光泽，全缘。佛焰花序腋生，长勺状。花苞硕大，初开时花色洁白，后转绿色。

应用 叶大美观，为著名的观叶植物。盆栽适合卧室、客厅等处观赏，或植于庭院较荫蔽的树下或水景边栽培。

学名/ *Syngonium podophyllum*

合果芋

别名：箭叶芋、丝素藤、白蝴蝶
科属：天南星科合果芋属

- **原产地：** 中、南美洲热带雨林中。
- **繁　殖：** 扦插。
- **花果期：** 花期夏秋季。
- **日　照：** 半日照。
- **温　度：** 生长适温20℃~28℃。
- **土　壤：** 喜肥沃、疏松、排水良好的微酸性壤土。
- **水　分：** 喜湿润。

形态特征 多年生常绿藤本植物。叶互生，幼叶箭形或戟形，淡绿色，老叶为掌状叶，多裂，深绿色。肉穗状花序，花序外有佛焰苞包被，其内部红色或白色，外部绿色。合果芋园艺品种极多，如白蝶合果芋、红粉佳人等。

应用 株型美观，叶型奇特，常盆栽，可用于书桌、餐桌等案几上栽培观赏，成株可用于庭院的墙壁、山石垂直绿化。

学名/ *Syngonium wendlandii*

绒叶合果芋

别名：银脉合果芋
科属：天南星科合果芋属

- **原产地：** 哥斯达黎加。
- **繁　殖：** 扦插。
- **花果期：** 不详。
- **日　照：** 半日照。
- **温　度：** 生长适温20℃~28℃。
- **土　壤：** 喜肥沃、疏松、排水良好的微酸性土壤。
- **水　分：** 喜湿润。

形态特征 多年生常绿藤本植物。叶箭形，淡绿色，先端渐尖，基部心形，叶脉外具白色斑纹。肉穗状花序，浆果。

应用 色泽美观，多盆栽，适合卧室、餐桌、卫生间及台几之上装饰。

学名| *Typhonium divaricatum*

梨头尖

别名：土半夏
科属：天南星科梨头尖属

- 原产地：产自我国南部；日本、印度也有。
- 繁　殖：分株。
- 花果期：花期夏季。
- 日　照：全日照或半日照。
- 温　度：生长适温16℃~28℃。
- 土　壤：不择土壤。
- 水　分：喜湿润。

形态特征 块茎近球形。叶具长柄，戟形，顶端渐尖，基部裂片卵状披针形至长圆形，广歧。佛焰苞下部绿色，管状。肉穗花序深紫色。浆果。

应用 盆栽可用于装饰客厅、书房或卧室的案几；园林中常植于水岸边及林缘下观赏。

学名| *Zamioculcas zamiifolia*

金钱树

别名：泽米芋、金币树
科属：天南星科雪铁芋属

- 原产地：非洲东部。
- 繁　殖：扦插、分株。
- 花果期：花期冬、春。
- 日　照：半日照。
- 温　度：生长适温20℃~30℃。
- 土　壤：喜疏松肥沃、排水良好、富含有机质酸性至微酸性土壤。
- 水　分：喜湿，也耐旱。

形态特征 多年生常绿草本植物，株高30~50厘米。羽状复叶自块茎顶端抽生，小叶在叶轴上呈对生或近对生，小叶卵形，全缘，厚革质，先端急尖，有光泽。花瘦小，浅绿色。

应用 均盆栽培观赏，可置于卧室、客厅或宾馆的大堂、客房及办公室等处欣赏。

别名：慈姑花
科属：天南星科马蹄莲属

学名| *Zantedeschia aethiopica*

马蹄莲

- 原产地：非洲。
- 繁　殖：分株。
- 花果期：花期11月至翌年6月。
- 日　照：全日照或半日照。
- 温　度：生长适温10℃~25℃。
- 土　壤：喜疏松、肥沃的壤土。
- 水　分：喜湿润。

形态特征 多年生粗壮草本植物，具块茎。叶片肥厚，绿色，心状箭形或箭形，先端锐尖、渐尖，基部心形或戟形，无斑块。佛焰苞白色，基部淡黄色。

应用 株型美观，花叶均可观赏。盆栽适合卧室、客厅、阳台或餐桌等处装饰；园林中常群植稍蔽荫的水岸边；为优良的切花。

学名/ *Dizygotheca elegantissima*

孔雀木

别名：手树
科属：五加科孔雀木属

- 原产地：澳大利亚，太平洋诸岛。
- 繁　殖：高压、扦插。
- 花果期：不详。
- 日　照：全日照或半日照。
- 温　度：生长适温20℃~28℃。
- 土　壤：喜疏松、肥沃的壤土。
- 水　分：喜湿润。

形态特征 常绿小乔木或灌木。叶面革质，暗绿色，互生，叶片掌状，具粗锯齿的叶缘，呈放射状着生。

应用 盆栽可用于卧室、客厅、书房或餐厅装饰，也可用于庭院一隅或山石水景边栽培观赏。

学名/ *Fatshedera×lizei*

熊掌木

别名：五角金盘
科属：五加科熊掌木属

- 原产地：本种为八角金盘与常春藤杂交而成。
- 繁　殖：扦插。
- 花果期：花期秋季。
- 日　照：半日照。
- 温　度：生长适温15℃~25℃。
- 土　壤：不择土壤。
- 水　分：喜湿润。

形态特征 常绿藤蔓植物，株高可达1米以上。单叶互生，叶掌状，五裂，叶端渐尖，叶基心形，全缘，波状有扭曲，新叶密被毛茸，老叶浓绿而光滑。花小，淡绿色。

应用 盆栽适合阳台、天台、客厅等处欣赏；园林中常植于路边及山石边观赏，也可作绿篱。

别名：手树
科属：五加科八角金盘属

学名| *Fatsia japonica*

八角金盘

- 原产地：日本。
- 繁　殖：播种、扦插或高压。
- 花果期：花期10~11月，果期翌年4~5月。
- 日　照：半日照。
- 温　度：生长适温15℃~25℃。
- 土　壤：喜肥沃、疏松的中性至微酸性土壤。
- 水　分：喜湿润。

形态特征　常绿灌木或小乔木，株高约2米。叶掌状，大型，革质有光泽，深裂，裂片为卵状长椭圆形，叶色浓绿，背面灰绿色，叶缘具小齿。圆锥形聚伞花序顶生，花两性，黄白色。浆果。

应用　株型美观，为常见的观叶植物，盆栽可用于客厅、窗台、阳台等光线较为充足的地方养护，或植于庭院的墙垣边栽培观赏。园林中常用；叶、根、皮均可入药。

别名：加那利常春藤
科属：五加科常春藤属

学名| *Hedera helix*

洋常春藤

- 原产地：北非、欧洲、亚洲。
- 繁　殖：扦插、压条。
- 花果期：花期秋季，翌年春季果熟。
- 日　照：半日照。
- 温　度：生长适温16℃~26℃。
- 土　壤：喜富含腐殖质、排水良好的沙质壤土。
- 水　分：喜湿润。

形态特征　常绿蔓性藤本，茎节可生气生根。叶为掌状裂叶，浅裂或深裂，全缘或波状缘，叶片具黄色或白色斑块或镶纹，变化较大。

应用　叶型美观，色彩丰富。常吊盆栽培，可置于阳台、窗台及案几上观赏，也适合庭院墙边绿化；园林中常用于树干及山石立体绿化。

学名| *fatsioides*

盘叶柏那参

别名：盘叶掌叶树
科属：五加科罗伞属

叶片特征
叶纸质
掌状深裂

- **原产地**：我国云南、四川、贵州。
- **繁　殖**：播种。
- **花果期**：花期3~7月，果期7~9月。
- **日　照**：全日照。
- **温　度**：生长适温18℃~26℃。
- **土　壤**：不择土壤。
- **水　分**：喜湿润，较耐旱。

形态特征　灌木或小乔木，株高可达10米。叶纸质，掌状深裂，叶裂片倒披针形至长圆状倒披针形，先端短渐尖至渐尖，基部稍狭，边缘有锯齿或细锯齿。圆锥花序顶生，花白色，果球形，成熟后呈黑色。

应用　叶型美观，适合公园、绿地等绿化，也可作行道树。

学名| *Heteropanax fragrans*

晃伞枫

别名：罗伞枫、幌伞枫
科属：五加科幌伞枫属

叶片特征
叶为多回羽状复叶

- 原产地：我国云南、广东、广西；印度，缅甸及印度尼西亚也有。
- 繁　殖：扦插。
- 花果期：花期3~4月。果期冬季。
- 日　照：全日照。
- 温　度：生长适温18℃~30℃。
- 土　壤：不择土壤，喜疏松、肥沃的沙质土壤。
- 水　分：喜湿润，也耐旱。

形态特征 乔木，高8~20米。叶为多回羽状复叶，小叶纸质，对生，椭圆形，先端短渐尖，基部楔形，全缘。圆锥花序顶生，伞形花序在分枝上排列成总状花序，花瓣5枚。果微侧扁，种子椭圆形而扁。

应用 株型美观，冠型圆整，为优良的观叶植物。盆栽适合厅堂摆放观赏；园林中常用风景树；树皮和根入药，有凉血解毒，消肿止痛的功效。

学名| *Polyscias balfouriana*

圆叶福禄桐

别名：圆叶南洋参
科属：五加科福禄桐属

叶片特征
小叶宽卵形或近圆形

- 原产地：太平洋群岛。
- 繁　殖：扦插。
- 花果期：花期夏季，果期秋季。
- 日　照：全日照。
- 温　度：生长适温22℃~28℃。
- 土　壤：喜疏松、排水良好的土壤。
- 水　分：喜湿润。

形态特征 常绿灌木或小乔木，分枝，茎干灰褐色。叶互生，3小叶的羽状复叶或单叶，小叶宽卵形或近圆形，基部心形，边缘有细锯齿，叶面绿色。另有花叶、银边品种。

应用 叶色美观，为著名的观叶植物。多盆栽，适合厅堂、卧室及办公室等摆放观赏。

学名| *Hedera helix 'Minima'*

小叶常春藤

别名：紫叶常春藤
科属：五加科常春藤属

- 原产地：栽培种。
- 繁　殖：扦插、压条。
- 花果期：花期秋季，翌年春季果熟。
- 日　照：半日照。
- 温　度：生长适温16℃~26℃。
- 土　壤：喜富含腐殖质、排水良好的沙质壤土。
- 水　分：喜湿润。

形态特征 常绿蔓性藤本，茎节可生气生根。叶为掌状裂叶，叶片较小，叶有的为两裂，有的仅叶基有两短裂，全缘，有的呈鸟趾状五裂，深秋全叶变成紫褐色。

应用 叶型美观，生长繁茂。盆栽可用于阳台、天台或书桌等案几上摆放观赏。也可以用于庭院的墙面垂直绿化。

学名| *Hedera nepalensis var.sinensis*

常春藤

别名：中华常春藤、爬树藤
科属：五加科常春藤属

- 原产地：我国华中、华南、西南。
- 繁　殖：扦插、压条。
- 花果期：花期8~9月，果期翌年4~5月。
- 日　照：半日照。
- 温　度：生长适温18℃~28℃。
- 土　壤：喜疏松的中性或微酸性土壤。
- 水　分：喜湿润。

形态特征 常绿藤本，茎蔓长达30米，具气生根。单叶较大，互生，叶型变化较大，叶表面暗绿色，有光泽，全缘。伞形花序，花小，淡绿白色。浆果，熟时红色或黄色。

应用 叶型美观，为我国常见的观叶植物。盆栽可用于阳台、室内观赏，或用于庭院的墙面、山石绿化；全株供药用，具舒筋散风功效，茎叶捣烂可治痈疽或其他初起肿毒；茎叶含鞣酸，可提制栲胶。

学名| *Schefflera arboricola*

鹅掌藤

别名：七叶莲、七加皮
科属：五加科鹅掌柴属

- 原产地：我国广西、海南及台湾。
- 繁　殖：播种、扦插。
- 花果期：花期7月，果期8月。
- 日　照：全日照或半日照。
- 温　度：生长适温20℃~30℃。
- 土　壤：不择土壤。
- 水　分：喜湿润，也耐旱。

形态特征 常绿灌木或小乔木，株高3~5米。掌状复叶，互生，小叶长卵圆形，革质，全缘，具光泽。圆锥状花序，小花淡绿色或黄褐色，浆果。

应用 叶色翠绿，株型美观。盆栽常用于布置客室、书房和卧室等，小盆栽也适合案几摆放观赏；园林中适合路边、林缘栽培；全株入药，外用，具有止痛的功效。

学名| *Schefflera arboricola* ‘*Variegata*’

花叶鹅掌藤

别名：斑叶鹅掌藤
科属：五加科鹅掌柴属

- 原产地：栽培种。
- 繁　殖：播种、扦插。
- 花果期：花期8月，果期9月。
- 日　照：半日照。
- 温　度：生长适温20℃~30℃。
- 土　壤：喜疏松、肥沃的沙质土壤。
- 水　分：喜湿润，也耐旱。

形态特征 常绿灌木或小乔木，株高3~5米。掌状复叶，互生，小叶长卵圆形，革质，全缘，具光泽，叶片具黄色块斑。圆锥状花序，花小，浆果。

应用 盆栽可用于客厅、书房和卧室等处欣赏，小盆栽也可置于案头观赏；园林中常用于路边、山石边栽培。

学名| *Polyscias fruticosa*

羽叶福禄桐

别名：羽叶南洋参
科属：五加科福禄桐属

- 原产地：波利尼西亚。
- 繁　殖：扦插。
- 花果期：花期夏季。
- 日　照：全光照。
- 温　度：生长适温22℃~30℃。
- 土　壤：喜疏松、肥沃排水良好的沙质土壤。
- 水　分：喜湿润。

形态特征 常绿灌木或小乔木。叶互生，奇数羽状复叶，小叶披针形，边缘有深锯齿或分裂，具短柄，叶片绿色。伞形花序成圆锥状，花小。

应用 株型美观，观赏性佳，是优良的观叶植物。盆栽可用于客厅、卧室、书房等处装饰，小盆栽还可用于案几装饰。

学名| *Scheffera actinophylla*

澳洲鸭脚木

别名：辐叶鹅掌柴
科属：五加科鹅掌柴属

- 原产地：澳大利亚及太平洋中的一些岛屿。
- 繁　殖：播种或扦插。
- 花果期：花期夏季。
- 日　照：全日照或半日照。
- 温　度：生长适温20℃~30℃。
- 土　壤：喜排水良好的沙质壤土。
- 水　分：喜湿润。

形态特征 常绿乔木，干平滑，株高可达30米。掌状复叶，具长柄，丛生枝条先端。小叶3~16枚，长椭圆形，叶端突尖，革质，叶色浓绿，有光泽。花为圆锥状花序，花小型。

应用 株型美观，叶大，终年常绿。盆栽可用于大型厅堂或门廊两侧绿化观赏；园林中常用做行道树或风景树。

别名：鸭脚木、鸭母树
科属：五加科鹅掌柴属

学名| *Schefflera octophylla*

鹅掌柴

- 原产地：我国云南、西藏、广东、广西、福建、台湾；日本、越南及印度也有。
- 繁　殖：播种、扦插。
- 花果期：花期11~12月，果期12月。
- 日　照：全日照或半日照。
- 温　度：生长适温18~28℃。
- 土　壤：不择土壤。
- 水　分：喜湿润，也耐旱。

形态特征 常绿灌木或小乔木，株高2~15米。掌状复叶，小叶纸质，椭圆形、长椭圆形或倒卵状椭圆形，稀椭圆状披针形，先端急尖或短渐尖，稀圆形，基部渐狭，楔形或钝形，全缘。圆锥花序顶生，花白色。果球形。

应用 习性强健，盆栽可用于居室装饰；常用于园林中，可孤植或丛植于路边、石边或水岩边欣赏；叶及根入药，用于流感、跌打损伤的治疗。

科属：五加科刺通草属

学名| *Trevesia palmata*

刺通草

- 原产地：我国云南、贵州、广西；尼泊尔、印度、孟加拉国、越南、老挝及柬埔寨也有。
- 繁　殖：播种、扦插。
- 花果期：花期10月，果期次年5~7月。
- 日　照：全日照或半日照。
- 温　度：生长适温16℃~28℃。
- 土　壤：不择土壤。
- 水　分：喜湿润。

形态特征 年年生常绿灌木，株高3~8米。叶掌状5~9深裂，裂片披针形，先端长渐尖，边缘有粗锯齿。圆锥花序，花淡黄绿色。果卵球形。

应用 叶型美观，观赏性强。盆栽适合厅堂栽培观赏；也适合公园、绿地或庭院绿化。

学名| *Hoya carnosa 'Compacta'*

卷叶球兰

别名：皱叶球兰
科属：萝藦科球兰属

- 原产地：栽培种。
- 繁　殖：扦插。
- 花果期：花期秋季。
- 日　照：全日照或半日照。
- 温　度：生长适温18℃~28℃。
- 土　壤：喜疏松、排水良好的土壤。
- 水　分：喜湿润。

形态特征 常绿攀缘灌木。叶对生，革质，翻转扭曲，顶端锐尖，基部略凹。伞形花序，小花呈星形簇生，具芳香。

应用 叶翻转扭曲，极为别致，常盆栽用于室内的阳台、窗台或案几上摆放观赏。

学名| *Hoya kerrii*

心叶球兰

别名：凹叶球兰
科属：萝藦科球兰属

- 原产地：泰国、老挝。
- 繁　殖：扦插。
- 花果期：花期秋季。
- 日　照：半日照。
- 温　度：生长适温18℃~28℃。
- 土　壤：喜疏松、排水良好的土壤。
- 水　分：喜湿润，也耐旱。

形态特征 常绿木质藤本，蔓长可达5米以上。叶对生，肥厚，倒心形，叶绿色。伞状花序，腋生，有数十朵聚生球状，花冠淡绿色，反卷，副花冠星状，咖啡色，具芳香。

应用 叶片奇特美观，观赏性强。盆栽用于阳台、窗台及案几摆放观赏，也可用于庭院的小型花架、绿篱垂直绿化。

学名| *Ceropegia woodii*

爱之蔓

别名：吊金钱、吊灯花、心叶蔓
科属：萝藦科吊灯花属

- 原产地：南非。
- 繁　殖：扦插。
- 花果期：花期5~10月。
- 日　照：半日照。
- 温　度：生长适温18℃~25℃。
- 土　壤：喜肥沃、排水良好的沙质土壤。
- 水　分：喜湿润，也耐旱。

形态特征 多年生肉质草本，枝蔓长可达1米，具块根，茎细长，多悬垂。单叶对生，心形，暗绿色，沿叶脉分布有大小不一的灰白色斑块，肉质。花单生于叶腋，蓇葖果。

应用 爱之蔓叶色靓丽，叶型美观，极为可爱。盆栽或吊盆栽用于阳台、窗台或案几上栽培欣赏。

学名| *Ceropegia woodii 'Variegata'*

花叶爱之蔓

别名：花叶吊金钱
科属：萝藦科吊灯花属

- 原产地：栽培种。
- 繁　殖：扦插。
- 花果期：花期5~10月。
- 日　照：半日照。
- 温　度：生长适温18℃~25℃。
- 土　壤：喜肥沃、排水良好的沙质土壤。
- 水　分：喜湿润，也耐旱。

形态特征 多年生肉质草本，枝蔓长可达1米，具块根，茎细长，多悬垂。单叶对生，心形，暗绿色，叶面布有大小不一的黄色斑块，肉质。花单生于叶腋，蓇葖果。

应用 叶色靓丽，为优良的观叶植物。常用于室内吊挂栽培或小盆栽用于案头装饰。

学名| *Dischidia pectinoides*

青蛙藤

别名：爱元果
科属：萝藦科眼树莲属

- 原产地：菲律宾。
- 繁　殖：扦插。
- 花果期：花期夏至秋。
- 日　照：半日照。
- 温　度：生长适温18℃~28℃。
- 土　壤：喜肥沃、排水良好的沙质壤土。
- 水　分：喜湿润，也耐旱。

形态特征 多年生小型草质藤本，株高30厘米左右。叶对生，肉质，椭圆形或卵形，先端尖，全缘，枝条上常着生变态叶，中空，似蚌壳。花簇生于叶腋，红色。蓇葖果。

应用 变态叶极具观赏价值，多盆栽，适合书房、卧室、窗台等装饰，是科普教育的良好材料。

学名| *Dischidia ruscifolia*

百万心

别名：千万心
科属：萝藦科眼树莲属

- 原产地：菲律宾。
- 繁　殖：扦插。
- 花果期：花期秋季。
- 日　照：半日照。
- 温　度：生长适温22℃~30℃。
- 土　壤：喜排水良好、肥沃的沙质壤土。
- 水　分：喜湿润。

形态特征 多年生常绿草质藤本。叶绿色，稍肉质，对生，阔椭圆形或卵形，先端突尖。花小，白色。

应用 叶成对着生，心形，有较高的观赏价值。多作吊盆用于阳台、书房等处栽培观赏。

别名：花叶凹叶球兰
科属：萝藦科球兰属

学名| *Hoya kerrii var. variegata*

斑叶心叶球兰

- 原产地：栽培种。
- 繁　殖：扦插。
- 花果期：花期秋季。
- 日　照：半日照。
- 温　度：生长适温18℃~28℃。
- 土　壤：喜疏松、排水良好的土壤。
- 水　分：喜湿润，较耐旱。

形态特征 常绿木质藤本，蔓长可达5米以上。叶对生，肥厚，倒心形，叶绿色，边缘金黄色。伞状花序，腋生，有数十朵聚生球状，花冠淡绿色，反卷，副花冠星状，咖啡色，具芳香。

应用 多盆栽用于阳台、窗台及案几摆放观赏，也可用于庭院的小型花架、绿篱垂直绿化。

科属：萝藦科眼树莲属

学名| *Dischidia major*

玉荷包

- 原产地：东南亚、澳洲等地。
- 繁　殖：扦插。
- 花果期：花期夏、秋。
- 日　照：半日照。
- 温　度：生长适温20℃~28℃。
- 土　壤：喜疏松的壤土。
- 水　分：喜湿润。

形态特征 多年生小型草质藤本，有不定根，缠绕或攀附生长。叶对生，肉质，椭圆形或卵形全缘，枝条上常着生变态叶，中空，长椭圆形，叶面不规则。花生于叶腋，花黄绿色。蓇葖果。

应用 叶二型，变态叶极为奇特。盆栽适合案头、书桌等处摆放观赏，也可用于庭院的树干、山石上栽培观赏。

学名 *Anredera cordifolia*

藤三七

别名：落葵薯、藤七
科属：落葵科落葵薯属

- 原产地：南美洲热带地区。
- 繁　殖：扦插。
- 花果期：花期6~10月。
- 日　照：全日照。
- 温　度：生长适温20℃~30℃。
- 土　壤：喜疏松、排水良好壤土。
- 水　分：喜湿润，也耐旱。

形态特征 缠绕草质藤本，长可达数米。叶卵形至近圆形，顶端急尖，基部圆形或心形，稍肉质，腋生珠芽。总状花序具多花，花序下垂。花被片白色。

应用 适合花架栽培；珠芽、叶及根入药，壮腰膝、消肿散淤；嫩叶、根状茎及肉质芽可食用。

别名：癞叶秋海棠
科属：秋海棠科秋海棠属

学名| *Begonia leprosa*

团扇秋海棠

- 原产地：我国广东、广西。
- 繁　殖：播种、分株或扦插。
- 花果期：花期9月，果期10月。
- 日　照：半日照。
- 温　度：生长适温20℃~25℃。
- 土　壤：喜疏松、肥沃的壤土。
- 水　分：喜湿润。

形态特征　多年生草本。叶基生，叶片两侧不相等，轮廓近圆形，或宽卵圆形，先端圆钝，或急尖至短尾尖，基部偏斜，心形。花白色或粉红色。蒴果。

应用　叶大秀丽，为优良的观叶植物，适合卧室、客厅、书房等摆放观赏。

学名| *Begonia hybrida*

红叶虾蟆秋海棠

科属：秋海棠科秋海棠属

- 原产地：栽培种。
- 繁　殖：播种、分株、扦插。
- 花果期：花期春季。
- 日　照：半日照。
- 温　度：生长适温20℃~25℃。
- 土　壤：喜疏松、肥沃的壤土。
- 水　分：喜湿润。

形态特征　多年生常绿草本，株高可达30厘米。叶肾圆形，叶两面不对称，叶红色，近边缘处有白色斑块，叶脉基部黑色。花单性，雌雄同株，蒴果。

应用　叶色美观，观赏性佳。盆栽适合阳台、窗台、案几等处摆放观赏。

学名| *Begonia masoniana*

铁十字海棠

别名：铁甲秋海棠
科属：秋海棠科秋海棠属

- 原产地：我国广西。
- 繁　殖：播种、分株或扦插。
- 花果期：花期5~7月，果期9月。
- 日　照：半日照。
- 温　度：生长适温20℃~25℃。
- 土　壤：喜疏松、排水良好、富含腐殖质的壤土。
- 水　分：喜湿润。

形态特征　根茎横卧，肉质。叶柄上长有长绒毛，叶柄直接长在根茎上。叶近心形，具突起和刺毛，淡绿色。中间有一类似十字形的紫褐色斑纹。花小、黄绿色。

应用　叶色美丽，观赏性强。可作中、小型盆栽用于装饰居室，也可吊篮种植，悬挂室中观赏。

科属：秋海棠科秋海棠属

学名| *Begonia 'Silver Jewel'*

银翠秋海棠

- 原产地：栽培种。
- 繁　殖：播种、分株、扦插。
- 花果期：花期春季。
- 日　照：半日照。
- 温　度：生长适温20℃~25℃。
- 土　壤：喜疏松、排水良好、富含腐殖质的壤土。
- 水　分：喜湿润。

形态特征 多年生常绿草本，株高可达30厘米。叶肾圆形，叶两面不对称，叶绿色，沿叶脉有大块银白色斑块。花单性，雌雄同株，蒴果。

应用 叶色美丽，观赏性强，多盆栽观赏。用于客厅、卧室、书房及餐厅内装饰，也适合案几摆放观赏。

科属：秋海棠科秋海棠属

学名| *Begonia 'Thurstonii'*

象耳秋海棠

- 原产地：栽培种。
- 繁　殖：播种、分株。
- 花果期：花期春季。
- 日　照：半日照。
- 温　度：生长适温20℃~25℃。
- 土　壤：喜疏松、排水良好、富含腐殖质的壤土。
- 水　分：喜湿润。

形态特征 多年生常绿草本，株高可达50厘米。叶肾圆形，叶两面不对称，叶绿色，背面紫红色。花单性，雌雄同株，蒴果。

应用 叶色美丽，观赏性佳。盆栽适合阳台、窗台及卧室等处绿化，也可用于庭院蔽荫的路边、水景边栽培观赏。

学名| *Dysosma versipellis*

八角莲

别名：独叶一枝花
科属：小檗科鬼臼属

- 原产地：我国湖南、湖北、浙江、江西、安徽、广东、广西、云南、贵州、四川、河南及陕西。
- 繁　殖：播种、分株。
- 花果期：花期3~6月，果期5~9月。
- 日　照：半日照。
- 温　度：生长适温18℃~26℃。
- 土　壤：喜疏松、肥沃的壤土。
- 水　分：喜湿润。

形态特征 多年生草本，株高40~150厘米。茎生叶2枚，薄纸质，互生，盾状，近圆形，4~9掌状浅裂。花深红色，5~8朵簇生。浆果。

应用 盆栽于客厅、书房等处；根状茎供药用，可治疗跌打损伤、关节酸痛、毒蛇咬伤。

别名：红叶小檗
科属：小檗科小檗属

学名| *Berberis thunbergii 'Atropurpurea'*

紫叶小檗

- 原产地：栽培种。
- 繁　殖：播种、扦插、高压。
- 花果期：花期4月，果期9~11月。
- 日　照：全日照或半日照。
- 温　度：生长适温15℃~26℃。
- 土　壤：喜肥沃、排水良好的土壤。
- 水　分：喜湿润，也耐旱。

形态特征 为小檗的栽培变种，是20世纪20年代在欧洲培育出来的优良种类。落叶灌木。叶小全缘，菱形或倒卵形，紫红到鲜红，叶背色稍淡。花黄色，略有香味。果实椭圆形，鲜红色。

应用 叶色紫红，果实红艳可爱，观赏性极佳。盆栽可用于客厅、阳台栽培观赏，也适合庭院的墙边、路边栽培观赏；园林应用广泛。

学名| *Ehretia microphylla*

福建茶

别名：基及树、猫仔树
科属：紫草科其及树属

- 原产地：我国广东、海南、台湾。
- 繁　殖：扦插。
- 花果期：花期夏季，果期秋季。
- 日　照：全日照。
- 温　度：生长适温18℃~28℃。
- 土　壤：喜疏松肥沃、排水良好的微酸性土壤。
- 水　分：喜湿润。

形态特征　常绿灌木，株高2~3米。叶在长枝上互生，在短枝上簇生，叶小，革质，深绿色，倒卵形或匙状倒卵形。聚伞花序腋生，或生于短枝上，花冠白色或稍带红色。核果。

应用　叶色光亮，盆栽或制作盆景用于客厅、卧室或窗台、阳台美化；园林中常用作绿篱。

学名| *Symphytum asperum*

聚合草

别名：康复力
科属：紫草科聚合草属

- 原产地：俄罗斯。
- 繁　殖：播种、分株。
- 花果期：花果期5~10月。
- 日　照：全日照。
- 温　度：生长适温18℃~28℃。
- 土　壤：不择土壤。
- 水　分：喜湿润。

形态特征　丛生型多年生草本，株高30~90厘米。基生叶带状披针形、卵状披针形至卵形，稍肉质，先端渐尖，基部下延。茎生叶互生，较小，下部的与基部叶片相似，上部的圆状披针形花序含多数花，花冠淡紫色、紫红色至黄白色，小坚果歪卵形。

应用　叶大美观，适合庭院的路边、山石边种植观赏；茎叶可作青饲料。

学名| *Radermachera sinica*

山菜豆

别名：幸福树、菜豆树
科属：紫葳科山菜豆属

- 原产地：我国台湾、广东、广西、贵州、云南。
- 繁　殖：播种、扦插或高压。
- 花果期：花期春至夏。
- 日　照：全日照或半日照。
- 温　度：生长适温20℃~28℃。
- 土　壤：喜疏松的沙质壤土。
- 水　分：喜湿润。

形态特征 落叶乔木，株高可达10米。叶2~3回奇数羽状复叶，小叶对生，卵形或椭圆形，先端尖锐，全缘。圆锥花序顶生，花冠黄白色，筒状。蒴果线状，形似菜豆。

应用 盆栽装饰客厅、卧室或办公室等处；根、叶、果入药，具有凉血消肿的功效；木材可用于建筑。

学名| *Radermachera hainanensis*

海南菜豆树

别名：绿宝树、大叶牛尾树
科属：紫葳科山菜豆属

- 原产地：我国广东、海南、云南。
- 繁　殖：扦插、播种。
- 花果期：花期4月，果期秋季。
- 日　照：全日照或半日照。
- 温　度：生长适温20℃~28℃。
- 土　壤：喜疏松、排水良好的沙质壤土。
- 水　分：喜湿润。

形态特征 多年生常绿乔木，株高6~20米。叶为1~2回羽状复叶，有时仅有小叶5片，小叶纸质，长圆状卵形或卵形，顶端渐尖，基部阔楔形。花序腋生或侧生，总状花序或少分枝的圆锥花序。花萼淡红色，花冠淡黄色，钟状。

应用 盆栽用于客厅、卧室、书房及餐厅的美化；园林中适合作风景树或行道树；材质佳，可用于建筑、家具及美工的材料；根、叶、花、果入药。

学名| *Tillandsia usneoides*

松萝凤梨

别名：松萝铁兰
科属：凤梨科铁兰属

- 原产地：美洲。
- 繁　殖：分株。
- 花果期：花期初夏。
- 日　照：全日照或半日照。
- 温　度：生长适温20～28℃。
- 土　壤：附生植物。
- 水　分：喜空气湿润。

形态特征 多年生草本植物，植株下垂生长，茎长，纤细；叶片互生，半圆形，密被银灰色鳞片；小花腋生，黄绿色，花萼紫色，小苞片褐色，花芳香。

应用 可悬挂于稍荫蔽的阳台、书房内栽培观赏，或悬挂于庭院的树枝上、廊架上观赏。

别名：帝王积水凤梨
科属：凤梨科帝王凤梨属

学名| *Alcantarea imperialis*

帝王凤梨

- 原产地：巴西。
- 繁　殖：播种或分株。
- 花果期：花期春、夏。
- 日　照：半日照。
- 温　度：生长适温20℃~28℃。
- 土　壤：喜疏松、肥沃的壤土。
- 水　分：喜湿。

形态特征 多年生常绿草本，株高可达1.5米。叶互生，狭长，基生，莲座式排列，单叶，全缘，叶背红色。基部鞘状，雨水沿叶面流入由叶鞘形成的贮水器中。花序顶生，圆锥花序。

应用 株型美观，为凤梨科难得的大型观叶植物，常用于大型观赏温室栽培。盆栽适合窗台、阳台及室内摆放观赏。

别名：五彩凤梨、美艳凤梨
科属：凤梨科凤梨属

学名| *Ananas bracteatus f. var. striatus*

三色凤梨

- 原产地：巴西。
- 繁　殖：分株。
- 花果期：花期夏季到冬季。
- 日　照：全日照或半日照。
- 温　度：生长适温20℃~28℃。
- 土　壤：喜疏松、肥沃的壤土。
- 水　分：喜湿润。

形态特征 多年生草本。叶多数，莲座式，剑形，顶端渐尖，叶缘有锯齿，叶边缘黄色带红晕。花序由叶丛中抽出，状如松球，花小。聚花果肉质。

应用 株型秀雅，叶色美观，为优良的观叶植物，盆栽适合阳台、窗台、卧室、窗厅等美化。园林中可用于山石边、墙垣边栽培。

学名 *Billbergia pyramidalis*

水塔花

科属：凤梨科水塔花属

- 原产地：巴西。
- 繁　殖：分株。
- 花果期：花期6~10月。
- 日　照：全日照或半日照。
- 温　度：生长适温20℃~28℃。
- 土　壤：喜疏松、排水良好的土壤。
- 水　分：喜湿。

形态特征 多年生常绿草本，株高50~60厘米，莲座状叶丛基部形成贮水叶筒较大，有叶10~15片，叶片肥厚，宽大，叶缘有小锯齿。穗状花序，直立，苞片披针形，花冠鲜红色，花瓣外卷，边缘带紫。

应用 叶色翠绿，株型美观。盆栽适合阳台、窗台、卧室等光线明亮的地方栽培。

学名 *Billbergia pyramidalis 'Kyoto'*

银边水塔花

别名：白边水塔花
科属：凤梨科水塔花属

- 原产地：栽培种。
- 繁　殖：分株。
- 花果期：花期6~10月。
- 日　照：全日照或半日照。
- 温　度：生长适温20℃~28℃。
- 土　壤：喜疏松、排水良好的土壤。
- 水　分：喜湿。

形态特征 多年生常绿草本，株高50~60厘米，莲座状叶丛基部形成贮水叶筒较大，叶片肥厚，宽大，叶缘有小锯齿，边缘白色。穗状花序，花冠鲜红色。

应用 叶色淡雅。盆栽适合阳台、窗台、卧室等光线明亮的地方栽培，或用于庭院的水景边或荫蔽处栽培。

科属：凤梨科彩叶凤梨属

学名| *Neoregelia 'Orange Glow'*

橙光彩叶凤梨

- 原产地：栽培种。
- 繁　殖：分株。
- 花果期：花期夏季。
- 日　照：全日照或半日照。
- 温　度：生长适温20℃~28℃。
- 土　壤：喜疏松、排水良好的壤土。
- 水　分：喜湿。

形态特征 多年生常绿草本，株高约30厘米。叶多数，莲座式，剑形，顶端渐尖，叶缘有锯齿，新叶中间白色，老叶渐转为红色。

应用 叶色美丽，为优良的观叶植物。多盆栽，可用于阳台、窗台等光线充足的地方养护观赏。

科属：凤梨科彩叶凤梨属

学名| *Neoregelia 'Red Of Rio'*

里约红彩叶凤梨

- 原产地：栽培种。
- 繁　殖：分株。
- 花果期：花期夏季。
- 日　照：全日照或半日照。
- 温　度：生长适温20℃~28℃。
- 土　壤：喜疏松、排水良好的壤土。
- 水　分：喜湿。

形态特征 多年生常绿草本，株高约30厘米。叶多数，莲座式，剑形，顶端渐尖，叶缘有锯齿，叶红色。

应用 叶红艳，极美丽，易栽培，为优良的观叶植物。园林中常有于观光温室栽培；盆栽可用于阳台、窗台等光线充足的地方养护观赏。

学名| *Tillandsia araujei*

阿劳花凤梨

科属：凤梨科铁兰属

- 原产地：巴西。
- 繁　殖：分株。
- 花果期：花期冬季。
- 日　照：全日照或半日照。
- 温　度：生长适温20℃~28℃。
- 土　壤：附生植物。
- 水　分：喜干燥。

形态特征　多年生常绿草本，株高约15厘米。叶莲座状着生，密集，叶背被白粉，先端尖，边缘有锯齿，叶绿色，先端常淡黄色。

应用　可植于树桩、桫椤板上用于稍荫蔽的阳台或室内栽培观赏，或植于庭院的树干或山石上欣赏。

学名| *Tillandsia ionantha*

小精灵凤梨

科属：凤梨科铁兰属

- 原产地：北美洲。
- 繁　殖：分株。
- 花果期：冬季。
- 日　照：全日照或半日照。
- 温　度：生长适温20℃~28℃。
- 土　壤：附生植物。
- 水　分：喜干燥。

形态特征　多年生常绿草本，株高约10厘米。叶莲座状着生，密集，叶背被白粉，先端尖，叶红色，基部绿色。

应用　株型小巧，叶丛密集，常用于树桩、石壁、树皮等附生栽培观赏。

科属：黄杨科黄杨属

学名 *Buxus bodinieri*

雀舌黄杨

- 原产地：我国云南、四川、贵州、广西、广东、江西、浙江、湖北、河南、甘肃、陕西。
- 繁　殖：播种、扦插。
- 花果期：花期2月，果期5~8月。
- 日　照：全日照或半日照。
- 温　度：生长适温15℃~28℃。
- 土　壤：不择土壤。
- 水　分：喜湿润，也耐旱。

形态特征 灌木，高3~4米。叶薄革质，通常匙形，也有狭卵形或倒卵形，大多数中部以上最宽，先端圆或钝，往往有浅凹口或小尖凸头，基部狭长楔形，有时急尖。花序腋生。蒴果。

应用 常见栽培的观叶植物。盆栽可用于客厅、阳台或天台绿化，也可植于庭院的路边、墙边修剪成绿篱观赏。

学名| *Buxus megistophylla*

大叶黄杨

科属：黄杨科黄杨属

- 原产地：我国贵州、广西、广东、湖南、江西。
- 繁　殖：播种、扦插。
- 花果期：花期3~4月，果期6~7月。
- 日　照：全日照或半日照。
- 温　度：生长适温15℃~28℃。
- 土　壤：不择土壤。
- 水　分：喜湿润，也耐旱。

形态特征 常绿灌木或小乔木，高可达2米。叶对生，革质或薄革质，有光泽，椭圆形至倒卵形，先端尖或钝，缘有细锯齿，两面无毛。花序腋生，花绿白色。蒴果。

应用 常见栽培的观叶植物。盆栽可用于厅堂绿化或用于门廊绿化，或用于庭院绿化；对二氧化硫、氯气、氯化氢的抗性和吸收能力强，对汞的吸收能力较强。

学名| *Buxus sinica*

黄杨

别名：瓜子黄杨、小叶黄杨
科属：黄杨科黄杨属

- 原产地：我国陕西、甘肃、湖北、四川、贵州、广西、广东、江西、浙江、安徽、江苏、山东。
- 繁　殖：扦插或播种。
- 花果期：花期3月，果期5~6月。
- 日　照：全日照。
- 温　度：生长适温15℃~26℃。
- 土　壤：不择土壤。
- 水　分：喜湿润，较耐旱。

形态特征 灌木或小乔木，株高1~6米。叶革质，阔椭圆形、阔倒卵形、卵状椭圆形或长圆形，先端圆或钝，常有小凹口，基部圆或急尖或楔形。花序头状，花密集。蒴果。

应用 我国应用广泛。盆栽适合客厅、书房等绿化，也适合庭院的路边或一隅修剪成球状或作绿篱。

学名| *Canna edulis*

蕉芋

别名：蕉藕、姜芋
科属：美人蕉科美人蕉属

- 原产地：印度。
- 繁　殖：分株。
- 花果期：花期9~10月。
- 日　照：全日照。
- 温　度：生长适温22~30℃。
- 土　壤：不择土壤，喜疏松、肥沃的壤土。
- 水　分：喜湿。

形态特征 多年生宿根草本植物，植株高3米。叶椭圆形，绿色，背部紫色。总状花序单生或分叉，少花，花单生或2朵聚生，花冠裂片绿色或红色。

应用 叶色美观，株型端正。盆栽可用于客厅或书房等处观赏，也适合庭院水景边栽培；块茎提取淀粉，或作饲料；根茎入药，具有清热利湿、舒筋活络的功效。

学名| *Canna generalis 'Striatus'*

金脉美人蕉

别名：花叶美人蕉
科属：美人蕉科美人蕉属

- 原产地：栽培种。
- 繁　殖：分株。
- 花果期：花期春夏。
- 日　照：全日照。
- 温　度：生长适温22℃~30℃。
- 土　壤：不择土壤。
- 水　分：喜湿。

形态特征 多年生宿根草本植物，株高1.5米，茎叶和花序均被白粉。叶片椭圆形，叶片具黄色脉纹。总状花序顶生，花大，密集，每苞片内有花1~2朵。花色橘黄色。

应用 叶色明艳，为优良的观叶植物。盆栽可用于卧室、书房及阳台等处观赏，也是庭院水景绿化的优良材料；园林中常用于布置水景。

学名| *Canna generalis 'Cleopatra'*

鸳鸯美人蕉

科属：美人蕉科美人蕉属

- 原产地：栽培种。
- 繁　殖：分株。
- 花果期：花期几乎全年。
- 日　照：全日照。
- 温　度：生长适温22℃~30℃。
- 土　壤：不择土壤，喜肥沃的壤土。
- 水　分：喜湿。

形态特征 多年生宿根草本植物，株高1.5米，茎叶和花序均被白粉。叶片椭圆形，叶片有大块紫色斑块或斑纹。总状花序顶生，花大，每苞片内有花1~2朵。一葶双色或花黄红嵌套。

应用 盆栽可用于卧室、书房及阳台等处观赏，也是庭院水景绿化的优良材料；园林中常用于布置水景。

学名| *Canna warscewiezii*

紫叶美人蕉

别名：红叶美人蕉
科属：美人蕉科美人蕉属

- 原产地：南美洲。
- 繁　殖：分株。
- 花果期：花期秋季。
- 日　照：全日照。
- 温　度：生长适温22℃~30℃。
- 土　壤：不择土壤，以肥沃的壤土为佳。
- 水　分：喜湿。

形态特征 多年生草本植物，株高1.5米。叶片卵形或卵状长圆形。叶紫红色。总状花序，花冠裂片披针形，深红色，外稍染蓝色。唇瓣舌状或线状长圆形，顶端微凹或二裂，红色。

应用 盆栽可用于卧室、书房及阳台等处观赏，也是庭院水景绿化的优良材料；园林中常用于布置水景。

别名：金叶美洲接骨木
科属：忍冬科接骨木属

学名| *Sambucus canadensis 'Aurea'*

金叶接骨木

- 原产地：栽培种。
- 繁　殖：扦插。
- 花果期：花期5~6月，果期6~8月。
- 日　照：全日照。
- 温　度：生长适温16℃~25℃。
- 土　壤：喜疏松、肥沃的壤土。
- 水　分：喜湿润。

形态特征 落叶灌木，株高1.5~2.5米。单数羽状复叶，对生，小叶长椭圆形，先端尖，基部楔形，初生叶金黄色，老叶黄绿色。聚伞花序，花白色或乳白色。浆果，红色。

应用 习性强健，为近年来引进的彩叶树种，常用于草坪、林缘或水岸边片植，也适宜作背景材料。

学名/ *Lonicera nitida*

亮叶忍冬

别名：亮绿忍冬
科属：忍冬科忍冬属

- 原产地：中国。
- 繁　殖：扦插、播种。
- 花果期：花期春季，果期秋季。
- 日　照：全日照。
- 温　度：生长适温16℃~26℃。
- 土　壤：不择土壤。
- 水　分：喜湿润，较耐旱。

形态特征 常绿灌木，株高可达2~3米。叶对生，细小，卵形至卵状椭圆形，革质，全缘，上面亮绿色，下面淡绿色。花腋生，并列着生两朵花，花冠管状，淡黄色，具清香，浆果蓝紫色。

应用 株型美观，叶色光亮，适合绿地、公园等路边、山石边片植绿化，也可作地被植物。

学名/ *Lonicera nitida 'Baggesens Gold'*

金叶亮叶忍冬

科属：忍冬科忍冬属

- 原产地：栽培种。
- 繁　殖：扦插。
- 花果期：花期春季，果期秋季。
- 日　照：全日照。
- 温　度：生长适温16℃~26℃。
- 土　壤：不择土壤。
- 水　分：喜湿润，较耐旱。

形态特征 常绿灌木，株高可达2~3米。叶对生，细小，卵形至卵状椭圆形，革质，全缘，叶金黄色。花腋生，花冠管状，淡黄色，具清香，浆果蓝紫色。

应用 叶色金黄，观赏性佳，适合绿地、公园等路边、山石边片植绿化，也可作地被植物。

学名| *Casuarina cunninghamiana*

细枝木麻黄

别名：银线木麻黄
科属：木麻黄科木麻黄属

- 原产地：澳大利亚。
- 繁　殖：播种、扦插。
- 花果期：花期4月，果期6~9月。
- 日　照：全日照。
- 温　度：生长适温20℃~30℃。
- 土　壤：不择土壤。
- 水　分：喜湿润。

形态特征 乔木，株高可达25米。枝暗褐色，近顶端处常有叶贴生的白色线纹，小枝密集，暗绿色，纤细，稍下垂。每节上有狭披针形、紧贴的鳞片状叶8~10枚。花雌雄异株，球果。

应用 株型美观，园林中可用作行道树或风景树；材质硬，可用作枕木、造船及建筑用材。

学名| *Casuarina equisetifolia*

木麻黄

别名：驳骨树、马尾树
科属：木麻黄科木麻黄属

- 原产地：澳大利亚及太平洋岛屿。
- 繁　殖：播种、扦插或高压。
- 花果期：花期4~5月，果期7~10月。
- 日　照：全日照。
- 温　度：生长适温20℃~30℃。
- 土　壤：不择土壤，以疏松的壤土为佳。
- 水　分：喜湿润。

形态特征 乔木，株高可达30米。小枝灰绿色，纤细，常下垂。鳞片状叶每轮通常7枚，少为6或8枚，披针形或三角形。花雌雄同株或异株，花被2片。球果。

应用 习性强健，生长快，株型美观，多用于海岸防风固沙，也可用行道树或风景树；材质坚重，可用于造船、建筑等；树皮含单宁；枝叶药用，可用于慢性支气管炎的治疗；幼嫩枝叶可作饲料。

学名/ *Euonymus fortunei*

扶芳藤

别名：爬行卫矛
科属：卫矛科卫矛属

叶片特征
叶薄革质，椭圆形、长方椭圆形

- **原产地：** 我国江苏、浙江、安徽、陕西、四川、湖南、湖北、江西。
- **繁　殖：** 扦插。
- **花果期：** 花期6月，果期10月。
- **日　照：** 全日照或半日照。
- **温　度：** 生长适温16℃~25℃。
- **土　壤：** 不择土壤。
- **水　分：** 喜湿润。

形态特征 常绿木质藤本，株高1至数米。叶薄革质，椭圆形、长方椭圆形或长倒卵形，叶的宽窄变异较大。先端急钝或急尖，基部楔形。聚伞花序3～4次分枝。小聚伞花序密集，花白绿色。蒴果。

应用 叶色翠绿，为常见栽培的观叶植物。适合庭院的路边、墙垣或山石垂直绿化；园林中常用做地被植物。

别名：金边黄杨
科属：卫矛科卫矛属

学名| *Euonymus japonicus var aurea-marginatus*

金边正木

- 原产地：栽培变种。
- 繁　殖：播种、扦插或高压。
- 花果期：花期6~7月，果期9~10月。
- 日　照：全日照。
- 温　度：生长适温20℃~28℃。
- 土　壤：不择土壤。
- 水　分：喜湿润。

形态特征 灌木，株高可达3米。叶革质，有光泽，倒卵形或椭圆形，先端圆阔或急尖，基部楔形，边缘具有浅细钝齿，边缘金黄色。聚伞花序5~12花，花瓣近卵圆形。蒴果。

应用 叶色美观，为常见的观叶植物。盆栽可用于厅堂美化，或用于庭院路边或墙垣边栽培观赏。

别名：银边黄杨
科属：卫矛科卫矛属

学名| *Euonymus japonicus var. albo-marginatus*

银边正木

- 原产地：栽培变种。
- 繁　殖：播种、扦插或高压。
- 花果期：花期6~7月，果期9~10月。
- 日　照：全日照。
- 温　度：生长适温20℃~28℃。
- 土　壤：不择土壤。
- 水　分：喜湿润。

形态特征 灌木，株高可达3米。叶革质，有光泽，倒卵形或椭圆形，先端圆阔或急尖，基部楔形，边缘具有浅细钝齿，边缘银白色。聚伞花序5~12花，花瓣近卵圆形。蒴果。

应用 叶色美观，为优良的观叶植物。盆栽适合居家阳台、客厅等处摆放观赏，也可用于庭院绿化；园林中常用做绿篱。

学名| *Beta vulgaris 'Dracaenifolia'*

科属：藜科甜菜属

红柄甜菜

- 原产地：栽培种。
- 繁　殖：播种。
- 花果期：花、果期5~7月。
- 日　照：全日照。
- 温　度：生长适温15℃~28℃。
- 土　壤：不择土壤。
- 水　分：喜湿润。

形态特征 多年生草本观叶植物。生长期无茎，叶在根茎处丛生，叶片长圆状卵形，绿色，叶柄及叶脉红色。花茎自叶丛中间抽生，花小。胞果，种子细小。

应用 叶柄及叶脉极为艳丽，为优良的观叶植物。盆栽可用于阳台、窗台等光线充足的地方摆放观赏，也适合庭院的路边、墙垣边种植；嫩叶可作蔬菜食用。

学名| *Kochia scoparia*

别名：扫帚菜、铁扫帚
科属：藜科地肤属

地肤

- 原产地：我国各地均有；欧洲及亚洲分布广泛。
- 繁　殖：播种。
- 花果期：花期6~9月，果期7~10月。
- 日　照：全日照。
- 温　度：生长适温16℃~28℃。
- 土　壤：不择土壤。
- 水　分：喜湿润，也耐旱。

形态特征 一年生草本。叶为平面叶，披针形或条状披针形，先端短渐尖，基部狭楔形，具短柄，边缘有疏生的锈色绢状缘毛。花两性或雌性，通常1~3朵生于上部叶腋，组成疏散穗状圆锥花序，花淡绿色。抱果扁球形。

应用 盆栽可用于阳台及天台等处观赏，也是庭院常见的植物之一，可用于路边、窗前等绿化；嫩茎叶可作蔬菜食用；地肤老株可作帚扫使用。

学名| *Beta vulgaris* 'Bright Yellow'

橙柄甜菜

科属：藜科甜菜属

- 原产地：栽培种。
- 繁　殖：播种。
- 花果期：花、果期5~7月。
- 日　照：全日照。
- 温　度：生长适温15℃~28℃。
- 土　壤：不择土壤。
- 水　分：喜湿润。

形态特征 多年生草本观叶植物。生长期无茎，叶在根茎处丛生，叶片长圆状卵形，叶肥厚，叶片绿色，叶柄及叶脉橙黄色。花茎自叶丛中间抽生，花小。胞果，种子细小。

应用 可盆栽用于阳台、天台观赏或植于庭院路边、墙边欣赏；嫩叶可作蔬菜食用。

学名| *Beta vulgaris* 'Cicla'

红叶甜菜

别名：紫叶甜菜
科属：藜科甜菜属

- 原产地：栽培种。
- 繁　殖：播种。
- 花果期：花、果期5~7月。
- 日　照：全日照。
- 温　度：生长适温15℃~28℃。
- 土　壤：不择土壤。
- 水　分：喜湿润。

形态特征 多年生草本观叶植物。生长期无茎，叶在根茎处丛生，叶片长圆状卵形，全株红色。花茎自叶丛中间抽生，花小。抱果，种子细小。

应用 整株红艳可爱，观赏性极佳。盆栽可用于阳台、窗台等光线充足的地方摆放观赏，也适合庭院的路边、墙垣边种植；嫩叶可作蔬菜食用。

学名/ *Pollia japonica*

杜若

别名：地藕、竹叶莲
科属：鸭跖草科杜若属

- **原产地**：我国台湾、福建、浙江、安徽、江西、湖北、湖南、广东、广西、贵州及四川；日本、朝鲜也有。
- **繁　殖**：分株。
- **花果期**：花期7~9月，果期9~10月。
- **日　照**：全日照或半日照。
- **温　度**：生长适温16℃~28℃。
- **土　壤**：喜疏松的壤土。
- **水　分**：喜湿润。

形态特征 多年生草本，株高30~80厘米。叶片呈长椭圆形，基部楔形，顶端长渐尖，上面粗糙。蝎尾状聚伞花序，常以多个成轮排列，花瓣白色。果球状，种子灰色带紫色。

应用 叶色翠绿，可用于庭院的路边、墙垣边栽培观赏；全株药用，用于治疗蛇、虫咬伤及腰痛。

学名| *Setcreasea purpurea*

紫锦草

别名：紫竹梅
科属：鸭跖草科紫竹梅属

- 原产地：墨西哥。
- 繁　殖：扦插。
- 花果期：花期5~11月。
- 日　照：全日照或半日照。
- 温　度：生长适温20℃~30℃。
- 土　壤：不择土壤。
- 水　分：喜湿润。

形态特征 多年生草本，株高30~50厘米，匍匐或下垂。叶长椭圆形，卷曲，先端渐尖，基部抱茎，叶紫色，具白色短绒毛。聚伞花序顶生或腋生，花桃红色。蒴果。

应用 叶色美观，性强健，生长快。盆栽适合阳台、天台等光线充足的地方养护，也可用于庭院的花坛、园路边绿化。

学名| *Tradescantia fluminensis* 'Variegata'

斑叶水竹草

别名：花叶水竹草　蚌兰
科属：鸭跖草科紫露草属

- 原产地：栽培种。
- 繁　殖：扦插。
- 花果期：花期春季。
- 日　照：半日照。
- 温　度：生长适温20℃~30℃。
- 土　壤：喜疏松、肥沃的壤土。
- 水　分：喜湿润。

形态特征 多年生草本，茎蔓性。叶到生，长卵形。叶面绿色，带有大小不一的黄色斑块。花白色。

应用 叶色清雅秀丽，观赏性佳，多盆栽，可置于案头或吊挂于阳台等处观赏。

学名| *Rhoeo spathacea*

小蚌花

别名：小蚌兰
科属：鸭跖草科紫背万年青属

- 原产地：热带美洲。
- 繁　殖：分株、扦插。
- 花果期：花期 7~10月。
- 日　照：全日照。
- 温　度：生长适温20℃~30℃。
- 土　壤：不择土壤。
- 水　分：喜湿润，也耐旱。

形态特征 多年生常绿草本，株高20~30厘米。茎短，叶簇生于茎上，叶面绿色，叶背紫色。花白色，腋生，苞片蚌状。

应用 习性强健，粗放管理，为优良的观叶植物。盆栽可用于阳台、窗台或案几上摆放观赏，也可用于庭院绿化。

学名| *Rhoeo spathacea 'Dwarf Variegata'*

条纹小蚌花

科属：鸭跖草科紫背万年青

- 原产地：栽培种。
- 繁　殖：分株、扦插。
- 花果期：花期7~10月。
- 日　照：全日照。
- 温　度：生长适温20℃~30℃。
- 土　壤：不择土壤。
- 水　分：喜湿润，也耐旱。

形态特征 多年生常绿草本，株高20~30厘米。茎短，叶簇生于茎上，具白色条纹绿色，叶背紫色。花白色，腋生，苞片蚌状。

应用 盆栽可用于案头、窗台、阳台等处栽培观赏，也可用于庭院的路边或山石边绿化。

学名| *Zebrina pendula*

吊竹草

别名：吊竹梅
科属：鸭跖草科吊竹草属

- 原产地：墨西哥。
- 繁　殖：扦插。
- 花果期：花期夏季。
- 日　照：全日照或半日照。
- 温　度：生长适温20℃~30℃。
- 土　壤：不择土壤，以疏松壤土为佳。
- 水　分：喜湿润。

形态特征 多年生蔓性草本。叶长卵形，互生，先端尖，基部钝，叶面光滑，银灰色，中叶脉及边缘绿色，叶背淡紫红色。花玫瑰色，蒴果。

应用 叶色美观，多盆观赏，可用于室内案几或吊挂栽培，也适合庭院稍荫蔽的山石边、水景边栽培观赏。

学名| *Zebrina purpusii*

大吊竹草

别名：大吊竹梅
科属：鸭跖草科吊竹草属

- 原产地：墨西哥。
- 繁　殖：扦插。
- 花果期：花期4~6月。
- 日　照：全日照或半日照。
- 温　度：生长适温20℃~30℃。
- 土　壤：不择土壤。
- 水　分：喜湿润。

形态特征 多年生常蔓性草本，叶阔卵形，密生，先端尖，基部钝，叶面绿色，中间及边缘有紫红色条纹，叶背紫色。花紫红色，蒴果。

应用 叶色美观，习性强健。盆栽适合摆放于窗台、阳台、案几或吊挂栽培；也可用于庭院的水景边栽培观赏。

学名| *Tradescantia sillamontana*

白雪姬

别名：白绢草、银巨冠
科属：鸭跖草科紫露草属

- 原产地：南非、墨西哥。
- 繁　殖：扦插。
- 花果期：花期秋季。
- 日　照：全日照或半日照。
- 温　度：生长适温20℃~28℃。
- 土　壤：喜疏松、、排水良好的土壤。
- 水　分：喜湿润，也耐旱。

形态特征 多年生肉质草本植物，株高15~20厘米。叶互生，绿色或褐绿色，稍具肉质，长卵形，也被有浓密的白毛。小花淡紫粉色，着生于茎的顶部。

应用 株型美观，花色雅致，叶色秀美，为优秀的观叶植物。常作小型盆栽，点缀几案、书桌、窗台等处。

学名| *Tripogandra cordifolia*

心叶紫露草

别名：怡心草
科属：鸭跖草科怡心草属

- 原产地：南美洲。
- 繁　殖：扦插。
- 花果期：花期夏季。
- 日　照：全日照或半日照。
- 温　度：生长适温20℃~30℃。
- 土　壤：不择土壤。
- 水　分：喜湿润。

形态特征 多年生常绿草本，茎蔓性。叶心形，先端尖，基部抱茎，新叶绿色，老叶背部带紫红色。花白色或粉红色。

应用 叶色翠绿，叶型美观。盆栽适合书桌、餐桌及案几摆放观赏，也可用于庭院的墙垣边或园路边栽培。

别名：紫背万年青、蚌兰
科属：鸭跖草科紫背万年青属

学名| *Rhoeo discolor*

蚌花

- 原产地：墨西哥。
- 繁　殖：分株、扦插。
- 花果期：花期5~7月。
- 日　照：全日照或半日照。
- 温　度：生长适温20℃~30℃。
- 土　壤：不择土壤。
- 水　分：喜湿润。

形态特征 多年生草本，株高50厘米。叶基生，密集覆瓦状，无柄；叶片披针形或舌状披针形，先端渐尖，基部扩大成鞘状抱茎，上面暗绿色，下面紫色。聚伞花序生于叶的基部，苞片2，蚌壳状，淡紫色，花白色。蒴果。

应用 株型美观，叶色美丽，为优良的观叶植物。盆栽可用于阳台、天台等处绿化，也可植于庭院的路边、墙下等处；花入药，具有清肺化痰、凉血止血、解毒止痢的功效。

学名| *Senecio cineraria*

银叶菊

别名：雪叶菊、银叶艾、灰叶蒿
科属：菊科千里光属

- 原产地：南欧。
- 繁　殖：播种或扦插。
- 花果期：花期6~9月。
- 日　照：全日照。
- 温　度：生长适温15℃~25℃。
- 土　壤：喜疏松肥沃、排水良好的沙质壤土或富含有机质的黏质壤土。
- 水　分：喜湿润。

形态特征 多年生草本。高50~80厘米，茎灰白色，植株多分枝，叶1~2回羽状裂，正反面均被银白色柔毛。头状花序单生枝顶，花小、黄色。

应用 盆栽装饰卧室、书房、餐厅、阳台等处，园林中可用于布置花境、花坛或造型等。

科属：菊科亚菊属

学名 *Ajania pallasiana*

亚菊

- 原产地：我国黑龙江；俄罗斯及朝鲜。
- 繁　殖：播种、扦插。
- 花果期：花果期8～9月。
- 日　照：全日照。
- 温　度：生长适温16℃～26℃。
- 土　壤：喜疏松、肥沃的壤土。
- 水　分：喜湿润。

形态特征 多年生常绿草本或亚灌木，高可达30～60厘米。中部茎叶卵形、长椭圆形或菱形，二回掌状或不规则二回掌式羽状分裂，茎上部叶羽状分裂或三裂。头状花序多数，在茎顶排成复伞房状，花黄色。

应用 盆栽可用于布置卧室、窗台、阳台或案几，庭院可植于路边、窗前等处观赏；园林中常用做地被植物。

别名：香菊、白艾
科属：菊科芙蓉菊属

学名 *Crossostephium chinense*

芙蓉菊

- 原产地：我国中南及东南部。
- 繁　殖：播种、扦插。
- 花果期：花果期全年。
- 日　照：全日照。
- 温　度：生长适温18℃～26℃。
- 土　壤：喜肥沃、排水良好的壤土。
- 水　分：喜湿润，耐旱。

形态特征 常绿亚灌木，高20～50厘米。直立，多分枝。叶互生，质柔，密生于枝顶，叶片匙形或披针形，两面密被白色绒毛，具有芳香气息。头状花序，金黄色，小球状，生于上部叶腋内，具柄。

应用 叶色清雅，花色金黄，为优良的观叶植物。盆栽适合阳台、窗台、客厅等栽培观赏，也可用于庭院绿化；根叶入药，具有行血祛风、逐湿除痛、消肿解毒、止痰镇咳的功效。

学名| *Artemisia schmidtiana 'Nana'*

朝雾草

别名：银叶草、线叶艾
科属：菊科蒿属

- 原产地：栽培种。
- 繁　殖：扦插、分株。
- 花果期：花期秋季
- 日　照：全日照。
- 温　度：生长适温16℃~24℃。
- 土　壤：喜疏松、肥沃的壤土。
- 水　分：喜湿润，较耐旱。

形态特征 多年生草本或亚灌木，株高约50~90厘米。叶互生，羽状深裂，叶面银白色。头状花序，花白色。

应用 株型美观，叶具光泽，秀雅可爱。盆栽适合窗台、阳台、客厅或案几摆放观赏；园林中多用于路边、山石边栽培。

学名| *Artemisia vulgaris 'variegate'*

黄金艾蒿

科属：菊科蒿属

- 原产地：栽培种。
- 繁　殖：分株。
- 花果期：花果期8~10月。
- 日　照：全日照。
- 温　度：生长适温15℃~26℃。
- 土　壤：不择土壤。
- 水　分：喜湿润，耐旱。

形态特征 多年生草本。叶纸质，茎下部叶椭圆形或长圆形，二回羽状深裂或全裂，中部叶椭圆形、椭圆状卵形或长卵形，一至二回羽状深裂或全裂，上部叶小，羽状深裂，具金黄色斑纹。头状花序，花瓣紫红色。瘦果。

应用 叶色美观，习性强健。盆栽可用于阳台、窗台或案几上装饰，也是庭院绿化的优良材料；园林中常用于路边、池畔栽培。

科属：菊科兔儿伞属

学名 *Syneilesis aconitifolia*

兔儿伞

原产地： 我国东北、华北、华中及陕西、甘肃、贵州；俄罗斯、朝鲜、日本也有。

繁　殖： 播种。

花果期： 花果期6~10月。

日　照： 全日照。

温　度： 生长适温15℃~22℃。

土　壤： 不择土壤，以疏松、肥沃的壤土为佳。

水　分： 喜湿润，也耐旱。

形态特征 多年生草本，茎高70~120厘米。基生叶1枚，花期枯萎，茎生叶2枚，互生，下部叶片圆盾形，通常7~9掌状分裂近中心，裂片通常再2~3叉状分裂，边缘有粗尖齿，表面绿色，背面灰白色，中部叶片直径通常4~5深裂。头状花序，花冠淡红色，以后变红色。瘦果。

应用 盆栽装饰阳台、窗台；园林中可用作地被植物；根及全草入药，具有祛风湿、舒筋活血、止痛的功效。

学名| *Farfugium japonicum*

大吴风草

别名：八角鸟、活血莲
科属：菊科大吴风草属

- 原产地：我国湖北、湖南、广西、广东、福建、台湾；日本也有。
- 繁　殖：播种、分株。
- 花果期：花期8~12月。
- 日　照：半日照。
- 温　度：生长适温12℃~25℃。
- 土　壤：不择土壤。
- 水　分：喜湿润。

形态特征 多年生常绿草本，高30~70厘米。叶多为基生，亮绿色，革质，肾形，边缘波状。头状花序，复伞状，舌状花黄色。

应用 叶大，亮绿色，是切叶的优良材料。盆栽可用于窗台、阳台或庭院的路边、水景处栽培观赏。园林中可用作地被植物或林下栽培；根含有千里光酸，有较高的药用价值；叶含挥发油，可用于杀虫。

学名| *Gynura aurantiaca*

紫鹅绒

别名：紫绒三七、红凤菊
科属：菊科菊三七属

- 原产地：印度尼西亚等亚洲的热带地区。
- 繁　殖：扦插。
- 花果期：花期4~5月。
- 日　照：半日照。
- 温　度：生长适温15℃~25℃。
- 土　壤：喜肥沃、疏松和排水良好的泥炭土或腐叶土壤。
- 水　分：喜湿润。

形态特征 多年生常绿草本植物或亚灌木，株高50~100厘米。全株被紫红色绒毛，直立、多汁。叶对生、卵圆形，边缘呈不规则锯齿状，两面有细而短的茸毛，叶面红堇色或蓝紫色。头状花序，小花橙色。

应用 叶型叶色均佳，多盆栽，适合用于窗台、卧室、客厅等美化。

别名：白金菊、紫蛮刀
科属：菊科千里光属

学名| *Senecio crassissimus*

鱼尾冠

- 原产地：马达加斯加
- 繁　殖：扦插。
- 花果期：花期春季。
- 日　照：全日照。
- 温　度：生长适温15℃~25℃。
- 土　壤：喜排水良好的沙质土壤。
- 水　分：喜干燥。

形态特征 多年生肉质植物，株高50~80厘米，茎、枝均为绿色，有时略带紫晕。叶片倒卵形，青绿色，稍有白粉，叶缘及叶片基部均呈紫色。头状花序，小花黄色或朱红色。

应用 叶色美丽，为多肉植物的代表种之一，多盆栽，可用于窗台、阳台栽培或案几上摆放观赏。也常用于观光温室。

学名| *Senecio macroglossusf. variegata*

金玉菊

别名：白金菊
科属：菊科千里光属

- 原产地：非洲南部。
- 繁　殖：扦插。
- 花果期：花期夏秋。
- 日　照：半日照。
- 温　度：生长适温15℃~25℃。
- 土　壤：喜排水良好的沙质土壤。
- 水　分：喜湿润，也耐旱。

形态特征 多年生蔓性草本，可攀缘他物生长。叶互生，肉质，具光泽，卵状三角形，先端尖，基部微凹，叶有突尖，叶面有不规则乳黄色斑纹。花白色，花心黄。

应用 叶型奇特，叶色美丽，是优良的盆栽观叶植物，适合窗台、卧室或客厅等散射光充足的地方摆放观赏。

学名| *Senecio rowleyanus*

翡翠珠

别名：一串珠、绿铃
科属：菊科千里光属

- 原产地：西南非洲。
- 繁　殖：扦插。
- 花果期：花期12月至翌年1月。
- 日　照：喜光，忌强光。
- 温　度：生长适温18℃~22℃。
- 土　壤：喜肥沃、疏松的沙质壤土。
- 水　分：稍湿润，忌水湿。

形态特征 多年生常绿肉质草本。叶互生，较疏，圆心形，绿色，肥厚多汁。头状花序顶生，花白色至浅褐色。

应用 叶型极为奇特，为优良的小盆栽植物，多用于案几摆放观赏，也可吊盆悬挂栽培欣赏。

别名：香绵菊、棉杉菊
科属：菊科香绵菊属

学名/*Santolina chamaecyparissus*

银香菊

- **原产地**：地中海。
- **繁　殖**：播种、扦插。
- **花果期**：花期夏季。
- **日　照**：全日照。
- **温　度**：生长适温15℃~22℃。
- **土　壤**：喜排水良好、肥沃的沙质壤土。
- **水　分**：喜湿润，也耐旱。

形态特征　常绿小灌木，株高可达60厘米。叶具浅裂，灰白色，叶上具细毛，有较浓的芳香气味。头状花序，花黄色。蒴果长圆形。

应用　叶色清雅，株型美观，全株具芳香，适合庭院的路边、山石边栽培，盆栽可用来装饰阳台、窗台及案几等。

别名：马鞍藤
科属：旋花科番薯属

学名 *Ipomoea pescaprae*

厚藤

- **原产地**：广布于热带沿海地区，我国浙江、福建、台湾、海南及广西。
- **繁　殖**：扦插。
- **花果期**：花期几乎全年。
- **日　照**：全日照。
- **温　度**：生长适温22℃~32℃。
- **土　壤**：喜疏松、排水良好的沙质土壤。
- **水　分**：喜湿润，也耐旱。

形态特征 多年生草本。叶肉质，卵形、椭圆形、圆形、肾形或长圆形，顶端微缺或二裂，裂片圆，裂缺浅或深，有时具小凸头，基部阔楔形、截平至浅心形。多岐聚伞花序，腋生，有时仅1朵发育，花冠紫色或深红色，漏斗状。蒴果。

应用 习性强健，叶奇特，花美丽。可用于庭院的路边、墙垣边栽培观赏；园林中常用于沙地做地被植物；茎叶可作猪饲料；全草入药，具有祛风、除湿、拔毒、消肿的功效。

学名| *Ipomoea batatas 'Rainbow'*

彩叶番薯

别名：观赏番薯
科属：旋花科番薯属

- 原产地：栽培种。
- 繁　殖：扦插或块根。
- 花果期：花期秋季。
- 日　照：全日照。
- 温　度：生长适温20℃~28℃。
- 土　壤：喜疏松、排水良好的沙质土壤。
- 水　分：喜湿润，也耐旱。

形态特征 一年生草本，匍匐生长。品种不同，叶型有差异，叶互生，心形，先端尖，基部平截或心形，叶黄色，紫绿及花叶等。聚伞花序腋生，花冠粉红色、白色、淡紫色或紫色，钟状或漏斗状。蒴果。

应用 叶色多样靓丽，色彩丰富，观赏性极佳。盆栽可用于装饰阳台、窗台等阳光充足的地方；也常用于园林绿化。

学名| *Ipomoea batatas 'Marguerite'*

金叶番薯

别名：金叶薯
科属：旋花科番薯属

- 原产地：栽培种。
- 繁　殖：扦插。
- 花果期：花期秋季。
- 日　照：全日照。
- 温　度：生长适温20℃~30℃。
- 土　壤：喜疏松、排水良好的沙质土壤。
- 水　分：喜湿润，较耐旱。

形态特征 茎蔓性，匍匐生长，具块根。叶互生，心形，边缘有浅裂，全缘，叶片金黄色。聚伞花序腋生，花冠淡粉色，呈钟状或漏斗状。蒴果。

应用 叶色金黄，极为明艳，观赏性极佳。适合庭院的墙边或路边绿化；园林中常用做地被植物。

别名：紫叶薯
科属：旋花科番薯属

学名/*Ipomoea batatas* 'Black Heart'

紫叶番薯

- 原产地：栽培种。
- 繁　殖：扦插。
- 花果期：花期秋季。
- 日　照：全日照。
- 温　度：生长适温20℃~30℃。
- 土　壤：喜疏松、排水良好的沙质土壤。
- 水　分：喜湿润，较耐旱。

形态特征 茎蔓性，匍匐生长，具块根。叶互生，心形，全缘，叶片紫色，叶脉叶背紫色。聚伞花序腋生，花冠浅粉色，钟状或漏斗状。蒴果。

应用 叶色美观，观赏性强。适合庭院的墙边或路边绿化；园林中常用做地被植物。

别名：马蹄草、黄胆草
科属：旋花科马蹄金属

学名 *Dichondra repens*

马蹄金

- 原产地：我国长江以南各省；广布于两半球热带及亚热带地区。
- 繁　殖：扦插、播种或分株。
- 花果期：花期5~8月。
- 日　照：半日照。
- 温　度：生长适温20℃~28℃。
- 土　壤：不择土壤。
- 水　分：喜湿润，也耐旱。

形态特征 多年生匍匐草本，节上生根。叶肾形至圆形，先端宽圆形或微缺，基部阔心形，全缘，具长的叶柄。花冠钟状，黄色。蒴果近球形，种子黄色至褐色。

应用 马蹄金叶色翠绿，叶状似马蹄，观赏性佳。适合悬挂栽培，可用于阳台、廊架等处装饰；园林中多用做地被植物。

学名| *Aeonium arboreum 'Atropurpureum'*

科属：景天科莲花掌属

黑法师

叶片特征
叶片倒长卵形或倒披针形

- 原产地：栽培种。
- 繁　殖：扦插、分株。
- 花果期：花期1~3月。
- 日　照：全日照。
- 温　度：生长适温18℃~30℃。
- 土　壤：喜疏松、排水良好的沙质壤土。
- 水　分：喜干燥。

形态特征 多年生肉质灌木，株高约1米。肉质叶，在枝顶聚生，莲座状，叶片倒长卵形或倒披针形，顶端有尖头，叶黑紫色。总状花序，黄色。蓇葖果。

应用 叶色优美，似朵朵墨菊在枝头绽放，极为美观，盆栽用于书桌、案几及窗台等处摆放观赏。

科属：景天科莲花掌属

学名| *Aeonium 'Keweonium'*

夕映爱

- 原产地：栽培种。
- 繁　殖：扦插或分株。
- 花果期：不详。
- 日　照：全日照。
- 温　度：生长适温20℃~30℃。
- 土　壤：喜疏松、排水良好的沙质壤土。
- 水　分：喜湿润。

形态特征 多年生多肉植物，株高约50厘米。叶簇生于茎顶，莲座状，叶肉质，长卵形或近卵形，先端具尖头，绿色，边缘粉红色。

应用 株型美观，叶色美丽，为极佳的观叶植物，适合案头、窗台等处装饰。

学名| *Crassula corymbulosa*

茜之塔

科属：景天科青锁龙属

- 原产地：南非。
- 繁　殖：扦插或分株。
- 花果期：不详。
- 日　照：全日照。
- 温　度：生长适温20℃~28℃。
- 土　壤：喜疏松、排水良好的沙质壤土。
- 水　分：喜干燥。

形态特征 多年生常绿草本，具分枝。叶对生，三角形，先端尖，边缘具绒毛，新叶表面呈淡紫红色，叶背面紫红色。花小，白色。

应用 叶型奇特，为多肉植物的著名品种之一，观赏性极佳。适合阳台、窗台或案几摆放观赏。

学名| *Crassula falcata*

神刀

科属：景天科青锁龙属

- 原产地：南非。
- 繁　殖：扦插、分株。
- 花果期：春末至夏季。
- 日　照：全日照。
- 温　度：生长适温20℃~28℃。
- 土　壤：喜疏松的沙质壤土。
- 水　分：喜干燥。

形态特征 多年生叶质草本，茎直立，株高可近1米。叶片肉质，三角形，叶先端扁，对生，基部联保，似镰刀状，灰绿色。伞房状聚伞花序顶生，花深红色或橘红色。

应用 叶型奇特，状似弯刀，观赏性极佳。盆栽适合布置阳台、窗台、案台等处。

科属：景天科青锁龙属

学名| *Crassula lycopodioides*

青锁龙

- 原产地：墨西哥。
- 繁　殖：扦插或分株。
- 花果期：花期7~10月。
- 日　照：全日照。
- 温　度：生长适温16℃~28℃。
- 土　壤：不择土壤。
- 水　分：喜干燥。

形态特征 多年生常绿草本或成纤细分枝的亚灌木，株高20~30厘米。枝为覆盖成石松状。叶鳞片状，三角状卵形，交互对生，先端渐尖或延伸成细尖状。花小，单生或成小聚伞花序。通常不开花。

应用 株型美观，为著名的多肉植物。盆栽适合摆放于案几或窗台等处观赏。

科属：景天科石莲花属

学名| *Echeveria 'Black Prince'*

黑王子

- 原产地：栽培种。
- 繁　殖：扦插或分株。
- 花果期：花期夏季。
- 日　照：全日照。
- 温　度：生长适温20℃~30℃。
- 土　壤：喜疏松、排水良好的壤土。
- 水　分：喜湿润，耐旱。

形态特征 多年生肉质草本植物。植株具短茎，肉质叶，排列紧密，莲座状，叶片匙形，顶端有小尖头，叶色紫黑色。聚伞花序，花小，红色或紫红色。

应用 株型美观，叶排列紧凑，观赏性佳，盆栽适合阳台、窗台及案头摆放观赏。

学名| *Echeveria peacockii*

石莲花

别名：莲花掌、仙人荷花
科属：景天科石莲花属

- 原产地：墨西哥。
- 繁　殖：扦插或分株。
- 花果期：花期7~10月。
- 日　照：全日照。
- 温　度：生长适温16℃~28℃。
- 土　壤：不择土壤。
- 水　分：喜干燥。

形态特征 多年生宿根多浆植物。叶倒卵形，似荷花瓣，肥厚多汁，先端锐尖，稍带粉蓝色，叶心淡绿色，大叶微带紫晕，表面具白粉。总状聚伞花序，花冠红色，花瓣不张开。

应用 习性强健，叶色美观，常盆栽用于室内的窗台、书桌及案几上摆放观赏。

学名| *Kalanchoe beharensis*

仙女之舞

科属：景天科伽蓝菜属

- 原产地：马达加斯加。
- 繁　殖：扦插或分株。
- 花果期：不详。
- 日　照：全日照。
- 温　度：生长适温20℃~30℃。
- 土　壤：喜疏松、排水良好的沙质壤土。
- 水　分：喜湿润，耐干燥。

形态特征 多年生肉质植物，呈树木状，茎木质化，高可达3米。叶轮廓为三角形，对生，边缘深裂，波状，具锈红色绒毛。

应用 株型高大，叶色秀美，多盆栽，用于客厅、阳台等处观赏。

科属：景天科伽蓝菜属

学名| *Kalanchoe orgyalis*

仙人之舞

- 原产地：马达加斯加。
- 繁　殖：扦插、分株。
- 花果期：不详。
- 日　照：全日照。
- 温　度：生长适温20℃~28℃。
- 土　壤：喜疏松、肥沃的壤土。
- 水　分：喜湿润，耐旱。

形态特征 多年生肉质植物，株高约30厘米。叶长卵形，先端钝尖，全缘，叶锈红色，老叶变绿。花黄花。

应用 叶色美观，常盆栽用于案头、窗台、阳台等阳光充足的地方摆放观赏。

科属：景天科伽蓝菜属

学名| *Kalanchoe thyrsifolia*

唐印

- 原产地：南非。
- 繁　殖：扦插或分株。
- 花果期：不详。
- 日　照：全日照。
- 温　度：生长适温20℃~28℃。
- 土　壤：喜疏松沙质壤土。
- 水　分：喜湿润，耐旱。

形态特征 多年生肉质草本，多分枝。叶对生，排列紧密，叶片倒卵形，先端钝圆，全缘，叶淡绿，被白粉，天气转凉后，叶边缘及叶背上部呈红色。花小，黄色。

应用 株型美观，叶大色美，可盆栽用于装饰阳台、书桌及案几等。

学名| *Kalanchoe synsepala*

趣蝶莲

别名：双飞蝴蝶、去蝶丽
科属：景天科伽蓝菜属

- 原产地：马达加斯加岛。
- 繁　殖：分株或用走茎繁殖。
- 花果期：花期冬、春。
- 日　照：全日照。
- 温　度：生长适温15℃~28℃。
- 土　壤：喜疏松、肥沃的沙壤土。
- 水　分：喜干燥。

形态特征 多年生常绿多肉草本。对生叶卵形，有短柄，叶缘有锯齿状缺刻。花葶由叶腋处抽出，小花悬垂钟形，黄绿色。

应用 为著名多肉植物，叶大美观，盆栽适合用于布置窗台、柜顶、书桌等处。

学名| *Kalanchoe tomentosa*

褐斑伽蓝

别名：月兔耳
科属：景天科伽蓝菜属

- 原产地：非洲马达加斯加岛。
- 繁　殖：扦插或分株。
- 花果期：花期夏秋季。
- 日　照：全日照。
- 温　度：生长适温20℃~28℃。
- 土　壤：喜肥沃、疏松的沙壤土。
- 水　分：喜干燥。

形态特征 多年生多肉类植物，株高20厘米左右。叶片肉质，奇特，形似兔耳，肉质匙形叶密被白色绒毛，叶边具齿，叶片边缘着生褐色斑纹。

应用 叶型奇特，为著名多肉植物。盆栽用于窗台、阳台、书桌及案几上进行装饰，效果较佳。

科属：景天科伽蓝菜属

学名|*Kalanchoe tubifdia*

棒叶落地生根

- 原产地：马达加斯加。
- 繁　殖：扦插或用珠芽繁殖。
- 花果期：花期12月~翌年3月。
- 日　照：初夏。
- 温　度：生长适温20℃~28℃。
- 土　壤：喜疏松的沙质壤土。
- 水　分：喜干燥。

形态特征 多年生肉质草本，茎直立，粉褐色。叶圆棒状，上表面具沟槽，粉色，叶端锯齿，常生有已生根的小植株（珠芽）。花序顶生，小花红色或橙色。

应用 植物小巧，形态奇特，为科普教育的良材，盆栽适合阳台、窗台或案几上摆放欣赏。

学名| *Sedum anglicum*

姬星美人

科属：景天科景天属

- 原产地：西亚和北非。
- 繁　殖：扦插、分株。
- 花果期：花期春季。
- 日　照：全日照。
- 温　度：生长适温20℃~28℃。
- 土　壤：喜疏松的沙质壤土。
- 水　分：喜干燥。

形态特征 多年生肉质植物，株高5~10厘米，茎多分枝，叶膨大互生，倒卵圆形，绿色，常用播种、扦插和分株繁殖。

应用 叶片奇特美观，可盆栽用于阳台、书桌及案头摆放观赏，也可吊挂栽培室内装饰。

学名| *Sedum lineare 'Variegatum'*

白佛甲

科属：景天科景天属

- 原产地：栽培种。
- 繁　殖：扦插或分株。
- 花果期：花期4~5月，果期6~7月。
- 日　照：全日照。
- 温　度：生长适温16℃~28℃。
- 土　壤：喜疏松、肥沃的壤土。
- 水　分：喜湿润、较耐旱。

形态特征 多年生草本，株高10~20厘米。3叶轮生，叶线形，先端钝尖，基部无柄，叶缘白色。花序聚伞状，顶生，花瓣黄色。

应用 叶色美观，淡雅秀丽，盆栽可用于装饰阳台、客厅及卧室等处。

别名：秋火莲
科属：景天科青锁龙属

学名| *Crassula capitella 'Cam pfire'*

火祭

- 原产地：栽培种。
- 繁　殖：扦插或分株。
- 花果期：不详。
- 日　照：全日照。
- 温　度：生长适温20℃~28℃。
- 土　壤：喜疏松的沙质壤土。
- 水　分：喜干燥。

形态特征 多年生肉质草本。叶对生，排列整齐，呈十字形，叶长圆形，先端钝尖，叶绿色，在冬季的阳光下，转成红色。

应用 叶片红艳似火，极为美观，为优良的盆栽观叶植物。适合阳光充足的阳台、窗台等处栽培观赏。

别名：白蔓莲
科属：景天科瓦松属

学名| *Orostachys boehmeri*

子持年华

- 原产地：不详。
- 繁　殖：走茎或分株。
- 花果期：冬季。
- 日　照：全日照。
- 温　度：生长适温18℃~28℃。
- 土　壤：喜疏松、肥沃的沙质壤土。
- 水　分：喜湿润，耐干旱。

形态特征 多年生肉质草本。叶肉质，莲座状，灰蓝色或灰绿色，圆形或长匙形，表面光滑，全缘，被有白粉。具走茎，顶端会形成一新植株。

应用 株型紧凑，奇特美观，盆栽可用于阳台、窗台、书桌等摆放观赏。

学名| *Sedum rubrotinctum*

红菩提

别名：星美人、灰菩提
科属：景天科景天属

- 原产地：北非。
- 繁　殖：扦插或分株。
- 花果期：花期春季。
- 日　照：全日照。
- 温　度：生长适温18℃~28℃。
- 土　壤：喜疏松、排水良好的沙质壤土。
- 水　分：喜干燥。

形态特征　半直立亚灌木，株高30~100厘米。茎多分枝，具多数气生根。叶螺旋着生较密集，在枝端常呈假莲座状，叶片圆柱状或倒卵圆柱状，平直或稍向上弯曲，先端圆钝，在阳光下变红。

应用　叶奇特，为常见的多肉植物，盆栽可用于阳台、窗台、书桌、案几等摆放观赏。

学名| *Sedum sarmentosum*

垂盆草

别名：狗牙齿、三叶佛甲草
科属：景天科景天属

- 原产地：我国产福建、贵州、四川、湖北、湖南、江西、安徽、浙江、江苏、甘肃、陕西、河南、山东、山西、河北、辽宁、吉林及北京；朝鲜、日本也有。
- 繁　殖：扦插或分株。
- 花果期：花期5~7月，果期8月。
- 日　照：全日照。
- 温　度：生长适温15℃~26℃。
- 土　壤：不择土壤，以排水良好的沙质壤土为佳。
- 水　分：喜干燥。

形态特征　多年生草本。3叶轮生，叶倒披针形至长圆形，先端近急尖，基部急狭。聚伞花序，具分枝，花瓣黄色。

应用　叶色翠绿，生长快，常用作地被植物，也可盆栽用于阳台、窗台装饰。

别名：松鼠尾 翡翠景天
科属：景天科景天属

学名| *Sedum morganianum*

白菩提

- **原产地：** 墨西哥。
- **繁　殖：** 扦插或分株。
- **花果期：** 花期夏季。
- **日　照：** 全日照。
- **温　度：** 生长适温20℃~28℃。
- **土　壤：** 不择土壤。
- **水　分：** 喜干燥。

形态特征 多年生常绿亚灌木状。叶长圆状披针形，肉质，浅绿色，急尖，叶易脱落，落地后易生根。顶生伞房花序，花紫红色。

应用 是优良的室内小盆栽，可置于案几、书桌、窗台等地欣赏，也可吊盆栽植欣赏。

科属：景天科景天属

学名| *Sedum reflexum*

反曲景天

- **原产地：** 欧洲。
- **繁　殖：** 扦插、分株。
- **花果期：** 花期6~7月。
- **日　照：** 全日照。
- **温　度：** 生长适温15℃~25℃。
- **土　壤：** 喜疏松、排水良好的沙质壤土。
- **水　分：** 喜湿润，耐干旱。

形态特征 多年生草本植物株，株高约15~25厘米。叶肉质，棒状，弯曲，先端尖，叶带有白色蜡粉，灰绿色。花亮黄色。

应用 习性强健，叶型叶色美观，盆栽可用于装饰阳台、窗台等处；园林中常用于路边、山石边栽培。

索引一 学名按拼音顺序索引

索引二 学名按拉丁文顺序索引

A

B

C

为先書系

湖南教育书店特别策划

徐晔春◎编著

观花观叶植物经典图鉴

NO.6 观叶·被子植物

Guanhuaguanyezhiwu Jingdiantujian

吉林出版集团｜吉林科学技术出版社

图书在版编目（C I P）数据

观花观叶植物经典图鉴 / 徐晔春编著. -- 长春 : 吉林科学技术出版社, 2012.3
ISBN 978-7-5384-5698-1

Ⅰ.①观… Ⅱ.①徐… Ⅲ.园林植物－观赏园艺－图集 Ⅳ.①S68-64

中国版本图书馆CIP数据核字（2012）第033068号

观花观叶植物经典图鉴——观叶·被子植物❻

编　　著　徐晔春
出 版 人　张瑛林
选题策划　张胜利
责任编辑　张胜利
图片摄影　徐晔春
封面设计　长春美印图文设计有限公司
制　　版　长春美印图文设计有限公司
开　　本　720mm×900mm　1/16
字　　数　832千字
印　　张　64
版　　次　2012年5月第1版
印　　次　2012年5月第1次印刷

出　　版　吉林出版集团
　　　　　吉林科学技术出版社
发　　行　吉林科学技术出版社
地　　址　长春市人民大街4646号
邮　　编　130021
发行部电话　0431-86037641
网　　址　www.jybooks.com.cn
印　　刷　长沙鸿发印务实业有限公司

书　　号　ISBN 978-7-5384-5698-1
定　　价　254.40元（全八册）
如有印装问题可致电0731-84314144联系调换
版权所有　翻印必究　举报电话：0431-85635186

使用说明

ShiyongShuoming

检索功能

JiansuoGongneng

水　分

湿 土壤潮湿，含水量高，用手挤压土壤有水分流出。

喜湿 盆土需要始终处于湿润状态，保持土壤表面湿润。

湿润 土壤含水量较高，可挤压出各种形状，无水分流出。

喜湿润 在生长季节，宜保持土壤湿润，表面1~2厘米干后浇一次透水，浇水掌握间干间湿的原则。

喜干燥 在生长季节（部分植物为春、秋生长，夏、冬休眠，也有春、夏、秋季生长，冬季休眠，也有秋、冬、春三季生长，夏季眠），盆土水分基本干透后浇一次透水，大多数这类植物冬季停止浇水。浇水掌握干透浇透的原则。土壤水分含量低，挤压后不能成形。

生活在水中 土壤水分达到饱和状态，植物叶片浮于水面或挺出水面，植株不能离开水，部分植物整株浮于水面生活。不能离开水。

稍耐旱 土壤上层干燥，底层湿润，上层土壤挤压后不能成形，下层土壤可挤压成形，无水分流出。

耐旱 土壤中上层干燥，底层湿润，中上层土壤挤压后不能成形，下层土壤可挤压成形，无水分流出。

日　照

全日照 在全光照下养护，在室内放在阳光充足的地方，如窗台、阳台等处。

半日照 在春、夏、秋季阳光强烈时，早上晚上接受全光照，中午要遮阴。冬季可接受全光照，当然，我国幅员辽阔，各地需根据具体情况而定。

喜荫 全天不能接受光照，一般这类植物冬季可适当接受阳光。

土 壤

疏松 是指土壤团粒结构要好，疏松通气，有利根系生长发育，如泥炭土、腐叶土就是这个类型。

肥沃 是指土壤富含有机质，这类植物对养分需求较高，要注意补充肥料。

排水良好 是指土壤不能积水，否则对根系生长抑制，影响植株正常生长发育。如一些肉质根类、多肉植物等，基本是需要排水良好的土壤的。

不择土壤 这类植物习性强健，对土壤没有特殊要求，在大多数土壤中均能生长良好。如栽培于田园土、菜园土、腐叶土中，均可良好生长。

繁 殖

播种繁殖 播种繁殖也就是实生苗繁殖，将种子播于苗浅、穴盘等容器或直播于苗床、田地中，从而得到大量苗株的方法。

扦插繁殖 扦插是花卉繁殖的重要手段之一，是用植物的营养器官如根、茎、叶插入基质中，使之生根，抽枝长成完整的植株。

嫁接繁殖 嫁接繁殖是园林植物繁育技术的一种主要方法。是用繁殖体（茎、芽、球体）把两种不同植物结合在一起，使之愈合，形成一个独立的新个体，供嫁接用的繁殖体叫“接穗”，而接受接穗的植株叫“砧木”。

压条繁殖 多用于一些茎节和节间容易发根的木本花卉和一些扦插不容易发根的木本花卉。压条是将未脱离母株的枝条，在适当的部位将枝条环剥、刻伤，并可结合生根促进剂涂抹处理，然后将该部位埋入土中。由于受伤部位易积累上部合成的营养物质和激素，从而易形成根系。然后将它们剪离母体后移苗另栽，从而形成新的苗株。

分生繁殖 分生繁殖是植物营养繁殖方法之一，指人为将植物体上长出来的幼植株体，如萌蘖与母株分离另行栽植而成为独立新植物的繁殖方法。可分为分株法及分球法。前者多用于丛生性强的花灌木和萌蘖力强的多年生草花，后者则用于球根类花卉。

果　实

聚合果 聚合果是由花内的若干离生心皮形成的一个整体。如：海南木莲、腊梅的果实。

聚花果 由一整花序形成的一个整体，每一朵小花形成独立的小果，聚集在花序轴上。 如桑葚、无花果的果实。

单　果

由一花中的一个子房或一个心皮形成的单个果实。又分为干果及浆果，主要有以下几类：

1. 蓇葖果：离生心皮的单个心皮形成的，成熟时或沿背缝线或沿腹缝线一侧开裂。 如：云南含笑、欧楼斗菜的果实。

2. 荚果：单心皮的上位子房形成的，成熟时沿背腹两缝开裂，开裂后的果瓣片叫裂瓣。节荚基本上是荚果，仅在其种子间收缩变狭，成熟时在收缩处断裂成具有一颗种子的断片。 如合欢、蔓花生的果实。

3. 蒴果：由两个以上合生心皮的上位或下位子房形成。如箭叶秋葵、樟叶槿的果实。

4. 角果：由二心皮的复雌蕊发育而成，子房常因假隔膜分成两室，果实成熟后多沿两条腹缝线自下而上地开裂。如沙漠玫瑰、桂竹香的果实。

5. 瘦果：由离生心皮或合生心皮的上位或下位子房形成，其果皮紧包种子，不易分离。如珊瑚藤、棣棠的果实。

6. 胞果：由合生心皮的上位子房形成，其果皮薄而膨胀，疏松地包围种子而与种子极易分离。如地肤、垂鞭绣绒球的果实。

7. 翅果：瘦果状而有翅的干果，由合生心皮的上位子房形成。如星果藤的果实。

8. 坚果：由合生心皮的下位子房形成。如迷迭香、活血丹的果实。

9. 双悬果：由二心皮的子房发育成的果实，成熟后心皮分离成两瓣，并列悬于中央果柄的上端，不开裂。如胡萝卜的果实。

10. 浆果：果皮肉质多浆，外果皮易分离，内中果皮肉质化，内部一至数粒种子。如铃兰、宝莲花的果实。

11. 核果：单心皮或合生心皮组成，种子常一粒，外果皮较薄，肉质或革质，中果皮肉质肥厚，内果皮木质化，包于种子外，构成果核。如梅花、杏的果实。

12. 柑果：复雌蕊形成，外果皮革质，中果皮较疏松，分布有维管束，中轴胎座，每室种子多数。如金橘、四季橘的果实。

13. 瓠果：下位子房发育成的假果花托与外果皮结合成坚硬果壁，中果皮内果皮肉质胎座发达。如南瓜的果实。

14. 梨果：花筒与子房愈合一起发育成假果、果壁、外果皮，中果皮均肉质化，内果皮纸质或革质化。如梨、苹果的果实。

目　录

十字花科

葫芦科

莎草科

五桠果科

茅膏菜科

大戟科

牻牛儿苗科

禾本科

藤黄科

小二仙草科

金缕梅科

杉叶藻科

水鳖科

灯芯草科

唇形科

樟科

豆科

目　录

百合科

学名| *Brassica oleracea var.acephala f. tricolor*

羽衣甘蓝

别名：绿叶甘蓝、牡丹菜
科属：十字花科芸薹属

- 原产地：栽培种。
- 繁　殖：播种。
- 花果期：花期4月，果期5~6月。
- 日　照：全日照。
- 温　度：生长适温15℃~25℃。
- 土　壤：喜腐殖质丰富沙壤土或黏质壤土。
- 水　分：喜湿润。

形态特征 二年生草本，株高为30~40厘米。叶片肥厚，倒卵形，被有蜡粉，有皱叶、不皱叶、及深裂叶等，叶缘有翠绿、黄绿等，中心部有纯白、肉红、紫红等。总状花序，十字形花冠，花小，淡紫色。角果。

应用 叶色美丽，盆栽适合置于阳台、窗台或案几上摆放观赏；园林中可用于布置花坛、花境等；也用于鲜切花。

别名：碧雷鼓
科属：葫芦科沙葫芦属

学名| *Xerosicyos danguyi*

绿之太鼓

- 原产地：马达加斯加。
- 繁　殖：扦插。
- 花果期：花期春季。
- 日　照：全日照。
- 温　度：生长适温20℃~30℃。
- 土　壤：喜疏松、排水良好的沙质壤土。
- 水　分：喜干燥。

形态特征 多年生攀缘藤本。茎圆柱形，叶肉质，互生，圆形，绿色，叶柄短，具卷须。花小，黄绿色，雌雄异株。

应用 叶极为奇特，碧绿浑圆，观赏性极佳，适合窗台、阳台或案头栽培观赏。

学名| *Cyperus alternifolius ssp. flabelliformis*

风车草

别名：伞草、旱伞草
科属：莎草科莎草属

- 原产地：非洲。
- 繁　殖：播种、分株、扦插。
- 花果期：花期8~10月，果期9~11月。
- 日　照：半日照。
- 温　度：生长适温22℃~28℃。
- 土　壤：喜富含有机质的黏质土壤。
- 水　分：喜湿，也可生活于水中。

形态特征 多年生草本植物，株高30~150厘米。叶鞘棕色抱茎，苞片条形，辐射开展。长侧枝聚伞花序，小穗于第二次辐射枝顶端密集成近头状的穗状花序，小穗椭圆形或矩圆状披针形，白色或黄褐色。小坚果。

应用 盆栽可用于客厅、卧室及书房等装饰美化；园林中常用于水体浅水外绿化；地上部分可药用，具有行气活血，退黄解毒的功效。

学名| *Cyperus papyrus*

纸莎草

别名：埃及莎草、纸草
科属：莎草科莎草属

- 原产地：非洲。
- 繁　殖：播种、分株。
- 花果期：花期6~7月，果期秋季。
- 日　照：全日照或半日照。
- 温　度：生长适温22℃~28℃。
- 土　壤：不择土壤。
- 水　分：生活于水中或湿地。

形态特征 多年生常绿草本植物。高达2~3m，茎秆簇生，粗壮，直立，光滑，钝三棱形；叶退化呈鞘状。花序顶生，总苞叶状，带状披针形。花小，淡紫色，瘦果。

应用 植株高大美观，大型盆栽可用于大门两侧、阶旁观赏；园林中用于庭院水景浅水处种植观赏。

别名：白鹭莞
科属：莎草科刺子莞属

学名| *Rhynchospora alba*

星光草

- 原产地：北美。
- 繁　殖：播种、分株。
- 花果期：花期6~10月，果期8~11月。
- 日　照：全日照。
- 温　度：生长适温20℃~30℃。
- 土　壤：不择土壤。
- 水　分：生活于水中或湿地。

形态特征 多年生挺水或湿生草本植物，高15~30厘米。叶丛生，线形。花序顶生。苞片5~8枚，包裹花序。苞片基部及花序白色。瘦果。

应用 盆栽可用于阳台、窗台等阳光充足的地方栽培，也可用于庭院的水景装饰；园林中常用于浅水处绿化。

别名：管子草、冲天草
科属：莎草科　草属

学名| *Scirpus validus*

水葱

- 原产地：我国东北、内蒙、山西、陕西、甘肃、新疆、河北、江苏、贵州、四川及云南等地；朝鲜、日本、澳洲、南北美洲也有。
- 繁　殖：播种、分株。
- 花果期：花果期6~9月，果期秋季。
- 日　照：全日照。
- 温　度：生长适温16℃~30℃。
- 土　壤：不择土壤。
- 水　分：生活于水中。

形态特征 多年生宿根挺水草本植物，株高1~2米。叶片线形。圆锥状花序假侧生，花序顶生。苞片由秆顶延伸而成，多条辐射枝顶端，椭圆形或卵形小穗单生或2~3个簇生于辐射枝顶端。

应用 株型美观，可用于庭院的水景绿化；园林中用于浅水处栽培观赏。

学名/ *Scirpus validus var. zebrinus*

科属：莎草科藨草属

花叶水葱

- 原产地：栽培种。
- 繁　殖：分株、播种。
- 花果期：花果期6~9月，果期秋季。
- 日　照：全日照。
- 温　度：生长适温16℃~30℃。
- 土　壤：不择土壤。
- 水　分：生活于水中。

形态特征 多年生宿根挺水草本植物，株高1~2米。叶片线形，上有黄色斑纹，圆锥状花序假侧生，花序顶生。椭圆形或卵形小穗单生或2~3个簇生于辐射枝顶端，上有多数的花。

应用 叶色绚烂，极美丽，盆栽可用于布置阳台、天台等阳光充足的地方；也常用于公园、风景区等水体绿化。

科属：五桠果科锡叶藤属

学名| *Tetracera asiatica*

锡叶藤

- 原产地：我国广东、广西；东南亚也有分布。
- 繁　殖：播种。
- 花果期：花期4~5月，果期秋季。
- 日　照：全日照。
- 温　度：生长适温20℃~30℃。
- 土　壤：不择土壤。
- 水　分：喜湿润，也耐旱。

形态特征 常绿木质藤本，蔓长可达20米或更长。叶革质，粗糙，矩圆形，先端钝或圆，有时略尖，全缘或上半部有小钝齿。圆锥花序顶生或生于侧枝顶，花多数，白色。

应用 可用于庭院的棚架、栅栏、或树干徒垂直绿化；根及叶入药，叶有止泻止血、生肌收口的功效，根可治脱肛、子宫下垂等症。

学名| *Dionaea muscipula*

科属：茅膏菜科捕蝇草属

捕蝇草

- 原产地：北美洲。
- 繁　殖：播种、叶扦或分株法。
- 花果期：花期5~6月，果期夏秋。
- 日　照：全日照。
- 温　度：生长适温15℃~28℃。
- 土　壤：喜疏松壤土。
- 水　分：喜湿。

形态特征 多年生草本，株高10~30厘米。基生叶小，圆形，花开时枯萎，茎生叶互生，具细柄，弯月形或扇形，基部呈凹形，分为两半，能分泌黏液，呈露珠状，叶缘中间有3根对刺激反应灵敏。叶片通常向外张开，叶缘蜜腺散发出甜蜜的气味。总状花序，小花白色。蒴果。

应用 叶型奇特，可捕食昆虫，是科普教育的良好素材，盆栽可用于书桌、案几装饰。

别名：红叶桑
科属：大戟科铁苋菜属

学名| *Acalypha wilkesiana*

红桑

- 原产地：太平洋岛屿。
- 繁　殖：扦插。
- 花果期：花期夏、秋。
- 日　照：全日照。
- 温　度：生长适温20℃~30℃。
- 土　壤：喜疏松、排水良好的土壤。
- 水　分：喜湿润，也耐旱。

形态特征 常绿灌木，株高2~3米。叶互生，纸质，长卵形或近宽披针形，古铜绿色或浅红色，常杂有红或紫色斑块，顶端渐尖，基部圆钝，边缘具不规则钝齿。腋生穗状花序，花淡紫色。

应用 叶色明快，为常见栽培的彩叶树种。盆栽可用阳台、客厅等处美化，也是庭院绿化的优良材料；园林常用于路边、墙垣边栽培观赏。

学名| *Acalypha wilkesiana cv.*

小叶红桑

别名：小叶铁苋菜
科属：大戟科铁苋菜属

- 原产地：栽培种。
- 繁　殖：扦插。
- 花果期：花期夏、秋。
- 日　照：全日照。
- 温　度：生长适温20℃~30℃。
- 土　壤：喜疏松、排水良好的土壤。
- 水　分：喜湿润，也耐旱。

形态特征 常绿灌木，株高2~3米。叶互生，纸质，卵状披针形，古铜绿色，边缘浅红色，顶端渐尖，基部楔形，边缘具不规则钝齿。腋生穗状花序，花淡紫色。

应用 叶小，色泽明快。盆栽用于阳台、客厅等美化；也是公园、庭院及绿地绿化的优良材料。

学名| *Acalypha wilkesiana 'java white'*

撒金红桑

别名：撒金铁苋
科属：大戟科铁苋菜属

- 原产地：栽培种。
- 繁　殖：扦插。
- 花果期：花期夏、秋。
- 日　照：全日照。
- 温　度：生长适温20℃~30℃。
- 土　壤：喜疏松、排水良好的壤土。
- 水　分：喜湿润。

形态特征 多年生常绿灌木，株高约1.5米。叶卵形，先端渐尖，基部圆钝，叶缘有锯齿。叶面具黄色色斑，色斑上具大小不一的绿色斑点。

应用 株型端正，叶色雅致。盆栽可用于阳台、天台或庭院绿化；园林中常用于路边、墙垣边及山石边栽培观赏。

学名| *Acalypha wilkesiana var.marginata*

红边铁苋

别名：红边桑
科属：大戟科铁苋菜属

- 原产地：斐济。
- 繁　殖：扦插。
- 花果期：花期夏、秋。
- 日　照：全日照。
- 温　度：生长适温20℃~30℃。
- 土　壤：喜疏松、肥沃的壤土。
- 水　分：喜湿润。

形态特征 多年生常绿灌木，株高约2米。叶长椭圆形，先端渐尖，基部楔形，边缘具锯齿。叶面绿色或暗绿色，边缘红色。

应用 习性强健，叶色美观。盆栽可用于室内或庭院观赏；也适合路边、墙垣边及林缘种植观赏。

学名| *Breynia nivosa*

雪花木

别名：白雪树、彩叶山漆茎
科属：大戟科黑面神属

- 原产地：玻利维亚。
- 繁　殖：扦插或高压。
- 花果期：花期夏秋季。
- 日　照：全日照。
- 温　度：生长适温22℃~30℃。
- 土　壤：喜疏松肥沃、排水良好的沙质土壤。
- 水　分：喜湿润，也耐旱。

形态特征 常绿小灌木，株高约50~120厘米。叶互生，圆形或阔卵形，全缘，叶端纯，叶面光滑，上有白色或有白色斑纹。花小。

应用 色彩淡雅，极美丽，是优良的观叶植物。盆栽适合客厅、阳台或卧室装饰，小盆栽可用于布置案几；园林中常丛植、列植或群植于路边、山石边、墙垣处观赏。

学名 *Codiaeum variegatum*

变叶木

别名：洒金榕
科属：大戟科变叶木属

- 原产地：马来西亚及太平洋诸岛屿。
- 繁　殖：扦插或高压。
- 花果期：花期秋季。
- 日　照：全日照。
- 温　度：生长适温22℃~30℃。
- 土　壤：不择土壤，喜肥沃、排水良好的壤土。
- 水　分：喜湿润。

形态特征 常绿灌木或小乔木，株高1~2米。单叶互生，条形至矩圆形，厚革质，边缘全缘或者分裂，波浪状或螺旋状扭曲。叶片上常具有白、紫、黄、红色的斑块和纹路。总状花序生于上部叶腋，花小，白色，不显眼。

应用 栽培种极多，常盆栽用于厅堂、会议厅、宾馆、酒楼及居家的阳台、天台或庭院绿化；园林中常用于路边、草地边缘、山石边、林缘处绿化。

学名 *Codiaeum variegatum* 'Chrysophylia'

金光变叶木

别名：金光洒金榕
科属：大戟科变叶木属

- 原产地：栽培种。
- 繁　殖：扦插或高压。
- 花果期：花期秋季。
- 日　照：全日照。
- 温　度：生长适温22℃~30℃。
- 土　壤：喜疏松、肥沃的壤土。
- 水　分：喜湿润。

形态特征 常绿灌木，株高80~150厘米。叶互生，长椭圆形，先端尖，基部楔形，全缘，叶面具不规则的金黄色斑。

应用 盆栽可用于卧室、客厅、阳台或庭院等装饰；园林中可用于路边、墙垣边或草地中孤植或列植栽培。

学名| *Excoecaria cochinchinensis*

红背桂

别名：紫背桂、青紫色
科属：大戟科土沉香属

叶片特征
叶片呈宽披针形至卵状披针形

- 原产地：中印半岛。
- 繁　殖：扦插。
- 花果期：花期6~7月。
- 日　照：半日照。
- 温　度：生长适温20℃~30℃。
- 土　壤：喜肥沃、排水良好的微酸性沙壤土。
- 水　分：喜湿润。

形态特征 常绿灌木或小乔木，株高1米左右。单叶对生，叶片呈宽披针形至卵状披针形，先端渐尖，基部楔形，叶缘有锯齿。叶面鲜绿色至翠绿色，有光泽，叶背紫红色。花为小型散穗状花序，花小，淡黄色，无花瓣，蒴果。

应用 习性强健，叶色美观。盆栽适合阳台、客厅等处栽培观赏，也适合庭院的路边绿化；园林中片植做绿篱。

学名| *Euphorbia cotinifolia*

肖黄栌

别名：紫锦木
科属：大戟科大戟属

叶片特征
叶3枚轮生，圆卵形

- 原产地：热带美洲。
- 繁　殖：扦插。
- 花果期：花期全年。
- 日　照：全日照。
- 温　度：生长适温23℃~32℃。
- 土　壤：喜疏松、排水良好的壤土。
- 水　分：喜湿润，较耐旱。

形态特征 常绿乔木，株高约2米。叶3枚轮生，圆卵形，先端钝圆，基部近截平，全缘，两面红色。花序生于二歧分枝的顶端，雄花多数，雌花子房三棱状。蒴果。

应用 为南方常见的彩叶树种之一。大型盆栽可用于厅堂或门廊两侧摆放观赏；园林中常孤植、群植或列植于路边、草地边缘等处观赏。

学名| *Euphorbia esula*

乳浆大戟

别名：猫眼草、华北大戟
科属：大戟科大戟属

- 原产地：我国除海南、贵州、云南及西藏外均有分布；广泛分布于欧亚大陆。
- 繁　殖：播种、分株。
- 花果期：花果期4~10月。
- 日　照：全日照。
- 温　度：生长适温15℃~28℃。
- 土　壤：不择土壤。
- 水　分：喜湿润，也耐旱。

形态特征　多年生草本，茎单生或丛生。叶线形至卵形，变化较大，先端钝或钝尖，基部楔形至平截，无柄，不育枝常为松针状。花序单生于二岐分枝顶端，雄花多数，雌花1枚。蒴果。

应用　株型美观，叶清秀，可用于庭院绿化。全草有毒，误食能腐蚀肠胃粘膜。

学名| *Euphorbia heterophylla*

猩猩草

别名：火苞草、草本一品红
科属：大戟科大戟属

- 原产地：中南美洲。
- 繁　殖：扦插、播种。
- 花果期：花期7~8月。
- 日　照：全日照。
- 温　度：生长适温20℃~30℃。
- 土　壤：不择土壤。
- 水　分：喜湿润。

形态特征　一年生草本，株高50~100厘米。叶互生，提琴形或卵状椭圆形，全缘、波状或浅锯齿。各分枝顶端的叶片变为苞片，基部红色，看似花瓣。花黄色，花小。蒴果。

应用　盆栽适合阳台、天台或庭院绿化；园林中可用于布置花坛或植于路边欣赏；全草有毒。

学名 *Euphorbia marginata*

银边翠

别名：高山积雪、象牙白
科属：大戟科大戟属

- 原产地：北美洲。
- 繁　殖：播种、扦插。
- 花果期：花期夏季，果期秋季。
- 日　照：全日照。
- 温　度：生长适温15℃~26℃。
- 土　壤：不择土壤。
- 水　分：喜湿润，也耐旱。

形态特征　一年生草本植物，株高50~80厘米。下部叶片互生，顶端叶片轮生，叶卵形至长圆形或矩圆状披针形，先端凸尖，全缘。枝梢、叶片边缘或叶片大部分可变为银白色。小花3朵簇生于枝顶。花下有2枚大型苞片。

应用　叶色优美，为著名的庭院花卉之一，常用于庭院的墙边、路边栽培观赏；个别品种可做切花材料。

学名 *Euphorbia tirucalli*

光棍树

别名：绿玉树
科属：大戟科大戟属

- 原产地：非洲。
- 繁　殖：扦插。
- 花果期：花果期7~10月。
- 日　照：全日照或半日照。
- 温　度：生长适温20℃~30℃。
- 土　壤：喜疏松、肥沃的沙质壤土。
- 水　分：喜干燥。

形态特征　小乔木，株高2~6米。叶互生，长圆状线形，先端钝，基部渐狭，常生于当年生嫩枝上，稀疏且很快脱落。花序密集于枝顶，雄花数枚，雌花1枚。蒴果。

应用　株型美观奇特，盆栽可用于阳台、窗台、客厅等绿化，也适合庭院地栽观赏；园林中多孤植于路边或沙地用于观赏。

学名| *Euphorbia trigona*

龙骨

别名：彩云阁、三角大戟
科属：大戟科大戟属

- 原产地：加蓬。
- 繁　殖：扦插。
- 花果期：花期夏、秋。
- 日　照：全日照。
- 温　度：生长适温18℃~30℃。
- 土　壤：喜疏松的沙质壤土。
- 水　分：喜干燥。

形态特征 多年生肉质灌木，全株含白色乳汁，分枝直立状，常密集成丛生长，具3棱，绿色。叶片匙形，叶基两侧各生一尖刺。花单性。

应用 株型奇特美观，盆栽用于阳台、窗台、客厅等处装饰，小盆栽也适合书桌或案几上摆放观赏。

学名| *Euphorbia trigonaf. variegate*

红龙骨

别名：红彩云阁
科属：大戟科大戟属

- 原产地：栽培种。
- 繁　殖：扦插。
- 花果期：花期夏、秋。
- 日　照：全日照。
- 温　度：生长适温18℃~30℃。
- 土　壤：喜疏松的沙质壤土。
- 水　分：喜干燥。

形态特征 多年生肉质灌木，全株含白色乳汁，分枝直立状，常密集成丛生长，具3棱，暗红色。叶片匙形，暗红色，叶基两侧各生一尖刺。花单性。

应用 色泽美观，比原种更为美观，盆栽用于阳台、窗台、客厅等处装饰。

学名| *Jatropha gossypiifolia*

棉叶膏桐

别名：棉叶麻疯树、红叶珊瑚花
科属：大戟科麻疯树属

- 原产地：美国。
- 繁　殖：播种、扦插。
- 花果期：花期夏秋，果期秋冬。
- 日　照：全日照。
- 温　度：生长适温18℃~28℃。
- 土　壤：不择土壤。
- 水　分：喜湿润，较耐旱。

形态特征 多年生灌木或小乔木，株高1.5米。叶纸质，多生于枝端，掌状深列，叶缘具细齿。叶柄、叶背及新叶呈紫红色。聚伞花序顶生，花暗红色，五瓣。蒴果。

应用 大型盆栽适合客厅、阳台等摆放观赏；园林中可孤植或列植于路边、墙垣处观赏；茎皮及叶入药，具有调经、催吐、杀虫解毒的功效。

学名| *Macaranga tanarius*

血桐

别名：流血树、橙桐、面头果
科属：大戟科血桐属

- 原产地：我国台湾、广东；日本、越南、泰国、缅甸、马来西亚、印度尼西亚、澳大利亚也有。
- 繁　殖：播种。
- 花果期：花期4~5月，果期6月。
- 日　照：全日照。
- 温　度：生长适温22℃~30℃。
- 土　壤：对土壤要求不严，以疏松、肥沃的壤土为佳。
- 水　分：喜湿润。

形态特征 乔木，株高5~10米。叶纸质或薄纸质，近圆形或卵圆形，顶端渐尖，基部钝圆，盾状着生，全缘或叶缘具浅波状小齿。花序圆锥状。蒴果。

应用 大型盆栽可用于厅堂及门廊处摆放观赏；园林中常用作庭荫树或行道树；林材可用于建筑。

学名| *Manihot esculenta*

木薯

别名：树葛
科属：大戟科木薯属

- 原产地：巴西。
- 繁　殖：扦插。
- 花果期：花期9~11月。
- 日　照：全日照。
- 温　度：生长适温20℃~30℃。
- 土　壤：不择土壤。
- 水　分：喜湿润，也耐旱。

形态特征 直立灌木，株高1.5~3米。叶纸质，轮廓近圆形，掌状深裂几达基部，裂片倒披针形至狭椭圆形，顶端渐尖，全缘。圆锥花序顶生或腋生，花萼带紫红色且有白粉霜。蒴果。

应用 盆栽装饰阳台或庭院；园林中多用于路边或山石边绿化；木薯块根含氰酸毒素，需经处理后方可食用，有些低毒品种去皮后即可除毒；木薯块根含淀粉，可用作工业原料。

学名| *Manihot esculenta var. variegata*

花叶木薯

别名：斑叶木薯
科属：大戟科木薯属

- 原产地：栽培变种。
- 繁　殖：扦插。
- 花果期：花期秋季。
- 日　照：全日照。
- 温　度：生长适温20℃~30℃。
- 土　壤：喜土层深厚，肥沃的土壤。
- 水　分：喜湿润。

形态特征 直立灌木，株高1~3米。叶互生，纸质，掌状深裂或全裂，裂片倒披针形至狭椭圆形，顶端渐尖，全缘，叶柄鲜红，叶面中心部位有黄色斑。圆锥花序顶生或腋生。蒴果椭圆形。

应用 叶色斑斓，株型美观，是优良的观叶植物。盆栽适合阶前、庭院或阳台、客厅等摆放欣赏；也可用于庭院、绿地、公园绿化。

学名| *Pedilanthus tithymaloides*

红雀珊瑚

别名：大银龙、洋珊瑚
科属：大戟科红雀珊瑚属

- 原产地：美洲热带。
- 繁　殖：分株或扦插。
- 花果期：花期夏季。
- 日　照：全日照。
- 温　度：生长适温23℃~30℃。
- 土　壤：不择土壤，喜排水良好的沙质壤土。
- 水　分：喜湿润。

形态特征 多年生草本植物，株高3~4米。叶卵形至卵状矩圆形，叶面不平整，先端短尖，边缘波形。聚伞花序顶生，鲜红色或紫色。

应用 叶色美观，观赏性较强，盆栽适于装饰书桌、几案等，大型盆栽可用于布置客厅、书房一隅。

学名| *Phyllanthus myrtifolius*

锡兰叶下珠

别名：瘤腺叶下珠
科属：大戟科叶下珠属

- 原产地：斯里兰卡。
- 繁　殖：扦插或压条。
- 花果期：花期秋季。
- 日　照：全日照。
- 温　度：生长适温22℃~30℃。
- 土　壤：不择土壤，以疏松的壤土为佳。
- 水　分：喜湿润，较耐旱。

形态特征 灌木，株高约50厘米。叶片革质，倒披针形，顶端钝或急尖，基部浅心形。花雌雄同株，数朵簇生于叶腋，花梗丝状。蒴果扁球形。

应用 株型美观，小叶秀丽，果实小巧。盆栽适合光线明亮的阳台、窗台等处栽培；园林中常用于路边及墙垣边绿化。

学名| *Ricinus communis 'Sanguineus'*

科属：大戟科蓖麻属

红蓖麻

- 原产地：栽培种。
- 繁　殖：播种。
- 花果期：花期7~8月。果期9~10月。
- 日　照：全日照。
- 温　度：生长适温16℃~28℃。
- 土　壤：不择土壤。
- 水　分：喜湿润。

形态特征 一年生草本或草质灌木，株高1.5~2米。单叶互生，纸质，掌状5~11裂，缘具齿；叶柄长，淡紫红色。聚伞圆锥花序顶生或与叶对生；无花瓣。蒴果。

应用 叶色红艳，适合庭院一隅或路边栽培观赏；常用于园林中路边、山石边、墙垣边栽培观赏。

学名| *Sauropus spatulifolius*

别名：龙舌叶
科属：大戟科守宫木属

龙脷叶

- 原产地：越南。
- 繁　殖：扦插。
- 花果期：花期2~10月。
- 日　照：全日照或半日照。
- 温　度：生长适温22℃~28℃。
- 土　壤：喜疏松、排水良好的壤土。
- 水　分：喜湿润。

形态特征 常绿小灌木，株高10~40厘米。叶通常聚生于小枝上部，常向下弯垂，叶片鲜时近叶质，匙形、倒卵状长圆形或卵形，有时长圆形，顶端浑圆或钝，有小凸尖，稀凹缺，基部楔形或钝，稀圆形，叶脉外银灰色。

应用 叶色美观，盆栽可用于书桌、案几上摆放观赏；叶药用，用于咳嗽、喉痛、急性支气管炎的治疗。

科属：牻牛儿苗科天竺葵属

学名/ *Pelargonium hybrida*

观叶天竺葵

- 原产地：杂交种
- 繁　殖：扦插。
- 花果期：花期春季。
- 日　照：半日照。
- 温　度：生长适温15℃~25℃。
- 土　壤：喜疏松、肥沃的壤土。
- 水　分：喜湿润。

形态特征 多年生常绿草本，株高30~60厘米。叶轮廓为心形，掌状浅裂，叶中心为绣红色，边缘为淡黄色。

应用 叶极美观，为优良的观叶佳品。适合盆栽，可用于阳台、窗台、卧室及客厅等处栽培观赏。

学名/ *Arundo donax*

芦竹

别名：荻、芦荻竹
科属：禾本科芦竹属

- **原产地**：我国长江以南各省；亚洲热带与亚热带及地中海地区也有。
- **繁　殖**：分株。
- **花果期**：花果期9~12月。
- **日　照**：全日照。
- **温　度**：生长适温18℃~25℃。
- **土　壤**：不择土壤。
- **水　分**：喜湿润。

形态特征 多年生草本植物，株高2~5米。叶片呈两行排列，线状披针形，先端长渐尖，基部心形或圆形。圆锥花序大型，分枝簇生或近轮生，通常斜向上升，有时甚至叉开，小穗狭披针形，灰绿色或常带紫红色，含2~4小花。颖果褐紫色。

应用 习性强健，株型美观，常用于水岸边绿化观赏，也可用于水土保持工程；茎秆可用于造纸。

科属：禾本科箣竹属

学名| *Bambusa multiplex var. multiplex 'Fernleaf'*

凤尾竹

- 原产地：我国华南、华东、西南至台湾。
- 繁　殖：分株。
- 花果期：不详。
- 日　照：全日照。
- 温　度：生长适温18℃~30℃。
- 土　壤：喜疏松、肥沃的壤土。
- 水　分：喜湿润。

形态特征 丛生灌木，株高3~6米，竿中空，小枝梢下弯，具9~13片叶，叶片较原变种短而窄，线形。假小穗单生或簇生。颖果。极少开花。

应用 株型美观，枝叶秀丽，为优良的观叶树种。盆栽可用于阳台、客厅装饰；园林常做绿篱栽培。

科属：禾本科簕竹属

学名| *Bambusa multiplex var.riviereorum*

观音竹

- 原产地：越南。
- 繁　殖：分株。
- 花果期：分株。
- 日　照：全日照。
- 温　度：生长适温18℃~30℃。
- 土　壤：喜疏松、肥沃的壤土。
- 水　分：喜湿润。

形态特征 丛生灌木，株高4~7米。叶片线形，上表面无毛，下表面粉绿面密被短柔毛，先端渐尖具细尖头，基部近圆形或楔形。假小穗单生或簇生。颖果。极少开花。

应用 枝叶秀丽，盆栽可用于阳台、客厅及天台等处装饰；园林中常用于路边、墙垣边观赏，也适合做绿篱。

学名| *Arundo donax var.versicolor*

花叶芦竹

别名：斑叶芦竹
科属：禾本科芦竹属

- 原产地：栽培变种。
- 繁　殖：分株。
- 花果期：花果期9~12月。
- 日　照：全日照。
- 温　度：生长适温18℃~25℃。
- 土　壤：不择土壤。
- 水　分：喜湿润。

形态特征 多年生草本，株高2~5米。叶片呈两行排列，线状披针形，先端长渐尖，基部心形或圆形，叶具白色条纹。圆锥花序大型，小穗狭披针形。颖果。

应用 适合庭院水景绿化；园林中常用于浅水处栽培观赏；花序可用做切花。

学名| *Axonopus compressus*

地毯草

别名：大叶油草
科属：禾本科地毯草属

- 原产地：美洲热带。
- 繁　殖：分株、播种。
- 花果期：花果期夏秋。
- 日　照：全日照或半照。
- 温　度：生长适温20℃~30℃。
- 土　壤：喜疏松、排水良好的壤土。
- 水　分：喜湿润。

形态特征 多年生匍匐草本，株高约50厘米。叶片扁平，线状长圆形，质地较柔软，先端钝形或急尖，基部近心形。总状花序2枚对生，或3枚指状着生，小穗贴向穗轴，第一小花仅存外稃，第二小花两性。颖果。

应用 叶翠绿，终年常绿，为常见的观赏草。适合庭院、公园等的草坪绿化；叶嫩，可用作饲料。

别名：紫御谷
科属：禾本科高粱属

学名| *Pennisetum glaucum 'Purple Majesty'*

观赏谷子

- 原产地：栽培种。
- 繁　殖：播种。
- 花果期：花期夏季，果期秋季。
- 日　照：全日照。
- 温　度：生长适温18℃~28℃。
- 土　壤：喜疏松、肥沃的壤土。
- 水　分：喜湿润。

形态特征 一年生草本植物，株高可达3米。叶片宽条形，基部几呈心形，叶暗绿色并带紫色。圆锥花序紧密呈柱状，主轴硬直，密被柔毛，小穗倒卵形，每小穗有2小花，第一花雄性，第二花两性。颖果倒卵形。

应用 叶色雅致，是近年来常见的观叶植物，适合庭院、公园、绿地的路边、水岸边、山石边或墙垣边片植观赏；也可作插花材料。

科属：禾本科芒属

学名| *Miscanthus sinensis Variegatus'*

斑叶芒

- 原产地：栽培种。
- 繁　殖：分株。
- 花果期：花期8~10月。
- 日　照：全日照。
- 温　度：生长适温16℃~26℃。
- 土　壤：不择土壤。
- 水　分：喜湿，也耐旱。

形态特征 多年生苇状草本，株高150~180厘米，叶片长线形，边缘粗糙，上有不规则的斑马斑纹。圆锥花序呈扇形。

应用 观赏性极佳，是优良的观叶植物。盆栽可用于阳台、窗台或客厅等处装饰，也是庭院水景绿化的良材；园林中常用于水岸边或路边绿化。

学名| *Bambusa ventricosa*

佛肚竹

别名：大肚竹、佛竹
科属：禾本科簕竹属

- 原产地：我国广东。
- 繁　殖：分株及扦插。
- 花果期：不详。
- 日　照：全日照。
- 温　度：生长适温18℃~30℃。
- 土　壤：喜疏松、肥沃的壤土。
- 水　分：喜湿润。

形态特征 多年生常绿灌木，竿高8~10米，节间圆柱形，下部略肿胀。叶片线状披针形至披针形，上表面无毛，下表面密生短柔毛，先端渐尖具钻状尖头，基部近圆形或宽楔形。假小穗单生或簇生，小穗含二性小花。

应用 株型美观，形态奇特，常用于路边、草地边缘、墙垣边或山石边栽培观赏，也可大型盆栽用于阶前、大型厅堂绿化。

学名| *Eragrostis curvula*

弯叶画眉草

科属：禾本科画眉草属

- 原产地：非洲。
- 繁　殖：分株、播种。
- 花果期：花果期4~9月。
- 日　照：全日照。
- 温　度：生长适温16℃~28℃。
- 土　壤：不择土壤，喜疏松、肥沃的壤土。
- 水　分：喜湿润，耐旱。

形态特征 多年生草本，株高可达120厘米。叶片细长丝状，向外弯曲。圆锥花序开展，花序主轴及分枝单生，对生或轮生，平展或斜上升。小花排列疏松。

应用 叶纤细，多用于水土保持工程，也适合公园、风景区等坡地、林缘等处绿化。

学名| *Phyllostachys heterocycla 'Pubescens'*

毛竹

别名：楠竹、孟宗竹
科属：禾本科刚竹属

- 原产地：我国自秦岭、汉水流域至长江流域以南及台湾。
- 繁　殖：分株。
- 花果期：花期5~8月。
- 日　照：不详。
- 温　度：生长适温15℃~28℃。
- 土　壤：喜疏松、排水良好的壤土。
- 水　分：喜湿润，耐旱。

形态特征 大型散生竹，秆高达20米左右；新竹绿色，密被细毛，节下有白粉环，老秆黄绿色，无毛；分枝高，每节2分枝，由节上斜展，每节再分1~2小枝，每小枝着生2~4叶片，披针形。穗状花序，每小穗具2枚小花，仅1枚花发育。颖果针形。

应用 枝叶清秀，姿态优美，适合庭院一隅、公园、绿地及风景区等在草地边缘、山石边或水岸边片植观赏；笋味鲜美，可鲜食，也可加工后食用；毛竹韧性好，可作建筑用材，也可用于编织等。

学名| *Stipa tenuissima*

细茎针茅

别名：墨西哥羽毛草、细茎针芒
科属：禾本科针茅属

- 原产地：美洲。
- 繁　殖：播种、分株。
- 花果期：花期6~9月。
- 日　照：全日照。
- 温　度：生长适温18~26℃。
- 土　壤：喜疏松的沙质壤土。
- 水　分：喜湿润，耐旱。

形态特征 多年生常绿草本，植株密集丛生，茎秆细弱柔软，株高约60厘米。叶片细长，丝状。花序银白色。

应用 为观赏草中佼佼者。盆栽适合阳台、天台或庭院的阶前美化；也适合公园、风景区等路边、山石边丛植或片植观赏。

学名| *Muhlenbergia hugelii*

乱子草

科属：禾本科乱子草属

- 原产地：我国东北、华北、西北、西南、华东、台湾；阿富汗、巴基斯坦、印度、喜马拉雅山区各国、俄罗斯、朝鲜、日本及菲律宾也有。
- 繁　殖：播种及分株。
- 花果期：花果期7~10月。
- 日　照：全日照。
- 温　度：生长适温16℃~30℃。
- 土　壤：不择土壤。
- 水　分：喜湿润。

形态特征 多年生草本，株高35~80厘米。叶片扁平，线状披针形，先端长渐尖，基部近圆形，叶面深绿色，叶背苍绿色，主脉及侧脉在背面均凸起。圆锥花序疏松或略开展，小穗披针形。

应用 株型美观，可用于庭院或公园的路边、山石边或水岸边栽培观赏。

学名| *Phragmites australis var.variegates*

花叶芦苇

科属：禾本科芦苇属

- 原产地：栽培变种。
- 繁　殖：分株、播种。
- 花果期：花期夏季，果期秋季。
- 日　照：全日照。
- 温　度：生长适温18℃~30℃。
- 土　壤：不择土壤。
- 水　分：生活于水中。

形态特征 多年生高大禾草，直立，高2~6米。叶片线形至线状披针形，在秆上呈两行排列，基部圆形，不抱茎，先端逐渐收缩而成细长的芒尖头，叶边缘及叶间有白色斑纹。圆锥花序长淡褐色或稍带紫色，小穗含4~8小花。

应用 盆栽可用于阳台、天台或庭院的水景装饰；园林中常用于近岸的水体绿化。

别名：老木
科属：藤黄科藤黄属

学名| *Garcinia paucinervis*

金丝李

- 原产地：我国广西、云南。
- 繁　殖：播种。
- 花果期：花期6~7月，果期11~12月。
- 日　照：全日照。
- 温　度：生长适温20℃~28℃。
- 土　壤：喜疏松、排水良好的中性至微酸性壤土。
- 水　分：喜湿润。

形态特征 常绿乔木，株高3~15米。叶片嫩时紫红色，膜质，老时近革质，椭圆形，椭圆状长圆形或卵状椭圆形，顶端急尖或短渐尖，钝头、基部宽楔形。花杂性，同株。雄花有花4~10朵，雌花常单生。果椭圆形。

应用 新叶红艳，观赏性佳，适合庭院一隅、公园、绿地等路边、墙垣边栽培观赏；材质坚重，为优良用材，适合水工建筑及梁柱等用材。

学名| *Myriophyllum aquaticum*

粉绿狐尾藻

别名：大聚藻
科属：小二仙草科狐尾藻属

- 原产地：南美洲。
- 繁　殖：扦插。
- 花果期：花期7~8月。
- 日　照：全日照。
- 温　度：生长适温20℃~30℃。
- 土　壤：喜疏松壤土。
- 水　分：生活于水中。

形态特征 多年生挺水或沉水草本植物，植株长度50~80厘米。茎上部直立，下部具有沉水性。叶轮生，多为5叶轮生，叶片圆扇形，一回羽状，两侧有8~10片淡绿色的丝状小羽片。雌雄异株，穗状花序，白色。分果。

应用 盆栽可用于阳台、窗台或光线明亮的案几等处栽培；公园、风景区等常用于水体或水岸边湿地种植。

学名| *Gunnera manicata*

大叶蚁塔

别名：根乃拉草
科属：小二仙草科属

- 原产地：巴西。
- 繁　殖：播种。
- 花果期：花期春季，果期秋季。
- 日　照：全日照。
- 温　度：生长适温20℃~28℃。
- 土　壤：喜疏松、肥沃的壤土。
- 水　分：喜湿。

形态特征 多年生草本，株高2~3米，具肥厚的肉质茎。叶大型，直径可达2米，叶柄粗壮，布满尖刺。花序圆锥塔状，淡绿色并带棕红色。

应用 叶硕大，极具观赏性。可大型盆栽，适合大门或门廊两侧摆放观赏；园林中常用于水岸边、山石边栽培。

别名：蚊子树、米心树
科属：金缕梅科蚊母树属

学名/ *Distylium racemosum*

蚊母树

- 原产地：我国福建、浙江、台湾、海南；朝鲜及日本也有。
- 繁　殖：播种、扦插。
- 花果期：花期3~4月，果期8~10月。
- 日　照：全日照。
- 温　度：生长适温18℃~28℃。
- 土　壤：喜肥沃、湿润的土壤为佳。
- 水　分：喜湿润。

形态特征　常绿灌木或中乔木。叶革质，椭圆形或倒卵状椭圆形，先端钝或略尖，基部阔楔形，发亮。总状花序，雌雄花均在一个花序上。蒴果。

应用　可修剪成球形盆栽，装饰门廊；因其枝叶细密、隔因防尘效果较佳，是式矿区绿化的优良材料。

学名| *Liquidambar formosana*

枫香

别名：枫树、枫仔
科属：金缕梅科枫香树属

- 原产地：我国长江流域及其以南地区；越南、老挝、朝鲜半岛也有分布。
- 繁　殖：播种、扦插。
- 花果期：花期3~4月，果10月成熟。
- 日　照：全日照。
- 温　度：生长适温16℃~28℃。
- 土　壤：不择土壤。
- 水　分：喜湿润，也耐旱。

形态特征 高大乔木，株高可达40米。树冠广卵形或略扁平。叶常为掌状三裂，基部心形或截形，裂片先端尖，缘有锯齿。雌雄同株，雄花序短穗状，雌花序头状，单生叶腋。聚合果球形。

应用 株型挺拔，叶片秋季转红，园林中常用作风景树或行道树，也可用作庭荫树种。

学名| *Loropetalum chinense var. rubrum*

红继木

别名：红花继木
科属：金缕梅科继木属

- 原产地：我国湖南；日本及印度也有。
- 繁　殖：播种、扦插或压条。
- 花果期：花期4~5月，果期9~10月。
- 日　照：全日照。
- 温　度：生长适温15℃~28℃。
- 土　壤：喜疏松、肥沃的壤土。
- 水　分：喜湿润。

形态特征 常绿灌木或小乔木，株高4~9米。叶互生，革质，叶暗紫色，卵形或椭圆形，先端锐尖，全缘。花瓣4枚，紫红色线形。蒴果倒卵圆形。

应用 花叶俱美，常作灌木栽培，盆栽或制作盆景可用于阳台、客厅等处装饰，也是庭院绿化的优良植物。

别名：壳菜果
科属：金缕梅科壳菜果属

学名| *Mytilaria laosensis*

米老排

- **原产地**：我国广西、广东及云南；越南、老挝也有。
- **繁　殖**：播种。
- **花果期**：花期4~5月，果期10~11月。
- **日　照**：全日照。
- **温　度**：生长适温16℃~28℃。
- **土　壤**：不择土壤。
- **水　分**：喜湿润，耐旱。

形态特征 乔木，株高可达30米。单叶互生，革质，宽卵形或近圆形，全缘或幼叶三裂，先端短尖，基部心形，光亮。肉穗花序，花瓣白色，舌状线形。蒴果。

应用 株型挺拔，叶色光亮、美观，园林中常用作风景树或行道树。

学名 *Hippuris vulgaris*

科属：杉叶藻科杉叶藻属

杉叶藻

- 原产地：我国西藏、西南、西北至东北各地。
- 繁　殖：分株。
- 花果期：花果期6~9月。
- 日　照：全日照。
- 温　度：生长适温15℃~28℃。
- 土　壤：喜疏松的壤土。
- 水　分：生活在水中。

形态特征 多年生水草，根状茎匍匐，生于泥中，茎高20～60厘米，圆柱形，具关节。叶轮生，每轮6~12枚，线形，质软，全缘，先端钝，水平着生，生于水中的叶常较长。核果长圆形。

应用 株型美观，观赏性极佳。盆栽可用于阳台、窗台等处栽培或庭院水景绿化装饰；全株入药，具有镇咳、舒肝、凉血、止血、养阴、生津等功效。

科属：水鳖科水鳖属

学名 *Hydrocharis dubia*

水鳖

原产地：我国东北、华北、华东、华南、西南各省区；印度、越南、爪哇、菲律宾、伊里安岛、新几内亚、日本、澳大利亚也有。

繁　殖：分株。

花果期：花期6~11月。

日　照：全日照。

温　度：生长适温16℃~30℃。

土　壤：不择土壤。

水　分：生于水中。

形态特征 水生浮叶植物。雌雄同株，有时为雌雄异株。叶漂浮，有的沉水，卵状心形至宽卵形，先端钝圆至宽锐尖，基部多少心形或肾形，有时截形，稀肾形。花白色。果近球形。

应用 盆栽装饰阳台、窗台等，也适合用于庭院的水景装饰；园林中常用于水体绿化；叶可作鱼饵及猪饲料；入药可治疗妇女赤白带下。

学名| *Juncus effusus*

灯芯草

别名：秧草、水灯芯
科属：灯芯草科灯芯草属

- 原产地：我国吉林、辽宁、陕西、山西、湖北、湖南、江西、广西、广东、四川、贵州、云南、西藏。
- 繁　殖：分株、播种。
- 花果期：花果期7~10月。
- 日　照：全日照。
- 温　度：生长适温15℃~28℃。
- 土　壤：不择土壤。
- 水　分：喜湿润。

形态特征 多年生丛生草本，株高40~100厘米。茎直立，具纵条纹，质软，内部充满乳白色的髓。叶片退化为刺芒状。花序聚伞状，花灰黄色，花被片6。种子黄褐色，卵状长圆形。

应用 株型美观，适合公园、绿地或湿地等近水处栽培观赏；茎秆可用于编织；髓可作灯芯；入药，具有退热利尿、清心安神的功效。

科属：唇形科藿香属

学名 *Agastache rugosa 'Golden jubilee'*

金叶藿香

- 原产地：栽培种。
- 繁　殖：播种。
- 花果期：花期6~7月，果期10~11月。
- 日　照：全日照。
- 温　度：生长适温16℃~26℃。
- 土　壤：喜肥沃、排水良好的土壤。
- 水　分：喜湿润。

形态特征 多年生草本植物，株高50~100厘米。叶对生，卵形至长披针形，叶基部心形，先端渐尖或急尖，叶缘有钝齿。穗状花序，花冠蓝紫色或白色，二唇形，有薄荷香气。小坚果。

应用 全草具芳香，叶色金黄，观赏性佳，园林中常用于河岸、山石边、墙垣边或林下栽培观赏。

别名：五色草、洋紫苏
科属：唇形科鞘蕊花属

学名 *Coleus blumei*

彩叶草

- 原产地：印度尼西亚爪哇岛。
- 繁　殖：扦插、播种。
- 花果期：花期8~10月。
- 日　照：全日照。
- 温　度：生长适温15℃~30℃。
- 土　壤：喜疏松、肥沃的土壤。
- 水　分：喜湿润。

形态特征 多年生观叶草本，株高40~90厘米。叶对生，宽卵形或卵状心形，边缘有粗锯齿，叶背面常有绒毛。叶在绿色衬底上有紫、粉红、红、淡黄、橙等彩色斑纹。圆锥花序，花小，淡蓝或白色。

应用 盆栽可置于案几、窗台、阳台处栽培观赏，小盆栽适合案几美化；园林中常用于路边、花坛、林缘绿化或作镶边材料。

学名| *Glechoma hederacea 'Variegata'*

花叶活血丹

别名：金钱薄荷
科属：唇形科活血丹属

- 原产地：栽培种。
- 繁　殖：播种、分株或扦插。
- 花果期：花期5月。
- 日　照：全日照。
- 温　度：生长适温15℃~28℃。
- 土　壤：不择土壤。
- 水　分：喜湿润。

形态特征 常绿草性草本，株高10~20厘米。叶小，对生，肾形或肾圆形，叶缘具粗圆齿，叶缘有白色斑块。聚伞花序2~4花组成轮伞花状，花冠紫色。

应用 叶色美丽，具香气。盆栽可用来装饰阳台、窗台或植于庭院观赏；园林中可用于花坛、草地边缘栽培。

学名| *Glechoma longituba*

活血丹

别名：佛耳草、连金钱
科属：唇形科活血丹属

- 原产地：我国除青海、甘肃、新疆及西藏外，均有分布；俄罗斯及朝鲜也有。
- 繁　殖：播种、分株、扦插。
- 花果期：花期4~5月，果期5~6月。
- 日　照：全日照。
- 温　度：生长适温15℃~28℃。
- 土　壤：不择土壤。
- 水　分：喜湿润，也耐旱。

形态特征 多年生草本，具匍匐茎，节上生根，株高约30厘米。叶草质，下部叶较小，叶片心形或近肾形，上部叶较大，心形，先端急尖或钝三角形，基部心形，边缘具圆齿或粗锯齿状圆齿。轮伞花序通常2枚花，花冠淡蓝、蓝至紫色，下方具深色斑点。坚果。

应用 盆栽或悬吊装饰阳台、书房；也适合庭院的园路边栽培观赏；园林中常用于花境或做地被植物。

科属：唇形科野芝麻属

学名 *Lamium maculatum* 'Silver'

花叶野芝麻

- 原产地：栽培种。
- 繁　殖：扦插、分株。
- 花果期：花期7月，果期秋季。
- 日　照：全日照或半日照。
- 温　度：生长适温16~26℃。
- 土　壤：喜疏松、肥沃的壤土。
- 水　分：喜湿润。

形态特征 多年生草本，株高30~50厘米。叶狼圆形，先端尾状长尖，下部的叶基近截形，上部的叶基截状阔楔形，边缘具粗锯齿，叶上布有白色块斑。轮伞花序8~12花。花黄色

应用 叶色秀美，花色金黄。盆栽适合阳台、窗台、书房等处欣赏；园林中多用于路边、林下、山石边栽培观赏。

科属：唇形科薰衣草属

学名 *Lavandula dentata*

齿叶薰衣草

- 原产地：西班牙、法国。
- 繁　殖：播种、扦插。
- 花果期：花果期冬春季。
- 日　照：全日照。
- 温　度：生长适温15℃~25℃。
- 土　壤：喜疏松、排水良好的沙质壤土。
- 水　分：喜湿润。

形态特征 常绿灌木。丛生，株高约60厘米，全株被白色绒毛。叶对生，披针形，叶具锯齿，灰绿色。穗状花序，花小，具芳香，紫蓝色。

应用 株型小巧，叶色美观，多盆栽，可置于客厅、案几、窗台及卧室观赏。

学名| *Lavandula heterophylla*

甜蜜薰衣草

别名：甜薰衣草
科属：唇形科薰衣草属

- 原产地：狭叶薰衣草与齿叶薰衣草的杂交种。
- 繁　殖：播种、扦插。
- 花果期：花期2~5月，果期夏季。
- 日　照：全日照。
- 温　度：生长适温15℃~25℃。
- 土　壤：喜排水良好、肥沃的壤土。
- 水　分：喜湿润。

形态特征　常绿灌木，株高约60厘米。叶对生，狭披针形，叶的上部具锯齿，下部全缘，先端渐尖，基部楔形，灰绿色。穗状花序，淡蓝色，具芳香，管状。

应用　盆栽适合卧室、书房或阳台等处应用，也可用于点缀庭院的小路边或一隅；可用作香草茶，具有安神的功效。

学名| *Lavandula latifofia*

阔叶薰衣草

科属：唇形科薰衣草属

- 原产地：地中海地区。
- 繁　殖：播种、扦插。
- 花果期：花期6~8月，果期秋季。
- 日　照：全日照。
- 温　度：生长适温15℃~25℃。
- 土　壤：喜疏松、排水良好的壤土。
- 水　分：喜湿润。

形态特征　多年生草本，株高60厘米左右。全株被白色绒毛。叶对生，披针形，叶的中上部具锯齿，下部全缘，先端渐尖，基部楔形，灰绿色。穗状花序，蓝紫色，具芳香。

应用　盆栽适合卧室、书房或阳台等处栽培，也是点缀庭院的优良材料；花可用来制作花草茶或制作糕饼等。

别名：凤梨薄荷
科属：唇形科薄荷属

学名| *Mentha suaveolens 'Variegata'*

花叶薄荷

- 原产地：栽培种。
- 繁　殖：播种或扦插。
- 花果期：花期7~9月，果期秋季。
- 日　照：全日照。
- 温　度：生长适温15℃~22℃。
- 土　壤：不择土壤。
- 水　分：喜湿润。

形态特征 多年生常绿草本。叶对生，椭圆形至长圆形，叶绿色，叶缘具锯齿，边缘有乳白色色斑。花粉白色。

应用 叶色秀美，具芳香。盆栽用于阳台、窗台、案几等处装饰或用于庭宇绿化；园林中常用于林下、路边或花坛、花台栽培观赏。

别名：紫叶罗勒
科属：唇形科罗勒属

学名| *Ocimum basilicum 'Purple Ruffles'*

紫罗勒

- 原产地：栽培种。
- 繁　殖：播种。
- 花果期：花期4~9月，果期5~10月。
- 日　照：全日照。
- 温　度：生长适温18℃~28℃。
- 土　壤：不择土壤。
- 水　分：喜湿润。

形态特征 一年生草本，株高20厘米~80厘米。叶卵圆形至卵状长圆形，叶缘具不规则牙齿或近于全缘，叶紫色。总状花序顶生，花冠淡紫色。小坚果卵球形，黑褐色。

应用 叶色美观，可作观叶植物栽培。植于庭院一隅或路边，可赏可食；嫩叶可食用，叶片可泡制香草茶，也适合作调料使用。

学名/ *Origanum vulgare 'Aureum'*

金叶牛至

科属：唇形科牛至属

- 原产地：栽培种。
- 繁　殖：播种。
- 花果期：花期7~9月，果期10~12月。
- 日　照：全日照。
- 温　度：生长适温15℃~26℃。
- 土　壤：喜疏松、排水良好的壤土。
- 水　分：喜湿润。

形态特征　多年生草本，全株具芳香。叶片卵圆形或长圆状卵圆形，先端钝或稍钝，基部宽楔形至近圆形或微心形，全缘或有小锯齿，金黄色。花序呈伞房状圆锥花序，花冠紫红色或白色。小坚果卵圆形。

应用　叶色金黄，极为醒目，全草具芳香。盆栽可用于窗台、阳台有案头点缀；全株可以提取香油，亦可作香薷入药。

学名/ *Perilla frutescens*

紫苏

别名：香苏、白苏
科属：唇形科紫苏属

- 原产地：中国；缅甸、日本、朝鲜也有分布。
- 繁　殖：播种。
- 花果期：花期8~11月，果期8~12月。
- 日　照：全日照。
- 温　度：生长适温18℃~28℃。
- 土　壤：不择土壤。
- 水　分：喜湿润。

形态特征　一年生草本。叶对生，有长柄，叶边缘有小锯齿，叶面多皱纹，紫色或绿色。轮伞花序2花，花冠白色或紫色。坚果近球形。

应用　叶紫色者可作观赏植物栽培观赏，适合庭院的路边、墙垣等处栽培；茎、叶及子实入药，具有发汗、镇咳的作用；种子可榨油，叶可食用。

学名| *Rosmarinus officinalis*

迷迭香

别名：艾菊
科属：唇形科迷迭香属

- 原产地：欧洲及北非地中海沿岸。
- 繁　殖：扦插、播种。
- 花果期：花果期秋、冬。
- 日　照：全日照。
- 温　度：生长适温15℃~26℃。
- 土　壤：喜疏松、排水良好的壤土。
- 水　分：喜湿润。

形态特征　常绿多年生亚灌木，株高2米。叶常在枝上丛生，具极短的柄或无柄，叶片线形，全缘，革质，具光泽。花近无梗，对生，花萼蓝紫色。坚果。

应用　世界著名香料植物。盆栽适合阳台、窗台或明亮的案几上栽培观赏，也可用于庭院绿化；叶及着花短枝可提取芳香油。

学名| *Teucrium fruticans*

水果蓝

别名：灌丛石蚕
科属：唇形科香科属

- 原产地：地中海地区。
- 繁　殖：扦插。
- 花果期：花期春季。
- 日　照：全日照。
- 温　度：生长适温16℃~25℃。
- 土　壤：喜疏松、排水良好的壤土。
- 水　分：喜湿润。

形态特征　常绿小灌木，株高可达1.8米。叶对生，卵圆形，小枝四棱形，全株被白色绒毛。花小，淡紫色小花。

应用　株型美观，色泽淡雅。盆栽适合用于阳台、客厅、书房等处装饰，也是庭院绿化的良材；园林中多用于路边、山石边栽培观赏。

学名/ *Cinnamomum kotoense*

兰屿肉桂

别名：平安树、红头屿肉桂
科属：樟科樟属

- 原产地：我国台湾兰屿。
- 繁　殖：扦插、播种、高压。
- 花果期：花期冬季，果期6~9月。
- 日　照：全日照或半日照。
- 温　度：生长适温20℃~30℃。
- 土　壤：喜疏松肥沃、排水良好、富含有机质的酸性沙壤土。
- 水　分：喜湿润。

形态特征 常绿小乔木，株高可达10~15米。叶片对生或近对生，卵形或卵状长椭圆形，先端尖，厚革质。叶片硕大，表面亮绿色，未见花。果卵球形。

应用 株型美观，叶色翠绿，为我国常见的观叶植物。多室内盆栽养护，可置于客厅、宾馆大厅、客房及办公室或会议室装饰。

别名：钝叶桂、大叶山桂
科属：樟科樟属

学名| *Cinnamomum obtusifolium*

钝叶樟

- 原产地：我国广东、广西、云南。
- 繁　殖：播种、扦插。
- 花果期：花期夏季，果期秋季。
- 日　照：全日照。
- 温　度：生长适温20℃~28℃。
- 土　壤：不择土壤。
- 水　分：喜湿润。

形态特征 常绿乔木，株高可达15米。树皮灰褐色至黑褐色，具樟脑香气。枝常对生，近四棱形。叶对生，革质，叶片长椭圆形。圆锥花序，花黄绿色。果实椭圆形。

应用 叶型奇特，观赏性强。大型盆栽适合厅堂或门廊两侧点缀观赏；树皮入药，具有温中散寒、理气止痛的功效。

学名| *Christia vespertilionis*

蝙蝠草

别名：蝴蝶草、飞机草
科属：豆科蝙蝠草属

- **原产地：**我国广东、海南及广西。
- **繁　殖：**播种。
- **花果期：**花期3~5月，果期10~12月。
- **日　照：**全日照。
- **温　度：**生长适温20℃~28℃。
- **土　壤：**不择土壤。
- **水　分：**喜湿润，耐旱。

形态特征　多年生草本，株高60~120厘米。叶通常为单小叶，稀有3小叶，小叶近革质，灰绿色，顶生小叶菱形或长菱形或元宝形，先端宽而截平，基部略呈心形；侧生小叶倒心形或倒三角形，先端截平，基部楔形或近圆形。总状花序顶生或腋生，有时组成圆锥花序，花冠黄白色。荚果。

应用　叶型奇特，多盆栽用于观赏；全草入药，可用于肺结核、虫蛇咬伤的治疗；叶外敷可治跌打损伤。

学名| *Codariocalyx motorius*

跳舞草

别名：舞草
科属：豆科舞草属

- **原产地：**我国福建、广东、广西、江西、四川、贵州、云南及台湾；东南亚也有。
- **繁　殖：**播种或扦插。
- **花果期：**花期7~9月，果期10~11月。
- **日　照：**全日照。
- **温　度：**生长适温16℃~28℃。
- **土　壤：**喜疏松、排水良好的壤土。
- **水　分：**喜湿润。

形态特征　直立小灌木，株高可达1.5米。叶为三出复叶，侧生小叶小或缺而仅具单小叶，顶生小叶长椭圆形或披针形，先端圆或急尖，基部钝或圆。圆锥花序或总状花序顶生或腋生，花冠紫红色。荚果。

应用　在温度适宜时，侧生的线形小叶会按椭圆形轨道舞动，为良好的科普教材，多盆栽用于窗台、阳台栽培观赏。

别名：长喙花生
科属：豆科蔓花生属

学名| *Arachis duranensis*

蔓花生

- 原产地：亚洲热带及南美洲。
- 繁　殖：扦插。
- 花果期：花期春季至秋季。
- 日　照：全日照。
- 温　度：生长适温20℃~30℃。
- 土　壤：不择土壤。
- 水　分：喜湿润。

形态特征 多年生宿根草本植物，枝条呈蔓性，株高10~15厘米。叶互生，倒卵形，全缘。花为腋生，蝶形，金黄色。荚果。

应用 叶型叶色均佳，花期长，终年常绿，适合庭院的路边、墙边绿化；园林中应用广泛，常用做地被植物。

别名：金叶绿元宝
科属：豆科栗豆树属

学名| *Castanospermum australe cv.*

金叶栗豆树

- 原产地：栽培种。
- 繁　殖：播种。
- 花果期：花期春夏。
- 日　照：半日照。
- 温　度：生长适温22℃~30℃。
- 土　壤：喜疏松、肥沃的沙质壤土。
- 水　分：喜湿润。

形态特征 常绿阔叶乔木。一回奇数羽状复叶，小叶呈长椭圆形，近对生，全缘，革质有光泽，叶金黄色。种球自基部萌发，如鸡蛋般大小，革质肥厚，宿存盆土表面。圆锥花序生于枝杆上，小花橙黄色。

应用 叶色金黄，极美丽，观叶、观果均佳，多盆栽，可用于书桌、案头、窗台等摆放观赏。

学名| *Trifolium repens*

白三叶草

别名：白车轴草
科属：豆科车轴草属

- 原产地：欧洲及北非。
- 繁　殖：播种、分株。
- 花果期：花果期5~10月。
- 日　照：全日照。
- 温　度：生长适温12℃~25℃。
- 土　壤：不择土壤。
- 水　分：喜湿润，较耐旱。

形态特征 多年生草本。掌状三出复叶，小叶倒卵形至近圆形，先端凹至钝圆，基部楔形渐窄至小叶柄。花序球形，花冠白色、乳黄色或淡红色，具香气。荚果长圆形。

应用 叶色美观，常作地被植物栽培，适合公园、绿地等处植于路边、山石边栽培观赏；全全草为优良的饲料。

科属：豆科刺桐属

学名| *Erythrina variegata var. picta*

金脉刺桐

- 原产地：栽培种。
- 繁　殖：扦插。
- 花果期：花期3月，果期8月。
- 日　照：全日照。
- 温　度：生长适温22℃~30℃。
- 土　壤：喜疏松、肥沃的壤土。
- 水　分：喜湿润，耐旱。

形态特征 高大落叶乔木，株高可达20米。树干具粗刺。叶为三出羽状复叶，互生，小叶平滑，近菱形，叶脉金黄色。总状花序生于枝头，花蝶形，红色。荚果。

应用 叶色美观，花美丽。大型盆栽适合厅堂或门廊处摆放观赏；园林中常孤植或列植栽培。

别名：感应草、喝呼草
科属：豆科含羞草属

学名| *Mimosa pudica*

含羞草

- 原产地：南美热带地区。
- 繁　殖：播种。
- 花果期：花期3~10月，果期5~11月。
- 日　照：全日照。
- 温　度：生长适温18℃~30℃。
- 土　壤：不择土壤。
- 水　分：喜湿润，较耐旱。

形态特征 多年生草本植物，株高30~50厘米。叶互生，具二回羽状复叶，小叶矩圆形。基部膨大成叶枕，具钩刺及倒生刺毛。头状花序，花较小、粉红色。荚果。

应用 叶片一被触动即闭合而下垂，极为奇特。盆栽用于书桌或案几上点缀，也适合植于庭院的小路边、窗前观赏，是科普教育的良好材料；全株入药，具有安神镇静的功效。

学名| *Pterocarpus indicus*

紫檀

别名：印度紫檀
科属：豆科紫檀属

原产地：印度、马来西亚。
繁　殖：播种。
花果期：花期春末夏初。
日　照：全日照。
温　度：生长适温22℃~32℃。
土　壤：不择土壤。
水　分：喜湿润，也耐旱。

形态特征 落叶大乔木，高20米。叶互生，奇数羽状复叶，下垂，小叶互生，卵形，先端锐尖，基部钝形，革质，全缘。总状花序或圆锥花序腋生，花金黄色，蝶形，有香味。荚果，扁圆形，褐色。

应用 园林中常作为园景树或行道树；材质优良，为优良的建筑、乐器及家具用材；树脂可药用，名贵木材。

学名| *Samanea saman*

雨树

别名：雨豆树、伊蓓树
科属：豆科雨树属

原产地：热带美洲、西印度群岛。
繁　殖：播种、扦插。
花果期：春至秋开花，果期夏、秋。
日　照：全日照。
温　度：生长适温22℃~30℃。
土　壤：喜疏松、肥沃的壤土。
水　分：喜湿润、耐旱。

形态特征 落叶大乔木，株高可达20米。叶互生，二回偶数羽状复叶，小叶对生，歪卵状长椭圆形。头状花序于枝端腋出，花丝前端淡红色。荚果扁平。

应用 是著名的庭荫树种及风景树种。于庭院栽培观赏；适合草坪中、路边孤植或列植观赏；果味甜，牛喜食；叶可作饲料。

科属：豆科三叶草属　　学名| *Trifolium repens 'Purpurascens Quadrifolium'*

紫叶三叶草

- 原产地：栽培种。
- 繁　殖：播种、分株。
- 花果期：花果期5~10月。
- 日　照：全日照。
- 温　度：生长适温12℃~25℃。
- 土　壤：喜疏松、排水良好的壤土。
- 水　分：喜湿润。

形态特征　多年生草本。掌状三出复叶，小叶倒卵形至近圆形，先端凹至钝圆，基部楔形渐窄至小叶柄，叶面紫色。花序球形，花冠白色，具香气。荚果长圆形。

应用　盆栽适合案头摆放，也是庭院路边或山石边绿化的优良材料；园林中常用做地被或镶边材料。

学名| *Agave angustifolia 'Marginata'*

银边狭叶龙舌兰

别名：白缘龙舌兰
科属：百合科龙舌兰属

- 原产地：栽培种。
- 繁　殖：分株。
- 花果期：花期6~7月。
- 日　照：全日照。
- 温　度：生长适温22℃~32℃。
- 土　壤：喜排水良好、肥沃的沙质壤土。
- 水　分：喜干燥。

形态特征 多年生常绿草本。茎短，叶片莲座状着生于茎的基部，倒披针形，厚肉质，灰绿色，较窄，边缘白色；叶缘具硬刺尖。顶生圆锥花序，花朵黄绿色。蒴果长椭圆形。

应用 株型美观，奇特，为大型观叶植物。盆栽用于布置阳台、客厅或用于庭院绿化。

学名| *Agave attenuate*

狐尾龙舌兰

别名：初绿、翡翠盘
科属：百合科龙舌兰属

- 原产地：墨西哥。
- 繁　殖：分株。
- 花果期：不详。
- 日　照：全日照。
- 温　度：生长适温22℃~32℃。
- 土　壤：喜疏松的沙质壤土。
- 水　分：喜干燥。

形态特征 多年生常绿草本，茎短，叶片莲座状着生于茎的基部，叶宽披针形，中间较宽，叶肉质，绿色，叶缘具尖刺，叶尖端微反折。顶生圆锥花序。蒴果。

应用 株型紧凑、美观，叶色青翠。大盆可用于阳台、客厅等美化，小盆栽适合书桌或案几上摆放观赏，也可植于庭院一隅欣赏。

科属：百合科龙舌兰属

学名| *Agave desmettiana 'Variegata'*

金边礼美龙舌兰

- 原产地：墨西哥。
- 繁　殖：分株。
- 花果期：不详。
- 日　照：全日照。
- 温　度：生长适温22℃~32℃。
- 土　壤：喜疏松的沙质壤土。
- 水　分：喜干燥。

形态特征 多年生常绿草本，茎短，叶片莲座状着生于茎的基部，叶宽披针形，中间较宽，叶肉质，灰白色，边绿色，靠近边缘处有金色条纹，叶缘具刺，叶反折。顶生圆锥花序。蒴果。

应用 叶色淡雅，有极佳的观赏性。大型盆栽用于阳台、客厅、餐厅等美化，幼株可用于书桌、电脑台或案几上摆放观赏。

科属：百合科龙舌兰属

学名| *Agave neglecta*

劲叶龙舌兰

- 原产地：美洲。
- 繁　殖：分株为主。
- 花果期：不详。
- 日　照：全日照。
- 温　度：生长适温2℃~30℃。
- 土　壤：喜疏松、排水良好的沙质壤土。
- 水　分：喜干燥。

形态特征 多年生草本，茎短，叶片莲座状着生于茎的基部，叶宽披针形，中间较宽，叶肉质，绿色，叶缘具刺，叶稍弯。顶生圆锥花序。蒴果。

应用 株型美观，叶大翠绿。大型盆栽可用于阶旁、阳台或门廊等处装饰，幼株可置于案头或书桌等处欣赏。

学名| *Agave sisalana*

剑麻

别名：菠萝麻、水丝麻
科属：百合科龙舌兰属

- 原产地：墨西哥。
- 繁　殖：分株。
- 花果期：花期秋冬季。
- 日　照：全日照。
- 温　度：生长适温20℃~30℃。
- 土　壤：喜疏松、排水良好的沙质壤土。
- 水　分：喜湿润，耐旱。

形态特征　多年生植物。叶呈莲座式排列，叶刚直，肉质，剑形，初被白霜，后脱落呈深蓝色，高可达2米。叶缘无刺或偶尔具刺。圆锥花序，高可达6米，花黄绿色，不结实。蒴果。

应用　世界著名的纤维植物，可做绳缆、帆布、高级纸张等原料；植株含甾体皂苷元，是制药工业的重要原料。

学名| *Agave stricta*

吹上

别名：直叶龙舌兰
科属：百合科龙舌兰属

- 原产地：墨西哥。
- 繁　殖：分株为主。
- 花果期：不详。
- 日　照：全日照或半日照。
- 温　度：生长适温18℃~30℃。
- 土　壤：喜疏松、肥沃的沙质壤土。
- 水　分：喜干燥。

形态特征　多年生植物，无茎，叶质硬，放射状从基部发出，线形，基部呈三角形，表面粗糙，顶部具尖刺，叶灰绿色。

应用　株型奇特，叶片刚直，盆栽可用于厅堂、卧室及阳台等处摆放观赏。

别名：螺旋草、哨兵花
科属：百合科弹簧草属

学名 *Albuca humilis*

弹簧草

- 原产地：南非。
- 繁　殖：播种或分株。
- 花果期：花期春季，果期秋季。
- 日　照：全日照。
- 温　度：生长适温20℃~28℃。
- 土　壤：喜疏松、肥沃的沙质壤土。
- 水　分：喜湿润。

形态特征 多年生肉质植物，具鳞茎，鳞茎圆形或不规则。叶肉质，由鳞茎顶部抽生而出，线形或带状，先直立生长，后扭曲盘旋生长。总状花序，小花黄绿色。

应用 叶型奇特，为优良的盆栽观叶植物，常用于窗台、阳台或案几上摆放欣赏。

别名：树芦荟
科属：百合科芦荟属

学名 *Aloe arborescens*

木立芦荟

- 原产地：南非。
- 繁　殖：分株、扦插。
- 花果期：花期春至夏。
- 日　照：全日照。
- 温　度：生长适温20℃~30℃。
- 土　壤：不择土壤。
- 水　分：喜湿润。

形态特征 多年生常绿肉质草本，茎常木质化。单叶围肉质茎呈莲座状簇生，叶片长披针形，叶缘具刺，绿色，叶鞘包茎，闭鞘，成株有叶叶片15~20枚。圆锥花序，小花橘红色。

应用 习性强健，株型美观，常用于多肉专类园，盆栽可用于阳台、窗台栽培观赏；加工后、食用，可制成生粉、饮料、茶等食用，也可入药。

学名 *Aloe bainesii*

科属：百合科芦荟属

贝恩斯芦荟

- 原产地：南非。
- 繁　殖：分株、扦插、播种。
- 花果期：花期春季，果期秋季。
- 日　照：全日照。
- 温　度：生长适温18℃~28℃。
- 土　壤：喜疏松、排水良好的沙质土壤。
- 水　分：喜干燥。

形态特征 多年生灌木或小乔木，株高可达18米，具分枝。叶肉质，呈莲座状簇生，集生于茎顶，边缘具刺。花葶从叶丛中抽出，花玫瑰红色，蒴果。

应用 株型美观，叶青翠，幼株可盆栽用于阳台、窗台等处观赏。

别名：鬼切芦荟
科属：百合科芦荟属

学名/*Aloe marlothii*

马氏芦荟

- 原产地：南非。
- 繁　殖：播种、扦插。
- 花果期：花期冬、春。
- 日　照：全日照。
- 温　度：生长适温20℃~30℃。
- 土　壤：喜疏松、排水良好的沙质壤土。
- 水　分：喜干燥。

形态特征 多年生植物，株高2~4米，有时可达6米，一般不分枝。叶肉质，多汁，簇生于茎顶，叶缘具齿，叶灰绿色。花序大型，花黄色，蒴果。

应用 株型美观，叶大秀美，花期长，为难得的观叶、观花植物。盆栽用于阶前、阳台或室内绿化。

别名：高尚芦荟
科属：百合科芦荟属

学名/*Aloe nobilis*

不夜城芦荟

- 原产地：非洲。
- 繁　殖：分株。
- 花果期：花期冬末至早春。
- 日　照：全日照。
- 温　度：生长适温20℃~28℃。
- 土　壤：喜肥沃和排水良好的沙壤土。
- 水　分：喜湿润，也耐旱。

形态特征 多年生肉质草本植物，株高30~50厘米。肉质叶披针形，轮状互生，叶缘有淡黄色锯齿状肉刺。松散的总状花序从叶丛上部抽出，小花筒形，橙红色。

应用 适宜作中、小型盆栽，点缀窗台、几架、桌案等处，南方也可露地栽培观赏。

学名| *Aloe vera*

芦荟

别名：库拉索芦荟
科属：百合科芦荟属

- 原产地：西印度群岛和巴巴多斯岛。
- 繁　殖：分株。
- 花果期：夏、秋开花。
- 日　照：全日照或半日照。
- 温　度：生长适温16℃~28℃。
- 土　壤：喜疏松、排水良好的沙质壤土。
- 水　分：喜干燥，忌水湿。

形态特征 多年生常绿草本，茎较短，叶簇生于茎顶，直立或近于直立，肥厚多汁，呈狭披针形，粉绿色，边缘有刺状小齿。花茎单生或稍分枝，总状花序疏散，黄色或有赤色斑点。

应用 叶色美观，可作观叶植物栽培。盆栽可用于阳台、窗台等处摆放；可炒食，需将皮去掉，不宜常食及过量食用；库拉索芦荟叶片入药，具有清热、通便、杀虫的功效。

学名| *Asparagus densiflorus*

非洲天门冬

别名：刺文竹、非洲天冬
科属：百合科天门冬属

- 原产地：非洲。
- 繁　殖：扦插、分株。
- 花果期：花期夏季，果期秋季。
- 日　照：全日照或半日照。
- 温　度：生长适温20℃~28℃。
- 土　壤：喜疏松、肥沃的微酸性壤土。
- 水　分：喜湿润。

形态特征 半灌木，多少攀缘，株高可达1米。叶状枝每3（1~5）枚成簇，扁平，条形，先端具锐尖头，茎上的鳞片状叶基部具长硬刺，分枝上无刺。总状花序，常具十几朵花，白色。浆果，红色。

应用 株型美观，叶色翠绿，盆栽可用于卧室、窗台、阳台及客厅装饰；也适合公园、绿地等绿化栽培。

学名| *Asparagus densiflorus 'Meyeri'*

狐尾武竹

别名：狐尾天门冬
科属：百合科天门冬属

- 原产地：栽培种。
- 繁　殖：扦插或分株。
- 花果期：花期夏季。
- 日　照：全光照。
- 温　度：生长适温22℃~28℃。
- 土　壤：不择土壤。
- 水　分：喜湿润。

形态特征 多年生草本植物，株高30~70厘米。植株丛生，呈放射状，茎直立，圆筒状，稍弯曲。叶片细小呈鳞片状或柄状，鲜绿色。小花白色，具清香。浆果。

应用 株型秀美，枝条柔软可爱。盆栽用于布置厅堂、卧室、阳台等处装饰或用于庭绿化；切叶可作为插花配材。

学名| *Asparagus filicinus*

羊齿天门冬

别名：滇百部
科属：百合科天门冬属

- 原产地：我国山西、河南、陕西、甘肃、湖北、浙江、四川、贵州及云南；缅甸、不丹及印度也有。
- 繁　殖：播种、扦插。
- 花果期：花期5~7月，果期8~9月。
- 日　照：全日照或半日照。
- 温　度：生长适温16℃~26℃。
- 土　壤：喜疏松、排水良好的壤土。
- 水　分：喜湿润。

形态特征 直立草本，通常高50~70厘米。叶状枝每5~8枚成簇，扁平，镰刀状，鳞片状叶基部无刺。花每1~2朵腋生，淡绿色，有时稍带紫色。浆果。

应用 株型美观、飘逸，观赏性较强。盆栽用于阳台、天台或庭院装饰。

学名| *Asparagus mgriocladus*

蓬莱松

别名：松叶武竹
科属：百合科天门冬属

- 原产地：南非。
- 繁　殖：播种、扦插。
- 花果期：花期7~8月，果期秋季。
- 日　照：全日照。
- 温　度：生长适温为18℃~28℃。
- 土　壤：喜疏松，肥沃排水良好的土壤。
- 水　分：喜湿润。

形态特征 多年生常绿草本植物，株高30~60厘米。叶鳞片状或刺状，新叶鲜绿色。花淡红色，浆果。

应用 株型秀丽，姿态雅致，常盆栽观赏，可陈设于室内书房、客厅等处，暖地也可布置花坛、墙垣边或山石旁。

学名| *Asparagus setaceus*

文竹

别名：云片竹、山草
科属：百合科天门冬属

- 原产地：南非。
- 繁　殖：播种、分株。
- 花果期：花期6~7月，果期秋季。
- 日　照：半日照。
- 温　度：生长适温22℃~28℃。
- 土　壤：喜富含腐殖质，排水良好的沙质壤土。
- 水　分：喜湿润。

形态特征 多年生草本植物，株高可达数米。茎光滑柔细，呈攀缘状，分枝极多。叶纤细，水平开展，叶小，真叶退化为鳞片或刺。花小，两性，白色。浆果球形，紫黑色。

应用 株型美观，为我国常见的观叶植物，多盆栽，适合阳台、窗台、卧室、客厅及案几上摆放观赏，也可供壁饰、吊盆室内装饰。

别名：一叶兰、苞米兰
科属：百合科蜘蛛抱蛋属

学名| *Aspidistra elatior*

蜘蛛抱蛋

- 原产地：我国南方各地有栽培。
- 繁　殖：分株。
- 花果期：花期4~5月。
- 日　照：半日照。
- 温　度：生长适温18℃~28℃。
- 土　壤：喜排水良好、肥沃的沙质壤土。
- 水　分：喜湿润。

形态特征　多年生常绿草本植物。叶单生，矩圆形披针形、披针形至近椭圆形，先端渐尖，基部楔形。花单生，花钟状，紧附地面，褐紫色。

应用　叶型美观，终年常绿。盆栽适合阳台、客厅或书房等处摆放观赏，也可地栽于庭院一隅欣赏；根茎入药，可活血通络、泄热利尿的功效。

科属：百合科蜘蛛抱蛋属

学名| *Aspidistra elatior 'Ginga'*

狭叶星点蜘蛛抱蛋

- 原产地：栽培种。
- 繁　殖：分株。
- 花果期：花期4~5月。
- 日　照：半日照。
- 温　度：生长适温18℃~28℃。
- 土　壤：喜排水良好、肥沃的沙质壤土。
- 水　分：喜湿润。

形态特征　多年生常绿草本植物。叶单生，矩圆形披针形，叶片较原种狭窄，先端渐尖，基部楔形，叶面布有白色斑点。花单生，花钟状，紧附地面，褐紫色。

应用　叶型飘逸，终年常绿。常盆栽用于室内稍蔽荫的阳台、卧室、书房等处观赏。

学名| *Aspidistra elatior 'Variegata'*

白纹蜘蛛抱蛋

别名：白纹一叶兰
科属：百合科蜘蛛抱蛋属

- 原产地：栽培种。
- 繁　殖：分株。
- 花果期：花期4~5月。
- 日　照：半日照。
- 温　度：生长适温18℃~28℃。
- 土　壤：喜排水良好、肥沃的沙质壤土。
- 水　分：喜湿润。

形态特征 多年生常绿草本。叶单生，矩圆形披针形、披针形至近椭圆形，先端渐尖，基部楔形，叶片具白色条纹。花单生，花钟状，紧附地面，褐紫色。

应用 株型美观，叶色淡雅，终年常绿，为优良的观叶植物。盆栽可用于阳台、客厅、卧室等处装饰；园林中常植于路边、山石边欣赏。

学名| *Chlorophytum capense 'Variegatum'*

银边草

科属：百合科吊兰属

- 原产地：西非。
- 繁　殖：分株。
- 花果期：花期夏季。
- 日　照：半日照。
- 温　度：生长适温20℃~28℃。
- 土　壤：喜疏松、肥沃的沙质壤土。
- 水　分：喜湿润。

形态特征 多年生常绿草本，根状茎短。叶剑形，绿色，边缘白色，两边稍变狭。花葶比叶长，常直立，具多枝的圆锥花序，花序末端不具叶簇或幼小植株。

应用 叶型飘逸，株型美观多盆栽。适合、窗台、客厅及案头等处摆放观赏，也适合庭院的假山石边、路边绿化。

科属：百合科芦荟属

学名/ *Aloe castanea*

猫尾芦荟

- 原产地：南非。
- 繁　殖：播种、扦插、分株。
- 花果期：花期冬季，果期春季。
- 日　照：全日照。
- 温　度：生长适温20℃~30℃。
- 土　壤：喜疏松、肥沃的沙质壤土。
- 水　分：喜干燥。

形态特征 多年生灌木状或小乔木，株高可达3.5米或更高。叶肉质，大型，长可达1米以上，叶簇生于茎顶，边缘具锯齿，灰绿色。

应用 株型美观，叶大奇特。幼株可盆栽用于客厅、卧室或案头装饰。

学名| *Cordyline fruticosa 'Miss Andrea'*

科属：百合科朱蕉属

安德烈小姐朱蕉

- 原产地：栽培种。
- 繁　殖：扦插或高压。
- 花果期：花期秋末至翌年春季。
- 日　照：全日照。
- 温　度：生长适温20℃~28℃。
- 土　壤：喜疏松、排水良好的沙质土壤。
- 水　分：喜湿润。

形态特征 多年生灌木状植物，茎木质，具环状叶痕。叶聚生于叶的上部，具柄，宽卵形，叶暗绿色，上有黄、白及褐色条纹。圆锥花序，浆果。

应用 叶大，色泽美观，观赏性佳。常盆栽，适合卧室、客厅、书房、餐厅等装饰，也适合庭院绿化。

学名| *Cordyline fruticosa 'Red Edge'*

科属：百合科朱蕉属

红边黑叶朱蕉

- 原产地：栽培种。
- 繁　殖：扦插或高压。
- 花果期：花期秋末至翌年春季。
- 日　照：全日照或半日照。
- 温　度：生长适温20℃~28℃。
- 土　壤：喜疏松、肥沃的沙质壤土。
- 水　分：喜湿润。

形态特征 多年生灌木状植物，茎木质，具环状叶痕。叶聚生于叶的上部，具柄，长卵形，先端尖，叶暗褐色，叶缘常绿色。圆锥花序，浆果。

应用 为优良的彩叶树种。盆栽可用于客厅、卧室、餐厅等装饰，小盆栽可用于案几点缀。

别名：挂兰、垂盆草
科属：百合科吊兰属

学名/ *Chlorophytum comosum*

吊兰

- 原产地：南非。
- 繁　殖：分株、走茎上的小植株。
- 花果期：花期春夏。
- 日　照：半日照。
- 温　度：生长适温20℃~28℃。
- 土　壤：喜肥沃、疏松、排水良好的土壤。
- 水　分：喜湿润。

形态特征 多年生常绿草本植物。根状茎短，具簇生的圆柱形肉质须根。叶片基生，条形至长披针形，全缘或略具波状，绿色。叶丛中抽生出走茎，花后形成匍匐茎。总状花序，花小，白色，簇生于顶端。

应用 株型美观，走茎上悬吊的小植株极为奇特。盆栽适合卧室、窗台、阳台等栽培观赏，也可吊挂栽培用于室内装饰；民间取全草煎服，可治声音嘶哑。

学名 *Chlorophytum comosum 'Variegatum'*

银边吊兰

别名：银边挂兰
科属：百合科吊兰属

- 原产地：栽培种。
- 繁　殖：分株、走茎上的小植株。
- 花果期：花期春夏。
- 日　照：半日照。
- 温　度：生长适温20℃~28℃。
- 土　壤：喜肥沃、疏松、排水良好的土壤。
- 水　分：喜湿润。

形态特征 多年生常绿草本植物，具簇生的圆柱形肉质须根。叶片基生，条形至长披针形，全缘或略具波状，叶边缘白色。叶丛中抽生出走茎，花后形成匍匐茎。总状花序，花白色，簇生于顶端。

应用 叶片清秀美观，多盆栽，可用于卧室、客厅、客台及案几上摆放观赏，也可吊挂栽培。

学名 *Cordyline fruticosa*

朱蕉

别名：铁树
科属：百合科朱蕉属

- 原产地：原产地不详，我国有栽培。
- 繁　殖：扦插或高压。
- 花果期：花期11月至翌年3月。
- 日　照：全日照或半日照。
- 温　度：生长适温20℃~28℃。
- 土　壤：不择土壤，以疏松、肥沃的壤土为佳。
- 水　分：喜湿润。

形态特征 多年生常绿灌木状植物，株高1~3米。叶聚生于茎或枝的上端，矩圆形至矩圆状披针形，绿色或带紫红色。圆锥花序，花淡红色、青紫色至黄色。浆果。

应用 大型盆栽装饰厅堂或阶前美化，小盆栽装饰书桌、餐桌等处；园林中多用于路边、墙垣边栽培观赏；广西民间曾用于治咯血、尿血及菌痢等症。

别名：红叶朱蕉
科属：百合科朱蕉属

学名| *Cordyline fruticosa 'Aichiaka'*

亮叶朱蕉

- 原产地：栽培种。
- 繁　殖：扦插或高压。
- 花果期：花期11月至翌年3月。
- 日　照：全日照或半日照。
- 温　度：生长适温20℃~28℃。
- 土　壤：喜疏松、肥沃的壤土为佳。
- 水　分：喜湿润。

形态特征 多年生常绿灌木状植物，株高1~3米。叶聚生于茎或枝的上端，矩圆形至矩圆状披针形，新叶红色，老叶暗红色。圆锥花序，花淡红色、青紫色至黄色。浆果。

应用 叶色美观，株型挺拔，盆栽用于客厅、阳台或门廊两侧等处装饰，也适合用于庭院绿化；公园、绿地等路边、草地边缘常见栽植。

科属：百合科朱蕉属

学名| *Cordyline fruticosa 'Dreamy'*

梦幻朱蕉

- 原产地：栽培种。
- 繁　殖：扦插或高压。
- 花果期：花期秋末至翌年春。
- 日　照：全日照或半日照。
- 温　度：生长适温20℃~28℃。
- 土　壤：喜疏松、肥沃的沙质壤土。
- 水　分：喜湿润。

形态特征 多年生灌木状植物，茎木质，具环状叶痕。叶聚生于叶的上部，具柄，叶长卵形，叶暗绿色，上有暗红色条纹，新叶白色，上有红色条斑。圆锥花序，浆果。

应用 株型美观，叶色鲜艳，为优良的观叶植物。盆栽可用于阳台、客厅装饰，幼株适合案几或书桌等处摆放观赏。

学名| *Chlorophytum comosum 'Picturautm'*

别名：银心挂兰
科属：百合科吊兰属

银心吊兰

- 原产地：栽培种。
- 繁　殖：分株、走茎上的小植株。
- 花果期：花期春夏。
- 日　照：半日照。
- 温　度：生长适温20℃~28℃。
- 土　壤：喜肥沃、疏松、排水良好的土壤。
- 水　分：喜湿润。

形态特征 多年生常绿草本植物，具簇生的圆柱形肉质须根。叶片基生，条形至长披针形，全缘或略具波状，叶中心具白色条纹。叶丛中抽生出走茎，花后形成匍匐茎。总状花序，花白色，簇生于顶端。

应用 叶色美观，比原种观赏性更佳，常盆栽用于卧室、客厅、客台及案几上摆放观赏，也可吊挂栽培。

科属：百合科朱蕉属

学名| *Cordyline fruticosa 'Dolly'*

朱蕉娃娃

- 原产地：栽培种。
- 繁　殖：扦插或高压。
- 花果期：花期秋末至翌年春季。
- 日　照：全日照或半日照。
- 温　度：生长适温20℃~28℃。
- 土　壤：喜疏松、肥沃的沙质壤土。
- 水　分：喜湿润。

形态特征　多年生灌木状植物，茎木质，具环状叶痕，株型较矮。叶聚生于叶的上部，叶柄短，叶宽卵形，先端尖，叶暗红色或暗绿色。圆锥花序，浆果。

应用　株型矮小，叶色美观，为优良的观叶植物。盆栽可用于客厅、阳台、窗台及卧室等摆放观赏。

科属：百合科山菅属

学名| *Dianella ensifolia 'Marginata'*

金线山菅兰

- 原产地：栽培种。
- 繁　殖：分株、根茎或播种。
- 花果期：花果期3~8月。
- 日　照：全日照或半日照。
- 温　度：生长适温18℃~30℃。
- 土　壤：喜疏松、排水良好的壤土。
- 水　分：喜湿润。

形态特征　多年生常绿草本。叶狭条状披针形，基部稍收狭成鞘状，套迭或抱茎，边缘具锯齿，叶片具金色条纹。圆锥花序，花多朵，绿白色、淡黄色到青紫色。浆果。

应用　株型美观，叶色秀丽，园林中常用于林下、园路边、山石边栽培观赏，也适合庭院绿化。盆栽可用于阳台、天台等处绿化。

学名| *Dianella ensifolia 'White Variegated'*

科属：百合科山菅属

银边山菅兰

- 原产地：栽培种。
- 繁　殖：分株、根茎或播种。
- 花果期：花果期3~8月。
- 日　照：全日照或半日照。
- 温　度：生长适温18℃~30℃。
- 土　壤：喜疏松、排水良好的沙质壤土。
- 水　分：喜湿润。

形态特征　多年生常绿草本，株高可达1~2米。叶狭条状披针形，基部稍收狭成鞘状，套迭或抱茎，边缘具锯齿，叶片边缘白色，叶中常具白色条纹。圆锥花序，花多朵，绿白色、淡黄色到青紫色。浆果。

应用　盆栽用于室内及阳台栽培欣赏，或用于庭院的路边、山石边绿化；适合公园、风景区水岸边、山石边或路边栽培观赏。

学名| *Dracaena angustifolia*

别名：长花龙血树、番仔林投
科属：百合科龙血树属

龙血树

- 原产地：我国广东、台湾及云南；东南亚广布。
- 繁　殖：扦插、播种。
- 花果期：花期3~5月，果期6~8月。
- 日　照：全日照。
- 温　度：生长适温20℃~28℃。
- 土　壤：不择土壤。
- 水　分：喜干燥。

形态特征　灌木状，株高1~3米。茎不分枝或稍分枝，有环状叶痕。叶生于茎上部或近顶端，条状倒披针形。圆锥花序，花簇生或单生，绿白色。浆果。

应用　叶色翠绿挺拔，盆栽适合大型厅堂或门廊两侧摆放欣赏；南方暖地可地栽于路边观赏。

别名：也门铁树
科属：百合科龙血树属

学名| *Dracaena arborea*

也门铁

- 原产地：热带雨林地区。
- 繁　殖：扦插、分株。
- 花果期：花期6~8月。
- 日　照：半日照。
- 温　度：生长适温22℃~30℃。
- 土　壤：不择土壤。
- 水　分：喜湿润。

形态特征 常绿小乔木，株高约2米。叶为宽条形，深绿色，无柄，叶绿色有光泽。伞形花序，花小，黄绿色。

应用 株型美观，习性强健，为优良观叶植物，常用于居室、宾馆厅堂绿化。

别名：海南龙血树
科属：百合科龙血树属

学名| *Dracaena cambodiana*

山海带

- 原产地：我国海南；越南、柬埔寨也有。
- 繁　殖：扦插、播种。
- 花果期：花期6~8月，果期秋、冬。
- 日　照：全日照或半日照。
- 温　度：生长适温18℃~30℃。
- 土　壤：喜肥沃壤、排水良好的沙质壤土。
- 水　分：喜湿润。

形态特征 小乔木，株高3~4米。叶色浓绿，叶呈长披线形，常聚生于茎、枝顶端，剑形，叶薄革质。圆锥花序，花绿白色或淡黄色。浆果球形。

应用 株型古朴美观，叶型飘逸，常盆栽，用于阳台、客厅及会议室等美化，幼株可用于书桌或案几等摆放观赏。

学名| *Dracaena deremensis 'Roehrs Gold'*

缟叶竹蕉

别名：金边竹蕉
科属：百合科龙血树属

- 原产地：栽培种。
- 繁　殖：扦插。
- 花果期：不详。
- 日　照：全日照或半日照。
- 温　度：生长适温20℃~28℃。
- 土　壤：喜肥沃壤、排水良好的沙质壤土。
- 水　分：喜湿润。

形态特征　常绿灌木状，株高约1米。叶剑形，先端尖，边缘黄色，叶间有白色纵纹，全缘。

应用　叶色美观，观赏性佳，多盆栽，适合客厅、卧室及阳台摆放观赏。

学名| *Dracaena deremensis 'Warneckii'*

银线竹蕉

别名：银线龙血树
科属：百合科龙血树属

- 原产地：栽培种。
- 繁　殖：扦插。
- 花果期：不详。
- 日　照：全日照或半日照。
- 温　度：生长适温22℃~28℃。
- 土　壤：喜肥沃壤、排水良好的沙质壤土。
- 水　分：喜湿润。

形态特征　常绿灌木状，株高约1米。叶剑形，先端尖，叶间有宽窄不一的银白色纵纹，全缘。

应用　株型美观，叶色淡雅，具有热带风情。盆栽可用于窗台、客厅、卧室及阳台摆放观赏，或用于庭院及园林绿化。

学名/ *Dracaena marginata*

千年木

别名：红边竹蕉
科属：百合科龙血树属

- 原产地：马达加斯加。
- 繁　殖：扦插。
- 花果期：不详。
- 日　照：全日照。
- 温　度：生长适温20℃~28℃。
- 土　壤：喜疏松、排水良好的壤土。
- 水　分：喜湿润。

形态特征 常绿灌木，株高达3米。叶片细长，新叶向上伸长，老叶下垂，叶中间绿色，叶缘有紫红色或鲜红色条纹。

应用 色泽艳丽，观赏性佳。大型盆栽可用于卧室、客厅等美化，小盆栽适合布置书桌、餐桌及案头。

学名/ *Dracaena reflexa*

百合竹

别名：曲叶龙血树
科属：百合科龙血树属

- 原产地：马达加斯加。
- 繁　殖：扦插。
- 花果期：花期春季。
- 日　照：全日照或半日照。
- 温　度：生长适温20℃~28℃。
- 土　壤：对土壤要求不严。
- 水　分：喜湿润，也耐旱。

形态特征 常绿灌木，株高可达9米。叶剑状披针形，无柄，革质富光泽，全缘。节间短，叶片密集。花序单生或分枝，小花白色。

应用 习性强健，株型美观，为常见栽培的观叶植物。盆栽可用于客厅、阳台等处观赏；常用于园林栽培。

学名| *Dracaena reflexa 'Song of Jamaica'*

科属：百合科龙血树属

金黄百合竹

- 原产地：栽培种。
- 繁　殖：扦插。
- 花果期：花期春季。
- 日　照：全日照或半日照。
- 温　度：生长适温20℃~28℃。
- 土　壤：喜疏松、肥沃的壤土。
- 水　分：喜湿润，也耐旱。

形态特征 常绿灌木，株高可达9米。叶剑状披针形，无柄，革质富光泽，全缘，叶绿色，中间具金黄色条纹。节间短，叶片密集。花序单生或分枝，小花白色。

应用 叶色美观，株型紧凑，观赏性极佳。盆栽适合客厅、卧室、书房等摆放观赏，也适合庭院绿化。

学名| *Dracaena reflexa 'Variegata'*

科属：百合科龙血树属

黄边百合竹

- 原产地：栽培种。
- 繁　殖：扦插。
- 花果期：花期春季。
- 日　照：全日照或半日照。
- 温　度：生长适温20℃~28℃。
- 土　壤：喜疏松、排水良好的壤土。
- 水　分：喜湿润，也耐旱。

形态特征 常绿灌木，株高可达9米。叶剑状披针形，无柄，革质富光泽，全缘，叶边缘金黄色。节间短，叶片密集。花序单生或分枝，小花白色。

应用 叶色美观，株型紧凑，观赏性佳。多盆栽，可用于客厅、卧室、书房等摆放观赏，也适合庭院绿化。

学名| *Dracaena sanderiana 'Virens'*

富贵竹

别名：仙达龙血树、万年竹
科属：百合科龙血树属

- 原产地：栽培种。
- 繁　殖：分株、扦插。
- 花果期：不详。
- 日　照：全日照或半日照。
- 温　度：生长适温20℃~28℃。
- 土　壤：喜疏松、排水良好、富含腐殖质的土壤。
- 水　分：喜湿润。

形态特征 常绿亚灌木，株高4米左右。叶互生或近对生，纸质，叶长披针形，具短柄，浓绿色。伞形花序有花3~10朵生于叶腋或与上部叶对生，花冠紫色。浆果近球形，黑色。

应用 茎干挺拔，耐阴，是著名的观叶植物。多用做切花栽培，也适合盆栽用于室内观赏。

学名| *Dracaena sanderiana*

银边富贵竹

别名：白边万年竹
科属：百合科龙血树属

- 原产地：刚果。
- 繁　殖：分株、扦插。
- 花果期：不详。
- 日　照：全日照或半日照。
- 温　度：生长适温20℃~28℃。
- 土　壤：喜疏松、排水良好、富含腐殖质的土壤。
- 水　分：喜湿润。

形态特征 常绿亚灌木，株高1米左右。叶互生或近对生，纸质，叶长披针形，具短柄，叶边缘白色。伞形花序，花冠紫色。浆果近球形，黑色。

应用 叶色清雅，为优良的观叶植物，多盆栽，适合客厅、卧室、阳台等处栽培观赏。

学名| *Dracaena sanderiana 'Golden edge'*

金边富贵竹

叶片特征
叶长披针形，边缘黄色

别名：黄金万年竹
科属：百合科龙血树属

- 原产地：栽培种。
- 繁　殖：分株、扦插。
- 花果期：不详。
- 日　照：全日照或半日照。
- 温　度：生长适温20℃~28℃。
- 土　壤：喜疏松、排水良好的土壤。
- 水　分：喜湿润。

形态特征　常绿亚灌木，株高1米左右。叶互生或近对生，纸质，叶长披针形，具短柄，叶边缘金黄色。伞形花序，花冠紫色。浆果近球形，黑色。

应用　叶色金黄，株型美观，为常见的盆栽观叶植物，适合客厅、卧室、阳台或案几上摆放观赏。

学名| *Dracaena surculosa*

油点木

叶片特征
叶长椭圆形或披针形

科属：百合科龙血树属

- 原产地：西非热带。
- 繁　殖：扦插或分株。
- 花果期：花果期秋、冬。
- 日　照：全日照。
- 温　度：生长适温20℃~28℃。
- 土　壤：不择土壤。
- 水　分：喜湿润，也耐旱。

形态特征　常绿小灌木，株高1~2米。叶对生或轮生，无柄，长椭圆形或披针形，叶面有油渍般的斑纹。总状花序，花小，绿黄色，具香味。

应用　盆栽可用于客厅、餐厅等装饰，也可用于点缀庭院；枝叶也是优美的插花材料。

别名：密叶竹蕉
科属：百合科龙血树属

学名| *Dracaena deremensis 'Compacta'*

太阳神

- 原产地：栽培种。
- 繁　殖：扦插。
- 花果期：花期冬季。
- 日　照：全日照或半日照。
- 温　度：生长适温22℃~28℃。
- 土　壤：喜疏松、肥沃的壤土。
- 水　分：喜湿润。

形态特征 多年生常绿小灌木，叶广披针形，先端尖，密生于茎顶，叶绿色。穗状花序，花黄白色。

应用 株型美观，叶色翠绿，多盆栽，适合阳台、卧室及客厅等处栽培观赏。

别名：香龙血树
科属：百合科龙血树属

学名| *Dracaena fragrans*

巴西铁

- 原产地：非洲南部。
- 繁　殖：扦插。
- 花果期：花期初春。
- 日　照：全日照或半日照。
- 温　度：生长适温18℃~28℃。
- 土　壤：喜疏松排水良好的沙质土壤。
- 水　分：喜湿润。

形态特征 常绿小乔木，株高可达4米。叶宽线形，先端尖，绿色，聚生茎干上部。穗状花序，黄绿色。

应用 株型美观，叶色翠绿，是常见的观叶植物，多盆栽，适合客厅、卧室及厅堂一角装饰欣赏。

学名| *Dracaena fragrans* 'Massangeana'

金心巴西铁

别名：金心香龙血树
科属：百合科龙血树属

- 原产地：栽培种。
- 繁　殖：扦插。
- 花果期：花期初春。
- 日　照：全日照或半日照。
- 温　度：生长适温18℃~28℃。
- 土　壤：喜疏松排水良好的沙质土。
- 水　分：喜湿润。

形态特征 常绿小乔木，株高可达4米。叶宽线形，绿色，中间具黄色黄条纹，聚生茎干上部。穗状花序，黄绿色。

应用 叶色美观，为常见的盆栽观叶植物，常用于厅堂摆设观赏，也适合卧室、书房装饰。

学名| *Dracaena godseffiana* 'Florida Beauty'

白斑星点木

别名：佛州星点木
科属：百合科龙血树属

- 原产地：栽培种。
- 繁　殖：播种、扦插或分株。
- 花果期：花期夏季，果期秋季。
- 日　照：全日照。
- 温　度：生长适温18℃~28℃。
- 土　壤：喜疏松、肥沃的壤土。
- 水　分：喜湿润。

形态特征 多年生常绿小灌木，株高约1米，叶对生或三叶轮生，椭圆状披针形或长卵形，叶片绿色，上布满大块黄斑或小黄色斑点。总状花序，小花长筒状。浆果，红色。

应用 盆栽装饰厅堂、阳台、窗台，也适合庭院的路边、山石边栽植；园林中用于园路边、山石边及一隅栽培观赏。

别名：长柄竹蕉、大叶富贵竹
科属：百合科龙血树属

学名| *Dracaena thalioides*

长柄富贵竹

- 原产地：热带非洲。
- 繁　殖：扦插及分株。
- 花果期：花期春季。
- 日　照：全日照或半日照。
- 温　度：生长适温20℃~30℃。
- 土　壤：喜疏松、排水良好的壤土。
- 水　分：喜湿润。

形态特征 多年生常绿灌木状植物，叶宽披针形，绿色，先端尖，基部楔形，全缘，具长柄，下部叶柄互相套叠。穗状花序，花白色。

应用 株型美观，叶挺拔，青翠。盆栽可用于卧室、客厅、书房等摆放欣赏；适合公园、绿地等稍蔽荫处栽培观赏。

科属：百合科油点百合属

学名| *Drimiopsis kirkii*

油点百合

- 原产地：南非。
- 繁　殖：分株、播种。
- 花果期：花期春、夏季，果期秋季。
- 日　照：全日照。
- 温　度：生长适温18℃~28℃。
- 土　壤：喜疏松、排水良好的壤土。
- 水　分：喜湿润，耐旱。

形态特征 多年生鳞茎植物，株高约10~15公分，紫红色的茎肥大呈酒瓶状，茎顶着生3~5片肉质叶子，叶绿色，上布有不规则的斑点，叶背紫红色。圆锥花序，小花绿色。

应用 叶色美观，多盆栽，适合阳台、窗台或案几摆放观赏，也可用于观光温室栽培。

学名| *Furcraea selloa*

缝线麻

别名：万年麻
科属：百合科万年兰属

- 原产地：美洲热带。
- 繁　殖：分株或花梗上的幼株扦插。
- 花果期：花期初夏。
- 日　照：全日照。
- 温　度：生长适温22℃~28℃。
- 土　壤：不择土壤，喜疏松的沙质壤土。
- 水　分：喜干燥。

形态特征 多年生灌木状植物，株高可达1米，茎不明显，叶剑形，呈放射状生长，先端尖，叶缘具刺，叶绿色。伞形花序，可高达数米，花梗上会出现大量幼株。

应用 为优良的观叶植物，盆栽可用于厅堂布置或用于庭院栽培；叶可用于作切花花材。

学名| *Furcraea selloa 'Marginata'*

金边毛里求斯麻

别名：金边缝线麻
科属：百合科万年麻属

- 原产地：栽培种。
- 繁　殖：分株或花梗上的幼株扦插。
- 花果期：花期初夏。
- 日　照：全日照。
- 温　度：生长适温22℃~28℃。
- 土　壤：不择土壤，喜疏松的沙质壤土。
- 水　分：喜干燥。

形态特征 多年生灌木状植物，株高可达1米，茎不明显，叶剑形，呈放射状生长，先端尖，叶缘具刺，叶边缘金黄色。伞形花序，可高达数米，花梗上会出现大量幼株。

应用 株型美观，叶色美观。盆栽可用于装饰居室及厅堂，或用于大门两侧绿化；叶为高级切花花材；园林中可群植或孤植栽培欣赏。

科属：百合科万年麻属

学名| *Furcraea foetida 'Striata'*

黄纹万年麻

- 原产地：栽培种。
- 繁　殖：分株或花梗上的幼株扦插。
- 花果期：花期初夏。
- 日　照：全日照。
- 温　度：生长适温22℃~28℃。
- 土　壤：不择土壤，喜疏松的沙质壤土。
- 水　分：喜干燥。

形态特征 多年生灌木状植物，株高可达1米，茎不明显，叶剑形，呈放射状生长，先端尖，新叶近金黄色，具绿色纵纹，老叶绿色，具金黄色纵纹。伞形花序，可高达数米，花梗上会出现大量幼株。

应用 盆栽可用于客厅、卧室及餐厅等装饰，也适合植于庭院的路边、墙垣边观赏；叶可用于作切花花材。

别名：孖宝
科属：百合科沙鱼掌属

学名| *Gasteria maculata*

子宝

- 原产地：南非。
- 繁　殖：分株。
- 花果期：花期春季。
- 日　照：全光照。
- 温　度：生长适温18℃~28℃。
- 土　壤：不择土壤。
- 水　分：喜湿润，也耐旱。

形态特征 幼年期无茎，老株有明显的茎，坚硬的肉质叶排成两列，但叶片数很少。叶舌状，先端尖，基部厚、先端薄，叶缘角质化，表面深绿色，上有星散的白斑。总状花序，色粉红有绿尖。

应用 株型小巧，为常见的观叶植物，盆栽可装饰几案、办公桌、书桌等。

学名| *Haworthia fasciata 'Elegans'*

条纹十二卷锦

别名：锦鸡尾
科属：百合科十二卷属

- 原产地：栽培种。
- 繁　殖：分株。
- 花果期：花期5~6月。
- 日　照：全日照或半日照。
- 温　度：生长适温18℃~28℃。
- 土　壤：喜疏松、排水良好的壤土。
- 水　分：喜湿润，耐旱。

形态特征 多年生肉质草本。株高10~20厘米。无茎。叶密生莲座状，三角状披针形，叶背具白色突起横纹。总状花序，小花钟状，橙色。蒴果。原种为条纹十二卷H. fasciata 。

应用 株型美观，为著名的小盆栽，常用于窗台、书桌及案几上摆放观赏。

学名| *Hosta sieboldiana*

圆叶玉簪

别名：大鱼鳔花
科属：百合科玉簪属

- 原产地：中国；日本。
- 繁　殖：分株。
- 花果期：花期夏季。
- 日　照：全日照或半日照。
- 温　度：生长适温16℃~25℃。
- 土　壤：喜疏松、肥沃的壤土。
- 水　分：喜湿润。

形态特征 多年生宿根草本，株高60~90厘米。叶阔卵形，先端尖，基部心形，蜡质，深绿色。总状花序，小花白色。

应用 盆栽可用于阳台、天台或庭院绿化，也常用于公园、绿地栽培。

别名：阔叶山麦冬
科属：百合科山麦冬属

学名 *Liriope platyphylla*

阔叶麦冬

- 原产地：我国广东、广西、福建、浙江、江苏、山东、湖南、湖北、四川、贵州、安徽、河南；日本也有。
- 繁　殖：分株、播种。
- 花果期：花期7~8月，果期9~10月。
- 日　照：全日照或半日照。
- 温　度：生长适温16℃~28℃。
- 土　壤：喜疏松、排水良好的壤土。
- 水　分：喜湿润。

形态特征　多年生草本，具块根。叶密集成丛，革质，先端急尖或钝，基部渐狭。花葶通常长于叶，总状花序，具多花，花紫色或红紫色。种子球形。

应用　叶型飘逸，适合公园、绿地路边、山石边片植观赏，也是地被的优良材料。

科属：百合科山麦冬属

学名 *Liriope spicata*

山麦冬

- 原产地：我国除东北、内蒙、青海、新疆及西藏外，其他地区广布或栽培；日本及越南也有。
- 繁　殖：分株、播种。
- 花果期：花期5~7月，果期8~10月。
- 日　照：全日照或半日照。
- 温　度：生长适温16℃~28℃。
- 土　壤：不择土壤。
- 水　分：喜湿润。

形态特征　多年生草本，具块根。叶丛生，先端急尖或钝，基部常包以褐色的叶鞘，上面深绿色，背面粉绿色，叶缘具细锯齿。花葶通常长于或等长于叶，总状花序，具多花，淡紫色或淡蓝色。种子近球形。

应用　为我国常见栽培的观叶植物，常用作地被，也适合林缘、草坪边缘、假山石或水岸边栽培观赏。

学名| *Liriope graminifolia*

禾叶麦冬

别名：禾叶山麦冬
科属：百合科山麦冬属

- 原产地：我国河北、山西、陕西、甘肃、河南、安徽、湖北、贵州、四川、江苏、浙江、江西、福建、台湾及广东。
- 繁　殖：分株、播种。
- 花果期：花期6~8月，果期9~11月。
- 日　照：全日照或半日照。
- 温　度：生长适温16℃~28℃。
- 土　壤：不择土壤。
- 水　分：喜湿润。

形态特征 多年生草本，具块根。叶丛生，先端钝或渐尖，具5条叶脉，近全缘，但先端边缘具细齿。花葶通常短于叶，总状花序，具多花，白色或淡紫色。种子近球形。

应用 叶型美观，适合作地被植物，也可于林缘、草坪边缘、假山石或水岸边栽培观赏。

学名| *Nolina recurvata*

酒瓶兰

别名：象腿树
科属：百合科科酒瓶兰属

- 原产地：墨西哥的干热地区。
- 繁　殖：播种、扦插。
- 花果期：花期春季。
- 日　照：全日照。
- 温　度：生长适温20℃~28℃。
- 土　壤：喜疏松、肥沃的沙质壤土。
- 水　分：喜湿润。

形态特征 常绿小乔木，株高2~3米。茎干直立，下部肥大，状似酒瓶。叶细长线形，全缘或细齿缘，软垂。花为圆锥花序，花色乳白，花小，观赏价值不高。

应用 成株适合庭植，幼株适合盆栽室内观赏，可用其布置客厅、书室，装饰宾馆、会场等。

科属：百合科沿阶草属

学名| *Ophiopogon bodinieri*

沿阶草

- 原产地：我国及日本。
- 繁　殖：分株、播种。
- 花果期：花期6~8月，果期8~10月。
- 日　照：全日照。
- 温　度：生长适温16℃~28℃。
- 土　壤：喜肥沃排水良好的土壤。
- 水　分：喜湿润。

形态特征　多年生常绿草本。叶丛生于基部，叶缘粗糙，狭线形，短小的总状花序，小花淡紫色，果蓝色。

应用　四季常绿，株型美观，常用作地被植物栽培，也适合园路边缘、林下、林缘、山石边栽培观赏；也是优良的水土保持植物。

别名：沿阶草、麦门冬
科属：百合科沿阶草属

学名| *Ophiopogon japonicus*

麦冬

- 原产地：我国秦岭以南各省区；日本、印度、越南也有。
- 繁　殖：分株、播种。
- 花果期：花期7~8月，果期8~9月。
- 日　照：全日照。
- 温　度：生长适温16℃~28℃。
- 土　壤：不择土壤。
- 水　分：喜湿润，也耐旱。

形态特征　多年生草本。叶基生，禾叶状，先端渐尖，边缘具细齿，基部叶柄不明显，边缘具膜质叶鞘。花葶较叶短，总状花序具几至十余朵花，花白色，淡紫色或紫色，一般不张开。

应用　终年常绿，叶色美观，常用作地被植物，也适合林缘、路边、山石边或水岸边绿化；块根入药，具有生津解渴、润肺止咳的功效。

学名| *Ophiopogon jaburan var. argenteo-vitnthes*

别名：金丝沿阶草
科属：百合科沿阶草属

假金丝马尾

- 原产地：栽培变种。
- 繁　殖：分株、播种。
- 花果期：花期7~8月，果期8~9月。
- 日　照：全日照。
- 温　度：生长适温16℃~28℃。
- 土　壤：不择土壤。
- 水　分：喜湿润，也耐旱。

形态特征 多年生草本。叶基生，禾叶状，先端渐尖，基部叶柄不明显，边缘具膜质叶鞘。花葶较叶短，叶边缘或中间有白色纵纹，总状花序，花白色，淡紫色或紫色。

应用 叶色美观，为优良的观叶植物，常用作地被植物，也适合林缘、路边、山石边或水岸边丛植或片植。

学名| *Phormium 'Atropurpureum'*

科属：百合科新西兰麻属

新西兰麻

- 原产地：栽培种。
- 繁　殖：分株。
- 花果期：花期夏季。
- 日　照：全日照。
- 温　度：生长适温15℃~25℃。
- 土　壤：喜疏松、肥沃的壤土。
- 水　分：喜湿润。

形态特征 多年生常绿草本，叶剑形，直立，革质，基生，先端尖，全缘，叶间有黄白色纵纹。圆锥花序。蒴果。

应用 株型挺拔，叶色美观，盆栽可用于阳台、天台、客厅、书房等装饰，也适合庭院绿化。

科属：百合科新西兰麻属

学名| *Phormium cookianum*

新西兰剑麻

- 原产地：新西兰。
- 繁　殖：分株。
- 花果期：花期春、夏季。
- 日　照：全日照。
- 温　度：生长适温15℃~25℃。
- 土　壤：喜疏松、肥沃的壤土。
- 水　分：喜湿润。

形态特征 多年生常绿草本，叶剑形直立，革质，叶基生，先端尖，全缘，绿色。大型圆锥花序，可达3米，花黄色。蒴果。

应用 盆栽可用于厅堂或门厅等处栽培观赏，也是庭院绿化的优良材料。

别名：竹根七、蛇尾七
科属：百合科吉祥草属

学名| *Reineckea carnea*

吉祥草

- 原产地：我国秦岭以南各省区，但海南、台湾不产；日本也有。
- 繁　殖：分株。
- 花果期：花期7~8月，果期10月至翌年3月。
- 日　照：全日照。
- 温　度：生长适温16℃~30℃。
- 土　壤：不择土壤。
- 水　分：喜湿润，也耐旱。

形态特征 多年生草本，叶簇生根状茎末端。叶线形至披针形，先端渐尖，基部渐狭成柄状。穗状花序，花密，10~20朵，芳香，粉红色。浆果。

应用 四季常绿，叶色青翠，适合路边、山石边或水岸边栽培观赏或作地被植物；全株入药，具有泣肺止咳、清热利湿的功效。

学名| *Rohdea japonica*

万年青

别名：开喉剑、冬不凋
科属：百合科万年青属

- 原产地：我国山东、江苏、浙江、江西、湖北、湖南、广西、贵州、四川。
- 繁　殖：分株。
- 花果期：花期5～6月，果期9～11月。
- 日　照：半日照。
- 温　度：生长适温15℃～26℃。
- 土　壤：喜疏松、肥沃的壤土。
- 水　分：喜湿润。

形态特征　多年生常绿草本。叶3～6枚，厚纸质，矩圆形、披针形或倒披针形，先端急尖，基部稍狭，绿色。花葶短于叶，穗状花序，花具几十朵，淡黄色。浆果。

应用　常盆栽用于客台、阳台、客厅、书房等处观赏；适合公园、风景区等蔽荫的路边、山石边栽培欣赏。

学名| *Sansevieria cylindrica*

棒叶虎尾兰

别名：羊角兰、圆叶虎尾兰
科属：百合科虎尾兰属

- 原产地：非洲热带。
- 繁　殖：分株、扦插。
- 花果期：花期冬季。
- 日　照：全日照。
- 温　度：生长适温20℃～28℃。
- 土　壤：不择土壤。
- 水　分：喜干燥。

形态特征　多年生肉质草本，茎短，具粗大根茎。叶从根部丛生，长约1米，圆筒形或稍扁，顶端急尖而硬，暗绿色有灰绿条纹。总状花序，较小，紫褐色。

应用　适于家庭盆栽，可用于布置厅堂、阳台或案几，也适合植于庭院一隅或墙边观赏。

科属：百合科虎尾兰属

学名| *Sansevieria stuckyi*

石笔虎尾兰

- 原产地：津巴布韦。
- 繁　殖：分株、扦插。
- 花果期：花期冬季。
- 日　照：全日照。
- 温　度：生长适温20℃~28℃。
- 土　壤：不择土壤。
- 水　分：喜干燥。

形态特征 多年生肉质草本，茎短，具粗大根茎。叶从根部丛生，长约1米，圆筒形或稍扁，顶端急尖而硬，叶面绿色。总状花序，小花白色。

应用 叶型奇特，习性强健，易管理，适于家庭盆栽，可用于布置厅堂、客厅、书房或案几；也适合公园、绿地栽培观赏。

别名：虎皮兰
科属：百合科虎尾兰属

学名| *Sansevieria trifasciata*

虎尾兰

- 原产地：斯里兰卡及印度东部热带干旱地区。
- 繁　殖：分株、扦插。
- 花果期：花期11~12月。
- 日　照：全日照。
- 温　度：生长适温20℃~28℃。
- 土　壤：喜排水良好的沙质壤土。
- 水　分：喜湿润，耐旱。

形态特征 多年生常绿肉质草本。叶直立、剑形，革质，绿色，具灰绿色的云状斑纹。总状花序，花葶高30~80厘米，花淡绿色或白色，3~8朵簇生。浆果。

应用 南方可露地栽培，盆栽适合客厅、阳台、卧室等处观赏，或植于庭院一隅、墙边绿化；叶纤维强韧，可供编织用，切叶可用于插花的配材。

学名| *Sansevieria trifasciata 'Argentea-striata'*

白肋虎尾兰

科属：百合科虎尾兰属

- 原产地：栽培种。
- 繁　殖：分株、扦插。
- 花果期：花期11~12月。
- 日　照：全日照。
- 温　度：生长适温20℃~28℃。
- 土　壤：喜排水良好的沙质壤土。
- 水　分：喜湿润，耐旱。

形态特征 多年生常绿肉质草本。叶直立、剑形，革质，叶上具白色纵纹。总状花序，花淡绿色或白色，簇生。浆果。

应用 株型美观，叶色淡雅，多盆栽。可用于阳台、窗台、卧室、书房、餐厅等处装饰；也适合公园及庭院绿化。

学名| *Sansevieria trifasciata 'Golden Hahnii'*

金边短叶虎尾兰

别名：金叶小虎尾兰
科属：百合科虎尾兰属

- 原产地：栽培种。
- 繁　殖：分株、扦插，但扦插金边易消失。
- 花果期：花期冬季。
- 日　照：全日照或半日照。
- 温　度：生长适温20℃~28℃。
- 土　壤：喜疏松的沙质壤土。
- 水　分：喜湿润，耐干旱。

形态特征 多年生常绿肉质草本。叶直立、广披针形，革质，叶边缘金黄色。总状花序，花淡绿色或白色，簇生。浆果。

应用 株型小巧，叶色美观，常盆栽用于窗台、案头等摆放观赏，也可用于多肉植物专类园栽培。

学名| *Sansevieria trifasciata 'Hahnii'*

短叶虎尾兰

别名：小虎尾兰
科属：百合科虎尾兰属

- 原产地：栽培种。
- 繁　殖：分株、扦插。
- 花果期：花期冬季。
- 日　照：全日照或半日照。
- 温　度：生长适温20℃~28℃。
- 土　壤：喜疏松的沙质壤土。
- 水　分：喜湿润，耐旱。

形态特征 多年生常绿肉质草本。叶直立、广披针形，革质，叶片具灰绿色斑纹。总状花序，花淡绿色或白色，簇生。浆果。

应用 株型小巧，多盆栽，适合窗台、书桌及案头等摆放观赏，也可用于多肉植物专类园栽培。

学名| *Sansevieria trifasciata 'Laurentii'*

金边虎尾兰

科属：百合科虎尾兰属

- 原产地：栽培种。
- 繁　殖：分株、扦插，扦插金边易消失。
- 花果期：花期冬季。
- 日　照：全日照。
- 温　度：生长适温20℃~28℃。
- 土　壤：喜排水良好的沙质壤土。
- 水　分：喜湿润，耐旱。

形态特征 多年生常绿肉质草本。叶直立、剑形，革质，叶边缘为金黄色，叶中间绿色，并具灰绿色的云状斑纹。总状花序，花淡绿色或白色，簇生。浆果。

应用 株型美观，观赏性佳。盆栽可用于阳台、卧室、客厅、书房等摆放观赏，或用于庭院的墙边及路边栽培；园林中应用广泛。

学名| *Sansevieria trifasciata 'Laurentii Compacta'*

美叶虎尾兰

科属：百合科虎尾兰属

- 原产地：栽培种。
- 繁　殖：分株、扦插，扦插金边易消失。
- 花果期：花期冬季。
- 日　照：全日照。
- 温　度：生长适温20℃~28℃。
- 土　壤：喜排水良好的沙质壤土。
- 水　分：喜湿润，耐干旱。

形态特征　多年生常绿肉质草本。叶直立、广披针形，株型较矮，革质，叶边缘为金黄色，叶中间绿色，并具灰绿色的云状斑纹。总状花序，花淡绿色或白色，簇生。浆果。

应用　叶型美观，为优良的观叶植物，多盆栽，适合阳台、卧室、客厅、书房等摆放观赏。也适合多肉植物专类园栽培。

学名| *Tricyrtis macropoda*

油点草

科属：百合科油点草属

- 原产地：我国浙江、江西、福建、安徽、江苏、湖北、湖南、广东、广西及贵州；日本也有。
- 繁　殖：分株。
- 花果期：花果期6~10月。
- 日　照：全日照。
- 温　度：生长适温16℃~28℃。
- 土　壤：喜疏松、排水良好的壤土。
- 水　分：喜湿润。

形态特征　多年生草本，株高可达1米。叶卵状椭圆形、矩圆形至矩圆状披针形，先端渐尖或急尖，基部心形抱茎或圆形而近无柄。二歧聚伞花序顶生或生于上部叶腋，花被片绿白色或白色，有紫红色斑点。蒴果。

应用　盆栽装饰阳台、客厅、卧室、书房等处；园林中常用于水岸边或山石边栽培观赏。

别名：开喉剑、老蛇莲
科属：百合科开口箭属

学名 *Tupistra chinensis*

开口箭

- 原产地：我国湖北、湖南、江西、福建、台湾、浙江、安徽、河南、陕西、四川、云南、广东及广西。
- 繁　殖：分株、播种。
- 花果期：花期4～6月，果期9～11月。
- 日　照：全日照或半日照。
- 温　度：生长适温16℃～28℃。
- 土　壤：不择土壤，以疏松、排水良好的土壤为佳。
- 水　分：喜湿润。

形态特征　多年生常绿草本。叶基生，近革质或纸质，倒披针形、条状披针形、条形或矩圆状披针形，先端渐尖，基部渐狭。穗状花序直立，密生多花，花黄色或黄绿色。浆果。

应用　叶翠绿，盆栽适合阳台、客厅等摆放观赏；根茎入药，具有清热解毒、祛风除湿的功效。

科属：百合科开口箭属

学名 *Tupistra grandistigma*

长柱开口箭

- 原产地：我国云南；越南也有。
- 繁　殖：分株、播种。
- 花果期：花期3月，果期6月。
- 日　照：全日照或半日照。
- 温　度：生长适温20℃～28℃。
- 土　壤：喜疏松、排水良好的壤土。
- 水　分：喜湿润。

形态特征　多年生常绿草本。叶3～5枚或更多，生于短茎上，纸质，矩圆状倒披针形，先端渐尖，下部渐狭成明显或稍明显的柄。穗状花序近直立，花钟状，黑紫色。浆果球形。

应用　叶色青翠，终年常绿，适合园路边、假山石旁或墙垣边种植观赏；根茎入药，具有活血散瘀、止痛的功效。

学名/ *Yucca aloifolia 'Marginata'*

金边千手兰

科属：百合科丝兰属

叶片特征
叶长披针形，叶边缘黄色

- 原产地：栽培种。
- 繁　殖：扦插、分株。
- 花果期：不详。
- 日　照：全日照。
- 温　度：生长适温22℃~30℃。
- 土　壤：喜疏松、排水良好的沙质壤土。
- 水　分：喜干燥。

形态特征 多年生灌木状或小乔木状植物，株高可达数米。叶近莲座形，簇生于茎顶，下部叶干枯常不脱落。叶长披针形，先端急尖，中间宽，基部变狭，叶边缘黄色。

应用 株型美观，叶型挺拔，观赏性佳。幼株盆栽适合厅堂或门厅摆放观赏；园林中可用于沙地或山石边栽培。

学名/ *Yucca elephantipes*

象脚王兰

别名：荷兰铁、巨丝兰
科属：百合科丝兰属

叶片特征
叶窄披针形，全缘，绿色

- 原产地：美洲。
- 繁　殖：扦插。
- 花果期：不详。
- 日　照：全日照或半日照。
- 温　度：生长适温20℃~28℃。
- 土　壤：喜疏松、排水良好的沙质土壤。
- 水　分：喜稍湿润，耐旱。

形态特征 常绿木本植物，株高可达10米。茎干粗壮、直立，具明显的叶痕，茎基部膨大。叶窄披针形，着生于茎顶，末端急尖，叶革质，全缘，绿色。

应用 株型美观，叶型优美，为我国常见栽培的观叶植物，多盆栽，用于客厅、卧室及办公场所摆放，园林中也常用于山石边或多肉植物专类园栽培观赏。

学名 *Yucca gloriosa*

凤尾兰

别名：剑叶丝兰，凤尾丝兰
科属：百合科丝兰属

- 原产地：北美。
- 繁　殖：扦插或分株。
- 花果期：花期秋季。
- 日　照：全日照或半日照。
- 温　度：生长适温22℃~30℃。
- 土　壤：喜疏松、排水良好的壤土。
- 水　分：喜湿润。

形态特征 多年生灌木状植物，茎明显。叶近莲座状簇生，坚硬，长状披针形或近剑形，先端具硬刺。花葶高大，花白色，下垂，圆锥花序。

应用 株型美观，终年常绿，习性强健，抗寒性强。盆栽用于阳台、客厅等处装饰或植于庭院一隅观赏；园林中常用于路边、山石边栽培。

学名 *Yucca rostrata*

鸟喙丝兰

科属：百合科丝兰属

- 原产地：美洲。
- 繁　殖：扦插、分株。
- 花果期：不详。
- 日　照：全日照。
- 温　度：生长适温20℃~28℃。
- 土　壤：喜疏松、排水良好的沙质壤土。
- 水　分：喜干燥。

形态特征 多年生灌木状或小乔木状植物，株高可达数米。叶近莲座形，簇生于茎顶，下部叶干枯常不脱落，叶狭披针形，先端急尖，灰绿色。

应用 干形优美，极具热带风光，盆栽适合阶前、大型厅堂摆放观赏，幼株可用于书桌及案几等处摆放观赏。

学名| *Yucca smalliana*

科属：百合科丝兰属

丝兰

- 原产地：北美。
- 繁　殖：扦插或分株。
- 花果期：花期秋季。
- 日　照：全日照或半日照。
- 温　度：生长适温22℃~30℃。
- 土　壤：喜疏松、排水良好的壤土。
- 水　分：喜湿润。

形态特征 多年生灌木状植物，茎明显。叶近莲座状簇生，坚硬，长状披针形或近剑形，先端具硬刺，边缘有丝状纤维。花葶高大，花白色，下垂，圆锥花序。

应用 习性强健，叶色青翠，花色洁白。盆栽适合阳台、天台或庭院栽培观赏；园林中常用于路边、墙垣边栽培。

别名：红叶槿、丽葵
科属：锦葵科木槿属

学名/ *Hibiscus acetosella*

紫叶槿

- **原产地**：非洲热带。
- **繁　殖**：播种、分株或扦插。
- **花果期**：花期春末至夏秋季，果期秋冬。
- **日　照**：全日照。
- **温　度**：生长适温22℃~30℃。
- **土　壤**：喜疏松、排水良好的壤土。
- **水　分**：喜湿润。

形态特征 常绿灌木，株高1~3米。叶互生，近紫色，轮廓近宽卵形，掌状3~5裂或深裂，裂片边缘有波状疏齿。花单生于枝条上部叶腋，花冠绯红色。蒴果。

应用 叶色紫红，习性强健，为优良的观叶植物。盆栽可用于阳台及天台等处绿化，也是庭院及园林中绿化的优良材料。

学名 *Hibiscus rosa-sinensis var. variegata*

花叶扶桑

别名：花叶朱槿、彩叶扶桑
科属：锦葵科木槿属

- 原产地：栽培变种。
- 繁　殖：扦插、压条、嫁接。
- 花果期：花期全年。
- 日　照：全日照。
- 温　度：生长适温20℃~30℃。
- 土　壤：喜疏松、肥沃的壤土。
- 水　分：喜湿润。

形态特征　多年生常绿灌木，株高可达6米。叶互生，阔卵形至狭卵形，先端突尖或渐尖，叶边缘粗锯齿或缺刻，基部近全缘，叶片具红色块斑。花大，漏斗形，玫瑰红色。

应用　盆栽装饰卧室、阳台、客厅等处，或植于庭院的路边、墙边栽培观赏；园林中常列植或群植于路边、草地边缘等处，也常用作花篱。

学名 *Thespesia lampas*

肖槿

别名：白脚桐、白脚桐棉、山棉花
科属：锦葵科桐棉属

- 原产地：我国云南、广西、广东；越南、老挝、印度、菲律宾、印度尼西亚及东非也有。
- 繁　殖：扦插。
- 花果期：花期9月至翌年1月。
- 日　照：全日照。
- 温　度：生长适温℃~℃。
- 土　壤：喜疏松、肥沃的壤土。
- 水　分：喜湿润。

形态特征　常绿灌木，株高1~2米。叶卵形至掌状3裂，先端渐尖，基部圆形至近心形，两侧裂片浅裂，先端渐尖至圆头。花单生于叶腋间或排列成聚伞花序，花冠钟形，黄色。蒴果。

应用　叶大美观，色泽青翠，适合园路边、墙垣边栽培观赏；树皮富含纤维，可用于制做绳索；嫩叶芽及花可作蔬菜食用。

学名/ *Calathea orbifolia*

青苹果竹芋

别名：圆叶竹芋、苹果竹芋
科属：竹芋科肖竹芋属

- **原产地**：热带美洲。
- **繁　殖**：分株。
- **花果期**：花期不详。
- **日　照**：全日照。
- **温　度**：生长适温22℃~28℃。
- **土　壤**：喜疏松肥沃、排水良好、富含有机质的酸性腐叶土或泥炭土。
- **水　分**：喜湿润。

形态特征　多年常绿草本，株高40~60厘米。叶片大，薄革质，卵圆形，叶缘呈波状，先端钝圆。新叶翠绿色，老叶青绿色，有隐约的金属光泽，沿侧脉有排列整齐的银灰色宽条纹。花序穗状。

应用　叶片圆润，叶大美观，为著名的观叶植物品种。多盆栽，用于布置厅堂、卧室、书房等处。

学名/ *Calathea princeps*

绿羽竹芋

别名：绿道竹芋
科属：竹芋科肖竹芋属

- **原产地**：南美洲。
- **繁　殖**：分株。
- **花果期**：不详。
- **日　照**：半日照或全日照。
- **温　度**：生长适温22℃~28℃。
- **土　壤**：喜疏松、肥沃的壤土。
- **水　分**：喜湿润。

形态特征　多年生常绿草本，株高可达1米。叶长椭圆形，先端尖，基部楔形，叶脉及叶缘浓绿色，侧脉间呈浅黄绿色，叶背淡紫红色。

应用　盆栽用于卧室、客厅、窗台及案几上欣赏，也适合庭院及园林的路边、林缘或山石边栽培观赏。

学名| *Calathea loeseneri*

罗氏竹芋

科属：竹芋科肖竹芋属

- 原产地：南美洲。
- 繁　殖：分株。
- 花果期：花期春季。
- 日　照：半日照。
- 温　度：生长适温22℃~28℃。
- 土　壤：喜疏松、排水良好的土壤。
- 水　分：喜湿润。

形态特征 多年生常绿草本，株高可达1米。叶长卵形，先端尖，基部楔形，具柄，主叶脉两边呈黄色。花序头状，单生，花白色。

应用 盆栽可用于阳台、窗台等处观赏，也是庭院绿化的优良材料。

学名| *Calathea louisae 'Emperor'*

帝王罗氏竹芋

科属：竹芋科肖竹芋属

- 原产地：栽培种。
- 繁　殖：分株。
- 花果期：不详。
- 日　照：半日照。
- 温　度：生长适温22℃~28℃。
- 土　壤：喜疏松、肥沃的壤土。
- 水　分：喜湿润。

形态特征 多年生常绿草本，株高约40厘米。叶长卵形，先端尖，基部楔形，全缘，叶面具白色或淡黄色块斑，叶背紫色。蒴果。

应用 盆栽装饰卧室、书房、餐厅、阳台、天台等处，或植于庭院的花坛、花台等处；园林中可植于蔽荫的路边、水岸边、假山石边栽培。

孔雀竹芋

学名| *Calathea makoyana*

别名：孔雀肖竹芋
科属：竹芋科肖竹芋属

- 原产地：巴西。
- 繁　殖：分株。
- 花果期：不详。
- 日　照：全日照或半日照。
- 温　度：生长适温22℃~28℃。
- 土　壤：喜疏松、肥沃的壤土。
- 水　分：喜湿润。

形态特征 多年生常绿草本，株高20~60厘米。叶柄紫红色。叶片薄革质，卵状椭圆形，黄绿色，在主脉侧交互排列有羽状暗绿色的长椭圆形斑纹，对应的叶背为紫色。

应用 叶色艳丽奇特，为著名的观叶植物，常盆栽用于窗台、客厅、阳台及案几等处栽培观赏。

艳锦竹芋

学名| *Calathea oppenheimiana 'Tricolor'*

别名：三节栉花竹芋
科属：竹芋科锦竹芋属

- 原产地：栽培种。
- 繁　殖：花期初夏。
- 花果期：不详。
- 日　照：半日照或全日照。
- 温　度：生长适温22℃~28℃。
- 土　壤：喜疏松、排水良好的土壤。
- 水　分：喜湿润。

形态特征 多年生宿根草本，株高40~60厘米。基生叶丛生，叶片具长柄，叶片披针形至长椭圆形，纸质，全缘。叶面散生有银灰色、浅灰、乳白、淡黄及黄色斑块或斑纹，叶背紫红色。

应用 盆栽可用于阳台、窗台、客厅等装饰，也适合庭院栽培；园林中常群植或片植或做背景材料。

学名| *Calathea roseopicta*

彩虹竹芋

别名：玫瑰竹芋
科属：竹芋科肖竹芋属

- 原产地：巴西。
- 繁　殖：分株。
- 花果期：不详。
- 日　照：半日照。
- 温　度：生长适温22℃~28℃。
- 土　壤：喜疏松、肥沃的壤土。
- 水　分：喜湿润。

形态特征 多年生常绿草本，株高30~60厘米。叶椭圆形或卵圆形，叶薄革质，叶面青绿色，叶两仙具羽状暗绿色斑块，近叶缘处有一圈玫瑰色或银白色环形斑纹。

应用 叶色艳丽，为优良的观叶植物，多盆栽，用于卧室、客厅、窗台及案几上欣赏，也可用于观光温室栽培。

学名| *Calathea rufibara* 'Wavestar'

波浪竹芋

别名：浪星竹芋、浪心竹芋
科属：竹芋科肖竹芋属

- 原产地：栽培种。
- 繁　殖：分株。
- 花果期：花期春季。
- 日　照：全日照或半日照。
- 温　度：生长适温22℃~28℃。
- 土　壤：喜肥沃、排水良好的腐叶土或泥炭土。
- 水　分：喜湿润。

形态特征 多年生常绿草本，株高红20~50厘米。叶丛生，叶基稍歪斜，叶缘波状，具光泽。叶背、叶柄为紫色。花黄色。

应用 株型美观，多盆栽用于卧室、客厅、书房等栽培观赏，或用于庭院荫蔽的路边或一隅栽培观赏。

别名：再力花、水莲蕉
科属：竹芋科水竹芋属

学名 *Hibiscus acetosella*

水竹芋

- 原产地：墨西哥及美国东南部地区。
- 繁　殖：分株。
- 花果期：花期夏季。
- 日　照：全日照。
- 温　度：生长适温20℃~30℃。
- 土　壤：喜微酸性至中性土壤。
- 水　分：生于水中。

形态特征 多年生常绿草本，株高1~2米。叶灰绿色，长卵形或披针形，全缘，叶柄极长，近叶基部暗红色。穗状圆锥花序，小花多数，花紫红色。

应用 叶大，翠绿，株型美观，可用于庭院的水景绿化；园林中常用于公园、绿地等水体绿化。

学名| *Maranta leuconeura*

豹纹竹芋

别名：小孔雀竹芋
科属：竹芋科肖竹芋属

- 原产地：巴西。
- 繁　殖：分株。
- 花果期：花期初夏。
- 日　照：半日照。
- 温　度：生长适温22℃~28℃。
- 土　壤：喜疏松、排水良好的土壤。
- 水　分：喜湿润。

形态特征 多年生常绿草本，植株矮小，约20厘米。叶阔卵形，先端尖，基部楔形，具柄，主叶脉两边具排列整齐的暗褐色斑。花小，白色。

应用 叶色奇特，极美观，为优良的观叶植物。盆栽可用于窗台、阳台、案几上摆放观赏。

学名| *Stromanthe sanguinea*

红背竹芋

别名：紫背竹芋
科属：竹芋科花竹芋属

- 原产地：巴西。
- 繁　殖：分株。
- 花果期：花期春季。
- 日　照：全日照或半日照。
- 温　度：生长适温22℃~28℃。
- 土　壤：喜富含腐殖质、排水良好的沙质壤土。
- 水　分：喜湿润。

形态特征 多年生常绿草本，株高30~100厘米，有时可达150厘米。叶基生，叶柄短，叶长椭圆形至宽披针形，叶正面绿色，背面紫红色。圆锥花序，苞片及萼片红色，花白色。

应用 叶色美观，花艳丽。盆栽适合厅堂或门厅等处点缀；适合庭院、公园墙垣边及假山石边栽培观赏。

科属：野牡丹科虎颜花属

学名| *Tigridiopalma magnifica*

虎颜花

- 原产地：我国广东。
- 繁　殖：播种、扦插、分株。
- 花果期：花期约11月，果期3~5月。
- 日　照：半日照。
- 温　度：生长适温18℃~28℃。
- 土　壤：喜肥沃、排水良好的微酸性土壤。
- 水　分：喜湿润。

形态特征 多年生常绿草本，茎甚短，叶通常膜质，被毛，边缘具细齿，具缘毛，9基出脉，侧脉平行；具叶柄。蝎尾状聚伞花序腋生，具长花序梗，花小，紫红色。蒴果。

应用 国家一级濒危保护植物，适合盆栽用于客厅或案几上摆放观赏。

科属：野牡丹科树野牡丹属

学名| *Tibouchina aspera var. asperrima*

银毛野牡丹

- 原产地：中美洲至南美洲。
- 繁　殖：播种、扦插。
- 花果期：花期夏、秋，果期秋冬。
- 日　照：全日照。
- 温　度：生长适温20℃~30℃。
- 土　壤：不择土壤。
- 水　分：喜湿润。

形态特征 常绿灌木，株高1~3米。叶对生，宽卵形，两面密被银白色绒毛，叶下较叶面密集，主脉三条。聚伞式圆锥花序顶生，花冠淡紫色。

应用 大型盆栽装饰厅堂，小盆栽可用于案几等处摆放观赏；园林中常用于园路边、坡地或山石等处栽植。

学名| *Sinomenium acutum*

青藤

别名：青风藤、风龙
科属：防己科风龙属

- 原产地：我国中部至南部；日本也有分布。
- 繁　殖：播种。
- 花果期：花期夏季，果期冬季。
- 日　照：全日照。
- 温　度：生长适温16℃~28℃。
- 土　壤：不择土壤。
- 水　分：喜湿润，也耐旱。

形态特征 落叶木质藤本，蔓长可达数米。叶互生，叶革质至纸质，心状圆形至阔卵形，顶端渐尖或短尖，基部常心形，有时近截平或近圆。圆锥花序。核果红色至暗紫色。

应用 叶色翠绿，可用于庭院的小型棚架、花架、绿篱绿化，也可做地被植物栽培；根及老茎入药，对关节炎、神经痛有疗效。

别名：金线吊蛤蟆
科属：防己科千金藤属

学名| *Stephania cepharantha*

金线吊乌龟

- 原产地：我国东部至南部和西南部。
- 繁　殖：播种、分株。
- 花果期：花期4~5月，果期6~7月。
- 日　照：全日照。
- 温　度：生长适温16℃~28℃。
- 土　壤：不择土壤。
- 水　分：喜湿润，也耐旱。

形态特征 落叶草质藤本，株高可达2米。叶纸质，三角状扁圆形至近圆形，顶端具小凸尖，基部圆或近截平，边全缘或多少浅波状。头状花序，花瓣3~4。核果。

应用 地下块根肥大，叶片翠绿，极具观赏性，是垂直绿化的优良材料。盆栽适合阳台、天台及庭院绿化；块根入药，有小毒，具有清热解毒，止痛的功效。

别名：地不容
科属：防己科千金藤属

学名| *Stephania epigaea*

山乌龟

- 原产地：我国云南、四川。
- 繁　殖：播种。
- 花果期：花期春季，果期夏季。
- 日　照：全日照。
- 温　度：生长适温20℃~28℃。
- 土　壤：不择土壤。
- 水　分：喜湿润，也耐旱。

形态特征 草质落叶藤本。叶扁圆形，很少近圆形，顶端圆或偶有骤尖，基部通常圆，下面稍粉白。单伞形聚伞花序腋生，稍肉质，雄花萼片紫，花瓣紫色或橙黄而具紫色斑纹；雌花花瓣2或1。核果。

应用 山乌龟株型奇特，叶翠绿，观赏性佳。盆栽适合阳台、庭院等处垂直绿化；块根入药，有小毒，具有清热解毒、镇静、理气及止痛的功效。

学名| *Tinomiscium tonkinensis*

大绿藤

别名：大叶藤
科属：防己科大叶藤属

- 原产地：我国云南、广西；越南也有。
- 繁　殖：播种。
- 花果期：花期6~7月，果期8~9月。
- 日　照：全日照。
- 温　度：生长适温22℃~28℃。
- 土　壤：不择土壤。
- 水　分：喜湿润。

形态特征 木质大藤本。叶薄革质，阔卵形，顶端短渐尖或有时骤尖，基部近截平或微心形，通常全缘，有时具不整齐之圆齿。总状花序自老茎和老枝上生出，雄花：萼片白色，花瓣6。核果长圆形。

应用 叶大翠绿，可用于阳台、天台及庭院的垂直绿化；花、果皮和叶含有乳状胶液，加工后得古塔波胶，为优良之绝缘材料。

科属：芭蕉科蝎尾蕉属　学名 *Heliconia caribaea× H.bihai 'Richmond Red'*

富红蝎尾蕉

- 原产地：栽培种。
- 繁　殖：分株、分根茎法。
- 花果期：花期4~12月。
- 日　照：半日照。
- 温　度：生长适温20℃~30℃。
- 土　壤：喜肥沃、疏松中性至微酸性土壤。
- 水　分：喜湿润。

形态特征　多年生常绿丛生植物，株高2~4米。叶狭长圆形，具长柄。花序顶生，直立，花序轴红色，苞片红色，底部紫红色，边缘至顶端有黄色狭带。

应用　叶大，极富热带风光，大型盆栽可布置厅堂或阶前；园林中可片植于路边或墙垣边观赏；也是切花的良好材料。

学名| *Ensete ventricosum*

科属：芭蕉科象腿蕉属

阿比西尼亚红脉蕉

- 原产地：南非。
- 繁　殖：播种。
- 花果期：花期初夏。
- 日　照：全日照。
- 温　度：生长适温20℃~30℃。
- 土　壤：喜疏松、排水良好的土壤。
- 水　分：喜湿润。

形态特征 多年生常绿大型草本，假茎高大，由叶鞘层层重叠而成，株高6～12米。叶大形，长圆形，下部渐狭成一叶柄，具叶鞘。叶脉红色。花序初为莲座状，后呈柱状，下垂。浆果。

应用 叶型美观，株型挺拔，富有热带风情。盆栽适合厅堂或门厅两侧摆放观赏，或植于庭院一隅欣赏。

别名：阿加蕉
科属：芭蕉科芭蕉属

学名| *Musa acuminata*

小果野芭蕉

- 原产地：我国云南西部；印度北部，缅甸，泰国，越南，经马来西亚至菲律宾也有。
- 繁　殖：分株。
- 花果期：全年。
- 日　照：全日照。
- 温　度：生长适温20℃~30℃。
- 土　壤：疏松、排水良好的壤土。
- 水　分：喜湿润。

形态特征 多年生常绿草本，假茎被有蜡粉，株高约5米。叶长圆形，基部耳形，不对称，上面绿色，被蜡粉，下面黄绿色，无蜡粉或被蜡粉。雄花合生花被片先端3裂，中裂片二侧有小裂片。浆果。

应用 株型美观，叶大，富有南国风情，可植于庭院一隅欣赏；未开放的花序连同花苞片，切碎后用开水漂片刻，捞出炒，煮均可，假茎心可作蔬菜或作猪饲料。

别名：野蕉、山芭蕉、伦阿蕉
科属：芭蕉科芭蕉属

学名| *Musa balbisiana*

野芭蕉

- 原产地：我国云南、广西及广东；亚洲南部、东南部均有。
- 繁　殖：分株。
- 花果期：花期夏、秋季。
- 日　照：全日照。
- 温　度：生长适温22℃~30℃。
- 土　壤：喜疏松、排水良好的壤土。
- 水　分：喜湿润。

形态特征 多年生常绿草本，株高约6米。叶片卵状长圆形，长可达3米，基部耳形，两侧不对侧，微被蜡粉。花序长约2.5米，花被征乳白色。浆果。

应用 株型美观，叶大型，适合公园、绿地假山石边、墙垣边及一隅栽培观赏；假茎可作猪饮料。

学名| *Musa basjoo*

芭蕉

别名：绿天、扇仙
科属：芭蕉科芭蕉属

- **原产地：**我国琉球群岛。
- **繁　殖：**分株。
- **花果期：**花期夏季。
- **日　照：**全日照。
- **温　度：**生长适温16℃~28℃。
- **土　壤：**不择土壤。
- **水　分：**喜湿润。

形态特征 多年生高大草本植物。茎高3~4米，不分枝，略被白粉。叶片大，长椭圆形，质厚，基部圆形，叶面呈微绿色，叶背略带白色。穗状花序顶生，苞片红褐色或紫红色。浆果。

应用 叶大美观，为我国古典园林中常见栽培的植物之一，宜配植于庭中、窗前或墙隅或假山石及池畔观赏，多丛植；芭蕉可用于造纸；花及根可入药；果可食，具香气。

学名| *Musa coccinea*

红花蕉

别名：红蕉、指天蕉
科属：芭蕉科芭蕉属

- **原产地：**我国云南；越南亦有。
- **繁　殖：**分株、分根茎法。
- **花果期：**花期5~10月。
- **日　照：**全日照或半日照。
- **温　度：**生长适温20℃~30℃。
- **土　壤：**喜土层深厚、肥沃的微酸性壤土。
- **水　分：**喜湿润。

形态特征 多年生常绿丛生草本植物，株高1~3米。叶互生，长椭圆形，具长柄，革质，叶面黄绿色，叶背深绿色，全缘。穗状花序顶生，苞片鲜红色，内面粉红色，苞梢黄色，小花黄色，浆果。

应用 株型挺拔，叶型美观，花序鲜艳。庭院或园林中常用于池畔、厅前、庭院一隅栽培观赏；花枝是优良的切花花材。

学名/ *Ravenala madagascariensis*

旅人蕉

别名：水树、扇芭蕉、旅人木、水木
科属：芭蕉科旅人蕉属

花序特征
蝎尾状
聚伞花序

- **原产地：**马达加斯加。
- **繁　殖：**播种或分株。
- **花果期：**花期7~8月。
- **日　照：**全日照。
- **温　度：**生长适温22℃~32℃。
- **土　壤：**喜疏松、肥沃的土壤。
- **水　分：**喜湿润。

形态特征 多年生乔木状常绿大型草本植物，株高可达15米，干直立，不分枝。叶片长椭圆形，大如芭蕉，具长柄，呈两列整齐着生于茎顶。蝎尾状聚伞花序腋生，总苞船形，白色。蒴果木质。

应用 株型美观，叶大排列成扇状，观赏性极佳。幼株可盆栽观叶，用于装饰宾馆、饭店大厅或走廊。园林中多孤植、群植或列植观赏。

学名/ *Strelitzia nicolai*

大鹤望兰

别名：白鸟蕉、尼可拉鹤望兰
科属：芭蕉科鹤望兰属

叶片特征
叶大长
椭圆形

- **原产地：**非洲热带。
- **繁　殖：**播种或分株。
- **花果期：**花期全年。
- **日　照：**全日照。
- **温　度：**生长适温22℃~32℃。
- **土　壤：**喜疏松、肥沃的壤土。
- **水　分：**喜湿润。

形态特征 多年生小乔木或灌木状植物，株高2~6米。叶大，2列，长椭圆形，生于茎顶，具长柄，柄上有深沟。聚伞花序生于佛焰苞内。

应用 株型美观，花大淡雅，适合公园、绿地等草坪中、草地边缘、山石边或一隅栽培观赏。

索引一 学名按拼音顺序索引

K

L

M

N

P

Q

R

S

T

W

X

Y

Z

索引二 学名按拉丁文顺序索引

A

B

C

为先書系
湖南教育书店特别策划

徐晔春◎编著

观花观叶植物经典图鉴

NO.7 观叶·蕨类、被子植物

Guanhuaguanyezhiwu Jingdiantujian

吉林出版集团 | 吉林科学技术出版社

图书在版编目（C I P）数据

观花观叶植物经典图鉴 / 徐晔春编著. -- 长春 :
吉林科学技术出版社, 2012.3
ISBN 978-7-5384-5698-1

Ⅰ.①观… Ⅱ.①徐… Ⅲ.园林植物－观赏园艺－
图集 Ⅳ. ①S68-64

中国版本图书馆CIP数据核字（2012）第033068号

观花观叶植物经典图鉴——观叶·蕨类、被子植物⑦

编　　著　徐晔春
出 版 人　张瑛林
选题策划　张胜利
责任编辑　张胜利
图片摄影　徐晔春
封面设计　长春美印图文设计有限公司
制　　版　长春美印图文设计有限公司
开　　本　720mm×900mm　1/16
字　　数　832千字
印　　张　64
版　　次　2012年5月第1版
印　　次　2012年5月第1次印刷

出　　版　吉林出版集团
　　　　　吉林科学技术出版社
发　　行　吉林科学技术出版社
地　　址　长春市人民大街4646号
邮　　编　130021
发行部电话　0431-86037641
网　　址　www.jybooks.com.cn
印　　刷　长沙鸿发印务实业有限公司

书　　号　ISBN 978-7-5384-5698-1
定　　价　254.40元（全八册）
如有印装问题可致电0731-84314144联系调换
版权所有　翻印必究　　举报电话：0431-85635186

使用说明

ShiyongShuoming

检索功能

JiansuoGongneng

索　引

索引一　学名按拼音顺序索引

索　引

索引二　学名按英文顺序索引

水　分

湿 土壤潮湿，含水量高，用手挤压土壤有水分流出。

喜湿 盆土需要始终处于湿润状态，保持土壤表面湿润。

湿润 土壤含水量较高，可挤压出各种形状，无水分流出。

喜湿润 在生长季节，宜保持土壤湿润，表面1~2厘米干后浇一次透水，浇水掌握间干间湿的原则。

喜干燥 在生长季节（部分植物为春、秋生长，夏、冬休眠，也有春、夏、秋季生长，冬季休眠，也有秋、冬、春三季生长，夏季眠），盆土水分基本干透后浇一次透水，大多数这类植物冬季停止浇水。浇水掌握干透浇透的原则。土壤水分含量低，挤压后不能成形。

生活在水中 土壤水分达到饱和状态，植物叶片浮于水面或挺出水面，植株不能离开水，部分植物整株浮于水面生活。不能离开水。

稍耐旱 土壤上层干燥，底层湿润，上层土壤挤压后不能成形，下层土壤可挤压成形，无水分流出。

耐旱 土壤中上层干燥，底层湿润，中上层土壤挤压后不能成形，下层土壤可挤压成形，无水分流出。

日　照

全日照 在全光照下养护，在室内放在阳光充足的地方，如窗台、阳台等处。

半日照 在春、夏、秋季阳光强烈时，早上晚上接受全光照，中午要遮阴。冬季可接受全光照，当然，我国幅员辽阔，各地需根据具体情况而定。

喜荫 全天不能接受光照，一般这类植物冬季可适当接受阳光。

土　壤

疏松 是指土壤团粒结构要好，疏松通气，有利根系生长发育，如泥炭土、腐叶土就是这个类型。

肥沃 是指土壤富含有机质，这类植物对养分需求较高，要注意补充肥料。

排水良好 是指土壤不能积水，否则对根系生长抑制，影响植株正常生长发育。如一些肉质根类、多肉植物等，基本是需要排水良好的土壤的。

不择土壤 这类植物习性强健，对土壤没有特殊要求，在大多数土壤中均能生长良好。如栽培于田园土、菜园土、腐叶土中，均可良好生长。

繁　殖

播种繁殖 播种繁殖也就是实生苗繁殖，将种子播于苗浅、穴盘等容器或直播于苗床、田地中，从而得到大量苗株的方法。

扦插繁殖 扦插是花卉繁殖的重要手段之一，是用植物的营养器官如根、茎、叶插入基质中，使之生根，抽枝长成完整的植株。

嫁接繁殖 嫁接繁殖是园林植物繁育技术的一种主要方法。是用繁殖体（茎、芽、球体）把两种不同植物结合在一起，使之愈合，形成一个独立的新个体，供嫁接用的繁殖体叫“接穗”，而接受接穗的植株叫“砧木”。

压条繁殖 多用于一些茎节和节间容易发根的木本花卉和一些扦插不容易发根的木本花卉。压条是将未脱离母株的枝条，在适当的部位将枝条环剥、刻伤，并可结合生根促进剂涂抹处理，然后将该部位埋入土中。由于受伤部位易积累上部合成的营养物质和激素，从而易形成根系。然后将它们剪离母体后移苗另栽，从而形成新的苗株。

分生繁殖 分生繁殖是植物营养繁殖方法之一，指人为将植物体上长出来的幼植株体，如萌蘖与母株分离另行栽植而成为独立新植物的繁殖方法。可分为分株法及分球法。前者多用于丛生性强的花灌木和萌蘖力强的多年生草花，后者则用于球根类花卉。

果　实

聚合果 聚合果是由花内的若干离生心皮形成的一个整体。如：海南木莲、腊梅的果实。

聚花果 由一整花序形成的一个整体，每一朵小花形成独立的小果，聚集在花序轴上。 如桑葚、无花果的果实。

单　果

由一花中的一个子房或一个心皮形成的单个果实。又分为干果及浆果，主要有以下几类：

1. 蓇葖果：离生心皮的单个心皮形成的，成熟时或沿背缝线或沿腹缝线一侧开裂。 如：云南含笑、欧楼斗菜的果实。

2. 荚果：单心皮的上位子房形成的，成熟时沿背腹两缝开裂，开裂后的果瓣片叫裂瓣。节荚基本上是荚果，仅在其种子间收缩变狭，成熟时在收缩处断裂成具有一颗种子的断片。 如合欢、蔓花生的果实。

3. 蒴果：由两个以上合生心皮的上位或下位子房形成。如箭叶秋葵、樟叶槿的果实。

4. 角果：由二心皮的复雌蕊发育而成，子房常因假隔膜分成两室，果实成熟后多沿两条腹缝线自下而上地开裂。如沙漠玫瑰、桂竹香的果实。

5. 瘦果：由离生心皮或合生心皮的上位或下位子房形成，其果皮紧包种子，不易分离。如珊瑚藤、棣棠的果实。

6. 胞果：由合生心皮的上位子房形成，其果皮薄而膨胀，疏松地包围种子而与种子极易分离。如地肤、垂鞭绣绒球的果实。

7. 翅果：瘦果状而有翅的干果，由合生心皮的上位子房形成。如星果藤的果实。

8. 坚果：由合生心皮的下位子房形成。如迷迭香、活血丹的果实。

9. 双悬果：由二心皮的子房发育成的果实，成熟后心皮分离成两瓣，并列悬于中央果柄的上端，不开裂。如胡萝卜的果实。

10. 浆果：果皮肉质多浆，外果皮易分离，内中果皮肉质化，内部一至数粒种子。如铃兰、宝莲花的果实。

11. 核果：单心皮或合生心皮组成，种子常一粒，外果皮较薄，肉质或革质，中果皮肉质肥厚，内果皮木质化，包于种子外，构成果核。如梅花、杏的果实。

12. 柑果：复雌蕊形成，外果皮革质，中果皮较疏松，分布有维管束，中轴胎座，每室种子多数。如金橘、四季橘的果实。

13. 瓠果：下位子房发育成的假果花托与外果皮结合成坚硬果壁，中果皮内果皮肉质胎座发达。如南瓜的果实。

14. 梨果：花筒与子房愈合一起发育成假果、果壁、外果皮，中果皮均肉质化，内果皮纸质或革质化。如梨、苹果的果实。

目　　录

目　录

马齿苋科

报春花科

蔷薇科

茜草科

芸香科

杨柳科

山榄科

瓶子草科

三白草科

虎耳草科

梧桐科

伞形科

荨麻科

马鞭草科

葡萄科

姜科

学名| *Acrostichum aureum*

卤蕨

别名：金蕨
科属：卤蕨科卤蕨属

叶片特征
叶片奇数一回羽状

- **原产地：** 我国广东、海南及云南；日本、亚洲热带地区、非洲及美洲均有分布。
- **繁　殖：** 分株、孢子。
- **日　照：** 喜荫。
- **温　度：** 生长适温20℃~30℃。
- **土　壤：** 喜疏松、肥沃的壤土。
- **水　分：** 喜湿。

形态特征 株高可达2米。叶簇生，叶柄基部褐色，被钻状披针形鳞片，叶片奇数一回羽状，羽片多达30片，基部一对对生，中部互生，长舌状披针形，全缘。孢子囊布满羽片下面，无盖。

应用 株型美观，可盆栽用于阳台、客厅、卧室等观赏，也适合用于蕨类专类园栽培。

别名：荷叶金钱草
科属：铁线蕨科铁线蕨属

学名| *Adiantum reniforme var.sinense*

荷叶铁线蕨

- 原产地：我国四川。
- 繁　殖：分株或孢子播种。
- 日　照：喜荫。
- 温　度：生长适温18℃~30℃。
- 土　壤：喜疏松、湿润的壤土。
- 水　分：喜湿润。

形态特征 株高5~20厘米。叶簇生，单叶，深栗色，基部密被与根状茎上相同的鳞片及柔毛。叶片圆形或圆肾形，叶柄着生处有一或深或浅的缺刻，叶片边缘有圆钝齿牙。囊群盖圆形或长方形。

应用 叶型美观，盆栽用于卧室、客厅、书房等案几装饰。四川万县民间常用之入药，具有清热解毒，利尿通淋的功效。

别名：铁丝草、铁线草
科属：铁线蕨科铁线蕨属

学名| *Adiantum capillus-veneris*

铁线蕨

- 原产地：世界广布，我国产于台湾、福建、广东、广西、湖南、湖北、江西、贵州、云南、四川、甘肃、陕西、山西、河南、河北、北京等地。
- 繁　殖：分株、孢子。
- 日　照：喜荫。
- 温　度：生长适温18℃~30℃。
- 土　壤：喜疏松、湿润的土壤。
- 水　分：喜湿。

形态特征 多年生草本，高15~40厘米。根状茎横走，黄褐色，密生棕色鳞毛，叶柄细长而坚硬，似铁线。叶片卵状三角形，2~4回羽状复叶，细裂，叶脉扇状分叉，深绿色。

应用 为钙质土指示植物，盆栽适于卧室、客厅的案几摆放，或用壁挂盆栽悬挂于墙面装饰，也适合卫生间等较荫蔽处栽培。

学名| *Angiopteris fokiensis*

别名：福建莲座蕨
科属：观音座莲科观音座莲属

福建观音座莲

- 原产地：我国福建、湖北、贵州、广东、广西及香港。
- 繁　殖：分株。
- 日　照：喜荫。
- 温　度：生长适温18℃~30℃。
- 土　壤：喜疏松、肥沃的壤土。
- 水　分：喜湿润。

形态特征 多年生草本，植株可达1.5米以上。根茎块状。叶草质，叶片宽广，宽卵形，羽片5~7对，互生，狭长圆形，基部不变狭，小羽片35~40对，对生或互生，披针形，基部近截形或几圆形，叶缘浅三角形锯齿状。孢子囊群棕色。

应用 株型高大奇特，大型盆栽可用于大堂、客厅等摆放观赏，小盆栽适合卧室、书房装饰；块茎含淀粉，可食用；块茎药用，具有安神、解毒、祛风湿及止血的功效。

别名：巢蕨、山苏花
科属：铁角蕨科巢蕨属

学名/ *Neottopteris nidus*

鸟巢蕨

- 原产地：广布种，热带及亚热带地区均有。
- 繁　殖：分株、孢子。
- 日　照：半日照。
- 温　度：生长适温18℃~28℃。
- 土　壤：喜疏松壤土，也可附着于树干、山石上栽培。
- 水　分：喜湿润。

形态特征 多年生常绿附生草本植物，株高1米左右。根状茎短。叶呈放射状，丛生于根状茎周围。叶片呈条状倒披针形，草质，浅绿色，两面光滑，中脉明显突起，叶柄粗短。孢子囊线形，生于叶背面侧脉间。

应用 常用于卧室、书房的案几上观赏，也适合做悬吊或壁挂式盆栽，用于厅堂的装饰；嫩芽及没有完全开展的叶子顶端，可作蔬菜。

学名| *Asplenium neolaserpitiifolium*

大羽铁角蕨

别名：新大羽铁角蕨、大黑柄铁角蕨
科属：铁角蕨科铁角蕨属

- 原产地：我国台湾、海南、云南；越南、泰国、缅甸、印度、马来群岛，日本也有。
- 繁　殖：分株、孢子。
- 日　照：喜荫。
- 温　度：生长适温20℃~28℃。
- 土　壤：喜疏松、排水良好的壤土。
- 水　分：喜湿润。

形态特征 株高60~70厘米。叶簇生，深青褐色或深青灰色，具有光泽，光滑，叶大，椭圆形，渐尖头，三回羽状或四回羽深裂，羽片10~12对。囊群盖狭线形，棕色。

应用 叶型美观，适合盆栽用于室内观赏，也可用于蕨类专类园。

学名| *Asplenium prolongatum*

长生铁角蕨

别名：长叶铁角蕨
科属：铁角蕨科铁角蕨属

- 原产地：我国甘肃、浙江、江西、福建、台湾、湖北、湖南、广东、广西、四川、贵州、云南；印度、斯里兰卡、缅甸、中南半岛、日本、朝鲜、斐济群岛均有。
- 繁　殖：分株、孢子。
- 日　照：喜荫。
- 温　度：生长适温16℃~28℃。
- 土　壤：喜疏松的壤土。
- 水　分：喜湿润。

形态特征 株高20~40厘米；叶簇生，淡绿色，叶片线状披针形，二回羽状，羽片20~24对，下部对生，向上互生。羽片狭椭圆形，圆头，基部不对称。囊群盖狭线形，灰绿色。

应用 盆栽用于卧室、阳台、客厅等处观赏，全草或根茎入药，具有祛风除湿的功效。

科属：乌毛蕨科苏铁蕨属

学名| *Brainea insignis*

苏铁蕨

- 原产地：我国广东、广西、海南、福建及云南；也广布于从印度经东南亚至菲律宾的亚洲热带地区。
- 繁　殖：孢子。
- 日　照：半日照。
- 温　度：生长适温18℃~30℃。
- 土　壤：喜疏松、肥沃的壤土。
- 水　分：喜湿润。

形态特征 株高可达1.5米。叶簇生于主轴顶部，略呈二形，叶片椭圆披针形，一回羽状，羽片30~50对，对生或互生，线状披针形至狭披针形，先端长渐尖，基部为不对称的心脏形。孢子囊群沿主脉两侧的小脉着生。

应用 为酸性土指示植物，盆栽可用于客厅、卧室及书房装饰；幼叶水煮后可食用。

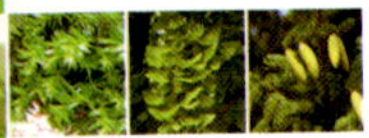

学名| *Woodwardia prolifera*

胎生狗脊蕨

别名：多子狗脊、珠芽狗脊、台湾狗脊蕨
科属：乌毛蕨科狗脊蕨属

- 原产地：我国广西、广东、湖南、江西、安徽、浙江、福建及台湾。
- 繁　殖：孢子、胎芽。
- 日　照：喜荫或半日照。
- 温　度：生长适温18℃~28℃。
- 土　壤：喜疏松、排水良好的壤土。
- 水　分：喜湿润。

形态特征 多年生草本，高70~230厘米。叶近簇生，叶片长卵状长圆形或椭圆形，先端渐尖并二回羽状深裂，羽片对生或上部互生，斜展，披针形，先端渐尖，基部不对称。叶革质，羽片上面通常产生小珠芽。孢子囊群粗短，似新月。

应用 植株大型，观赏性强，家庭可用于庭院的水景边或荫蔽处栽培观赏；嫩叶可作蔬菜，采后用沸水焯熟，清水浸泡半天，适合炒食或腌渍，也可干制。

学名| *Alsophila spinulosa*

桫椤

别名：刺桫椤
科属：桫椤科桫椤属

- 原产地：我国福建、台湾、广东、海南、香港、广西、贵州、云南、四川、江西；日本、越南、柬埔寨、泰国、缅甸、孟加拉、印度、不丹及尼泊尔也有。
- 繁　殖：分株或孢子播种。
- 日　照：喜荫或半日照。
- 温　度：生长适温18℃~28℃。
- 土　壤：喜疏松、排水良好的壤土。
- 水　分：喜湿润。

形态特征 株高可达6米或更高。叶螺旋状排列于茎顶端，叶片大，长矩圆形，三回羽状深裂，羽片17~20对，互生，中部羽片二回羽状深裂，小羽片18~20对。孢子囊群着生于侧脉分叉处，囊群盖球形，膜质。

应用 国家一类保护植物。大型盆栽用于客厅、宾馆大堂处观赏；髓部入药，祛风湿、强筋骨、清热止咳。

黑桫椤

学名| *Alsophila podophylla*

别名：鬼桫椤、结脉黑桫椤
科属：桫椤科桫椤属

- 原产地：我国台湾、福建、广东、香港、海南、广西、云南及贵州；日本、越南、老挝、泰国及柬埔寨也有。
- 繁　殖：分株或孢子播种。
- 日　照：喜荫或半日照。
- 温　度：生长适温18℃~28℃。
- 土　壤：喜疏松壤土。
- 水　分：喜湿润。

形态特征 株高1~3米，具主干。叶片大，长2~3米，一回、二回深裂以至二回羽裂，羽片互生，斜展，长圆状披针形，顶端长渐尖，有浅锯齿，小羽片约20对，互生。孢子囊群圆形，着生于小脉背面近基部处，无囊盖群。

应用 叶型飘逸、美观，为国家二级保护植物；盆栽可用于客厅、阳台、卧室等处装饰。

笔筒树

学名| *Sphaeropteris lepifera*

别名：多鳞白桫椤、山棕蕨
科属：桫椤科白桫椤属

- 原产地：我国台湾；菲律宾、日本也有。
- 繁　殖：分株或孢子播种。
- 日　照：半日照或全日照。
- 温　度：生长适温18℃~28℃。
- 土　壤：喜疏松、肥沃的壤土。
- 水　分：喜湿润。

形态特征 茎干可高达6米。叶轴和羽轴禾秆色，最下部羽片略缩短，最长的羽片达80厘米，最大的小羽片长10~15厘米，先端渐尖，裂片纸质，全缘或近于全缘。孢子囊群近主脉着生，无囊群盖。

应用 植株高大，叶型美观，叶痕奇特，具有热带风情，大型盆栽可用于客厅及大堂等处观赏；嫩芽及嫩叶可食用，开水焯后炒食。

学名| *Davallia formosana*

大叶骨碎补

叶片特征
叶片卵状三角形

别名：华南骨碎补
科属：骨碎补科骨碎补属

- **原产地：** 我国台湾、福建、广东、海南、广西、云南；越南及柬埔寨也有。
- **繁　殖：** 孢子。
- **日　照：** 喜荫。
- **温　度：** 生长适温18℃~28℃。
- **土　壤：** 喜疏松、排水良好的壤土。
- **水　分：** 喜湿润。

形态特征　株高约1米。叶远生，叶片大，三角形或卵状三角形，先端渐尖，四回羽状或五回羽裂，羽片约10对，互生，基部一对最大，长三角形。一回小羽片约10对，二回小羽片约7~10对，末回小羽片椭圆形。囊群盖管状。

应用　盆栽可用于客厅或阳台等处欣赏，可水景边栽培；根茎入药，具有活血化淤、祛风止痛的功效。

学名| *Humata tyermanni*

白毛蛇

叶片特征
叶片长三角状卵形

别名：圆盖阴石蕨、阴石蕨
科属：骨碎补科阴石蕨属

- **原产地：** 我国华东、华南、湖南、贵州、重庆、云南；越南及老挝也有。
- **繁　殖：** 孢子、分株。
- **日　照：** 喜荫。
- **温　度：** 生长适温18℃~30℃。
- **土　壤：** 附生基质栽培。
- **水　分：** 喜湿润。

形态特征　株高20厘米。叶远生，叶片长三角状卵形，长宽几乎相等，先端渐尖，基部心脏形，三至四回羽状深裂，羽片约10对，近互生至互生，基部一对最大，囊群盖近圆形，全缘，浅棕色。

应用　盆栽可用于书房、卧室等案几处摆放观赏，也可用于庭院荫蔽处的树干、山石上观赏。

学名 *Nephrolepis auriculata*

肾蕨

别名：圆羊齿、蜈蚣草
科属：肾蕨科肾蕨属

- 原产地：广布于热带和亚热带地区。
- 繁　殖：分株、孢子。
- 日　照：全日照或半日照。
- 温　度：生长适温18℃~28℃。
- 土　壤：喜疏松、排水良好的壤土。
- 水　分：喜湿润。

形态特征 附生或土生植物。根状茎直立。叶丛生、亚革质，叶片线状披针形，为一回羽状复叶。羽片多数，常成覆瓦状，披针形，先端钝，基部心形或圆形。孢子囊群生于叶背面侧脉的小脉顶端，在中脉两旁各成一行。

应用 盆栽适合客厅、卧室、书房等观赏，也可悬吊栽培，也是庭院的路边、墙边绿化的优良材料。

学名 *Nephrolepis biserrata*

双齿肾蕨

别名：长叶肾蕨
科属：肾蕨科肾蕨属

- 原产地：广布于热带地区，我国台湾、广东、海南、云南。
- 繁　殖：分株、孢子。
- 日　照：半日照。
- 温　度：生长适温18℃~28℃。
- 土　壤：喜疏松、肥沃的壤土。
- 水　分：喜湿润。

形态特征 根状茎直立。叶簇生，叶片长可达1米，狭椭圆形，一回羽裂，羽片多数，互生，偶有近对生，中部羽片披针形或线状披针形，先端急尖或短渐尖，基部近对称，近圆形或斜圆形，叶缘有疏缺刻或粗钝锯齿。囊群盖圆肾形，褐棕色。

应用 盆栽可用于较大的厅堂装饰；根状茎入药，具有补肝肾、强腰膝、除风湿、壮筋骨等功效。

学名| *Cibotium barometz*

金毛狗

别名：黄毛狗、猴毛头
科属：蚌壳蕨科金毛狗属

- 原产地：热带及亚热带地区，我国华东、华南及西南地区均有。
- 繁　殖：孢子。
- 日　照：喜荫或半日照。
- 温　度：生长适温18℃~28℃。
- 土　壤：喜疏松、肥沃的壤土。
- 水　分：喜湿润。

形态特征 大型树状陆生蕨类，植株高1~3米。根状茎平卧、粗大，露出地面部分密被金黄色长茸毛。叶簇生于茎顶端，叶片大，三回羽裂，羽片长披针形，尖头，裂片边缘有细锯齿，叶近革质。孢子囊群生于小脉顶端，囊群盖坚硬两瓣，成熟时张开，形如蚌壳。

应用 株型美丽奇特，为著名的观赏蕨类，盆栽适合客厅、大堂等处装饰，也是庭院荫蔽的水景边绿化的良材；根状茎入药，具有补肝肾、强腰膝、除风湿、壮筋骨等功效。

学名| *Drynaria roosii*

石岩姜

别名：槲蕨
科属：槲蕨科槲蕨属

- 原产地：我国江苏、安徽、江西、浙江、福建、台湾、海南、湖北、湖南、广东、广西、四川、贵州及云南；越南、老挝、柬埔寨、泰国、印度也有。
- 繁　殖：孢子。
- 日　照：半日照。
- 温　度：生长适温16℃~28℃。
- 土　壤：附生基质栽培。
- 水　分：喜湿润。

形态特征 附生草本。叶二型，基生不育叶圆形，基部心形，浅裂至叶片宽度的1/3，边缘全缘，黄绿色或枯棕色。正常能育叶裂片7~10对，互生，边缘有不明显的疏钝齿，顶端急尖或钝。孢子囊群圆形、椭圆形。

应用 植株大型、美观，盆栽适合客厅或吊挂于廊架处欣赏；根状茎入药，具有补肾坚骨、活血止痛的功效。

学名| *Drynaria quercifolia*

栎叶槲蕨

科属：槲蕨科槲蕨属

- 原产地：我国海南；斯里兰卡、印度、尼泊尔、不丹、孟加拉、缅甸、中南半岛、马来群岛至斐济群岛及热带大洋洲。
- 繁　殖：分株、孢子。
- 日　照：喜荫或半日照。
- 温　度：生长适温18℃~30℃。
- 土　壤：附生基质栽培。
- 水　分：喜湿润。

形态特征 根状茎横走，肉质。基生不育叶阔卵形，基部心脏形而有耳，边缘浅裂至深裂，裂片顶端钝圆，全缘。正常能育叶革质，长圆形，裂片阔披针形，顶端渐尖，向基部渐狭。孢子囊群圆形或椭圆形。

应用 株型美观，观赏性强，盆栽可用于厅堂及庭院的荫蔽处栽培观赏，也适于庭院树干上栽培装饰。

学名| *Cyclosrus parasiticus*

华南毛蕨

别名：密毛毛蕨
科属：鳞毛蕨科鳞毛蕨属

- 原产地：我国浙江、福建、台湾、广东、海南、湖南、江西、重庆、广西、云南；日本、朝鲜、印度、尼泊尔、缅甸、斯里兰卡、越南、泰国、印度尼西亚及菲律宾也有。
- 繁　殖：孢子。
- 日　照：喜荫或半日照。
- 温　度：生长适温18℃~30℃。
- 土　壤：喜疏松、排水良好的壤土。
- 水　分：喜湿润。

形态特征 株高达70厘米。叶近生，叶片长圆披针形，先端羽裂，尾状渐尖头，基部不变狭，二回羽裂，羽片12~16对，中部以下对生，向上的互生，披针形，先端长渐尖，基部平截，略不对称。囊群盖小，膜质，棕色。

应用 大型盆栽用于厅堂绿化，小盆栽适合室内装饰；全草入药，清热除湿。

学名| *Cyrtomium fortunei*

贯众

科属：鳞毛蕨科贯众属

- 原产地：我国河北、山西、陕西、甘肃、山东、江苏、安徽、浙江、福建、台湾、河南、湖北、湖南、广东、广西、四川、贵州及云南；日本、朝鲜、越南、泰国也有。
- 繁　殖：孢子。
- 日　照：喜荫。
- 温　度：生长适温16℃~28℃。
- 土　壤：喜疏松、肥沃的壤土。
- 水　分：喜湿润。

形态特征 株高25~50厘米。叶簇生，叶片矩圆披针形，先端钝，基部不变狭或略变狭，奇数一回羽状，侧生羽片7~16对，互生，近平展。孢子囊群遍布羽片背面，囊群盖圆形，盾状，全缘。

应用 盆栽用于卧室、书房、客厅等美化，也适合用于庭院的荫蔽的墙垣边、路边栽培观赏。

学名| *Dryopteris bodinieri*

大平鳞毛蕨

别名：大羽鳞毛蕨
科属：鳞毛蕨科鳞毛蕨属

- 原产地：我国湖南、四川、贵州及云南等地。
- 繁　殖：孢子。
- 日　照：喜荫。
- 温　度：生长适温16℃~26℃。
- 土　壤：喜疏松、排水良好的壤土。
- 水　分：喜湿润。

形态特征 植株高1米或更高。叶簇生，叶片长圆披针形，先端渐尖，奇数一回羽状，羽片6~10对，斜展，长圆披针形，先端短渐尖，基部具短柄，上部数对羽片无柄。孢子囊群不整齐地散布于羽轴两侧，无囊群盖。

应用 适合庭院的庇荫处的路边、水景边栽培观赏；根茎入药，具有杀虫、清热解毒的功效。

别名：水松草
科属：水蕨科水蕨属

学名| *Ceratopteris pterioides*

粗梗水蕨

原产地：我国长江以南各省；东南亚、中南美洲、印度东部等也有。
繁　殖：分株、孢子。
日　照：全日照。
温　度：生长适温16℃~28℃。
土　壤：喜疏松、肥沃的土壤。
水　分：生活在水中。

形态特征　多年生中型蕨类，挺水或浮叶，植株高28～55厘米，根状茎短而直立。叶片呈阔状三角形，羽状深裂，裂片3～7枚。叶柄粗壮，柄内海绵细胞含有空气，使整个植株漂浮于水面。

应用　盆栽可用于居室的案几、阳台等处观赏，也适于庭院的水景布置；可作水景植物；茎叶入药，用于胎毒、痰积的治疗；嫩叶可做蔬菜。

科属：水蕨科水蕨属

学名| *Ceratopteris thalictroides*

水蕨

原产地：我国广东、广西、云南、福建、台湾、浙江、江西；广布于世界热带及亚热各带。
繁　殖：分株或孢子播种。
日　照：全日照。
温　度：生长适温16℃~28℃。
土　壤：喜疏松、肥沃的土壤。
水　分：生活在水中。

形态特征　多年生水生蕨类植物，其叶二型，簇生于短的根状茎上，营养叶的叶柄短圆柱状，叶卵状三角形，2~4回羽裂；生殖叶的叶柄长于不育叶柄，叶片2~4回羽状深裂，末回裂片线形，角果状，叶脉网状。

应用　株型美观，适合庭院的庇荫处的路边、树上或水景边栽培观赏；根茎入药，具有杀虫、清热解毒的功效；全草入药，能消炎拔毒，可治疮毒；嫩叶作蔬菜，是有名的“蕨菜”品种之一。

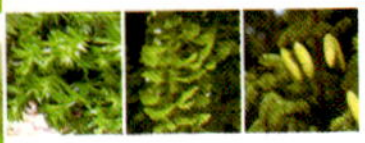

学名| *Platycerium bifurcatum*

二岐鹿角蕨

科属：鹿角蕨科鹿角蕨属

- 原产地：澳大利亚、新几内亚、小巽群岛及爪哇。
- 繁　殖：分株、孢子。
- 日　照：喜荫或半日照。
- 温　度：生长适温15℃~26℃。
- 土　壤：可选用蕨根、苔藓或少量腐叶土栽培。
- 水　分：喜湿润。

形态特征　附生树上或岩石上，成簇。基生不育叶无柄，直立或贴生，边缘全缘，浅裂直到四回分叉，裂片不等长。正常能育叶直立，伸展或下垂，通常不对称，楔形，二至五回叉裂。孢子囊群中有64个孢子，黄色。

应用　小盆栽可用于案头摆放观赏，大型盆栽可用于厅堂装饰，也常用于庭院的水景边的山石吊挂栽培。

学名| *Platycerium wallichii*

长叶鹿角蕨

别名：鹿角蕨
科属：鹿角蕨科鹿角蕨属

- 原产地：我国云南；缅甸、印度、泰国也有。
- 繁　殖：分株、孢子。
- 日　照：喜荫或半日照。
- 温　度：生长适温15℃~26℃。
- 土　壤：可选用蕨根、苔藓或少量腐叶土栽培。
- 水　分：喜湿润。

形态特征　附生植物。叶2裂，二型，基生不育叶宿存，厚革质，下部肉质，贴生，长宽近相等，先端截形，3~5叉裂，裂片近等长，圆钝或尖头，全缘。正常能育叶常成对生长，下垂，灰绿色，分裂成不等大的3枚主裂片，基部楔形，下延，内侧裂片最大，多次分叉成狭裂片。孢子绿色。

应用　国家二级保护植物；盆栽可用于客厅、书房、卧室等处观赏，也适合居家用于水景装饰。

别名：石壁莲、石上莲
科属：水龙骨科线蕨属

学名 *Colysis digitata*

掌叶线蕨

- 原产地：我国广东、广西、海南、四川、贵州及云南；越南也有。
- 繁　殖：孢子、分株。
- 日　照：喜荫。
- 温　度：生长适温18℃~28℃。
- 土　壤：喜疏松、排水良好的壤土。
- 水　分：喜湿润。

形态特征 株高30~50厘米。叶远生，叶片通常为掌状深裂，有时为2~3裂或单叶，基部截形或很少短下延，裂片3~5片，披针形，顶端渐尖，基部稍狭，边缘有软骨质的边，全缘而呈浅波状。孢子囊群线形。

应用 叶型美观，株型小巧，盆栽适于书房、客厅的案几上摆放观赏；全草入药，可用于跌打损伤。

别名：莱氏线蕨
科属：水龙骨科线蕨属

学名 *Colysis wrightii*

褐叶线蕨

- 原产地：我国江西、台湾、广东、广西、香港及云南；日本、越南也有。
- 繁　殖：孢子、分株。
- 日　照：喜荫。
- 温　度：生长适温18℃~26℃。
- 土　壤：喜疏松的壤土。
- 水　分：喜湿润。

形态特征 株高20~50厘米。叶远生，叶片倒披针形，顶端渐尖呈尾状，向基部渐变狭并以狭翅长下延，边缘浅波状，叶脉明显，叶薄草质。孢子囊群线形，无囊群盖。

应用 盆栽用于稍荫蔽的阳台、客厅及案几等处栽培，也可植于庭院蔽荫的路边、水岸边观赏。

学名| *Microsorum pteropus*

有翅星蕨

别名：三叉叶星蕨
科属：水龙骨科星蕨属

- 原产地：我国江西、台湾、福建、广东、湖南、广西、海南、香港、贵州及云南；印度、越南、缅甸及马来群岛也有。
- 繁　殖：孢子、分株。
- 日　照：喜荫。
- 温　度：生长适温18℃~28℃。
- 土　壤：喜疏松的壤土。
- 水　分：喜湿润。

形态特征　植株高15~30厘米。叶远生，叶片深三裂或全缘，有时二叉，三裂叶的叶柄上部有狭翅，顶生裂片可长达17厘米，侧生裂片较顶生裂片狭小，全缘叶的叶为披针形，顶端渐尖，基部急狭而下延于有翅的叶柄上。叶薄革质。孢子囊群圆形。

应用　叶型美观，耐湿性强，适合庭院荫蔽的路边、山石边及水景边种植观赏，盆栽可用于居室装饰。

学名| *Microsorium punctatum*

星蕨

科属：水龙骨科星蕨属

- 原产地：我国甘肃、台湾、湖南、广东、广西、海南、贵州、香港及云南；越南、马来群岛、波利尼西亚、印度至非洲也有。
- 繁　殖：分株、孢子。
- 日　照：喜荫。
- 温　度：生长适温16℃~28℃。
- 土　壤：用蕨根、苔藓等附生基质栽培。
- 水　分：喜湿润。

形态特征　附生，植株高40~60厘米。叶片阔线状披针形，顶端渐尖，基部长渐狭而形成狭翅，或呈圆楔形或近耳形，叶缘全缘或有时略呈不规则的波状，叶纸质。孢子囊群橙黄色。

应用　叶型飘逸美观，盆栽可用于阳台、客厅、书房等摆放观赏，也适合庭院较荫蔽的树干或山石悬挂栽培。

别名：小石韦、飞刀剑、石皮
科属：水龙骨科石韦属

学名| *Pyrrosia lingua*

石韦

- 原产地：我国长江以南各省区，北至甘肃、西到西藏、东至台湾；印度、越南、朝鲜及日本也有。
- 繁　殖：孢子、分株。
- 日　照：喜荫。
- 温　度：生长适温16℃~28℃。
- 土　壤：用蕨根、苔藓等附生基质栽培。
- 水　分：喜湿润。

形态特征 植株高10～30厘米。叶远生，近二型，能育叶通常比不育叶长得高而较狭窄，两者的叶片略比叶柄长。不育叶片近长圆形，或长圆披针形，下部1/3处最宽，向上渐狭，基部楔形。孢子囊群近椭圆形。

应用 盆栽可用于居室摆放观赏，庭院可植于荫蔽的路边、墙边；全草入药，可治疗刀伤、烫伤等。

别名：羽叶凤尾蕨、南方凤尾蕨、傅氏凤尾蕨
科属：凤尾蕨科凤尾蕨属

学名| *Pteris fauriei*

金钗凤尾蕨

- 原产地：我国台湾、浙江、福建、江西、湖南、广东、广西、云南；越南、日本均有。
- 繁　殖：分株、孢子。
- 日　照：喜荫或半日照。
- 温　度：生长适温16℃~26℃。
- 土　壤：喜疏松、排水良好的微酸性壤土。
- 水　分：喜湿润。

形态特征 植物高50～90厘米。叶片卵形至卵状三角形，二回深羽裂，侧生羽片3～9对，下部的对生，基部一对无柄或有短柄，向上的无柄，镰刀状披针形，先端渐尾状渐尖，基部渐狭。

应用 适合盆栽装饰客厅、卧室或案几装饰；叶入药；具有清热利湿、祛风定惊、敛疮止血的功效。

学名| *Pteris ensiformis var. victoriae*

银脉凤尾蕨

别名：白凤尾蕨
科属：凤尾蕨科凤尾蕨属

- 原产地：亚洲、大洋洲。
- 繁　殖：分株、孢子。
- 日　照：喜荫或半日照。
- 温　度：生长适温18℃~28℃。
- 土　壤：喜疏松、排水良好的壤土。
- 水　分：喜湿润。

形态特征 中小型陆生蕨类，株高20~40厘米，丛生。根状茎匍匐生长，叶二型，一为孢子叶，直立，具叶柚，羽片狭长；另一种为裸叶，较矮，羽状展开，质薄。叶脉部分为明显的银白色。

应用 株型美观，叶型飘逸，为著名的观赏植物，盆栽用于卧室、客厅、书房、餐桌等处摆放观赏，也可植于庭院荫蔽的路边或水岸边欣赏。

学名| *Pteris cretica var. nervosa*

大叶井口边草

别名：井边草、凤尾蕨
科属：凤尾蕨科凤尾蕨属

- 原产地：我国河南、陕西、湖北、江西、福建、浙江、湖南、广东、广西、贵州、四川、云南及西藏；日本、菲律宾、老挝、柬埔寨、印度、尼泊尔、斯里兰卡、斐济群岛、夏威夷群岛也有。
- 繁　殖：扦插。
- 日　照：半日照。
- 温　度：生长适温18℃~28℃。
- 土　壤：喜疏松、排水良好的壤土。
- 水　分：喜湿润。

形态特征 株高50~70厘米。叶片卵圆形，一回羽状，不育叶的羽片2~5对，常对生，斜向上，基部一对有短柄并为二叉，向上的无柄，狭披针形或披针形，先端渐尖，基部阔楔形，叶缘有软骨质的边并有锯齿。

应用 盆栽用于居室装饰，全草入药，具有清热解毒、祛湿消肿的功效。

别名：龙骨石松
科属：石松科石松属

学名| *Lycopodium carinatum*

覆叶石松

- 原产地：我国台湾、广东、广西；马来半岛、菲律宾至波利尼西亚。
- 繁　殖：分株、孢子。
- 日　照：半日照。
- 温　度：生长适温18℃~28℃。
- 土　壤：用蕨根、水苔等附生基质栽培。
- 水　分：喜湿润。

形态特征　枝下垂，长20~80厘米，二至三回两歧分枝。叶披针状钻形，质地坚硬，排列成6~8行，向上，稍密集，顶端短尖，基部下延，全缘，扁平至折叠。

应用　可悬挂栽培用于阳台、天台美化，可悬挂于庭院荫蔽的树干上、墙壁上或山石上栽培观赏。

别名：细穗石松
科属：石松科石松属

学名| *Lycopodium phlegmaria*

垂枝石松

- 原产地：我国海南、云南、广东；广布亚洲、非洲及澳洲。
- 繁　殖：分株、孢子。
- 日　照：半日照。
- 温　度：生长适温18℃~28℃。
- 土　壤：用蕨根、水苔等附生基质栽培。
- 水　分：喜湿润。

形态特征　附生，枝条细长下垂，二至四回两歧分枝。叶螺旋排列，6~8行，接近或疏离，三角形至披针形，扁平，坚硬，近革质，顶端短尖，基部圆形或心脏形，全缘。穗多数，通常多回分枝，能育叶疏生或密集。孢子囊圆形。

应用　多悬挂栽培用于阳台、天台美化，也可用于庭院荫蔽的树干上、墙壁上或山石上栽培观赏。

学名| *Lycopodium sieboldii*

鳞叶石松

科属：石松科石松属

- 原产地：中国及日本。
- 繁　殖：分株、孢子。
- 日　照：半日照。
- 温　度：生长适温18℃~28℃。
- 土　壤：用蕨根、水苔等附生基质栽培。
- 水　分：喜湿润。

形态特征 附生，主茎长约30厘米，匍匐状，具分枝，小叶长1.5厘米，为小型单叶，仅具中脉，螺旋状排列。孢子叶与营养叶等大，膜质。

应用 可悬挂栽培，用于阳台或天台等处装饰，或悬挂于庭院荫蔽的树干上、墙壁上或山石上栽培观赏。

学名| *Lycopodium squarrosum*

杉叶石松

别名：鹿角草
科属：石松科石松属

- 原产地：我国台湾；马达加斯加、塞舌尔群岛以东热带地区，向北到喜马拉雅山。
- 繁　殖：分株、孢子。
- 日　照：半日照。
- 温　度：生长适温18℃~30℃。
- 土　壤：用蕨根、苔藓等栽培。
- 水　分：喜湿润。

形态特征 附生植物，着生于树木或岩石上，长30～60厘米。营养枝分支1～2次，弯曲下垂，基部叶明显反折，中段小叶向外，绿色。孢子叶与营养叶大小相近。

应用 著名的盆栽植物，可盆栽或悬挂栽培，用于阳台、卧室、书房美化。

科属：石松科石松属

学名| *Lycopodium tetrasticha*

四角石松

- 原产地：爪哇、马来半岛。
- 繁　殖：分株、孢子。
- 日　照：半日照。
- 温　度：生长适温18℃~28℃。
- 土　壤：用蕨根、水苔等附生基质栽培。
- 水　分：喜湿润。

形态特征 附生，主茎长约40厘米，匍匐状，具分枝，呈四棱状，小叶长贴于茎上，小型单叶，仅具中脉，螺旋状排列。孢子叶与营养叶等大，膜质。

应用 多悬挂栽培，可用于阳台、书房等美化环境，或用于庭院荫蔽的树干上、墙壁上或山石上栽培。

别名：槐叶苹、蜈蚣萍
科属：槐叶苹科槐叶萍属

学名| *Salvinia natans*

槐叶萍

- 原产地：我国长江流域、华北、东北及西北等地；日本、越南、印度及欧洲均有。
- 繁　殖：分株、孢子。
- 日　照：全日照。
- 温　度：生长适温20℃~30℃。
- 土　壤：不需土壤。
- 水　分：生活在水中。

形态特征 多年生浮水植物。茎细长横走，三叶轮生，上面二叶漂浮水面，形如槐叶，长圆形或椭圆形，顶端钝圆，基部圆形或稍呈心形，全缘。叶柄短或近无柄。

应用 盆栽可用于书桌、餐桌或小型案几上摆放观赏；全草入药，治虚劳发热、湿疹，外敷治丹毒、疔疮和烫伤。

学名| *Selaginella kraussiana*

科属：卷柏科卷柏属

小翠云草

- 原产地：非洲。
- 繁　殖：分株、扦插。
- 花果期：全年。
- 日　照：喜荫。
- 温　度：生长适温20℃~26℃。
- 土　壤：喜疏松、肥沃的壤土。
- 水　分：喜湿润。

形态特征 土生，匍匐，长15~45厘米。主茎通体呈不规则的羽状分枝，具关节，侧枝10~20对，2~3回羽状分枝，枝排列稀疏，不规则。叶全部交互排列，二型，草质叶长圆状椭圆形，基部钝。孢子叶穗紧密，单生。

应用 盆栽可用于案几上装饰，庭院可用于荫蔽的路边、水岸边栽培观赏。

学名| *Selaginella uncinata*

别名：蓝地柏、绿绒草
科属：卷柏科卷柏属

翠云草

- 原产地：我国中部、西南和南部各省区。
- 繁　殖：分株、扦插。
- 日　照：喜荫。
- 温　度：生长适温20℃~26℃。
- 土　壤：喜疏松、肥沃的壤土。
- 水　分：喜湿润。

形态特征 多年生草本。茎伏地蔓生，极细软，分枝处常生不定根，多分枝。小叶卵形，孢子叶卵状三角形。叶色呈蓝绿色，其主茎纤细，呈褐黄色，分生的侧枝着生细致如鳞片的小叶。

应用 盆栽可用于案头、窗台、书桌或餐桌上陈设观赏；全草入药，清热解毒。

别名：披针叶南洋杉
科属：南洋杉科南洋杉属

学名| *Araucaria bidwillii*

大叶南洋杉

叶片特征
叶卵状披针形或三角状卵形

- **原产地**：大洋洲沿海地区。
- **繁　殖**：播种、扦插。
- **花果期**：花期6月，球果第三年秋后成熟。
- **日　照**：全日照。
- **温　度**：生长适温18℃~28℃。
- **土　壤**：喜肥沃、排水良好的壤土。
- **水　分**：喜湿润。

形态特征　乔木，高达50米。叶卵状披针形或三角状卵形，坚硬，厚革质，亮绿色。雄球花单生叶腋，圆柱形，球果大，宽卵形或近圆球形，种子长椭圆形，两侧无翅。

应用　大型盆栽可用于厅堂美化，园林中常用作风景树；茎干可提取树脂；木材可供建筑用。

别名：肯氏南洋杉、塔形南洋杉
科属：南洋杉科南洋杉属

学名| *Araucaria cunninghamii*

南洋杉

叶片特征
叶钻形、针形或三角形

- **原产地**：大洋洲东南沿海地区。
- **繁　殖**：播种、扦插。
- **花果期**：花期不定，果熟期大多在夏季。
- **日　照**：全日照。
- **温　度**：生长适温18℃~28℃。
- **土　壤**：喜肥沃、排水良好的壤土。
- **水　分**：喜湿润。

形态特征　常绿大乔木，株高可达30米。幼树呈整齐的尖塔形，老树呈平顶状。叶有二型：幼树或侧枝上的叶为钻形、针形或三角形；大树或老枝上的叶为卵形或三角状卵形，雌雄异株。球果卵形，种子两侧有翅。

应用　株型高大美观，为世界著名的观赏树种，大型盆栽可用于厅堂绿化，园林中常做风景树；木材可供建筑、制作器具等。

学名| *Araucaria heterophylla*

异叶南洋杉

别名：诺和克南洋杉
科属：南洋杉科南洋杉属

- 原产地：大洋洲诺和克岛。
- 繁　殖：播种、扦插。
- 花果期：花期春夏，花后18个月果实成熟。
- 日　照：全日照。
- 温　度：生长适温18℃~28℃。
- 土　壤：喜肥沃、排水良好的壤土。
- 水　分：喜湿润。

形态特征 乔木，株高可达50米。叶二型，幼树及侧生小枝的叶排列疏松，开展，钻形，光绿色，向上弯曲，通常两侧扁，上具多条气孔线，有白粉。花果枝上的叶排列较密，宽卵形或三角状卵形，具白粉。雄球花单生枝顶，圆柱形。球果。

应用 株型高大美观，为世界著名的观赏树种，大型盆栽可用于厅堂绿化，园林中常用做风景树；材质优良，可用于建筑、制作器具等。

学名| *Fokienia hodginsii*

福建柏

别名：滇柏、广柏、滇福建柏
科属：柏科福建柏属

- 原产地：我国浙江、福建、广东、江西、湖南、贵州、四川及云南。
- 繁　殖：播种。
- 花果期：花期3~4月，种子翌年10~11月成熟。
- 日　照：全日照。
- 温　度：生长适温18℃~28℃。
- 土　壤：喜疏松、排水良好的沙质壤土。
- 水　分：喜湿润，较耐旱。

形态特征 乔木，株高可达17米。鳞叶2对交叉对生，成节状，生于幼树或萌芽枝上的中央之叶呈楔状倒披针形，上面的叶蓝绿色。成龄树上的叶较小，先端稍内曲，急尖或微钝。雄球花近球形，球果近球形，熟时褐色。

应用 常用于盆景制作，材质优良，可制作家具。

学名| *Juniperus chinensis 'Kaizuca'*

龙柏

科属：柏科刺柏属

- 原产地：栽培种。
- 繁　殖：播种。
- 花果期：花期3~4月下旬，果翌年10~11月成熟。
- 日　照：全日照。
- 温　度：生长适温15℃~26℃。
- 土　壤：不择土壤。
- 水　分：喜湿润，也耐旱。

形态特征　常绿乔木，高可达8米。树冠圆筒形或尖塔形。幼叶为针状，三叶轮生，老叶鳞状，对生，先端钝或尖。雌雄同株或异株，雌花顶生，球果肉质，成熟时褐色。

应用　株型美观，枝叶青翠，大型盆栽可用于庭院门庭两侧绿化；园林中常群植或列植观赏。

学名| *Platycladus orientalis 'Aurea'*

金枝千头柏

别名：洒金千头柏
科属：柏科侧柏属

- 原产地：栽培种。
- 繁　殖：播种、扦插。
- 花果期：花期3~4月，果期10月成熟。
- 日　照：全日照。
- 温　度：生长适温15℃~25℃。
- 土　壤：不择土壤，喜疏松、肥沃的沙质壤土。
- 水　分：喜湿润，耐旱。

形态特征　丛生灌木状或小乔木，枝密，上伸。树冠卵圆形或球形，枝端黄色，下部绿色，叶鳞形，先端微钝，球果近卵形。

应用　用于厅堂装饰，也可用于门庭两侧绿化；园林中可孤植或群植于路边或整形成绿篱观赏。

学名| *Sabina chinensis*

圆柏

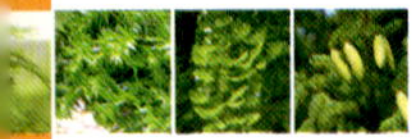

别名：刺柏、红心柏
科属：柏科圆柏属

- **原产地**：我国内蒙古及辽宁以南，南达两广北部，西南至四川省西部、云南、贵州等省，西北至陕西、甘肃南部均有分布；朝鲜、日本也有。
- **繁　殖**：播种、扦插或高压。
- **花果期**：花期4月下旬，果多翌年10~11月成熟。
- **日　照**：全日照。
- **温　度**：生长适温18℃~26℃。
- **土　壤**：喜疏松、肥沃的沙质壤土。
- **水　分**：喜湿润，耐旱。

形态特征 常绿乔木，株高30米。树冠尖塔形，老时树冠呈广卵形。叶二型，鳞叶钝尖，背面近中部有椭圆形微凹的腺体，刺形叶披针形，三叶轮生，上面微凹，有两条白气孔带。雌雄异株，少同株，雌、雄球花均生于短枝顶端。球果近圆球形。

应用 四季常绿，形态美观，习性强健，大型盆栽适合于门庭两侧绿化，也适合作桩景、盆景等材料。

学名| *Sabina chinensis 'Kaizuca Procumbens'*

铺地龙柏

科属：柏科圆柏属

- **原产地**：栽培种。
- **繁　殖**：播种、扦插或高压。
- **花果期**：花期4月下旬，果多翌年10~11月成熟。
- **日　照**：全日照。
- **温　度**：生长适温18℃~26℃。
- **土　壤**：喜疏松、肥沃的沙质壤土。
- **水　分**：喜湿润，耐旱。

形态特征 常绿灌木，无直立主干，枝条就地平展。叶二型，鳞叶钝尖，背面近中部有椭圆形微凹的腺体，刺形叶披针形，三叶轮生，上面微凹，有两条白气孔带。雌雄异株，少同株，雌、雄球花均生于短枝顶端。球果近圆球形。

应用 可植于庭院的路边，也常用于园林绿化，也是地被植物的优良材料。

别名：铺地柏、爬地柏
科属：柏科圆柏属

学名| *Sabina procumbens*

匐地柏

- 原产地：日本。
- 繁　殖：播种、扦插或高压。
- 花果期：花期3~4月，果期10月。
- 日　照：全日照。
- 温　度：生长适温18℃~26℃。
- 土　壤：不择土壤。
- 水　分：喜湿润，耐旱。

形态特征 匍匐灌木，株高可达75厘米，枝条延地面扩展，密生小枝。刺形叶三叶交叉轮生，条状披针形，先端渐尖成角质锐尖头，有两条白粉气孔带。球果。

应用 习性强健，易管理，可用于庭院的路边、山石边栽培观赏，也是优良的地被植物。

别名：叉子圆柏
科属：柏科圆柏属

学名| *Sabina vulgaris*

沙地柏

- 原产地：我国新疆、宁夏、内蒙古、青海、甘肃及陕西；欧洲南部至中亚也有。
- 繁　殖：播种、扦插或高压。
- 花果期：花期5~6月，果期9~10月。
- 日　照：全日照。
- 温　度：生长适温18℃~26℃。
- 土　壤：不择土壤。
- 水　分：喜干燥。

形态特征 匍匐灌木，高不到1米。叶二型，刺叶常生于幼树上，稀在壮龄树上与鳞叶并存，常交互对生或兼有三叶交叉轮生，先端刺尖，下面拱圆；鳞叶交互对生，斜方形或菱状卵形。雌雄异株，稀同株。种子卵圆形。

应用 习性强健，适合庭院的墙垣边、山石边绿化，是水土保持工程的优良树种。

学名| *Thujopsis dolabrata*

罗汉柏

别名：蜈蚣柏
科属：柏科罗汉柏属

叶片特征
两侧之叶卵状披针形

- 原产地：日本。
- 繁　殖：播种、扦插、嫁接。
- 花果期：花期春季，果期秋季。
- 日　照：全日照。
- 温　度：生长适温16℃~26℃。
- 土　壤：不择土壤。
- 水　分：喜湿润，耐旱。

形态特征 乔木，株高可达15米。鳞叶，质地厚，两侧之叶卵状披针形，先端通常较钝，微内曲，下侧具气孔带，中央的叶片稍短于两侧叶片，露出部分呈卵状椭圆形，先端钝圆或近三角状。球果，种子近圆形。

应用 株型美观，盆栽适合大型厅堂摆放观赏；园林中可用于路边、草地等处绿化。

学名| *Cycas debaoensis*

德保苏铁

科属：苏铁科苏铁属

叶片特征
大孢子叶长椭圆形或阔卵形

- 原产地：我国广西。
- 繁　殖：播种。
- 花果期：花期4月，果熟期11月。
- 日　照：全日照或半日照。
- 温　度：生长适温16℃~26℃。
- 土　壤：喜疏松、排水良好的沙质土壤。
- 水　分：喜湿润，耐旱。

形态特征 多年生常绿木本，单生或丛生，主干高20~40厘米。鳞叶鞘形，密被绒毛，三回羽状复叶，第一回羽片6~14对，第二回羽片3~5对，第三回羽片1~2对。小羽片薄革质至革质，带形。小孢子叶球椭圆形或纺锤形，大孢子叶长椭圆或阔卵形。种子球形或椭圆形。

应用 叶片极为美丽，观赏价值极高，为国家一级保护植物，盆栽可用于厅堂等处栽培观赏。

科属：苏铁科苏铁属

学名/*Cycas elonga*

越南篦齿苏铁

叶片特征
叶羽状全裂披针状线形

- 原产地：我国云南；印度、尼泊尔至中南半岛各国均有。
- 繁　殖：播种、分蘖。
- 花果期：花期在6~7月，种子在翌年2~3月成熟。
- 日　照：全日照。
- 温　度：生长适温20℃~30℃。
- 土　壤：喜疏松、肥沃的微酸性壤土。
- 水　分：喜湿润，耐旱。

形态特征 棕榈状常绿植物，高达3米。叶羽状全裂，长1~1.5米，羽片80~120对，硬革质，披针状线形，先端渐尖，基部楔形，不对称，中脉在两面均隆起。雌雄异株，雄球花单生茎顶，长圆锥状，具多数螺旋状排列的小孢子叶；大孢子叶多数，簇生茎顶，密被褐黄色绒毛。种子卵状球形。

应用 株型美观古朴，适合公园、绿地等路边、草地中孤植或群植观赏，幼株也可盆栽用于室内绿化。

科属：苏铁科苏铁属

学名/*Cycas fairylakea*

仙湖苏铁

叶片特征
小孢子叶球圆柱状长椭圆形

- 原产地：我国广西、广东、湖南。
- 繁　殖：播种、分蘖或扦插。
- 花果期：花期4~5月，果熟期8~9月。
- 日　照：全日照。
- 温　度：生长适温20℃~30℃。
- 土　壤：喜疏松、肥沃的壤土。
- 水　分：喜湿润，耐旱。

形态特征 棕榈状常绿植物，高可达1~1.5米。鳞叶披针形，光滑或被污毛，羽片66~113对，羽片平展，边缘平至微反卷，有时波状，条形至镰刀状条形，薄革质至革质，上面深绿色，有光泽，下面浅绿色。小孢子叶球圆柱状长椭圆形，大孢子叶球半球形。种子倒卵状球形至扁球形。

应用 国家一级保护植物，株型美观，大型盆栽可用于厅堂或庭院一隅栽培观赏。

学名| *Cycas guizhouensis*

贵州苏铁

别名：南盘江苏铁
科属：苏铁科苏铁属

- 原产地：我国贵州及广西。
- 繁　殖：播种、分蘖或扦插。
- 花果期：花期4~6月，果熟期10~11月。
- 日　照：全日照。
- 温　度：生长适温18℃~28℃。
- 土　壤：喜疏松、肥沃的沙质壤土。
- 水　分：喜湿润，耐旱。

形态特征 小乔木，株高1米。羽状复叶长达1.6米，裂片达85~140对，条形或条状披针形，厚革质。雄球花长圆柱形，小孢子叶楔形，顶部三角形，先端具小尖头，大孢子叶深羽裂，胚珠无毛球形或近球形。

应用 国家一级保护植物，盆栽可用于厅堂摆设观赏；髓部含淀粉，可供食用；种子、根、茎、叶、花均可入药。

学名| *Cycas hainanensis*

海南苏铁

科属：苏铁科苏铁属

- 原产地：我国广东、海南。
- 繁　殖：播种、分蘖或扦插。
- 花果期：花期5~6月，果熟期秋季。
- 日　照：全日照或半日照。
- 温　度：生长适温20℃~30℃。
- 土　壤：不择土壤。
- 水　分：喜湿润，耐旱。

形态特征 常绿棕榈状木本植物。株高2~5米，茎粗壮。叶片多且长，簇生于茎顶，具叶60~80枚，叶长达2米；羽片60~75对，革质，深绿色，全缘。雌雄异株，小孢子叶圆锥形，大孢子叶扁球形。种子为倒卵圆形。

应用 国家一级保护植物，盆栽可用于居室绿化，幼株可用于案几装饰，大型植株可用于厅堂美化。

科属：苏铁科苏铁属

学名/ *Cycas panzhihuaensis*

攀枝花苏铁

- 原产地：我国四川。
- 繁　殖：播种、分蘖。
- 花果期：花期3~5月，果期9~10月。
- 日　照：全日照。
- 温　度：生长适温18℃~28℃。
- 土　壤：喜疏松、肥沃的沙质壤土。
- 水　分：喜湿润，耐旱。

形态特征　常绿棕榈状木本植物。攀株高1~2.5米。叶集生于茎顶，叶柄有短刺，叶长70~120厘米，羽状全裂，羽片70~105对，条形。雄球花序纺锤状圆柱形，雌球花序球形或半球形。

应用　国家一级保护植物，株型美观，盆栽可用于居室或门庭等处绿化，也常用于园林中。

别名：铁树、凤尾蕉
科属：苏铁科苏铁属

学名/ *Cycas revoluta*

苏铁

- 原产地：我国南部；日本、印度尼西亚也有。
- 繁　殖：播种、分蘖或扦插。
- 花果期：花期7~8月，果期10月。
- 日　照：全日照或半日照。
- 温　度：生长适温20℃~30℃。
- 土　壤：喜疏松、肥沃的微酸性壤土。
- 水　分：喜湿润，耐旱。

形态特征　常绿乔木，高可达20米。叶丛生于茎顶，羽状复叶，大型，小叶线形，初生时内卷，后向上斜展，边缘向下反卷，厚革质，先端锐尖，叶背密生锈色绒毛，基部小叶成刺状。花顶生，雌雄异株，雄球花圆柱形，黄色，密被黄褐色绒毛；雌球花扁球形，上部羽状分裂。

应用　国家一级保护植物，株型古朴。盆栽适合客厅、宾馆大堂美化，幼株可用于案头装饰；苏铁茎内含淀粉，可供食用，也可作酿酒的原料；种子有微毒，入药，具有止血、止咳的功效。

学名| *Cycas rumphii*

华南苏铁

别名：刺叶苏铁
科属：苏铁科苏铁属

叶片特征
羽状叶长1～2米

- 原产地：我国华南地区栽培广泛；印度尼西亚、澳大利亚、越南、缅甸、印度及马达加斯加等地。
- 繁　殖：播种、分蘖或扦插。
- 花果期：花期5～6月，种子10月成熟。
- 日　照：全日照。
- 温　度：生长适温20℃～30℃。
- 土　壤：喜疏松、肥沃的沙质壤土。
- 水　分：喜湿润，耐旱。

形态特征　常绿乔木，株高4～8米。羽状叶长1～2米，裂片50～80对，革质，绿色，长端渐长尖，边缘平或微反曲。雄球花椭圆状矩圆形，小孢子叶楔形，大孢子叶初被绒毛，后渐脱落。种子扁圆形或卵圆形。

应用　国家一级保护植物，株型美观，盆栽可用于居室装饰；幼叶可食，髓部含淀粉，可食用。

学名| *Cycas szechuanensis*

四川苏铁

科属：苏铁科苏铁属

叶片特征
羽叶长
1～3米

- 原产地：我国四川、福建。
- 繁　殖：分蘖、扦插。
- 花果期：花期春季。
- 日　照：全日照。
- 温　度：生长适温18℃～28℃。
- 土　壤：喜疏松、肥沃的壤土。
- 水　分：喜湿润，耐旱。

形态特征　树干圆柱形，株高2～5米。羽叶长1～3米，集生于树干顶部，羽状裂片条形或披针状条形，微弯曲，厚革质，先端渐尖，基部不等宽。大孢子叶扁平。

应用　国家一级保护植物，株型美观，盆栽用于室内或庭院绿化。

别名：山麻黄
科属：麻黄科麻黄属

学名 *Ephedra equisetina*

木贼麻黄

- **原产地**：我国内蒙古、河北、山西、陕西、四川、青海、新疆；蒙古、俄罗斯也有。
- **繁　殖**：播种、扦插。
- **花果期**：花期4~6月；果熟期7~8月。
- **日　照**：全日照。
- **温　度**：生长适温16℃~26℃。
- **土　壤**：喜疏松的沙质壤土。
- **水　分**：喜干燥。

形态特征　直立或斜升小灌木，高达1米。木质茎明显，小枝细，灰绿色或蓝绿色。节间短。叶膜质鞘状，2裂片。花序腋生，雄球花无梗，雌球花常2个对生节上，成熟时苞片变为红色。种子圆形。

应用　株型美观，枝叶纤细，可用于园林绿化；重要的药用植物，可提制麻黄碱。

别名：白果、公孙树
科属：银杏科银杏属

学名 *Ginkgo biloba*

银杏

- **原产地**：我国亚热带山区。
- **繁　殖**：播种、嫁接。
- **花果期**：花期5月，果期6~10月。
- **日　照**：全日照。
- **温　度**：生长适温13℃~25℃。
- **土　壤**：喜疏松、肥沃的壤土。
- **水　分**：喜湿润，耐旱。

形态特征　落叶高大乔木，株高达30~40米。叶互生，在长枝上辐射状散生，在短枝上簇生。雌雄异株，稀同株，雌球花单生于短枝的叶腋，黄绿色，雄球花成葇花序状。种子核果状，近球状椭圆形，熟时橙黄色。

应用　株型美观，果、叶均有较高的观赏价值，可制作盆景用于室内装饰；果可食，可用来制作菜肴及煲汤；果实也可入药；为珍贵的木材树种，可用于建筑、家具、雕刻等；种子的肉质外种皮有毒，树皮含单宁。

学名| *Cedrus deodara*

雪松

别名：香柏
科属：松科雪松属

- 原产地：阿富汗至印度。
- 繁　殖：播种。
- 花果期：花期10~11月，球果翌年9~10月成熟。
- 日　照：全日照。
- 温　度：生长适温12℃~25℃。
- 土　壤：喜土层深厚、排水良好的微酸性壤土。
- 水　分：喜湿润，较耐旱。

形态特征 常绿乔木，高50~75米，树冠圆锥形。叶针形，灰绿色，横切面三角形，在长枝上散生，在短枝上簇生。球果。

应用 树体高大，株型美观，可制作大型盆景用于厅堂美化；为著名的园林树种，常孤植或丛植用作风景树；材质坚实，具香气，可用于建筑、桥梁、造船、家具及器具等。

学名| *Glyptostrobus pensilis*

水松

科属：松科水松属

- 原产地：我国广东、广西、福建、江西、四川及云南。
- 繁　殖：播种、扦插。
- 花果期：花期1~3月，球果秋后成熟。
- 日　照：全日照。
- 温　度：生长适温18℃~28℃。
- 土　壤：喜疏松、肥沃的壤土。
- 水　分：喜湿。

形态特征 多年生高大乔木，高8~10米，稀高达25米，生于湿生环境，树干基部膨大，并且有伸出土面或水面的吸收根。短枝从二年生枝的顶部或多年生枝的腋芽伸出，冬季脱落。条形叶两侧扁平，薄，常成二列，淡绿色。

应用 树形优美，为著名的庭院树种，园林中常用于水岸边或湿地栽培；材质轻软，可用于建筑、桥梁、家具等。

别名：老鼠杉
科属：松科油杉属

学名| *Keteleeria pubescens*

柔毛油杉

- 原产地：我国特有种，产自广西、贵州。
- 繁　殖：播种。
- 花果期：花期4月，球果10月成熟。
- 日　照：全日照。
- 温　度：生长适温18℃~28℃。
- 土　壤：喜疏松、排水良好的微酸性壤土。
- 水　分：喜湿润。

形态特征　乔木。一至二年生枝绿色，有密生短柔毛。叶条形，在侧枝上排成不规则两列，先端钝或微尖，主枝及果枝的叶辐射伸展，先端尖或渐尖。球果成熟前淡绿色，有白粉。

应用　株型高大，冠型优美，适合公园、绿地、风景区等用作园景树或行道树；木材供建筑、家具等用。

别名：五针白皮松、蛇皮松、虎皮松、白骨松
科属：松科松属

学名| *Pinus bungeana*

白皮松

- 原产地：我国特产，山西、河北、山东等省区。
- 繁　殖：播种。
- 花果期：花期4~5月，翌年9~11月成熟。
- 日　照：全日照。
- 温　度：生长适温12℃~28℃。
- 土　壤：喜深厚肥沃、排水良好的钙质土壤。
- 水　分：喜湿润，耐旱。

形态特征　常绿乔木，高达30米，胸径1米余。幼树干皮灰绿色，光滑，大树干皮呈不规则片状脱落，形成白褐相间的斑鳞状。叶3针1束，针叶短而粗硬，针叶横切面呈三角形。球果圆卵形。

应用　树姿美观，是优良的绿化树种，孤植、群植成风景林，或列植作行道树；材质花纹美丽，可用于建筑、家具、文具等；种子可食。

学名| *Pinus elliottii*

湿地松

叶片特征
叶2针或3针1束

科属：松科松属

- 原产地：美国东南海岸。
- 繁　殖：播种。
- 花果期：花期3~4月，球果翌年10~11月成熟。
- 日　照：全日照。
- 温　度：生长适温12℃~28℃。
- 土　壤：喜深厚肥沃的中性至强酸性土壤。
- 水　分：喜湿也耐旱。

形态特征 常绿大乔木，树干通直，高25~35米。针叶2针或3针1束，粗硬，深绿色，有光泽，腹背两面均有气孔线，边缘有细锯齿。球果长圆锥形，2~3个聚生。

应用 湿地松苍劲，叶色翠绿，生长快，适合用作风景树或行道树，群植、列植及孤植景观效果均佳。

学名| *Pinus parviflora*

五针松

叶片特征
针叶5针一束

别名：日本五须松、五钗松
科属：松科松属

- 原产地：日本。
- 繁　殖：播种。
- 花果期：花期5月，种子翌年6月成熟。
- 日　照：全日照。
- 温　度：生长适温12℃~28℃。
- 土　壤：喜疏松、排水良好的微酸性壤土。
- 水　分：耐旱也可湿润。

形态特征 乔木，株高可达25米。针叶5针一束，微弯曲，边缘具细锯齿，背面暗绿色，腹面每侧有3~6条灰白色气孔线。球果卵圆形或卵状椭圆形，种子为不规则的卵圆形。

应用 冠型优美，为我国常见栽培的庭院树种，可制作盆景用于厅堂美化，常用于园林绿化。

别名：海拉尔松、蒙古赤松
科属：松科松属

学名/ *Pinus sylvestris var. mongolica*

樟子松

原产地：巴西。
繁　殖：播种。
花果期：花期5~6月，球果翌年9~10月成熟。
日　照：全日照。
温　度：生长适温12℃~28℃。
土　壤：喜疏松肥沃、排水良好的黑土。
水　分：耐旱，喜湿润。

形态特征 常绿乔木，高达30米。针叶2针1束，坚硬，稍扁，常扭曲，边缘有细锯齿。雌球花与幼果紫红色或淡紫褐色，下垂。球果长卵圆形，成熟时淡绿褐色至淡褐灰色。

应用 树干通直，株型美观，可用作风景树或行道树，也适合用于荒山、沙丘造林或用于水土保持工程；材质细，可用于建筑、枕木、船舶、器具、家具等；树脂可提取松香及松节油；树皮可提栲胶。

别名：毛枝云杉、红扦云杉
科属：松科云杉属

学名/ *Picea meyeri*

白扦

原产地：我国山西、河北、内蒙古。
繁　殖：播种。
花果期：花期4月，球果9~10月成熟。
日　照：全日照或半日照。
温　度：生长适温16℃~25℃。
土　壤：喜疏松、肥沃的中性至微酸性壤土。
水　分：喜湿润。

形态特征 常绿乔木，高达30米。针叶先端钝尖或钝，横切面四棱形，四面有白色气孔线，上面6~7条，下面4~5条。球果圆柱形，幼时常紫红色。

应用 树形挺拔，终年常绿，适合作庭院绿化树种，也可用于造林；材质轻软，可用建筑、桥梁、家具及木纤维工业原料。

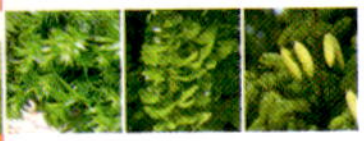

学名| *Picea koraiensis*

红皮云杉

别名：虎尾松、高丽云杉
科属：松科云杉属

- 原产地：我国东北兴安岭、长白山区、吉林、辽宁、内蒙古。
- 繁　殖：播种、扦插。
- 花果期：花期5~6月，果期9~10月。
- 日　照：全日照。
- 温　度：生长适温16℃~25℃。
- 土　壤：喜疏松排水良好的壤土。
- 水　分：喜湿润，不耐旱及积水。

形态特征 多年生乔木，高达30米以上。叶四棱状条形，主枝之叶近辐射排列，侧生小枝的叶直上伸展，下面及两侧的叶从两侧向上弯伸，横切面四棱形，四面有气孔线。球果。

应用 株型美观，常用作庭院树种，也可作行道树或用于造林；木材耐腐，用于建筑、造船、家具等；树干可用于割取树脂；树皮及球果的种鳞可提栲胶。

学名| *Picea wilsonii*

青扦

别名：黑扦松、细叶云杉
科属：松科云杉属

- 原产地：我国内蒙古、河北、山西、陕西、湖北、甘肃、青海、四川。
- 繁　殖：播种、扦插。
- 花果期：花期4月，种子10月成熟。
- 日　照：全日照。
- 温　度：生长适温16℃~25℃。
- 土　壤：喜湿润、土层深厚、排水良好的微酸性土壤。
- 水　分：喜湿润。

形态特征 常绿乔木，高达50米。针叶较短，先端尖，横切面四棱形或扁菱形，四面各有气孔线4~6条，微具白粉。球果。

应用 树形端正，叶色美观，适合公园、风景区、绿地等用作风景树或行道树；材质优良，可用于建筑、土木工、器具及家具等。

别名：金松
科属：松科金钱松属

学名| *Pseudolarix amabilis*

金钱松

- **原产地**：我国长江中下游地区。
- **繁　殖**：播种、扦插。
- **花果期**：花期4~5月，果期9~10月。
- **日　照**：全日照。
- **温　度**：生长适温18℃~26℃。
- **土　壤**：喜深厚肥沃、排水良好中性或酸性沙质壤土。
- **水　分**：喜湿润。

形态特征　落叶乔木，树高可达40~60米。叶条形，柔软，在长枝上螺旋状排列，在短枝上呈簇生状。雌雄同株，雄球花穗状，簇生短枝顶部；雌球花单生于短枝顶部，紫红色。球果当年成熟。

应用　幼株盆栽适合用于窗台、阳台或案几上观赏；园林中常用作风景树；材质较好，可用作建筑、板材、家具、器具等；树皮可提制栲胶；根皮入药。

别名：卧子松、泪柏、黄液松
科属：罗汉松科陆均松属

学名| *Dacrydium pierrei*

陆均松

- **原产地**：我国海南；越南、柬埔寨、泰国也有。
- **繁　殖**：播种。
- **花果期**：花期3月，种子10~11月成熟。
- **日　照**：全日照。
- **温　度**：生长适温18℃~28℃。
- **土　壤**：喜肥沃、疏松及富含腐殖质的沙壤土。
- **水　分**：喜湿润，耐旱。

形态特征　常绿乔木。株高可达30米。叶二型，螺旋状排列，紧密，微具四棱，基部下延，幼枝、萌生枝或营养枝上的叶较长，镰状针形，稍弯，老树或果枝的叶较短，钻形或鳞片状。雄球花穗状，雌球花单生枝顶。种子卵圆形。

应用　叶型美观，供观赏，适合庭院或公园绿化，也适合作行道树；也可用作水土保持树种或荒山造林；木材可用于建筑及造船。

学名| *Podocarpus nagi*

竹柏

科属：罗汉松科罗汉松属

- 原产地：我国东南部及广东、广西、四川。
- 繁　殖：播种、扦插。
- 花果期：花期3~5月，10~11月种子成熟。
- 日　照：全日照或半日照。
- 温　度：生长适温18℃~28℃。
- 土　壤：喜土质疏松、肥沃的酸性土壤。
- 水　分：喜湿润。

形态特征 常绿乔木，高20~30米。叶交叉对生，厚革质，宽披针形或椭圆状披针形，无中脉，有多数并列细脉。种子核果状，圆球形。

应用 叶色翠绿，富有光泽。盆栽适合客厅、阳台等处装饰；园林中常用作行道树。

学名| *Podocarpus nagi cv.*

花叶竹柏

科属：罗汉松科罗汉松属

- 原产地：栽培种。
- 繁　殖：播种、扦插。
- 花果期：花期3~5月，10~11月种子成熟。
- 日　照：全日照或半日照。
- 温　度：生长适温18℃~28℃。
- 土　壤：喜土质疏松、肥沃的酸性土壤。
- 水　分：喜湿润。

形态特征 常绿乔木，高20~30米。叶交叉对生，厚革质，宽披针形或椭圆状披针形，无中脉，有多数并列细脉，叶边缘有大小不一的白边。种子核果状，圆球形。

应用 叶奇特，观赏性佳。盆栽可用于阳台、天台、客厅或门庭等处装饰，也是庭院路边、墙垣边绿化的优良材料。

别名：罗汉杉、土杉
科属：罗汉松科罗汉松属

学名| *Podocarpus macrophyllus*

罗汉松

- 原产地：我国及日本。
- 繁　殖：播种、扦插、高压。
- 花果期：花期4~5月，果期8~9月。
- 日　照：全日照或半日照。
- 温　度：生长适温15℃~28℃。
- 土　壤：喜排水良好、深厚肥沃的沙质土壤。
- 水　分：湿润，耐旱。

形态特征 常绿乔木，高达20米。叶线状披针形，螺旋状互生，基部楔形，先端突尖或钝尖，两面中脉明显而隆起，表面浓绿色，有光泽，背面淡绿色，有时被白粉。雄球花穗状。种子卵圆形。

应用 冠型优美，果奇特，小型盆栽可用于书桌、案几等处摆放观赏，大型盆栽可用于客厅、庭院等处美化；园林中常孤植、列植观赏。

别名：华西穗花杉
科属：红豆杉科穗花杉属

学名| *Amentotaxus argotaenia*

穗花杉

- 原产地：我国江西、湖北、湖南、四川、西藏、甘肃、广西、广东。
- 繁　殖：播种、扦插。
- 花果期：花期4月，果期10月。
- 日　照：全日照。
- 温　度：生长适温16℃~28℃。
- 土　壤：喜疏松、排水良好的微酸性壤土。
- 水　分：喜湿润。

形态特征 灌木或小乔木，高达7米。叶基部扭转成两列，条状披针形，直或微弯镰状，先端尖或钝，基部渐窄，楔形或宽楔形，下面白色气孔带与绿色边带等宽或较窄。雌球花穗1~3穗。种子椭圆形。

应用 叶奇特，观赏性强，适合公园、绿地等路边、草地中、墙垣边栽培观赏，群植、孤植或列植效果均佳；材质良，可用于雕刻、器具、农具及细木工等。

学名| *Taxus chinensis*

红豆杉

别名：紫杉、赤柏松
科属：红豆杉科红豆杉属

- 原产地：我国甘肃、陕西、四川、云南、贵州、湖北、湖南、广西及安徽。
- 繁　殖：播种、扦插。
- 花果期：花期3~4月，果熟期10月。
- 日　照：全日照。
- 温　度：生长适温16℃~26℃。
- 土　壤：喜疏松、排水良好的沙质壤土。
- 水　分：喜湿润。

形态特征　乔木，株高可达30米。叶排列成两列，条形，微弯或较直，上部微渐窄，先端常微急尖，稀急尖或渐尖，上面深绿色，有光泽，下面淡黄绿色，有两条气孔带。种子卵圆形。

应用　果红艳可爱，盆栽可用于庭堂绿化，也适合庭院栽培观赏；心材结构细密，可用于建筑、车辆、家具、农具及文具等。

学名| *Torreya grandis*

香榧

别名：榧树、玉榧
科属：红豆杉科榧属

- 原产地：我国浙江。
- 繁　殖：播种、嫁接。
- 花果期：花期春季，种子秋季成熟。
- 日　照：全日照。
- 温　度：生长适温16℃~26℃。
- 土　壤：喜疏松、肥沃的壤土。
- 水　分：喜湿润。

形态特征　乔木，株高可达20米。叶条形，二列，通常直，先端尖，上面光绿色，下面淡绿色。雄球花圆柱状。种子连肉质，假种皮宽矩圆形或倒卵圆形，具白粉。种子矩圆状倒卵形或圆柱形。

应用　株型美观，是园林绿化的优良树种，适合公园、风景区等栽培观赏；种子可食，炒食极香，种子也可榨油食用。

科属：杉科水杉属

学名| *Metasequoia glyptostroboides*

水杉

- 原产地：我国四川、湖北、湖南。
- 繁　殖：播种、扦插。
- 花果期：花期2~3月，球果11月成熟。
- 日　照：全日照。
- 温　度：生长适温13℃~26℃。
- 土　壤：喜疏松、湿润的土壤。
- 水　分：喜湿。

形态特征 多年生落叶乔木，高达35米。叶在侧生小枝上列成二列，羽状，冬季与枝条一同脱落。枝斜展，小枝下垂，幼树树冠尖塔形，老树树冠广圆形，枝条稀疏。球果。

应用 株型美观，叶色翠绿，为著名的行道树种和庭院树种，园林中常群植或林植造景；木材为良好的家具用材。

别名：落羽松
科属：杉科落羽杉属

学名| *Taxodium distichum*

落羽杉

- 原产地：北美东南部。
- 繁　殖：播种、扦插。
- 花果期：花期春季，球果10月成熟。
- 日　照：全日照。
- 温　度：生长适温13℃~26℃。
- 土　壤：喜疏松、肥沃的壤土。
- 水　分：喜湿。

形态特征 多年生高大落叶乔木，在原产地可达50米。叶条形，扁平，基部扭转在小枝上成二列，羽状，先端尖，淡绿色，中脉隆起。枝条水平开展，幼树树冠圆锥形，老树则呈宽圆锥状。雄球花卵圆形。球果。

应用 株型美观，南方广泛用于湿地、水岸边栽培观赏，也适合用于庭院；材质优良，可用于建筑、造船等。

学名| *Taxodium mucronatum*

墨西哥落羽杉

别名：墨西哥落羽松、尖叶落羽松
科属：杉科落羽杉属

- 原产地：墨西哥及美国西南部。
- 繁　殖：播种、扦插。
- 花果期：花期春季，秋后果熟。
- 日　照：全日照。
- 温　度：生长适温13℃~26℃。
- 土　壤：喜疏松、肥沃的壤土。
- 水　分：喜湿。

形态特征 多年生半常绿或常绿乔木，在原产地高达50米，树枝水平开展，形成宽圆锥形树冠，大树的小枝微下垂，生叶的侧生小枝螺旋状散生，不呈二列。叶条形，扁平，排列紧密，列成二列，呈羽状，通常在一个平面上，向上逐渐变短。球果。

应用 株型美观，适合公园、绿地等作风景树或行道树；材质优良，可用于建筑、造船等。

学名| *Welwitschia mirabilis*

千岁兰

别名：百岁兰
科属：百岁兰科百岁兰属

- 原产地：西非。
- 繁　殖：播种。
- 花果期：花期7~8月。
- 日　照：全日照。
- 温　度：生长适温22℃~30℃。
- 土　壤：喜疏松、排水良好的沙质壤土。
- 水　分：喜干燥。

形态特征 多年生肉质草本，株高30~90厘米。具木质状块茎。叶基生，宽带状，长2~3米，先端渐尖，缘浅波状，灰绿色，革质。雌雄异株。花葶自基部抽生；小花球果状，雄花红色，雌花橙黄色。

应用 濒危野生动植物种国际贸易公约附录II保护的植物，多盆栽用于科普教育。

科属：泽米科双子苏铁属

学名| *Dioon spinulosum*

大型双子铁

原产地：墨西哥。
繁　殖：播种。
花果期：花期春季，果期秋季。
日　照：全日照。
温　度：生长适温18℃~28℃。
土　壤：喜疏松、肥沃的沙质壤土。
水　分：喜湿润，耐旱。

形态特征 常绿小乔木，株高可达15米，叶长可达1.5~2.1米，叶一回羽状深裂，羽片主脉不明显。雌雄异株，球花顶生；大孢子叶扩展成叶状，顶端圆；胚珠具短柄。种子由基生柄与大孢子叶相连。

应用 株型高大，幼株盆栽用于书桌及几案栽培，大型盆栽可用于阶前、阳台等绿化。

别名：刺叶非洲铁
科属：泽米科刺叶苏铁属

学名| *Encephalartos ferox*

刺叶非洲苏铁

原产地：巴西、莫桑比克、南非。
繁　殖：播种。
花果期：花期秋冬。
日　照：全日照。
温　度：生长适温18℃~30℃。
土　壤：喜疏松、肥沃的沙质壤土。
水　分：喜湿润，耐旱。

形态特征 常绿棕榈状植物，茎干低矮，叶一回羽状深裂，下部羽片常退化成刺状，上部叶片具尖刺。雌雄异株，大孢子叶先端圆，无刺状突起或其他突起。种子直接生于大孢子叶上。

应用 盆栽可用于大型厅堂及门庭两偶绿化；园林中可用于草地边缘、路边或山石边栽培观赏。

学名| *Artocarpus altilis*

面包树

别名：马槟榔
科属：桑科菠萝蜜属

- 原产地：马来西亚。
- 繁　殖：播种、根茎扦插。
- 花果期：花期夏季，果期秋季。
- 日　照：全日照。
- 温　度：生长适温22℃~32℃。
- 土　壤：喜疏松、排水良好的壤土。
- 水　分：喜湿润，也耐旱。

形态特征 常绿乔木，株高5~10米。叶互生，革质，菱形、长圆形或卵形，全缘或有深裂。雌雄同株，花单性，花小。聚花果。

应用 叶大美观，观赏性佳，常用于公园、庭院等路边或一隅栽培观赏；果成熟后可生食，也可放在火上烤成黄色后食用。

别名：厚叶盘花木
科属：桑科琉桑属

学名 *Dorstenia elata*

琉桑

- 原产地：巴西。
- 繁 殖：播种。
- 花果期：花果期几乎全年。
- 日 照：全日照或半日照。
- 温 度：生长适温22℃~28℃。
- 土 壤：喜疏松、肥沃的壤土。
- 水 分：喜湿润。

形态特征　多年生草本或半灌木，具地下茎，肉质，株高约20~40厘米。叶椭圆形，叶片光亮，叶缘具疏锯齿。扁平头状花序自叶腋抽出，表面深紫或黑褐色。

应用　叶型美观，花奇特，常盆栽用于窗台、书桌等栽培观赏，也可用于观光温室。

叶片特征
叶椭圆形，叶缘具疏锯齿

别名：长叶榕
科属：桑科榕属

学名 *Ficus binnendijkii*

柳叶榕

- 原产地：亚洲南部。
- 繁 殖：扦插、高压。
- 花果期：不详。
- 日 照：全日照。
- 温 度：生长适温22℃~30℃。
- 土 壤：喜疏松、排水良好的土壤。
- 水 分：喜湿润。

形态特征　常绿小乔木，株高约6米。叶互生，长披针状，全缘，背主脉凸出，叶下垂，绿色。

应用　树姿优美，叶型美观。盆栽用于大型厅堂美化；园林中常用于路边、草地边缘或墙垣边栽培观赏。

叶片特征
叶互生
长披针状

学名| *AFicus benjamina 'Golden Leaves'*

金叶垂榕

别名：黄金垂榕
科属：桑科榕属

- 原产地：栽培种。
- 繁　殖：扦插、高压、嫁接。
- 花果期：花期夏季。
- 日　照：全日照。
- 温　度：生长适温22℃~30℃。
- 土　壤：不择土壤。
- 水　分：喜湿润。

形态特征 常绿乔木，高5米，枝条下垂。叶互生，长卵形，先端尖，革质，新叶金黄色，老叶转绿。

应用 大型盆栽常用于大型厅堂或门廊摆设，小盆栽适合书桌、案几上摆放观赏；常用于园林绿地。

学名| *Ficus bemjamina 'Variegata'*

斑叶垂榕

别名：花叶垂榕
科属：桑科榕属

- 原产地：栽培种。
- 繁　殖：扦插、高压、嫁接。
- 花果期：花期夏季。
- 日　照：全日照。
- 温　度：生长适温22℃~30℃。
- 土　壤：不择土壤。
- 水　分：喜湿润。

形态特征 常绿乔木，高5米，枝条下垂。叶互生，长卵形，先端尖，革质，叶面具乳白色斑。

应用 叶色清丽，盆栽常用于大型厅堂摆设观赏，小盆栽适合阳台、窗台或案几上栽培。

别名：印度榕
科属：桑科榕属

学名| *Ficus elastica*

橡皮树

- 原产地：印度。
- 繁　殖：扦插或高压。
- 花果期：花期冬季。
- 日　照：全日照。
- 温　度：生长适温22℃~32℃。
- 土　壤：喜肥沃、排水良好的沙质壤土。
- 水　分：喜湿润。

形态特征　常绿灌木或乔木，株高可达30米以上。叶互生，革质，长圆形至椭圆形，叶面暗绿色，叶背淡黄绿色。花单生，雌雄同株。

应用　叶大美观，为著名的观叶植物。盆栽可点缀宾馆大堂、居家客厅、阳台或卧室等，也是庭院绿化的优良树种；园林中常用孤植或列植。

别名：花叶缅树
科属：桑科榕属

学名| *Ficus elastica 'Variegata'*

花叶橡皮树

- 原产地：栽培种。
- 繁　殖：扦插或高压。
- 花果期：花期冬季。
- 日　照：全日照。
- 温　度：生长适温22℃~32℃。
- 土　壤：喜肥沃、排水良好的沙质壤土。
- 水　分：喜湿润。

形态特征　常绿灌木或乔木，株高可达30米以上。叶互生，革质，长圆形至椭圆形，叶面具乳白色及乳黄色斑块。花单生，雌雄同株。

应用　为常见栽培的观叶植物。盆栽可点缀宾馆大堂、居家客厅、阳台或卧室等，也是庭院绿化的优良树种；园林中常用孤植或列植。

学名| *Ficus lyrata*

琴叶榕

别名：琴叶橡皮树
科属：桑科榕属

- 原产地：美洲热带地区。
- 繁　殖：扦插或高压。
- 花果期：不详。
- 日　照：全日照。
- 温　度：生长适温22℃~30℃。
- 土　壤：不择土壤。
- 水　分：喜湿润。

形态特征 多年生常绿乔木，株高12米左右。叶互生，纸质，叶片宽阔，呈提琴状，深绿色，表面具光泽，叶全缘，波浪状起伏，叶脉凹陷，先端膨大。苞片茶褐色。

应用 叶型奇特美观，状似提琴，观赏性较佳。盆栽可用于客厅、卧室及大型厅堂栽培观赏；园林中常可做行道树或风景树。

学名| *Ficus microcarpa*

人参榕

别名：地瓜榕
科属：桑科榕属

- 原产地：中国。
- 繁　殖：播种。
- 花果期：花期5~6月。
- 日　照：全日照。
- 温　度：生长适温16℃~28℃。
- 土　壤：喜疏松、排水良好的壤土。
- 水　分：喜湿润。

形态特征 本种为榕树经人工培育而成，叶薄革质，狭椭圆形，先端钝尖，基部楔形，表面深绿色，全缘。根部肥大，人参状。榕果成对腋生，成熟时黄或微红色。

应用 形态奇特，叶色青翠，盆栽观赏，用于窗台、书桌及案头观赏。

别名：黄叶榕、黄斑榕
科属：桑科榕属

学名| *Ficus microcarpa 'Golden Leaves'*

黄金榕

- 原产地：栽培种。
- 繁　殖：扦插。
- 花果期：花期5~6月。
- 日　照：全日照。
- 温　度：生长适温20℃~30℃。
- 土　壤：不择土壤。
- 水　分：喜湿润。

形态特征 多年生常绿乔木，多年灌木栽培。单叶互生，叶型为椭圆形或倒卵形，叶表光滑，叶缘整齐，叶有光泽，嫩叶呈金黄色，老叶则为深绿色。隐头花序。

应用 叶色金黄，园林中常用于公园、绿地绿化，可以修剪成各种造型或用作绿篱栽培观赏。也是水土保持的优良树种。

别名：厚叶榕
科属：桑科榕属

学名| *Ficus microcarpa var. crassifolia*

金钱榕

- 原产地：我国台湾。
- 繁　殖：扦插、播种或高压。
- 花果期：花期5~6月。
- 日　照：全日照。
- 温　度：生长适温20℃~30℃。
- 土　壤：喜疏松、排水良好的壤土。
- 水　分：喜湿润。

形态特征 多年生常绿灌木。单叶，互生，革质，叶倒卵形或椭圆形，先端圆或钝，全缘，绿色。隐花果球形。

应用 叶色翠绿，形似金钱，常盆栽，多用于卧室、客厅及厅堂摆设观赏。

学名 *Ficus pumila 'Variegata'*

花叶薜荔

别名：斑叶薜荔
科属：桑科榕属

- 原产地：栽培种。
- 繁　殖：扦插。
- 花果期：花期秋季。
- 日　照：全日照。
- 温　度：生长适温22℃~30℃。
- 土　壤：喜疏松、排水良好的壤土。
- 水　分：喜湿润。

形态特征 攀缘或匍匐灌木，叶卵状心形，薄革质，基部稍不对称，尖端渐尖，全缘，叶面具白色斑块。

应用 叶色美观，常用于墙壁、树干等垂直绿化，盆栽可用于阳台、窗台、书桌及案几上摆放观赏，也可吊盆欣赏。

学名 *Ficus religiosa*

菩提树

别名：毕波罗树、觉树
科属：桑科榕属

- 原产地：印度。
- 繁　殖：播种、扦插、播种。
- 花果期：花期全年。
- 日　照：全日照。
- 温　度：生长适温22℃~30℃。
- 土　壤：喜疏松、排水良好的壤土。
- 水　分：喜湿润。

形态特征 常绿大乔木，株高15米。叶互生，三角状卵形；深绿色，有光泽。花生于叶腋，为隐头花序。隐花果，扁平圆形，紫黑色。

应用 叶型美观，叶色青翠，常用作行道树及风景树，多孤植或列植。盆栽可用于厅堂摆放观赏。

学名 *Ficus tikoua*

地石榴

别名：地果、地瓜
科属：桑科榕属

- 原产地：我国湖南、湖北、广西、贵州、云南、西藏、四川、甘肃、陕西。
- 繁　殖：扦插。
- 花果期：花期5~6月，果期7月。
- 日　照：全日照。
- 温　度：生长适温16℃~28℃。
- 土　壤：不择土壤。
- 水　分：喜湿润，也耐旱。

形态特征 匍匐木质藤本，茎上有不定根，节膨大。叶坚纸质，倒卵状椭圆形，先端急尖，基部圆形至浅心形，边缘具波状疏浅圆锯齿。花生于榕果内壁，榕果成对或簇生于匍匐茎上，常埋于土中，球形至卵球形。

应用 叶色翠绿，习性强健，适宜公园、绿地作地被绿化，也适合林下、路边或山石边及坡地栽培观赏。

学名 *Ficus triangularis*

三角榕

科属：桑科榕属

- 原产地：热带美洲。
- 繁　殖：扦插、压条。
- 花果期：花期冬春。
- 日　照：全日照。
- 温　度：生长适温22℃~30℃。
- 土　壤：喜疏松、排水良好的壤土。
- 水　分：喜湿润。

形态特征 常绿小乔木。叶革质，全缘，叶片呈三角形，绿色，先端截平，基部楔形。隐花果，熟后橘红色。

应用 叶型奇特，观赏性佳，盆栽用于厅堂摆放观赏或用于庭院绿化，也常用于公园、绿地栽培。

学名| *Bougainvillea 'Blueberry Ice'*

白斑叶子花

别名：白斑叶簕杜鹃
科属：紫茉莉科宝巾属

- 原产地：栽培种。
- 繁　殖：扦插、高压或嫁接。
- 花果期：花期11月到翌年6月。
- 日　照：全日照。
- 温　度：生长适温20℃~30℃。
- 土　壤：喜疏松、肥沃的壤土。
- 水　分：喜湿润，耐旱。

形态特征 常绿攀缘灌木，株高约5米。老枝褐色，小枝青绿，长有针状枝刺。单叶互生，卵状或卵圆形，全缘，上有白色块斑。花顶生，苞片淡紫色。瘦果五棱形，很少结果。

应用 株型美观，叶色淡雅，花期长，为优良的观叶观花植物。盆栽可用于阳台、窗台、天台及庭院等处装饰。

学名| *Melaleuca bracteata 'Revolution Gold'*

黄金香柳

别名：千层金，黄金香柳
科属：桃金娘科白千层属

- 原产地：栽培种。
- 繁　殖：扦插。
- 花果期：花期春季。
- 日　照：全日照。
- 温　度：生长适温22℃~30℃。
- 土　壤：喜疏松、排水良好的壤土。
- 水　分：喜湿润，耐旱。

形态特征 多年生常绿小灌木，嫩枝红色。叶互生，叶片革质，披针形至线形，具油腺点，金黄色。穗状花序，花瓣绿白色。

应用 为优良的彩叶灌木。盆栽适合大型厅堂摆放装饰，也常用于庭院或公园的路边、草地边缘或一隅栽培观赏。

别名：红鳞蒲桃
科属：桃金娘科蒲桃属

学名 *Syzygium hancei*

红车木

原产地：我国福建、广东、广西。
繁　殖：扦插。
花果期：花期7~9月。
日　照：全日照。
温　度：生长适温20℃~28℃。
土　壤：不择土壤，以疏松、排水良好微酸性壤土为佳。
水　分：喜湿润，耐旱。

形态特征　灌木或小乔木，株高可达20米。叶片革质，狭椭圆形至长圆形或为倒卵形，先端钝或略尖，基部阔楔形或较狭窄，新叶红色。圆锥花序腋生，多花。果球形。

应用　株型美观，新叶红艳似火，观赏性极佳。盆栽可用于厅堂、门厅等处摆放观赏；也适合公园、绿地或庭院种植欣赏。

别名：猴子埕
科属：猪笼草科猪笼草属

学名 *Nepenthes mirabilis*

猪笼草

原产地：我国广东西部、南部；中南半岛至大洋洲北部均有。
繁　殖：播种、扦插或压条。
花果期：花期4~11月，果期8~12月。
日　照：半日照。
温　度：生长适温22℃~28℃。
土　壤：不择土壤。
水　分：喜湿润。

形态特征　多年生半木质长绿藤本植物，株高约150厘米。叶互生，长椭圆形，全缘。中脉延长为卷须，末端有一小叶笼，瓶状，瓶口边缘厚，上有盖。雌雄异株，总状花序，小花单性，无花瓣。萼片红色或紫红色。

应用　瓶状体极为奇特，观赏性极佳，多盆栽观赏，适合客厅、卧室、书房点缀，也适合悬挂于庭院树上和走廊旁欣赏；全株药用，具有清热止咳、利尿、降压的功效。

学名| *Nepenthes 'Miranda'*

大猪笼草

别名：米兰达猪笼草
科属：猪笼草科猪笼草属

- 原产地：栽培种。
- 繁　殖：播种、扦插或压条。
- 花果期：花期不详。
- 日　照：半日照。
- 温　度：生长适温22℃~30℃。
- 土　壤：喜疏松、排水良好的壤土。
- 水　分：喜湿润。

形态特征 多年生半木质化藤本植物。叶互生，长椭圆形，全缘。是脉延长为卷须，末端为瓶状体，瓶状体边缘暗红色，上部有暗红色斑块。花单性异株，蒴果。

应用 株型美观，瓶状体大而奇特，适合吊拍于室内观赏，也可用于门廊、大树等处吊挂欣赏。

学名| *Nepenthes sibuyanensis*

美丽猪笼草

别名：辛布亚猪笼草
科属：猪笼草科猪笼草属

- 原产地：菲律宾。
- 繁　殖：播种、扦插或压条。
- 花果期：不详。
- 日　照：半日照。
- 温　度：生长适温22℃~30℃。
- 土　壤：喜疏松、排水良好的壤土。
- 水　分：喜湿润。

形态特征 多年生半木质化藤本植物。叶互生，长椭圆形，全缘。是脉延长为卷须，末端为瓶状体，瓶状体边缘绿色或淡红色，上布有小量暗红色块斑。花单性异株，蒴果。

应用 瓶状体奇特美丽，适合盆栽观赏，可用于书房、客厅、卧室等案头陈列或吊挂栽培。

别名：水案版
科属：睡莲科莼属

学名 *Brasenia schreberi*

莼菜

- **原产地**：我国江苏、浙江、江西、湖南、四川、云南等地；俄罗斯、日本、印度、美国、加拿大、大洋洲东部、非洲西部也有。
- **繁　殖**：扦插、播种。
- **花果期**：花期5~6月，果期秋季。
- **日　照**：全日照。
- **温　度**：生长适温18℃~30℃。
- **土　壤**：不择土壤。
- **水　分**：生于水中。

形态特征 浮叶水生草本，根状茎具叶及匍匐枝。叶椭圆形，全缘，两面无毛。花瓣暗紫色，线形，先端钝。坚果长圆卵形或念珠状。

应用 莼菜叶型美观，适合公园、风景区、公园等水景或湿地绿化；嫩茎叶作蔬菜食用。

别名：芡实、鸡头米
科属：睡莲科芡属

学名 *Euryale ferox*

芡

- **原产地**：我国南北各省。
- **繁　殖**：播种。
- **花果期**：花期7~8月，果期8~9月。
- **日　照**：全日照。
- **温　度**：生长适温16℃~30℃。
- **土　壤**：不择土壤。
- **水　分**：生活于水中。

形态特征 一年生大型水生草本。沉水叶箭形或椭圆肾形，两面无刺。浮水叶革质，椭圆肾形至圆形，盾状，有或无弯缺，全缘，两面在叶脉分枝处有锐刺。花瓣紫红色。浆果。

应用 叶大美观，适合公园、庭院及风景区水景绿化；种子含淀粉，可食用；种子入药，具有补脾益肾、涩精功效。

学名| *Nuphar pumilum*

萍蓬草

别名：黄金莲、萍蓬莲
科属：睡莲科萍蓬草属

- 原产地：我国东北、华北、江浙及广东一带；俄罗斯、日本、欧洲也有。
- 繁　殖：分株、播种。
- 花果期：花果期7~8月，果期秋季。
- 日　照：全日照。
- 温　度：生长适温18℃~25℃。
- 土　壤：不择土壤，以土质肥沃略带黏性为好。
- 水　分：生于水中。

形态特征 多年生长水生草本植物。叶二型，浮水叶，圆形至卵形，全缘。沉水叶薄而柔软。花单生于花梗顶端，花茎伸出水面，萼片黄色，花瓣状。浆果。

应用 叶光亮，大型，可作观叶植物栽培。可盆栽于庭院、建筑物、假山石前，或在居室前向阳处摆放观赏；根状茎可食用，入药具有强壮、净血作用。

学名| *Victoria amazonica*

亚马逊王莲

别名：王莲
科属：睡莲科王莲属

- 原产地：南美洲热带水域。
- 繁　殖：播种。
- 花果期：花果期7~9月。
- 日　照：全日照。
- 温　度：生长适温22℃~30℃。
- 土　壤：不择土壤，以土质肥沃略带黏性为好。
- 水　分：喜湿，多生于水中。

形态特征 多年生或一年生大型浮叶草本。浮水叶椭圆形至圆形，叶缘上翘呈盘状，叶面绿色略带微红，有皱褶，背面紫红色，具刺。花单生，常伸出水面开放，初开白色，后变为淡红色至深红色，有香气。浆果。

应用 叶大，形态奇特，可用于公园、风景区的水体绿化，也适合与其他水生植物配植。

科属：睡莲科王莲属

学名| *Victoria cruziana*

克鲁兹王莲

- 原产地：巴拉圭。
- 繁　殖：播种。
- 花果期：花果期7~10月。
- 日　照：全日照。
- 温　度：生长适温22℃~30℃。
- 土　壤：不择土壤。
- 水　分：喜湿，多生于水中。

形态特征 大型多年生水生植物。叶浮于水面，成熟叶圆形，叶缘向上反折。花单生，伸出水面，芳香，初开时白色，逐渐变为粉红色，至凋落时颜色逐渐加深。

应用 叶大型，形态奇特，适合公园、风景区的水景栽培观赏，也适合与其他庭水及浮水植物配植，形成独特的景观。

别名：银姬小蜡
科属：木樨科女贞属

学名| *Ligustrum sinense 'Variegatum'*

花叶山指甲

- 原产地：栽培种。
- 繁　殖：扦插。
- 花果期：花期5~6月。11月果熟。
- 日　照：全日照。
- 温　度：生长适温20℃~28℃。
- 土　壤：不择土壤。
- 水　分：喜湿润。

形态特征 半常绿灌木，植株高达3~6米。单叶对生，叶片纸质或薄革质，叶椭圆形或卵状椭圆形，或近圆形，叶面有乳白色或乳黄色斑纹镶嵌。圆锥花序顶生或腋生，花冠白色。浆果近球形。

应用 叶色美观，易栽培，盆栽可用于阳台、客厅或庭院阶旁绿化；园林中多从植、片植，或做绿篱。

学名 *Ligustrum × vicaryi*

金叶女贞

别名：银姬小蜡
科属：木犀科女贞属

- 原产地：栽培种。
- 繁　殖：扦插。
- 花果期：春季。
- 日　照：全日照。
- 温　度：生长适温16℃~26℃。
- 土　壤：喜疏松、肥沃的壤土。
- 水　分：喜湿润，耐旱。

形态特征 灌木，株高2~3米。单叶对生，椭圆形或卵状椭圆形，先端尖，基部楔形，全缘。新叶金黄色，老叶黄绿色至绿色。圆锥花序顶生，花白色。

应用 叶色金黄，观赏性较佳。盆栽可用于门廊或厅堂处摆放观赏；园林中常片植或丛植，或做绿篱栽培。

学名 *Oxalis hedysaroides 'Rubra'*

红叶酢浆草

别名：感应草、小红枫
科属：酢浆草科酢浆草属

- 原产地：栽培种。
- 繁　殖：分株或扦插。
- 花果期：花期春季。
- 日　照：全日照。
- 温　度：生长适温15℃~28℃。
- 土　壤：喜疏松、肥沃的壤土。
- 水　分：喜湿润。

形态特征 多年生常绿亚灌木。羽状复叶具三小叶，小叶卵圆形，先端钝尖，基部近截平，全缘，叶面紫红色。花腋生，黄色。

应用 叶色美观，花色金黄，为优美的彩叶植物，盆栽适合窗台、阳台、客厅等处摆放观赏。

别名：紫叶山酢浆草
科属：酢浆草科酢浆草属

学名/*Oxalis triangularis*

紫叶酢浆草

- 原产地：美洲热带地区。
- 繁　殖：分株、鳞茎的鳞片扦插。
- 花果期：花期4~12月。
- 日　照：全日照。
- 温　度：生长适温24℃~30℃。
- 土　壤：喜疏松、排水良好的土壤。
- 水　分：喜湿润。

形态特征 多年生宿根草本植物，株高15~30厘米。叶簇生于地下鳞茎上，三出掌状复叶，小叶呈三角形，叶片初生时为玫瑰红色，成熟时紫红色。伞形花序，花白色至浅粉色。

应用 叶型奇特美丽，可作彩叶植物栽培，盆栽用于书房、阳台、餐桌、案几和窗台上栽培观赏。

别名：亚历山大椰子、槟榔葵
科属：棕榈科假槟榔属

学名/*Archontophoenix alexandrae*

假槟榔

- 原产地：澳大利亚东部。
- 繁　殖：播种。
- 花果期：花期4~5月，果期4~7月。
- 日　照：全日照。
- 温　度：生长适温20℃~30℃。
- 土　壤：喜肥沃、排水良好的沙质土壤。
- 水　分：喜湿润。

形态特征 常绿乔木，高达10~25米。叶羽状全裂，聚生于茎顶，羽片呈2列排列；叶鞘膨大而抱茎，形成明显的冠茎。花序生于叶鞘下，呈圆锥花序，下垂，多分枝；花雌雄同株，白色。果实卵球形，熟时红色。

应用 树干通直，叶大挺拔，四季常青，是热带著名风景树种之一。多露地种植于路边、水滨、庭院、草坪四周等处作风景树或作行道树。

学名| *Attalea macrocarpa*

燕尾棕

别名：大果直叶椰子
科属：棕榈科亚达利亚棕属

- 原产地：我国南部及台湾。
- 繁　殖：播种、分株。
- 花果期：花期4~5月，果期12月。
- 日　照：全日照。
- 温　度：生长适温20℃~30℃。
- 土　壤：不择土壤。
- 水　分：喜湿润。

形态特征 常绿灌木状植物，茎干纤细，有不整齐的褐色斑纹。羽状复叶排成倒人字形，叶轴背面具暗褐色鳞片。肉穗花序下垂。果纺锤形，熟时紫红色。

应用 株型美观，叶大青绿，常用于路边、草坪中孤植或群植观赏；其花序汁液可制糖，酿酒，树干髓心含淀粉，可食用。

学名| *Attalea macrocarpa*

大果直叶榈

别名：大果直叶椰子
科属：棕榈科亚达利亚棕属

- 原产地：中美洲。
- 繁　殖：播种。
- 花果期：不详。
- 日　照：全日照。
- 温　度：生长适温22℃~30℃。
- 土　壤：喜疏松、肥沃的壤土。
- 水　分：喜湿润。

形态特征 多年生大乔木，茎单生。叶羽状，长可达10米，中上部下弯成拱形。种子阔卵圆形，灰褐色。

应用 叶大奇特，观赏性佳，园林中可用于作风景树或园景树；种子可榨油，供食用。

学名| *Bismarckia nobilis*

霸王榈

别名：俾斯麦榈、霸王棕
科属：棕榈科比斯马棕属

叶片特征
叶大，扇形，多裂

- 原产地：马达加斯加。
- 繁　殖：播种。
- 花果期：不详。
- 日　照：全日照。
- 温　度：生长适温20℃~30℃。
- 土　壤：喜疏松、肥沃的壤土。
- 水　分：喜湿润。

形态特征 多年生常绿乔木，株高可达30米或更高。叶大，扇形，多裂，长约3米，蓝灰色。雌雄异株，重状花序。种子近球形。

应用 株型美观，叶大如扇，观赏价值极高，幼株可盆栽用于厅堂装饰。适合作庭院风景树或园景树，也可作行道树。

学名| *Butia capitata*

布迪椰子

别名：冻子椰子、弓葵
科属：棕榈科布迪椰子属

叶片特征
叶拱形，
一回羽状分裂

- 原产地：南美洲。
- 繁　殖：播种。
- 花果期：花期4~5月。
- 日　照：全日照。
- 温　度：生长适温20℃~30℃。
- 土　壤：不择土壤。
- 水　分：喜湿润，也耐旱。

形态特征 植株为单干，株高6～8米。叶拱形，一回羽状分裂，叶长达2米以上，叶柄基部包被茎干。小叶长披针形，叶片及叶柄蓝绿色，叶背具白粉。雌雄异株，花序具分枝，黄白色。果实近圆形。

应用 株型美观，叶片飘逸，观赏性强，适合公园、风景区作风景树或园景树栽培观赏；果可食用，可糖渍食用或制作果汁。

学名| *Caryota ochlandra*

鱼尾葵

别名：长穗鱼尾葵、单生鱼尾葵
科属：棕榈科鱼尾葵属

- 原产地：我国云南、广西、广东、海南、福建等省区。
- 繁　殖：播种。
- 花果期：花期5~7月，果期8~11月。
- 日　照：全日照。
- 温　度：生长适温20℃~30℃。
- 土　壤：喜疏松、排水良好的壤土。
- 水　分：喜湿润，也耐旱。

形态特征 乔木状，高10~15米。叶最上部的羽片大，楔形，侧边的羽片小，半菱形，外缘笔直，内缘上半部或1/4以上弧曲成不规则的齿缺，且延伸成短尖或尾尖。花序具多数穗状的分枝花序，雄花花瓣黄色。果实球形，成熟时红色。

应用 株型美观，叶型奇特，状似鱼尾。适合公园、绿地等用作风景树，也可用作行道树；树干髓心含淀粉，可食用，白色嫩茎尖可作蔬菜食用。

学名| *Chamaedorea elegans*

袖珍椰子

别名：矮生椰子、矮棕
科属：棕榈科袖珍椰子属

- 原产地：墨西哥北部和危地马拉。
- 繁　殖：播种。
- 花果期：花期春季。
- 日　照：半日照。
- 温　度：生长适温20℃~28℃。
- 土　壤：喜疏松肥沃、排水良好的壤土。
- 水　分：喜湿润。

形态特征 常绿小灌木，株高1~2米。茎干直立，不分枝。叶丛生于枝干顶，羽状全裂，裂片披针形，互生，深绿色。肉穗花序腋生，雌雄异株，花黄色。浆果橙黄色。

应用 株丛小巧，叶型美观，别具风情，多盆栽用于窗台、阳台、卧室及书房的案几上摆放观赏。

科属：棕榈科坎棕属

学名| *Chamaedorea metallica*

鱼尾椰子

- 原产地：美洲。
- 繁　殖：播种。
- 花果期：花期春季，果期秋季。
- 日　照：全日照。
- 温　度：生长适温20℃~30℃。
- 土　壤：喜疏松、排水良好的壤土。
- 水　分：喜湿润。

形态特征 多年生常绿小灌木，株高50~120厘米。单叶，先端分裂，状似鱼尾，革质。圆锥式花序由叶腋抽生而出，小花多数。

应用 叶型奇特，观赏性佳，适合盆栽观赏，可用于阳台、窗台、客厅等处观赏。

别名：陈棕
科属：棕榈科琼棕属

学名| *Chuniophoenix hainanensis*

琼棕

- 原产地：我国海南。
- 繁　殖：播种、分株。
- 花果期：花期4月，果期9~10月。
- 日　照：全日照。
- 温　度：生长适温20℃~30℃。
- 土　壤：喜疏松、肥沃的壤土。
- 水　分：喜湿润。

形态特征 丛生灌木状，株高3米或更高。叶掌状深裂，裂片线形，先端渐尖，不分裂或二浅裂。花序腋生，多分枝，呈圆锥花序式，花两性，紫红色。果实近球形。

应用 叶型美观，盆栽用于厅堂绿化，也适合庭院、绿地等路边、墙垣边栽培观赏。

学名| *Chrysalidocarpus lutescens*

散尾葵

别名：黄椰子
科属：棕榈科散尾葵属

- 原产地：马达加斯加。
- 繁　殖：播种、分株。
- 花果期：花期3~5月，果期8月。
- 日　照：全日照或半日照。
- 温　度：生长适温20℃~30℃。
- 土　壤：不择土壤。
- 水　分：喜湿润。

形态特征 常绿灌木或小乔木，株高3~8米，丛生，基部分蘖较多。羽状复叶，小叶线形或披针形，左右两侧不对称。佛焰花序生于叶鞘束下，呈圆锥花序式，花小，金黄色。果近球形，紫黑色。

应用 盆栽可用于卧室、客厅、书房及宾馆的厅堂或办公场所绿化；园林中常用于墙隅、山石边或草地边缘丛植。

学名| *Coccothrinax readii*

射叶银棕

别名：墨西哥银棕
科属：棕榈科银榈属

- 原产地：美洲。
- 繁　殖：播种。
- 花果期：不详。
- 日　照：全日照。
- 温　度：生长适温20℃~30℃。
- 土　壤：喜疏松、排水良好的壤土。
- 水　分：喜湿润。

形态特征 多年生常绿小乔木，茎单生。叶扇形，掌状深裂至中部，裂片线状披针形，顶部长渐尖，叶面银白色，叶柄长可达1米以上。

应用 可盆栽用于阳台、卧室及客厅等处栽培观赏，也可用于园林绿地。

别名：酒瓶椰
科属：棕榈科酒瓶椰子属

学名 *Hyophorbe lagenicaulis*

酒瓶椰子

- 原产地：马斯克林群岛。
- 繁　殖：播种。
- 花果期：花期8月，果实翌年3~4月。
- 日　照：全日照或半日照。
- 温　度：生长适温22℃~32℃。
- 土　壤：不择土壤。
- 水　分：喜湿润。

形态特征 常绿乔木，茎单生，高1~3米，圆柱形，茎基较细，中部膨大，近茎冠处又收缩如瓶颈。羽状复叶簇生于茎顶，淡绿色。花序多分枝，油绿色。果实椭圆形，朱红色。

应用 茎干奇特，形如酒瓶，叶型飘逸，可孤植或群植于草坪、路边或庭院观赏。

别名：蓝棕榈
科属：棕榈科脉葵属

学名 *Latania loddigesii*

蓝脉葵

- 原产地：毛里求斯。
- 繁　殖：播种。
- 花果期：不详。
- 日　照：全日照。
- 温　度：生长适温20℃~30℃。
- 土　壤：喜疏松、肥沃的壤土。
- 水　分：喜湿润。

形态特征 多年生常绿乔木，株高可达5~15米。叶扇形，掌状分裂，裂片宽披针形，深可达叶片一半，叶片淡蓝色，主脉稍带红色。果倒卵形。

应用 株型美观，叶型奇特，幼株盆栽可用于厅堂或卧室、书房等处绿化；常用于公园、绿地等路边栽培。

学名| *Latania lontaroides*

红脉葵

别名：红棕榈，红拉坦棕
科属：棕榈科脉葵属

- 原产地：留尼旺岛。
- 繁　殖：播种。
- 花果期：不详。
- 日　照：全日照。
- 温　度：生长适温20℃~30℃。
- 土　壤：喜疏松、排水良好的壤土。
- 水　分：喜湿润。

形态特征 多年生常绿乔木，株高可达15米。叶扇形，掌状分裂，裂片宽披针形，深可达叶片一半，幼株叶柄、叶脉红色，成株变淡。肉穗花序，褐色，花序从叶腋间抽出，长可达1.8米。

应用 为优良的观赏植物，幼株盆栽可用于厅堂或卧室、书房等处绿化；常用于公园、绿地等路边栽培。

学名| *Latania verschaffeltii*

黄脉葵

别名：黄拉坦棕、黄金榈
科属：棕榈科脉葵属

- 原产地：马斯加里尼岛。
- 繁　殖：播种。
- 花果期：不详。
- 日　照：全日照。
- 温　度：生长适温20℃~30℃。
- 土　壤：喜疏松、肥沃的壤土。
- 水　分：喜湿润。

形态特征 多年生常绿乔木，株高10~12米。叶扇形，掌状分裂，幼株叶脉具刺，叶脉及叶柄黄色。雌雄异株。核果。

应用 树姿优美，叶大如扇，观赏性佳，幼株盆栽可用于厅堂或卧室、书房等处绿化；常用于公园、绿地等路边栽培。

别名：葵树、蒲树、扇叶葵
科属：棕榈科蒲葵属

学名| *Livistona chinensis*

蒲葵

- 原产地：我国广东、广西、福建、台湾。
- 繁　殖：播种。
- 花果期：花期3~6月，果期11月~翌年5月。
- 日　照：全日照。
- 温　度：生长适温20℃~30℃。
- 土　壤：喜求疏松透气、排水良好，肥沃的沙壤土。
- 水　分：喜湿润。

形态特征 常绿乔木，株高10~20米。叶大，圆扇形，厚革质，掌状深裂，裂片多达70枚，先端二裂，下垂。花序腋生，花黄色。果椭圆形，熟时紫黑色。

应用 冠型优美，叶大如扇，极为美观，南方常见的观叶植物，盆栽可用于客厅、卧室、书房装饰，园林中常用做风景树；嫩叶制作葵扇，老叶可织斗笠等；叶裂片中脉是制作优良牙签的原料；果实、根、叶均可入药。

别名：香蒲葵
科属：棕榈科蒲葵属

学名| *Livistona fengkaiensis*

封开蒲葵

- 原产地：我国广东、福建、海南；越南也有。
- 繁　殖：播种。
- 花果期：花期3~4月，果期10~11月。
- 日　照：全日照。
- 温　度：生长适温18℃~30℃。
- 土　壤：喜疏松、肥沃的微酸性壤土。
- 水　分：喜湿润。

形态特征 乔大状，株高5~10米。叶圆扇形，顶端急尖，掌状分裂近至中部，裂片线状披针形，绿色。果圆锥状。

应用 株型、叶型美观，适合公园、路边栽培观赏，也可用作行道树或风景树；叶片可用于盖房屋；裂片中脉和叶柄可制作牙签及扫帚。

学名| *Livistona speciosa*

美丽蒲葵

科属：棕榈科蒲葵属

- 原产地：我国云南；缅甸也有。
- 繁　殖：播种。
- 花果期：花果期10月。
- 日　照：全日照。
- 温　度：生长适温20℃~30℃。
- 土　壤：喜疏松、肥沃的微酸性壤土。
- 水　分：喜湿润。

形态特征 乔大状，株高15~20米。叶大型，叶片外观近圆形，叶面深绿色，背面苍白，有一个大的不分裂中心部分，分裂部分裂片向先端渐狭，先端二裂。花序腋生，花黄绿色。果实倒卵形。

应用 株型、叶型美观，适合公园、路边栽培观赏，也可用作行道树或风景树。

学名| *Neodypsis decaryi*

三角椰子

科属：棕榈科三角椰子属

- 原产地：马达加斯加。
- 繁　殖：播种。
- 花果期：花期7~9月，果期秋冬。
- 日　照：全日照。
- 温　度：生长适温22℃~30℃。
- 土　壤：喜疏松肥沃，排水良好、富含有机质的沙壤土。
- 水　分：喜湿润。

形态特征 常绿乔木，株高10~15米。叶长2.5米以上，灰绿色，羽状全裂，叶柄基部的叶鞘膨大，残留的叶鞘在茎上排成三棱柱状。花黄色，果卵圆形。

应用 叶鞘在茎上排列成三棱柱状，非常奇特，叶大美观，具有较高观赏价值。适合公园、绿地等行道树或风景树。

学名| *Normanbya normanbyi*

黑榈

别名：黑狐狸椰子
科属：棕榈科黑狐尾椰属

- 原产地：澳大利亚。
- 繁　殖：播种。
- 花果期：不详。
- 日　照：全日照。
- 温　度：生长适温20℃~30℃。
- 土　壤：喜疏松、排水良好的壤土。
- 水　分：喜湿润。

形态特征 常绿乔木，株高达15~20米，叶长4米左右。叶羽状全裂，簇生茎顶，表面暗绿色，背面有淡银色；裂片披针形，轮生于叶轴上。穗状花序着生于叶腋，雌雄同株，果实熟时淡褐色。

应用 株型美观，叶姿优美，适合公园、绿发、风景区等作风景树或行道树。

学名| *Pritchardia pacifica*

斐济金棕

别名：斐济榈
科属：棕榈科金棕属

- 原产地：南太平洋群岛。
- 繁　殖：播种。
- 花果期：不详。
- 日　照：全日照。
- 温　度：生长适温22℃~30℃。
- 土　壤：喜疏松、排水良好的壤土。
- 水　分：喜湿润。

形态特征 常绿乔木，株高约10米。叶扇形，掌状分裂，裂片裂至叶片的三分之一处，裂片向上渐狭，先端尖。花序长约1米，果球形。

应用 株型端正，叶片美观，盆栽适合厅堂或门廊两侧摆放观赏，也常用于园林绿地。

学名| *Rhapis excelsa*

棕竹

别名：筋斗竹、虎散竹
科属：棕榈科棕竹属

- 原产地：我国南部至西南部；日本也有。
- 繁　殖：播种或分株。
- 花果期：花期6~7月，果期秋季。
- 日　照：全日照。
- 温　度：生长适温20℃~30℃。
- 土　壤：喜疏松壤土。
- 水　分：喜湿润。

形态特征　丛生灌木，株高2~3米。叶掌状深裂，裂片4~10片，裂片宽线形或线状椭圆形，先端宽，截状而具多对稍深裂的小裂片，边缘具锯齿。花冠三裂。果实球状倒卵形。

应用　盆栽装饰厅堂、客厅、书房等；适合庭院及公园的路边及一隅栽培观赏；根及叶鞘入药。

学名| *Rhapis multifida*

多裂棕竹

别名：金山棕
科属：棕榈科棕竹属

- 原产地：我国广西、云南。
- 繁　殖：播种或分株。
- 花果期：花期春季，果期11月至翌年4月。
- 日　照：全日照。
- 温　度：生长适温20℃~30℃。
- 土　壤：喜疏松、肥沃的壤土。
- 水　分：喜湿润。

形态特征　丛生灌木，株高2~3米或更高。叶掌状深裂，裂征最多可达30片，线状披针形，边缘具锯齿。花序二回分枝，果实球形。

应用　叶型优美，裂片狭少而匀称，盆栽适合客厅、卧室、书房等装饰，也常用于园林绿地。

科属：棕榈科王棕属

学名| *Roystonea oleracea*

菜王椰

- 原产地：西印度群岛。
- 繁　殖：播种。
- 花果期：不详。
- 日　照：全日照。
- 温　度：生长适温22℃~30℃。
- 土　壤：喜疏松壤土。
- 水　分：喜湿润，也耐旱。

形态特征 乔木，株高达25~40米。叶上举或平展，约有羽片100片或更多，羽片线状披针形，长渐尖，先端具不整齐二裂。花序多分枝，果实长圆状椭圆形，成熟时淡紫黑色。

应用 株干挺拔，叶型美观，适合公园、绿地等群植、列植欣赏，为优良的行道树及风景树种；茎的嫩心可作蔬菜食用。

别名：大王椰子
科属：棕榈科王棕属

学名| *Roystonea regia*

王棕

- 原产地：美国佛罗里达州、古巴、牙买加等美洲热带地区。
- 繁　殖：播种。
- 花果期：花期4~6月，果期7~8月。
- 日　照：全日照。
- 温　度：生长适温20℃~30℃。
- 土　壤：喜疏松肥沃、排水良好的土壤。
- 水　分：喜湿润。

形态特征 常绿乔木，株高达10~30米。叶大型，聚生茎顶，羽状全裂；羽片有180~250片或更多，先端二裂，在叶轴上呈4列排列。花序分枝多。果球形。

应用 树形挺拔，叶姿秀丽，为著名风光树种，适合公园、风景区等列植作行道树，或群植作风景林观赏。

学名| *Trachycarpus fortunei*

棕榈

别名：棕树、山棕
科属：棕榈科棕榈属

- 原产地：我国长江以南各省区；日本也有。
- 繁　殖：播种。
- 花果期：花期4月，果期12月。
- 日　照：全日照。
- 温　度：生长适温16℃~30℃。
- 土　壤：不择土壤。
- 水　分：喜湿润，也耐旱。

形态特征 乔木，株高3~10米。叶片呈3/4圆形或者近圆形，深裂成30~50片具皱折的线状剑形，裂片先端具短二裂或二齿。花序粗壮，多次分枝。果实阔肾形，成熟时由黄色变为淡蓝色，有白粉。

应用 习性强健，叶型优美，常用于庭院作风景树栽培观赏；未开放花序，可作蔬菜食用；根均可入药；棕皮纤维可做绳索，制作等。

学名| *Wodyetia bifurcata*

狐尾椰子

别名：狐狸椰子、二枝棕
科属：棕榈科狐尾椰子属

- 原产地：澳大利亚。
- 繁　殖：播种。
- 花果期：不详。
- 日　照：全日照。
- 温　度：生长适温22℃~32℃。
- 土　壤：喜疏松、排水良好壤土。
- 水　分：喜湿润。

形态特征 常绿乔木，茎干单生，株高12~15米。叶簇生茎顶，羽状全裂，小叶披针形，轮生于叶轴上。穗状花序。

应用 冠型优美，叶型奇特，为极佳的观赏树种，适合公园、绿地、庭院群植或裂植栽培观赏。

学名| *Washingtonia filifera*

大丝葵

别名：加州蒲葵、丝葵、老人葵
科属：棕榈科丝葵属

- 原产地：墨西哥西北部。
- 繁　殖：播种。
- 花果期：花期5~6月，果期9月。
- 日　照：全日照。
- 温　度：生长适温20℃~30℃。
- 土　壤：不择土壤。
- 水　分：喜湿润。

形态特征 株高达18~27米。叶片有60~70裂片，裂至基部2/3处，下部边缘被脱落性绒毛，幼龄树的裂片边缘具丝状纤维。花序大型，长于叶，花单生。果实椭圆形。

应用 叶大美观，株型端正，适合公园及风景区群植或列植栽培观赏，也可作行道树；果实及顶芽可供食用。

学名| *Pandanus utilis*

红刺露兜树

别名：红林投、红章鱼树
科属：露兜树科露兜树属

- 原产地：马达加斯加。
- 繁　殖：播种或分株。
- 花果期：花期秋冬，果期春夏。
- 日　照：全日照。
- 温　度：生长适温22℃~32℃。
- 土　壤：不择土壤。
- 水　分：喜湿润，也耐旱。

形态特征 常绿灌木或小乔木状，株高4~5米。叶螺旋生长，披针形，革质，边缘具刺，红色。花单性异株，花具芳香。聚花果圆球形或长圆形。

应用 株型优美，叶型奇特，为优良的观赏植物。盆栽适合厅堂及大门两侧摆放观赏；适合公园、绿地及沙滩等绿化。

学名| *Peperomia argyreia*

西瓜皮椒草

别名：西瓜皮豆瓣绿
科属：胡椒科草胡椒属

- 原产地：美洲。
- 繁　殖：分株或扦插。
- 花果期：花期春夏。
- 日　照：半日照。
- 温　度：生长适温20℃~28℃。
- 土　壤：喜疏松、透气、排水良好的轻质培养土。
- 水　分：喜湿润。

形态特征 多年常绿草木，株高15~20厘米。叶密集，肉质，盾形或宽卵形，叶面绿色，叶背为红色。叶面具银白色的规则色带，似西瓜皮。穗状花序，花小，白色。

应用 宜作盆栽摆设或吊挂欣赏，可装饰阳台、窗台、案几以及宾馆客房、会议室及办公室应用。

学名| *Peperomia caperata* 'Autumn Leaf'

红皱椒草

科属：胡椒科草胡椒属

- 原产地：巴西。
- 繁　殖：分株或扦插。
- 花果期：花期春夏。
- 日　照：半日照。
- 温　度：生长适温20℃~28℃。
- 土　壤：喜疏松、透气、排水良好的轻质培养土。
- 水　分：喜湿润。

形态特征 多年生常绿草本，植株簇生。叶丛生，圆心形。叶面有皱褶，暗红色，主脉及侧脉向下凹陷。花穗较长，高于植株之上，花梗红褐色。常见栽培的还有绿皱椒草。

应用 叶色美观，多盆栽，适合卧室、客厅、书房的案几上摆放观赏。

科属：胡椒科草胡椒属

学名| *Peperomia clusiifolia*

红边椒草

- 原产地：牙买加等地。
- 繁　殖：分株或扦插。
- 花果期：花期春季。
- 日　照：半日照。
- 温　度：生长适温20℃~28℃。
- 土　壤：喜疏松、肥沃的壤土。
- 水　分：喜湿润。

形态特征 多年生常绿草本，株高10~30厘米。叶肉质，肥厚。互生，全缘，叶边缘红色。肉穗花序。

应用 株型小巧，叶色美观，常盆栽，适合卧室、书房、客厅、阳台等处摆放观赏。

别名：豆瓣菜
科属：胡椒科草胡椒属

学名| *Peperomia tetraphylla*

豆瓣绿

- 原产地：我国南方各省；美洲、大洋洲、非洲及亚洲也有分布。
- 繁　殖：分株、扦插。
- 花果期：花期2~4月或9~12月。
- 日　照：半日照。
- 温　度：生长适温20℃~28℃。
- 土　壤：喜肥沃、排水良好的土壤。
- 水　分：喜湿润。

形态特征 多年生丛生草本。茎叶肥厚多肉，植株低矮，3片或4片轮生，阔椭圆形或近圆形。穗状花序单生、顶生和腋生。

应用 叶型美观，为我国常见的观叶植物，常用于布置窗台、书案、茶几等处；全草药用，内服治风湿性关节炎、支气管炎，外敷治扭伤、骨折、痈疮疖肿。

学名| *Peperomia obtusifolia 'Variegata'*

乳斑椒草

别名：乳纹椒草
科属：胡椒科草胡椒属

- 原产地：栽培种。
- 繁　殖：分株或扦插。
- 花果期：花期春季。
- 日　照：半日照。
- 温　度：生长适温20℃~28℃。
- 土　壤：不择土壤。
- 水　分：喜湿润。

形态特征　多年生常绿草本，株高20~40厘米。茎多分枝，肉质，平滑无毛，叶倒卵形，先端尖，具有光泽，叶边缘具大块乳黄色斑块。穗状花序，密生小花，绿白色。

应用　株型小巧雅致，叶色美观，常盆栽观赏，可用于装饰案几、客厅、阳台等。

学名| *Peperomia polybotrya*

荷叶椒草

科属：胡椒科草胡椒属

- 原产地：热带及亚热带地区。
- 繁　殖：分株或扦插。
- 花果期：花期春季。
- 日　照：半日照。
- 温　度：生长适温20℃~28℃。
- 土　壤：喜肥沃、排水良好的壤土。
- 水　分：喜湿润。

形态特征　多年生常绿草本，株高15~20厘米。叶肉质，簇生，叶倒卵形。穗状花序，灰白色。

应用　叶色靓丽，观赏性强，为优良的观叶植物，多盆栽欣赏，可装饰窗厅、卧室、书房等案几之上。

别名：白脉椒豆瓣绿
科属：胡椒科草胡椒属

学名| *Peperomia puteolata*

白脉椒草

- 原产地：秘鲁。
- 繁　殖：分株或扦插。
- 花果期：不详。
- 日　照：半日照。
- 温　度：生长适温20℃~28℃。
- 土　壤：喜疏松、排水良好的壤土。
- 水　分：喜湿润。

形态特征　多年生草本植物，植株易丛生，高20~30厘米。叶3~4片轮生，具红褐色短柄，质厚，稍呈肉质，椭圆形，全缘，叶面有5条凹陷的月牙白色脉纹。穗状花序细长。

应用　株型小巧，叶色美观、雅致，观赏性佳。多盆栽用于窗台、案几上摆放观赏。

科属：胡椒科草胡椒属

学名| *Peperomia serpens 'Variegata'*

斑叶垂椒草

- 原产地：栽培种。
- 繁　殖：分株、扦插。
- 花果期：不详。
- 日　照：半日照。
- 温　度：生长适温20℃~28℃。
- 土　壤：喜疏松、排水良好的壤土。
- 水　分：喜湿润。

形态特征　多年生常绿草本植物。植株蔓性，匍匐状生长，茎圆形，肉质，多汁。叶长心脏形，先端尖，叶面淡绿色，叶缘黄白色。穗状花序长。

应用　株型美观，叶色淡雅，适合卧室、客厅、阳台等处吊挂栽培，也可用廊架、走廊等悬挂栽培欣赏。

学名| *Piper hancei*

山蒟

别名：石蒟、酒饼藤
科属：胡椒科胡椒属

- **原产地：**我国浙江、福建、江西、湖南、广东、广西、贵州及云南南部。
- **繁　殖：**扦插。
- **花果期：**花期3~8月。
- **日　照：**半日照。
- **温　度：**生长适温18℃~30℃。
- **土　壤：**喜疏松、排水良好的土壤。
- **水　分：**喜湿润。

形态特征　攀缘缘本，长可达10余米。叶纸质或近革质，卵状披针形或椭圆形，少有披针形，顶端短尖或渐尖，基部渐狭或楔形，有时钝。花单性，雌雄异株，聚集成与叶对生的穗状花序。浆果球形。

应用　叶型美观，常用于小型棚架、花架、墙垣及假山石绿化，也适合用于庭院树干垂直绿化；茎、叶入药，用于治疗风湿、咳嗽及感冒等症。

学名| *Piper sarmentosum*

假蒌

别名：野胡椒、假蒟
科属：胡椒科胡椒属

- **原产地：**我国福建、广东、广西、贵州、云南及西藏；印度、越南、马来西亚、菲律宾、印度尼西亚、巴布亚新几内亚也有。
- **繁　殖：**扦插。
- **花果期：**花期夏季。
- **日　照：**全日照或半日照。
- **温　度：**生长适温18℃~30℃。
- **土　壤：**不择土壤。
- **水　分：**喜湿润。

形态特征　多年生匍匐草本，茎长约10米。叶薄纸质或近膜质，下部的阔卵形或近圆形，顶端短尖，基部心形或稀有截平，两侧近相等。花单性，雌雄异株，聚集成与叶对生的穗状花序。浆果近球形。

应用　叶色光亮，观赏性强，可用于林下、路边或水岸边种植观赏；全草入药，用于跌打损伤、风湿痛、胃腹寒痛、腹胀、风寒咳嗽。

学名| *Pittosporum tobira*

海桐

别名：山矾
科属：海桐花科海桐花属

- 原产地：我国长江以南沿海各省；日本及朝鲜也有。
- 繁　殖：扦插、播种。
- 花果期：花期5月，果期10月。
- 日　照：全日照或半日照。
- 温　度：生长适温15℃~28℃。
- 土　壤：不择土壤。
- 水　分：喜湿润，也耐旱。

形态特征　常绿小乔木或灌木，高达3米。单叶互生，有时在枝顶簇生，倒卵形或卵状椭圆形，先端圆钝，基部楔形，全缘，边缘反卷，厚革质。聚伞花序顶生，花白色或带黄绿色，芳香。蒴果。

应用　为著名的观叶、观果植物，盆栽适合客厅、书房或庭院等处栽培观赏；园林中常孤植、丛植观赏；对二氧化硫等有等有害气体有较强的抗性，是厂矿区绿化的良好树种；枝、叶入药，具有祛风活络、散瘀止痛的功效。

学名| *Pittosporum tobira* 'Variegatum'

花叶海桐

科属：海桐花科海桐花属

- 原产地：栽培种。
- 繁　殖：扦插、播种。
- 花果期：花期3~5月，果期9~10月。
- 日　照：全日照或半日照。
- 温　度：生长适温18℃~28℃。
- 土　壤：不择土壤。
- 水　分：喜湿润。

形态特征　常绿灌木或小乔木，株高可达5米。单叶互生，有时在枝顶呈轮生状，厚革质倒卵形，全缘，叶灰绿色，叶缘具黄白色缘带。顶生伞房花序，花白色或淡黄色，有芳香。蒴果球形。

应用　叶色美观，比原种观赏性更佳。盆栽可装饰客厅、卧室、书房或阳台等处，也是庭院绿化的良材。

学名 *Coccoloba uvifera*

海葡萄

别名：树蓼
科属：蓼科海葡萄属

- 原产地：西印度群岛滨海地区、美洲。
- 繁　殖：播种或高压。
- 花果期：花期5~6月，果期夏秋。
- 日　照：全日照。
- 温　度：生长适温23℃~32℃。
- 土　壤：喜疏松、排水良好的沙质壤土。
- 水　分：喜湿润。

形态特征 常绿灌木或小乔木，株高可达8米。单叶互生，叶片近圆形，先端钝或微凹，全缘，叶绿色，初夏变红。总状花序，花白色，具芳香。坚果。

应用 叶大美观，盆栽适合客厅、卧室等装饰，也可用于公园、绿地滨水环境栽培观赏。

学名 *Fagopyrum dibotrys*

金荞麦

别名：透骨消、金锁银开
科属：蓼科荞麦属

- 原产地：我国云南、陕西、华东、华中、华南及西南；印度、锡金、尼泊尔、克什米尔地区、越南、泰国也有。
- 繁　殖：播种。
- 花果期：花期3~12月，果期4~12月。
- 日　照：全日照。
- 温　度：生长适温16℃~25℃。
- 土　壤：喜疏松、肥沃的壤土。
- 水　分：喜湿润。

形态特征 多年生草本，高50~100厘米。叶片三角形，先端渐尖，基部近截形，边缘全缘，两面具乳头状突起或被柔毛。花序伞房状，顶生或腋生，花白色。瘦果宽卵形。

应用 株型美观，叶色翠绿，适合植于假山石边、水岸边欣赏；籽粒可食，有很高的营养价值；全株入药；金荞麦为国家二级保护植物。

别名：多花蓼、紫乌藤
科属：蓼科何首乌属

学名 *Fallopia multiflora*

何首乌

- 原产地：我国西南、华东、华中、华南、四川、陕西、甘肃；日本也有。
- 繁　殖：分株、播种、扦插。
- 花果期：花期6~11月，果期7~2月。
- 日　照：全日照。
- 温　度：生长适温15℃~28℃。
- 土　壤：不择土壤。
- 水　分：喜湿润，也耐旱。

形态特征 多年生缠绕草本。块根肥厚，长椭圆形，黑褐色。叶片卵形或长卵形，先端渐尖，基部心形或近心形。全缘。花序圆锥状，顶生或腋生，花白色或淡绿色。瘦果卵形。

应用 可将块根露于土面制作成盆景，装饰客厅、卧室、书房等处；常做保健食品食用，多用制首乌，可作汤、煲粥等；块根入药，具有安神、养血、活络的功效。

别名：飞天蜈蚣、蜈蚣竹
科属：蓼科竹节蓼属

学名 *Homalocladium platycladum*

竹节蓼

- 原产地：所罗门群岛。
- 繁　殖：扦插。
- 花果期：期春季。
- 日　照：全日照。
- 温　度：生长适温20℃~28℃。
- 土　壤：喜疏松的沙质壤土。
- 水　分：喜稍干燥。

形态特征 多年生草本或灌木。叶大，先端尖，叶片深绿色有光泽，叶面具有明显的白色条纹状叶脉，叶缘波状。花顶生或腋生，金黄色。苞片很大，覆瓦状。

应用 株型美观，形态奇特，盆栽可用于阳台、窗台或书房等处装饰；园林中常植于假山石边、墙垣边或路边观赏。

学名| *Muehlewbeckia complera*

千叶兰

别名：千叶草、千叶吊兰
科属：蓼科千叶兰属

- 原产地：新西兰。
- 繁　殖：扦插。
- 花果期：花期秋季。
- 日　照：全日照。
- 温　度：生长适温20℃~28℃。
- 土　壤：喜疏松、排水良好的壤土。
- 水　分：喜湿润。

形态特征 多年生常绿藤本，呈匍匐状，茎红褐色或黑褐色。叶小，互生，心形或近圆形，先端尖，基部近截平。花小，黄绿色。

应用 叶色美观，株型飘逸，适合作吊盆栽培，可用于卧室、窗台、阳台及窗厅等处装饰。

学名| *Polygonum runcinatum var. sinense*

赤颈散

别名：散血莲
科属：蓼科蓼属

- 原产地：我国河南、陕西、甘肃、浙江、安徽、湖北、湖南、广西、四川、贵州、云南及西藏。
- 繁　殖：播种。
- 花果期：花期4~8月，果期6~10月。
- 日　照：全日照。
- 温　度：生长适温16℃~25℃。
- 土　壤：不择土壤。
- 水　分：喜湿润。

形态特征 多年生草本，株高30~60厘米。叶羽裂，顶生裂片较大，三角状卵形，顶端渐尖，侧生裂片通常1对。花序头状较小，数个集成圆锥状，花红色或白色。

应用 叶型奇特，叶色美丽，适合公园、绿地路边、山石边栽培观赏，也可作地被及花境栽培。

学名 *Portulacaria afra*

树马齿苋

别名：马齿苋树
科属：马齿苋科马齿苋树属

- 原产地：非洲南部。
- 繁　殖：扦插。
- 花果期：不详。
- 日　照：全日照。
- 温　度：生长适温15℃~28℃。
- 土　壤：喜疏松、排水良好的沙质壤土。
- 水　分：喜干燥。

形态特征 多年生肉质灌木。茎叶肥厚多肉，单叶对生，倒卵形，先端近平截或微凹，基部楔形，绿色。

应用 株型古朴，叶片青翠，为优良的观叶植物，适合盆栽装饰阳台、窗台或案几。也可用于多肉植物园栽培观赏或制作盆景。

学名 *Portulacaria afra 'Variegata'*

斑叶树马齿苋

别名：花叶银公孙树、花叶马齿苋树
科属：马齿苋科马齿苋树属

- 原产地：栽培种。
- 繁　殖：扦插。
- 花果期：不详。
- 日　照：全日照。
- 温　度：生长适温15℃~28℃。
- 土　壤：喜疏松、排水良好的沙质壤土。
- 水　分：喜干燥。

形态特征 多年生肉质灌木，枝干褐色。茎叶肥厚多肉，单叶对生，倒卵形，先端近平截或微凹，基部楔形，初生叶边缘淡红色，后呈淡黄色，中间绿色。

应用 株型古朴，叶片色泽美观，为常见栽培的观叶植物，适合盆栽装饰阳台、窗台或案几。也可用于制作盆景。

学名| *Lysimachia nummularia 'Aurea'*

金叶过路黄

别名：金钱草、黄金串钱草
科属：报春花科珍珠菜属

- 原产地：栽培种。
- 繁　殖：栽培种。
- 花果期：花期夏季。
- 日　照：全日照。
- 温　度：生长适温18℃~26℃。
- 土　壤：喜疏松、肥沃的壤土。
- 水　分：喜湿润。

形态特征 多年生蔓性草本，常绿，株高约5厘米，匍匐生长。单叶对生，圆形，基部心形，全缘。花金黄色。

应用 盆栽于窗台、阳台、庭院等处；吊盆悬挂于光线较充足的环境；园林中常用作地被植物。

学名| *Amygdalus persica f. atropurpurea*

紫叶桃

别名：紫叶桃花
科属：蔷薇科桃属

- 原产地：栽培变型。
- 繁　殖：播种、扦插或嫁接。
- 花果期：花期3~4月，果实6~9月成熟。
- 日　照：全日照。
- 温　度：生长适温15℃~26℃。
- 土　壤：喜肥沃、排水良好的壤土。
- 水　分：喜湿润，耐旱。

形态特征 落叶小乔木，高可达8米。小枝红褐色或褐绿色。单叶互生，椭圆状披针形，先端长尖，边缘有粗锯齿，叶紫色。花单生，粉红色。

应用 株型美观，叶色紫红，观赏性佳，适合公园、绿地及庭院栽培观赏，可丛植、孤植、列植于路边、一隅或水岸边欣赏。

别名：铺地蜈蚣
科属：蔷薇科栒子属

学名 *Cotoneaster horizontalis*

平枝栒子

- 原产地：我国陕西、甘肃、湖南、湖北、四川、云南、贵州。
- 繁　殖：播种、扦插。
- 花果期：花期5~6月，果期9~10月。
- 日　照：全日照。
- 温　度：生长适温12℃~25℃。
- 土　壤：喜疏松、排水良好的沙质壤土。
- 水　分：喜湿润，也耐旱。

形态特征 常绿或半常绿灌木，高约0.5米。叶小，厚革质，近卵形或倒卵形，先端急尖，表面暗绿色。花小，无柄，粉红色。果近球形，鲜红色。

应用 叶小而密，秋季叶色红亮，果实累累，观叶观果均佳，园林中常于布置假山岩石、路边、墙垣边等处。

科属：蔷薇科石楠属

学名 *Photinia×fraseri* 'Red robin'

红叶石楠

- 原产地：杂交种。
- 繁　殖：扦插。
- 花果期：花期夏季。
- 日　照：全日照。
- 温　度：生长适温15℃~26℃。
- 土　壤：喜疏松、排水良好的壤土。
- 水　分：喜湿润。

形态特征 常绿小乔木，高达12米，多做灌木栽培。叶革质，长椭圆至侧卵状椭圆形，先端尖，基部楔形，边缘具细锯齿，新叶亮红色，老叶绿色。复伞房花序，花白色。浆果红色。

应用 叶色红艳，习性强健，盆栽适合天台、阳台或阶旁摆放。园林中常修剪成灌木状用于路边、墙垣边观赏。

学名| *Physocarpus opulifolius 'Lutein'*

金叶风箱果

科属：蔷薇科风箱果属

- 原产地：栽培种。
- 繁　殖：扦插。
- 花果期：花期春季。
- 日　照：全日照。
- 温　度：生长适温18℃~25℃。
- 土　壤：喜疏松、肥沃的壤土。
- 水　分：喜湿润。

形态特征　落叶灌木，株高1~2米。小叶长椭圆形，先端渐尖，基部楔形，边缘有细锯齿，金黄色或淡黄绿色。顶生伞形总状花序，花白色。果实卵形。

应用　叶色金黄，为近年新引进的彩叶树种，适合公园、绿地等路边、林缘等处栽培观赏。

学名| *Prunus×cistena*

紫叶矮樱

科属：蔷薇科李属

- 原产地：杂交种。
- 繁　殖：扦插、嫁接。
- 花果期：花期4~5月。
- 日　照：全日照。
- 温　度：生长适温15℃~26℃。
- 土　壤：喜疏松、排水良好的壤土。
- 水　分：喜湿润。

形态特征　落叶灌木或小乔木，株高可达2.5米。单叶互生，叶长卵形或卵状长椭圆形，先端渐尖，基部楔形，叶紫红色或深紫红色，叶缘有不整齐的细钝齿。花淡粉红色，微香。

应用　株型紧凑，叶色紫红，园林中常用于园林边、墙垣边或庭院一隅栽培观赏，也可嫁接造型制作盆景用于室内装饰。

别名：紫叶李、樱桃李
科属：蔷薇科李属

学名| *Prunus cerasifera f. atropurpurea*

红叶李

- 原产地：亚洲西南部。
- 繁　殖：高压、嫁接。
- 花果期：花期4~5月，果期6~7月。
- 日　照：全日照。
- 温　度：生长适温15℃~25℃。
- 土　壤：喜疏松、排水良好的壤土。
- 水　分：喜湿润，也耐旱。

形态特征 落叶小乔木，株高达8米。单叶互生，叶卵形或倒卵形，边缘具重锯齿，叶紫红色。花单生或2~3朵聚生，粉红色。果实近球形。

应用 叶色紫红，为我国常见的彩叶树种，常用于公园、庭院栽植，孤植、群植、列植效果均佳。

科属：蔷薇科绣线菊属

学名| *Spiraea bumalda 'Gold Flame'*

金焰绣线菊

- 原产地：栽培种。
- 繁　殖：扦插。
- 花果期：花期5~10月。
- 日　照：全日照。
- 温　度：生长适温15℃~25℃。
- 土　壤：喜深厚肥沃、排水良好的沙质壤土。
- 水　分：喜湿润，也耐旱。

形态特征 落叶小灌木，高达50~90厘米。叶卵状披针形，互生，叶缘有锯齿。叶色随季节变化而不同，新叶橙红色，后老叶渐转为金黄色，夏季绿或黄色，秋季转为红色。花蕾及花均为粉红色。

应用 叶色变化丰富，为优良的观叶、观花树种，园林中常用于草地中、山石边、墙垣边栽培观赏，也常用于花境、花坛或作镶边材料。

学名| *Spiraea bumalda 'Gold Mound'*

科属：蔷薇科绣线菊属

金山绣线菊

叶片特征
叶卵状，互生，叶缘有锯齿

- 原产地：栽培种。
- 繁　殖：扦插。
- 花果期：花期5~10月。
- 日　照：全日照。
- 温　度：生长适温15℃~25℃。
- 土　壤：喜深厚肥沃、排水良好的沙质壤土。
- 水　分：喜湿润，也耐旱。

形态特征 落叶小灌木，高达30~60厘米。叶卵状，互生，叶缘有锯齿。新叶金黄，老叶黄色，夏季黄绿色，秋季叶色转金黄并带红晕。花蕾及花均为粉红色。

应用 叶色美观，花色靓丽，园林中常用作地被植物，群植、片植效果均佳，也适合路边及林缘，或点缀假山岩石边栽培。

学名| *Gardenia jasminoides var. aureo-variegata*

斑叶栀子

别名：花叶栀子
科属：茜草科栀子属

叶片特征
叶片淡黄绿色，并具绿色块斑

- 原产地：栽培变种。
- 繁　殖：扦插。
- 花果期：花期3~7月，果期5月至翌年2月。
- 日　照：全日照。
- 温　度：生长适温18℃~28℃。
- 土　壤：喜疏松、排水良好的微酸性土壤。
- 水　分：喜湿润。

形态特征 常绿灌木，株高1~2米，茎灰色，小枝绿色。单叶对生或3叶轮生，叶片革质，稀纸质，全缘，倒卵形或矩圆状倒卵形，叶片淡黄绿色，并具绿色块斑。花单生于枝顶或叶腋，花白色，具浓香。

应用 花大芳香，为优良的观叶、观花品种。盆栽适合阳台、客厅、书房等光线充足的地方养护；在广州常用于露地栽培观赏。

别名：臭草
科属：芸香科芸香属

学名| *Ruta graveolens*

芸香

- 原产地：地中海沿岸。
- 繁　殖：播种或扦插。
- 花果期：花期3~6月，果期7~9月。
- 日　照：全日照。
- 温　度：生长适温15℃~25℃。
- 土　壤：不择土壤。
- 水　分：喜湿润。

形态特征 常绿小灌木，株高达1米，全株有浓烈特殊气味。叶2~3回羽状复叶，小裂片短匙形或狭长圆形，灰绿或蓝绿色。聚伞花序顶生，花金黄色。蒴果。

应用 叶色美观，适合花坛、路边栽培，也可用于花境；枝叶含芳香油，可作调香原料；其香味有杀虫效果，可用来驱蝇。

别名：山椒
科属：芸香科花椒属

学名| *Zanthoxylum 'Odorum'*

胡椒木

- 原产地：园艺种。
- 繁　殖：扦插或高压法。
- 花果期：花期5~8月。
- 日　照：全日照。
- 温　度：生长适温20℃~30℃。
- 土　壤：喜排水良好、肥沃的沙质壤土。
- 水　分：喜湿润。

形态特征 常绿灌木，高30~90厘米。奇数羽状复叶，小叶对生，倒卵形，革质，叶面浓绿，有光泽。雌雄异株，雄花黄色，雌花橙红色，花小，有香味。果实椭圆形。

应用 为优良的观叶植物。盆栽可用于装饰阳台、窗台及客厅等，也适合庭院有公园的路边、池畔、林缘下栽培观赏。

学名| *Salix X aureo-pendula*

金丝柳

别名：金丝垂柳
科属：杨柳科柳属

- 原产地：杂交种。
- 繁　殖：扦插。
- 花果期：花期春季。
- 日　照：全日照。
- 温　度：生长适温15℃~25℃。
- 土　壤：喜疏松、肥沃的沙质壤土。
- 水　分：喜湿润。

形态特征 落叶乔木，高可达10米以上，枝条细长下垂，小枝黄色或金黄色。叶狭长披针形，先端渐尖，缘有细锯齿。花序与叶同时开放。

应用 树姿优美，叶片黄绿色，为北方常见的观赏树种，适合水岸边、路边栽培观赏。

学名| *Salix babylonica*

垂柳

别名：垂枝柳、倒挂柳
科属：杨柳科柳属

- 原产地：我国长江及黄河流域。
- 繁　殖：扦插。
- 花果期：花期3~4月，果期4~5月。
- 日　照：全日照。
- 温　度：生长适温15℃~28℃。
- 土　壤：不择土壤。
- 水　分：喜湿润。

形态特征 乔木，株高可达12~18米。叶狭披针形或线状披针形，先端长渐尖，基部楔形，锯齿缘。花序先叶开放，或与叶同时开放，雄花序有短梗；雌花序有梗。蒴果。

应用 株型优美，常用于路边、水岸边或植于庭院中观赏；木材可作家具；枝条可用于编织；树皮可提制栲胶。

科属：杨柳科柳属

学名 *Salix matsudana var. pendula*

绦柳

叶片特征
叶狭披针形或线状披针形

- 原产地：我国华北、东北、西北等地。
- 繁　殖：扦插、播种、埋条。
- 花果期：花期4月，果期4~5月。
- 日　照：全日照。
- 温　度：生长适温15℃~28℃。
- 土　壤：不择土壤。
- 水　分：喜湿润。

形态特征 落叶乔木，株高可达18米，枝条细长而下垂，小枝黄色。叶狭披针形或线状披针形，先端长渐尖，基部窄圆形或楔形，绿色，具光泽。花序与叶同时开放。

应用 树形美观，园林中常用于水岸边、路边、草地中栽培观赏，孤植、列植效果均佳。

科属：山榄科铁线子属

学名 *Manilkara zapota cv.*

花叶人心果

叶片特征
单叶互生革质，卵状长椭圆形

- 原产地：栽培种。
- 繁　殖：播种、高压或嫁接。
- 花果期：花果期4~9月。
- 日　照：全日照。
- 温　度：生长适温22℃~30℃。
- 土　壤：喜肥沃、排水良好的沙质壤土。
- 水　分：喜湿润。

形态特征 常绿乔木，高达25米。单叶互生革质，卵状长椭圆形，先端尖，基部楔形，浓绿色，上具有黄绿色斑块，全缘。花黄白色。浆果纺锤形、卵形或球形。

应用 叶色美观，果实可赏，为优良的观叶、观果植物，适合公园、绿地或庭院一隅栽培观赏，孤植、群植均可。

学名| *Sarracenia purpurea*

北美瓶子草

别名：紫瓶子草
科属：瓶子草科瓶子草属

- 原产地：北美。
- 繁　殖：播种或分株。
- 花果期：花期4~5月。
- 日　照：半日照。
- 温　度：生长适温20℃~28℃。
- 土　壤：喜疏松、排水良好的泥炭土。
- 水　分：喜湿润。

形态特征 多年生食虫草本。具根茎，叶丛莲座状，叶常绿，粗糙，圆筒状，叶中具倒向毛，使昆虫能进不能出。花葶直立，花单生，紫或绿紫色。

应用 叶型奇特，为科普教育的良好材料，多盆栽，用于室内书桌及案几上观赏。

学名| *Saururus chinensis*

三白草

别名：白面姑、白舌骨
科属：三白草科三白草属

- 原产地：我国河北、河南、山东及长江流域以南各省区；日本、菲律宾至越南也有。
- 繁　殖：分株、播种。
- 花果期：花期4~5月，果期7月。
- 日　照：全日照。
- 温　度：生长适温15℃~30℃。
- 土　壤：喜疏松、肥沃的壤土。
- 水　分：喜湿。

形态特征 草本，株高可达1米。叶片纸质或坚纸质，卵形至卵状披针形，有时宽卵形，顶端急尖至渐尖，基部心形，从中部向上叶渐小，至茎顶端或顶生的花序下部的叶2~3片常呈白色。总状花序，顶生或有时腋生。果卵形或近球形。

应用 盆栽适合阳台、天台或用于庭院的水景栽培；园林常用于水岸边绿化；全株入药，具有清热利湿、利尿消肿等功效。

学名| *Houttuynia cordata*

鱼腥草

别名：蕺菜、侧耳根
科属：三白草科蕺菜属

- 原产地：亚洲东部及东南部广布。
- 繁　殖：扦插或分株。
- 花果期：花期5~7月，果期7~10月。
- 日　照：全日照半日照。
- 温　度：生长适温20℃~28℃。
- 土　壤：不择土壤。
- 水　分：喜湿。

形态特征 多年生草本植物，株高30~60厘米。叶薄纸质，卵形或阔卵形，顶端短渐尖，基部心形。穗状花序在枝顶端与叶互生，总苞片白色。蒴果卵圆形。

应用 叶色美观，习性强健，适合庭院、公园、绿地等作地被植物，也可用于林下、路边或花坛栽培观赏；民间常作蔬菜食用或用于调味；全株入药，具有清热、解毒、利尿的功效。

学名| *Houttuynia cordata var. variegata*

花叶鱼腥草

别名：花叶蕺菜
科属：三白草科蕺菜属

- 原产地：栽培变种。
- 繁　殖：扦插或分株。
- 花果期：花期5~7月，果期7~10月。
- 日　照：全日照或半日照。
- 温　度：生长适温20℃~28℃。
- 土　壤：不择土壤。
- 水　分：喜湿润。

形态特征 多年生草本植物，株高30~60厘米。叶薄纸质，卵形或阔卵形，顶端短渐尖，基部心形，具色斑，呈现出红色、绿色、褐色、黄色等几种颜色。穗状花序，总苞片白色。蒴果卵圆形。

应用 色泽美观，为近年来引进的优良观叶植物。盆栽可用于窗台、阳台或案几装饰；园林中适合路边、水岸边及浅水处种植观赏，也是优良的地被植物。

学名| *Heuchera sanguinea*

红花矾根

别名：珊瑚钟
科属：虎耳草科矾根属

- 原产地：美洲。
- 繁　殖：播种、分株。
- 花果期：花期5~6月，果期夏季。
- 日　照：全日照。
- 温　度：生长适温15℃~25℃。
- 土　壤：喜肥沃、排水良好的土壤。
- 水　分：喜湿润。

形态特征 多年生常绿草本，株高30～50厘米。叶近圆形，边缘具圆齿，品种不同，叶色有差异。圆锥花序，花小，粉红色。

应用 叶色美观，花色鲜艳，适合花坛、花境及路边、草地边缘栽培观赏，也可用于岩石园绿化。

学名| *Hydrangea macrophylla* 'Maculata'

银边八仙花

别名：绣球、草绣球
科属：虎耳草科绣球属

- 原产地：栽培种。
- 繁　殖：扦插。
- 花果期：花期6~7月。
- 日　照：全日照。
- 温　度：生长适温15℃~26℃。
- 土　壤：喜疏松、肥沃的壤土。
- 水　分：喜湿润。

形态特征 落叶或半常绿灌木。叶大而对生，浅绿色，有光泽，呈椭圆形或倒卵形，边缘具钝锯齿，叶边缘白色。伞房花序顶生，粉红色、淡蓝色或白色。

应用 叶色淡雅，花期长，为优良的观花、观叶灌木。盆栽适合阳台、窗台及卧室等装饰，也适合庭院及公园的路边、水岸边绿化，也适合与其他花灌木配植。

别名：金线吊芙蓉
科属：虎耳草科虎耳草属

学名| *Saxifraga stolonifera*

虎耳草

- 原产地：我国河北、陕西、甘肃、江苏、安徽、浙江、江西、福建、台湾、河南、湖北、湖南、广东、广西、四川、贵州、云南等地；朝鲜及日本也有。
- 繁　殖：分株、走茎上的幼株另栽。
- 花果期：花期、果期都为4~11月。
- 日　照：半日照。
- 温　度：生长适温16℃~28℃。
- 土　壤：喜肥沃、排水良好的壤土。
- 水　分：喜湿润。

形态特征 多年生草本，株高8~45厘米。基生叶近心形、肾形至扁圆形，先端钝或急尖，基部近截形，圆形至心形，浅裂；茎生叶披针形。聚伞花序圆锥状，花瓣白色，中上部具紫红色斑点，基部具黄色斑点。

应用 叶型美观，盆栽用于室内案几、窗台绿化或吊挂栽培；园林中常用于荫湿的路边、林下或山石边栽培；全株入药，具有祛风清热、凉血解毒的功效。

别名：大叶子
科属：虎耳草科大叶子属

学名| *Astilboides tabularis*

山荷叶

- 原产地：我国吉林、辽宁；朝鲜也有。
- 繁　殖：扦插。
- 花果期：花期6~7月，果期8~9月。
- 日　照：全日照。
- 温　度：生长适温15℃~25℃。
- 土　壤：不择土壤。
- 水　分：喜湿润。

形态特征 多年生草本，株高1~1.5米。基生叶1片盾状着生，近圆形或卵圆形，掌状浅裂，裂片宽卵形，先端急尖或短渐尖，常再浅裂，边缘具齿状缺刻和不规则锯齿。茎生或较小，掌状3~5浅裂，基部楔形或截形。圆锥花序顶生，具多花，白色或微带紫色。蒴果。

应用 叶大美观，习性强健，适合庭院的路边、墙垣边、山石边或一隅栽培观赏；根状茎含鞣质及淀粉，可提制栲胶及酿酒；嫩芽及嫩叶柄可作蔬菜食用。

学名| *Brachychiton acerifolius*

槭叶酒瓶树

别名：火焰木
科属：梧桐科槭子树属

- 原产地：大洋洲。
- 繁　殖：播种。
- 花果期：花期夏季，果期秋季。
- 日　照：全日照。
- 温　度：生长适温15℃~28℃。
- 土　壤：喜湿润、排水良好的壤土。
- 水　分：喜湿润。

形态特征 常绿乔木，株高可达12米。叶互生，掌裂，裂片7~9枚，裂片再呈羽状深裂，先端锐尖，革质。圆锥花序，花萼鲜红色。

应用 叶型美观，四季常绿，常用作风景树或行道树，孤植、列植效果均佳。

学名| *Sterculia foetida*

掌叶苹婆

别名：香苹婆
科属：梧桐科苹婆属

- 原产地：东南亚、澳大利亚、非洲热带。
- 繁　殖：播种、扦插、高压。
- 花果期：花期4~5月。
- 日　照：全日照。
- 温　度：生长适温23℃~32℃。
- 土　壤：不择土壤。
- 水　分：喜湿润。

形态特征 常绿乔木。叶聚生于小枝顶端，为掌状复叶，小叶椭圆状披针形。圆锥花序着生于新枝的近顶部，萼红紫色，5深裂几至基部，裂片椭圆状披针形，向外广展。蓇葖果木质。

应用 叶型优美，小花色艳，盆栽可用于厅堂、阶前绿化；园林中适合路边、建筑物旁栽培观赏。

别名：铜钱草
科属：伞形科天胡荽属

学名 *Hydrocotyle vulgaris*

香菇草

- **原产地**：欧洲、北美、非洲。
- **繁　殖**：分株或地下走茎扦插。
- **花果期**：花期6~8月。
- **日　照**：全日照。
- **温　度**：生长适温22℃~30℃。
- **土　壤**：不择土壤。
- **水　分**：喜湿，可生于水中。

形态特征 多年生草本，茎蔓性，株高5~15厘米，节上常生根。叶到生，具长柄，圆盾形，边缘波状，绿色，光亮。伞形花序，小花白色。

应用 叶型美观，习性强健，盆栽适合窗台、书桌及案几绿化，也是庭院水景绿化的优良材料；园林中常用于水体岸边或浅水处栽培。

学名| *Pilea notata*

冷水花

别名：白雪草、透白草
科属：荨麻科冷水花属

- 原产地：印度。
- 繁　殖：分株。
- 花果期：花期秋季。
- 日　照：半日照。
- 温　度：生长适温20℃~28℃。
- 土　壤：喜疏松、肥沃的壤土。
- 水　分：喜湿润。

形态特征　多年生常绿草本，株高15～40厘米。叶对生，卵状椭圆形，叶缘上部具疏钝锯齿。叶脉间有4条大小不同的银白色纵向宽条纹，叶背浅绿色，叶缘有浅齿。顶生聚伞花序，小花白色。

应用　叶色清雅，秀丽可爱。盆栽用于窗台、书桌、餐桌或几桌陈设观赏；园林中常用作地被植物。

学名| *Pilea nummulariifolia*

圆叶冷水花

别名：泡叶冷水花
科属：荨麻科冷水花属

- 原产地：哥斯达黎加、哥伦比亚。
- 繁　殖：分株。
- 花果期：花期秋季。
- 日　照：半日照。
- 温　度：生长适温20℃~28℃。
- 土　壤：喜富含腐殖质的壤土。
- 水　分：喜湿润。

形态特征　多年生常绿草本。匍匐蔓生，分枝细而多，全株被短而细的绒毛。叶对生，圆形，质薄，叶缘具半圆形锯齿，脉间叶肉凸起。

应用　叶色美观，盆栽适合点缀案几、书桌、窗台等处；园林中可用于蔽荫的林下、路边栽培观赏，也可作地被植物。

别名：叶烟花
科属：荨麻科赤车属

学名| *Pellionia repens*

喷烟花

- 原产地：我国云南、海南；越南、老挝及柬埔寨也有。
- 繁　殖：扦插。
- 花果期：花期5~10月。
- 日　照：全日照或半日照。
- 温　度：生长适温22℃~30℃。
- 土　壤：喜疏松、肥沃及排水良好的壤土。
- 水　分：喜湿润。

形态特征 多年生草本，茎肉质，长60厘米。叶斜长椭圆形或斜倒卵形，顶端纯，微尖或圆形，基部在狭侧纯，在宽侧耳形，边缘有波状浇钝齿或近全缘。花序雌雄同株或异株。

应用 喷烟花株型小巧，叶色靓丽。盆栽摆放于窗台、阳台或案几上观赏，或用于庭院的路边、花坛栽培观赏。

学名| *Pilea peperomioides*

镜面草

别名：翠屏草、象耳朵草
科属：荨麻科冷水花属

- 原产地：我国云南、四川。
- 繁　殖：分株、扦插、分株。
- 花果期：花期4~7月，果期7~9月。
- 日　照：半日照。
- 温　度：生长适温18℃~26℃。
- 土　壤：喜疏松、排水良好的微酸性壤土。
- 水　分：喜湿润。

形态特征 多年生肉质草本，株高约15厘米。叶聚生于茎顶端，叶片肉质，干时纸质，近圆形或圆卵形，盾状着生于叶柄，先端钝形或圆形，基部圆形或微缺，边缘全缘或浅波状。雌雄异株，聚伞圆锥状。瘦果。

应用 株型小巧，姿态优美，叶色翠绿，为优良的观叶植物，盆栽用于案头、书桌或窗台摆放观赏。

科属：马鞭草科莸属　　学名| *Caryopteris clandonensis* 'Worcester Gold'

金叶莸

- 原产地：栽培种。
- 繁　殖：分株、扦插。
- 花果期：花期6~9月。
- 日　照：全日照。
- 温　度：生长适温16℃~25℃。
- 土　壤：喜疏松、排水良好的壤土。
- 水　分：喜湿润。

形态特征 丛生灌木，株高50~70厘米。单叶对生，叶先端尖，基部钝圆形，边缘粗齿，叶金黄色。聚伞花序，花冠淡蓝色。

应用 叶色金黄，花色淡雅，观赏性极佳，常植物于草坪边缘、林缘、假山石边或园路两片，适合片植，也可与其他花灌木配植。

学名| *Clerodendrum thomsonae var. variegatum*

花叶龙吐珠

别名：花叶白萼赪桐
科属：马鞭草科大青属

- 原产地：栽培变种。
- 繁　殖：扦插。
- 花果期：花期3~5月。
- 日　照：全日照。
- 温　度：生长适温20℃~28℃。
- 土　壤：喜疏松、肥沃的微酸性壤土。
- 水　分：喜湿润，耐旱。

形态特征　多年生常绿藤本，株高2~5米。叶对生，卵形，先端尖，全缘，叶边缘白色或淡黄色。聚伞形花序腋生，萼片白色、花冠上部深红色，雄蕊与花柱同时伸出花冠外。核果球形。

应用　叶色美观，花型奇特，观赏性极佳。盆栽用于阳台、窗台、客厅或天台绿化，也适合用于庭院的阶旁或一隅栽培观赏。

学名| *Cissus hexangularis*

六方藤

别名：六棱粉藤、茎翅白粉藤
科属：葡萄科白粉藤属

- 原产地：我国福建、广东、广西等地；越南也有。
- 繁　殖：扦插。
- 花果期：花期9~11月，果期12月至翌年2月。
- 日　照：全日照。
- 温　度：生长适温20℃~30℃。
- 土　壤：不择土壤。
- 水　分：喜湿润。

形态特征　木质藤本。叶卵状三角形，顶端骤尾尖，基部截形或近截形，边缘有细牙齿。花序为复二歧聚伞花序，顶生或与叶对生。花蕾锥形，萼碟形。果实近球形。

应用　终年常绿，适合庭院、公园等棚架、墙垣、花架、山石或墙面等处绿化。

别名：栎叶粉藤
科属：葡萄科白粉藤属

学名 *Cissus rhombifolia 'Ellen danica'*

羽裂菱叶藤

- 原产地：栽培种。
- 繁　殖：扦插。
- 花果期：不详。
- 日　照：全日照或半日照。
- 温　度：生长适温15℃~25℃。
- 土　壤：不择土壤。
- 水　分：喜湿润。

形态特征 常绿多年生草本植物，枝条柔软下垂或卧地生长。羽状复叶，小叶三枚，呈羽状裂叶，小叶具柄，具光泽，革质。茎蔓节位上有卷须，末端分叉卷曲。

应用 常用于庭院及公园的棚架、绿廊或墙垣绿化，也可用作地被或山石绿化。

别名：珠帘藤、面线藤
科属：葡萄科白粉藤属

学名 *Cissus sicyoides*

锦屏藤

- 原产地：美洲。
- 繁　殖：扦插、压条。
- 花果期：花期春至秋季，果期7~8月。
- 日　照：全日照。
- 温　度：生长适温22℃~30℃。
- 土　壤：喜肥沃、疏松排水良好的壤土。
- 水　分：喜湿润。

形态特征 多年生常绿蔓性植物，蔓长5米以上。叶互生，长心形，先端尖，基部心形，叶缘有锯齿，绿色。老株自茎节处生长红褐色细长气根。聚伞花序，淡绿白色。浆果球形。

应用 叶色美观，气根淡红，极长，观赏性佳，为优良观赏藤本。盆栽可用于阳台、天台或阶前绿化，是庭院棚架绿化的优良材料。

学名| *Parthenocissus dalzielii*

异叶地锦

别名：异叶爬山虎、草叶藤
科属：葡萄科地锦属

- 原产地：我国河南、湖北、湖南、江西、浙江、福建、台湾、广东、广西、四川、贵州。
- 繁　殖：扦插、压条或播种。
- 花果期：花期5~7月，果期7~11月。
- 日　照：全日照。
- 温　度：生长适温16℃~28℃。
- 土　壤：不择土壤。
- 水　分：喜湿润，耐旱。

形态特征 木质藤本，卷须顶端吸盘状。两型叶，短枝上常为3小叶，较小的单叶常着生在长枝上，叶为单叶，呈卵圆形，顶端急尖或渐尖，基部心形或微心形，3小叶，中央小叶长椭圆形，顶端渐尖，基部楔形，侧生小叶卵椭圆形，顶端渐尖，基部极不对称。花瓣4。果近球形，成熟时紫黑色。

应用 叶型美观，习性强健，常用于墙面、篱垣、棚架、山石绿化观赏，也可用于坡地、荒地作地被植物栽培。

学名| *Parthenocissus laetevirens*

绿叶爬墙虎

别名：绿叶地锦
科属：葡萄科地锦属

- 原产地：我国河南、安徽、江西、江苏、浙江、湖北、湖南、福建、广东、广西。
- 繁　殖：扦插、播种。
- 花果期：花期7~8月，果期9~11月。
- 日　照：全日照。
- 温　度：生长适温16℃~28℃。
- 土　壤：不择土壤。
- 水　分：喜湿润。

形态特征 木质藤本，卷须顶部遇附着物扩大成吸盘。叶为掌状5小叶，小叶倒卵长椭圆形或倒卵披针形，顶端急尖或渐尖，基部楔形。多歧聚伞花序圆锥状，假顶生，花瓣5。果实球形。

应用 叶型美观，叶色翠绿，可用于棚架、墙垣、假山石或大树垂直绿化。

别名：美国地锦
科属：葡萄科地锦属

学名| *Parthenocissus quinquefolia*

五叶地锦

- 原产地：北美。
- 繁　殖：扦插、压条、播种。
- 花果期：花期6~7月，果期8~10月。
- 日　照：全日照。
- 温　度：生长适温18℃~28℃。
- 土　壤：不择土壤。
- 水　分：喜湿润，也耐旱。

形态特征 木质落叶藤本，具卷须，卷须顶端遇除附着物扩大成吸盘。叶为掌状5小叶，小叶倒卵形、倒卵椭圆形或外侧小叶椭圆形，顶端短尾尖，基部楔形或阔楔形，边缘具粗锯齿。花序为圆锥状多歧聚伞花序，花瓣5。果实球形。

应用 叶型美观，春夏碧绿，入秋后叶片转红，有极佳的观赏性，园林中多用于墙面、假山或棚架绿化。

别名：爬山虎、爬墙虎
科属：葡萄科地锦属

学名| *Parthenocissus tricuspidata*

地锦

- 原产地：我国东北、华北、华东及台湾等地。
- 繁　殖：扦插、压条或播种。
- 花果期：花期5~8月，果期9~10月。
- 日　照：全日照。
- 温　度：生长适温18℃~28℃。
- 土　壤：不择土壤。
- 水　分：喜湿润，也耐旱。

形态特征 木质落叶藤本，具卷须，顶端遇附着物扩大成吸盘。叶为单叶，通常着生在短枝上为3浅裂，偶有着生在长枝上的叶不裂，常倒卵圆形，顶端裂片急尖，基部心形，边缘具锯齿。花序为多歧聚伞花序，花瓣5。果实球形。

应用 叶繁密美观，春夏翠绿，入冬后叶色变红，有极高的观赏性。常用于墙面、假山石、棚架等垂直绿化。

学名| *Tetrastigma cauliflorum*

茎花崖担藤

别名：茎花崖爬藤
科属：葡萄科崖爬藤属

叶片特征
叶为掌状5小叶，叶为指状复叶，有小叶4～5片

- 原产地：我国广东、广西、海南、云南；越南、老挝也有。
- 繁　殖：播种、压条。
- 花果期：花期9月，果期6~12月。
- 日　照：全日照。
- 温　度：生长适温18℃~28℃。
- 土　壤：不择土壤。
- 水　分：喜湿润，耐旱。

形态特征 木质大藤本，茎扁压。叶为掌状5小叶，叶为指状复叶，有小叶4～5片，少有3片，小叶长椭圆形、椭圆披针形或倒卵长椭圆形，顶端短尾尖，基部阔楔形或近圆形，边缘有锯齿。花序着生于老茎上，花瓣4。果实椭圆形或卵球形。

应用 植物大型，叶型美观，覆盖能力强，园林常用于门廊、棚架、花架及假山石绿化。

别名：花叶良姜、彩叶姜
科属：姜科山姜属

学名 *Alpinia zerumbet 'Variegata'*

花叶艳山姜

- 原产地：东南亚热带地区。
- 繁　殖：分株。
- 花果期：花期夏季。
- 日　照：全日照或半日照。
- 温　度：生长适温22℃~28℃。
- 土　壤：喜肥沃、排水良好的壤土。
- 水　分：喜湿润。

形态特征 多年生草本，株高1~2米。叶具鞘，长椭圆形，先端渐尖，叶面深绿色，并有金黄色的纵斑纹、斑块。圆锥花序下垂，苞片白色，边缘黄色，顶端及基部粉红色，花冠白色。

应用 为优良的观叶植物，盆栽可用于厅堂或阶前绿化；园林中常群植于路边、池畔或一隅观赏。

科属：姜科闭鞘姜属

学名 *Costus erythrophyllus*

美叶闭鞘姜

- 原产地：南美洲。
- 繁　殖：分株。
- 花果期：花期春季。
- 日　照：全日照半日照。
- 温　度：生长适温22℃~30℃。
- 土　壤：喜疏松、肥沃的壤土。
- 水　分：喜湿润。

形态特征 多年生常绿草本，株高约50厘米。叶片长椭圆形，先端尖，全缘，上面绿色，下面暗红色。花粉红色。

应用 株型小巧，叶色美观，花色艳丽，为优良的观花、观叶植物。盆栽用于阳台、客厅或阶前绿化；适合庭院、公园、绿地栽培观赏。

学名| *Costus speciosus 'Variegated'*

科属：姜科闭鞘姜属

斑叶闭鞘姜

- 原产地：栽培种。
- 繁　殖：分株。
- 花果期：花期7~10月，果期9~11月。
- 日　照：全日照。
- 温　度：生长适温20℃~28℃。
- 土　壤：喜疏松、肥沃的壤土。
- 水　分：喜湿润。

形态特征 多年生宿根草本植物，株高1~2米。具根状块茎。单叶，互生，圆形或披针形，顶端渐尖或尾状渐尖，基部近圆形，叶面有黄白色纵纹，宽窄不一。穗状花序顶生，花冠白色，苞片红色。蒴果，红色。

应用 叶色美观，花朵洁白，苞片红艳，花、叶均有较高的观赏价值，适合公园、绿地草地中边缘、园路边、墙垣边、假山石边或水岸边栽培观赏。

学名| *Curcuma zedoaria*

别名：山姜黄
科属：姜科姜黄属

莪术

- 原产地：印度、马来西亚。
- 繁　殖：根茎、分株。
- 花果期：花期春季。
- 日　照：全日照或半日照。
- 温　度：生长适温18℃~28℃。
- 土　壤：不择土壤。
- 水　分：喜湿润，也耐旱。

形态特征 多年生球根草本花卉，株高30~50厘米。叶倒披针形，全缘，纸质，叶色铜红或铜绿。花穗状，苞片白或淡红。

应用 花叶俱美，适合丛植于庭院、居民区、公园、林缘下；根茎、块根入药，具有行气解郁、破瘀、止痛的功效。

别名：海南山姜
科属：姜科山姜属

学名| *Alpinia hainanensis*

草豆蔻

- **原产地：**我国海南、广东、广西。
- **繁　殖：**播种、分株。
- **花果期：**花期4~6月，果期5~8月。
- **日　照：**全日照或半日照。
- **温　度：**生长适温18℃~26℃。
- **土　壤：**喜疏松、肥沃的沙质壤土。
- **水　分：**喜湿润，也耐旱。

形态特征 多年生草本，株高可达2米。叶片带形，顶端渐尖并有一旋卷的尾状尖头，基部渐狭。总状花序，苞片红棕色，花萼钟状。

应用 株型美观，叶型秀丽，盆栽可用于厅堂或阶前美化；适合庭院、公园、绿地园路两侧、水岸边、林缘下绿化栽培。

索引一 学名按拼音顺序索引

索引二 学名按拉丁文顺序索引

为先書系

湖南教育书店特别策划

徐晔春◎编著

观花观叶植物经典图鉴

NO.8 观果·被子植物

Guanhuaguanyezhiwu Jingdiantujian

吉林出版集团 | 吉林科学技术出版社

图书在版编目（CIP）数据

观花观叶植物经典图鉴 / 徐晔春编著. -- 长春 : 吉林科学技术出版社, 2012.3

ISBN 978-7-5384-5698-1

Ⅰ.①观… Ⅱ.①徐… Ⅲ.园林植物－观赏园艺－图集 Ⅳ. ①S68-64

中国版本图书馆CIP数据核字（2012）第033068号

观花观叶植物经典图鉴——观果·被子植物❽

编　　著　徐晔春
出 版 人　张瑛林
选题策划　张胜利
责任编辑　张胜利
图片摄影　徐晔春
封面设计　长春美印图文设计有限公司
制　　版　长春美印图文设计有限公司
开　　本　720mm×900mm　1/16
字　　数　832千字
印　　张　64
版　　次　2012年5月第1版
印　　次　2012年5月第1次印刷

出　　版　吉林出版集团
　　　　　吉林科学技术出版社
发　　行　吉林科学技术出版社
地　　址　长春市人民大街4646号
邮　　编　130021
发行部电话　0431-86037641
网　　址　www.jybooks.com.cn
印　　刷　长沙鸿发印务实业有限公司

书　　号　ISBN 978-7-5384-5698-1
定　　价　254.40元（全八册）
如有印装问题可致电0731-84314144联系调换
版权所有　翻印必究　　举报电话：0431-85635186

使用说明

ShiyongShuoming

检索功能

JiansuoGongneng

水　分

湿 土壤潮湿，含水量高，用手挤压土壤有水分流出。

喜湿 盆土需要始终处于湿润状态，保持土壤表面湿润。

湿润 土壤含水量较高，可挤压出各种形状，无水分流出。

喜湿润 在生长季节，宜保持土壤湿润，表面1～2厘米干后浇一次透水，浇水掌握间干间湿的原则。

喜干燥 在生长季节（部分植物为春、秋生长，夏、冬休眠，也有春、夏、秋季生长，冬季休眠，也有秋、冬、春三季生长，夏季眠），盆土水分基本干透后浇一次透水，大多数这类植物冬季停止浇水。浇水掌握干透浇透的原则。土壤水分含量低，挤压后不能成形。

生活在水中 土壤水分达到饱和状态，植物叶片浮于水面或挺出水面，植株不能离开水，部分植物整株浮于水面生活。不能离开水。

稍耐旱 土壤上层干燥，底层湿润，上层土壤挤压后不能成形，下层土壤可挤压成形，无水分流出。

耐旱 土壤中上层干燥，底层湿润，中上层土壤挤压后不能成形，下层土壤可挤压成形，无水分流出。

日　照

全日照 在全光照下养护，在室内放在阳光充足的地方，如窗台、阳台等处。

半日照 在春、夏、秋季阳光强烈时，早上晚上接受全光照，中午要遮阴。冬季可接受全光照，当然，我国幅员辽阔，各地需根据具体情况而定。

喜荫 全天不能接受光照，一般这类植物冬季可适当接受阳光。

土　壤

疏松 是指土壤团粒结构要好，疏松通气，有利根系生长发育，如泥炭土、腐叶土就是这个类型。

肥沃 是指土壤富含有机质，这类植物对养分需求较高，要注意补充肥料。

排水良好 是指土壤不能积水，否则对根系生长抑制，影响植株正常生长发育。如一些肉质根类、多肉植物等，基本是需要排水良好的土壤的。

不择土壤 这类植物习性强健，对土壤没有特殊要求，在大多数土壤中均能生长良好。如栽培于田园土、菜园土、腐叶土中，均可良好生长。

繁　殖

播种繁殖 播种繁殖也就是实生苗繁殖，将种子播于苗浅、穴盘等容器或直播于苗床、田地中，从而得到大量苗株的方法。

扦插繁殖 扦插是花卉繁殖的重要手段之一，是用植物的营养器官如根、茎、叶插入基质中，使之生根，抽枝长成完整的植株。

嫁接繁殖 嫁接繁殖是园林植物繁育技术的一种主要方法。是用繁殖体（茎、芽、球体）把两种不同植物结合在一起，使之愈合，形成一个独立的新个体，供嫁接用的繁殖体叫“接穗”，而接受接穗的植株叫“砧木”。

压条繁殖 多用于一些茎节和节间容易发根的木本花卉和一些扦插不容易发根的木本花卉。压条是将未脱离母株的枝条，在适当的部位将枝条环剥、刻伤，并可结合生根促进剂涂抹处理，然后将该部位埋入土中。由于受伤部位易积累上部合成的营养物质和激素，从而易形成根系。然后将它们剪离母体后移苗另栽，从而形成新的苗株。

分生繁殖 分生繁殖是植物营养繁殖方法之一，指人为将植物体上长出来的幼植株体，如萌蘖与母株分离另行栽植而成为独立新植物的繁殖方法。可分为分株法及分球法。前者多用于丛生性强的花灌木和萌蘖力强的多年生草花，后者则用于球根类花卉。

果　实

聚合果 聚合果是由花内的若干离生心皮形成的一个整体。如：海南木莲、腊梅的果实。

聚花果 由一整花序形成的一个整体，每一朵小花形成独立的小果，聚集在花序轴上。 如桑葚、无花果的果实。

单　果

由一花中的一个子房或一个心皮形成的单个果实。又分为干果及浆果，主要有以下几类：

1. 蓇葖果：离生心皮的单个心皮形成的，成熟时或沿背缝线或沿腹缝线一侧开裂。 如：云南含笑、欧楼斗菜的果实。

2. 荚果：单心皮的上位子房形成的，成熟时沿背腹两缝开裂，开裂后的果瓣片叫裂瓣。节荚基本上是荚果，仅在其种子间收缩变狭，成熟时在收缩处断裂成具有一颗种子的断片。 如合欢、蔓花生的果实。

3. 蒴果：由两个以上合生心皮的上位或下位子房形成。如箭叶秋葵、樟叶槿的果实。

4. 角果：由二心皮的复雌蕊发育而成，子房常因假隔膜分成两室，果实成熟后多沿两条腹缝线自下而上地开裂。如沙漠玫瑰、桂竹香的果实。

5. 瘦果：由离生心皮或合生心皮的上位或下位子房形成，其果皮紧包种子，不易分离。如珊瑚藤、棣棠的果实。

6. 胞果：由合生心皮的上位子房形成，其果皮薄而膨胀，疏松地包围种子而与种子极易分离。如地肤、垂鞭绣绒球的果实。

7. 翅果：瘦果状而有翅的干果，由合生心皮的上位子房形成。如星果藤的果实。

8. 坚果：由合生心皮的下位子房形成。如迷迭香、活血丹的果实。

9. 双悬果：由二心皮的子房发育成的果实，成熟后心皮分离成两瓣，并列悬于中央果柄的上端，不开裂。如胡萝卜的果实。

10. 浆果：果皮肉质多浆，外果皮易分离，内中果皮肉质化，内部一至数粒种子。如铃兰、宝莲花的果实。

11. 核果：单心皮或合生心皮组成，种子常一粒，外果皮较薄，肉质或革质，中果皮肉质肥厚，内果皮木质化，包于种子外，构成果核。如梅花、杏的果实。

12. 柑果：复雌蕊形成，外果皮革质，中果皮较疏松，分布有维管束，中轴胎座，每室种子多数。如金橘、四季橘的果实。

13. 瓠果：下位子房发育成的假果花托与外果皮结合成坚硬果壁，中果皮内果皮肉质胎座发达。如南瓜的果实。

14. 梨果：花筒与子房愈合一起发育成假果、果壁、外果皮，中果皮均肉质化，内果皮纸质或革质化。如梨、苹果的果实。

目　　录

目　录

紫金牛科

桃金娘科

金莲木科

木樨科

酢浆草科

棕榈科

露兜树科

鼠李科

西番莲科

商陆科

石榴科

蔷薇科

茜草科

芸香科

无患子科

山榄科

茄科

山茶科

梧桐科

马鞭草科

葡萄科

学名| *Mangifera indica*

芒果

别名：杧果、望果、蜜望子
科属：漆树科杧果属

- 原产地：我国云南、广西、广东、福建、台湾等地；东南亚等地也有。
- 繁　殖：播种、嫁接。
- 花果期：花期冬春，果期夏季。
- 日　照：全日照。
- 温　度：生长适温22℃~32℃。
- 土　壤：喜疏松、肥沃、排水良好的微酸性土壤。
- 水　分：喜湿润，也耐旱。

形态特征 常绿乔木。叶纸质或薄革质，披针形或长圆状披针形，先端渐尖，基部楔形，全缘。圆锥花序顶生，花白色。核果斜长卵形，顶端伸长成向下弯曲的喙，成熟时为黄色。

应用 大型盆栽可用于厅堂摆放观赏；园林中常用于园路边、建筑物旁栽培，也可作行道树；芒果为世界著名水果，成熟后可直接食用，也可制作罐头或果酱等。

别名：猕猴桃、杨桃
科属：猕猴桃科猕猴桃属

学名/ *Actinidia chinensis*

中华猕猴桃

- 原产地：我国陕西、湖南、湖北、广东、广西、安徽、浙江、江西、江苏、河南。
- 繁　殖：播种、扦插及嫁接。
- 花果期：花期4~5月，果期8~9月。
- 日　照：全日照。
- 温　度：生长适温18℃~25℃。
- 土　壤：喜肥沃、排水良好的壤土。
- 水　分：喜湿润。

形态特征 大型落叶攀缘灌木，长可达10米。叶纸质，倒阔卵形至倒卵形或阔卵形至近圆形。聚伞花序，花初开时白色，开放后变淡黄色，具香气。果黄褐色，近球形、圆柱形、倒卵形或椭圆形。

应用 果大美观，为我国常见栽培的水果，可用于公园、庭院等棚架、墙垣栽培观赏，也适合与其他藤本植物配植；果可食或制作饮料；叶、根及根皮入药。

学名| *Desmos chinensis*

别名：狗牙花、酒饼叶
科属：番荔枝科假鹰爪属

假鹰爪

花序特征
花单生，黄白色

- 原产地：我国广东、海南、广西、云南、贵州；越南、马来西亚、印度也有。
- 繁　殖：播种。
- 花果期：花期4~8月，果期6月至翌年春季。
- 日　照：全日照。
- 温　度：生长适温18℃~28℃。
- 土　壤：不择土壤。
- 水　分：喜湿润，也耐旱。

形态特征 直立或攀缘灌木。叶长圆形至椭圆形，基部圆形至稍偏斜，全缘，背面粉绿色，薄纸质或膜质。花单生，与叶对生或互生，黄白色，有芳香。果有柄，念珠状。

应用 盆栽可用于客厅、天台等处装饰；适合孤植或丛植于庭院的路边及池畔观赏；根、叶供药用；花可提取芳香油；茎皮纤维可代麻制绳索；海南民间常用其叶制酒饼，故有酒饼叶之名。

别名：红毛榴莲
科属：番荔枝科番荔枝属

学名| *Annona muricata*

刺果番荔枝

- 原产地：热带美洲。
- 繁　殖：播种。
- 花果期：花期4~7月，果期7月至翌年3月。
- 日　照：全日照。
- 温　度：生长适温22℃~32℃。
- 土　壤：喜疏松、肥沃的微酸性土壤。
- 水　分：喜湿润。

形态特征　常绿乔木，株高可达8米。叶纸质，倒卵状长圆形至椭圆形，顶端急尖或钝，基部宽楔形或圆形，具光泽。花蕾卵圆形，花淡黄色。果卵圆形，深绿色。

应用　果实外形奇特，具有较高的观赏性，常用于庭院、公园等绿化，孤植、列植效果均佳；果实成熟后酸甜，可食用；木材坚硬，可用于造船。

别名：佛头果、香梨、释迦果
科属：番荔枝科番荔枝属

学名| *Annona squamosa*

番荔枝

- 原产地：热带美洲。
- 繁　殖：播种、嫁接。
- 花果期：花期5~6月，8~10月成熟。
- 日　照：全日照。
- 温　度：生长适温22℃~32℃。
- 土　壤：喜疏松、肥沃的壤土。
- 水　分：喜湿润。

形态特征　落叶小乔木，高3~5米。单叶互生，椭圆状披针形或长圆形，薄纸质，先端尖或钝，基部圆或阔楔形。花黄绿色，聚生枝顶或与叶对生。聚合浆果肉质近球形，熟时黄绿色。

应用　热带地区著名水果，除作水果栽培外，适合热带地区的公园、庭院绿化观赏；树皮可用于造纸，根可药用。

学名| *Artabotrys hexapetalus*

鹰爪花

别名：鹰爪兰、鹰爪、五爪花
科属：番荔枝科鹰爪花属

- **原产地**：我国广东、广西、福建、江西、云南等、浙江及台湾；印度、泰国、越南等国也有。
- **繁　殖**：花期4~8月，果期5~12月。
- **花果期**：花期6~11月。
- **日　照**：全日照。
- **温　度**：生长适温20℃~30℃。
- **土　壤**：不择土壤。
- **水　分**：喜湿润。

形态特征 攀缘灌木。叶纸质，互生，全缘，平滑，长圆形或阔披针形。花淡绿色或淡黄色，着生于钩状总梗上，花瓣长圆状披针形，花具芳香。果卵圆形。

应用 花芳香，果繁密。盆栽适合阳台、客厅或天台等阳光充足的地方养护；适合庭院、公园、绿地等棚架、花架栽培观赏；根入药；花含芳香油，可提制鹰爪花浸膏，用于高级香水及化妆品的香精原料；花可用于薰茶。

学名| *Uvaria grandiflora*

大花紫玉盘

别名：山椒子
科属：番荔枝科紫玉盘属

- **原产地**：我国广东及海南；印度、缅甸、泰国、越南、马来西亚、菲律宾及印度尼西亚也有。
- **繁　殖**：播种。
- **花果期**：花期3~11月，果期5~12月。
- **日　照**：全日照。
- **温　度**：生长适温20℃~28℃。
- **土　壤**：不择土壤。
- **水　分**：喜湿润。

形态特征 攀缘灌木，长达3米。叶纸质或近革质，长圆状倒卵形，顶端急尖或短渐尖，有时有尾尖，基部浅心形。花单朵，紫红色或深红色，花大。果长圆柱形，种子卵圆形。

应用 果奇特艳丽，花大色美，适合公园、庭院、风景区及小区等路边、山石边、墙垣边栽培观赏。

别名：鱼胆木、山马蹄、萝芙藤、鸡眼子
科属：夹竹桃科萝芙木属

学名| *Rauvolfia verticillata*

萝芙木

- 原产地：我国广西、广东、台湾、云南、贵州等地；越南也有。
- 繁　殖：种子、扦插。
- 花果期：花期2~10月，果期4月至翌年春天。
- 日　照：全日照。
- 温　度：生长适温18℃~28℃。
- 土　壤：不择土壤。
- 水　分：喜湿润。

形态特征 直立常绿灌木，株高1~3米。叶轮生，少对生，长椭圆状披针形，先端长尖，基部楔形，全缘或略带波状。聚伞花序腋生或顶生，花冠白色。核果卵圆形至椭圆形，由绿变为暗红，最后紫黑色。

应用 适合林下、绿地或路边等片植或群植，也可配置于亭廊或阶前等处观赏；根、叶药用，可用于高血压、蛇咬伤、跌打损伤等症的治疗。

别名：红玫瑰木
科属：夹竹桃科玫瑰树属

学名| *Ochrosia coccinea*

玫瑰木

- 原产地：亚洲热带。
- 繁　殖：播种、扦插。
- 花果期：花期4~6月，果期夏季。
- 日　照：全日照。
- 温　度：生长适温20℃~28℃。
- 土　壤：喜疏松、排水良好的沙质土壤。
- 水　分：喜湿润。

形态特征 常绿灌木，株高3米左右。叶近革质，光滑，绿色，通常为4叶轮生，先端渐尖，基部楔形。聚伞花序顶生，花白色。核果，似桃，成熟时呈玫瑰红色。

应用 盆栽可用于阳台、客厅及书房等处摆放，也是庭院绿化的优良材料。

学名| *Ilex wilsonii*

尾叶冬青

别名：江南冬青、威氏冬青
科属：冬青科冬青属

- 原产地：我国安徽、浙江、福建、台湾、湖北、湖南、广东、广西、四川、贵州、云南。
- 繁　殖：播种。
- 花果期：花期5~6月，果期8~10月。
- 日　照：全日照。
- 温　度：生长适温16℃~28℃。
- 土　壤：不择土壤。
- 水　分：喜湿润，耐旱。

形态特征　常绿灌木或乔木，株高2~10米。叶生于1~3年生枝上，叶片厚革质，卵形或倒卵状长圆形，先端骤然尾状渐尖，基部钝，稀圆形，全缘。花簇生，白色。果球形，成熟时红色。

应用　盆栽适合装饰阳台、天台、客厅等处；适合庭院、公园、绿地等栽培观赏，也可作绿篱。

别名：白沉香、龙胆仔
科属：冬青科冬青属

学名| *Ilex rotunda*

铁冬青

- **原产地**：我国长江流域以南和台湾；朝鲜，日本也有。
- **繁　殖**：播种、扦插。
- **花果期**：花期4~6月，果期9~10月。
- **日　照**：全日照。
- **温　度**：生长适温18℃~30℃。
- **土　壤**：不择土壤。
- **水　分**：喜湿润。

形态特征 常绿乔木。株高5~15米。叶革质或纸质，椭圆形、卵形或倒卵形，全缘，上面有光泽。聚伞花序腋生，雌雄异株，花单性，白色。果球形，熟时红色。

应用 果实成熟后转为红色，极为繁密，果实累累，观赏价值极高，适合公园、绿地等列植或孤植欣赏；可用作切枝材料，用于点缀插花作品；树皮、根、叶、果可入药。

别名：岗梅、假冬青、秤星树
科属：冬青科冬青属

学名| *Ilex asprella*

梅叶冬青

- **原产地**：我国浙江、江西、福建、台湾、湖南、广东、广西、香港；菲律宾也有。
- **繁　殖**：播种。
- **花果期**：花期3月，果期4~10月。
- **日　照**：全日照。
- **温　度**：生长适温18℃~28℃。
- **土　壤**：不择土壤。
- **水　分**：喜湿润。

形态特征 落叶灌木，株高可达3米。叶膜质，在长枝上互生，在缩短枝上蔟生枝顶，卵形或卵状椭圆形，先端尾状渐尖，基部钝至近圆形，边缘具锯齿。雄花白色。果球形，熟时黑色。

应用 果小，黑色，可供观赏，可用于园路两边、林缘处栽培观赏；根、叶入药，具有清热解毒、生津止渴、消肿散瘀的功效；根加水在绣钱上磨汁内服，能解砒霜及毒菌中毒。

学名| *Ilex cornuta*

枸骨

别名：枸骨冬青、老虎刺
科属：冬青科冬青属

- 原产地：我国长江流域及以南各地。
- 繁　殖：播种、扦插。
- 花果期：花期4~5月，果熟期9~10月。
- 日　照：全日照。
- 温　度：生长适温15℃~26℃。
- 土　壤：喜排水良好、肥沃的微酸性土壤。
- 水　分：喜湿润。

形态特征 常绿灌木或小乔木，高约3~4米。叶长椭圆状四方形，革质，有时全缘，基部圆形。花单性，雌雄异株，花小，簇生于叶腋，黄绿色。果实圆球形，成熟时鲜红色。

应用 果实入秋转红，硕果累累，极为艳丽，经冬不凋，为优良的观叶、观果植物。盆栽可用于室内、阳台或阶前装饰；适合庭院、公园、绿地孤植或丛植栽培观赏。

学名| *Ilex cornuta var. fortunei*

无刺枸骨

科属：冬青科冬青属

- 原产地：栽培变种。
- 繁　殖：播种、扦插。
- 花果期：花期4~5月，果熟期9~10月。
- 日　照：全日照。
- 温　度：生长适温15℃~26℃。
- 土　壤：喜排水良好、肥沃的微酸性土壤。
- 水　分：喜湿润。

形态特征 常绿灌木或小乔木，高约3~4米。叶长椭圆状，革质，先端尖，基部楔形，全缘。花单性，雌雄异株，花小，黄绿色。果实圆球形，成熟时鲜红色。

应用 果实红艳，持果时间长，为优良的观叶、观果植物。盆栽可用于室内、阳台或阶前装饰；适合庭院、公园、绿地孤植或丛植栽培观赏。

别名：土黄柏、土黄连
科属：小檗科十大功劳属

学名| *Mahonia bealei*

阔叶十大功劳

- 原产地：我国浙江、安徽、江西、福建、湖南、湖北、陕西、河南、广东、广西、四川。
- 繁　殖：扦插、播种。
- 花果期：花期9月至翌年1月，果期3~5月。
- 日　照：全日照。
- 温　度：生长适温18℃~28℃。
- 土　壤：不择土壤。
- 水　分：喜湿润。

形态特征　常绿灌木或小乔木，高可达4米。叶狭倒卵形至长圆形，具对生小叶，厚革质，小叶顶端渐尖，基部阔楔形或近圆形，边缘反卷，正面蓝绿色，背面黄绿色。总状花序直立，花褐黄色。浆果卵形，暗蓝色，被白粉。

应用　株型美观，叶型奇特，果实蓝艳可爱。盆栽适合阳台、天台或阶旁美化；园林中常用于路边、假山石边栽培观赏；全株供药用，有清热解毒、清肿的功效。

别名：天竺、兰竹
科属：小檗科南天竹属

学名| *Nandina domestica*

南天竹

- 原产地：中国、日本。
- 繁　殖：播种、扦插或分株。
- 花果期：花期6~7月，果期10~12月。
- 日　照：半日照。
- 温　度：生长适温15℃~25℃。
- 土　壤：喜排水良好、肥沃的微酸性土壤。
- 水　分：喜湿润。

形态特征　常绿灌木，高3米左右。叶互生，为2~3回奇数羽状复叶，小叶椭圆披针形，全缘，革质，秋、冬季常变紫红色。圆锥花序顶生，花白色。浆果球形，成熟时淡红色。

应用　为优良的观叶、观果植物。盆栽可用于天台、阳台或客厅等处栽培观赏；园林中多丛植于山石旁、水岸边或庭前。

学名 *Panax ginseng*

 人参

别名：棒槌
科属：五加科人参属

- 原产地：我国辽宁、吉林、黑龙江等省；俄罗斯及朝鲜也有。
- 繁　殖：播种。
- 花果期：花期6~7月，果期7~9月。
- 日　照：半日照。
- 温　度：生长适温15℃~24℃。
- 土　壤：喜疏松、富含腐殖质的壤土。
- 水　分：喜湿润。

形态特征 多年生草本，根状茎短，直立或斜上。主根肥大，纺锤形或圆柱形。地上茎单生。叶为掌状复叶，3~6枚轮生茎顶，叶先端渐尖，基部阔楔形。伞形花序单个顶生，花淡黄绿色。果实扁球形，鲜红色。

应用 为我国著名的药用植物，果实成熟后红色，可盆栽装饰阳台、窗台或书房等；人参的肉质根为著名的强壮滋补药，具有调血压、祛痰、健胃、利尿、兴奋等功效。

别名：风船唐棉、唐棉
科属：萝藦科钉头果属

学名/ *Gomphocarpus physocarpus*

气球花

果实特征
果卵圆形，外果皮具软刺

- **原产地：** 非洲热带地区。
- **繁　殖：** 播种、扦插。
- **花果期：** 花期6~10月，果熟期10~12月。
- **日　照：** 全日照。
- **温　度：** 生长适温22℃~28℃。
- **土　壤：** 不择土壤，喜疏松、肥沃的微酸性壤土。
- **水　分：** 喜湿润。

形态特征 常绿灌木，株高1~2米。叶对生，线形，嫩绿色。聚伞花序，花顶生或腋生，五星状，白色或淡黄色，有香气。果，卵圆形，外果皮具软刺。

应用 盆栽可用于厅堂及阶前点缀，也适合庭院及公园等草地边缘、路边、假山石旁栽培观赏；果枝为常见的切花配材。

学名 *Kigelia aethiopica*

吊瓜树

科属：紫葳科吊灯树属

果实特征
果圆柱形
下垂

- 原产地：美洲热带、马达加斯加。
- 繁　殖：播种、扦插。
- 花果期：花期7~11月，果期翌年5月。
- 日　照：全日照。
- 温　度：生长适温22℃~30℃。
- 土　壤：不择土壤，以土层深厚、排水良好的壤土为佳。
- 水　分：喜湿润。

形态特征 乔木，高达10米。奇数羽状复叶，小叶长圆形或倒卵形，顶端急尖，基部楔形，全缘，近革质。圆锥花序，顶生，花冠深紫红色。果圆柱形，下垂。

应用 果奇特，似吊瓜悬垂于枝间，花美观，花果观赏性俱佳，可用于公园、绿地等孤植、列植可作行道树观赏。

别名：瓢瓜木、葫芦树
科属：紫葳科葫芦树属

学名| *Crescentia cujete*

炮弹树

- 原产地：热带美洲。
- 繁　殖：播种、扦插或高压。
- 花果期：全年。
- 日　照：全日照。
- 温　度：生长适温22℃~32℃。
- 土　壤：喜疏松、排水良好的壤土。
- 水　分：喜湿润。

形态特征 常绿乔木，株高5~18米。叶丛生，大小不等，阔倒披针形。花大，生于老茎之上，花冠钟状，微弯，淡黄绿色，具紫色脉纹。果卵圆球形，坚硬。

应用 果大如炮弹，相当奇特，是科普教育的良好素材。可用于校园、公园、庭院绿化及科普教育。

别名：蜡烛树、十字架树
科属：紫葳科葫芦树属

学名| *Parmentiera alata*

叉叶木

- 原产地：南美热带地区。
- 繁　殖：播种、扦插、压条。
- 花果期：花期春至秋，果期秋冬。
- 日　照：全日照。
- 温　度：生长适温20℃~28℃。
- 土　壤：喜疏松、肥沃的壤土。
- 水　分：喜湿润。

形态特征 常绿小乔木，株高3~6米.叶簇生于小枝上，小叶3枚，三叉状，长披针形至倒匙形。花着生于主枝或老干上，花冠钟状，具有紫褐色斑纹。

应用 花、叶、果均有较强的观赏价值，老茎生花结果，极为奇特，适合公园、小区、庭院及风景区等栽培欣赏；果壳入药。

学名| *Dolichandrone cauda-felina*

猫尾木

花序特征
花大，花冠漏斗型，黄色

别名：猫尾
科属：紫葳科猫尾木属

- 原产地：我国广东、海南、广西及云南；泰国及越南也有。
- 繁　殖：播种。
- 花果期：花期10~11月，果期4~6月。
- 日　照：全日照。
- 温　度：生长适温18℃~28℃。
- 土　壤：喜土层深厚、排水良好的沙质壤土为佳。
- 水　分：喜湿润。

形态特征 常绿乔木，株高10米以上。叶近对生，奇数羽状复叶，小叶长椭圆形或卵形，顶端长渐尖，基部阔楔形至近圆形，全缘纸质。花大，花冠漏斗型，黄色。蒴果，状似猫尾。

应用 果形奇特，状似猫尾，故名，花果均有较高的观赏价值，适合公园、绿地、风景区等孤植或列植，也可做行道树；木材可作家具。

学名| *Pratia nummularia*

铜锤玉带草

叶片特征
叶成2列，卵圆形或近圆形、肾状圆形

别名：小铜锤、扣子草
科属：桔梗科铜锤玉带属

- 原产地：我国长江以南各省及西藏、台湾等地；印度，马来西亚，越南，老挝，泰国，缅甸及澳大利亚，南美洲亦有。
- 繁　殖：播种、扦插。
- 花果期：花果期全年。
- 日　照：全日照。
- 温　度：生长适温18℃~28℃。
- 土　壤：不择土壤。
- 水　分：喜湿润，也耐旱。

形态特征 匍匐草本，节上生根。叶成2列，卵圆形或近圆形、肾状圆形，有时偏斜，基部近圆形至心形，边缘具锐尖三角形齿。花冠淡紫色或玫瑰红色，或带绿色，或黄白色，喉部黄色及在下唇3裂片基部有紫斑。浆果椭圆形，紫色至深紫蓝色。

应用 果实小巧可爱，观赏性极佳，可盆栽置于窗台、阳台或案几上欣赏；成熟果实可直接食用；全草入药，用于治疗风湿、跌打损伤等症。

别名：胭脂树
科属：红木科红木属

学名| *Bixa orellana*

红木

- 原产地：热带美洲。
- 繁　殖：播种、高压。
- 花果期：花期夏、秋，果期秋、冬。
- 日　照：全日照。
- 温　度：生长适温22℃~30℃。
- 土　壤：不择土壤，以肥沃、排水良好的壤土为佳。
- 水　分：喜湿润。

形态特征 常绿灌木或小乔木，株高3~7米。单叶互生，心状卵形或三角状卵形，先端渐尖，基部浑圆或近截形，全缘。圆锥花序顶生，花两性，花粉红色，外面密生褐黄色鳞片。蒴果卵形或近球形。

应用 果实红艳，持果时间长，适合庭院、公园、办公场所等丛植、孤植或列植于路边、池畔观赏；种子外皮可做染料，供染果点及纺织物；树皮可做绳索；种子入药。

学名| *Pachira macrocarpa*

瓜栗

别名：发财树、马拉巴栗
科属：木棉科瓜栗属

- 原产地：墨西哥至哥斯达黎加。
- 繁　殖：播种、扦插。
- 花果期：花期5~11月。
- 日　照：全日照或半日照。
- 温　度：生长适温20℃~30℃。
- 土　壤：喜肥沃疏松、排水良好的微酸性沙壤土。
- 水　分：喜湿润。

形态特征 乔木，株高4~5米。小叶5~11枚，长圆形至倒卵状长圆形，渐尖，基部楔形，全缘。花单生枝顶叶腋，花瓣淡黄绿色，狭披针形至线形，雄蕊管分裂为多数雄蕊束，每束再分裂为7~10枚细长的花丝。蒴果近梨形。

应用 株型美观，花、叶、果均可观赏，盆栽可用于客厅、办公室等摆放观赏，园林中常用作行道树或孤植于草地或路边；果皮未熟时可食，种子可炒食，也可榨油。

学名| *Durio zibethinus*

榴莲

科属：木棉科榴莲属

- 原产地：印度尼西亚。
- 繁　殖：播种、高压或嫁接。
- 花果期：花果期6~12月。
- 日　照：全日照。
- 温　度：生长适温22℃~32℃。
- 土　壤：喜疏松、肥沃、排水良好的壤土。
- 水　分：喜湿润。

形态特征 常绿乔木，株高可达25米。叶片长圆形，有时倒卵状长圆形，短渐尖或急渐尖，基部圆形或钝。聚伞花序细长下垂，每序有花3~30朵，花瓣黄白色。蒴果椭圆形，淡黄色或黄色。

应用 果实硕大，可供观赏，适合热带地区公园、绿地等栽培观赏；果没有成熟时可作蔬菜食用，果熟后可直接食用，种子也可炒食。

别名：巧克力光亮凤梨
科属：凤梨科凤梨属

学名 *Ananas lucidus* 'Chocolat'

巧克力光亮菠萝

- 原产地：栽培种。
- 繁　殖：分蘖。
- 花果期：全年。
- 日　照：全日照。
- 温　度：生长适温20℃~30℃。
- 土　壤：喜疏松、肥沃、排水良好的壤土。
- 水　分：喜湿润。

形态特征 多年生常绿草本，株高约60厘米，茎短粗，基部有吸芽抽出。叶多数，剑形，全缘，叶片较窄，灰色。穗状花序自叶丛中抽生。聚花果球果状。

应用 为优良的观叶观果花卉。盆栽适合窗台、阳台或客厅观赏，也可用于庭院栽培；园林中可用于花坛、路边栽植。

别名：凤梨、黄梨
科属：凤梨科凤梨属

学名 *Ananas comosus*

菠萝

- 原产地：美洲热带。
- 繁　殖：分蘖。
- 花果期：花期夏至冬季，果熟期春至秋。
- 日　照：全日照。
- 温　度：生长适温18℃~30℃。
- 土　壤：喜疏松、排水良好、富含有机质的沙质壤土或山地红壤。
- 水　分：喜湿润。

形态特征 株高约1米，茎短粗，呈褐色，基部有吸芽抽出。叶多数，旋叠状簇生，剑形，肉质，边缘有锯齿。穗状花序自叶丛中抽生。花稠密，紫红色，苞片三角状卵形至长椭圆状卵形，淡红色。聚花果球果状，果肉黄色多汁。

应用 为著名的热带水果，可鲜食，也适合盆栽观赏或布置庭院；叶的韧性佳，可用于制做绳索、造纸等。

学名| *Hylocereus undatus cv.*

火龙果

别名：红龙果、仙人果
科属：仙人掌科量天尺属

- 原产地：中、南美洲的哥斯达黎加。
- 繁　殖：扦插、嫁接、播种。
- 花果期：花果期6~12月。
- 日　照：全日照。
- 温　度：生长适温18℃~28℃。
- 土　壤：喜疏松、肥沃、排水良好的壤土。
- 水　分：喜湿润，也耐旱。

形态特征　攀缘肉质灌木，具气根。植株三角柱状，具棱3。棱常翅状，边缘波状或圆齿状，深绿色至淡蓝绿色。花漏斗状，花大，夜间开放。浆果红色，长球形，果肉白色、红色，种子倒卵形，黑色。

应用　果大，观赏性佳。盆栽可用于阳台、天台观赏，也可植于庭院的墙垣边或棚架欣赏；果可食用，多做水果规模化栽培。

学名| *Epiphyllum oxypetalum*

昙花

科属：仙人掌科昙花属

- 原产地：美洲的热带和亚热带地区。
- 繁　殖：扦插。
- 花果期：花期夏季，可多次开花，果期秋冬季。
- 日　照：全日照或半日照。
- 温　度：生长适温22℃~30℃。
- 土　壤：喜疏松、排水良好的沙质土壤。
- 水　分：喜湿润、较耐旱。

形态特征　附生性肉质灌木。老茎圆柱形，木质。分枝多，叶状，披针形至长圆状披针形，先端长渐尖至急尖，或圆形，边缘波状或具深圆齿，刺座生于圆齿缺刻处。花单生于枝侧的小窠内，漏斗状，白色，具芳香。浆果红色。

应用　果实红艳，花大美丽，我国栽培广泛，多盆栽于阳台、天台或室内观赏，也可用于多浆植物专类园；花可食，可用于煲汤。

别名：鸡树条荚蒾
科属：忍冬科荚蒾属

学名 *Viburnum sargentii*

天目琼花

果实特征
核果近球形，鲜红色

- 原产地：我国东北、华北、长江流域等地区。
- 繁　殖：扦插，压条、嫁接。
- 花果期：花期5~6月，果期8~9月。
- 日　照：全日照。
- 温　度：生长适温15℃~25℃。
- 土　壤：喜深厚肥沃、富含腐殖质、排水良好的壤土。
- 水　分：喜湿润，也耐旱。

形态特征 落叶灌木，高约3米。单叶对生，叶宽卵形至卵圆形，通常3裂，边缘具不规则的齿。聚伞花序，边缘有大型不孕花，中间为两性花，花冠乳白色。核果近球形，鲜红色。

应用 株型美观，花白似雪，果实红艳，为优良的观花观果植物。适合建筑物旁、草坪边缘配植，也是庭院绿化的良材。

学名| *Lonicera caerulea var edulis*

蓝靓果

别名：蓝靓果
科属：忍冬科忍冬属

- 原产地：我国东北、内蒙古、河北、山西、宁夏、甘肃、青海、四川及云南；朝鲜、日本及俄罗斯也有。
- 繁　殖：播种。
- 花果期：花期5~6月，果熟期8~9月。
- 日　照：全日照。
- 温　度：生长适温15℃~24℃。
- 土　壤：喜疏松、排水良好的土壤。
- 水　分：喜湿润。

形态特征 落叶灌木。叶矩圆形、卵状矩圆形或卵状椭圆形、稀卵形，顶端尖或稍钝，基部圆形。花冠黄白色。果蓝黑色，稍被白粉。

应用 果实蓝艳可爱，观赏性佳，适合公园、绿地等路边、山石边栽培观赏；果实味酸，可食用。

学名| *Sambucus chinensis*

接骨草

别名：笔头草、陆英
科属：忍冬科接骨木属

- 原产地：我国陕西、甘肃、江苏、安徽、浙江、江西、福建、台湾、河南、湖北、湖南、广东、广西、四川、贵州、云南、西藏。
- 繁　殖：播种。
- 花果期：花期4~5月，果熟期8~9月。
- 日　照：全日照。
- 温　度：生长适温16℃~28℃。
- 土　壤：不择土壤。
- 水　分：喜湿润，耐旱。

形态特征 高大草本或半灌木，株高1~2米。羽状复叶，小叶2~3对，互生或对生，狭卵形，嫩时上面有疏柔毛，先端长渐尖，基部钝圆，两侧不等，边缘具细齿。复伞形花序顶生，花白色。果实红色，近圆形。

应用 果实艳丽，可植于林缘、假山石边或墙垣边观赏；全草入药，具有祛风湿、通经活血、解毒消炎的功效。

别名：续骨草、九节风
科属：忍冬科接骨木属

学名| *Sambucus williamsii*

接骨木

- 原产地：我国东北、华北各省；朝鲜、日本也有。
- 繁　殖：播种、扦插、分株。
- 花果期：花期4~6月，果期6~9月。
- 日　照：全日照。
- 温　度：生长适温15℃~24℃。
- 土　壤：不择土壤。
- 水　分：喜湿润，也耐旱。

形态特征 落叶灌木至小乔木，株高4~8米。奇数羽状复叶对生，小叶椭圆状披针形，先端尖至渐尖，基部阔楔形，常不对称，缘具锯齿。圆锥状聚伞花序顶生，白色至淡黄色。浆果球形，黑紫色或红色。

应用 果实艳丽，盆栽可用于阳台、天台或庭院绿化；园林中常用于水边、墙垣边、林缘和草坪边缘栽植。

别名：绵毛荚蒾
科属：忍冬科荚蒾属

学名| *Viburnum lantana*

黑果荚蒾

- 原产地：欧洲及亚洲西部。
- 繁　殖：扦插、压条、分株。
- 花果期：花期5~6月，果期8~9月。
- 日　照：全日照。
- 温　度：生长适温15℃~24℃。
- 土　壤：喜疏松肥沃、排水良好土壤。
- 水　分：喜湿润。

形态特征 落叶灌木，高达4~5米。单叶对生，叶卵形至椭圆形，先端尖或钝，基部圆形或心形，缘有小齿。聚伞花序再集成伞形复伞花序，花白色。核果椭球性，由红变黑色。

应用 花序美丽，果实艳丽，为优良的观花、观果植物，适合公园、绿地配植于亭际堂前、假山岩石及草坪边缘。

学名| *Viburnum odoratissimum*

珊瑚树

别名：法国冬青
科属：忍冬科荚蒾属

原产地：我国南部；印度、菲律宾、缅甸、越南也有。
繁　殖：扦插、播种。
花果期：花期5~6月，果期9~10月。
日　照：全日照。
温　度：生长适温18℃~28℃。
土　壤：不择土壤，以肥沃、排水良好的沙壤土为佳。
水　分：喜湿润，较耐旱。

形态特征 常绿小乔木或灌木，株高可达8米。单叶，倒卵状椭圆形，边缘波状或具粗钝齿，近基部全缘，叶表面暗绿色，叶背淡绿色。聚伞花序，小花筒状，花白色，具芳香。核果倒卵形，暗红色。

应用 花芳香，果红艳美丽，是优良的观花观果花木，适合路边、墙边等栽培观赏，也可整修成绿篱、花墙欣赏。

学名| *Viburnum rhytidophyllum*

枇杷叶荚蒾

别名：皱叶荚蒾、山枇杷
科属：忍冬科荚蒾属

原产地：我国陕西，湖北、四川、贵州。
繁　殖：播种、扦插，压条、分株。
花果期：花期5~6月；果期9~10月。
日　照：全日照。
温　度：生长适温18℃~26℃。
土　壤：喜深厚肥沃、排水良好的沙质土壤。
水　分：喜湿润，忌水涝。

形态特征 常绿灌木，高达4米。单叶对生，叶厚革质，卵状长圆形，顶端尖或略钝，基部圆形或近心形，全缘或有小齿。复伞花序，花冠白色。核果卵形，先红后黑。

应用 树姿优美，花色洁白，果红艳可爱，是优良的观花观果植物。适宜公园、庭院及绿地假山岩石边、路边、林缘等处栽培观赏。

别名：木瓜、万寿果、乳瓜
科属：番木瓜科番木瓜属

学名/ *Carica papaya*

番木瓜

- 原产地：热带美洲。
- 繁　殖：播种。
- 花果期：花果期全年。
- 日　照：全日照。
- 温　度：生长适温22℃~30℃。
- 土　壤：不择土壤。
- 水　分：喜湿润，也耐旱。

形态特征 小乔木或灌木，高8~10米。叶大，聚生于茎顶端，近盾形，通常5~9深裂，每裂片再为羽状分裂。花单性或两性，花冠乳黄色。浆果大，肉质，成熟时呈橙黄色或黄色。

应用 多作水果栽培，也常用于公园、绿地栽培观赏；未成熟的果实可作蔬菜或腌制，成熟的果实可直接食用；果、叶、梗可入药。

学名| *Bothrocaryum controversum*

灯台树

别名：瑞木、六角树
科属：山茱萸科灯台树属

- 原产地：我国山东、辽宁、河北、陕西、甘肃、安徽、河南及长江以南各省区；朝鲜、日本也有。
- 繁　殖：播种。
- 花果期：花期5~6月，果期9~10月。
- 日　照：全半日照。
- 温　度：生长适温16℃~28℃。
- 土　壤：喜肥沃疏松、排水良好的土壤。
- 水　分：喜湿润。

形态特征 落叶乔木，高6~15米。树皮暗灰色，枝条紫红色。叶互生，纸质，宽卵形或宽椭圆形，顶端渐尖，基部圆形。伞房状聚伞花序顶生，花小，白色。核果球形，紫红色至蓝黑色。

应用 株型美观，小果繁密，园林中常用于路边、建筑物旁绿化，也适合作庭荫树、行道树。

学名| *Swida alba*

红瑞木

别名：凉子木
科属：山茱萸科梾木属

- 原产地：我国东北、华北、西北。
- 繁　殖：播种、扦插、分株、压条。
- 花果期：花期5~7月；果期8月~10月。
- 日　照：全日照。
- 温　度：生长适温16℃~25℃。
- 土　壤：喜土层深厚、肥沃的壤土。
- 水　分：喜湿润。

形态特征 落叶灌木，高可达3米。单叶全缘对生，椭圆形。聚伞花序顶生，花小，白色至黄白色。核果乳白或略带蓝白色。

应用 花白似雪，果实洁白，观赏性佳，适合丛植于公园、庭院等路边、草坪、池畔等处观赏。

学名| *Trichosanthes rubriflos*

科属：葫芦科栝楼属

红花栝楼

果实特征

果实阔卵形或球形

- **原产地：** 我国广东、广西、贵州、云南及西藏等省区。
- **繁　殖：** 播种。
- **花果期：** 花期5~11月，果期8~12月。
- **日　照：** 全日照。
- **温　度：** 生长适温20℃~28℃。
- **土　壤：** 不择土壤。
- **水　分：** 喜湿润。

形态特征 大型草质藤本，蔓长可达6米以上。叶片纸质，阔卵形或近圆形，3~7掌状深裂，裂片阔卵形、长圆形或披针形，先端渐尖，全缘，叶基阔心形。花雌雄异株，雄花苞片深红色，花萼筒红色，花冠粉红色至红色，边缘具流苏，雌花单生，花萼筒状。果实阔卵形或球形，成熟时红色。

应用 花型奇特，果实红艳，为观花、观果的优良藤本植物，适合大型棚架、廊架、绿篱绿化，也可用于大树的树干，山石的垂直绿化。

学名| *Lagenaria siceraria*

葫芦

别名：瓠
科属：葫芦科葫芦属

- 原产地：原产地不详，世界各地广泛栽培。
- 繁　殖：播种。
- 花果期：花期夏季，果期秋季。
- 日　照：全日照。
- 温　度：生长适温20℃~32℃。
- 土　壤：喜疏松、排水良好壤土。
- 水　分：喜湿润，也耐旱。

形态特征　一年生攀缘草本。叶片卵状心形或肾状卵形，不分裂或3~5裂，先端锐尖，边缘有不规则的齿，基部心形。花单生，雌雄同株，花冠黄色。果实初为绿色，后变白至还黄色。

应用　果型美观，常用于是花架、棚架、绿廊及墙垣等处垂直绿化，也适合庭院栽培观赏。

学名| *Lagenaria spp.*

观赏葫芦

科属：葫芦科葫芦属

- 原产地：非洲、美洲等地。
- 繁　殖：播种。
- 花果期：花期夏季，果期秋季。
- 日　照：全日照。
- 温　度：生长适温20℃~30℃。
- 土　壤：不择土壤。
- 水　分：喜湿润。

形态特征　一年生攀缘草本。叶片卵状心形或肾状卵形，不分裂或3~5裂，先端锐尖，边缘有不规则的齿，基部心形。花单生，雌雄同株，花冠黄色。不同品种果实各异。常见的观赏葫芦有长柄葫芦、鹤首葫芦等。

应用　因种类不同，形态各异，观赏性极佳。适合公园、绿地、风景区等棚架、栅栏、绿篱等绿化，或用于瓜果专类园及科普园。

别名：番木鳖、糯饭果
科属：葫芦科苦瓜属

学名| *Momordica cochinchinensis*

木鳖子

- **原产地：** 我国华东、华南、华中及西南等地。
- **繁　殖：** 播种。
- **花果期：** 花期6~8月，果期8~10月。
- **日　照：** 全日照。
- **温　度：** 生长适温16℃~28℃。
- **土　壤：** 不择土壤。
- **水　分：** 喜湿润。

形态特征 粗壮草质大型藤本，蔓长可达15米。叶片卵状心形或宽卵状圆形，质稍硬，3~5中裂到深裂或不分裂，中间裂片大，裂片卵形或长圆状披针形，基部心形，基部弯缺半圆形。雌雄异株，雄花单生，花冠黄色，雌花单生于叶腋。果实卵球形，成熟时红色。

应用 花型奇特，果实红艳，观花、观均无不相宜，适合棚架、廊亭、花架、树干做垂直绿化。

别名：洋丝瓜
科属：葫芦科佛手瓜属

学名| *Sechium edule*

佛手瓜

- **原产地：** 南美。
- **繁　殖：** 播种。
- **花果期：** 花期7~9月，果期8~10月。
- **日　照：** 全日照。
- **温　度：** 生长适温18℃~28℃。
- **土　壤：** 不择土壤。
- **水　分：** 喜湿润。

形态特征 多年生宿根攀缘草本，根块状。叶处膜质，心形或近圆形，浅裂，中间裂片较大，先端渐尖，基部心形，弯缺较深，近圆形。花单性同株，雄花在花梗上组成总状花序，雌花单生。果绿色，上具纵沟。

应用 果形奇特，常作蔬菜食用，园林中可用于篱架、小型花架或墙垣绿化。

学名| *Thladiantha dubia*

赤瓟

别名：赤包
科属：葫芦科赤瓟属

- 原产地：我国东北，华北及西北等地。
- 繁　殖：播种。
- 花果期：花期6~8月，果期8~10月。
- 日　照：不择土壤。
- 温　度：生长适温15℃~24℃。
- 土　壤：不择土壤。
- 水　分：喜湿润，也耐旱。

形态特征　落叶攀缘草质藤本。叶宽卵状心形，边缘浅波状，具细齿，先端急尖或短渐尖，基部心形，弯缺深，近圆形或半圆形。雌雄异株，雄花单生或聚生于短枝上，花冠黄色，雌花单生，花冠黄色。果实卵状长圆形，橙黄或红棕色。

应用　花色金黄，果实红艳，为优良的观花观果植物，常用于棚架、花架、栅栏等栽培观赏，也可作地被植物栽培。

学名| *Trichosanthes anguina*

蛇瓜

别名：蛇豆
科属：葫芦科栝楼属

- 原产地：印度。
- 繁　殖：播种。
- 花果期：花果期夏末及秋季。
- 日　照：全日照。
- 温　度：生长适温20℃~30℃。
- 土　壤：不择土壤。
- 水　分：喜湿润。

形态特征　一年生攀缘草质藤本。叶片膜质，圆形或肾状圆形，3~7浅裂至中裂，有时深裂，先端圆钝或阔三角形，叶基弯缺深心形。花雌雄同株，雄花组成总状花序，花冠白色，具流苏。果实长圆形，扭曲。

应用　果形奇特，观赏性极强，为常见栽培的观果植物，常用于棚架、廊架栽培观赏。

别名：金瓜、饭瓜
科属：葫芦科南瓜属

学名| *Cucurbita moschata*

南瓜

- 原产地：美洲南部。
- 繁　殖：播种。
- 花果期：花期5~9月，果期8~10月。
- 日　照：全日照。
- 温　度：生长适温18℃~28℃。
- 土　壤：喜疏松、排水良好的壤土。
- 水　分：喜湿润，也耐旱。

形态特征 一年生蔓生草本。叶片纸质，阔卵形或卵状圆形，具5角或5浅裂，中裂片三角形，先端稍钝，边缘具小而密的细齿，基部心形。花单性，雌雄同株，花冠黄色。瓠果。

应用 果实因品种不同大小而有异，农业观光园或植物园常栽培大型南瓜用于观赏；嫩芽可作菜蔬，可炖、炒、蒸等，种子可炒食。种子、茎及瓜蒂入药。

科属：葫芦科南瓜属

学名| *Cucurbita spp.*

观赏南瓜

- 原产地：栽培种。
- 繁　殖：播种。
- 花果期：花期大多春、夏两季，果期夏、秋。
- 日　照：全日照。
- 温　度：生长适温20℃~30℃。
- 土　壤：不择土壤。
- 水　分：喜湿润。

形态特征 一年生蔓性草本。叶具浅裂，基部心形，卷须2至多歧。雌雄同株。花单生，黄色，花冠合瓣，钟状，五裂仅达中部。果实多种，有大型，中型及小型，肉质，不开裂，种子多数。

应用 形态各异，色泽多变，有较强的观赏性。农业观光园及植物园常见栽培，用于棚架、栅栏、绿篱垂直绿化，也可用于专类园。

学名| *Diospyros cathayensis*

乌柿

别名：山柿子、丁香柿
科属：柿科柿属

果实特征
果熟时黄色或橘红色

- 原产地：我国四川、湖北、云南、贵州、湖南及安徽等地。
- 繁　殖：播种、扦插、嫁接。
- 花果期：花期4~5月，果期8~10月。
- 日　照：全日照。
- 温　度：生长适温15℃~24℃。
- 土　壤：喜深厚肥沃、富含腐殖质的湿润沙质土壤。
- 水　分：喜湿润。

形态特征 常绿灌木或小乔木，高可达10米。叶片薄革质，长圆状披针形，两端钝，上面光亮，深绿色，下面淡绿色。雄花生于聚伞花序上，极少单生，雌花单生。花小，白色，有芳香。果熟时黄色或橘红色。

应用 花芳香宜人，果小巧可爱，多用做盆景，适合阳台、客厅及窗台等光线充足的地方栽培。

学名| *Diospyros kaki*

柿

别名：朱果、猴枣
科属：柿科柿属

果实特征
浆果卵圆形或扁球形

- 原产地：我国长江流域。
- 繁　殖：播种、嫁接。
- 花果期：花期5~6月，果期9~10月。
- 日　照：全日照。
- 温　度：生长适温16℃~26℃。
- 土　壤：喜疏松、排水良好的壤土。
- 水　分：喜湿润，耐旱。

形态特征 落叶大乔木。叶互生，纸质，卵状椭圆形至倒卵形或近圆形，老叶上面有光泽，深绿色，全缘。雌雄同株或异株，花冠钟状，黄白色。浆果卵圆形或扁球形，橙黄色或鲜黄色。

应用 果大色艳，多作水果栽培，也可用于公园、绿地或庭院栽培观赏；成熟后果实可生食或制柿饼；柿蒂、柿霜入药；木材质硬，纹理细，作家具。

别名：大花第伦桃
科属：五桠果科五桠果属

学名 *Dillenia turbinata*

大花五桠果

- 原产地：我国云南、广西、广东及海南；越南也有。
- 繁　殖：播种。
- 花果期：花期2~5月，果期夏季。
- 日　照：全日照。
- 温　度：生长适温23℃~32℃。
- 土　壤：喜土层深厚、肥沃的微酸性壤土。
- 水　分：喜湿润。

形态特征 常绿乔木，高达30米。单叶互生，叶片革质，倒卵形，稀倒卵状长圆形，先端圆形或钝，稀急尖，边缘具疏离的牙齿或近全缘。总状花序顶生，花瓣5，亮黄色，稀白色或粉红色。果近球形。

应用 株型美观，花色鲜艳，果实表面红晕，为极佳的观花、观果树种，适合庭院、园路等处栽培观赏，也是优良的行道树种；果实成熟后可食。

别名：第伦桃
科属：五桠果科五桠果属

学名 *Dillenia indica*

五桠果

- 原产地：我国云南、广东及广西；东南亚也有。
- 繁　殖：播种。
- 花果期：花期7~10月，果期10~12月。
- 日　照：全日照。
- 温　度：生长适温23℃~32℃。
- 土　壤：对土壤要求不严，以疏松的微酸性土壤为佳。
- 水　分：喜湿润，忌涝。

形态特征 常绿乔木，高达30米。叶片革质，长圆形，先端急尖至渐尖，基部圆形至急尖，边缘具疏齿，表面亮绿色。花单生枝顶，花瓣5，白色。果近球形。

应用 株型美观，花朵洁白，果实硕大，观赏性佳，适合于公园、绿地等作风景树种或作行道树；果成熟后可食；木材可制家具，根和树皮入药。

学名| *Antidesma bunius*

五月茶

别名：污槽树
科属：大戟科五月茶属

- **原产地：** 我国江西、福建、湖南、广东、海南、广西、贵州、云南及西藏；广布亚洲热带至澳大利亚。
- **繁　殖：** 播种。
- **花果期：** 花期3~5月，果期6~11月
- **日　照：** 全日照。
- **温　度：** 生长适温18℃~30℃。
- **土　壤：** 不择土壤。
- **水　分：** 喜湿润。

形态特征　常绿乔木，株高可达10米。叶纸质，长椭圆形、倒卵形或长倒卵形，顶端急尖至圆，有短尖头，基部宽楔形或楔形。雄花序为顶生的穗状花序，雌花序为顶生的总状花序。核果圆球形或椭圆形，红色。

应用　叶深绿，果红艳美丽，适合庭院、公园、绿地等植于路边、草地边缘或建筑物旁观赏；叶供药用，用于治疗小儿头疮；根叶可治跌打损伤。

别名：七日晕、山漆茎
科属：大戟科黑面神属

学名| *Breynia officinalis*

红珠仔

- 原产地：我国台湾。
- 繁　殖：播种、扦插或分株。
- 花果期：花期春季，果期夏季。
- 日　照：全日照。
- 温　度：生长适温22℃~30℃。
- 土　壤：不择土壤。
- 水　分：喜湿润。

形态特征　常绿灌木，株高1~3米。单叶互生，革质，卵形或宽卵形，先端钝，基部楔形，全缘。花小，无花瓣。果肉质，近球形，红色。

应用　果红艳可爱，适合公园、绿地等路边、山石边及水岸边栽培观赏；根、叶入药，具有解毒散结、止痛强心的功效；果有毒，忌误食。

科属：大戟科叶下珠属

学名| *Phyllanthus acidus*

西印度醋栗

- 原产地：马达加斯加。
- 繁　殖：播种、扦插、压条。
- 花果期：花期4~5月及8~9月，果期夏季及冬季。
- 日　照：全日照。
- 温　度：生长适温22℃~30℃。
- 土　壤：喜疏松、排水良好的壤土。
- 水　分：喜湿润。

形态特征　常绿灌木或小乔木，株高5~10米。叶互生，卵形或椭圆形，先端尖，基部楔形，全缘。穗状花序，生于树干或新枝上，花小，红色。果淡黄色，扁球形。

应用　果实繁密，可用于观赏，适合公园、绿地及庭院栽培；果实可用于制作果酱、果汁或蜜饯等。

学名| *Antidesma pentandrum var. barbatum*

枯里珍

别名：枯里珍五月茶
科属：大戟科五月茶属

- 原产地：我国台湾；菲律宾也有。
- 繁　殖：播种或扦插。
- 花果期：花期5~6月，果期冬季。
- 日　照：全日照。
- 温　度：生长适温22℃~30℃。
- 土　壤：喜疏松壤土。
- 水　分：喜湿润。

形态特征 灌木。叶纸质，椭圆形或卵状长圆形，顶端急尖，基部钝。总状花序腋生或顶生，不分枝，雄花萼片4枚，雌花萼片5枚。核果，淡红色。

应用 果实艳丽，盆栽适合阳台、天台绿化或用于庭院的一隅及路边栽培观赏；园林中常用于公园、绿地的绿化或做绿篱。

学名| *Baccaurea ramiflora*

木奶果

别名：白皮、山萝葡、野黄皮树、木荔枝、黄果树
科属：大戟科木奶果属

- 原产地：我国广东、海南、广西及云南；印度、缅甸、泰国、越南、老挝、柬埔寨及马来西亚也有。
- 繁　殖：播种、扦插。
- 花果期：花期3~4月，果期6~10月。
- 日　照：全日照。
- 温　度：生长适温22℃~30℃。
- 土　壤：不择土壤。
- 水　分：喜湿润。

形态特征 常绿乔木，株高5~15米。叶片纸质，倒卵状长圆形、倒披针形或长圆形，顶端短渐尖至急尖，基部楔形，全缘或浅波状。花小，雌雄异株，无花瓣，总状花序腋生或茎生。浆果状蒴果卵状或近圆球状，成熟紫红色。

应用 果实繁密，串串下垂于枝间，观赏性极佳，适合公园、绿地等栽培观赏；果实成熟后可以食用，味道酸甜；木材可制作家具。

别名：烂头钵、小果叶下珠
科属：大戟科叶下珠属

学名| *Phyllanthus reticulatus*

红鱼眼

- **原产地：** 我国江西、福建、台湾、湖南、广东、海南、广西、四川、贵州及云南；广布热带西非至东南亚及澳大利亚。
- **繁　殖：** 扦插、播种。
- **花果期：** 花期3~6月，果期6~10月。
- **日　照：** 全日照。
- **温　度：** 生长适温20℃~28℃。
- **土　壤：** 不择土壤。
- **水　分：** 喜湿润，耐旱。

形态特征 灌木，株高可达4米。叶片膜质至纸质，椭圆形、卵形至圆形，顶端急尖、钝至圆，基部钝至圆。常2~10朵雄花和1朵雌花簇生于叶腋，成聚伞花序。蒴果呈浆果状，球形或近球形，红色。

应用 果实红艳，供观赏，适合公园、绿地及风景区路边、墙垣边或山石边栽培观赏；根、叶入药，用于驳骨、跌打。

别名：洛神花
科属：锦葵科木槿属

学名| *Hibiscus sabdariffa*

玫瑰茄

- **原产地：** 东半球热带地区。
- **繁　殖：** 播种。
- **花果期：** 花期10月，果期秋末冬初。
- **日　照：** 全日照。
- **温　度：** 生长适温18℃~28℃。
- **土　壤：** 不择土壤。
- **水　分：** 喜湿润。

形态特征 一年生草本植物，株高1~2米。叶互生，叶矩圆形，先端尖或渐尖，基部圆形至宽楔形，边缘具锯齿。花单生于叶腋，花冠深黄色，花萼肉质，杯形，紫红色，蒴果。

应用 萼片宿存，观赏价值较高，盆栽可用于阳台、客厅等装饰；常做切花栽培；嫩叶、幼果腌渍后可食，花萼及小苞片可制果酱；花萼可提炼含有红色素的果胶，是理想的果汁、果酱等食品的染色剂；茎皮可纤维供搓绳索用；花提取物还能调节血压、改善睡眠。

学名| *Garcinia xipshuanbannaensis*

版纳藤黄

科属：藤黄科藤黄属

- 原产地：我国云南西双版纳。
- 繁　殖：播种。
- 花果期：花期1~2月，果期4~5月。
- 日　照：全日照。
- 温　度：生长适温22℃~30℃。
- 土　壤：不择土壤。
- 水　分：喜湿润。

形态特征 乔木，高约15米。叶坚纸质，椭圆形、椭圆状披针形或卵状披针形，先端渐尖或突尖，基部楔形，微下延，背面淡绿色。花杂性，同株，稀疏的圆锥状聚伞花序，通常顶生，稀腋生，花橙黄色，花瓣几乎等大，肉质，广卵形；果球形，深黄色。

应用 株型美观，冠型优美，果实可供观赏，适合公园、植物园等地栽培观赏或用于科普教育，也可作行道树。

学名| *Garcinia mangostana*

莽吉柿

别名：山竹、山竺
科属：藤黄科藤黄属

- 原产地：马鲁古。
- 繁　殖：播种。
- 花果期：花期9~10月，果期11~12月。
- 日　照：全日照。
- 温　度：生长适温24℃~32℃。
- 土　壤：喜疏松、排水良好的微酸性土壤。
- 水　分：喜湿润。

形态特征 小乔木，株高12~20米。叶片厚革质，具光泽，椭圆形或椭圆状矩圆形，顶端短渐尖，基部宽楔形或近圆形。雄花2~9枚簇生枝条顶端，雌花单生或成对。果成熟时紫红色，间有黄褐色斑块。

应用 热带地区多作果树栽培，也可植于公园、绿地观赏；果成熟后可生食或制成果脯食用。

别名：红豆、海红豆、相思豆
科属：豆科海红豆属

学名| *Adenanthera pavonina var. microsperma*

孔雀豆

- 原产地：我国云南、贵州、广东、福建及台湾等地；东南亚也有。
- 繁　殖：播种。
- 花果期：花期4~7月，果期7~10月。
- 日　照：全日照。
- 温　度：生长适温22℃~30℃。
- 土　壤：不择土壤。
- 水　分：喜湿润。

形态特征 落叶乔木，株高5~20米。二回羽状复叶，小叶4~7对，互生，长圆形或卵形。总状花序，单生于叶腋，或在枝顶排成圆锥花序。花小，白色或黄色，有淡香。荚果，种子鲜红色。

应用 种子鲜红色，极美观，可做装饰品。花具淡香，可用作公园、绿地的风景树或庭荫树种，也可用于行道树；木材质地坚硬耐腐性好，可用于船舶、建筑用材。

学名| *Canavalia gladiata*

刀豆

别名：挟剑豆
科属：豆科刀豆属

- 原产地：热带亚洲及非洲。
- 繁　殖：播种。
- 花果期：花期7~9月，果期10月。
- 日　照：全日照。
- 温　度：生长适温20℃~30℃。
- 土　壤：不择土壤。
- 水　分：喜湿润。

形态特征　一年生或多年生缠绕草本，长达数米。羽状复叶具3小叶，小叶卵形，先端渐尖或具急尖的尖头，基部宽楔形。总状花序，花冠白色或粉红。荚果带状。

应用　荚果较大，观赏性较佳，园林中可用于棚架、花架、墙垣等垂直绿化，也可用于瓜果等专类园。

学名| *Psophocarpus tetragonolobus*

四棱豆

科属：豆科四棱豆属

- 原产地：亚洲热带地区。
- 繁　殖：播种。
- 花果期：花果期8~11月。
- 日　照：全日照。
- 温　度：生长适温20℃~30℃。
- 土　壤：喜肥沃、排水良好的土壤。
- 水　分：喜湿润。

形态特征 一年生或多年生攀缘草本，茎长可达3米或更长。羽状复叶，小叶卵状三角形，全缘，先端急尖或渐尖，基部截平或圆形。总状花序腋生，旗瓣圆形，外淡绿，内浅蓝，翼瓣倒卵形，浅蓝色，龙骨瓣白色略带浅蓝。荚果。

应用 果奇特，花繁茂，有较高的观赏价值，适合小型花架、棚架、绿篱、栅栏等栽培观赏；果可作蔬菜食用。

学名| *Castanospermum australe*

栗豆树

别名：绿元宝、招财进宝
科属：豆科栗豆树属

- 原产地：澳洲。
- 繁　殖：播种。
- 花果期：花期春夏。
- 日　照：半日照。
- 温　度：生长适温22℃~30℃。
- 土　壤：喜疏松、肥沃的壤土。
- 水　分：喜湿润。

形态特征 常绿阔叶乔木。一回奇数羽状复叶，小叶呈长椭圆形，近对生，全缘，革质。种球自基部萌发，如鸡蛋般大小，革质肥厚，饱满圆润，富有光泽，宿存盆土表面，圆锥花序生于枝杆上，小花橙黄色。

应用 果大，多用花盆群植，果实宿存，观赏价值极高，适合客厅、窗台、案几及书桌摆放观赏；也可用作行道树或风景树。

学名 *Musa nana*

香蕉

别名：弓蕉、龙溪蕉、天宝蕉
科属：芭蕉科芭蕉属

- 原产地：亚洲东南部及我国南方地区。
- 繁　殖：吸芽及地下茎。
- 花果期：花果期全年。
- 日　照：全日照。
- 温　度：生长适温20℃~28℃。
- 土　壤：喜土层深厚、疏松肥沃排水良好的微酸性土壤。
- 水　分：喜湿润。

形态特征 多年生高大灌木状草本。叶片螺旋排列，于假茎顶部张开，长椭圆形。穗状花序下垂，花单性，花序上部为雄花，中部为中性花，下部为雌花。果成熟黄色，有香味。

应用 果丛大，挂果多，极具热带风情，适合公园、绿地等植于建筑物旁、水岸边或假山石边观赏；果成熟后可食，具香气；根、茎、梗、花蕾、果皮入药。

别名：家桑、桑树
科属：桑科桑属

学名 *Morus alba*

桑

- 原产地：我国中部。
- 繁　殖：播种、扦插或高压。
- 花果期：花期5月，果熟期6~7月。
- 日　照：全日照。
- 温　度：生长适温22℃~30℃。
- 土　壤：喜土层深厚、湿润、肥沃的土壤。
- 水　分：喜湿润，也耐旱。

形态特征 落叶乔木或灌木，高达15米。叶互生，叶卵形至广卵形，叶端尖，叶基圆形或浅心脏形，边缘有粗锯齿。雌雄异株，花黄绿色，雄花呈柔荑花序，雌花成穗状花序。聚花果卵圆形或圆柱形。

应用 果实繁密，红色，供观赏，适合公园、绿地路边、坡地或建筑旁栽培观赏；果成熟后直接食用，也可做饮料；根皮、叶、果实、枝条均可入药；茎皮纤维可作纺织原料；叶可以喂蚕。

学名| *Artocarpus macrocarpus*

菠萝蜜

别名：木菠萝、树菠萝
科属：桑科菠萝蜜属

- 原产地：印度、马来西亚。
- 繁　殖：播种、根茎扦插。
- 花果期：花期2~3月，果期夏秋。
- 日　照：全日照。
- 温　度：生长适温22℃~32℃。
- 土　壤：喜土层深厚、排水良好的微酸性土壤。
- 水　分：喜湿润。

形态特征 常绿乔木，株高10~20米。单叶互生，厚革质，螺旋状排列，椭圆形或倒卵形，全缘，上面有光泽，下面略粗糙。花单性，雌雄同株，雄花序顶生或腋生，雌花序矩圆形，生于树干或主枝上。聚花果椭圆形至球形，成熟时黄褐色。

应用 老干结果，果大奇特，园林中常孤植于园路边、草地边或一隅观赏，也适合作庭荫树或行道树；果成熟后可以食用；木材质地优良，可作高级用材。

学名| *Broussonetia papyrifera*

构树

别名：楮树、野谷树
科属：桑科构属

- 原产地：我国黄河、长江及珠江流域各地；日本、越南、印度等国亦有。
- 繁　殖：播种或扦插。
- 花果期：花期5月，果期9月。
- 日　照：全日照。
- 温　度：生长适温16℃~28℃。
- 土　壤：不择土壤。
- 水　分：喜湿润，也耐旱。

形态特征 落叶乔木，高达10~20米。单叶互生，阔卵形或长卵形，不分裂或有不规则的三五深裂，边缘有粗齿。雌雄异株，雄花序 荑状，雌花排成头状花序。聚花果肉质，橙红色。

应用 果实红艳，供观赏，适合公园、绿地等园路边、水岸边栽培观赏，也常用作四旁绿化树种及水土保持树种；根皮及树皮入药。

别名：木瓜榕、馒头果
科属：桑科榕属

学名| *Ficus auriculata*

大果榕

- 原产地：我国云南；巴基斯坦、印度、泰国、马来西亚也有。
- 繁　殖：播种。
- 花果期：花期3月，果期5~8月。
- 日　照：全日照。
- 温　度：生长适温22℃~30℃。
- 土　壤：不择土壤。
- 水　分：喜湿润。

形态特征 乔木，高3~10米。叶宽卵形或近圆形，先端钝或短渐尖，基部心形或圆形，全缘或有疏齿。花序托具梗，簇生于老枝或无叶的枝上，倒梨形或陀螺形。瘦果。

应用 果实累累，着生于老干之上，有较高的观赏价值，可用于公园、绿地等作风景树种，也可作果树栽培；果实成熟后味甜可食。

别名：蜜果、映日果
科属：桑科榕属

学名| *Ficus carica*

无花果

- 原产地：地中海沿岸、西南亚地区。
- 繁　殖：扦插、高压。
- 花果期：一年内多次开花结果。
- 日　照：全日照。
- 温　度：生长适温22℃~30℃。
- 土　壤：喜肥沃、土层深厚的土壤。
- 水　分：喜湿润，也耐旱。

形态特征 落叶小乔木，高达10米，常呈灌木状。叶互生，厚膜质，宽卵形近圆，基部心形或截形，锯齿粗钝或波状缺刻。花单性，隐藏于倒卵形囊状的总花托内。隐花果梨形，绿黄色，熟后黑紫色。

应用 株型美观，果实繁密，可观赏，适合公园、居民区或绿地等栽培观赏，也可作为果树植于庭院中；花托可生食，果可制酒或作果干。

学名| *Ficus drupacea var. glabrata*

科属：桑科榕属

美丽枕果榕

- 原产地：栽培变种。
- 繁　殖：播种。
- 花果期：花期春季，果期夏季。
- 日　照：全日照。
- 温　度：生长适温20℃~30℃。
- 土　壤：喜疏松壤土。
- 水　分：喜湿润。

形态特征 乔木，高10~15米，无气生根，树皮灰白色。叶革质，长椭圆形至倒卵椭圆形，先端骤尖，基部圆形或浅心形，全缘。隐花果，榕果成熟后红色。

应用 冠型优美，枝叶繁密，果红艳美丽，适合公园、绿地孤植作风景树或园景树。

别名：凉粉果、木莲
科属：桑科榕属

学名| *Ficus pumila*

薜荔

原产地：我国华东、华南、西南等地；日本、越南也有。
繁　殖：扦插、高压法。
花果期：花果期5~10月。
日　照：全日照。
温　度：生长适温18℃~28℃。
土　壤：不择土壤。
水　分：喜湿润，也耐旱。

形态特征　攀缘或匍匐灌木，叶二型，不结果枝叶卵状心形，薄革质，尖端渐尖；结果枝上叶革质，卵状椭圆形，先端急尖至钝形，基部圆形至浅心形，全缘。榕果单生叶腋，花生于榕果内壁，果近球形，顶部截平。

应用　为优良的观叶、观果植物，常用于墙面、山石或树干的垂直绿化，也可盆栽观赏；瘦果水洗可作凉粉；藤叶入药。

别名：马朗果
科属：桑科榕属

学名| *Ficus racemosa*

聚果榕

原产地：我国云南、贵州、广西等地；越南、印度、马来西亚及大洋洲北部、巴布亚新几内亚也有。
繁　殖：播种。
花果期：花期5~7月，果期秋季。
日　照：全日照。
温　度：生长适温22℃~30℃。
土　壤：不择土壤。
水　分：喜湿润。

形态特征　乔木，高25～30米。叶薄革质，椭圆状倒卵形至椭圆形或长椭圆形，先端钝尖或渐尖，基部楔形微钝，全缘，叶面深绿色。榕果聚生于老茎上，稀成对生于落叶枝叶腋，梨形，顶部压平，成熟时橙红色。

应用　果实着生于老干之上，极为奇特，园林中可用作风景树或园景树，也可作行道树；榕果成熟时，味甜可生食。

学名| *Artocarpus champeden*

尖蜜拉

科属：桑科菠萝蜜属

- 原产地：印度。
- 繁　殖：播种、压条。
- 花果期：花期春季。
- 日　照：全日照。
- 温　度：生长适温22℃~32℃。
- 土　壤：喜肥沃、排水良好的土壤。
- 水　分：喜湿润。

形态特征 常绿乔木，株高6~10米。全株具乳汁。叶互生，革质，长卵形，先端渐尖，基部楔形，全缘，叶面光亮。花序常单生，少数聚生，1个花序着果1~3个。聚花果。

应用 老干结果，果大，观赏价值较高，可用于园林绿化或用于果树专类园栽培；果实成熟后可直接食用，但食用率不高。

学名| *Artocarpus lingnanensis*

桂木

别名：白桂木
科属：桑科桂木属

- 原产地：我国广东、海南、广西。
- 繁　殖：播种或高压。
- 花果期：花期4~5月。
- 日　照：全日照。
- 温　度：生长适温22℃~32℃。
- 土　壤：不择土壤。
- 水　分：喜湿润。

形态特征 乔木，高可达17米。叶互生，革质，长圆状椭圆形至倒卵椭圆形，先端短尖或具短尾，基部楔形或近圆形，全缘或具不规则浅疏锯齿。雄花序头状，雌花序近头状。聚花果近球形，成熟时红色，肉质。

应用 成熟的果实可食用；可用于建筑及家具等用材；适合植于路边作风景树或行道树；果药用，具有清热开胃、收敛止血、活血通络的功效。

别名：地瓜
科属：桑科榕属

学名| *Ficus oligodon*

苹果榕

- 原产地：我国云南、贵州、广西、广东、海南、西藏等地；印度、不丹、泰国、越南、马来西亚北部也有。
- 繁　殖：播种。
- 花果期：花期秋季，果期4~7月。
- 日　照：全日照。
- 温　度：生长适温18℃~30℃。
- 土　壤：喜疏松、排水良好的壤土。
- 水　分：喜湿润。

形态特征 小乔木，高约10米。叶纸质，倒卵状椭圆形，先端渐尖至急尖，基部浅心形至宽楔形，叶面深绿色。榕果簇生于老茎发出的无叶短枝上，梨形，幼时有红晕，成熟时深红色。

应用 株型美观，果大，着生于老干上，观赏性极佳，园林中可用作风景树种或庭荫树，也可用作行道树；果成熟后味甜可食用。

学名| *Dianella ensifolia*

山菅兰

别名：山菅、桔梗兰
科属：百合科山菅属

- 原产地：我国云南、四川、贵州、广西、广东、江西、浙江、福建及台湾；亚洲热带至非洲均有。
- 繁　殖：分株、根茎或播种。
- 花果期：花果期3~8月。
- 日　照：全日照或半日照。
- 温　度：生长适温16℃~30℃。
- 土　壤：不择土壤。
- 水　分：喜湿润，较耐旱。

形态特征 多年生常绿草本，株高可达1~2米。叶狭条状披针形，基部稍收狭成鞘状，套迭或抱茎，边缘具锯齿。圆锥花序，花多朵，绿白色、淡黄色到青紫色。浆果。

应用 习性强健，叶型美观，果实深蓝色，极为艳丽，适合公园、绿地等路边、林下或山石边栽培观赏，也可作地被植物。

学名| *Asparagus cochinchinensis*

天门冬

别名：天冬草、天冬
科属：百合科天门冬属

- 原产地：从我国河北、山西、陕西、甘肃等省的南部到华东、中南、西南各省；朝鲜、日本、老挝及越南也有。
- 繁　殖：扦插、播种。
- 花果期：花期5月，果期8~10月。
- 日　照：半日照。
- 温　度：生长适温16℃~28℃。
- 土　壤：喜肥沃、疏松的土壤。
- 水　分：喜湿润。

形态特征 多年生攀缘状宿根草本。叶退化为鳞片，主茎上的鳞状叶常变为下弯的短刺。总状花序，簇生叶腋，黄白色或白色。浆果球形，熟时红色。

应用 株型秀丽，果实红艳，观叶观果均佳。盆栽可用于厅堂、居室美化，也是庭院及公园等布置花坛、花台的良材；块根入药，具有滋阴润燥、清火止咳的功效。

别名：火实、山杨梅、朱红
科属：杨梅科杨梅属

学名| *Myrica rubra*

杨梅

果实特征
核果球形

- 原产地：我国云南、江苏、浙江、江西、四川、贵州、湖南、广西、广东、福建、台湾；朝鲜、日本、菲律宾亦有。
- 繁　殖：播种、扦插。
- 花果期：花期12月至翌年4月，果期6~7月。
- 日　照：全日照。
- 温　度：生长适温15℃~28℃。
- 土　壤：喜富含腐殖质、排水良好的酸性或微酸性沙质土壤。
- 水　分：喜湿润。

形态特征 常绿乔木，高可达15米以上。叶片革质，长椭圆状、楔状披针形，先端渐尖或急尖，边缘中部以上具稀疏锐齿，中部以下常全缘，基部楔形。雌雄异株，雄花排列成穗状花序，雌穗状花序单生于叶腋。核果球形。

应用 冠型优美，果实红艳可爱，适合公园、绿地孤植于建筑旁、水岸边欣赏；果实成熟后可食，亦可制作饮料；树皮及根入药，有散瘀止血，止痛的功效。

学名| *Ardisia crenata*

朱砂根

别名：富贵籽、红铜盘、大罗伞
科属：紫金牛科紫金牛属

- **原产地：** 我国南部亚热带地区；日本也有。
- **繁　殖：** 播种、扦插或压条。
- **花果期：** 花期6~7月，果期10~12月。
- **日　照：** 全日照。
- **温　度：** 生长适温15℃~25℃。
- **土　壤：** 不择土壤。
- **水　分：** 喜湿润。

形态特征 常绿灌木，株高30~150厘米。单叶互生，薄革质，长椭圆形，边缘有皱波状钝锯齿。伞形花序腋生，花冠白色或淡红色，有微香。核果球形，鲜红色。

应用 果实艳丽，挂果时间长，为优良的观果植物，多盆栽用于客厅、卧室或阳台栽培观赏；种子可榨油，可供制肥皂。

学名 *Ardisia punctata*

山血丹

别名：细罗伞树、小罗伞
科属：紫金牛属紫金牛科

- 原产地：我国浙江、江西、福建、湖南、广东、广西。
- 繁　殖：播种。
- 花果期：花期4~11月，果期10~12月。
- 日　照：全日照或半日照。
- 温　度：生长适温18℃~28℃。
- 土　壤：喜疏松、排水良好的微酸性壤土。
- 水　分：喜湿润。

形态特征 灌木或小灌木，株高1~2米。叶革质或坚纸质，长圆形至椭圆状披针形，顶端急尖或渐尖，稀钝，基部楔形，近全缘或具微波状齿。亚伞形花序，花白色。果球形，红色。

应用 果艳丽，供观赏，盆栽用于阳台、窗台等装饰；适合庭院及公园、绿地等植于稍蔽荫的林缘、山石边观赏；根入药，具有调经、通经、活血、祛风、止痛的功效。

学名 *Ardisia villosa*

雪下红

别名：毛茎紫金牛
科属：紫金牛科紫金牛属

- 原产地：我国云南、广西、广东；越南至印度半岛也有。
- 繁　殖：播种。
- 花果期：花期5~7月，果期2~5月。
- 日　照：全日照。
- 温　度：生长适温20℃~28℃。
- 土　壤：不择土壤。
- 水　分：喜湿润。

形态特征 直立灌木，株高50~100厘米，稀达2~3米。叶片坚纸质，椭圆状披针形至卵形，稀倒披针形，顶端急尖或渐尖，基部楔形，近全缘或由边缘腺点溢缩成波状细锯齿或圆齿。单或复聚伞花序或伞形花序，花淡紫色或粉红色。果球形，深红色或带黑色。

应用 盆栽可用于阳台、窗台、客厅或天台等装饰，也适合庭院的墙边或路边栽培观赏；全株入药，具有消肿、活血、散瘀的功效。

学名| *Ardisia humilis*

矮紫金牛

别名：大叶春不老
科属：紫金牛科紫金牛属

- 原产地：我国广东、海南。
- 繁　殖：播种、扦插。
- 花果期：花期3~4月，果期11~12月。
- 日　照：全日照。
- 温　度：生长适温18℃~28℃。
- 土　壤：不择土壤。
- 水　分：喜湿润。

形态特征 常绿灌木，株高1~2米。叶片革质，倒卵形或椭圆状倒卵形，稀倒披针形，顶端广急尖至钝，基部楔形，全缘。圆锥花序，花瓣粉红或红紫色。果球形，暗红色至紫黑色。

应用 盆栽适合阳台、客厅或卧室装饰；园林中可用于路边、山石边或墙垣边栽培观赏；树皮含单宁，也供药用，可用于头痛、便血等症的治疗。

学名| *Ardisia mamillata*

虎舌红

别名：红毛毡、老虎
科属：紫金牛科紫金牛属

- 原产地：我国广西、广东、云南、四川、贵州等地。
- 繁　殖：播种、扦插、嫁接。
- 花果期：花期夏季，果期秋季。
- 日　照：全日照。
- 温　度：生长适温18℃~25℃。
- 土　壤：喜肥沃、疏松的微酸性土壤。
- 水　分：喜湿润。

形态特征 多年生常绿亚灌木，植株高15~35厘米。叶互生，密集枝顶，倒卵形，尖端渐尖或钝尖，基部楔形，叶片正面颜色红润，叶背淡红色。伞形花序顶生或腋生，花粉红色，核果球形。

应用 适合盆栽用于窗台、书桌及案头欣赏；全草入药，具有清热利湿、活血止血、祛腐生肌的功效。

别名：番樱桃、扁樱桃
科属：桃金娘科番樱桃属

学名| *Eugenia uniflora*

红果仔

- 原产地：巴西。
- 繁　殖：播种。
- 花果期：花期春季。
- 日　照：全日照。
- 温　度：生长适温23℃~30℃。
- 土　壤：喜疏松、排水良好的微酸性壤土。
- 水　分：喜湿润，也耐旱。

形态特征 常绿灌木或小乔，高可达6米。叶近无柄，卵形至卵状披针形，先端渐尖，钝头，基部圆形或微心形。花单生聚生叶腋，白色，稍芳香。浆果扁圆形，熟时深红色。

应用 花色洁白，果实艳丽，为优良的观果灌木，盆栽用于阳台、客厅、天台及阶前绿化，也是庭院绿化的良材；果成熟后可生食或用于制作饮料。

学名| *Syzygium samarangense*

洋蒲桃

别名：莲雾
科属：桃金娘科蒲桃属

- 原产地：马来西亚和印度尼西亚。
- 繁　殖：扦插、播种。
- 花果期：花期3~4月，果期5~6月。
- 日　照：全日照。
- 温　度：生长适温22℃~30℃。
- 土　壤：不择土壤。
- 水　分：喜湿润。

形态特征 常绿乔木，株高达4~10米。单叶对生，革质，椭圆状长圆形，全缘，近无柄，深绿色，表面平滑无毛。腋生或顶生聚伞花序，小花白色。浆果。

应用 果实艳丽，挂果时间长，观赏性极佳，可用于广场、绿地、校园、庭院作风景树和绿荫树，也适合作行道树；叶及果含油腺点，可提取香精；果成熟后可食，也可盐渍或制成果酱、果汁等。

学名| *Psidium guajava*

番石榴

别名：鸡屎果
科属：桃金娘科番石榴属

- 原产地：热带美洲。
- 繁　殖：播种、高压、嫁接。
- 花果期：花期4~5月，果期7~8月。
- 日　照：全日照。
- 温　度：生长适温22℃~30℃。
- 土　壤：喜肥沃、排水良好的沙壤土。
- 水　分：喜湿润。

形态特征 常绿灌木或小乔木，株高5~12米。叶对生，革质，长圆形至椭圆形，先端急尖或钝，基部近于圆形。花单生或2~3朵簇生在花序梗上，花瓣白色。浆果。

应用 多作果树栽培，果大，可供观赏，适合庭院、公园及绿孤植或列植于路边、建筑旁观赏；果成熟后可食，亦可作制果汁原料。

别名：樯木、香果
科属：桃金娘科蒲桃属

学名 *Syzygium jambos*

蒲桃

- 原产地：我国台湾、福建、广东、广西、贵州、云南；中南半岛、马来西亚、印度尼西亚也有。
- 繁　殖：扦插、播种。
- 花果期：花期3~4月，果期5~6月。
- 日　照：全日照。
- 温　度：生长适温22℃~30℃。
- 土　壤：不择土壤。
- 水　分：喜湿润。

形态特征 常绿乔木，株高达10米。叶片革质，披针形或长圆形，先端渐尖，基部阔楔形，叶面多透明小腺点。聚伞花序顶生，着花数朵，白色。浆果。

应用 果实黄白色，可供观赏，园林中常用作风景树，可植于水岸边观赏，也可植于庭院作庭阴树种；叶及果含油腺点，可提取香精；果可食，也可用于制作饮料。

别名：米老鼠花、桂叶黄梅
科属：金莲木科金莲木属

学名 *Ochna integerrima*

金莲木

- 原产地：我国广东、广西；巴基斯坦、缅甸、泰国、马来西亚、柬埔寨和越南也有。
- 繁　殖：播种、高压。
- 花果期：花期6~9月，果期8~12月。
- 日　照：全日照。
- 温　度：生长适温20℃~30℃。
- 土　壤：不择土壤，以疏松、肥沃的微酸性壤土为佳。
- 水　分：喜湿润。

形态特征 落叶小灌木，株高0.8~1.5米。叶互生，薄纸质或近膜质，狭披针形或狭椭圆形，边缘有密而细的腺状锯齿，花序顶生，狭圆锥状；花具柄；花黄色，椭圆形。蓇果。

应用 果奇特，状似米老鼠，盆栽可用于阶前，阳台及天台绿化；园林中适合路边、墙垣边栽培观赏。

学名/ *Chionanthus retusus*

流苏树

别名：糯米花、碎米花、牛筋子、乌金子
科属：木犀科流苏树属

- **原产地：** 我国云南、甘肃、陕西、山西、河北、广东、福建；朝鲜、日本也有。
- **繁　殖：** 播种、扦插或高压。
- **花果期：** 花期4~5月，果期6~7月。
- **日　照：** 全日照。
- **温　度：** 生长适温18℃~28℃。
- **土　壤：** 喜疏松的中性至微酸性土壤。
- **水　分：** 喜湿润，也耐旱。

形态特征 落叶灌木或乔木，高可达20米。叶片对生，革质，椭圆形，卵形或倒卵形，先端锐尖、或钝或微凹，基部楔形至宽楔形或近圆形，全缘，少数有小锯齿。聚伞状圆锥花序，花单性，雌雄异株，花冠白色。果椭圆形，成熟时黑色。

应用 果小繁密，供观赏，常用于公园、绿地的路边、草地边缘或建筑物旁栽培观赏；嫩叶可代茶叶，故有茶叶树之称；种子含油31.33%，可供食用及制皂。

别名：杨桃、洋桃
科属：酢浆草科阳桃属

学名/ *Averrhoa carambola*

阳桃

- 原产地：马来西亚、印度尼西亚。
- 繁　殖：播种、嫁接、压条。
- 花果期：花期4~12月，果期7~12月。
- 日　照：全日照。
- 温　度：生长适温22℃~30℃。
- 土　壤：不择土壤。
- 水　分：喜湿润，也耐旱。

形态特征 乔木，株高可达12米。奇数羽状复叶，互生，全缘，卵形或椭圆形。花小，具微香，数朵至多朵组成聚伞花序或圆锥花序，花淡紫红色。浆果。

应用 果实奇特，色泽美观，多做果树栽培。大型盆栽可用于阳台、天台或庭院绿化；果可食，也可入药，具有生津止渴的功效；根、皮、叶入药，可止痛止血。

学名| *Arenga tremula*

鱼骨葵

别名：散尾棕、香桄榔、山棕、矮桄榔
科属：棕榈科桄榔属

- **原产地：** 热带亚洲。
- **繁　殖：** 播种、分株。
- **花果期：** 花期4~6月，果期6月至翌年3月。
- **日　照：** 全日照。
- **温　度：** 生长适温20℃~30℃。
- **土　壤：** 不择土壤。
- **水　分：** 喜湿润。

形态特征 丛生灌木。叶羽状裂，裂片互生，边缘具锯齿，叶绿色，具光泽。雌雄同株异序，雄花黄色，雌花花瓣及萼片覆瓦状排列。浆果，成熟后紫色。

应用 株型美观，果实红艳，挂果时间长，为优良的观叶、观果植物，适合公园、绿地于路边、建筑旁丛植观赏。

别名：酒椰子　科属：棕榈科鱼尾葵属

学名 *Caryota mitis*

短穗鱼尾葵

- 原产地：我国海南；越南、缅甸、印度、马来西亚、菲律宾、印度尼西亚也有。
- 繁　殖：播种、分株。
- 花果期：花期4~6月，果期8~11月。
- 日　照：全日照。
- 温　度：生长适温20℃~28℃。
- 土　壤：不择土壤。
- 水　分：喜湿润。

形态特征　小乔木，高5~8米。羽片淡绿色，呈楔形或斜楔形，外缘笔直，内缘1/2以上弧曲成不规则的齿缺，且延伸成尾尖或短尖。花序短，具密集穗状的分枝花序；雄花花瓣狭长圆形，淡绿色；雌花萼片宽倒卵形。果球形，成熟时紫红色。

应用　株型美观，叶型奇特，状似鱼尾，果繁密，极为可爱，园林中应用广泛，适合植于路边；建筑物旁或一隅观赏；茎的髓心含淀粉，可供食用；花序液汁含糖分，供制糖或酿酒。

别名：椰树、可可椰子
科属：棕榈科椰子属

学名 *Cocos nucifera*

椰子

- 原产地：我国广东、云南、海南、广西、福建、台湾等热带地区。
- 繁　殖：播种。
- 花果期：花果期主要在秋季。
- 日　照：全日照。
- 温　度：生长适温22℃~33℃。
- 土　壤：喜肥沃、疏松的沙质壤土。
- 水　分：喜湿润。

形态特征　常绿乔木，高15~30米，茎粗壮，常有簇生小根。叶裂片多数，外向折叠，线状披针形，顶端渐尖。花序腋生，花萼片3，花瓣3。果卵球状或近球形，顶端微具三棱。

应用　株型美观，为著名的热带风光树种，果大，有极佳的观赏性，适合热带地区的路边、海岸边栽培观赏，也可作行道树；未熟胚乳（即果肉）可作为热带水果食用，椰子水可直接饮用；成熟的椰肉含脂肪达70%，可榨油，还可加工各种糖果、糕点。

学名| *Areca triandra*

三药槟榔

别名：丛立椰子
科属：棕榈科槟榔属

- 原产地：印度、马来西亚等热带地区。
- 繁　殖：播种、分株。
- 花果期：花期春季，果期8~9月。
- 日　照：全日照。
- 温　度：生长适温20℃~30℃。
- 土　壤：喜肥沃疏松且排水良好的土壤。
- 水　分：喜湿润。

形态特征 常绿小乔木，株高4~7米。叶为羽状复叶。侧生羽叶有时与顶生叶合生。肉穗花序，多分枝，雌雄同株，基部为雌花。果实橄榄形，熟时橙色或赭色。

应用 果实红艳。盆栽适合客厅、卧室、书房及阶前摆放观赏；园林中适合路边、山石边或庭前栽培。

学名| *Arenga pinnata*

砂糖椰子

别名：糖树
科属：棕榈科桄榔属

- 原产地：印度、缅甸、马来西亚等地。
- 繁　殖：播种、分株。
- 花果期：果期10月。
- 日　照：全日照。
- 温　度：生长适温20℃~30℃。
- 土　壤：不择土壤。
- 水　分：喜湿润。

形态特征 乔木状，株高10米或更高。叶长羽片全裂，线形，呈4~5列，叶面深绿色，背面银白色。花序腋生，佛焰苞多个，花萼、花瓣各3片。果实长圆形，淡紫色。

应用 株型美观，果序极大，且有较高的观赏价值，适合公园、绿地的路边、草地中孤植或列植观赏；花序的汁液可制糖、酿酒；树干髓心含淀粉，可供食用；幼嫩的茎尖可作蔬菜食用。

别名：林投、露兜
科属：露兜树科露兜树属

学名| *Pandanus tectorius*

露兜树

果实特征
聚花果圆球形或长圆形

- 原产地：我国福建、台湾、广东、海南、广西、贵州及云南等地；亚洲热带及澳大利亚也有。
- 繁　殖：分株、播种。
- 花果期：花期1~5月。
- 日　照：全日照。
- 温　度：生长适温22℃~32℃。
- 土　壤：不择土壤。
- 水　分：喜湿润。

形态特征 常绿分枝灌木或小乔木。叶簇生于枝顶，螺旋状排列，条形，先端为长尾尖，叶缘具粗壮的锐刺。雄花序由若干穗状花序组成，佛焰苞近白色，雄花芳香，雌花序头状，乳白色。聚花果圆球形或长圆形。

应用 株型美观，果大奇特，供观赏，状似菠萝。大型盆栽适合厅堂摆放观赏；根与果入药。叶纤维可编制工艺品；花可提芳香油。

科属：鼠李科枣属

学名| *Ziziphus jujuba*

枣

果实特征
核果，卵形或长圆形，深红色

- 原产地：我国河南、河北、山东、山西、陕西、甘肃、内蒙古。
- 繁　殖：播种或嫁接法。
- 花果期：花期4~5月，果期8~9月。
- 日　照：全日照。
- 温　度：生长适温20℃~28℃。
- 土　壤：不择土壤。
- 水　分：喜湿润，也耐旱。

形态特征 落叶灌木或小乔木，高3~10米。叶互生，叶片卵圆形至卵状披针形，先端短尖而钝，基部偏斜，边缘有钝锯齿。聚伞花序腋生，花淡黄绿色，有芳香。核果，卵形或长圆形，深红色。

应用 秋季果实累累，观赏性极佳，可制作成盆景用于阳台、客厅等绿化；多做水果栽培，果味甜，供食用；干果、根和树皮入药。

学名| *Passiflora coccinea*

红花西番莲

别名：洋石榴、紫果西番莲
科属：西番莲科西番莲属

果实特征
浆果

- 原产地：圭亚那。
- 繁　殖：扦插、压条法。
- 花果期：花期春至秋。
- 日　照：全日照或半日照。
- 温　度：生长适温22℃~30℃。
- 土　壤：喜疏松、排水良好的微酸性土壤。
- 水　分：喜湿润。

形态特征 多年生常绿藤本，蔓长可达数米。叶互生，长卵形，先端渐尖，基部心形或楔形，叶缘有不规则浅疏齿。花单生于叶腋，花瓣长披针形，先端微急尖，稍外向下垂，红色。副花冠3轮，最外轮较长，紫褐色并散布有斑点状白色，内两轮为白色，稍短。

应用 花大，极为艳丽，果供观赏。盆栽可用于天台、阳台绿化，或植于庭院的棚架上或墙垣边观赏。

别名：百香果、计时果
科属：西番莲科西番莲属

学名| *Passionfora edulis*

鸡蛋果

- 原产地：大小安列斯群岛。
- 繁　殖：播种、扦插。
- 花果期：花期6月，果期11月。
- 日　照：全日照。
- 温　度：生长适温20℃~30℃。
- 土　壤：喜疏松、肥沃及排水良好的土壤。
- 水　分：喜湿润。

形态特征 草质藤本，长约6米。叶纸质，黄绿色，顶端短渐尖，基部楔形或心形，掌状3深裂。聚伞花序退化仅存1花，花白色，芳香。浆果。

应用 习性强健，结果率高，花、果供观赏，适合棚架、花篱或庭院栽培观赏；果可生食或作蔬菜，也可用于制作饮料，种子榨油供食用。

别名：两眼蛇、蛇眼藤
科属：西番莲科西番莲属

学名| *Passiflora moluccana var. teysmanniana*

蛇王藤

- 原产地：我国广东、广西及海南；老挝、越南及马来西亚也有。
- 繁　殖：播种、扦插。
- 花果期：花期1~4月，果期夏、秋。
- 日　照：全日照。
- 温　度：生长适温20℃~28℃。
- 土　壤：不择土壤。
- 水　分：喜湿润，也耐旱。

形态特征 常绿草质藤本，蔓长可达6米。叶革质，下面密被短绒毛，披针形、椭圆形至长椭圆形，先端钝尖或圆形，基部近心形。聚伞花序近无梗，单生于卷须与叶柄之间，花白色。浆果。

应用 盆栽可用于阳台、天台绿化，也适合庭院的小棚架、花架、绿篱、栅栏等绿化。

学名/ *Rivina humilis*

小商陆

别名：蕾芬、数珠珊瑚
科属：商陆科蕾芬属

果实特征
浆果，
红色或橙色

- 原产地：热带美洲。
- 繁　殖：播种、扦插。
- 花果期：花果期几乎全年。
- 日　照：全日照。
- 温　度：生长适温22℃~32℃。
- 土　壤：不择土壤。
- 水　分：喜湿润。

形态特征 常绿半灌木，茎直立。叶互生，卵形，顶端长渐尖，基部急狭或圆形，边缘有微锯齿。总状花序直立或弯曲，腋生，稀顶生，花白色或粉红色。果近球形，浆果，红色或橙色。

应用 花果期极长，观赏性高，果实小巧艳丽，为不可多得的观果植物。盆栽可用于阳台、窗台或案几上装饰，也适合庭院栽培观赏。

学名| *Phytolacca acinosa*

商陆

别名：狗头三七、野萝卜
科属：商陆科商陆属

- **原产地**：我国自东北、西北至华南、西南；日本及印度也有。
- **繁　殖**：播种。
- **花果期**：花、果期6~10月。
- **日　照**：全日照。
- **温　度**：生长适温15℃~30℃。
- **土　壤**：不择土壤。
- **水　分**：喜湿润。

形态特征　多年生直立草本，高30~150厘米。叶薄纸质或近于膜质，椭圆形、长椭圆形或披针状椭圆形，顶端锐尖或渐尖，基部楔形渐狭。总状花序顶生或与叶对生，直立，花两性，花被片5，白色、黄绿色或淡红色。浆果，成熟时黑色。

应用　果实可供观赏，园林中多植于路边或坡地观赏；根入药，据《图经本草》记载，商陆花有红白两种，花红者根红，有剧毒，仅供外用，白者可服食，需遵医嘱。

学名| *Phytolacca americana*

美洲商陆

别名：美国商陆、垂序商陆、洋商陆
科属：商陆科商陆属

- **原产地**：北美。
- **繁　殖**：播种。
- **花果期**：花期6~8月，果期8~10月。
- **日　照**：全日照。
- **温　度**：生长适温15℃~28℃。
- **土　壤**：不择土壤。
- **水　分**：喜湿润。

形态特征　多年生草本，株高1~2米。叶片椭圆状卵形或卵状披针形，顶端急尖，基部楔形。总状花序顶生或侧生，花白色，微带红晕。果序下垂，浆果扁球形，熟时紫黑色。

应用　果供观赏，适合公园、绿地墙垣边、路边或草地中栽培观赏；根、种子及叶入药，根可治水肿、白带及风湿，种子可利尿，叶有解热作用。

学名 *Punica granatum*

石榴

别名：安石榴、海石榴、若榴
科属：石榴科石榴属

- 原产地：伊朗和地中海沿岸国家。
- 繁　殖：播种、扦插或高压。
- 花果期：花期6~7月，果期9~10月。
- 日　照：全日照。
- 温　度：生长适温22℃~30℃。
- 土　壤：不择土壤，喜疏松、肥沃的壤土。
- 水　分：喜湿润，也耐旱。

形态特征 落叶灌木或小乔木，株高2~7米。叶对生或簇生，长倒卵形至长圆形，或椭圆状披针形，顶端尖。花1至数朵，生于枝顶或腋生，有短柄；花红、白、黄或深红色。浆果。

应用 叶、花、果兼优的庭院树种，盆栽可用于阳台、客厅、天台或庭院装饰；果枝、花枝可用于插花及制作果篮；根、叶、花均可药用；对二氧化硫和氯气等有害气体有较强的抗性。

别名：干枝梅、春梅
科属：蔷薇科杏属

学名| *Armeniaca mume*

梅花

- 原产地：我国长江流域及西南地区；日本及朝鲜也有。
- 繁　殖：播种、嫁接。
- 花果期：花期2~3月，果期6月。
- 日　照：全日照。
- 温　度：生长适温18℃~24℃。
- 土　壤：不择土壤，喜疏松、肥沃的沙质壤土。
- 水　分：喜湿润，也耐旱。

形态特征 落叶小乔木，株高达10米。叶广卵形至卵形，先端长渐尖或尾尖，边缘具细锯齿。花腋生，单生或两朵簇生，呈淡粉红、白、紫、红、彩斑至淡黄等花色，单瓣或重瓣，有暗香。先叶而开。核果。

应用 梅花冬季开花，花姿清雅，果供观赏。盆栽或盆景可用于居室美化；园林中常孤植、丛植或群植观赏；梅花是切花的优良材料，特别适合于古典插花或自然式插花；部分品种的果实可食用，适合盐渍、制作果脯等，也可酿酒。

学名| *Prunus pseudocerasus*

樱桃

别名：莺桃、英桃
科属：蔷薇科李属

- 原产地：我国辽宁、河北、陕西、甘肃、山东、河南、江苏、浙江、江西、四川。
- 繁　殖：分株、嫁接。
- 花果期：花期3~4月，果期5~6月。
- 日　照：全日照
- 温　度：生长适温16℃~26℃。
- 土　壤：喜肥沃、疏松及排水良好的中性壤土。
- 水　分：喜湿润，也耐旱。

形态特征 落叶乔木，株高2~6米。叶片卵形或长圆状卵形，先端渐尖或尾状渐尖，基部圆形，边有尖锐重锯齿。花序伞房状或近伞形，有花3~6朵，先叶开放，花瓣白色。核果。

应用 花色洁白，果实红艳，观赏性极佳，园林中常植于路边、墙垣边或一隅观赏；果实成熟后供食用，也可用于酿酒；枝、叶、根、花入药。

学名| *Prunus tomentosa*

毛樱桃

别名：山豆子、樱桃
科属：蔷薇科李属

- 原产地：我国华北、东北，西南地区亦有。
- 繁　殖：播种、嫁接、分株。
- 花果期：花期4月，果期6月。
- 日　照：全日照。
- 温　度：生长适温16℃~24℃。
- 土　壤：喜深厚、湿润、排水良好的壤土。
- 水　分：喜湿润，也耐旱。

形态特征 落叶灌木，株高2~3米。幼枝密生绒毛。叶倒卵形至椭圆状卵形，先端尖，锯齿常不整齐，表面皱，有柔毛，背面密生绒毛。花白色或略带粉色。萼红色，有毛。核果。

应用 果实红艳，观赏性佳，也适合庭院、公园或草坪边缘等处丛植、群植或孤植观赏；果成熟后可食。

别名：皱皮木瓜
科属：蔷薇科木瓜属

学名| *Chaenomeles speciosa*

贴梗海棠

- 原产地：我国西南至南部地区；缅甸也有。
- 繁　殖：播种、扦插、高压、嫁接。
- 花果期：花期3~5月，果期8~9月。
- 日　照：全日照。
- 温　度：生长适温15℃~25℃。
- 土　壤：不择土壤。
- 水　分：喜湿润，也耐旱。

形态特征 落叶灌木，株高达2米。单叶互生，卵形或椭圆形，先端渐尖，表面无毛，有光泽。花簇生，花梗短粗或近无梗，粉红色、朱红色、或白色，芳香。

应用 花艳丽，果实大，观赏性佳。盆栽用于卧室、书房、客厅及阳台等处观赏；园林中常用于路边、山石边或庭前栽培；果实可入药，花枝、果枝可用于插花。

别名：酸梅子　　科属：蔷薇科山楂属

学名| *Crataegus pinnatifida*

山楂

- 原产地：我国东北、华北、江苏；朝鲜半岛及西伯利亚地区也有。
- 繁　殖：扦插、嫁接。
- 花果期：花期5~6月，果期8~10月。
- 日　照：全日照。
- 温　度：生长适温15℃~25℃。
- 土　壤：喜排水良好、湿润的微酸性沙质壤土。
- 水　分：喜湿润，也耐旱。

形态特征 落叶小乔木，高2~3米。单叶互生，具托叶，叶宽卵形、长椭圆状卵形，顶端裂片不裂或3浅裂，先端渐尖或急尖，叶基部心形或近心形，边缘具齿。伞房花序，多花。花萼筒钟状，花瓣白色，边缘淡红色。果实椭圆形或长圆形。

应用 秋季果实累累，色泽艳丽。可制作盆景用于居室欣赏；园林中可用于路边或建筑物旁栽培；果熟后可食，也可制成干果、果脯、果酱、果干、果酒、罐头等；干果入药，具有消积化滞，健胃舒气的功效。

学名| *Crataegus pinnatifida var. major*

山里红

别名：红果、棠棣
科属：蔷薇科山楂属

- 原产地：栽培变种。
- 繁　殖：扦插、嫁接。
- 花果期：花期5~6月，果期秋季。
- 日　照：全日照。
- 温　度：生长适温15℃~25℃。
- 土　壤：不择土壤。
- 水　分：喜湿润，也耐旱。

形态特征 落叶乔木，高6~10米。叶广卵形或三角状卵形，先端渐尖，基部楔形或宽楔形，通常有3~5对羽状浅裂，裂片卵形至卵状披针形，边缘有稀疏不规则的重锯齿。伞房花序顶生，花白色。核果，近球形，深红色，果较山楂大。

应用 入秋后果实红艳，色泽美观。可制作盆景用于居室欣赏；园林中可用于路边或建筑物旁栽培；成熟后可鲜食，也可加工后食用。

学名| *Eriobotrya japonica*

枇杷

别名：卢橘
科属：蔷薇科枇杷属

- 原产地：我国四川、湖北；越南、缅甸、印度、印尼、日本也有。
- 繁　殖：播种。
- 花果期：花期11月至翌年2月，果期5~6月。
- 日　照：全日照。
- 温　度：生长适温12℃~28℃。
- 土　壤：喜肥沃、排水良好的微酸性或中性土壤。
- 水　分：喜湿润。

形态特征 常绿小乔木，株高可达10米。叶革质，倒披针形、倒卵形至矩圆形，先端尖或渐尖，基部楔形或渐狭成叶柄，边缘上部有疏锯齿。圆锥花序顶生，萼筒浅杯状，花白色，芳香。核果。

应用 是我国南方常见的果树，花、果均有观赏价值，适合公园、庭院等处栽培观赏；果可食；果、叶可供药用；材质优良，可做小型家具或农具。

学名| *Fragaria ananassa*

草莓

别名：凤梨草莓、荷兰草莓
科属：蔷薇科草莓属

- **原产地**：南美。
- **繁　殖**：分株。
- **花果期**：花期4～5月，果期5～7月。
- **日　照**：全日照。
- **温　度**：生长适温15℃～25℃。
- **土　壤**：喜疏松、肥沃、通气良好的沙质土壤。
- **水　分**：喜湿润。

形态特征 多年生草本，全体有柔毛，具匍匐茎。叶基生，掌状三出复叶，小叶卵形或菱形。聚伞花序，花白色或略带红色，萼片卵形。聚合果，球形或卵球形，鲜红色。

应用 果食成熟后红艳美观，可盆栽观赏，适合阳台、窗台摆放，也可植于庭院墙边、路边欣赏。果成熟后直接食用，也可作成果酱、罐头等。

学名| *Malus baccata*

山荆子

别名：山丁子、山定子
科属：蔷薇科苹果属

- **原产地**：我国东北、内蒙古、河北、山西、山东、陕西、甘肃；蒙古、朝鲜及俄罗斯也有。
- **繁　殖**：播种。
- **花果期**：花期4～6月，果期9～10月。
- **日　照**：全日照。
- **温　度**：生长适温15℃～25℃。
- **土　壤**：不择土壤。
- **水　分**：喜湿润，耐旱。

形态特征 落叶乔木，株高10～14米。叶片椭圆形或卵形，先端渐尖，稀尾状渐尖，基部楔形或圆形，边缘有细锐锯齿。伞形花序，花白色。果近球形，红色或黄色。

应用 入秋后果实转红，经久不凋，观赏性佳，适合公园、绿地等孤植、列植观赏；果味酸，可食。

学名| *Malus micromalus*

西府海棠

别名：小果海棠
科属：蔷薇科苹果属

果实特征
核果

- 原产地：我国北部。
- 繁　殖：嫁接、播种、扦根。
- 花果期：花期3~4月，果期8~9月。
- 日　照：全日照。
- 温　度：生长适温18℃~26℃。
- 土　壤：喜肥沃、疏松又排水良好的沙质壤土。
- 水　分：喜湿润，也耐干旱。

形态特征　落叶乔木，株高3~5米。叶长椭圆形，先端渐尖，茎部楔形，边缘有锯齿。伞形总状花序，花重瓣，淡红色，生于小枝顶端。核果。

应用　花姿明媚动人，果实繁密，观赏性佳，花朵红粉相间，为我国著名的观花乔木。是优良的庭院观赏树兼果用树种。

学名| *Malus pumila*

苹果

别名：柰
科属：蔷薇科苹果属

果实特征
仁果

- 原产地：欧洲及亚洲中部，全球的温带均有种植。
- 繁　殖：播种、嫁接。
- 花果期：花期春季，果期秋季。
- 日　照：全日照。
- 温　度：生长适温15℃~25℃。
- 土　壤：喜土层深厚、肥沃的土壤。
- 水　分：喜湿润，也耐旱。

形态特征　落叶乔木，树高可达15米。单叶互生，椭圆至卵圆形，叶缘有锯齿。伞房花序，花瓣白色，含苞时带粉红色。仁果。

应用　果大色美，挂果时间常，可制作成盆景用于居室欣赏；公园、绿地或庭院常植于路边观赏；果熟后可生食，也可加工成果酱、果脯、果干或罐头，也可用于酿酒。

学名| *Prinsepia utilis*

扁核木

别名：青刺尖，狗奶子
科属：蔷薇科扁核木属

- 原产地：我国云南、贵州、四川、西藏；东南亚也有。
- 繁　殖：播种。
- 花果期：花期4~5月，果期8~9月。
- 日　照：全日照或半日照。
- 温　度：生长适温18℃~24℃。
- 土　壤：喜深厚肥沃的土壤。
- 水　分：喜湿润，也耐旱。

形态特征 落叶灌木，株高1~5米。叶片长圆形或卵状披针形，顶端急尖或渐尖，基部宽楔形或近圆形，全缘或有浅锯齿。花多数成总状花序，生于叶腋或生于枝刺顶端。花瓣白色或黄色。核果。

应用 花繁叶茂，果实红艳可爱，适合配置于公园、庭院或绿地的假山旁、草坪、路边或林缘等处观赏。

学名| *Prunus japonica*

郁李

别名：赤李、山梅
科属：蔷薇科李属

- 原产地：我国黑龙江、吉林、辽宁、河北、山东、浙江；日本、朝鲜也有。
- 繁　殖：分株、扦插。
- 花果期：花期4~6月，果期7~8月。
- 日　照：全日照。
- 温　度：生长适温15℃~26℃。
- 土　壤：喜深厚湿润、排水良好的沙质壤土。
- 水　分：喜湿润。

形态特征 落叶灌木，株高达1.5米。叶互生，卵状披针形，先端尾状渐尖，基部圆形，边缘有尖锐重锯齿。春季花叶同时开放，花单生或2~3簇生，粉红色或近白色。核果。

应用 花朵繁茂，果实艳丽，为优良的观花、观果灌木，宜丛植于庭院、草坪、路边、假山旁等处；果成熟后可食。

学名| *Prunus salicina*

李

别名：山李子、嘉庆子、玉皇李
科属：蔷薇科李属

原产地：我国西南、华南、华东，陕西、甘肃。
繁　殖：嫁接、播种。
花果期：花期3~4月，果期 7~8月。
日　照：全日照。
温　度：生长适温15℃~30℃。
土　壤：喜排水良好的沙质土壤。
水　分：喜湿润，也耐旱。

形态特征　落叶乔木，株高9~12米。叶椭圆状倒卵形，先端突渐尖，边缘有细密浅圆钝重锯齿。花常3朵簇生，先叶开放，花白色。核果。

应用　果大，色泽美观，适合公园、风景区或庭院栽培观赏；果实成熟后可食用，是我国著名的果树。

学名| *Pyracantha fortuneana*

火棘

别名：火把果、救军粮
科属：蔷薇科火棘属

原产地：我国黄河以南及广大西南地区。
繁　殖：播种、扦插或高压。
花果期：花期4~5月，果期9~11月。
日　照：全日照。
温　度：生长适温20℃~30℃。
土　壤：喜排水良好酸碱适中的肥沃土壤。
水　分：喜湿润，也耐旱。

形态特征　常绿灌木或小乔木。单叶互生，倒卵形或倒卵状长圆形，先端钝圆开微凹，有时具短尖头，基部楔形，边缘有钝锯齿。复伞房花序，花白色。梨果近球形，红色。

应用　火棘枝叶繁茂，花白如雪，果实累累，观赏性极佳。盆栽可用于阳台、窗台等处观赏，也是制作盆景的优良材料；果成熟后可食。

别名：梨
科属：蔷薇科梨属

学名| *Pyrus bretschneideri*

白梨

- **原产地**：我国河北、河南、山东、山西、陕西、甘肃、青海。
- **繁　殖**：嫁接。
- **花果期**：花期4月，果期8~9月。
- **日　照**：全日照。
- **温　度**：生长适温15℃~26℃。
- **土　壤**：喜排水良好、肥沃的壤土。
- **水　分**：喜湿润，也耐旱。

形态特征 落叶乔木，株高5~8米。叶片卵形或椭圆形，先端渐尖稀急尖，基部宽楔形，稀近圆形，边缘有尖锐锯齿。伞形总状花序，苞片膜质，花瓣卵形，花白色。仁果。

应用 果大，色泽金黄，可供观赏。可制作成盆景用于居室装饰；多做果树栽培，果实成熟可食用。

别名：麻梨
科属：蔷薇科梨属

学名| *Pyrus pyrifolia*

沙梨

- **原产地**：我国江苏、安徽、浙江、江西、湖南、湖北、福建、广东、广西、四川、云南和贵州等省。
- **繁　殖**：播种。
- **花果期**：花期3~4月，果期8月。
- **日　照**：全日照。
- **温　度**：生长适温18℃~28℃。
- **土　壤**：不择土壤。
- **水　分**：喜湿润，也耐旱。

形态特征 乔木，高达7~15米。二年生枝暗褐色，具疏皮孔。叶卵形或卵状椭圆形，边缘有刺芒锯齿。伞形总状花序，具花6~9朵；花白色。果实近球形，浅褐色。

应用 花洁白、果成熟后褐色，供观赏，园林中常用于水岸边、建筑物旁或路边栽培；嫩叶、果实可食用。

学名| *Rubus rosaefolius*

空心泡

别名：蔷薇莓、龙船泡
科属：蔷薇科悬钩子属

- **原产地：** 我国江西、湖南、安徽、浙江、福建、台湾、广东、广西、四川、贵州；东南亚、南亚、大洋洲、非洲、马达加斯加也有。
- **繁　殖：** 播种。
- **花果期：** 花期3~5月，果期6~7月。
- **日　照：** 全日照或半日照。
- **温　度：** 生长适温16℃~28℃。
- **土　壤：** 不择土壤。
- **水　分：** 喜湿润。

形态特征 灌木，高2~3米。小枝具扁平皮刺。单数羽状复叶，小叶5~7，披针形或卵状披针形，边缘具尖重锯齿。花1~2朵，顶生或腋生，花白色。聚合果矩圆形，红色。

应用 白花红果，花具芳香，可用来布置山石、路边、林下或庭院中。根、嫩枝及叶入药，具有清热止咳、止血、祛风湿的功效。

学名| *Sorbus pohuashanensis*

花楸

别名：红果臭山槐、绒花树、马加木
科属：蔷薇科花楸属

- **原产地：** 我国东北、内蒙古、河北、山西、甘肃、山东。
- **繁　殖：** 播种。
- **花果期：** 花期6月，果期9~10月。
- **日　照：** 全日照。
- **温　度：** 生长适温15℃~25℃。
- **土　壤：** 不择土壤。
- **水　分：** 喜湿润，耐旱。

形态特征 落叶乔木，株高可达8米。奇数羽状复叶，基部和顶部的小叶常稍小，卵状披针形或椭圆披针形，先端急尖或短渐尖，基部偏斜圆形，边缘有细锐锯齿，基部或中上部以下近全缘。复伞房花序具多花，花白色。果实近球形，红色或橘红色。

应用 果密集，色泽鲜艳，树形美观，观赏价值高，适合公园、绿地等林缘、路边、建筑旁栽培观赏。

别名：杏树、杏花
科属：蔷薇科杏属

学名| *Armeniaca vulgaris*

杏

- **原产地：** 我国西北、东北、华北、西南及长江流域各省区。
- **繁　殖：** 播种。
- **花果期：** 花期3~4月，果期6~7月。
- **日　照：** 全日照。
- **温　度：** 生长适温16℃~25℃。
- **土　壤：** 不择土壤。
- **水　分：** 喜湿润，也耐旱。

形态特征 乔木，高5~12米。叶宽卵形或卵圆形，顶端急尖或短渐尖，基部圆形或近心形，叶缘有圆钝锯齿。花单生，花瓣白色或带红色。果球形白色，黄色至黄红色。

应用 果实繁密，色泽美观，可供观赏，适合公园、绿地植于草地中、路边或建筑物旁；果肉可食，具甜香，也可加工成罐头及杏干、杏脯；种仁入药，具有镇咳定喘的效用。

别名：毛桃、白桃
科属：蔷薇科桃属

学名| *Amygdalus persica*

桃

- **原产地：** 我国中部及北部。
- **繁　殖：** 播种、扦插或嫁接。
- **花果期：** 花期3~4月，果期6~9月。
- **日　照：** 全日照。
- **温　度：** 生长适温15℃~26℃。
- **土　壤：** 喜肥沃排水良好的壤土或沙质壤土。
- **水　分：** 喜湿润，也耐旱。

形态特征 落叶小乔木，株高可达8米。单叶互生，椭圆状披针形，先端长尖，边缘有粗锯齿。花单生，有白、粉红、红等花色，重瓣或半重瓣，先叶开放。核果。

应用 果大，色泽美观，可用于观赏。可制作成盆景用于室内观赏；园林中常丛植、列植、孤植于路边、草坪、水岸边观赏；果成熟后可食。

学名| *Morinda parvifolia*

百眼藤

别名：鸡眼藤、红珠藤
科属：茜草科巴戟天属

- **原产地**：我国江西、福建、台湾、广东、香港、海南及广西等省区。
- **繁　殖**：播种、扦插、块根。
- **花果期**：花期4~6月，果期7~8月。
- **日　照**：全日照。
- **温　度**：生长适温16℃~28℃。
- **土　壤**：不择土壤。
- **水　分**：喜湿润，也耐旱。

形态特征 攀缘、缠绕或平卧木质藤本。叶型多变，在阳地、蔽荫地及攀缘于灌木上的叶型均有差异，有倒卵形、线状倒披针形、倒披针形、倒卵状披针形或近披针形。头状花序近球形或稍呈圆锥状。核果近球形，熟时橙红至橘红。

应用 小花洁白，果鲜红，观赏性佳。盆栽适合阳台、天台绿化；适合小型棚架、花架及墙垣绿化观赏。

别名：咖啡
科属：茜草科咖啡属

学名/ *Coffea arabica*

小粒咖啡

- 原产地：埃塞俄比亚或阿拉伯半岛。
- 繁　殖：播种、扦插。
- 花果期：花期3~4月。
- 日　照：全日照。
- 温　度：生长适温18℃~28℃。
- 土　壤：喜肥沃、排水良好的沙质壤土。
- 水　分：喜湿润。

形态特征 小乔木或大灌木，株高5~8米。叶薄革质卵状披针形或披针形，顶端长渐尖，基部楔形或微钝，全缘或呈浅波形。聚伞花序，花冠白色，芳香。浆果成熟时阔椭圆形，红色。

应用 多作经济作物栽培，果色泽艳丽，可用于观赏，也适合公园、绿地等植于路边、林缘绿化；果经过加工后作饮料。

别名：咖啡
科属：茜草科咖啡属

学名/ *Coffea canephora*

中粒咖啡

- 原产地：非洲赤道的森林内。
- 繁　殖：播种、扦插。
- 花果期：花期4~6月。
- 日　照：半日照。
- 温　度：生长适温18℃~28℃。
- 土　壤：喜疏松、肥沃、排水良好的沙质土壤。
- 水　分：喜湿润。

形态特征 小乔木或灌木，株高4~8米。叶厚纸质，椭圆形，卵状长圆形或披针形，顶端急尖，基部楔形，全缘或呈浅波形。聚伞花序，花冠白色，少有浅红色。浆果近球形。

应用 果实红艳，色泽美观，可用于观赏，适合公园或庭院栽培欣赏；果具香气，果实含咖啡因较大粒和小粒咖啡高，香味稍淡。

学名| *Coffea liberica*

大粒咖啡

别名：咖啡
科属：茜草科咖啡属

- 原产地：非洲西海岸的利比里亚的低海拔森林内。
- 繁　殖：播种或扦插。
- 花果期：花期1~5月，果期4~6月。
- 日　照：全日照。
- 温　度：生长适温18℃~28℃。
- 土　壤：喜疏松、肥沃、排水良好的沙质土壤。
- 水　分：喜湿润。

形态特征 大乔木或大灌木，高6~15米。叶薄革质，椭圆形、倒卵状椭圆形或披针形，顶端阔急尖，基部阔楔尖，全缘。聚伞花序短小，2朵至数朵簇生于叶腋或在老枝的叶痕上。浆果大，阔椭圆形。

应用 果实艳丽，供观赏，也常用于公园或庭院绿化；果香气浓郁，用于制作饮料，含咖啡因。

学名| *Diplospora dubia*

狗骨柴

别名：三萼木、狗骨仔
科属：茜草科狗骨柴属

- 原产地：我国江苏、安徽、浙江、江西、福建、台湾、湖南、广东、香港、广西、海南、四川、云南；日本、越南也有。
- 繁　殖：播种。
- 花果期：花期4~8月，果期5月到翌年2月。
- 日　照：全日照。
- 温　度：生长适温16℃~28℃。
- 土　壤：不择土壤。
- 水　分：喜湿润，耐旱。

形态特征 灌木或乔木，株高1~12米。叶革质，少为厚纸质，卵状长圆形、长圆形、椭圆形或披针形，顶端短渐尖、骤然渐尖或短尖，尖端常钝，基部楔形或短尖、全缘而常稍背卷。花冠白色或黄色。浆果，暗红色。

应用 果繁密，红艳可爱，观赏效果极佳。盆栽可用于阳台、天台及阶前美化；适合公园、绿地路边、墙垣边及假山石边栽培观赏。

别名：回青橙、代代酸橙
科属：芸香科柑橘属

学名| *Citrus aurantium* 'Daidai'

代代

果实特征
果实扁圆形，橙红色

- **原产地**：栽培种。
- **繁　殖**：嫁接或播种。
- **花果期**：花期5~6月，果期12月。
- **日　照**：全日照。
- **温　度**：生长适温20~28℃。
- **土　壤**：喜疏松、肥沃、排水良好的微酸性土壤。
- **水　分**：喜湿润，不耐旱。

形态特征 常绿灌木，株高2~5米。叶互生，革质，椭圆形至卵状椭圆形，边缘有波状缺刻。花1朵或几朵簇生枝顶或叶腋，总状花序，花白色，具浓香。果实扁圆形，橙红色。

应用 盆栽装饰阳台、天台及客厅；花可薰茶；花、叶、果皮可提取芳香油；果实、果皮可入药。

学名| *Citrus medica var. sarcodactylis*

佛手

别名：佛手柑、五指柑
科属：芸香科柑橘属

果实特征
果实长形
上部分裂如掌

- 原产地：我国华南、东南热带地区。
- 繁　殖：嫁接。
- 花果期：花期4~9月，果期11~12月。
- 日　照：全日照。
- 温　度：生长适温22℃~30℃。
- 土　壤：喜排水良好、肥沃湿润的酸性沙质壤土。
- 水　分：喜湿润。

形态特征 常绿小乔木，株高1米左右。单叶互生，长椭圆形，先端圆钝或微凹，叶缘有波状锯齿。花单生或簇生，总状花序，花有白、红、紫色，果实长形，橙黄色，上部分裂如掌，成手指状，具芳香。

应用 果形奇特，常盆栽观赏，适合卧室、客厅或阳台摆放观赏；果皮和叶含有芳香油，可用作调香原料；果和花均可入药，具有理气和胃的功效。

别名：黄弹、黄旦、黄段
科属：芸香科黄皮属

学名 *Clausena lansium*

黄皮

- 原产地：我国云南、广东、广西、海南、福建、台湾、贵州、四川。
- 繁　殖：播种、嫁接、高压。
- 花果期：花期2~3月，果期8月。
- 日　照：全日照。
- 温　度：生长适温20℃~28℃。
- 土　壤：喜疏松、排水良好的微酸性壤土。
- 水　分：喜湿润。

形态特征 乔木，高达12米。奇数羽状复叶，互生，广卵形或卵状长圆形，顶端急尖或短尖，基部宽楔形至圆形，边缘为浅波状或具浅圆锯齿。花白色、芳香。果圆球形、卵形或鸡心形，黄色至暗黄色。

应用 果实悬垂于枝间，观赏性佳，适合公园、绿地路边、建筑旁栽培观赏；果实成熟后可食，是岭南等地常见的热带水果；根、叶入药。

科属：芸香科柑橘属

学名 *Fortunella 'Calamondin'*

四季橘

- 原产地：杂交种。
- 繁　殖：播种、嫁接。
- 花果期：花期4~5月，果期11月至翌年1月。
- 日　照：全日照。
- 温　度：生长适温18℃~28℃。
- 土　壤：喜疏松、肥沃的微酸性壤土。
- 水　分：喜湿润。

形态特征 常绿小灌木。叶椭圆形，夏稍叶通常为倒卵状椭圆形，顶端圆、钝、或短尖，质较厚，浓绿。果扁圆，两端中央凹陷，顶部最明显，果皮深橙黄至橙红色，具香气。

应用 果实金黄，圆润可爱，多盆栽，适合卧室、客厅等处摆放观赏；果入药，具有化痰、止咳、理气、消食的功效。

学名| *Citrus grandis*

柚子

别名：文旦、柚
科属：芸香科柑橘属

- 原产地：我国热带、亚热带地区。
- 繁　殖：嫁接。
- 花果期：花期3~4月，果期9~10月。
- 日　照：全日照。
- 温　度：生长适温22℃~30℃。
- 土　壤：喜肥沃、疏松、排水良好的沙质壤土。
- 水　分：喜湿润。

形态特征　常绿小乔木。叶厚，阔卵形或椭圆形，顶端圆或钝，有时短尖，基部圆。总状花序，有时兼有腋生单花，花蕾淡红色，开放后白色，具芳香。果大，梨形或扁圆形。

应用　枝叶常绿，花洁白芳香，观赏价值较高。大型盆栽可用于厅堂或阶前观赏；果肉可食，香甜；叶、花、果皮含有芳香油。

学名| *Citrus limon*

柠檬

别名：黎檬、洋柠檬
科属：芸香科柑橘属

- 原产地：原产地不详。
- 繁　殖：嫁接。
- 花果期：花期春季，果期秋季。
- 日　照：全日照。
- 温　度：生长适温22℃~30℃。
- 土　壤：喜疏松、肥沃及排水良好的微酸性壤土。
- 水　分：喜湿润。

形态特征　小乔木，高3~5米，具直刺。叶互生，淡绿色，椭圆状卵形，顶端短渐尖或钝，叶缘具细齿。花单生或簇生于叶腋内，花瓣4~5，外面淡红色，内面白色。果椭圆形至卵形，顶端乳头状。

应用　果实成熟后金黄色，观赏性佳，常盆栽，用于书桌、案几上摆放观赏，也可用于公园、庭院绿化；果肉酸，通常榨汁作调味品，也做清凉饮料。

别名：朱红、朱橘
科属：芸香科柑橘属

学名| *Citrus reticulata 'zhuhong'*

朱砂橘

果实特征
果扁球形
顶端稍凹入

- **原产地：** 栽培种。
- **繁　殖：** 播种、嫁接。
- **花果期：** 花期春季，果期秋冬。
- **日　照：** 全日照。
- **温　度：** 生长适温20℃~28℃。
- **土　壤：** 喜疏松、肥沃的微酸性壤土。
- **水　分：** 喜湿润。

形态特征 常绿灌木或小乔木。叶椭圆形，两端尖，全缘，或有枝状钝齿，正面深绿色，背面淡绿色。花小，黄白色。果扁球形，顶端稍凹入，果皮朱红色，果肉赤橙色。

应用 冬季果实累累，色泽鲜艳，为我国著名的年宵花卉之一，常盆栽，大盆常用于办公楼、工厂、校园等大门两侧摆放，小盆适合客厅或阳台摆放观赏。

学名| *Citrus sinensis*

甜橙

别名：黄果、广柑
科属：芸香科柑橘属

- 原产地：我国东南部。
- 繁　殖：嫁接。
- 花果期：花期3~5月。
- 日　照：全日照。
- 温　度：生长适温22℃~30℃。
- 土　壤：喜疏松、肥沃的山地土壤。
- 水　分：喜湿润，也耐旱。

形态特征 常绿乔木。叶片卵形或卵状椭圆形，少披针形，全缘。总状花序，花两性，白色，单生或数朵簇生于叶腋。果圆球形，扁圆形或椭圆形，橙黄至橙红色。

应用 果大，秋季果实累累，可供观赏。盆栽适合阳台、卧室、书房或阶前摆放；果实供生食及加工制橙汁和橙汁粉；橙皮可提橙油，供制香水、香料；橙皮入花。

学名| *Citrus sinensis 'variegata'*

西瓜桔

别名：锦柑
科属：芸香科柑橘属

- 原产地：栽培种。
- 繁　殖：嫁接。
- 花果期：全年均可开花结果。
- 日　照：全日照。
- 温　度：生长适温20℃~30℃。
- 土　壤：喜疏松、肥沃的微酸性壤土。
- 水　分：喜湿润。

形态特征 常绿灌木或小乔木。叶片卵形或卵状椭圆形，全缘，叶片具黄色边缘或黄斑。总状花序，花两性，白色，单生或数朵簇生于叶腋。果圆球形，成熟后黄色，上有绿色纵纹。

应用 果实奇特，状似西瓜，叶色斑斓，花洁白芳香，观赏效果极佳，多盆栽，用于卧室、客厅及阳台欣赏。

科属：芸香科金橘属

学名| *Fortunella 'Chintan'*

金弹

果实特征
果近圆球形或阔卵形

- 原产地：栽培种。
- 繁　殖：嫁接。
- 花果期：花期春季，果期冬季。
- 日　照：全日照。
- 温　度：生长适温22℃~30℃。
- 土　壤：喜疏松、肥沃的微酸性壤土。
- 水　分：喜湿润。

形态特征 常绿小灌木。叶厚，浓绿，先端钝或稍尖，基部钝圆。花白色。果近圆球形或阔卵形，果皮较厚，果皮、果肉味甜。

应用 果金黄，挂果时间长，为优良的观果花卉，多盆栽，适合卧室、窗厅、阳台或门廊两侧摆放观赏。

别名：千里香
科属：芸香科九里香属

学名| *Murraya paniculata*

九里香

果实特征
浆果

- 原产地：亚洲热带及亚热带地区。
- 繁　殖：播种、扦插、压条。
- 花果期：花期7~10月，果期10月至翌年2月。
- 日　照：全日照。
- 温　度：生长适温16℃~28℃。
- 土　壤：喜疏松肥沃、排水良好的中性壤土。
- 水　分：喜湿润。

形态特征 常绿灌木或小乔木，株高1~2米。奇数羽状复叶互生，小叶卵形、匙状倒卵形或近菱形，全缘。聚伞花序顶生或腋生，花白色。浆果。

应用 盆栽装饰阳台、卧室、书房及客厅等处；园林中常用作绿篱，也可孤植或丛植。

学名| *Zanthoxylum bungeanum*

花椒

别名：秦椒、山椒
科属：芸香科花椒属

果实特征
果球形，红色至紫红色

- 原产地：我国东北南部至五岭北坡，东南至江苏、浙江沿海地带，西南至西藏东南部。
- 繁　殖：播种
- 花果期：花期4~5月，果期8~10月。
- 日　照：全日照。
- 温　度：生长适温18~25℃
- 土　壤：喜肥沃、排水良好的壤土。
- 水　分：喜湿润，也耐旱。

形态特征 落叶灌木或小乔木，株高3~7米。奇数羽状复叶，互生，卵状、椭圆形，稀披针形。聚伞状圆锥花序顶生，花黄绿色。蓇葖果球形，红色至紫红色。

应用 果小繁密，可用于观赏，适合庭院、公园等路边、建筑物旁或一隅栽培欣赏；花椒果是常用的调味料；果皮含有精油，作食用调料或工业用油；花椒可入药，具有行气、逐寒、止痛、杀虫的功效。

别名：风船葛、野苦瓜
科属：无患子科倒地铃属

学名| *Cardiospermum halicacabum*

倒地铃

- 原产地：我国东部、南部及西南，北部少见。
- 繁　殖：播种。
- 花果期：花期夏、秋，果期秋季至初冬。
- 日　照：全日照。
- 温　度：生长适温20℃~30℃。
- 土　壤：不择土壤。
- 水　分：喜湿润。

形态特征 草质攀缘藤本，蔓长可达5米。二回三出复叶，薄纸质，顶生的斜披针形或近菱形，顶端渐尖，侧生的稍小，卵状或长椭圆形，边缘有疏锯齿或羽状分裂。圆锥花序腋生，花白色。蒴果。

应用 花、果均有较高的观赏价值，盆栽可用于天台、阳台绿化，或植于庭院的栅栏、绿篱、花架等处观赏。

学名| *Dimocarpus longan*

龙眼

别名：桂圆
科属：无患子科龙眼属

- 原产地：我国西南和东南部各省；斯里兰卡、印度、缅甸、中南半岛、马来西亚、菲律宾至达伊里安岛和日本，多为栽培。
- 繁　殖：嫁接、播种。
- 花果期：花期春季，果期夏季。
- 日　照：全日照。
- 温　度：生长适温22℃~30℃。
- 土　壤：喜疏松、肥沃、排水良好的微酸性土壤。
- 水　分：喜湿润。

形态特征 乔木，高约10余米。偶数羽状复叶，对生或互生，小叶薄革质，披针形或长圆状披针形，先端急尖或短渐尖，基部稍偏斜，楔形至圆形，全缘。圆锥花序顶生或生于上部叶腋，小花黄白色。果球形。

应用 为著名水果，果可供观赏，适合公园、绿地等园路两边或建筑物旁栽培欣赏；果实成熟时可生食，也可晒干食用；果肉及核入药；木材可作家具或用于雕刻等。

学名| *Nephelium lappaceum*

红毛丹

别名：韶子、毛龙眼、毛荔枝
科属：无患子科韶子属

- 原产地：亚洲热带。
- 繁　殖：播种、高压或嫁接。
- 花果期：花期夏初，果期秋初。
- 日　照：全日照。
- 温　度：生长适温23℃~32℃。
- 土　壤：喜疏松、排水良好的微酸性土壤。
- 水　分：喜湿润。

形态特征 常绿乔木，株高10余米。叶薄革质，椭圆形或倒卵形，顶端钝或微圆，有时近短尖，基部楔形，全缘。花序常多分枝，萼片革质，无花瓣。果阔椭圆形，红黄色，具软刺。

应用 果实艳丽奇特，观赏性佳，适合热带地区公园、绿地栽培观赏；果成熟后可食，为著名的热带水果。

别名：灯笼树
科属：无患子科栾树属

学名| *Koelreuteria paniculata*

栾树

- 原产地：我国北部与中部，华北较为常见；日本、朝鲜亦有。
- 繁　殖：播种、分蘖、根插。
- 花果期：花期6~7月，果期8~9月。
- 日　照：全日照。
- 温　度：生长适温16℃~28℃。
- 土　壤：不择土壤。
- 水　分：喜湿润，也耐干旱。

形态特征　落叶乔木，株高达15米。奇数羽状复叶，互生，小叶卵形或椭圆形，先端尖或渐尖，叶缘具粗锯齿，近基部常有深裂片。圆锥花序顶生，花小，金黄色。蒴果。

应用　株型美观，果似串串灯笼悬于枝间，极美丽，园林中常用作庭荫树、风景树及行道树，也可用于水土保持工程。

别名：丹荔
科属：无患子科荔枝属

学名| *Litchi chinensis*

荔枝

- 原产地：我国西南部、南部及东南部。
- 繁　殖：嫁接、播种。
- 花果期：花期2~4月，果期5~7月。
- 日　照：全日照。
- 温　度：生长适温22℃~30℃。
- 土　壤：喜疏松、肥沃的微酸性土壤。
- 水　分：喜湿润。

形态特征　大乔木，高达20米。羽状复叶，长有小叶，小叶对生或近对生，近革质，披针形，先端渐尖或急渐尖，基部阔楔形，全缘。圆锥花序顶生，小花绿白色。果卵形或近球形。

应用　入夏果实累累，色泽艳丽，观赏性极佳，适合公园、绿地、风景区园路两边栽培；果肉味美，熟后生食，也可制成干果；根、种子入药。

学名| *Koelreuteria bipinnata var. integrifoliola*

黄山栾树

别名：全缘叶栾树
科属：无患子科栾树属

果实特征
蒴果椭圆形或近球形，具3棱

- **原产地：**我国广东、广西、江西、湖南、湖北、江苏、浙江、安徽、贵州。
- **繁　殖：**播种、分蘖。
- **花果期：**花期7~9月，果期8~10月。
- **日　照：**全日照。
- **温　度：**生长适温16℃~28℃。
- **土　壤：**不择土壤。
- **水　分：**喜湿润，耐旱。

形态特征 乔木，株高可达20米。叶二回羽状复叶，小叶互生，很少对生，纸质或近革质，斜卵形，顶端短尖至短渐尖，基部阔楔形或圆形，略偏斜，全缘，有时一侧近顶部边缘有锯齿。圆锥花序，花瓣4，花丝白色。蒴果椭圆形或近球形，具3棱，淡紫红色，老熟时褐色。

应用 株型美观，果形奇特美观，可作为观赏果花卉栽培，适合公园、绿地路边、草地边缘或建筑物旁栽培观赏。

别名：奇迹果
科属：山榄科神秘果属

学名| *Synsepalum dulcificum*

神秘果

果实特征
浆果，成熟后呈鲜红色

- 原产地：西非。
- 繁　殖：播种、高压。
- 花果期：花期2~5月，果期4~7月。
- 日　照：全日照。
- 温　度：生长适温22℃~32℃。
- 土　壤：喜肥沃、排水良好的微酸性沙质土壤。
- 水　分：喜湿润。

形态特征 常绿灌木，树高可达2~5米。叶倒披针形或倒卵形，多数丛生枝端或主干互生，叶脉明显，侧脉互生。花开叶腋，花乳白或淡黄色，全年开花，花有淡香。浆果，成熟后呈鲜红色。

应用 株型美观，果实红艳，观赏性佳。盆栽可用于阳台、客厅或置于阶前观赏；果成熟后可食用，能改变味觉。

学名| *Lucuma nervosa*

蛋黄果

别名：蛋果、桃榄、仙桃
科属：山榄科蛋黄果属

- 原产地：南美洲秘鲁。
- 繁　殖：播种或嫁接。
- 花果期：花期4~5月。
- 日　照：全日照。
- 温　度：生长适温23℃~30℃。
- 土　壤：不择土壤。
- 水　分：喜湿润。

形态特征 常绿乔木，高8~12米。叶互生，长圆状倒卵形，先端钝或渐尖，基部楔形，叶面叶脉明显，叶背叶脉凸起。花聚生于枝顶叶腋，白色。果球形、桃形或纺锤形，成熟时黄绿色至橙黄色。

应用 果实色泽美观，似蛋黄，观赏价值较高，适合公园、绿地或庭院栽培观赏；果实成熟后可食。

科属：山榄科铁线子属

学名/ *Manilkara zapota*

人心果

- 原产地：美洲热带。
- 繁　殖：播种、高压或嫁接。
- 花果期：花果期4~9月。
- 日　照：全日照。
- 温　度：生长适温22℃~30℃。
- 土　壤：喜肥沃深厚的沙质壤土。
- 水　分：喜湿润。

形态特征 常绿乔木，高达25米。单叶互生，集生于枝梢，革质，卵状长椭圆形，全缘。花细小，黄白色。浆果纺锤形、卵形或球形。

应用 冠型优美，四季常绿，果实诱人，适合公园、风景区或庭院丛植、孤植观赏；果成熟后可食用。

学名| *Capsicum annuum var.conoides*

指天椒

别名：观赏辣椒、彩色椒
科属：茄科辣椒属

- **原产地**：美洲热带。
- **繁　殖**：播种。
- **花果期**：花期5~9月，果熟期7~10月。
- **日　照**：全日照。
- **温　度**：生长适温15℃~30℃。
- **土　壤**：疏松、肥沃的微中性或酸性土壤。
- **水　分**：喜湿润。

形态特征 多年生草本，常作1年生栽培，株高30~60厘米。茎半木质化，分枝多。单叶互生，卵状或卵状披针形。花单生叶腋或簇生枝梢顶端，花小、花色。浆果直立，指形，成熟时有白、黄、橙、红、紫等色。

应用 果实色泽丰富，为著名的观果植物，常盆栽，适合窗台、书桌、案几上摆放观赏，也可用于花坛、墙垣边栽培观赏。

别名：西枸杞、中宁枸杞
科属：茄科枸杞属

学名| *Lycium barbarum*

宁夏枸杞

- 原产地：我国北部。
- 繁　殖：播种、扦插。
- 花果期：花期5~10月，果期6~10月。
- 日　照：全日照。
- 温　度：生长适温15℃~25℃。
- 土　壤：喜肥沃、排水良好的沙质土壤。
- 水　分：喜湿润，也耐旱。

形态特征　落叶大灌木，高2~4米。叶在长枝下半部常2~3片簇生，在短枝或长枝顶端上为互生；叶披针形或长椭圆状披针形，先端渐尖，基部楔形而略下延，全缘。花冠漏斗状，紫红色。浆果倒卵形，橘红色。

应用　适合庭院栽培观赏并食用；果食多制成干品，可泡茶或作菜肴的配料；果实入药，可滋补强身。

别名：山枸杞、枸杞菜、狗奶子
科属：茄科枸杞属

学名| *Lycium chinense*

枸杞

- 原产地：我国东北、河北、山西、陕西、甘肃以及西南、华中、华南和华东各省。
- 繁　殖：播种、扦插。
- 花果期：花果期6~11月。
- 日　照：全日照。
- 温　度：生长适温16℃~30℃。
- 土　壤：不择土壤。
- 水　分：喜湿润，也耐旱。

形态特征　分枝灌木，株高0.5~1米。叶纸质，单叶互生或2~4枚簇生，卵形、卵状菱形、长椭圆形、卵状披针形，顶端急尖，基部楔形。花冠淡紫色。浆果红色，卵状。

应用　果实艳丽，可用于观赏，适合公园、绿地或庭院植于路边或墙垣边欣赏；嫩枝叶可作蔬菜，果实成熟后可直接食用或制成干果食用。

学名| *Capsicum annuum* cv.

五角辣椒

别名：指天椒、彩色椒
科属：茄科辣椒属

- **原产地：** 栽培种。
- **繁　殖：** 播种。
- **花果期：** 花期春季，果熟夏秋。
- **日　照：** 全日照。
- **温　度：** 生长适温16℃~30℃。
- **土　壤：** 喜肥沃、排水良好的土壤。
- **水　分：** 喜湿润。

形态特征 多年生草本，常作1年生栽培，株高30～60厘米。茎半木质化，分枝多。单叶互生，卵状或卵状披针形。花白色。浆果，红色，前端具突起，角状。

应用 果形奇特，观赏性极佳，多作盆栽，适合阳台、窗台或天台摆放观赏，也可植于庭院或公园路边、墙垣边观赏。

学名| *Physalis alkekengi* var. *franchitii*

红姑娘

别名：酸浆、挂金灯
科属：茄科酸浆属

- **原产地：** 我国除西藏外，全国均有分布；朝鲜及日本也有。
- **繁　殖：** 播种。
- **花果期：** 花期春季，果期秋季。
- **日　照：** 全日照。
- **温　度：** 生长适温15℃~25℃。
- **土　壤：** 不择土壤。
- **水　分：** 喜湿润。

形态特征 多年生草本，株高40～80厘米。叶长卵形至阔卵形，有时菱状卵形，顶端渐尖，基部不对称狭楔形、下延至叶柄，全缘而波状或者有粗牙齿。花冠辐状，白色。果萼宿存，橙红或火红色，浆果，橙红色。

应用 果实成熟后，果萼红色，观赏性极佳，适合公园的墙垣边、园路两侧或林下等处种植观赏，也适宜庭院栽植欣赏；浆果成熟后可食，成熟后用线串起挂在房檐下，冬季食用味道更佳。

别名：迷你番茄
科属：茄科番茄属

学名 *Lycopersicon esculentum var.cerasiforme*

樱桃番茄

- 原产地：南美洲。
- 繁　殖：播种。
- 花果期：花果期夏、秋季。
- 日　照：全日照。
- 温　度：生长适温15℃~30℃。
- 土　壤：喜疏松、肥沃的沙质壤土。
- 水　分：喜湿润，也耐旱。

形态特征 一年生或多年生蔓性草本。叶羽状复叶或羽状深裂，小叶不规则，卵形或矩圆形。花序常3~7朵花，花冠黄色。浆果扁球状或近球状，橘黄色或红色。

应用 果实艳丽，小巧可爱，适合公园等植于篱笆、栅栏等观赏或用于农业观光园；果实成熟后可当水果食用或用于作菜肴。

学名| *Solanum muricatum*

南美香瓜茄

别名：人参果
科属：茄科茄属

- 原产地：南美洲。
- 繁　殖：播种。
- 花果期：花期春季，果实秋季。
- 日　照：全日照。
- 温　度：生长适温18℃~25℃。
- 土　壤：喜肥沃、疏松及排水良好的土壤。
- 水　分：喜湿润。

形态特征 一年生草本，株高可达1米。叶互生，单出或3裂片或3出叶。聚伞花序，花冠白色至浅紫色。果为浆果，卵形，椭圆形或圆球形。

应用 果大美观，多盆栽观赏，可用于窗台及阳台栽培观赏；果实具水果香味，可鲜食。

学名| *Solanum indicum*

紫花茄

别名：刺天茄、鸡刺子
科属：茄科茄属

- **原产地：** 我国云南、贵州、广东、广西、福建及台湾；印度经中南半岛至菲律宾也有。
- **繁　殖：** 播种。
- **花果期：** 花果期全年。
- **日　照：** 全日照。
- **温　度：** 生长适温18℃~28℃。
- **土　壤：** 不择土壤。
- **水　分：** 喜湿润，耐旱。

形态特征 披散灌木，株高0.5~2米。叶片卵形，顶端钝，基部心形，截平或不对称，边缘3~7深裂或浅圆裂，裂片全缘或有时又作波状浅裂。蝎尾状聚伞花序腋生，小花蓝紫色，有时白色。浆果，熟时橙红色。

应用 果实小巧，精致可爱，适合植于墙垣边或假山石边观赏；根入药，具有散瘀消肿、消炎止痛的功效。

学名| *Solanum mammosum*

乳茄

别名：五指茄、牛头茄、五代同堂、黄金果
科属：茄科茄属

- **原产地：** 美洲。
- **繁　殖：** 播种。
- **花果期：** 花期春季，果期秋冬。
- **日　照：** 全日照。
- **温　度：** 生长适温22℃~30℃。
- **土　壤：** 不择土壤。
- **水　分：** 喜湿润，耐旱。

形态特征 小灌木，株高1米左右，通常作一年生栽培。叶阔卵形，叶缘不规则掌状钝裂。蝎尾状花序腋外生，通常3~4花，花冠钟形，堇紫色。浆果倒梨状，成熟后金黄色或橙色，基部具有4~6个乳头状突起物。

应用 果形极为奇特，色泽金黄艳丽，为年宵花市常见的观果植物，多用果枝装饰客厅、卧室等处，也可用果实装饰花篮用于案几、书桌等摆放观赏；果实含龙葵碱，入药。

学名| *Solanum wrightii*

科属：茄科茄属

大花茄

- 原产地：栽培种。
- 繁　殖：播种。
- 花果期：花期春季，果熟夏秋。
- 日　照：全日照。
- 温　度：生长适温16℃~30℃。
- 土　壤：喜肥沃、排水良好的土壤。
- 水　分：喜湿润。

形态特征 多年生草本，常作1年生栽培，株高30～60厘米。茎半木质化，分枝多。单叶互生，卵状或卵状披针形。花白色。浆果，红色，前端具突起，角状。

应用 果形奇特，观赏性极佳，多作盆栽，适合阳台、窗台或天台摆放观赏，也可植于庭院或公园路边、墙垣边观赏。

学名| *Solanum pseudo-capsicum*

别名：冬珊瑚、珊瑚樱
科属：茄科茄属

珊瑚豆

- 原产地：南美。
- 繁　殖：播种。
- 花果期：花期夏、秋季，果期秋、冬季。
- 日　照：全日照。
- 温　度：生长适温15℃~28℃。
- 土　壤：喜肥沃、疏松、排水良好的土壤。
- 水　分：喜湿润，也耐旱。

形态特征 常绿小灌木，其株高可达1米。叶互生，叶披针状椭圆形，先端尖或钝，基部狭楔形下延成叶柄，边缘全缘或波状。花单生或数朵簇生，花小，白色。果圆形。成熟时红色或橙红色。

应用 果实红艳可爱，为我国常见栽培的观果植物。盆栽可用于窗台及阳台美化，也适合用于庭院的花坛及路边栽培观赏。

学名| *Solanum texanum*

白蛋茄

别名：巴西金银茄
科属：茄科茄属

- 原产地：巴西。
- 繁　殖：播种。
- 花果期：花期春季，果期夏秋。
- 日　照：全日照。
- 温　度：生长适温16℃~28℃。
- 土　壤：喜疏松、排水良好的壤土。
- 水　分：喜湿润。

形态特征 一年生草本，株高约30厘米。叶互生，长椭圆形，先端尖，基部圆钝，全缘或稍波状，绿色。花单生，淡紫色。果白色。

应用 果实洁白雅致，观赏性佳，盆栽可用于阳台、窗台摆放观赏，也是庭院绿化的优良材料。

学名| *Camellia crapnelliana*

红皮糙果茶

别名：克氏茶
科属：山茶科山茶属

- 原产地：我国香港、广西、福建、江西及浙江。
- 繁　殖：播种、扦插。
- 花果期：花期冬季，果熟期夏季。
- 日　照：全日照。
- 温　度：生长适温18℃~28℃。
- 土　壤：喜富含腐殖质、排水良好的微酸性土壤。
- 水　分：喜湿润，也耐旱。

形态特征 小乔木，株高5~7米。叶硬革质，倒卵状椭圆形至椭圆形，先端渐尖，尖头钝，基部楔形，边缘有细钝齿，上面深绿色，下面灰绿色。花单生，花冠白色。蒴果。

应用 株型美观，树皮红色，花洁白，果硕大，为优良观花、观果树种，适合路边、角隅或草地中栽培观赏；种子榨油可食用。

学名| *Sterculia nobilis*

苹婆

别名：凤眼果
科属：梧桐科苹婆属

果实特征
蓇葖果

- 原产地：我国广东、广西、贵州及云南；中南半岛也有。
- 繁　殖：播种、扦插。
- 花果期：花期4~5月，8~9月可再次开花，9~10月成熟时红色。
- 日　照：全日照。
- 温　度：生长适温18℃~28℃。
- 土　壤：不择土壤。
- 水　分：喜湿润。

形态特征 常绿乔木，株高达20米。单叶互生，倒卵状椭圆形，全缘，薄革质，无毛。花杂性，无花冠；花萼微带红晕，腋生圆锥花序，下垂。蓇葖果。

应用 株型优美，果大色艳，供观赏，园林中常用于路边、建筑物旁观赏，也可作庭荫树或行道树；果可食。

别名：可可树
科属：梧桐科可可属

学名| *Theobroma cacao*

可可

- 原产地：美洲中部及南部。
- 繁　殖：播种。
- 花果期：几乎全年。
- 日　照：全日照。
- 温　度：生长适温23~32℃。
- 土　壤：喜肥沃、排水良好的土壤。
- 水　分：喜湿润。

形态特征 常绿乔木，高达12米。叶卵状长椭圆形至倒卵状长椭圆形，顶端长渐尖，基部圆形，近心形或钝。花小，萼粉红色，花瓣淡黄色。核果圆形或长椭圆形，表面有纵沟，成熟后为深黄色或近于红色。

应用 老干结果，极为奇特，可供观赏，适合热带地区公园绿地栽培或用作科普教育；种子为制作可可粉及巧克力的主要原料。

别名：山木棉、鸡冠皮
科属：梧桐科苹婆属

学名| *Sterculia lanceolata*

假苹婆

- 原产地：我国云南、四川、贵州、广西和广东；缅甸、越南、老挝、泰国也有。
- 繁　殖：播种。
- 花果期：花期4~6月，果期7~9月。
- 日　照：全日照。
- 温　度：生长适温22℃~32℃。
- 土　壤：不择土壤。
- 水　分：喜湿润。

形态特征 常绿乔木。叶椭圆形或椭圆状披针形。花淡红色，排成圆锥花序生于叶腋，密集且多分枝；萼片5，向外开展如星状，无花瓣，花单性或杂性。蓇葖果鲜红色。

应用 果皮鲜红色，极为艳丽，为优良的观果植物，适合公园、绿地等栽培观赏；种子可食用或用于榨油；茎皮纤维可作麻袋的原料。

学名| *Callicarpa bodinieri*

紫珠

别名：白棠子树
科属：马鞭草科紫珠属

- 原产地：我国长江流域及以南地区；日本也有。
- 繁　殖：扦插、播种。
- 花果期：花期6~7月，果期8~10月。
- 日　照：全日照。
- 温　度：生长适温16℃~28℃。
- 土　壤：喜深厚肥沃的土壤。
- 水　分：喜湿润。

形态特征 落叶灌木，株高1~2米。单叶对生，叶片倒卵形至椭圆形，边缘有细锯齿。聚伞花序腋生，花多数，花蕾紫色或粉红色，花朵有白、粉红、淡紫等色。果实球形似珍珠、紫色。

应用 果实小巧可爱，色泽艳丽，为优良的观果植物，适合公园、绿地、小区及庭院美化，丛植、片植效果均佳。

别名：黄金叶
科属：马鞭草科假连翘属

学名| *Duranta repens 'Dwarf Yellow'*

金叶假连翘

- 原产地：墨西哥至巴西。
- 繁　殖：扦插、播种。
- 花果期：花期5~11月，果期秋至春。
- 日　照：全日照。
- 温　度：生长适温20℃~28℃。
- 土　壤：喜疏松肥沃土壤。
- 水　分：喜湿润，耐旱。

形态特征 常绿灌木，株高20~60厘米。叶对生，叶长卵圆形、卵椭圆形或倒卵形，中部以上有粗齿。总状花序呈圆锥状，花蓝色或淡蓝紫色。核果橙黄色，有光泽。

应用 叶色金黄，花淡雅，果实金黄可爱，适合公园、绿地或风景区丛植或做绿篱，也是优良的地被植物。

学名| *Callicarpa formosana*

杜虹花

别名：粗糠仔、老蟹眼
科属：马鞭草科紫珠属

- 原产地：我国江西、浙江、台湾、福建、广东、广西、云南；菲律宾也有。
- 繁　殖：播种、扦插。
- 花果期：花期5~7月。果期8~11月。
- 日　照：全日照。
- 温　度：生长适温20℃~30℃。
- 土　壤：喜排水良好、疏松肥沃的土壤。
- 水　分：喜湿润。

形态特征 落叶灌木，株高1~3米。叶对生，叶片纸质，卵状椭圆形或椭圆形，先端渐尖，基部钝或圆形，边缘有细锯齿。聚伞花序腋生，花冠淡紫色，果实近球形，紫色。

应用 多盆栽，用于客厅、卧室、阳台及窗台观赏；叶入药，具有散瘀消肿、止血镇痛的作用。

学名| *Callicarpa rubella*

红紫珠

别名：对节树、小红米果
科属：马鞭草科紫珠属

- 原产地：我国安徽、浙江、江西、湖南、广东、广西、四川、贵州及云南；东南亚也有。
- 繁　殖：扦插、播种。
- 花果期：花期5~7月，果期7~11月。
- 日　照：全日照。
- 温　度：生长适温16℃~28℃。
- 土　壤：不择土壤。
- 水　分：喜湿润。

形态特征 灌木，株高约2米。叶片倒卵形或倒卵状椭圆形，顶端尾尖或渐尖，基部心形，有时偏斜，边缘具细锯齿或不整齐的粗齿。花紫红色、黄绿色或白色。果紫红色。

应用 果实繁密，色泽妖艳，适合公园、绿地墙垣边、草地边、假山石边及亭廊边种植观赏；叶入药，可止血、接骨等。

别名：扁藤、大芦藤
科属：葡萄科崖爬藤属

学名 *Tetrastigma planicaule*

扁担藤

果实特征
果实近球形，成熟后黄色

- **原产地**：我国福建、广东、广西、贵州、云南、西藏东南部；老挝、越南、印度和斯里兰卡也有。
- **繁　殖**：扦插、播种。
- **花果期**：花期4~6月，果期8~12月。
- **日　照**：半日照。
- **温　度**：生长适温16℃~28℃。
- **土　壤**：喜富含腐殖质肥沃的沙质壤土。
- **水　分**：喜湿润。

形态特征 常绿木质大藤本，茎扁。叶掌状，小叶长圆披针形、披针形、卵披针形，顶端渐尖或急尖，基部楔形。花序腋生，集生成伞形，花蕾卵圆形，顶端圆钝。果实近球形，成熟后黄色。

应用 扁担藤株型奇特，茎似扁担，果色泽艳丽，观赏性佳，适合大型棚架、花架栽培观赏。

学名| *Vitis vinifera*

葡萄

别名：菩提子、山葫芦
科属：葡萄科葡萄属

- 原产地：亚洲西部
- 繁　殖：扦插或嫁接。
- 花果期：花期4~5月，果期8~9月。
- 日　照：全日照。
- 温　度：生长适温18℃~28℃。
- 土　壤：喜土层深厚、排水良好的沙质壤土。
- 水　分：喜湿润。

形态特征 木质落叶藤本。具卷须，每隔2节间断与叶对生。叶卵圆表3~5浅裂或中裂，叶缘具锯齿。圆锥花序密集或疏散，多花，花萼浅碟形，花瓣5枚。果实球形或椭圆形，成熟后紫色或黄色。

应用 盆栽可用于阳台、客厅或卧室等处欣赏，也适合用于庭院的大型棚架、门廊等绿化。

索引一　学名按拼音顺序索引

索引二 学名按拉丁文顺序索引

A

B

C

D

R

S

T

U

V

Z